2%의 차이가 당신을 합격의 길로 인도합니다!

피부미용사 필기시험을 준비하는 모든 수험생이 이 한 권으로 완벽하게 대비하고 합격할 수 있도록 놓치기 쉬운 과목까지 꼼꼼하게 구성한 합격 보증서! 기출문제를 제대로 분석한 출제경향을 바탕으로 수록한 이론과 기출문제뿐만 아니라 CBT 상시시험 복원·적중문제, 족집게 적중노트와 저자직강 무료 동영상 강의까지 아낌없이 드리는 최고의 수험서가 당신을 합격의 길로 인도합니다.

1 과목별 출제경향 및 분석

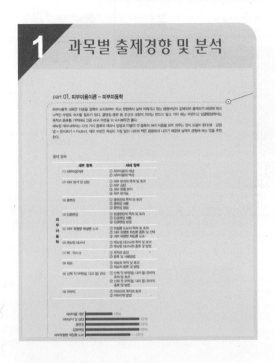

2 문제를 완벽 분석한 핵심이론

3 기출문제 및 자세한 설명

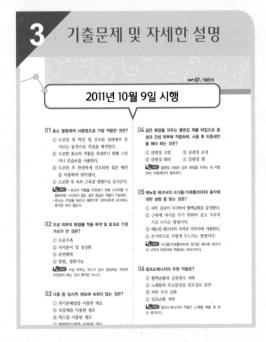

4 상시시험 대비 복원문제

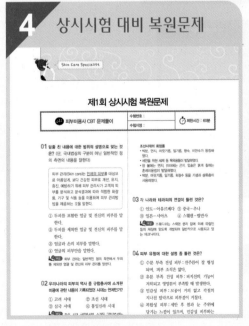

KB220494

족집게 적중노트 무료 동영상 강의 이용방법

PC 이용방법

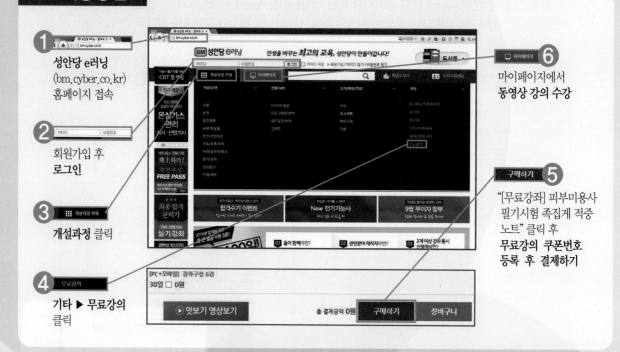

1 성안당 e러닝
(bm.cyber.co.kr)
홈페이지 접속

2 회원가입 후
로그인

3 개설과정 클릭

4 기타 ▶ 무료강의
클릭

6 마이페이지에서
동영상 강의 수강

5 "[무료강좌] 피부미용사
필기시험 족집게 적중
노트" 클릭 후
**무료강의 쿠폰번호
등록 후 결제하기**

모바일 이용방법

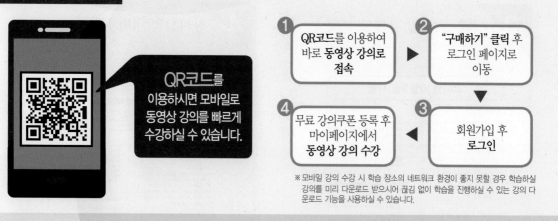

1 QR코드를 이용하여
바로 **동영상 강의**로
접속

2 "**구매하기**" 클릭 후
로그인 페이지로
이동

QR코드를
이용하시면 모바일로
동영상 강의를 빠르게
수강하실 수 있습니다.

4 무료 강의쿠폰 등록 후
마이페이지에서
동영상 강의 수강

3 회원가입 후
로그인

※ 모바일 강의 수강 시 학습 장소의 네트워크 환경이 좋지 못할 경우 학습하실
강의를 미리 다운로드 받으시어 끊김 없이 학습을 진행하실 수 있는 강의 다
운로드 기능을 사용하실 수 있습니다.

 **고객지원센터**

 동영상 문의
031-950-6332
상담시간 : 09:00~18:00 점심시간 : 12:30~13:30(주말, 공휴일 휴무)

강의 내용 및 교재 문의
031-950-6372

美친 적중률
美친 합격률
美친 만족도

최고의 국가자격시험 수험서를 제대로
만들고 싶어하는 성안당의 마음입니다

피부미용사
필기시험 에
美 미치다

(美: 아름다울 미)

허은영 · 박해련 · 김경미 지음

BM (주)도서출판 성안당

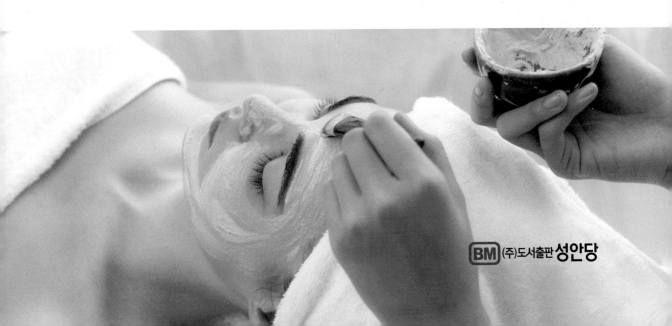

저자약력

허 은 영
- ✿ 미용건강학 박사
- ✿ 성신여자대학교 뷰티융합대학원 피부미용과 외래교수

박 해 련
- ✿ 미용건강학 박사
- ✿ 김포대학교 한류문화관광학부 뷰티아트과 학과장

김 경 미
- ✿ 피부비만학 석사
- ✿ 명지전문대학교 뷰티매니지먼트과 초빙교수

머리말

과거에는 어떻게 하면 잘 먹을까를 고민하던 시대였다면, 현재는 어떻게 하면 건강하게 잘 살까라는 관심이 이슈가 되는 시대입니다. 건강을 위한 서비스 문화가 압도해가는 시점에서 21세기 최고의 전문산업으로 인정받는 산업은 '피부미용'으로, 이는 보다 건강하고 아름다운 삶을 지향하고 싶은 현대인들에게 새롭게 부각되고 있는 전문분야라 할 수 있습니다.

이러한 사회적 분위기와 욕구는 현장에서 피부미용업에 종사하고 있는 피부미용인들에게 직업에 대한 자긍심을 갖게 해주었습니다.

이에 피부미용업에 종사하고자 하는 모든 이들에게 피부미용사 필기시험 합격을 위한 길잡이가 되고자 산업계와 학계에서 전문가로 활동해 온 필자들이 한국산업인력관리 공단에서 시행하는 피부미용사 국가기술 자격증 필기시험의 이론서를 집필하게 되었습니다. 본서는 시대의 흐름에 맞춰 상시시험 CBT 문제에 근접한 문제유형을 제시하였고 핵심 동영상 강좌를 통해 수험생의 합격률을 높일 수 있도록 구성한 최초의 피부미용사 국가 자격증 이론서가 될 것입니다.

본서의 특징은 다음과 같습니다.

1. 2008년부터 출제되었던 기출문제에 자세한 해설을 덧붙여 수록하였습니다.

2. CBT 상시시험을 복원하여 3회분을 수록하였습니다.

3. 한국산업인력공단의 출제기준에 맞춰 모든 수험생들이 합격할 수 있도록 난이도가 높은 CBT 상시시험 적중문제에 심혈을 기울였습니다.

4. 반드시 알아야 할 핵심이론을 요약하여 적중노트와 함께 동영상으로 볼 수 있도록 하여 수험생의 합격률을 높이도록 구성하였습니다.

앞으로도 피부미용사에 도전하려는 수험생들에게 성실과 노력으로 합격이라는 좋은 열매를 얻을 수 있는 전문 지침서가 될 수 있도록 꾸준히 연구 · 보완해 나갈 것임을 약속드립니다.

저자 일동

CONTENTS

PART 06 공중위생관리학

PART 07 기출문제

PART 08 상시시험 복원문제

PART 09 상시대비 적중문제

PART 10 CBT 최종모의고사

특별부록 족집게 적중노트

피부미용사
국가자격 시험정보

개요

미용업무는 공중위생분야로서 국민의 건강과 직결되어 있는 중요한 분야로 향후 국가의 산업구조가 제조업에서 서비스업 중심으로 전환되는 차원에서 수요가 증대되고 있다. 머리, 피부미용, 화장 등 분야별로 세분화 및 전문화되고 있는 미용의 세계적인 추세에 맞추어 피부미용을 자격제도화함으로써 피부미용분야 전문인력을 양성하여 국민의 보건과 건강을 보호하기 위하여 자격제도가 제정되었다.

수행직무

얼굴 및 신체의 피부를 아름답게 유지 · 보호 · 개선 관리하기 위하여 각 부위와 유형에 적절한 관리법과 기기 및 제품을 사용하여 피부미용을 수행한다.

실시기관 홈페이지

http://q-net.or.kr

실시기관명

한국산업인력공단

진로 및 전망

피부미용사, 미용 강사, 화장품 관련 연구기관, 피부미용업 창업, 유학 등

시험수수료

- 필기 : 14,500원
- 실기 : 27,300원

▼ **필기시험 출제경향**	피부미용이론, 해부생리학, 피부미용기기학, 화장품학, 공중위생관리학의 내용을 중심으로 출제

▼ **취득방법**

실시기관
한국산업 인력공단 (홈페이지 : q-net.or.kr)

훈련기관
대학 및 전문대학 미용관련학과, 노동부 관할 직업훈련학교,
시·군·구 관할 여성발전(훈련)센터, 기타 학원 등

시험과목
- 필기 : 피부미용이론(피부미용학, 피부학), 해부생리학, 피부미용기기학,
        화장품학, 공중위생관리학
- 실기 : 피부미용실무

검정방법
- 필기 : 객관식 4지 택일형, 60문항(60분)
- 실기 : 작업형(2시간 15분 정도)

합격기준(필기&실기)
100점을 만점으로 하여 60점 이상

응시자격
제한 없음

피부미용사
상시시험 안내

▶ **수험원서 접수방법**
- 인터넷 접수만 가능
- 원서접수홈페이지 : http://q-net.or.kr

▶ **수험원서 접수시간**
접수시간은 회별 원서접수 첫날 10:00부터 마지막 날 18:00까지

피부미용사
필기시험 출제기준

직무분야	이용 · 숙박 · 여행 · 오락 · 스포츠	중직무분야	이용 · 미용	자격종목	미용사(피부)	적용기간	2021. 1. 1. ~ 2021. 12. 31.

• **직무내용** : 고객의 상담과 피부분석을 통해 안정감 있고 위생적인 환경에서 얼굴, 신체부위별 피부를 미용기기와 화장품을 이용하여 서비스를 제공하는 직무 수행

필기검정방법	객관식	문제 수	60	시험시간	1시간

주요항목	세부항목	세세항목
1. 피부미용이론	(1) 피부미용개론	① 피부미용의 개념 ② 피부미용의 역사
	(2) 피부 분석 및 상담	① 피부 분석의 목적 및 효과 ② 피부 상담 ③ 피부 유형 분석 ④ 피부 분석표
	(3) 클렌징	① 클렌징의 목적 및 효과 ② 클렌징 제품 ③ 클렌징 방법
	(4) 딥클렌징	① 딥클렌징의 목적 및 효과 ② 딥클렌징 제품 ③ 딥클렌징 방법
	(5) 피부 유형별 화장품 도포	① 화장품도포의 목적 및 효과 ② 피부 유형별 화장품 종류 및 선택 ③ 피부 유형별 화장품 도포
	(6) 매뉴얼 테크닉	① 매뉴얼 테크닉의 목적 및 효과 ② 매뉴얼 테크닉의 종류 및 방법
	(7) 팩 · 마스크	① 목적과 효과 ② 종류 및 사용방법
	(8) 제모	① 제모의 목적 및 효과 ② 제모의 종류 및 방법
	(9) 신체 각 부위(팔, 다리 등) 관리	① 신체 각 부위(팔, 다리 등) 관리의 목적 및 효과 ② 신체 각 부위(팔, 다리 등) 관리의 종류 및 방법
	(10) 마무리	① 마무리의 목적 및 효과 ② 마무리의 방법

피부미용사
필기시험 출제기준

주요항목	세부항목	세세항목
1. 피부미용이론	(11) 피부와 부속기관	① 피부 구조 및 기능 ② 피부 부속기관의 구조 및 기능
	(12) 피부와 영양	① 3대 영양소, 비타민, 무기질 ② 피부와 영양 ③ 체형과 영양
	(13) 피부장애와 질환	① 원발진과 속발진 ② 피부질환
	(14) 피부와 광선	① 자외선이 미치는 영향 ② 적외선이 미치는 영향
	(15) 피부 면역	① 면역의 종류와 작용
	(16) 피부 노화	① 피부 노화의 원인 ② 피부 노화현상
2. 해부생리학	(1) 세포와 조직	① 세포의 구조 및 작용 ② 조직구조 및 작용
	(2) 뼈대(골격)계통	① 뼈(골)의 형태 및 발생 ② 전신뼈대(전신골격)
	(3) 근육계통	① 근육의 형태 및 기능 ② 전신근육
	(4) 신경계통	① 신경조직 ② 중추신경 ③ 말초신경
	(5) 순환계통	① 심장과 혈관 ② 림프
	(6) 소화기계통	① 소화기관의 종류 ② 소화와 흡수
3. 피부미용 기기학	(1) 피부미용기기 및 기구	① 기본용어와 개념 ② 전기와 전류 ③ 기기 · 기구의 종류 및 기능
	(2) 피부미용기기 사용법	① 기기 · 기구 사용법 ② 유형별 사용방법

주요항목	세부항목	세세항목
4. 화장품학	(1) 화장품학개론	① 화장품의 정의 ② 화장품의 분류
	(2) 화장품 제조	① 화장품의 원료 ② 화장품의 기술 ③ 화장품의 특성
	(3) 화장품의 종류와 기능	① 기초 화장품 ② 메이크업 화장품 ③ 모발 화장품 ④ 바디(body)관리 화장품 ⑤ 네일 화장품 ⑥ 향수 ⑦ 에센셜(아로마) 오일 및 캐리어 오일 ⑧ 기능성 화장품
5. 공중위생관리학	(1) 공중보건학	① 공중보건학 총론 ② 질병관리 ③ 가족 및 노인보건 ④ 환경보건 ⑤ 식품위생과 영양 ⑥ 보건행정
	(2) 소독학	① 소독의 정의 및 분류 ② 미생물 총론 ③ 병원성 미생물 ④ 소독방법 ⑤ 분야별 위생 소독
	(3) 공중위생관리법규 (법, 시행령, 시행규칙)	① 목적 및 정의 ② 영업의 신고 및 폐업 ③ 영업자준수사항 ④ 면허 ⑤ 업무 ⑥ 행정지도감독 ⑦ 업소 위생등급 ⑧ 위생교육 ⑨ 벌칙 ⑩ 시행령 및 시행규칙 관련사항

국가직무능력표준(NCS) 기반
피부미용

▶ 국가직무능력표준(NCS)

국가직무능력표준(NCS, National Competency Standards)은 산업 현장에서 직무를 행하기 위해 요구되는 지식·기술·태도 등의 내용을 국가가 체계화한 것으로, 산업 현장의 직무를 성공적으로 수행하기 위해 필요한 능력(지식, 기술, 태도)을 국가적 차원에서 표준화한 것을 의미한다.

▶ NCS 학습모듈

국가직무능력표준(NCS)이 현장의 '직무 요구서'라고 한다면, NCS 학습모듈은 NCS의 능력단위를 교육훈련에서 학습할 수 있도록 구성한 '교수·학습 자료'이다. NCS 학습모듈은 구체적 직무를 학습할 수 있도록 이론 및 실습과 관련된 내용을 상세하게 제시한다.

▶ '피부미용' NCS 학습모듈 둘러보기
(www.ncs.go.kr)

NCS '피부미용' 직무 정의

피부미용은 고객의 상담과 피부분석을 통하여 안정감 있고 위생적인 환경에서 얼굴과 전신의 피부를 미용기기와 화장품 등을 이용하여 서비스를 제공하고 피부미용에 대한 업무수행을 기획, 관리하는 일이다.

'피부미용' NCS 학습모듈 검색

대분류	중분류	소분류	세분류(직무)
이용, 숙박, 여행, 오락, 스포츠	이·미용	이·미용 서비스	피부미용

NCS 학습모듈

1. 피부미용 고객 상담
2. 피부미용 피부분석 및 위생
3. 얼굴 관리
4. 몸매 관리
5. 피부미용 특수 관리

6. 피부미용 기기 활용
7. 피부미용 기구 활용
8. 피부미용 화장품 사용
9. 피부미용 샵 경영관리
10. 헤드테라피

'피부미용' NCS 학습모듈 둘러보기
(www.ncs.go.kr)

환경분석

구분	첨부파일
환경분석	📄📄📄

NCS 능력단위

순번	분류번호	능력단위명		수준	첨부파일
1	1201010201_16v2	피부미용 고객 상담	변경이력	5	📄📄📄
2	1201010202_16v2	피부미용 피부분석	변경이력	3	📄📄📄
3	1201010206_16v3	피부미용 고객마무리관리	변경이력	2	📄📄📄
4	1201010210_16v2	피부미용 위생관리	변경이력	2	📄📄📄
5	1201010211_16v2	피부미용 샵 경영관리	변경이력	6	📄📄📄
6	1201010212_16v3	얼굴각질관리	변경이력	2	📄📄📄
7	1201010213_16v3	얼굴매뉴얼테크닉	변경이력	3	📄📄📄
8	1201010214_16v3	얼굴 팩·마스크	변경이력	2	📄📄📄

⋮

NCS 학습모듈

순번	학습모듈명	분류번호	능력단위명	첨부파일
1	얼굴관리	1201010203_14v2	얼굴관리 (구버전)	📄📄
2	몸매관리	1201010204_14v2	전신관리 (구버전)	📄📄
3	피부미용 특수관리	1201010205_14v2	피부미용 특수관리 (구버전)	📄📄
4	피부미용 기기 활용	1201010207_14v2	피부미용 기기 활용 (구버전)	📄📄
5	피부미용 기구 활용	1201010208_14v2	피부미용 기구 활용 (구버전)	📄📄
6	피부미용 화장품 사용	1201010209_14v2	피부미용 화장품 사용 (구버전)	📄📄

활용패키지(평생경력개발경로 · 훈련기준 · 출제기준)

1.평생경력개발경로

구분	첨부파일
경력개발경로 모형	📄📄📄
직무기술서	📄📄📄
체크리스트	📄📄📄
자가진단도구	📄📄📄

part 01

피부미용이론
– 피부미용학

피부미용학 과목은 이론을 정확히 숙지하여야 하고 현장에서 실제 이뤄지고 있는 응용부분이 접목되어 출제되기 때문에 테크닉적인 부분도 숙지할 필요가 있다. 클렌징 종류 중 로션과 크림의 차이는 반드시 알고 가야 하는 부분이고 딥클렌징에서는 목적과 종류를 기억하되 그중 AHA 부분을 더 숙지해두면 좋다.

매뉴얼 테크닉에서는 다섯 가지 종류의 테크닉 방법과 더불어 각 종류의 여러 이름을 모두 외우는 것이 도움이 된다(예 : 강찰법 = 문지르기 = Friction). 제모 부분은 왁싱이 가장 많이 나오며 팩은 응용해서 나오기 때문에 실제로 경험해 보는 것을 추천한다.

출제 항목

세부 항목	세세 항목
(1) 피부미용개론	① 피부미용의 개념 ② 피부미용의 역사
(2) 피부 분석 및 상담	① 피부 분석의 목적 및 효과 ② 피부 상담 ③ 피부 유형 분석 ④ 피부 분석표
(3) 클렌징	① 클렌징의 목적 및 효과 ② 클렌징 제품 ③ 클렌징 방법
(4) 딥클렌징	① 딥클렌징의 목적 및 효과 ② 딥클렌징 제품 ③ 딥클렌징 방법
(5) 피부 유형별 화장품 도포	① 화장품 도포의 목적 및 효과 ② 피부 유형별 화장품 종류 및 선택 ③ 피부 유형별 화장품 도포
(6) 매뉴얼 테크닉	① 매뉴얼 테크닉의 목적 및 효과 ② 매뉴얼 테크닉의 종류 및 방법
(7) 팩 · 마스크	① 목적과 효과 ② 종류 및 사용방법
(8) 제모	① 제모의 목적 및 효과 ② 제모의 종류 및 방법
(9) 신체 각 부위(팔, 다리 등) 관리	① 신체 각 부위(팔, 다리 등) 관리의 목적 및 효과 ② 신체 각 부위(팔, 다리 등) 관리의 종류 및 방법
(10) 마무리	① 마무리의 목적과 효과 ② 마무리의 방법

(세로 표제 : 피부미용학)

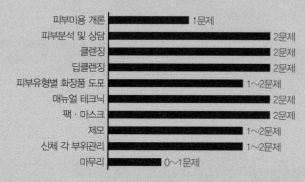

- 피부미용 개론 : 1문제
- 피부분석 및 상담 : 2문제
- 클렌징 : 2문제
- 딥클렌징 : 2문제
- 피부유형별 화장품 도포 : 1~2문제
- 매뉴얼 테크닉 : 2문제
- 팩 · 마스크 : 2문제
- 제모 : 1~2문제
- 신체 각 부위관리 : 1~2문제
- 마무리 : 0~1문제

피부미용학 출제문항 수 : 18문제 출제

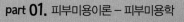

chapter 01 피부미용개론

01 피부미용의 개념

피부미용은 매뉴얼 테크닉(손을 이용한 마사지)과 화장품, 미용기기를 사용하여 피부를 분석하고 그에 맞는 관리를 함으로써 미용상의 문제를 예방하고, **두피를 제외한** 얼굴과 전신의 피부를 건강하고 아름답게 유지 및 증진시키는 과정이다.

1 에스테틱 용어 정의

① Esthetic : '심미적인, 미학의'라는 뜻을 지닌 단어로 피부미용을 뜻할 때 가장 많이 사용된다.
② Cosmetic : 우주를 의미하는 <u>그리스어(Kosmein)에서 유래</u>한 것으로 화장품, 피부미용을 의미한다.
③ '미학'이라는 용어를 정착시킨 사람은 바움 가르텐(Baumgarten)이다.

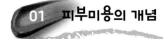

> **각 나라별 피부미용 용어**
>
> - 한국 : 피부미용, 피부 관리, 피부미용 관리
> - 독일 : Kosmetik
> - 미국 : Skin Care, Esthetic, Aesthetic
> - 일본 : Esthe
> - 영국 : Cosmetic
> - 프랑스 : Esthetique

2 피부미용의 영역

① **얼굴 관리(Face treatment)** : 일반 관리, 특수 관리
② **전신 관리(Body treatment)** : 일반 관리, 체형 관리, 비만 관리, 발 관리
③ 제모(Depilation)
④ 매니큐어(Manicure), 페디큐어(Pedicure)
⑤ 메이크업(Make-up)
⑥ 화장품 판매(Cosmetic sale)

⑦ <u>약품을 사용하거나 의료행위를 할 수 없다(문신, 점 제거, 레이저)</u>

3 피부미용의 기능

① 보호적 기능
② 장식적 기능
③ 심리적 기능

4 피부미용을 위한 기본 조건

(1) 피부 관리실 내부 환경

① 관리실에서 사용하는 모든 기구는 청결해야 한다.
② 관리실의 분위기는 심신의 안정을 취할 수 있도록 한다.
③ 냉 · 난방 시설 및 환기, 조명, 방음 시설을 갖추도록 한다.

(2) 피부미용사의 위생

① 복장은 청결하고 손톱은 짧으며 두발은 단정해야 한다.
② 화장기 없는 맨얼굴은 피하며, 내추럴 메이크업을 한다.
③ 구취나 체취가 나지 않도록 주의한다.
④ 팔찌나 반지 등의 액세서리는 피하도록 한다.

(3) 피부미용사의 자세

① 고객에게 신뢰감을 줄 수 있도록 한다.
② 고객에게 존칭어를 사용한다.
③ 전문인으로서의 자긍심을 갖도록 한다.

02 피부미용의 역사

1 서양 ★

(1) 이집트 시대

<u>고대미용의 발상지로서, 종교적인 이유로 화장을 하였으며 피부미용을 위해 천연재료를 사용하였다.</u> 즉, 향유, 올리브유, 꿀, 우유, 달걀 등을 재료로 하여 종교적 청결과 신체의 건강함에 목적을 둔 피부미용법이 사용되었으며, 헤나 등 식물성 염료를 사용하여 화장을 하였다.

(2) 그리스 시대

① <u>'건강한 신체에 건강한 정신이 깃든다'는 신념이 사회를 지배하는 시대</u>였으므로 식이요법, 목욕, 운동, 마사지 등을 통해 건강한 신체를 만드는 데 주력하였고, 마사지에는 천연향의 오일이 사용되었다.
② 히포크라테스는 건강한 아름다움을 위해 미용식, 일광욕, 특수 목욕, 마사지 등을 권장하였다.
③ 그리스 여인들은 얼굴에 백납분을 발랐고, 눈은 화장먹으로 채색하였으며, 볼과 입술에도 화장을 하였다.

(3) 로마 시대

① 그리스 관습을 모방하여 청결과 장식을 중요시하였고, <u>향수, 오일, 화장품이 생활의 필수품으로 등장</u>하였으며 스팀 미용법 또는 한증목욕법이 생활화되었다.
② 피부를 희고 부드럽게 유지하기 위해 염소젖으로 얼굴을 씻었으며, 과일산을 이용하여 표백효과를 누렸다.
③ 로마의 의사였던 갈렌(Garen)은 콜드크림의 원형인 시원해지는 연고를 제조하였으며, 그 밖에 화장품 제조와 관련한 처방전을 남겼다.

(4) 중세

① 보리수꽃, 사루비아, 로즈마리 등의 <u>허브를 끓인 물을 이용하여 얼굴에 스팀을 쐬는 스팀 요법의 처음 활용</u>되었고, 아랍인들에 의해 에센셜 오일과 알코올이 개발되었다.
② 공중목욕탕이 발달하고, 이발사 겸 외과의사인 바버(Baber)가 이발과 면도, 마사지 등을 제공함과 동시에 이를 뽑거나 약초 추출물을 이용하여 열을 제거하는 등 미용과 의료 영역이 동시에 이루어졌다.

③ 동양에서 십자군을 통해 향수, 향유, 몰약 등이 들어왔으며, 이와 함께 성병, 페스트, 천연두, 콜레라 등도 파급되었다. 목욕 시녀들은 성병을 확산시켰고, 이로 인하여 공중목욕탕이 폐쇄되어 사람들은 목욕을 하는 대신 향수를 뿌리기 시작했다. 또한 엄격한 종교적인 이유로 화장이 금기시되고 순결과 정숙만이 강조되었다.

(5) 근세

① 르네상스 시대

㉠ 십자군의 귀향으로 동양의 문물을 접하게 되어 향장산업이 발전하는 계기가 되었다. 세수, 목욕 습관 및 설비가 부족하여 몸과 입에서 나는 악취를 제거하기 위해 **청결 위생의 개념으로 진한 향수를 생활화**하게 되었다.

㉡ 16세기 프랑스 학자 몽테뉴는 희고 맑은 피부를 위한 크림과 팩에 대해 저술하였고, 여자들은 짙은 화장을 하거나 피부나 머리 손질을 위해 파우더, 크림, 에멀션 등을 사용하였다.

② 바로크, 로코코 시대

㉠ 독일의 의사 훗페란트는 젊음과 숙면을 위하여 마사지를 권장하였고, 체조 붐을 일으키면서 운동요법을 강조하였다.

㉡ 깨끗한 피부를 위해 화장을 지우는 작업의 중요성을 강조하며 클렌징 크림을 개발하였다. 18세기부터는 얼굴뿐만 아니라 머리에까지 분치장이 유행하여 하얀 피부를 위한 관리가 성행하였는데, 주로 레몬과 달걀 흰자위가 사용되었다.

(6) 근대(19세기)

① 19세기에는 화장이 여성의 전유물이 되었다.

② 위생과 청결이 중요시되었고, **비누의 사용이 보편화**되었다. 1866년 산화아연이 개발되어 백납분에 대한 안전한 성분으로 대체되면서 전 유럽과 미국으로 퍼져나갔다.

(7) 현대(20세기 이후)

① **피부미용이 전문화되기 시작한 시기로** 다양한 향장품이 개발되고 **대량화**되었다.

② 1901년에는 마사지 크림이 개발되어 대중화되었으며, 1912년에는 폴란드 화학자 풍크에 의해 비타민이 발견되고 내분비 호르몬을 비롯한 자연물질의 과학적 발견으로 생약학, 생화학, 생리학을 기초로 한 피부미용이 발전되었다.

③ 1947년 프랑스의 바렛트 교수는 전기적 또는 기계적 수단으로 피부를 통해 영양물질을 깊숙하게 침투시켜 세포에 영양을 주면 신진대사에 영향을 미친다는 것을 증명하여 **전기 피부미용(Electro cosmetic)의 토대를 마련하였다.**

④ 현대의 피부미용은 자연 그대로의 피부의 건강과 아름다움을 추구하는 것을 목표로 하며, 피부과학을 토대로 고도로 발달되는 생약학, 생화학, 전기학 등 과학기술을 적용시킨다.

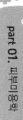

2 우리나라 ★

(1) 상고 시대

① 단군신화의 웅녀가 인간이 되기 위해 쑥과 마늘을 이용한 기록이 있다.
② 쑥을 달인 물로 목욕을 하여 피부의 미백 효과와 트러블 완화, 노화방지 효과를 얻었다.
③ 마늘을 빻아 꿀과 섞어 피부에 발라 놓았다가 씻어 내는 팩제의 사용으로 미백, 살균 효과를 얻었다.

(2) 삼국 시대

① **고구려** : 수산리 고분벽화에는 귀부인이 뺨과 입술에 연지 화장을 하고 있다.
② **백제**
　　㉠ 분을 이용하여 엷은 화장을 하였다.
　　㉡ 남자는 상투를 틀고, 여성은 쪽머리를 하였다.
③ **신라**
　　㉠ 불교 영향으로 몸을 청결히 하고 향을 널리 사용하였다.
　　㉡ 신라 시대에는 백분의 사용과 제조기술이 상당 수준에 달하였고, 향수와 향료를 만들어 애용하였다. 신분에 관계없이 누구나 향료를 주머니에 담은 향낭을 옷고름 또는 허리춤에 차고 다녔다.

(3) 고려 시대

① <u>피부 보호제 및 미백제 역할을 하는 액상 타입의 안면용 화장품인 면약이 개발</u>되었는데 현대의 크림 또는 에멀전과 같은 기능을 지닌 유액이라고 추측하고 있다.
② 복숭아 꽃물로 세안을 하거나 목욕함으로써 미백 효과와 피부의 유연 효과를 얻었으며, 난을 입욕제로 이용하여 몸에 향기를 지녔다는 기록이 있다.

(4) 조선 시대

① "<u>규합총서</u>"에 소개된 면지법에는 몸을 향기롭게 하는 법, 머리카락을 윤기나고 검게 하는 법, 목욕법, 겨울철 피부 관리법 등 <u>두발 형태와 화장법 등 미용에 관한 내용이</u> 소개되어 있다. 사대부 집안에서는 목욕법으로 난탕, 삼탕을 이용하였으며, 미안수(美顔水)와 참기름을 이용하여 피부를 촉촉하게 하였다.
② 선조 시대에는 화장수가 제조되었으며, 숙종 시대에는 판매용 화장품이 최초로 제조되었다.

(5) 근대

① 일제 시대 때 일본에 의해 각종 미용제품이 유입되었고, 신문에 미용광고가 등장하게 된다.

② 1916년 서울 종로구에서 제조되기 시작한 **박가분이 우리나라 최초로 기업화**되어 1922년 정식 제조허가를 받아 판매되었다.

③ 1920년대에 동아부인상회에서 연부액이라는 미백 로션을 제조·발매하였고, 조선부인약방에서는 금강액과 유백금강액 등 여드름 관리와 미백의 복합적인 기능을 지닌 제품도 나왔다.

④ 1950년대에는 글리세린과 유동파라핀을 기본적인 원료로 화장품이 개발되었고, 깨와 살구씨, 미곡 등이 미백제로 사용되었다.

(6) 현대

① 1960년대에는 비타민과 호르몬 등 활성성분을 이용하는 화장품이 개발되었으며, 1970년대에 이르러 인삼에서 추출한 사포닌 등의 자연성분을 이용해 피부 보습과 피부 호흡 증진을 돕는 제품들이 개발되었다.

② 1971년에는 일본에서 피부 관리학을 배운 최운학 씨가 명동에 미가람이라는 이름으로 국내 최초의 피부 관리실을 열었다.

피부 분석 및 상담

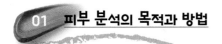

01 피부 분석의 목적과 방법

1 피부 분석의 목적

문진, 촉진, 견진을 이용하여 **피부의 유·수분도, 모공, 피지량, 민감성 정도 등 피부의 문제점과 그 원인을 파악하여 올바른 관리**가 이루어지기 위함이다.

2 피부 분석 방법

① **문진** : 고객의 연령, 사용화장품, 식생활 등의 질문을 통하여 피부 상태를 판별하는 방법
② **촉진** : 고객의 피부를 만져보거나 눌러봄으로써 피부 상태를 판별하는 방법
③ **견진·시진** : 육안이나 확대경, 우드램프를 통하여 모공의 크기, 피부의 유·수분도, 민감성 정도 등의 피부 상태를 판별하는 방법

02 피부 상담

피부 상담은 고객과 직접 대면하여 이루어지며, 상담과 질문 과정에서 고객의 성격, 평소의 식습관 및 가정에서의 피부 손질, 과거 병력의 유무 등을 파악한다.

1 피부 상담의 목적 ★★

① 고객의 피부 상태를 파악하고 피부 타입을 알아보기 위함이다.
② 피부 타입에 따른 케어와 제품 선택을 하기 위함이다.
③ 피부 문제의 원인을 파악하기 위함이다.
④ 피부 관리계획을 수립하기 위함이다.
⑤ 홈케어 관리 지침의 안내를 하기 위함이다.

2 관리사가 알고 있어야 할 지침내용

① 방문 목적을 파악할 수 있어야 한다.
② 피부 타입을 판별할 수 있어야 한다.
③ 어떤 부적응증이든 인식할 줄 알아야 한다.
④ 관리의 부작용에 대해 인식할 줄 알아야 한다.
⑤ 올바른 제품을 선택할 수 있어야 한다.
⑥ 고객에게 홈케어를 위한 조언을 할 수 있어야 한다.

3 고객카드 항목 내용

① 고객의 이름, 나이, 집주소, 전화번호를 기록한다.
② 트리트먼트 전에 고려되어야 할 정보로 과거 치료 경력의 유무와 현재 받는 치료 종류를 기록한다(신경조절기를 하고 있는 사람은 전류나 고주파수를 포함한 트리트먼트를 하지 않는다).
③ 알레르기나 피부염의 유무를 기록한다.
④ 고객의 피부 타입과 피부 유형을 기록한다.
⑤ 다이어트가 피부에서 한 요소가 되는 경우에 고객의 다이어트 여부와 체중을 기록한다.
⑥ 현재 사용 중인 화장품과 피부 관리 습관을 기록한다.
⑦ <u>고객의 정신 상태나 기호식품에 대한 내용도 기록한다.</u>
⑧ <u>고객의 재산 정도는 기록하지 않아도 된다.</u>

안면관리 순서

상담 → 클렌징 → 피부 분석 → 딥클렌징 → 매뉴얼 테크닉 → 팩 및 마스크 → 마무리

고객카드 관리방법

매회 피부 관리 전에 고객의 피부 분석을 하여 고객카드에 기록하고, 고객의 피부에 맞는 관리를 해야 한다.

4 기기를 이용한 피부 분석

(1) 확대경에 의한 분석

육안으로 보이지 않는 부분을 확대경으로 봄으로써 여드름, 모공 크기, 색소침착 등의 피부 상태를 분석할 수 있다.

(2) 우드램프(Wood Lamp)에 의한 분석

우드램프는 자색을 발산하는 인공 특수 자외선 파장을 이용하는 램프로서 다양한 피부 상태를 파악할 수 있다.

우드램프에 나타나는 색상에 따른 피부 판별

피부 상태	측정기 반응
정상 피부	청백색
건성 피부	밝은 보라색
색소침착 피부	암갈색
각질부위	하얗게 떠보임
피지분비로 인한 지성 피부(블랙헤드)	오렌지색
화농성 여드름	담황색
민감성 피부	짙은 보라색
비립종	노란색

(3) 피부 pH 측정기에 의한 분석

피부의 pH를 산성, 중성, 알칼리성으로 나누어 피부상태를 분석할 수 있다.

pH란?

- 용액의 수소이온농도를 지수로 나타낸 것
- 용액 속에 수소이온이 많을수록 작은 값의 pH를 갖고, 수소이온이 적을수록 큰 pH를 갖는다.
- 순수한 물의 pH인 7을 기준으로 pH<7은 산성, pH>7은 알칼리성이다.

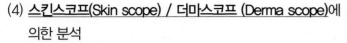

(4) <u>스킨스코프(Skin scope) / 더마스코프 (Derma scope)</u>에
의한 분석

① 고객의 피부나 두피를 확대하여 사진을 찍고 전후를 비교
하여 피부상태를 분석할 수 있다.
② <u>고객과 상담자가 함께 보며 분석할 수 있는 장비이다.</u>

(5) 유 · 수분 측정기에 의한 분석

피부 표면의 유 · 수분량을 측정하여 피부의 유분과 수분량을 분석하는 방법이다.

① <u>**유분 함유량**</u> : 피지 분비량을 분석한다.
② <u>**수분 함유량**</u> : 수분 보유량을 분석한다.

피부분석 시 주의사항

- 확대경이나 우드램프 사용 시 아이패드로 눈을 보호한다.
- 우드램프 사용 시 어두운 암실에서 고객과 5~6cm 거리를 두고 봐야 한다.
- <u>세안 후 우드램프를 사용하여 측정</u>한다.

---

03 피부 분석표

고객카드

병력과 부적응증								
• 심장병	□ (없다)	• 갑상선	□ (없다)	• 화장품 부작용	□			
• 고혈압	□ (없다)	• 간질	□ (없다)	• 금속판 · 핀	□ (없다)			
• 당뇨	□ (없다)	• 알레르기	□ (없다)	• 현재 복용중인 약	□			
• 임신	□ (없다)	• 수술여부	□ (없다)	• 기타	□ (없다)			

성명		미혼	기혼	성별		남 / 여
주소						
생년월일				E - mail		
직업				H.P		

고객 피부 타입										
• 피부결	곱다	☐	복합적	☐	거칠다	☐				
• 피부보습정도	높다	☐	보통	☐	낮다	☐				
• 피지량	높다	☐	보통	☐	낮다	☐				
• 모공크기	크다	☐	보통	☐	작다	☐				
• 혈액순환정도	좋다	☐	보통	☐	나쁘다	☐				
• 색소침착내역	많다	☐	보통	☐	없다	☐				
• 피부 탄력도	좋다	☐	보통	☐	나쁘다	☐				
• 피부 민감도	정상	☐	민감	☐	과민감	☐				
• 피부 주름	표면주름	☐	표정주름	☐	노화주름	☐	없다	☐		
• UV예민도	I	☐	II	☐	III	☐	IV	☐	V	☐
• 피부 타입	정상	☐	건성	☐	지성	☐	복합성	☐		
• 피부 상태	좋다	☐	보통	☐	나쁘다	☐				

코메도	
흉터	
주근깨	
기미	
모세혈관 확장	
점 · 모반	
색소결핍	
섬유종	
사마귀	
기타	

관리순서 · 제품의 주요기능 및 함유성분 설명				
관리목적 및 기대효과				
클렌징	☐ 오일	☐ 크림	☐ 밀크/로션	☐젤	☐ 기타( )
딥클렌징 타입	☐ 고마쥐	☐ 효소	☐ 스크럽	☐ A.H.A	☐ 기타( )
	☐ 스티머	☐ 프리마톨(brushing)			
손을 이용한 관리 시 제품 타입	☐ 오일	☐ 크림	☐ 젤	☐ 앰플	☐ 기타( )
관리 형태	☐ 일반	☐ 아로마	☐ 림프		☐ 기타( )
마스크 및 팩	☐ 크림 타입 팩	☐ 파우더 타입 팩	☐ 젤 타입 팩	☐ 석고 마스크	
	☐ 모델링 마스크	☐ 콜라겐 마스크	☐ 기타( )		
고객관리계획				
가정 관리 조언				

chapter 03 클렌징

01 클렌징의 목적 및 효과

1 클렌징의 정의

피부 표면에 묻어 있는 메이크업 찌꺼기 및 노폐물을 제거하여 피부의 상태를 깨끗하게 유지한다.

2 클렌징의 목적 및 효과 ★★

① 피부 표면의 노폐물(메이크업, 먼지, 피지, 땀 등)을 제거하여 피부 상태를 깨끗하고 건강하게 유지시킨다.
② 표피의 미세 각질을 제거하여 피부 호흡과 신진대사를 원활하게 한다.
③ 클렌징 다음 단계에서 화장품의 흡수를 돕는다.

02 클렌징 제품 ★★

1 포인트 메이크업 클렌징(1차 클렌징)

포인트 메이크업 리무버를 이용하여 아이섀도, 아이라인, 마스카라 등의 눈화장과 입술화장을 지울 때 사용한다.

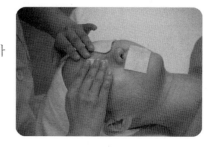

포인트 메이크업 클렌징 시 주의사항

- 콘택트렌즈를 뺀 후 시술한다.
- **클렌징은 제일 먼저 눈 부위부터 닦아낸다.**
- **아이라인 제거 시 안에서 밖으로 닦아낸다.**
- 마스카라를 짙게 한 경우 눈에 자극이 되지 않도록 가볍고 깨끗이 닦아낸다.
- **입술화장 제거 시 윗입술은 위에서 아래로, 아랫입술은 아래에서 위로 닦아낸다.**

2 클렌징 워터

① 세정용 화장수의 일종으로 가벼운 메이크업 화장을 지울 때 사용된다.
② 액상 타입의 세정제이며, 끈적임이 없다.

3 클렌징 폼

① 거품 형태의 클렌징으로 피부에 자극이 없다.
② 유성 성분과 보습제가 함유되어 있어 당기거나 건조해지는 것을 방지한다.
③ 수성의 오염물질은 세정이 가능하다.

4 클렌징 로션 ★★

① **친수성(O/W, 수중유형) 에멀전 상태**의 제품으로 **물에 오일이 분산된 타입**이다.
② 클렌징 크림에 비해 수분 함유량이 많아 물에 잘 용해된다.
③ 클렌징 크림에 비해 세정력이 떨어지므로 **옅은 화장을 지울 때 적합하다.**
④ **건성, 민감성, 노화 피부 타입**에 적당하다.

5 클렌징 크림 ★★

① **친유성(W/O, 유중수형) 크림 상태**의 제품으로 **오일에 물이 분산된 타입**이다.
② 유성 메이크업을 했을 때 사용하기 적당하다.
③ **이중세안이 필요**하다.

6 클렌징 젤 ★★

① 세정력이 우수하여 이중세안이 필요 없다.
② 오일 성분이 없어 **지성 피부에 적합**하다.

7 물

① **찬물(10~15℃)** : 혈관을 수축시키고 상쾌한 느낌을 준다. 세정 효과는 약하다.
② **미지근한 물(15~21℃)** : 피부에 안정감을 부여하고, 약간의 각질제거 효과와 세정 효과가 있다.
③ **따뜻한 물(21~35℃)** : 약간의 혈관확장이 있으며, 각질제거 효과와 세정 효과가 크다.
④ **뜨거운 물(35℃)** : 피부의 긴장감이 떨어지며, 혈관확장이 심하다. 각질제거 효과와 세정 효과가 우수하고, 피부노화가 빠르다.

> <u>온도가 높을수록 혈관확장과 세정 효과가 크다.</u>

8 클렌징 오일

① 물과 친화력이 있는 오일 성분을 배합시킨 제품으로 물에 쉽게 녹는다.
② 건성 피부, 노화 피부, 수분부족의 지성 피부, 민감성 피부에 적당하다.
③ <u>방수(워터프루프, Waterproof) 마스카라의 경우 클렌징 오일로 제거할 수 있다.</u>

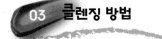

03 클렌징 방법

1 클렌징 시술법

① 포인트 메이크업 리무버를 솜에 도포하기 → 눈과 입술에 화장솜 올려놓기 → 눈썹과 아이섀도 지우기 → 마스카라, 아이라인 지우기 → 입술 지우기
② 클렌징 제품을 손에 덜어 이마, 볼, 코, 턱, 목에 도포한다.
③ 목을 가볍게 위로 쓸고 양볼을 귀 방향으로 돌려준다.
④ 콧방울은 중지로 돌려 콧대 쪽으로 쓸어 올린다.
⑤ 이마를 쓸어 올린다.
⑥ 눈 주위를 돌린 후 관자놀이에서 끝낸다.

> **클렌징 동작 시 주의사항**
>
> • <u>클렌징 동작 시 위를 향할 때는 힘을 주고, 내릴 때 힘을 뺀다.</u>
> • 클렌징 시간은 3분을 넘기지 않는다.

2 티슈 사용법

티슈는 클렌징 크림 타입을 사용했을 경우 유분기를 1차적으로 제거하기 위해 사용한다.

① 티슈를 삼각형으로 접어 이마에서 코까지 눌러주고 티슈를 뒤집어 코에서 턱까지 다시 한 번 눌러준다.

② 목, 가슴 위까지 가볍게 눌러 닦는다.

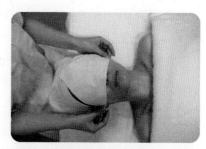

3 해면 사용법

① 해면볼에서 해면을 꺼내 가볍게 물을 짜고 눈에서부터 시작하여 얼굴 전체, 가슴 순으로 해면을 사용하지 않은 부위로 가볍게 닦아준다.

② 해면을 사용한 후에는 중성세제로 씻어 자외선 소독기에 넣는다.

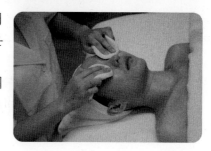

4 습포 사용법

① **온습포** ★

   ㉠ **모공을 확장시켜 노폐물의 배출**을 돕는다.

   ㉡ **각질관리와 피지분비를 원활**하게 한다.

   ㉢ **혈액순환**을 원활하게 한다.

   ㉣ **적절한 수분공급의 효과**가 있다.

② **냉습포** ★

   ㉠ 모공, 혈관을 수축시켜 피부에 탄력을 준다.

   ㉡ 피부를 진정시킨다.

   ㉢ 팩 제거 후 **마무리 단계**에서 사용한다.

③ 시술법

   ㉠ 습포를 코 아래에 놓고 습포의 양끝을 잡아당긴다.

   ㉡ 삼각형으로 양볼과 이마를 감싼다. 이때 코가 막히지 않도록 한다.

   ㉢ 눈 → 이마 → 코 → 뺨 → 턱 → 귀를 닦아 준 후, 습포를 접어서 목 → 가슴 → 어깨를 닦아준다.

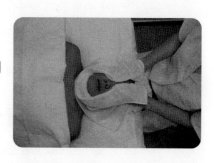

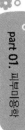

5 화장수(3차 클렌징)

(1) <u>사용목적</u> ★

① <u>화장품 및 세안제의 잔여물을 제거하고 피부의 밸런스를 유지</u>한다.
② <u>수분을 공급하고 모공을 수축</u>시킨다.

(2) 시술법

화장수를 묻힌 솜을 손가락에 끼워서 눈에서 볼, 코, 입주위를 돌려 반대 방향으로 닦아 이마까지 올라간다. 목은 윗 방향으로 닦아준다.

(3) 종류

① 유연 화장수 : 메이크업 잔여물 제거와 피부결을 정돈한다(건성 피부).
② **수렴 화장수** : 각질층에 수분 보충과 **모공수축 효과**가 있다(지성 피부).
③ 소염 화장수 : 수렴 성분과 소염 성분(살균, 소독)으로 지성 피부나 여드름 피부에 효과적이다.

chapter 04 딥클렌징

01 딥클렌징의 목적 및 효과 ★★

1 목적

표피의 죽은 각질을 제거하여 피부가 재생되는 과정에서 <u>**진피층의 콜라겐 섬유 합성이 촉진**</u>되어 피부에 <u>**영양물질의 침투를**</u> 높여 주고 깨끗하고 탄력있는 피부를 만든다.

2 효과

① <u>모공 속의 피지와 깊은 단계의 묵은 각질을 제거</u>한다.
② <u>칙칙하고 각질이 두꺼운 피부에</u> 효과적이다.
③ 각질 세포를 제거하여 <u>**영양성분의 침투**</u>를 용이하게 한다.
④ 물리적인 딥클렌징제는 문질러줌으로써 <u>**혈액순환을 촉진**</u>시킨다.
⑤ 피부톤이 맑아진다(혈색을 좋아지게 한다).

02 딥클렌징 제품 및 방법 ★★★

1 물리적 방법

① **스크럽(Scrub)** : 미세한 알갱이가 있는 세안제로 도포 후 물을 묻혀 가볍게 문지른다. 피부의 죽은 각질을 제거하는 딥클렌징제이다. 민감성 피부에는 사용을 하지 않는 것이 좋다.

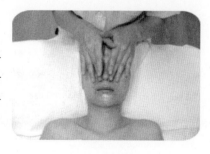

◆ 시술법
- 적당히 바른 후 물을 묻혀가며 부드럽게 마사지하듯 문지른다. 노화된 각질과 피부의 불순물, 과잉피지 등이 제거된다.
- 3~4분 정도 스크럽을 문지른 후 젖은 해면으로 제거한다.

② 고마쥐(Gommage) : 제품을 바른 후 마르기 시작하면 손으로 밀어서 때처럼 제거하는 딥클렌징제이다.

◆ 시술법
- 눈과 입술을 제외한 얼굴에 바른 후 마르기 시작하면 근육결 방향으로 손으로 **밀어서 때처럼 제거**한다.
- 손 끝에 물을 묻혀 가볍게 닦아낸다.

2 화학적 방법

① **효소(엔자임, Enzyme) : 에스테틱에서 주로 사용된다.**
효소의 촉매작용으로 효소가 반응물질과 작용하여 죽은 각질을 분해해서 각질을 제거하는 방법이다.

ㄱ **파파야 나무에서 추출한 파파인(Papain) 성분**으로 노화된 각질을 자극 없이 제거한다.

ㄴ 크림 타입과 파우더 타입이 있으며, **시간, 온도, 습도를 적절히 조절**하여야 한다.

ㄷ **모든 피부에 적용이 가능하며, 특히 피부 자극이 적어 여드름 피부, 민감성 피부에 효과적**이다.

◆ 시술법
- 팩 붓으로 효소제품을 얼굴에 바른다.
- 스티머를 이용하여 15분 정도 분사시킨다(스티머가 없을 경우 온습포로 대체한다).
- **문지르는 동작 없이 해면으로 닦는다.**

② **AHA(알파 히드록시 액시드, Alpha Hydroxy Acid)** ★★
ㄱ 주로 **과일류에서 추출한 산**으로 A.H.A는 **Alpha Hydroxy Acid**를 줄인 말이다.

ⓛ 죽은 각질세포를 제거하고 진피층의 콜라겐 생성을 촉진하며, 대표적 성분으로 글리콜산이 있다.

ⓒ 기능

 ⓐ pH 3.5 이상을 사용하고, 화장품 농도는 10% 미만이 적당하다.

 ⓑ 각질세포 사이의 **응집력을 약화**시켜 각질이 쉽게 제거된다.

 ⓒ 수용성이므로 각질을 제거해도 수분을 공급하여 건조해지지 않는다.

ⓔ 종류

 ⓐ **글리콜릭산**(Glycolic acid, 글리콜산) : **사탕수수에서 추출, 분자량이 가장 작아 침투력이 우수**하다.

 ⓑ **젖산(Lactic acid)** : 발효된 우유에서 추출한다.

 ⓒ **구연산(Citric acid)** : 오렌지, 레몬에서 추출한다.

 ⓓ **말릭산(Malic acid)** : 사과, 복숭아에서 추출, 능금산이라고도 한다.

 ⓔ **주석산(Tataric acid)** : 포도, 바나나에서 추출한다.

 ◆ 시술법

  – 면봉이나 팩 붓을 이용하여 근육결 방향대로 신속하고 균일하게 도포한다.

  – 일정 시간 경과 후 **냉습포**로 닦아낸다.

3 기기를 이용한 딥클렌징

① 스티머(Steamer) : 따뜻한 수증기가 분사되어 혈액순환을 도와 피부의 모공을 열어 주고, 마사지하는 동안의 죽은 각질을 부드럽게 제거한다.

② 전기세정(**디스인크러스테이션, Disincrustation**) ★ : 갈바닉 전류를 이용한 관리로서 (−)극에서 **딥클렌징 앰플**을 사용한다. 피지와 모공속 불순물을 제거하고 혈액의 흐름을 촉진하며 피부에 알칼리 반응을 일으킨다.

③ 전기 브러싱(프리마톨, Frimator) : 브러싱기기는 각기 다른 속도로 회전하는 작은 솔로 구성되어 있다. 솔은 **양모**로 부드러운 것부터 거친 것까지 있으며, 이는 죽은 각질을 제거하고 노폐물을 제거하는 데 이용된다.

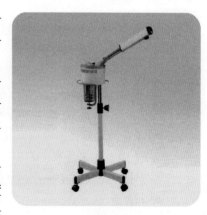

〈스티머〉

4 딥클렌징 시 주의사항

① 여드름 피부 또는 염증 부위에 스크럽 사용은 피한다.

② 민감성 피부는 가급적 딥클렌징을 하지 않는다.

③ 효소의 경우는 스티머를 사용한다(단, 스티머가 없을 경우 온습포로 대체할 수 있다).

④ <u>AHA는 스티머를 사용하지 않는다.</u>

5 기타

필링(Peeling)이란 '껍질을 벗기다'라는 뜻으로, 여러 가지 방법으로 두꺼워진 피부의 각질을 탈락시키는 것이다.

◆ **의료영역에서의 필링의 종류**

- TCA필링(Tri chloroacetric acid) : 단백질을 응고시키는 작용을 이용한 필링
- BP(벤조일퍼옥사이드, Benzoyl peroxide) : 여드름 피부에 효과적인 필링
- 크리스탈 필링(Crystal peeling) : 크리스탈 가루를 이용한 물리적 방법의 필링
- BHA(베타하이드로시 엑시드, Beta-Hydroxy acid) : 버드나무껍질, 윈터그린 나뭇잎, 자작나무에서 추출. 대표적 성분으로 살리실산이 있음. 항염 효과가 있어 여드름, 노화, 지성 피부에 효과적

chapter 05 피부 유형별 화장품 도포

01 화장품 도포의 목적 및 효과

1 목적 및 효과

① **세안** : 피부를 청결히 하고 건강하게 유지시켜 주기 위해 사용한다.
② **피부 정돈** : 비누세안에 의해 알칼리화 된 피부의 pH 밸런스를 맞춰 정상적인 상태로 피부결을 정돈해 준다.
③ **피부 보호** : 피부 표면의 건조함을 방지하고 외부 환경으로부터 피부를 보호한다.
④ 피지와 땀으로 만들어진 천연피지막을 보충하는 작용을 한다.

> **피부 유형을 분류하는 기준**
>
> <u>피지 분비 상태</u>에 따라 피부 유형을 분류할 수 있다.

02 피부 유형별 화장품 종류 및 선택과 관리

1 정상 피부(Normal skin, 중성 피부)

피지선과 한선의 활동이 가장 이상적인 피부 타입으로, 수분함량과 피지 분비량이 적절한 균형을 이루는 유형이다.

(1) 특징

① 피부결이 매끄럽고 깨끗하게 보인다.
② 세안 후 피부 당김이나 번들거림이 없다.
③ 수분과 피지의 분비가 균형을 이루고 있다.
④ 기미, 주근깨 등의 색소도 없고 여드름 등 잡티가 없는 상태이다.
⑤ 모공이 섬세하고 피부 탄력성이 좋다.
⑥ 세균에 대한 저항력을 가지고 있다.
⑦ 메이크업의 지속성이 잘 유지된다.

(2) 관리목적

수분과 유분의 균형을 맞춰 가장 이상적인 현재의 피부 상태를 유지한다.

(3) 관리방법

올바른 식생활과 계절, 나이, 환경을 고려한 화장품을 사용하여 현재의 피부 상태를 유지한다.

(4) 화장품 종류 및 선택

① **클렌징** : 클렌징 로션 타입을 선택하여 피부의 노폐물을 제거한다.
② **딥클렌징** : 주 1회 효소 타입으로 죽은 각질을 가볍게 제거한다.
③ **보습 성분** : 히알루론산 등이 함유되어 있는 세럼이나 앰플을 도포한다.
④ **팩** : 보습 성분이 함유되어 있는 마스크를 적용한다.
⑤ **마무리** : 보습용 크림과 자외선 차단제를 사용하여 피부를 보호한다.

2 건성 피부(Dry Skin) ★★

피지선의 기능저하와 수분의 결핍이 원인이 되어 나타나는 타입이다. 계절변화나 건강상태, 잘못된 피부관리 습관, 잦은 사우나 등에 의해 건조해진다.

(1) 특징 ★★

① 표피가 얇고 모공이 작다.
② 각질탈락현상이 생긴다.
③ 눈 주위에 잔주름이 발생하기 쉬우므로 다른 피부 타입보다 **노화현상이 빨리 온다.**
④ 세안 후 당긴다.
⑤ 여드름이 잘 나지 않는다.
⑥ 메이크업이 잘 받지 않는다.

⑦ 민감성이나 모세혈관 확장 피부로 전환되기 쉽다.

(2) 관리목적

① **피지선의 분비 기능을 활성화**시킨다.
② 피부를 건조하게 할 수 있는 외부 환경으로부터 보호한다.
③ 피부에 **유·수분을 공급하여 보습 기능을 활성화**시킨다.

(3) 관리방법

① 유·수분을 공급하여 보습 기능을 활성화한다.
② 피부가 건조해지지 않도록 수분과 영양을 공급한다.
③ **석고 마스크, 콜라겐 벨벳, 해초 팩** 등의 관리가 적당하다.
④ 사우나 또는 실내 냉·난방의 사용은 가급적 피한다.

(4) 화장품 종류 및 선택

① **클렌징** : 클렌징 로션이나 오일, 크림 타입을 사용한다.
② **딥클렌징** : 고마쥐나 효소 타입을 사용한다.
③ **영양공급** : 콜라겐이나 천연보습인자 성분이 함유된 보습 앰플을 도포한다.
④ **매뉴얼 테크닉 : 영양 크림이나 유분 크림을 사용한다.**
⑤ **팩 : 콜라겐이나 히알루론산, 세라마이드 성분이 함유된** 크림 팩을 사용한다.
⑥ **마무리** : 보습 앰플, 보습 크림을 바른 후 자외선 차단제를 사용하여 피부를 보호한다.

건성 피부의 종류

- 수분부족 건성 피부
  한선의 기능저하 또는 한선과 피지선은 정상이나 후천적으로 피부세포가 지닌 보습함량의 부족으로 예민, 조기노화 피부이다.
  – 관리 : 수분 공급이 주목적이다.
  – 종류 : **표피수분 부족**(지나친 수분 부족이 원인)은 **잔주름을 형성**하게 되고, 더 진행된 **진피수분 부족** (피부의 내부 수화능력의 저하로 엘라스틴 자체가 변성, 탄력저하)은 **굵은 주름**, 노화성 주름을 많이 형성한다.
- 유분부족 건성 피부
  – 피지선의 기능저하
  – 관리 : 피지선의 기능 활성화로 피지 분비량이 증가되도록 한다.
- 수분과 유분부족 건성 피부
  피지막 형성의 저조, 피부의 수화능력이 부족하여 수분 증발현상으로 예민 동반, 노화 진행속도가 빠른 피부이다.
  – 원인 : 대부분 유전적인 영향을 받아 한선과 피지선의 기능이 저하되어 있다.

3 지성 피부(Oily skin) ★

피지선의 기능이 비정상적으로 항진되어 피지가 과다 분비되는 피부 유형을 말한다. T-zone 뿐만 아니라 볼 부위를 비롯하여 전체적으로 피지 분비가 왕성하여 피부 표면이 항상 번들거리는 피부 유형이다.

(1) 특징 ★

① 각질층의 피부가 두껍고 피부결이 곱지 않다.
② 피부의 끈적임이 있고 유분이 겉돌아 번들거린다.
③ 투명감이 없고 화장이 잘 지워지며 시간이 지나면 칙칙해 보인다.
④ 여드름 피부로 전환되기 쉽다.
⑤ 모공이 확장되어 있다.

(2) 목적

① 피지 분비를 조절하여 피부가 번들거리지 않도록 한다.
② 각질 축적으로 인해 모공이 막히지 않도록 한다.

(3) 관리방법

① 알코올이 적당히 함유된 제품으로 과도한 피지를 제거한다.
② 지나친 자극은 오히려 피지 분비를 초래할 수 있으니 조심한다.
③ 유분이 함유된 제품의 사용은 피하고, **오일 프리 제품**을 권장한다.
④ 피지 흡착라인의 **클레이, 머드 계열** 마스크를 적용한다.

(4) 화장품 종류 및 선택

① **클렌징** : **클렌징 젤 타입**을 사용한다.
② **딥클렌징** : 스크럽이나 효소 타입을 사용한다. 염증성 여드름이 없는 경우는 전기브러싱을 사용할 수 있다.
③ **영양공급** : 피지조절 성분이 함유된 앰플을 사용한다.
④ **매뉴얼 테크닉** : 지성 피부용 크림이나 유분기가 적은 크림을 사용한다.
⑤ **팩** : **피지 흡착력이 있는 머드나 클레이 팩을 사용한다.**
⑥ **마무리** : 지성 피부용 보습제를 바른 후 자외선 차단제를 사용하여 피부를 보호한다.

오일 프리(Oil free) 화장품이란?

미네랄 오일이 함유되어 있지 않는 화장품으로 지성 피부나 여드름 피부에 효과적이다.

---

4 복합성 피부

복합성 피부는 피지 분비량의 불균형으로 얼굴 부위에 따라 서로 다른 피부 유형을 두 가지 이상 가지고 있는 상태를 말한다.

(1) 특징

① T−zone은 모공이 크고 유분이 많다.
② 볼 부위는 피지분비가 적어 당김현상이 있다.
③ 눈 주위는 잔주름이 쉽게 생길 수 있다.
④ 얼굴 전체의 피부톤이 고르지 않다.
⑤ 피지분비가 많은 부위는 메이크업이 잘 지워진다.

(2) 관리목적

① 피지분비를 조절한다.
② 피부의 유분과 수분의 균형을 조절한다.

(3) 관리방법

① 유분이 많은 부위(T−zone)는 손을 이용한 관리를 행하여 모공을 막고 있는 피지 등의 노폐물이 쉽게 나올 수 있도록 한다. 또한 유분이 부족한 부위(U−zone)는 보습력을 강화시켜 준다.
② U−zone과 T−zone의 pH 밸런스를 유지하도록 관리한다.

(4) 화장품 종류 및 선택

① 클렌징 : 클렌징 로션이나 젤 타입을 사용한다.
② 딥클렌징 : 스크럽이나 효소 타입을 사용한다.
③ 영양공급 : T−zone 부위에 피지조절 앰플을 사용하고, 볼 부위는 보습 앰플을 사용한다.
④ 매뉴얼 테크닉 : 보습용 영양 크림이나 복합성용 크림을 사용한다.
⑤ 팩 : T−zone 부위는 클레이나 머드를 사용하고, U−zone 부위는 보습용 팩을 사용한다.
⑥ 마무리 : 보습용 에멀전을 바른 후 자외선 차단제를 사용하여 피부를 보호한다.

5 민감성 피부 ★

외부 자극에 민감한 반응을 보이며 특정 부위의 피부가 붉어지거나 염증이 나타나는 것을 말한다.

(1) 특징 ★★

① 피부조직이 섬세하고 얇다.

② 피부가 건조하고 당긴다.
③ 환경이나 온도에 민감하다.
④ 색소침착이 쉽게 생길 수 있다.

(2) 목적

① 충분한 보습관리를 통해서 **피부자극을 줄이고 피부를 진정시킨다.**
② **쿨링 효과**를 준다.

(3) 관리방법

① 진정 및 보습, 쿨링 효과가 있는 제품을 사용한다.
② 세안 시 거품을 이용하여 미온수로 완전히 헹군다.
③ 민감한 피부는 가급적 딥클렌징을 피한다.
④ 석고 팩이나 자극이 되는 제품의 사용을 피한다.
⑤ **알코올 성분이 들어간 화장품을 피한다.**

(4) 화장품 종류 및 선택

① **클렌징** : 민감성 전용 클렌징 로션을 사용한다.
② **딥클렌징** : 민감한 부위는 제외하고 효소 타입을 사용한다(스크럽제는 사용금지).
③ **영양공급** : 민감성 피부용 앰플을 사용한다.
④ **매뉴얼 테크닉** : 민감성 피부용 보습 크림으로 짧게 실시한다.
⑤ **팩** : 진정효과가 우수한 **아줄렌(Azulene), 알란토인(컴프리뿌리), 알로에, 비타민 B₅(판토텐
산)성분**의 팩을 사용한다.
⑥ **마무리** : 민감성 피부용 보습 크림을 사용 후 자외선 차단제를 사용하여 피부를 보호한다.

> ❗ **주의사항**
> * 민감성 피부는 화장품을 바르기 전 첩포시험(패치 테스트, Patch Test)을 하여 피부에 맞
>   는지 확인을 한 후 사용하는 것이 좋다.
> * 알코올이 들어간 성분의 화장품을 사용하지 않는다.
> * 석고 팩 등 피부에 자극되는 화장품은 피한다.

6 여드름 피부 ★

모낭 내의 과잉분비된 피지가 피부 표면으로 배출되지 못하고 각질층의 죽은 세포와 함께 모공 내
에 축적되어 염증반응이 일어나 피부 구조가 파괴되는 상태이다.

(1) 특징

① 호르몬의 불균형으로 피지분비가 왕성해진다.
② 모공 내 각질이 쌓여 피지가 배출되지 못한다.
③ 산성막 파괴로 박테리아 증식이 용이하다.
④ 유전력이 작용한다.
⑤ 스트레스 호르몬에 의해 피지분비가 증가하여 염증이 잘 생긴다.

(2) 관리목적

① **피지제거** 및 피지분비를 조절한다.
② 증식된 모공 속 **죽은 각질을 제거**한다.
③ **박테리아 증식을 억제한다.**

(3) 관리방법

① 여드름 전용 제품을 사용한다.
② 붉어지는 부위는 너무 진한 화장을 피한다.
③ 지나친 당분이나 지방 섭취는 피한다.
④ 유분 크림보다는 수분 크림이나 에센스를 사용한다.

(4) 화장품 종류 및 선택

① **클렌징** : 클렌징 젤 타입을 사용한다.
② **딥클렌징** : 전극을 이용한 디스인크러스테이션 방법이나 AHA를 사용한다.
③ **영양공급** : 피지조절제 앰플을 사용한다.
④ **매뉴얼 테크닉** : 여드름은 물리적 자극에 더 심하게 번질 수 있으므로 가급적이면 하지 않는다.
⑤ **팩** : 피지분비 조절 성분(**살리실산, 비타민 A(레티놀), AHA**)이나 여드름 전용 팩을 사용한다.
⑥ **마무리** : 여드름 전용 젤이나 보습제를 바른 후 유분기가 적은 자외선 차단제를 사용하여 피부를 보호한다.
⑦ **홈케어 관리**
    ㉠ 여드름 전용 제품을 사용하도록 한다.
    ㉡ 지나치게 진한 화장은 피하도록 한다.
    ㉢ 지나친 당분이나 지방의 섭취는 피한다.
    ㉣ 얼굴이 당길 경우 수분 에센스나 수분 크림을 사용한다.

> **여드름의 종류**
>
> - 비염증성 여드름(염증 전 단계)
>   - 여드름의 생성(Micro-comedo)
>   - 흰색 여드름(폐쇄면포, White head, Closed comedo, 백두여드름) : 피부에 좁쌀 모양으로 존재
>   - 검은색 여드름(개방면포, Black head, Open comedo, 흑두여드름) : 일반적으로 코 주변에 발생하며, 피지 부위가 산화되어 모공 끝이 까맣게 변하며. 딥클렌징으로 검게 산화된 부위에 관리가 필요하다.
> - 염증단계
>   - 붉은색 여드름(<u>구진</u>, Papule) : 세균 감염으로 혈액이 몰려 심한 <u>통증, 부종, 붉어지는 현상이 발생한다.</u>
>   - 화농성 여드름(<u>농포</u>, Pustule) : 구진상태에서 3일 정도 후 염증이 약간 진정되는 시기로 모공 안에 농이 있는 상태이다.
>   - 결절성 여드름(<u>결절</u>, Nodule) : 여드름 상태가 딱딱하게 느껴지고 검붉은 색상을 띠며 면포가 부서져 작은 결절이 생긴다. 형태가 크고 염증이 심하며 흉터 가능성이 높다.
>   - 낭종성 여드름(<u>낭종</u>, Cyst) : <u>여드름 가운데 염증상태가 가장 크고 여드름 주변 조직이 심하게 손상되어 치료 후 흉터가 남는다.</u> 말랑말랑한 느낌으로 어두운 색을 보인다.

7 노화 피부

나이로 인해 피부 생리기능이 저하되는 자연현상으로, 외부 환경에 대한 반응이 떨어져 피부의 보습력 또는 탄력성이 저하된 상태를 말한다.

(1) 특징

① 수분과 피지가 부족하다.
② 잔주름, 굵은 주름이 있다.
③ 잡티, 갈색반점(검버섯)이 생긴다.
④ 각질화 현상이 심하게 진행된다.

(2) 목적

① 피부의 수분과 피지분비를 정상화시켜 보습력과 탄력성을 증가시킨다.
② 건강하고 탄력있는 피부로 활성화시킨다.

(3) 관리방법

① 수분을 보충하며 각질층의 규칙적인 손질이 필요하다(주름 완화).
② 자외선 차단제를 발라 자외선으로부터 광노화의 진행을 방지한다(**결체조직 강화**).
③ 지속적인 영양공급 관리를 한다.

(4) 화장품 종류 및 선택

① **클렌징** : 클렌징 크림 타입을 사용한다.
② **딥클렌징** : 고마쥐나 효소 타입을 사용하여, 정기적으로 노화된 각질을 제거한다.
③ **영양공급** : 유ㆍ수분이 충분히 함유된 화장품을 사용한다.
④ **매뉴얼 테크닉** : 정기적으로 영양 마사지를 실시한다.
⑤ **팩** : 유효성분이 많은 팩을 사용한다.
⑥ **마무리** : 노화 피부용 영양 크림을 사용 후 자외선 차단제를 사용하여 피부를 보호한다.

8 모세혈관 확장 피부 ★

모세혈관의 신축성이 저하되어 혈관이 약화되거나 파열, 확장된 피부를 말한다.

(1) 특징

① 얼굴 중 피부온도가 낮고 얇은 볼이나 콧망울 부위에 비정상적인 혈액순환으로 각화과정이 빨라 표피의 각질층이 얇아서 외부요인에 쉽게 민감한 반응과 울혈현상을 보인다.
② 건조하여 당김을 잘 느끼며, 탄력성과 긴장감이 저하되어 피부가 늘어진다.

(2) 관리방법

① 민감성 피부와 같은 방법으로 관리한다.
② 진정 성분인 **아줄렌 성분이나 하마멜리스, 알로에, 루틴 성분의 제품**을 사용한다.
③ **필링은 가급적이면 하지 않는다.**
④ **무알코올 제품을 사용한다.**

> **모세혈관 확장증**
>
> • 민감성 피부는 모세혈관 확장증 피부로 쉽게 변할 수 있다.
> • **모세혈관 확장증**은 모세혈관이 이완된 것으로, 흔히 **실핏선**이라고 한다.

9 색소침착 피부 ★

염증반응 후 멜라닌 색소의 침착이 증가해서 생기는 질환 피부이다.

(1) 관리방법

① AHA로 정기적인 각질제거를 한다.
② **비타민 C**를 이온토포레시스(이온화)기기를 이용하여 피부 깊숙이 침투시킨다.

③ 보습 위주의 관리를 한다.

④ 자외선 차단제를 바른 후 외출을 한다.

피부색을 결정하는 멜라닌색 ★

구분	색상	분포 부위
멜라닌	흑색	표피의 기저층
헤모글로빈	적색	진피의 혈관
카로틴	황색	피하조직

chapter 06 매뉴얼 테크닉

01 매뉴얼 테크닉의 목적 및 효과

① 혈액순환을 원활히 한다.
② 피부 기능과 피부 호흡을 촉진시켜 피부에 영양을 공급한다.
③ 근육을 이완시키고 강화시켜 준다.
④ 세포재생을 도와준다.
⑤ 심리적인 안정감을 준다.
⑥ 화장품의 유효물질 흡수를 도와준다.
⑦ **내분비 기능**(호르몬에 관련)에 도움을 준다.
⑧ **결체조직의 긴장과 탄력성을 부여한다.**

02 매뉴얼 테크닉 종류 및 방법 ★★

1 경찰법(Effleurage, 쓰다듬기)

① **손바닥 전체를 이용하여 부드럽게 쓰다듬는 동작**이다.
② **마사지의 시작과 끝 동작, 연결 동작**에 주로 사용한다.
◆ 효과
– 혈액 및 림프순환을 촉진시킨다.
– 근육을 이완시킨다.
– 신경 및 피부에 **진정작용**을 한다.

2 강찰법(Friction, 문지르기, 마찰하기)

네 손가락의 끝부분이나 엄지를 이용하여 원을 그리듯이 가볍게 움직이는 방법이다.

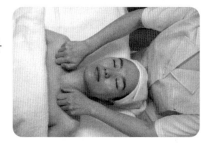

◆ 효과
- 피부의 신진대사를 촉진시킨다.
- 노폐물을 빠르게 배출시킨다.

3 유연법(Patrissage, 반죽하기, 주무르기)

손가락과 손바닥 사이로 근육 부위를 집어주는 동작과 들어올리거나 꼬집어서 반죽하듯이 주무르는 방법이다.

◆ 효과
- 혈액순환과 림프의 흐름이 증가된다.
- 노폐물 제거에 효과적이다.

유연법의 종류

- 롤링 : 나선형으로 문지르는 동작
- 처킹 : 가볍게 상하(위, 아래)로 움직이며 주무르는 동작
- 린징 : 비틀듯이 주무르는 동작
- 풀링 : 피부를 주름잡듯이 행하는 동작

4 고타법(Tapotement, 두드리기)

주먹이나 손바닥 전체를 이용하여 피부를 빠르게 두드리는 방법이다. 두드리기의 세기는 피부 상태에 따라 정한다.

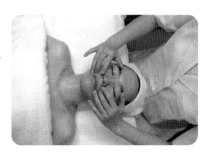

◆ 효과
- 혈액순환을 촉진시킨다.
- <u>신경을 자극하여 결합조직의 탄력성을 증가시킨다.</u>

고타법의 종류

- 태핑 : 손가락을 이용하여 두드리기
- 슬래핑 : 손바닥을 이용하여 두드리기
- 비팅 : 주먹을 가볍게 쥐고 두드리기
- 커핑 : 손바닥을 오므린 상태로 두드리기

5 진동법(Vibration, 흔들기, 떨기)

손 전체나 손가락을 이용하여 피부에 고른 진동을 주는 방법이다.

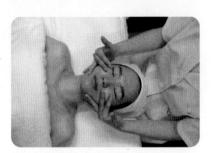

◈ 효과
- 혈액순환 및 림프순환을 촉진시킨다.
- 근육을 이완시킨다.
- 피부의 탄력을 증진시킨다.

재큐어트법(Dr. jacquet, Pinching) : 꼬집기 ★

- 엄지와 검지를 이용하여 피부를 잡아 꼬집듯이 마사지하는 방법이다.
- 효과
  - 모낭 내 피지를 모공 밖으로 배출시킨다(지성, 여드름 피부에 효과적).
  - 림프 흐름을 촉진시킨다.

03 매뉴얼 테크닉 시술

1 구성요소

① 매뉴얼 테크닉은 손을 피부에 밀착시켜 강약을 주면서 연결하여 시술한다.
② 5가지의 시술 방법이 포함되도록 한다(경찰법, 강찰법, 유연법, 고타법, 진동법).
③ 속도는 너무 빠르거나 느리지 않도록 적절한 **리듬에 맞춰** 실시한다.
④ 피부 상태에 따라 오일이나 크림을 사용하여 시술한다.
⑤ 관리사는 바른 자세를 유지하면서 **체중(체간)을 실어서** 관리한다.
⑥ 동작은 피부의 결방향으로 한다.

2 매뉴얼 테크닉의 주의사항

① 관리사의 손 온도는 고객의 체온에 맞춘다.

② <u>너무 오랫동안 마사지를 하지 않는다.</u>

③ 관리사의 손톱은 짧아야 한다.

④ 너무 **강한 압**은 모세혈관이 파열될 수 있으니 **주의**한다.

⑤ 자외선으로 인한 홍반이 있는 경우에는 하지 않는다.

⑥ 악성종양이나 화농성 피부염, 피부 질환이 있는 경우에는 하지 않는다.

⑦ <u>너무 피곤하거나 생리 중일 경우는 삼간다.</u>

chapter 07 팩 · 마스크

01 팩과 마스크의 목적 및 효과

1 목적

팩 · 마스크의 재료나 유효성분에 따라 피부에 진정, 수렴, 보습, 영양을 공급하여 건강한 피부를 유지한다.

2 효과

① **각질제거 효과**
② 유효성분 공급
③ 피부에 수렴작용을 하여 모공 수축
④ 수분공급으로 진정 효과
⑤ 피부신진대사 촉진
⑥ 청정작용

> **팩과 마스크의 차이**
>
> • 팩 : 피부에 바르면 굳어지지 않아 차단막을 형성하지 않고 외부 공기를 통과시킨다.
> • 마스크 : 피부에 바른 후 굳어져 외부의 공기를 차단시켜 유효성분의 침투를 돕는다.

02 팩의 종류 및 사용방법

1 제거 방법에 의한 분류 ★

(1) 워시 오프 타입(Wash off type)

① <u>물로 씻어 제거</u>하는 타입이다.
② 크림 형태, 점토 형태, 젤리 형태, 에어졸 형태, 분말 형태가 있다.
③ 피부에 자극이 적다.

(2) 필 오프 타입(Peel off type)

① 바른 후 건조되면 얇은 필름막으로 벗겨지는 타입이다.
② 젤리 형태, 페이스트 형태, 분말 형태가 있다(석고 마스크, 벨벳 마스크, 고무모델링 등의 형태포함).
③ 피지나 죽은 각질이 함께 제거된다.
④ 떼어 낼 때 피부에 자극이 가지 않도록 한다.

(3) 티슈 오프 타입(Tissue off type)

① 티슈로 닦아내는 방법이다.
② 팩이 피부에 남아 있어도 상관없는 보습, 영양공급 효과가 뛰어난 제품을 사용한다.
③ <u>건성, 노화 피부에는 효과적</u>이지만 여드름, 지성 피부에는 적합하지 않다.

2 유형에 따른 분류

(1) 천연 팩

곡물과 과일, 야채에서 얻을 수 있는 재료로 종류와 성분에 따라 효과가 다르다.
① 보습 팩 : 해초 팩, 오이 팩, 수박 팩
② 진정 팩 : 해초 팩, 수박 팩, 감자 팩, 알로에 팩
③ 미백 팩 : 레몬 팩, 포도 팩, 오이 팩, 딸기 팩

(2) 한방 팩

미용상의 효과가 있는 한방재료로 약리 효과가 탁월하고 문제성 피부에 효과적이다.

(3) 화장품 팩

피부에 유효한 성분으로 크림, 분말, 젤 타입으로 제품화된 것을 의미한다.

❸ 특수 팩

(1) 석고 마스크(Gips mask) ★★

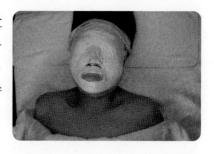

석고와 물의 교반작용 후 크리스탈 성분이 열을 발산하여 굳어지는 마스크이다. 약 40℃ 이상을 8~15분 정도 지속적으로 공급하여 온도 차이에 의한 혈액순환 촉진 효과를 준다.

① 화장품의 유효성분이 피부 속으로 침투하도록 베이스로 바른다.

② 도포 후 팩의 열작용으로 혈액순환이 촉진된다.

③ 늘어진 피부를 끌어 올려 모델링 효과를 준다.

④ 노화 피부나 건성 피부에 효과적이다.

⑤ 모세혈관 확장 피부나 민감성 피부, 화농성 여드름 피부는 피한다.

(2) 고무 마스크(Rubber mask) ★

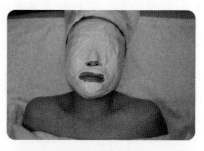

① 분말 타입으로 바른 후 15~20분 정도 지나면 고무처럼 굳는다.

② 진정작용과 수분공급 효과를 준다.

③ 모든 피부에 사용이 가능하다.

(3) 벨벳 마스크(Collagen velvet mask)

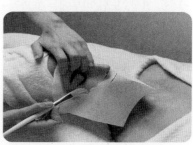

천연 용해성 콜라겐을 침투시키는 데 기포가 생기지 않도록 마스크를 적용한다.

① 콜라겐 성분이 함유된 마스크를 얼굴에 댄 후 화장수나 증류수를 이용하여 도포한다.

② 보습효과와 진정효과가 우수하다.

③ 모든 피부에 적합하지만 특히 수분이 부족한 건성 피부에 효과적이다.

(4) 파라핀 마스크

① 열과 오일이 모공을 열어 주고 피부를 코팅하는 과정에서 발한작용이 발생하는 마스크이다.

② 사용하기 몇 시간 전에 녹여서 사용한다.

③ 45℃ 이상의 발열효과가 있다.

④ 발열작용으로 건성, 노화 피부 및 손·발 관리에 사용된다.

⑤ 발한작용으로 슬리밍 효과를 준다.

4 팩의 사용방법

① 눈에 아이패드를 올려놓는다.

② 팩을 양 볼 → 이마 → 턱 → 코 순으로 균일하게 펴 바른다.

③ 15~20분 후에 팩이 마르면 제거한다.

④ 팩을 제거할 때는 턱에서부터 제거한다.

5 주의사항

① 피부 유형에 맞는 팩을 선택한다.

② 팩 도포는 안에서 바깥으로, 아래에서 위로 바른다.

③ 눈 부위는 반드시 아이패드를 올려놓는다.

④ 천연 팩이나 한방 팩은 <u>즉석에서 만들어 사용</u>한다.

⑤ <u>천연 팩은 흡수시간을 짧게 적용한다.</u>

⑥ 팩을 사용하기 전 알레르기 유무를 확인한다.

⑦ 제품마다 다르지만 팩 적용시간은 10~20분 정도의 범위이다.

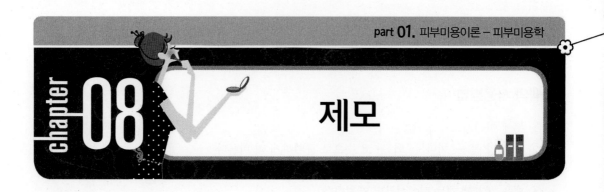

08 제모

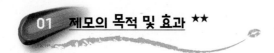

01 제모의 목적 및 효과 ★★

1 정의

미용상 불필요한 신체의 털을 왁스나 가위, 면도기 등을 이용하여 일시적으로 제거하거나 레이저나 전기 등을 이용하여 영구히 제거하는 것을 의미한다.

2 목적 및 효과

① **목적** : 정기적인 제모를 통해 깨끗한 피부를 유지하기 위함이다.
② **효과**
　㉠ 불필요한 털을 제거하여 아름답고 매끄러운 피부를 유지할 수 있다.
　㉡ 모근까지 제거할 경우 재성장이 쉽게 일어나지 않는다.

02 제모의 종류 및 방법 ★★

1 일시적 제모(Depilation)

일시적으로 자라나온 털을 없애는 방법이며 반복적으로 제거가 가능하다.

(1) 면도기를 이용한 제모

① 면도기를 이용해서 털의 <u>**모간부만 제거하게 되며**</u> 털이 쉽게 자라게 되어 정기적으로 제모를 해야 한다.

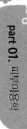

② 방법 : 목욕이나 샤워를 한 후 털이 부드러워졌을 때 클렌저로 거품을 내어 모공을 약간 확장
시킨 후 면도를 실시한다.

(2) 족집게를 이용한 제모

① 눈썹 정리나 왁스 제모를 한 후 덜 뽑힌 털을 제거할 때 족집게를 이용하여 제모한다. 모근까지
제거되어 털이 쉽게 자라지 않는다.

② 방법

  ㉠ 털이 난 방향으로 제거한다.

  ㉡ 족집게로 뽑은 털은 젖은 솜에 놓아 버리고, 수렴 화장수로 정리하고 진정 로션을 바른다.

(3) 화학적 제모(크림 타입) : <u>모간부만 제거</u>

① 화학 성분이 함유되어 있는 <u>크림 타입을 도포</u>하여 <u>털을 연화시켜 제거하는</u> 방법이다. 제모제는
알칼리성이므로 피부 자극에 유의해야 한다.

② 방법

  ㉠ 제모할 부위의 주변 피부에는 바셀린을 바른다.

  ㉡ 크림을 바르고 10~15분 정도 경과 후 제모제와 털을 온수로 닦는다.

  ㉢ 산성 화장수로 정리하고 <u>진정 로션</u>을 바른다.

(4) <u>왁스를 이용한 제모</u> ★★

① <u>모근까지 털을 제거하는 방법</u>으로 털이 자라는 데까지는 시일이 좀 더 걸린다. 제모하기 적당
한 털의 길이는 <u>1cm</u> 정도이다.

② 종류

  ㉠ 온왁스(Warm wax) : 상온에서 고체인 왁스를 왁스포트에 녹여서 사용한다.

    ⓐ 하드왁스(Hard wax) : <u>부직포가 필요없이</u> 녹인 왁스를 피부에 두껍게 바르고 굳혀서 왁
    스 자체를 떼어내는 방법으로, 눈, 입술 주위나 겨드랑이 제모 등에 주로 사용된다.

    ⓑ 소프트왁스(Soft wax) : 가장 일반적인 제모 방법으로, 왁스를 녹인 후 피부에 바르고 면
    패드(부직포, 머절린)를 부착시켜서 한번에 떼어낸다. 주로 팔, 다리 등 넓은 부위의 제모
    에 사용된다.

  ㉡ 냉왁스(Cold wax) : 상온에서 액체로 되어 있어 녹이지 않고 사용할 수 있다.

③ 소프트왁스 시술방법

  ㉠ 제모할 부위를 화장수나 알코올로 소독한다.

  ㉡ 유분기를 없애기 위해 탈컴 파우더를 바른다.

  ㉢ 스파츌라(나무스틱)로 왁스가 녹았는지 온도를 확인한다.

  ㉣ 왁스를 제모할 부위에 털이 난 방향대로 바른다.

ⓜ 면패드(부직포, 머절린)를 대고 **털이 난 반대 방향으로 재빠르게 비스듬히 제거한다.**
ⓗ 진정 로션이나 진정 젤을 바른다.

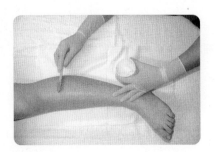

❷ 영구 제모

영구 제모는 시술시간이 길고 시술이 복잡한 편이며 통증을 수반하고 여러 번의 시술을 요하게 된다.

(1) 전기침에 의한 제모

전기를 이용하여 영구적으로 털을 **모근까지 제거**하는 방법이다.
① 전기 분해술(전기침에 의한 제모)
　　㉠ 전류가 통하는 부분을 모근에 꽂아 순간적으로 모근을 없애는 방법이다.
　　㉡ 털 하나 하나에 침을 꽂아야 하기 때문에 시간이 많이 걸리고 여러 번 시술해야만 만족도가 높다.
② 전기 응고술 : 단파(Short wave)에서 나오는 높은 열로 모근의 세포를 가열하여 응고시켜 털을 없애는 방법이다.

❸ 제모 후 주의사항 ★

① 24시간 내 사우나를 삼간다.
② 수영을 하거나 물속에 오래 있는 것은 삼간다.
③ 꽉 조이는 옷이나 팬티스타킹은 삼간다.

❹ 제모를 금해야 하는 경우(부적응증) ★

① 궤양이나 종기가 있는 경우
② 혈전증이나 정맥류가 심한 경우
③ 상처나 피부 질환이 있는 경우
④ 자외선으로 화상을 입은 경우
⑤ **당뇨병 환자**
⑥ 간질 환자

chapter 09 신체 각 부위(팔, 다리 등) 관리

01 신체 각 부위 관리의 목적 및 효과

1 목적

전신의 근육을 이완시키고 혈액과 림프의 흐름을 원활하게 하며, 피부의 탄력을 높여 주고 신진대사를 활성화시키며 심리적 안정을 취하도록 하는 것이다.

2 효과

① 인체의 생리적, 심리적 상태를 안정시키고 정상화한다.
② 노폐물을 제거하여 신진대사를 원활하게 하고, 피부를 정상적으로 유지·관리한다.
③ 피로와 스트레스를 제거하고, 근육을 이완한다.
④ 화장품의 흡수율을 높인다.

02 신체 각 부위 관리의 종류 및 방법

1 개념

물을 활용하는 하이드로테라피(Hydrotherapy), 각종 마사지, 화장품 및 천연재료를 활용하는 각종 관리, 비만 관리 등 신체 관리와 요가, 명상 등을 활용하는 심리 관리 등이 있다.

2 하이드로테라피(Hydrotherapy : 수요법)

물의 물리적·화학적 성질을 이용하여 신체적·심리적 건강을 증진하고, 미용 및 휴식에 도움을 주는 관리법이다. <u>일반적으로 보급된 스파의 형태를 하이드로테라피</u>라 한다.

① **목욕법**

    ㉠ **욕조 재료** : 히노끼, 옥, 크리스털 등 욕조 자체가 지니고 있는 효과를 활용한다.

    ㉡ **열** : 적절한 열을 활용하여 피부와 조직을 이완시키고 순환계 등의 활동을 원활하게 한다.

    ㉢ **입욕 재료** : 해초, 미네랄, 아로마 등을 활용한다.

    ㉣ **컬러** : 욕조에 조명을 설치하여 컬러별 파장을 활용한다.

    ㉤ **압력** : 물과 공기의 압력을 활용한다.

② **비시 샤워(Vichy shower)** : 웨트 룸(Wet room)에 설치하여 몸 전체에 적용된 화장품과 천연 재료를 씻어내거나, 그 자체가 지니고 있는 압력을 활용하여 근육을 이완하고 바이탈 포인트(Vital point)를 자극한다.

③ **스카치 호스(Scotch hose)** : 샤워 헤드나 호스로부터 찬물과 더운물을 교대로 분사시켜 혈액순환을 촉진하고, 피부 토닝 효과를 준다.

③ 마사지

(1) 스웨디쉬 마사지

① 클래식 마사지 또는 유러피안 마사지로 불린다. 주로 관리실에서 행해지고 있는 일반적인 마사지이다.

② 1812년 스웨덴의 의사, <u>**헨리 링(Pehr Henring Ling)에 의해**</u> 중국을 방문한 후 유럽인들의 체질에 맞도록 개발한 것이다.

③ 마사지 효과

    ㉠ 혈액순환과 림프순환을 촉진한다.

    ㉡ 피부에 탄력을 준다.

    ㉢ 근육을 이완시키고 강화시켜준다.

    ㉣ 정신적 긴장을 완화시킨다.

    ㉤ 화장품 유효물질의 흡수를 돕는다.

④ 테크닉의 종류 : 에플러라지(Effleurage), 페트리사지(Petrissage), 프릭션(Friction), 탑포트먼트(Topotment), 바이브레이션(Vibration)

(2) <u>림프드레나지(Lymph Drainage)</u> ★★

1930년대 덴마크의 의사 에밀 보더(Emil vodder)에 의해 창안된 림프의 순환을 촉진시켜 세포의 대사물질 및 <u>노폐물의 배출을 원활</u>하게 하여 조직 대사활동을 돕는 마사지 기법으로 신체의 <u>**부종**</u>과 통증, 피부미용 문제점 등을 <u>**개선**</u>할 수 있다.

① <u>**목적**</u> ★

    ㉠ 림프순환을 촉진시켜 노폐물의 배출을 돕는다.

     ⓛ 혈관을 건강하게 한다.

     ⓒ 부종을 해결한다.

     ⓔ 통증을 진정시킨다.

     ⓜ 자율신경계 작용의 균형을 맞춘다.

② 림프드레나지 마사지의 적용

     ㉠ **적용 피부**

          ⓐ 자극에 민감한 피부

          ⓑ 알레르기 피부

          ⓒ 노화 피부

          ⓓ 여드름 피부

          ⓔ 모세혈관 확장 피부

          ⓕ **셀룰라이트 피부**

          ⓖ 홍반 피부

          ⓗ **부종이 심한 경우**

          ⓘ 수술 후 상처 회복 중인 경우

     ㉡ **적용 금지 피부** : 모든 악성 질환, 급성 염증 질환, 갑상선 기능 항진, 심부전증, 천식, 결핵, 저혈압인 경우

     ㉢ **적용 방법**

          ⓐ **마사지 시 오일을 사용하지 않고** 섬세하고 가볍게 실시한다(약 30~40mmHg의 압력).

          ⓑ 림프의 흐름과 일치하도록 시행한다.

          ⓒ **4가지 동작** : 원 동작(Stationary circles), 펌프 동작(Pump technique), 퍼올리기 동작(Scoop technique), 회전 동작(Rotary technique)

정지 상태의 원 동작	손가락 끝 부위나 손바닥 전체를 이용하여 림프배출 방향으로 압을 주는 동작
펌프 동작	엄지와 네 손가락을 둥글게 하여 엄지와 검지 부분의 안쪽면을 피부에 닿게 하고 손목을 움직여 위로 올릴 때 압을 주는 동작으로 팔 다리에 주로 사용
퍼올리기 동작	엄지를 제외한 네 손가락을 가지런히 하여 손바닥을 이용해 손목을 회전하여 위로 쓸어 올리듯이 압을 주는 동작
회전 동작	손바닥 전체 또는 엄지를 피부 위에 올려놓고 앞으로 나선형으로 밀어내는 동작

(3) 경락 마사지

한의학의 이론을 원용하여 마사지에 적용시킨 방법으로서 정체된 신체 부위의 에너지의 흐름을 원활하게 하고, 경락과 관련된 오장육부의 활동 및 기능에 도움을 준다. 기본 수법으로는 추법, 나법, 점법, 발법, 마법, 유법, 찰법, 이법 등이 있으며, 혈위를 자극하는 방법과 경락을 자극하는 방법, 피부를 자극하는 방법 등이 사용된다.

① **경락의 정의**

    ㉠ 경맥(經脈)과 낙맥(絡脈)의 총칭

    ㉡ 기혈을 운행시키는 통로이며, 오장육부와 조직의 기능을 유기적으로 조절하는 역할을 한다.

② **경락의 분류**

    ㉠ **경맥(12경맥)** : 경맥 계통의 주체이기 때문에 내부적으로 장부를 연계, 외부적으로 사지관절을 연계, 인체의 내외를 연관시켜 하나의 유기적 정체(整體)를 형성한다.

    ㉡ **낙맥**

        ⓐ **15낙맥 및 부락** : 15낙맥은 14경맥 (12경맥과 독맥, 임맥)이 사지(四肢) 및 구간(軀幹, 몸체 또는 몸통)에 갈라져 분포된 것인데 표리(表裏)를 연결하여 서로 통하게 하고, 기혈의 삼투(滲透) 및 관개(灌漑) 작용을 한다.

        ⓑ **손락**

(4) 반사 마사지

인체의 축소판과도 같은 발, 손, 귀 등을 다루어 인체 전체를 다루는 효과를 볼 수 있다는 이론이다. 즉, 오른쪽 발과 손은 신체의 오른쪽 부위를 반영하고, 왼쪽 발과 손은 신체의 왼쪽 부위를 반영하는 등 손과 발을 몇 개의 반사구역으로 나누어 관리하는 것이다.

① **반사요법의 효과**

    ㉠ 신경반사를 통하여 인체의 내부기관 활동을 활성화

    ㉡ 발바닥이나 발가락을 자극하여 **혈액순환을 촉진**

    ㉢ 긴장 이완

    ㉣ 에너지 흐름 원활

② **피해야 하는 경우**

    ㉠ 감염성 질환, 정맥에 염증 등이 있는 경우

    ㉡ 수술 후 심장 질환이 있는 경우 등

    ㉢ 정맥류 및 발의 질병이나 상처가 있는 경우

(5) 아유르베다(아유르베딕 마사지)

① **아유르베다는 인도의 전통의학**으로 삶 또는 인생이라는 의미의 '아유르(Ayur) + 베다(Veda)' 의 합성어로 인도인의 철학, 생리학, 해부학, 치료학, 건강 지침 등 지혜의 보고이다.

② 지식, 지혜를 뜻하는 '베다(Veda)'에는 질병, 허브, 허브를 활용한 치료 등에 관한 내용이 담겨 있다.

③ 5대 원소들이 인체 안에서 세 가지 기본적 기질인 트리도샤(Tri-dosha : 세 가지 도샤) 안에서 조합된다. 결국 아유르베다는 트리도샤(Tri-dosha)로 구성되어 있는 육체와 영혼을 건강하고 균형있게 유지할 수 있는 길을 안내하고, 균형과 건강에 문제가 발생했을 때 그 문제를 해결하는 방법을 알려 주는 '삶의 과학'인 것이다.

(6) 타이 마사지

아유르베다 의사였던 Jivaka Kumar Bhaccha는 태국 전통의학의 아버지로서 타이 마사지를 창시하였는데, 그 뿌리는 아유르베다와 요가에 있다.

① 타이 마사지는 승려들에 의하여 주로 사찰에서 발전되었다.

② 통증과 고통을 해결할 뿐만 아니라 명상을 위해 오랫동안 앉아 있을 수 있도록 도와주는 데 유용하게 사용되었다.

③ 에너지 통로인 '센(sen)'을 따라서 생명 에너지인 프라나(기, Prana)가 순환된다는 태국 전통의학 이론에 따른 마사지이다.

④ 인체의 질병을 유발하는 물질이 <u>10개의 센(sen)인 통로</u>를 타고 흘러 센에 독소가 정체되어 질병이 생기는 거라고 보았다.

(7) 아로마테라피

① 아로마(Aroma : 향기)와 테라피(Therapy : 치유)의 합성어이다.

② 식물의 줄기, 뿌리, 잎, 열매, 꽃 등에서 추출한 정유(Essential oil)를 호흡기와 피부를 통해 체내로 흡수하는 요법이다.

③ 에센셜 오일

　㉠ 효능

　　ⓐ 정신적 작용

　　　• 자율신경계에 작용하여 스트레스를 완화시킨다.

　　　• 불면증을 해소하고 집중력을 강화한다.

　　ⓑ 생리적 작용

　　　• 혈액순환을 개선하고 노폐물 배출을 돕는다.

　　　• 식물성 호르몬의 작용으로 인체 호르몬의 균형을 돕는다.

　　　• 피지선 분비를 조절하고, 면역기능을 높여 준다.

　　ⓒ 항균 작용

　　　• 항균, 소독, 방부 작용을 한다.

　　　• 상처, 화상, 피부병, 염증 등에 도움을 준다.

　　ⓓ 방향 작용 : 공기를 정화하고 악취를 제거한다.

　㉡ 추출법 ★

　　ⓐ <u>수증기 증류법(Distillation) : 고온의 증기를 통하여 추출하는 방법</u>으로 에센셜 오일과 플로럴 워터가 생산된다. 특정 성분이 파괴되는 단점이 있다.

　　ⓑ 압축법(Pressing) : 레몬, 오렌지 등 과일이나 열매를 압착하여 추출하는 방법이다. 성분유지에 도움이 되지만 오일이 변질되기 쉽다.

　　ⓒ 용매추출법(Extraction) : 주로 꽃이나 수지를 추출하는 방법으로, 아세톤이나 알코올 등이 용매로 사용된다.

ⓒ 사용법

ⓐ **마사지법** : 피부를 통해 에센셜 오일을 체내에 유입하는 방법이다. 피부세포의 활성화와 피지분비 조절에 도움을 준다. 캐리어 오일 또는 베이스 오일과 섞어 사용한다.

ⓑ **흡입법** : 2~3방울의 에센셜 오일을 거즈에 묻혀 흡입하거나 램프, 전기기계 등을 통하여 흡입하는 방법이다.

ⓒ **목욕법** : 욕조에 더운물을 받아 놓고 그 위에 5~6방울의 에센셜 오일을 떨어뜨려 물을 통해서 피부에 흡수하는 방법이다.

ⓓ **습포법** : 젖은 수건이나 거즈에 에센셜 오일을 떨어뜨려 통증 부위나 염증 부위에 얹어 증상을 완화하는 방법이다.

ⓔ 주의사항

ⓐ 공기 중의 산소, 빛 등에 의해 변질될 수 있으므로 갈색병에 보관한다.

ⓑ 아로마 오일은 <u>원액 그대로 피부에 사용하지 않고 블랜딩</u>해서 사용한다.

ⓒ 아로마 오일을 사용할 때는 안전성 확보를 위하여 사전에 패치 테스트(Patch test)를 실시하여야 한다.

(8) 딸라소 테라피(Thalasso therapy)

① **정의** : 바다의 여러 가지 <u>미네랄 성분, 즉 해양 성분을 이용한 마사지 기법</u>으로 전신에 적용된다.

② **효과**

㉠ 혈액순환과 림프순환을 촉진한다.

㉡ 발한 작용이나 지방분해 작용으로 노폐물의 배출을 촉진한다.

㉢ 근육의 이완과 강화를 돕는다.

㉣ 정신적 긴장을 완화하여 스트레스 해소에 도움이 된다

㉤ 알개(Algae), 클레이(Clay) 등의 해양 성분이 있다.

(9) **셀룰라이트 관리** ★

① **셀룰라이트의 정의**

㉠ 피하지방이 비대해져 정체되어 있는 상태

㉡ 손상결합조직이 경화되어 뭉쳐있는 상태

㉢ 노폐물 등이 배설되지 못하고 정체되어 있는 상태

㉣ 림프순환 장애가 원인인 피부 현상

㉤ 오렌지 껍질 피부 모양으로 표현

② 주니퍼베리, 제라늄, 사이프러스 등의 아로마 에센셜 오일과 함께 사용하면 지방분해 효과를 얻을 수 있다.

③ 열을 이용한 관리는 셀룰라이트 제거에 도움이 된다.

④ 림프의 순환을 촉진시켜 림프배농을 통해 지방을 분해하고 노폐물을 배출할 수 있도록 한다.

⑤ 주로 여성에게 많이 나타나며 주로 허벅지, 둔부, 상완 등에 분포한다.

⑥ 유전적인 순환장애, 호르몬의 작용, 정체된 림프순환 등이 셀룰라이트 형성의 주원인이다.

(10) 래핑 관리

약초, 미네랄 머드, 해초 등을 관리 받고자 하는 부위에 바르고 랩이나 메탈호일, 시트 등으로 감싸는 요법으로 순환촉진, 독소배출, 지방분해, 셀룰라이트 관리가 가능하다.

chapter 10

마무리

01 마무리의 목적 및 효과

1 목적

냉습포의 사용으로 모공을 수축시키고 영양·유효성분을 도포함으로써 피부에 탄력을 주고 건강한 피부를 유지한다.

2 효과

① 피부에 수분을 공급한다.
② 피부에 영양성분을 공급한다.
③ 피부의 노화를 예방한다.
④ 건강한 피부를 유지한다.

02 마무리의 방법

① 팩을 제거한 후 **냉습포로 피부에 긴장감**을 준다.
② 화장수의 사용으로 유·수분 밸런스를 맞추고 피부의 진정 효과를 준다.
③ 눈 주위에 아이 제품을 바른 후 보습 로션, 크림, 자외선 차단제를 차례로 바른다.

실전예상문제

01 피부미용에 대한 설명으로 가장 거리가 먼 것은?

① 피부미용의 영역에는 눈썹 정리, 제모, 모발 관리 등이 속한다.

② 피부미용은 에스테틱, 코스메틱, 스킨케어 등의 이름으로 불리고 있다.

③ 일반적으로 외국에서는 매니큐어, 페디큐어가 피부미용의 영역에 속하고 국내에서는 제품에 의존한 관리법이 주를 이룬다.

④ 피부미용의 기능적 영역에는 관리적, 심리적, 장식적 기능이 속한다.

해설 모발 관리는 헤어에 속한다.

02 우리나라 피부미용 역사에서 혼례 미용법이 발달하고 세안을 위한 세제 등 목욕용품이 발달한 시대는?

① 고조선 시대　　② 삼국 시대
③ 고려 시대　　　④ 조선 시대

해설 조선 시대에 혼례 때 연지, 곤지를 사용하는 등 혼례 미용법이 발달하였다.

03 피부미용의 역사에 대한 설명 중 옳은 것은?

① 르네상스 시대 : 비누의 사용이 보편화
② 이집트 시대 : 약초스팀법 개발
③ 로마 시대 : 향수, 오일, 화장이 생활의 필수품으로 등장
④ 중세 시대 : 매뉴얼 테크닉 크림 개발

해설 • 이집트 시대 : 고대 미용의 발상지, 종교적인 이유로 화장

- **로마 시대** : 갈렌의 콜드크림 개발, 오일마사지 실행
- **중세 시대** : 약초, 허브를 이용한 수증기 스팀법 발달, 알코올, 아로마요법의 시초가 됨
- **르네상스 시대** : 청결 위생의 개념으로 진한 향수 생활화
- **근세 시대** : 비누사용이 보편화됨
- **근대 시대** : 마사지 크림 개발, 전기를 이용한 미용기기 개발
- **현대 시대** : 자연주의

04 피부 분석 시 사용되는 방법으로 가장 거리가 먼 것은?

① 고객 스스로 느끼는 피부 상태를 물어 본다.
② 스파츌라를 이용하여 피부에 자극을 주어 본다.
③ 세안 전에 우드램프를 사용하여 측정한다.
④ 유·수분 분석기 등을 이용하여 피부를 분석한다.

해설 우드램프(Wood Lamp)
자색을 발산하는 인공 자외선 파장을 이용하여 피부 상태를 분석하는 도구로 세안 후 측정한다.

05 클렌징에 대한 설명이 아닌 것은?

① 피부의 피지, 메이크업 잔여물을 없애기 위한 작업이다.
② 모공 깊숙이 있는 불순물과 피부 표면의 각질의 제거를 주목적으로 한다.
③ 제품흡수를 효율적으로 도와준다.
④ 피부의 생리적인 기능을 정상적으로 도와준다.

해설 모공 깊숙이 있는 불순물과 피부 표면의 각질의 제거는 딥클렌징의 주목적에 해당된다.

Answer 01.① 02.④ 03.③ 04.③ 05.②

06 클렌징 제품의 올바른 선택조건이 아닌 것은?

① 클렌징이 잘 되어야 한다.
② 피부의 산성막을 손상시키지 않는 제품이어야 한다.
③ 화장이 짙을 때는 세정력이 높은 클렌징 제품을 사용하여야 한다.
④ 충분하게 거품이 일어나는 제품을 선택해야 한다.

> **해설** 클렌징제는 메이크업 잔여물이나 먼지 등이 잘 지워지고, 피부의 피지막, 산성막이 손상되지 않도록 피부 자극이 없어야 하며, 피부 타입에 맞는 클렌징제를 선택해야 한다.

07 딥클렌징의 효과 및 목적과 가장 거리가 먼 것은?

① 건성, 민감성 피부는 2주에 1회 정도가 적당하다.
② 모공 깊숙이 있는 피지와 각질제거를 목적으로 한다.
③ 피지가 모낭 입구 밖으로 원활하게 나오도록 해준다.
④ 효과적인 주름 관리가 되도록 해준다.

> **해설** 딥클렌징은 모공 속의 피지와 불순물 제거를 한다.

08 효소필링이 적합하지 않은 피부는?

① 각질이 두껍고 피부 표면이 건조하여 당기는 피부
② 비립종을 가진 피부
③ 화이트헤드, 블랙헤드를 가지고 있는 지성피부
④ 자외선에 의해 손상된 피부

> **해설** 효소필링은 모든 피부에 가능하나, 자외선 등에 손상된 피부에는 삼간다.

09 다음 중 건성 피부에 적용되는 화장품 사용법으로 가장 적합한 것은?

① 낮에는 O/W형의 데이 크림과 밤에는 W/O형의 나이트 크림을 사용한다.
② 강하게 탈지시켜 피지샘 기능을 균형 있게 해주고 모공을 수축해주는 크림을 사용한다.
③ 오일이 함유되어 있지 않은 오일 프리(Oil free) 화장품을 사용한다.
④ 소량의 하이드로퀴논이 함유된 크림을 사용한다.

> **해설** 건성 피부는 한선과 피지선의 기능이 약화된 피부로서 낮에는 O/W형의 보습을 주는 데이 크림과 밤에는 W/O형의 친유성의 나이트 크림을 사용한다. 오일 프리 화장품을 사용하기에 적합한 피부 타입은 지성 피부, 여드름 피부 등이라고 할 수 있다. 세라마이드, 호호바 오일, 아보카도 오일, 알로에베라, 히알루론산 등의 성분이 함유된 화장품을 사용한다.

10 신체 각 부위별 관리에서 매뉴얼 테크닉의 적용이 적합하지 않은 것은?

① 스트레스로 인해 근육이 경직된 경우
② 림프순환이 잘 안되어 붓는 경우
③ 심한 운동으로 근육이 뭉친 경우
④ 하체 부종이 심한 임산부의 경우

> **해설** 하체 부종이 심한 임산부의 경우는 림프드레니지를 적용한다. 단, 임신 후 5개월까지는 금한다.

Answer 06.④ 07.④ 08.④ 09.① 10.④

11 각 피부 유형에 대한 설명으로 틀린 것은?

① 유성 지루 피부 : 과잉 분포된 피지가 피부 표면에 기름기를 만들어 항상 번질거리는 피부

② 건성 지루 피부 : 피지분비기능의 상층으로 피지는 과다 분비되어 표피에 기름기가 흐르나 보습기능이 저하되어 피부표면의 당김 현상이 일어나는 피부

③ 표피 수분부족 건성 피부 : 피부 자체의 내적 원인에 의해 피부자체의 수화기능에 문제가 되어 생기는 피부

④ 모세혈관 확장 피부 : 코와 뺨 부위 피부가 항상 붉거나 피부 표면에 붉은 실핏줄이 보이는 피부

해설 피부 자체의 내적 원인에 의해 피부 자체의 수화기능에 문제가 되어 생기는 피부는 진피 수분부족 건성피부이다.

12 매뉴얼 테크닉 방법 중 두드리기의 효과와 가장 거리가 먼 것은?

① 피부 진정과 긴장완화 효과
② 혈액순환 촉진
③ 신경 자극
④ 피부의 탄력성 증대

해설 진정 및 긴장완화 효과가 있는 것은 쓰다듬기이다.

13 다리 제모의 방법으로 틀린 것은?

① 머슬린천을 이용할 때는 수직으로 세워서 떼어낸다.

② 대퇴부는 윗부분부터 밑 부분으로 각 길이를 이등분 정도 나누어 내려가며 실시한다.

③ 무릎부위는 세워놓고 실시한다.

④ 종아리는 고객을 엎드리게 한 후 실시한다.

해설 털이 난 반대 방향으로 머슬린천을 비스듬히 재빠르게 떼어낸다.

14 제모관리 중 왁싱에 대한 내용과 가장 거리가 먼 것은?

① 겨드랑이 및 입술 주위의 털을 제거 시에는 하드왁스를 사용하는 것이 좋다.

② 콜드왁스(Cold wax)는 데울 필요가 없지만 온왁스(Warm wax)에 비해 제모능력이 떨어진다.

③ 왁싱은 레이저를 이용한 제모와는 달리 모유두의 모모세포를 퇴행시키지 않는다.

④ 다리 및 팔 등의 넓은 부위의 털을 제거할 때에는 부직포 등을 이용한 온왁스가 적합하다.

해설 왁싱은 모모세포를 파괴할 수는 없지만 기능을 퇴행시킨다.

15 화학적 제모와 관련된 설명이 틀린 것은?

① 화학적 제모는 털을 모근으로부터 제거한다.

② 제모 제품은 강알칼리성으로 피부를 자극하므로 사용 전 첩포시험을 실시하는 것이 좋다.

③ 제모 제품 사용 전 피부를 깨끗이 건조시킨 후 적정량을 바른다.

④ 제모 후 산성 화장수를 바른 뒤에 진정 로션이나 크림을 흡수시킨다.

해설 화학적 제모는 화학 성분이 함유되어 있는 크림 타입을 도포하여 털을 연화시켜 제거하는 방법이다.

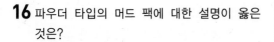

16 파우더 타입의 머드 팩에 대한 설명이 옳은 것은?

① 유분을 공급하므로 노화, 재생 관리가 필요한 피부에 사용
② 피지를 흡착하고 살균, 소독 및 항염 작용이 있어 지성 및 여드름 피부에 사용
③ 항염작용이 있어 민감피부 관리에 사용
④ 보습작용이 뛰어나 눈가나 입술관리에 사용

> **해설** 지성 및 여드름 피부에 사용하는 팩은 머드 팩, 클레이 팩, 퓨리파잉 팩 등이다.

17 마스크의 종류에 따른 사용 목적이 틀린 것은?

① 콜라겐 벨벳 마스크 : 진피 수분공급
② 고무 마스크 : 진정, 노폐물 흡착
③ 석고 마스크 : 영양성분 침투
④ 머드 마스크 : 모공청결, 피지흡착

> **해설** 콜라겐 벨벳 마스크는 수용성이며 분자구조가 커서 피부 진피까지 수분을 공급 하기는 어렵다.

18 림프드레니지를 적용할 수 있는 경우에 해당되는 것은?

① 림프절이 심하게 부어있는 경우
② 감염성의 문제가 있는 피부
③ 열이 있는 감기 환자
④ 여드름이 있는 피부

> **해설** 림프드레나지를 적용할 수 있는 피부는 자극에 민감한 피부, 알레르기 피부, 노화 피부, 여드름 피부, 모세혈관확장 피부, 부종이 심한 경우, 수술 후 상처 회복, 셀룰라이트, 홍반피부 등이다.

19 림프드레나지 기법 중 손바닥 전체 또는 엄지손가락을 피부 위에 올려놓고 앞으로 나선형으로 밀어내는 동작은?

① 정지 상태 원 동작 ② 펌프 기법
③ 퍼올리기 동작 ④ 회전 동작

> **해설** ① 정지상태 원 동작(Stationary circle) : 손가락 끝 부위나 손바닥 전체를 이용하여 림프배출 방향으로 압을 주는 방법이다.
> ② 펌프 기법(Pump technique) : 팔, 다리에 주로 사용되는 기법으로 엄지손가락과 네 손가락을 둥글게 하여 엄지와 검지 부분의 안쪽 면을 피부에 닿게 하고 손목을 움직여 위로 올릴 때 압을 준다.
> ③ 퍼올리기 기법(Scoop technique) : 엄지를 제외한 네 손가락을 가지런히 하여 손바닥을 이용해 손목을 회전하여 위로 쓸어 올리듯이 압을 주는 기법이다.

20 피부 관리 시 최종마무리 단계에서 냉타월을 사용하는 이유로 가장 적합한 것은?

① 고객을 잠에서 깨우기 위해서
② 깨끗이 닦아내기 위해서
③ 모공을 열어주기 위해서
④ 이완된 피부를 수축시키기 위해서

> **해설** 냉타월의 목적은 모공 및 수축, 피부 진정이다.

MEMO

피부미용사

part 02

피부미용이론
− 피부학

part 02. 피부미용이용 – 피부학

피부학에서의 피부 구조와 자외선, 노화 부분은 반드시 알아야 하는 부분이며 100% 문제가 나온다.
피부학에서 자주 출제되면서 난이도가 어려운 부분은 원발진과 속발진, 피부 질환 부분이므로 반드시 숙지해둬야 한다.

출제 항목

	세부 항목	세세 항목
피부학	(1) 피부와 부속기관	① 피부 구조 및 기능 ② 피부 부속기관의 구조 및 기능
	(2) 피부와 영양	① 3대 영양소, 비타민, 무기질 ② 피부와 영양 ③ 체형과 영양
	(3) 피부 장애와 질환	① 원발진과 속발진 ② 피부 질환
	(4) 피부와 광선	① 자외선이 미치는 영향 ② 적외선이 미치는 영향
	(5) 피부 면역	① 면역의 종류와 작용
	(6) 피부 노화	① 피부 노화의 원인 ② 피부 노화현상

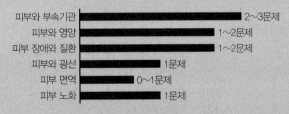

- 피부와 부속기관 ━━━━ 2~3문제
- 피부와 영양 ━━━ 1~2문제
- 피부 장애와 질환 ━━━ 1~2문제
- 피부와 광선 ━ 1문제
- 피부 면역 ▪ 0~1문제
- 피부 노화 ▪ 1문제

피부학 출제문항 수 : 9문제 출제

chapter 01 피부와 부속기관

01 피부의 구조 및 기능

① 피부의 표면적은 약 1.6~2.0m^{2}이다.

② 표피의 두께는 보통 0.04~0.3mm 정도이며, 눈꺼풀은 0.04mm로 가장 얇다. 발바닥과 손바닥이 가장 두껍고 고막과 눈꺼풀이 가장 얇으며, 부위에 따라 다양하다.

③ 피부의 무게는 **체중의 약 15~17%**이다.

    ㉠ **피부의 구성**

        ⓐ **표피**(Epidermis)

        ⓑ **진피**(Dermis)

        ⓒ **피하조직**(Subcutaneous tissue)

    ㉡ **피부의 부속기관**

        ⓐ **한선(에크린선 · 아포크린선)**

        ⓑ **피지선**

        ⓒ 조갑(손톱 · 발톱)

        ⓓ 모발

        ⓔ 혈관, 림프관, 신경 등

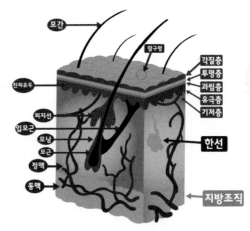

〈피부구조 단면도〉

1 표피(Epidermis) ★★★

표피의 특징
• 피부의 가장 바깥층으로 피부 방어벽을 형성하며 무핵층과 유핵층으로 구분함
• 신체 내부를 보호해 주는 보호막 기능을 함
• 세균 등 외부로부터의 유해물질과 자외선으로부터 피부를 보호함
• <u>모세혈관이나 신경이 존재하지 않음</u>(다수의 말초신경이 분포)

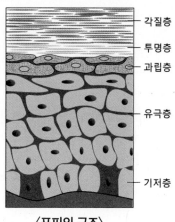

각질층
투명층
과립층
유극층
기저층

〈표피의 구조〉

(1) 기저층

① 표피의 가장 아래 단층에 위치하고 있다.

② **각질형성세포**(Keratinocyte)와 **멜라닌형성세포**(Melanocyte)가 존재한다.

③ 진피의 유두층과 붙어 있어 모세혈관을 통해 영양을 공급 받는다.

④ 기저층 아래에 기저세포막이라는 보호막이 있어 물질의 이동을 통제한다.

⑤ 핵을 가지고 있는 유핵세포이다(유핵층).

⑥ 기저층 파괴 시 재생이 어렵다.

⑦ 약 70%의 수분을 함유하고 있다.

(2) 유극층

① 약 5~10층으로 표피 중에서 **가장 두꺼운 층**이다.

② 핵을 가지고 있는 유핵세포이다(유핵층).

③ 표피층의 각 세포에 영양분을 공급하는 역할을 한다.

④ 수분 70%를 함유하고 있다.

⑤ 면역기능을 담당하는 **랑게르한스세포**가 존재한다.

part 02. 피부학

(3) 과립층

① 약 3~5층의 납작한 과립세포가 존재한다.

② 케라틴 단백질이 뭉쳐져 만들어진 **케라토히알린(Keratohyalin)이라는 각질효소 과립이** 만들어져 핵을 죽이기 시작하고 수분이 감소된다.

③ 죽은 세포와 살아있는 세포가 공존한다(무핵층 + 유핵층 공존).

④ 각질층 측면에서는 각화 과정의 마지막 단계이다.

⑤ 기저층 측면에서는 각질화 과정이 실제로 시작되는 층이다.

⑥ **수분저지막**(Rein membrane)이 수분 증발을 억제한다.

⑦ 이물질 침투와 과잉 침투에 대한 표피의 방어막 역할을 담당한다.

⑧ 약 30% 정도의 수분을 함유하고 있다.

(4) 투명층

① 2~3개 층으로 핵이 없는 죽은 세포(무핵세포)이다.

② 자외선을 반사하고 무색 투명의 **엘라이딘이라는 반유동성 단백질이** 수분 침투를 막는다.

③ 주로 **손바닥, 발바닥에만 존재**한다.

(5) 각질층

① 표피층의 가장 바깥 표면에 위치하며, 20층 이상으로 핵이 없는 무핵세포이다.

② 각질과 지질로 구성되어 있으며, **지질은 수분 증발 억제, 유해물질 침투 억제, 각질 간 접착제 역할**을 한다.

③ 각화된 세포는 박테리아와 외부자극으로부터 보호한다.

④ 각질층은 **케라틴 약 58%, 천연보습인자(NMF) 약 31~38%, 각질 세포간지질 약 11%**를 함유하고 있다.

⑤ 수분함량은 15~20%이고, 수분함량이 10% 이하로 떨어지면 건조 피부이다.

⑥ 형성된 각질세포는 **28일(4주) 주기로 박리 현상**(매일 다시 생성)이 일어난다.

⑦ 수분 손실을 막아주고 세포의 보호와 자외선 차단 작용을 한다.

⑧ **각화과정**(Keratinization) : 기저층의 기저세포가 각질층의 각질세포로 변하는 과정을 말한다.

표피의 부속물 ★★

- **각질형성세포(케라티노사이트, Keratinocyte)** : 기저층에서 형성되어 각질층까지 존재함
  - 표피를 구성하는 세포의 90% 이상을 차지
  - 케라틴(각질) 단백질을 만드는 역할
  - 각화 주기는 보통 28일 주기
  - **기저층에 존재**
- 랑게르한스세포(Langerhans cell)
  - 표피의 각화 과정의 성장 촉진을 도움
  - 면역학적 반응과 알레르기 반응에 관여
  - 외부의 이물질 및 바이러스 등의 식균작용 물질이 피부에 침투 시 보호 역할
  - 유극층에 존재
- **머켈세포**(인지세포, Merkel cell)
  - 아주 미세한 전구체인 촉각수용체로 촉각을 감지하는 촉각 세포
  - 신경종말세포, 신경자극을 뇌에 전달
  - 털이 없는 손바닥, 발바닥, 코 부위, 입술 및 생식기 등에 존재
  - **기저층에 존재**
- **색소형성세포(멜라노사이트, Melanocyte)**
  - 유전에 의해 완성된 멜라닌 과립의 형태, 크기, 색상에 따라 피부색 결정
  - **멜라닌세포의 수는 성별이나 인종에 관계없이 모두 동일**
  - **기저층에 존재**

2 진피 ★★★

진피의 특징
• 피부 전체의 90%를 차지함(유두층과 망상층구조).
• 표피의 약 20~40배에 해당하며, 진짜 피부이고 기저층과 바로 연결되어 있음
• 교원섬유(콜라겐)와 탄력섬유(엘라스틴), 기질(뮤코다당질)로 구성됨
• 섬유아세포(Fibroblast), 비만세포(Mast cell), 대식세포(Macrophage) 등으로 구성됨

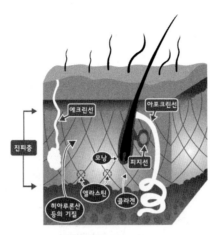

〈진피의 구조〉

part 02. 피부학

(1) 유두층(Papillary layer)

① 진피층의 상부에 위치하여 표피의 기저층과 맞닿아 있는 작은 원추형 돌기이며, 유두모양을 하고 있다. 세포배열이 불규칙적인 섬유결합조직으로 경계가 불분명한 것이 특징이다.

② 전체 진피의 10~20%를 차지하며, **손상을 입으면 흉터(반흔)가 발생**된다.

③ **모세혈관, 림프관, 신경종말이 많이 분포**되어 혈액순환이 이루어지며, 기저층에서 영양공급에 관여하는 물질교환 작용이 이루어져 신경전달 기능을 한다.

④ 감각기관인 촉각과 통각이 위치한다.

(2) **망상층**(Reticular layer)

① 그물모양의 결합조직으로 피부의 유연성을 조절하는 기능을 한다.

② 유두층 아래에 위치하여 진피의 대부분을 차지하고 있다. 단단하고 불규칙한 그물모양의 굵은 교원섬유(콜라겐)와 탄력섬유(엘라스틴)가 피부표면과 평행을 이루며, 신체 부위에 따라 일정한 방향성을 갖고 배열되는데, 이를 **랑게르선**(Langer line)이라고 하며, **수술 시 이 선을 따라 절개하면 상처의 흔적을 최소화**할 수 있다.

③ 자외선으로부터 피부를 보호하고, 주름 예방, 보습제 역할을 한다.

④ **엘라스틴**은 **피부 탄력**, 파열을 방지하는 스프링 역할을 한다.

⑤ **뮤코다당류(히알루론산)**는 친수성 다당체로 **진피 내 세포들 사이를 메우고 있으며**, 각질층 위에 수분막을 형성, 다량의 수분을 보유하고 있다.

⑥ 모세혈관이 거의 없으며 동맥과 정맥, 피지선, 한선, 털, 모낭, 입모근, 모유두, 신경총 등이 분포한다.

⑦ 감각기관으로 냉각, 온각, 압각이 존재한다.

(3) 진피의 구성물질

① **섬유아세포** : 콜라겐과 엘라스틴을 만들어 내는 모세포이다.

　㉠ **콜라겐**(Collagen fiber, 교원섬유)

　　ⓐ **진피성분의 90%를 차지**하며, 섬유단백질인 교원질로 구성되어 있다.

　　ⓑ 1,000여 개의 아미노산이 삼중나선구조를 이루며, 많은 **수분을 함유**하고 있다.

　　ⓒ 백색섬유로서 섬유아세포에서 생성된다.

　　ⓓ **피부주름의 원인**으로 작용하며 주성분인 아미노산이 훌륭한 보습제 역할을 한다.

　　ⓔ 젊은 피부일수록 수분 보유력이 좋은 용해성 콜라겐이 존재한다.

　　ⓕ 현미경으로 관찰 시 백색을 띠며 물을 넣고 끓이면 아교처럼 끈끈해져 **젤라틴화**가 된다.

　㉡ 엘라스틴(Elastin fiber, 탄력섬유)

　　ⓐ 탄력이 있는 섬유단백질인 탄력소로 구성된다.

　　ⓑ 황색을 띠어 **황섬유**라고 하며, 섬유아세포에서 생성된다.

　　ⓒ 각종 화합물에 대해 저항력이 뛰어나다.

　　ⓓ 피부를 잡아 당겼을 때 1.5배까지 늘어나는 탄력성을 가진다.

　　ⓔ 진피성분의 약 2~3%를 차지한다.

　　ⓕ 물에 가열해도 젤라틴화 되지 않는다.

② 기질(Ground substance)

　㉠ 섬유성분과 세포 사이를 채우고 있는 물질로 히알루론산(Hyaluronic acid)과 당질이 주성분이다.

　㉡ 히알루론산은 무자극성이며, 뛰어난 보습작용으로 화장품의 원료로 사용한다.

　㉢ 진피와 결합섬유 사이를 채우고 있는 젤리형 물질이다.

　㉣ 진피의 보습인자로 피부의 영양과 신진대사, 수분유지에 도움을 주고, 노화를 방지한다.

③ 비만세포 : 비만세포에서 분비되는 물질인 히스타민이 피부 내에서 모세혈관 확장증을 유발하여 붉음증을 유발한다.

3 피하조직(피하지방)

① 진피보다 두꺼운 층으로 피부의 가장 아래층에 있어 '피하조직'이라 한다.

② 그물모양의 느슨한 결합조직으로 지방을 저장한다.

③ 체형을 결정하고, 열 발산을 막아주어 체온 유지의 기능이 있다.

④ 수분을 조절하고, 소모되고 남은 에너지를 저장한다.

⑤ 손바닥, 발바닥, 귀, 고환, 안륜근, 구륜근에는 지방조직이 거의 없다.

4 피부의 기능

① 외부와 직접 접하고 있는 우리 신체의 가장 겉표면에 위치한다.

② 외부의 여러 영향으로부터 내부기관을 보호한다.

③ 생명을 유지하는 데 중요한 역할을 한다.

④ 여러 가지 기능

   ㄱ **보호 · 방어의 기능**(표피층)

     ⓐ **물리적 자극에 대한 보호작용** : 각질층을 두껍게 하여 보호한다.

     ⓑ **화학적 자극에 대한 보호작용** : 알칼리 중화 능력, 즉 피부표면에 항상 일정하게 유지되는 pH가 외적 자극에 의해 일시적으로 균형을 잃어도 다시 돌아오는 능력을 갖는다.

     ⓒ **세균에 대한 보호작용** : 약산성을 띠어 박테리아의 성장을 억제한다.

     ⓓ **광선에 대한 보호작용** : 케라틴과 멜라닌이 보호 역할을 한다.

   ㄴ **감각 · 지각의 기능**(진피층) : 통각 · 촉각(유두층), 온각 · 압각 · 냉각(망상층)

   ㄷ **체온조절의 기능**

     ⓐ 항상성 유지

     ⓑ 한선

      • 발한을 통해서 온도를 유지한다.

      • 체온조절을 위해 모공이 확장된다.

      • 모세혈관을 통해 인체 내부의 온도를 유지한다.

      • 자율적으로 열을 발산하기 위해 혈관을 확장시키므로 홍조를 띠게 된다.

   ㄹ **영양분 교환의 기능**

     ⓐ 피부는 신체의 신진대사 활성화를 위하여 물질전환의 역할을 한다.

     ⓑ **자외선의 영향**으로 프로비타민 D를 **비타민 D로** 활성화 시킨다.

   ㅁ **저장의 기능**

     ⓐ 표피층과 진피층은 수분을 포함한 영양물질들을 저장한다.

     ⓑ 피하조직의 지방은 우리 신체 중 가장 큰 저장기관이며, 수분과 영양분을 저장한다.

   ㅂ **흡수의 기능**

     ⓐ 피부는 호흡 시 1% 정도의 산소를 흡수한다.

     ⓑ 외부의 온도를 흡수하고 감지한다.

     ⓒ **표피를 통한 흡수** : 피부에 가장 많은 양이 흡수되는 경로는 모공을 통한 흡수이다.

     ⓓ **피부 부속기관을 통한 흡수** : 모공, 한공을 통하여 모낭벽, 피지선, 한선을 거쳐 진피로 흡수된다.

     ⓔ **강제 흡수** : 흡수되기 힘든 물질은 전기기기를 이용한 이온화 요법에 의해 흡수가 가능하다.

   ㅅ **재생의 기능**

     ⓐ 피부조직 복구 능력에 의해 세포재생작용을 하여 상처를 치유한다.

     ⓑ 털이 많은 부위는 털이 적은 부위에 비해 재생력이 높다.

ⓒ 기저층이나 진피층에 손상을 받으면 재생력이 떨어져 흉터가 발생한다.

ⓞ **분비기능** : 피부는 피지선에서 피지를 분비하고, 한선에서 땀을 분비하여 피부표면에 약산성막을 형성한다.

ⓩ **표정작용**

ⓐ 30여 개의 근육의 움직임으로 내면의 감정 상태를 표시한다.

ⓑ 반복적으로 사용한 근육은 주름 형성과 인상을 결정한다.

ⓩ **면역작용** : 면역기능 담당을 하는 랑게르한스세포가 존재한다.

ㅋ **호흡작용** : 폐호흡의 1% 정도는 피부호흡이다. 이는 피부 자체의 호흡이 아닌 세포호흡을 의미한다.

⑤ 피부표면 구조와 생리 ★

피부표면	특징
피지막	• 피지선에서 나온 피지와 한선에서 나온 땀으로 이루어짐 • 세균살균효과, 유중수형상태(W/O, 기름 속에 수분이 일부 섞인 상태), 수분증발을 막아 수분조절 역할을 함
천연보습인자 (NMF)	• Natural Mouisturizing Factor의 줄임말 • 각질층에 존재함 • 수분 보유량을 조절함 • 성분 : 아미노산 40%, 피롤리돈카르본산 12%, 젖산염 12%, 요소 7%, 염소 6%, 나트륨 5%, 칼륨 4%, 암모니아 15%, 마그네슘 1%, 인산염 0.5%, 기타 9%로 구성
산성막	• 박테리아 세균으로부터 피부를 보호함 • 피부 산성도 측정 시 pH(수소이온농도)를 사용, 피부의 산성도는 pH 5.2~5.8이고, 모발은 pH 3.8~4.2

02 피부 부속기관의 구조 및 기능

① 피부의 부속기관

피지선(기름샘), 한선(땀샘), 모발, 손톱과 발톱, 치아, 젖샘(유선)

(1) 피지선 ★

① 피부표면의 피지막을 형성해 피부를 보호하고, 외부의 이물질 침입을 억제한다.
② 피부와 털의 윤기를 부여하고 수분증발을 억제한다.
③ 모공의 중간 부분에 부착되어 있다.
④ 진피층에 위치하며, 하루 평균 <u>1~2g</u>의 피지를 모공으로 배출한다.
⑤ 모공이 각질이나 먼지로 막혀 피지가 외부로 분출되지 않으면 여드름의 원인이 된다.
⑥ 피지선의 종류
　㉠ 큰 피지선 : 얼굴, 두피, 가슴
　㉡ <u>독립 피지선</u> : 입술, 대음순, 성기, 유두, 귀두, 눈가
　㉢ 작은 피지선 : 전신
　㉣ <u>무 피지선</u> : 손, 발바닥

> **피지조절 호르몬**
>
> • 안드로겐(남성 호르몬), 프로게스테론 : 피지분비 활성화
> • 에스트로겐(여성 호르몬) : 피지분비 억제

(2) 한선(땀샘) ★

① 진피층에 위치하며(전신 분포) 200만 개 정도로, 손바닥, 발바닥, 겨드랑이, 이마에 많이 분포되어 있다.
② **기능** : 신장의 기능을 보조, 체온을 조절, pH를 유지한다.
③ **구성성분** : 수분 99%, NaCl, K, 요소, 단백질, 지질, 아미노산 등
④ **분비량** : 700~900cc/일(성인의 경우)
④ **구분**
　㉠ 소한선(에크린선)
　　ⓐ 진피층에 위치하며, 200~400만 개의 작은 땀샘이 분포되어 있다. 땀의 산도는 pH 3.8~5.6으로 99% 수분으로 이루어져 있고, 땀의 산도가 붕괴되면 심한 냄새를 동반한다.
　　ⓑ 일반적인 땀을 분비하는 기관이다.
　　ⓒ <u>입술을 제외한 전신에 분포</u>되어 있다.
　　ⓓ 무색, 무취이다.
　㉡ 대한선(아포크린선)
　　ⓐ 모공을 통해 분비되며, 체취가 남성보다 여성이 심하다.
　　ⓑ 세균으로 산도가 높아지면 냄새가 심해진다.
　　ⓒ 겨드랑이, 대음순, 항문 주위, 유두, 배꼽 주변, 두피에 분포되어 있다.
　　ⓓ 흑인, 백인, 동양인 순으로 체취 발생이 강하다.

ⓔ 사춘기 이후 발달되며, 갱년기 이후에 기능이 저하된다.

ⓕ 정신적인 스트레스의 영향을 받는다.

ⓖ 색깔은 흰색이다.

ⓗ 액취증과 관련이 있다.

클렌징 동작시 주의사항

- 땀의 이상 분비
  - 다한증 : 국한적 다한증, 전신적 다한증, 미각 다한증, 후각 다한증 등 땀의 과다 분비
  - **소한증** : 갑상선 기능 저하, 금속성 중독, 신경계통 질환
  - 무한증 : 땀 분비가 안 됨(피부병이 원인).
  - 취한증(액취증) : 암내
  - 한진(땀띠) : 한선에 입구나 중간이 폐쇄되어 배출되지 못해 발생
- 땀의 분비량
  - 정상인 1일 기준 : 0.6~1.2L의 땀을 분비
  - 과분비시 영양분과 미네랄 성분을 외부로 빼앗김(표피 표면 부드러움).

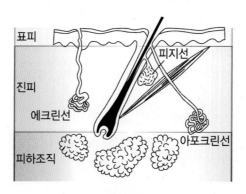

〈피지선과 한선〉

(3) 모발

피부에 있는 탄력적이고 강한 각화물이다(케라틴으로 구성). 두께는 약 0.005~0.6mm 정도로 긴 털과 솜털은 신체보호와 체온조절의 역할을 하고 짧은 털은 먼지와 땀으로부터 신체를 보호한다. 장식과 미용의 효과를 가진다.

① **모발의 구조** : 털은 크게 모간부와 모근부로 나뉘며 모표피, 모피질, 모수질, 모유두, 모낭, 입모근, 모구, 모모세포로 구성되어 있다.

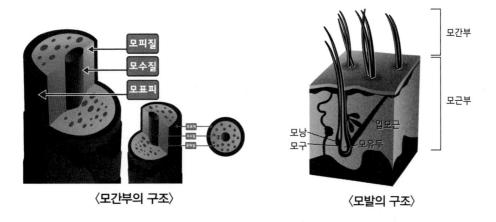

<모간부의 구조>　　　　　　<모발의 구조>

ⓐ **모표(소)피** : 모발의 겉층, 모발 전체 약 10~15%

ⓑ **모피질** : 모수질의 바깥층, **모발의 색소를 만들어내는 층**. 모발의 대부분인 85~90%

ⓒ **모수질** : 모발의 중심

ⓓ **모유두** : 모구의 중앙 부위, 모세혈관이 있어 산소와 영양공급이 이루어진다.

ⓔ **모구** : 털의 성장이 시작되는 곳

ⓕ **모낭** : 모근을 싸고 있는 곳으로 털을 만들어 낸다.

ⓖ **입모근**(기모근) : 털을 세우는 근육

ⓗ **모근** : 피부 속 모낭 안에 있는 부분

ⓘ **모간** : 피부표면 밖으로 나온 부분

② **모발의 성장주기** : 성장기(3~6년) → 퇴행기(3~4주) → 휴지기(3~5개월)

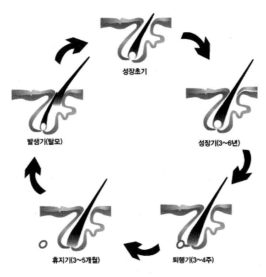

<모발의 성장주기>

③ **종류** : 직모(동양인의 90% 이상), 파상모(백인), 축모(흑인)

④ **털의 색**

　㉠ **검은색** : 멜라닌 색소를 많이 함유

　㉡ **금색** : 멜라닌 색소가 적고 크기가 작음

　㉢ **붉은색** : 멜라닌 색소에 철 성분을 함유

　㉣ **흰색** : 유전, 노화, 영양결핍, 스트레스, 내분비계의 영향

⑤ **털의 이상 증상** : 조모증, 다모증, 탈모증, 무모증, 백모증 등

(4) 손톱과 발톱(조갑)

① **건강한 손 · 발톱** : 조상에 강하게 부착되어 단단하고 탄력이 있으며 매끄럽고 윤기가 있다. **분홍빛의 아치모양**을 형성한다.

② 표피상, 반투명한 케라틴 단백질의 각질세포로 구성된다.

③ 4~5개 층이 강하게 뭉쳐 있는 구조로 10~16%의 수분과 0.1~1% 정도의 유분을 포함한다.

④ 1일 약 0.1mm 성장, 1개월에 3mm 성장, **완전교체 시 5~6개월 정도 걸린다.**

⑤ **구조** : 조근(손발톱의 뿌리), 조모(반월 · 반달), 조체(몸통), 조상(바닥), 조소피(손톱살), 손톱 옆살, 손톱집, 조하막(손톱끝살)으로 구성되어 있다.

　㉠ **조체(Nail body, 조판)** : 큐티클에서부터 손톱 끝까지 이어지는 손톱 본체를 말한다.

　㉡ **조근(Nail root)** : 피부 밑의 손 · 발톱의 성장이 시작하는 곳으로 새로운 세포가 만들어진다.

　㉢ **반월(Lunula)** : 완전히 케라틴화 되지 않은 조체의 베이스에 있는 것으로 유백색의 반달모양을 하고 있다.

　㉣ **조상(Nail bed)** : 손톱 아래에 있는 조체를 받치고 있는 부분이다. 모세혈관, 신경조직 등이 있어 손톱의 혈액순환과 수분공급을 하여 손톱의 핑크빛을 띤다.

　㉤ **자유연(Free edge)** : 조상이 없는 손톱만 자라나온 끝부분을 말한다.

　㉥ **조모(Nail matrixx)** : 조근 아래에서 손톱 각질세포의 생성과 성장을 조절한다. 혈관, 신경, 림프관이 분포하여 손상 시 손톱 성장이 저해된다.

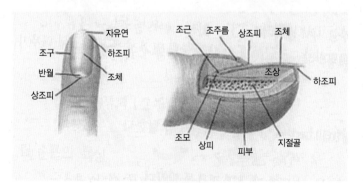

(5) 젖샘(유선)

① 피하조직에 뿌리가 있다.
② 지방으로 둘러싸여 있다.
③ 외부로 젖을 분비한다.

chapter 02 피부와 영양

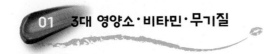

01 3대 영양소·비타민·무기질

1 영양소

(1) 영양의 의의

① **영양** : 생명이 있는 유기체가 생명의 유지, 성장, 발육, 장기조직의 정상적 기능의 영위나 에너지 생산을 위해 식품을 이용하는 과정을 말한다.

② **영양소** : 외부로부터 섭취하는 물질(식품)로, 이는 사람의 생명체를 유지시키며 운동을 하는데 필요한 에너지원이 된다.

(2) 영양소

① **3대 영양소** : 탄수화물, 지방, 단백질

② **5대 영양소** : 3대 영양소＋비타민, 무기질

③ **6대 영양소** : 5대 영양소＋물

④ **7대 영양소** : 6대 영양소＋식이섬유

(3) 영양소의 분류

① **열량공급 영양소(에너지원)** : 탄수화물, 지방, 단백질

② **구성 영양소(신체성분 구성원)** : 단백질, 무기질, 물

③ **조절 영양소(신체대사 조절원)** : 비타민, 무기질, 물, 일부 아미노산

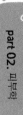

2 3대 영양소

(1) 탄수화물

① 탄소·수소·산소가 각각 1 : 2 : 1의 비율로 결합하여 이루어진 물질이다.

② 생명을 유지하거나 활동하는 데 필요한 열량을 공급해주며 당류, 당질이라고도 한다.

③ 기능

　㉠ 지방과 단백질을 만드는 주 원료이며 세포의 구성물질이다.

　㉡ 포도당은 조직 내에서 물과 이산화탄소로 분해된다.

　㉢ 구강에서 타액(소화효소 : 프티알린)에 의해 맥아당과 포도당으로 분해되며, 소장에서 포도당 형태로 흡수된다.

　㉣ 에너지의 주요 공급원으로 1g당 4kcal의 열량을 낸다.

　㉤ 과잉 섭취 시 포도당이 글루코겐 형태로 간에 저장한다.

　㉥ **산성체질로 변한다.**

④ 탄수화물의 종류(분자 크기와 구조에 따른 분류)

　㉠ 단당류 : **포도당, 과당, 갈락토오스**

　㉡ 이당류 : **자당, 맥아당, 유당**

　㉢ 다당류 : 전분, 글리코겐, 섬유소

> **식이섬유**
>
> ① 의의 : 식품 중에서 채소·과일·해조류 등에 많이 들어 있는 섬유질 또는 셀룰로오스로 알려진 성분으로 소화되지 않고 몸 밖으로 배출되는 고분자 탄수화물이다.
> ② 기능 : 식이섬유가 발효됨에 따라 비피더스균과 같은 장내 세균을 증식시켜 당분을 분해시키고 유기산을 산출하여 장운동을 촉진함으로써 원활한 배변을 유도한다.
> ③ 결핍 시에는 변비, 대장암, 맹장염, 비만 등을 유발할 수 있다.

> **탄수화물의 종류**
>
> - 단당류
>   - 포도당 : 탄수화물의 가장 기본적인 구성단위이며 최종적으로 분해되는 것이다. 포도당 정맥주사를 통해 에너지를 공급받는다.
>   - 과당 : 벌꿀과 과일에 많이 함유되어 있다.
>   - 갈락토오스 : 물에 녹고 단맛이 있으며 우유에 많이 함유되어 있다.
> - 이당류
>   - 자당(포도당+과당) : 설탕이라고도 하며, 사탕수수 등 식물계에 널리 분포되어 있다.
>   - 맥아당(포도당+포도당) : 엿당이라고도 하며, 전분을 섭취하면 타액에 함유되어 있는 아밀라아제의 작용으로 분해된다.
>   - 유당(포도당+갈락토오스) : 젖당이라고도 하며, 우유에 들어 있는 당이다.
> - 다당류
>   - 전분 : 글루코오스의 중합체로 곡류의 주성분으로 무색, 무취, 무미이며, 단일물질이 아니라 아밀로오스(Amylose)와 아밀로펙틴(Amylopectin)으로 구성되어 있다.
>   - 글리코겐 : 글루코오스 중합체이며, 동물의 간과 근육조직에 글리코겐으로 저장된다.
>   - 섬유소 : 섬유질은 셀룰로오스라고 하는 탄수화물로 구성되어 있으며, 장의 운동을 도와 변비예방에 효과적이다.
>   - 한 종류, 다른 종류의 단당류가 여러 개 탈수·축합하여 생긴 당으로 보통 300개 이상의 단당류로 구성된다.
>   - 무색, 무미, 무취로 물에는 녹지 않는다.
>   - 자연계에 널리 분포하며 중요한 다당류는 식물성(전분, 식이섬유)과 동물성(글리코겐)이다.
>   ※ 급원식품 : 곡류(쌀, 밀, 빵), 감자류(감자, 고구마), 콩류, 채소류, 과일류(사과, 배, 오렌지, 복숭아, 딸기, 바나나, 수박, 토마토), 꿀, 설탕 등

(2) 지방(지질)

① 글리세롤과 고급지방산이 에스테르 결합을 이루고 있는 분자로, 우리 몸의 주요 에너지원으로 사용되는 화합물이다.

② **상온에서 고형을 지방, 액상을 기름이라고 하며** 글리세롤 1개와 지방산 3개가 결합된 구조로 되어 있다.

③ 필수지방산은 체내에서 합성되지 못하므로 식품으로 섭취한다.

④ **기능**

　㉠ 신체장기를 보호하고 체온유지를 도와준다.

　㉡ 지용성 비타민의 흡수를 도와준다.

　㉢ 열량 영양소로 1g당 9kcal의 에너지를 내는 주요 물질이다.

　㉣ 인지질의 경우 세포막의 중요한 구성성분으로 사용된다.

　㉤ 항체를 형성하고 체온과 피지선의 기능을 조절한다.

　㉥ 과잉섭취 시 비만을 초래하는 원인이 되고 결핍 시에는 어린이의 성장을 방해하며, 동물성 지방을 많이 섭취하면 혈관 내에 콜레스테롤이 침착된다.

　⑤ 지방의 종류

　　㉠ **단순 지방** : 중성 지방(소기름, 돼지기름, 올리브유, 야자유, 면실 등)

　　㉡ **복합 지방** : 인지질, 당지질, 지단백(지방과 단백질의 복합체)

　　㉢ **유도 지방** : 지방산, 글리세롤, 스테롤, 콜레스테롤 등

(3) 단백질

① 체내에서 아미노산으로 분해되고 나서 흡수ㆍ이용되는 생물의 몸을 구성하는 고분자 유기물질로 흰자질이라고도 한다.

② 단백질의 최소 단위는 아미노산으로 종류는 약 20여 개로 하루에 총 15% 정도를 섭취해야 한다.

③ 기능

　㉠ 생명유지의 필수적인 요소로 세포 안의 각종 화학반응의 촉매역할(효소), 호르몬, 항체를 형성하여 면역을 담당하는 등의 주요 생체기능 수행 및 근육 등의 인체조직 구성물질이다.

　㉡ 단백질로 구성된 항체는 질병에 대한 면역기능을 한다.

　㉢ 열량 영양소로 1g당 4kcal의 에너지를 내는 주요 물질이다.

　㉣ 체내에 수분함량을 조절하고 pH 유지에 관여한다.

　㉤ 생물체를 구성하는 물질 중 가장 중요하고, 모든 세포막이나 세포의 원형질도 단백질과 지질로 구성되어 있으며, 핵이나 미토콘드리아 등 세포 내의 각종 구조물도 마찬가지다.

　㉥ 피부 구성성분 중 대부분을 차지하고, 파괴되고 낡은 세포원형질을 보충하여 발육ㆍ성장시키는 에너지원이 된다(피부, 모발, 근육 등의 **신체조직의 구성성분**).

④ 아미노산의 종류와 기능

　㉠ **필수 아미노산** : 신체 내에서 합성이 불가능하거나 부족하기 때문에 반드시 음식물로 섭취해야 한다. 발린(Valine), 로이신(Leucine), 이소로이신(Isoleucine), 메티오닌(Methionine), 트레오닌(Threonine), 리신(Lysine), 페닐알라닌(Phenylalanine), 트립토판(Tryptophane)과 어린아이의 성장에 필수적인 히스티딘 등 총 9종이며, 아르기닌은 합성은 가능하나 부족하여 환자나 노약자에게 필수적인 아미노산이다(아르기닌 포함 10종이라고도 함).

　㉡ **불필수 아미노산** : 체내에서 합성이 가능하며, 22종의 아미노산 중 필수 아미노산을 제외한 나머지를 말한다.

3 그 외 영양소

(1) <u>비타민</u> ★

① <u>매우 적은 양으로 물질대사나 생리기능을 조절하는 필수 영양소이다.</u>

② 체내에서 합성되지 않기 때문에 음식물로 섭취해야 하므로 결핍증에 걸리기 쉽다.

비타민의 구분

- 지용성 비타민(기름에 잘 용해되는 것) : 비타민 A, D, E, F, K, U
- 수용성 비타민(물에 잘 용해되는 것) : 비타민 B_1, B_2, B_6, B_{12}, 나이아신, 비타민 C, 엽산, 판토텐산 등

③ 기능

   ㉠ 미량이지만 물질대사나 생리기능을 조절하는 필수영양소로 세포의 성장, 발달에 필요한 물질이다.

   ㉡ 대부분은 효소나 효소의 역할을 보조하는 조효소로 작용하여 생리작용의 조절과 성장유지에 도움을 준다.

   ㉢ 에너지를 생성하지는 못하지만 몸의 여러 기능을 조절한다.

   ㉣ 열, 빛, 공기 중에 쉽게 파괴된다.

④ 종류

   ㉠ 지용성 비타민

종류	특징
비타민 A(레티놀) 항산화 비타민	기능 : 피부상피세포 형성, 재생, 유지, 노화방지, 시력유지 등 결핍 시 : 야맹증, 피부건조, 안구건조, 각화증, 면역력저하 등 급원식품 : 동물의 간, 달걀노른자, 우유, 치즈, 당근, 시금치 등
비타민 D(칼시페롤) 항구루병 비타민	기능 : 칼슘의 흡수를 촉진시켜 골격과 치아 형성, 자외선을 통해 피부에서 합성 결핍 시 : 구루병(유아), 골연화증(성인), 골다공증(폐경기 이후) 급원식품 : 효모, 버섯, 어간유, 버터, 달걀노른자, 우유, 밤, 치즈 등
비타민 E(토코페롤) 항산화성 비타민	기능 : 항산화, 혈액순환 개선, 혈중 콜레스테롤 저하, 갱년기, 근무력증 예방 결핍 시 : 노화 피부, 건조 피부, 냉증, 월결불순, 불임증 등 급원식품 : 밀배아유, 면실유, 녹차잎, 아몬드, 장어 등
비타민 F(리놀레산) 항피부염 비타민	기능 : 콜레스테롤의 농도를 낮춤 급원식품 : 콩기름, 면실유 등
비타민 K(메나퀴논) 항출혈성 비타민	기능 : 간에서 혈액응고 인자의 합성에 관여 결핍 시 : 혈액응고 지연으로 인한 피하출혈, 내출혈 등이 발생 급원식품 : 케일, 해조류, 대우 및 콩 가공품, 달걀 등
비타민 U 항궤양성 비타민	기능 : 위, 십이지장 궤양을 치료 급원식품 : 양배추, 야채즙 등

   ㉡ 수용성 비타민

종류	특징
비타민 B_1(티아민)	기능 : 탄수화물 대사작용시 보조효소 역할 결핍 시 : 각기병, 식욕부진, 전신권태, 손발저림, 피로 등 급원식품 : 돼지고기, 간, 굴, 효모, 현미, 견과류 등

part 02. 피부학

비타민 B₂(리보플라빈) 성장촉진 비타민	기능 : 탄수화물 대사, 성장 · 발육 촉진에 관여 결핍 시 : <u>구순구각염, 설염, 피부염</u>, 우울증 등 급원식품 : 효모, 밀, 옥수수, 간 등
비타민 B₃(나이아신) 항펠라그라 비타민	기능 : <u>펠라그라(니코틴산의 결핍증후군) 예방</u>, 치료 결핍 시 : 펠라그라, 구취, 설사, 우울증, 구내염, 구각염 등 급원식품 : 육류, 간, 어류, 콩류, 곡류, 우유 등
비타민 B₅(판토텐산) 항스트레스 비타민	기능 : 에너지대사에 보조효소로 작용, 비타민 B의 복합체, 피부진정 효과 결핍 시 : 권태, 복통, 구토, 성장장애, 피부 각질의 경화, 홍반, 염증 발생 급원식품 : 우유, 간, 브로콜리, 견과류, 효모, 배아 등
비타민 B₆(피리독신) 항피부염 비타민	기능 : 단백질대사에 관여, 헤모글로빈 합성, 피부질환, 신경질환 예방 결핍 시 : 피부병, 근육통, 신경통, 신경장애, 경련, 지루성 피부염 등 급원식품 : 효모, 간, 육류, 어류, 달걀, 우유, 바나나, 호도 등
비타민 B₁₂(코발아민) 항악성 빈혈 비타민	기능 : 조혈작용, 아미노산대사에서 조효소작용, 적혈구 생성 결핍 시 : 성장장애, 악성 빈혈, 지루성 피부병 급원식품 : 동물의 간, 간장, 굴 등
비타민 B₁₄(이노시톨)	기능 : 지방대사 촉진, 뇌신경계 유지, 동맥경화 예방 결핍 시 : 탈모, 습진, 신경과민, 지방간 등
<u>비타민 C (아스코르빈산) 피부미용 비타민</u>	기능 : <u>항산화, 과색소 침착 방지, 콜라겐 형성</u>, 면역증진, 소장내 철분 흡수, 백내장 예방 결핍 시 : <u>괴혈병</u>, 면역저하, 식욕부진, 코피 등 급원식품 : 귤, 레몬, 오렌지, 토마토, 딸기, 시금치, 무, 양배추 등
비타민 P (플라보노이드)	기능 : <u>모세혈관벽을 강화하여 출혈 방지</u> 결핍 시 : 출혈, 멍이 쉽게 발생 급원식품 : 양파껍질, 메밀, 귤껍질, 토마토, 고추, 체리, 레몬, 오렌지

(2) 무기질

① **의의** : 신체는 약 96%의 유기물과 4% 정도의 무기질로 이루어져 있는데 생물체를 구성하는 원소 중에서 탄소 · 수소 · 산소 등의 3원소를 제외한 다른 요소를 통틀어서 무기질이라고 한다.

② **기능**

  ㉠ 인체 내에서 에너지원은 되지 않으나 신체의 구성과 일부 신체기능을 조절하는 데 필수적 요소이다.

  ㉡ <u>광물질이라고도 하며 체내에서 적절한 pH를 유지하도록 조절하고, 삼투압을 통해 체액의 균형을 유지시킨다.</u>

③ **종류**

종류	특징
칼슘(Ca)	기능 : 골격과 치아의 주성분, 혈액응고, 신경전달, 근수축과 이완, 세포대사 결핍 시 : 골다공증, 골연화증, 구루병, 근경련 등 급원식품 : 우유 및 유제품, 뼈째 먹는 작은 생선, 달걀노른자, 해조류, 굴, 신선한 야채 등

인(P)	기능 : 골격과 치아 형성, 물질대사 관여, 세포의 핵산, 세포막 구성 급원식품 : 우유, 치즈, 콩류, 달걀노른자 등
마그네슘(Mg)	기능 : 골격과 치아 및 효소의 구성성분, 신경과 심근에 작용 결핍 시 : 신경계 이상, 신장질환, 정신장애, 근육에 심한 경련 급원식품 : 땅콩, 완두, 코코아, 치즈, 생선 등
나트륨(Na)	기능 : **체액의 pH 평형 및 삼투압 조절**, 신경의 자극전달, 근육의 탄력성을 유지 결핍 시 : 극도의 피로감과 식욕부진, 소화액, 위산 감소, 정신불안 등 급원식품 : 새우류, 미역, 김, 오징어, 소금 등
칼륨(K)	기능 : 세포기능에 중요한 역할, 혈장 중의 칼륨은 근육 및 신경의 기능조절에 필요 결핍 시 : 구토, 설사, 식욕부진, 발육부진, 근육마비 급원식품 : 푸른 채소, 감귤, 감자, 단호박, 바나나, 우유 등
염소(Cl)	기능 : 체내 삼투압 유지, 산과 염기의 균형유지, 위액을 생성 결핍 시 : 식욕부진, 소화불량 등 급원식품 : 젓갈류, 김치류, 조림, 된장, 고추장 등
철분(Fe)	기능 : 헤모글로빈과 미오글로빈의 구성성분, 골수에서 조혈작용, 피부의 혈색과 밀접한 관련이 있음 결핍 시 : 빈혈, 적혈구막에 지질과산화가 촉진되어 적혈구가 쉽게 파괴 급원식품 : 간, 육류, 완두콩, 생선류, 녹색채소, 견과류, 굴, 김 등
유황(S)	기능 : 인체의 모발, 손톱, 피부를 구성하는 단백질인 케라틴 합성에 관여 결핍 시 : 피부 등에 윤기가 없고 거칠어 보이고 손 · 발톱이 잘 부러짐 급원식품 : 우유, 달걀, 콩, 육류 등
아연(Zn)	기능 : 성장, 면역, 알코올 대사에 관여, 생체막 구조 · 기능의 정상유지 결핍 시 : 성장지연이나 왜소증, 면역기능과 상처회복이 지연 급원식품 : 굴, 간, 내장, 달걀, 우유 등
구리(Cu)	기능 : 철분의 흡수를 돕고 체내 생화학반응의 촉매제 역할 결핍 시 : 빈혈, 성장장애 등 급원식품 : 소간, 돼지간, 두류, 굴 등
요오드(I)	기능 : 갑상선호르몬의 구성성분, 기초대사량 조절 결핍 시 : 갑상선 기능장애와 갑상선종, 크레틴증(성장지연) 급원식품 : 미역, 김, 다시마, 파래 등의 해조류, 해산물 등

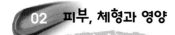

02 피부, 체형과 영양

(1) 피부와 영양

① 피부도 인체의 일부이며 아름답게 유지하려면 건강과 무관하지 않다는 것을 알 수 있다. 건강이 좋지 못하면 피부에도 영향을 미치므로 올바른 영양소의 음식물 섭취는 가장 기본적인 사항이다.

② 피부는 혈관과 림프계로부터 영양을 공급받는데, 영양소의 과잉섭취나 잘못된 영양소의 공급 또는 결핍의 경우에는 이상증상을 나타내게 된다.

③ 비타민 A, C, E는 피부미용에 필수적으로 노화를 지연시키고 대기오염이나 흡연, 자외선에 의해 발생이 촉진되어 노화를 일으키는 <u>**활성산소(Free radicals, 프리라디칼)**</u>로부터 피부를 보호한다.

(2) 체형과 영양

서구화된 식생활과 운동부족, 영양과다 현상으로 비만을 초래할 수 있는데 올바른 식생활과 규칙적인 운동을 통하여 아름답고 건강한 체형으로 변화시킬 수 있다. 일반적으로 성인 여성은 하루 평균 2,000kcal, 성인 남성은 2,500kcal를 소비하는데, 탄수화물과 단백질은 1g당 4kcal의 에너지를, 지방은 1g당 9kcal의 에너지를 낸다.

① **식이요법** : 신선한 야채와 과일, 콩, 탈지우유, 생선, 기름기 없는 육류, 미역, 다시마와 같은 해조류 등으로 저열량식과 섬유질식품을 섭취한다. 적절한 열량섭취량은 개인차가 있으나 약 1,200~1,500kcal 정도로 3대 영양소의 기본적인 비율인 탄수화물 60%, 단백질 20%, 지방질 20%는 지켜져야 한다.

② **운동요법** : 조깅, 걷기, 자전거 타기, 수영, 달리기, 테니스, 줄넘기, 스키, 계단 오르기 등의 유산소운동이 가장 효과적이다.

③ **수술요법** : 비만부위에 관을 삽입하여 지방세포만을 선택적으로 흡수시켜 주는 요법이다.

④ **약물요법** : 음식섭취를 감소시키거나 영양의 흡수 및 대사를 변화시키고 에너지소비를 증가시켜 바람직한 방향으로 대사를 교정하는 것을 말한다.

chapter 03 피부 장애와 질환

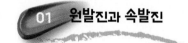

01 원발진과 속발진

피부질환의 초기병변이 나타나는 증상을 원발진이라 하고, 2차적으로 다른 요인들에 의해 나타나는 피부질환을 속발진이라 한다.

1 원발진(Primary Lesions)

건강한 피부에 처음으로 나타나는 병적 변화를 말하며 반점, 홍반, 소수포, 대수포, 팽진, 구진, 농포, 결절, 낭종, 종양 등이 있다.

(1) 반점(Macule) ★

피부 표면이 융기(튀어나옴)나 함몰(들어감)됨이 없이 만져지지 않으며 주변 피부와 경계지을 수 있는 색이 다른 병변으로 주근깨, 기미, 백반, 홍반, 자반, 과색소침착, 노화반점, 오타모반, 몽고반점 등이 이에 속한다.

(2) 홍반(Erythema)

모세혈관의 확장과 염증성 충혈에 의한 편평하거나 둥글게 솟아오른 붉은 얼룩으로 시간의 경과에 따라 크기가 변화한다.

(3) 소수포(Vesicles)

체액, 혈장 또는 피 등의 액체를 함유하는 피부의 융기로 피부 표면에 부풀어 오른 직경 1cm 미만의 맑은 액체가 포함된 물질이다. 작은 수포들이 표피의 안이나 혹은 바로 밑에 자리잡고 있다.

part 02. 피부학

(4) 대수포(Bleb)

소수포보다 큰 병변으로 액체성분을 함유한 1cm 이상의 수포를 말하며, 주로 화상 등에서 볼 수 있다.

(5) **팽진**(Wheals) ★

일시적인 부종에 기인하는 경계가 명확한 돌출된 병변으로 **담마진(두드러기)**, 모기 등의 곤충에 물렸을 때나 주사 맞은 후에 발생할 수 있는 피부 발진이다. 불규칙한 모양으로 피부의 단단하고 편평한 융기로 가렵고 부었다가 수 시간 내에 소멸된다.

(6) **구진**(Papule)

직경 1cm 미만의 작고 돌출된 단단한 병변으로 주위의 피부보다 붉은색으로 경계가 뚜렷한 피부 융기물이다. 한진, 습진, 여드름, 사마귀 등에서 볼 수 있다.

(7) **농포**(Pustule)

피부의 작은 융기로 모양은 수포와 비슷하나 염증을 포함하는 수도 있다. 단일 또는 군집으로 생기는 고름(농)을 포함한 1cm 미만의 크기로 표면 위로 돌출되어 있는 황백색의 병변이다. 여드름에서 볼 수 있다.

(8) **결절**(Nodules)

구진보다 크고 종양보다는 작은 1~2cm 정도의 경계가 명확한 피부의 단단한 융기물로 섬유종, 황색종 등이 있으며 표피, 진피, 피하지방층까지 확대된다.

(9) **낭종**(Cyst)

막으로 둘러싼 액체나 반고체 물질을 갖는 병변으로 표면이 융기되어 있으며 표피, 진피, 피하지 방층까지 침범하여 심한 통증을 유발시킨다.

(10) 종양(Tumor)

직경 2cm 이상의 크기로 혹처럼 부어서 외부로 올라와 있는 결절보다 큰 몽우리이다. 모양과 색상이 다양하며 신생물이나 혹에서 관찰되는데 악성과 양성이 있다.

(11) 비립종(Milium)

<u>눈주위와 뺨에 좁쌀 같은 알갱이가 생기는 것으로 각질덩어리가 뭉쳐진 형태</u>이다.

(12) 한관종(Syringoma, 눈밑 물사마귀)

한관의 조직이 비정상적으로 증식하여 한관이 막혀서 발생하는 좁쌀 크기의 살색이나 황색을 띠는 구진이 번져 있는 형태이다.

2 속발진(Secondary Lesion) ★

피부에 1차적으로 나타난 원발진에서 더 진전되어 생기는 증세로 미란, 인설, 가피, 태선화, 찰상, 균열, 궤양, 위축, 반흔 등이 있다.

(1) 미란(Erosion)

짓무르는 것으로 표피에만 나타나는 피부 결손 상태이다. 흉터 없이 치유된다.

(2) 인설(Scaly Skin)

표피의 각질들이 축적된 상태이다. 비듬이나 불완전한 각화로 표피에서 떨어져 나오는 각질 조각을 말한다.

(3) 가피(Crust)

딱지를 말하며 표피성 물질이나 혈장, 혈액, 고름 등의 삼출액과 세포조각 등이 건조해서 피부 표면에 말라붙은 상태이다.

(4) 태선화(Lichenification)

표피 전체와 진피의 일부가 가죽처럼 두꺼워지는 것으로 피부가 거칠고 두텁고 단단하며, 만성적인 마찰 또는 자극에 의해 형성되고 반점처럼 확실히 구별되지 않는다.

(5) 찰상(Excoriation)

기계적 자극이나 지속적 마찰로 인하여 긁어서 발생되는 표피의 결손을 말한다.

(6) 균열(Fissure, 열창)

장기간 피부 질환이나 염증으로 인하여 피부가 건조해지고 탄력이 떨어져 갈라진 상태로 입가에 생기는 구순염이나 무좀 등을 들 수 있다.

(7) 궤양(Ulcer)

표피, 진피, 때로는 피하조직까지 손실되어 움푹 파이고 삼출물이 있으며 크기가 다양하고 붉은색을 띤다. 표면은 분비물과 고름으로 젖어 있고 출혈이 있으며 완치 후에는 반흔이 된다.

(8) 위축(Atrophia)

피부의 퇴화변성으로 세포나 성분이 감소하고 피부가 얇아진 증상이다. 정맥이 비치고 잔주름이 생기거나 둔한 광택이 나는 상태가 된 것으로 노인성 위축증에서 볼 수 있으며 선상(線狀) 또는 반상(斑狀)을 나타낸다.

(9) 반흔(Scar)

상흔이라고도 하며 손상된 피부의 결손을 메우기 위해서 새로운 결체조직이 생성된 섬유조직으로 불규칙하게 두꺼워진 가는 선들을 말한다. 상처가 아물면서 진피의 교원질이 과다생성되어 흉터가 표면 위로 올라오는 **켈로이드** 경향이 대표적이다.

02 피부 질환

1 온도에 의한 피부 질환

(1) 열에 의한 피부 질환

① 화상(Burn) : 화염, 뜨거운 물이나 액체, 강산이나 강알칼리 등의 화학물질 및 전기, 방사선 등에 의해 일어나는 상처로 세포의 단백질을 변화시켜 세포를 파괴한다.
   ㄱ 1도 화상 : 표피층에만 손상을 입는 홍반성 화상이다.
   ㄴ **2도 화상** : **홍반, 부종, 통증과 수포**가 나타난다.
   ㄷ 3도 화상 : 표피, 진피, 피하지방층의 일부까지 손상된 괴사성 화상이다.
   ㄹ 4도 화상 : 피부가 괴사되어 피하의 근육, 힘줄, 신경, 골 조직까지 손상된다.
② 한진(Miliaria, 땀띠) : 땀이 피부의 표피 밖으로 제대로 배출되지 못하고 축적되어 발생한다.
③ 열성 홍반(Erythema ab Igne) : 피부에 화상을 입지 않을 정도로 강렬한 열에 지속적으로 노출되어 피부의 지속적인 홍반과 과색소침착을 일으키는 질환을 말한다.

(2) 한랭에 의한 피부 질환

① 동상(Frostbite) : 영하의 기온에 피부가 노출되어 피부조직이 얼어 국소적으로 혈액공급이 안 되거나 감소되어 조직에 괴저가 발생한다.
② 동창(Chilblain) : **한랭에 의한 비정상적인 국소반응으로 가벼운 추위에 장시간 노출 시 혈관이 마비**되는 것이다. 사지의 말단이나 코, 귀 등에 나타나는 가장 가벼운 상태이다.

2 물리적(기계적) 손상에 의한 피부 질환

① **굳은살(Hardened Skin)** : 반복되는 자극으로 피부표면의 각질층이 부분적으로 두꺼워지는 과각화증이다.

② **티눈(Corn)** : 마찰과 압력에 의해 각질층이 두껍고 딱딱해지는 것으로 각화가 심하고 중심부에 핵이 있다.

③ **욕창(Decubitus ulcer)** : 지속적인 압력을 받는 부위의 피부, 피하지방, 근육이 괴사되는 현상을 말하며, 주로 움직이지 못하는 환자에게 잘 발생한다.

3 색소성 피부 질환

멜라닌이 피부 내에 증가하거나 결핍되어 나타나는 것으로 과색소침착으로 인한 기미, 주근깨, 노인성 반점 등이 있고, 저색소침착증으로 인한 백반증과 백색증 등이 있다.

(1) 기미(Chloasma, 간반)

① 예민한 부위에 멜라닌의 합성을 초래하여 발생한다.

② 연한 갈색 또는 흑갈색의 다양한 크기와 **불규칙적인 형태로 좌우 대칭적**으로 발생하는 것이 특징이다.

③ **경계가 명확한 갈색의 점**으로 나타난다.

④ 30~40대 중년 여성에게 잘 나타나고 재발이 잘 된다.

(2) 주근깨(Freckle)

직경 5~6mm 이하의 불규칙한 모양의 황갈색 반점이다. 자외선 노출 부위에 색소가 침착되어 나타난다.

(3) 노인성 반점(Lentigo senilis, 검버섯)

50대 이후 나이가 들어가면서 얼굴, 손등, 어깨 등에 걸쳐 햇빛 노출 부위에 불규칙적으로 주근깨 크기보다 큰 갈색 반점이 나타난다.

(4) 백반증(Vitiligo)

백납이라고도 불리며 후천적으로 멜라닌 세포가 부분적 또는 전신적으로 파괴되어 피부의 색소가 **빠져 흰색의 반점이 나타나는 피부질환**이다. 단순히 보이는 질환뿐만 아니라 자신감 상실, 대인기피증, 우울증까지 동반할 수 있는 마음속의 질환이다.

피부의 국한된 부위나 전신에 대칭적으로 발생하고 피부뿐만 아니라 모발과 눈썹까지 색소가 빠져 부분적으로 흰머리, 흰눈썹을 보이기도 한다.

(5) 백색증(Albinism)

백색증은 눈, 피부, 모발 등에 갈색, 검정, 빨강, 노랑 등의 색소가 없는 질환이다. 라틴어로 '하얗다'라는 뜻의 알부스(Albus)에서 유래되었으며, 알비노증(Albinism)이라고도 한다. 선천적인 질환으로 자외선에 대한 방어능력이 부족하여 일광화상을 입기 쉽다.

(6) 릴안면흑피증(Riehl's melanosis)

일광노출인 얼굴의 이마, 뺨, 귀 뒤, 목의 측면 등에 넓게 나타나는 갈색, 암갈색의 색소침착으로 진피 상층부에 멜라닌이 증가한 것이다.

(7) 베를로크 피부염(Berloque dermatitis)

향수, 오데코롱 등을 사용한 후 광감수성이 높아져 노출 부위에 색소가 침착되는 것을 말한다.

part 02. 피부학

4️⃣ 습진(Eczema)에 의한 피부 질환

(1) <u>접촉성 피부염</u>(Contact dermatitis)

외부물질과의 접촉에 의해서 발생하는 피부염으로 원발형 접촉피부염, 알레르기성 접촉피부염, 광알레르기성 접촉피부염으로 분류된다.

① 원발형 접촉피부염(Primary irritant contactdermatitis)
  ㉠ 원인물질이 피부에 직접 독성을 일으켜 발생한다.
  ㉡ 일정한 농도와 자극을 주면 거의 모든 사람에게 피부염을 일으킬 수 있다.
  ㉢ 1~2시간 내에 홍반, 구진, 소수포 등과 가려움증, 부종 등이 나타나고 24~48시간에 최고조에 달했다가 48~72시간이 지나면 점점 약해지는 양상을 보인다.
  ㉣ 물의 잦은 접촉이나 세제, 고무장갑 등에 의해 나타날 수 있다.
② 알레르기성 접촉피부염(Allergic Contact Dermatitis)
  ㉠ 어떤 물질에 접촉했을 때 가려움증, 구진, 반점 등의 피부증상이 나타나는 것을 말한다(<u>주알러지원 : 니켈, 수은, 크롬 등 금속물질</u>).
  ㉡ 특수물질에 감작된 특정인에게만 나타나는 질환이다.
  ㉢ 첩포시험을 통해 원인물질을 규명한다.
③ 광알레르기성 접촉피부염
  ㉠ 광선과 원인물질이 만나서 발생하는 질환이다.
  ㉡ 평소에는 피부에 문제없던 물질이 햇빛에 노출되면 피부염을 일으키는 증상이다.
  ㉢ 광과민성을 일으키는 원인물질로는 감귤류 계통의 아로마 등이 있다.

(2) 지루성 피부염(Seborrheic Dermatitis)

① 주로 피지분비가 정상보다 왕성한 두피, 안면, 눈썹, 눈꺼풀, 앞가슴 등의 중앙부위에 잘 발생하며, '지루성 습진'이라고도 한다.

② 홍반과 인설을 동반하며 유전, 호르몬의 영향, 영양실조 및 정신적 긴장에서 오는 피지분비의 과다현상이 원인이 된다.

5 세균성 피부 질환

(1) 모낭염(Folliculitis)

① 좁쌀 크기의 노랗게 곪은 농이 있고, 주위는 붉은색을 띠며 세균 중 황색포도상구균에 의해 모낭에 생기는 염증을 말한다.

② 흉터가 남기도 하고 탈모 증상이 나타나기도 하며, 심하면 절종으로 발전할 수도 있다.

(2) 감염성 농가진(Contagious Impetigo)

① 포도상구균이나 화농성 연쇄상구균으로 발생되며 감염성이 강하다.

② 가려움과 붉은 반점이 생겼다가 이내 수포가 발생하며 터지면 황갈색의 진물이 흐르면서 번지게 되고 진물이 흐르면 노란 딱지가 앉게 된다.

③ 농가진에 감염된 사람과의 접촉으로 발생하거나 곤충에 물린 상처를 통하여 감염될 수 있으며 상처가 깊으면 흉터를 남길 수 있다.

(3) 절종(종기, Furuncle)과 옹종(Carbuncle)

① 모낭염이 심해지고 커지면 절종(종기)이 되고, 두 개 이상의 절종이 합해져서 더 크고 깊게 염증이 생기면 옹종이 된다.

② 모낭 및 그 주변 조직에 심재성 괴사를 일으키는 급성 화농성 질환으로 발생한다.

(4) 봉소염(Cellulitis)

① 용혈성 연쇄구균에 의해 발생된다. 초기에는 작은 부위에 홍반, 소수포로 시작되어 심부인 피하조직에 균이 감염되어 발생한다.

② 가벼운 자극에도 강한 통증을 느끼며 염증은 림프절을 타고 전신에 퍼져 오한과 발열을 동반한다.

6 감염성 피부 질환

(1) 바이러스 감염증(Viral dermatosis)

① 단순포진(Herpes simplex)

ⓒ 열발진이라고도 하며 점막이나 피부를 침범하는 수포성의 병변으로 Ⅰ, Ⅱ형이 있다.

ⓒ Ⅰ형은 입주위에 수포를 형성하며, Ⅱ형은 생식기 부위에 발생하는데 단독 혹은 군집으로 모여서 발생한다.

ⓒ 전 인구의 80~90% 정도의 흔한 질환으로 7~10일 내에 지속되다가 흉터 없이 낫는다.

② **대상포진**(Herpes Zoster) : 수두를 앓은 후 수두바이러스가 원인이 되어 나타나는데 침범 받은 신경을 따라 띠모양으로 피부 발진이 발생하고, 수포가 화농으로 변하면서 심한 경우 흉터가 남을 수 있다.

③ **수두**(Varicella, Chickenpox) : 주로 소아에게 발생하는 비교적 가벼운 질환으로 감염성이 강하고 일생에 단 한번 걸리며, 머릿속에서 시작하여 안면, 체간에 나타나고 점차 사지로 확대되며 구강, 질, 요도 점막에도 잘 발생한다.

④ **편평사마귀**(Flat wart)

ⓒ 직경 1~3mm 정도의 작은 구진이 안면, 목, 가슴, 손 등에 다발하며 대칭성으로 무리지어 생기는 사마귀의 형태이다.

ⓒ 옅은 갈색이나 붉은색을 띠는 편평한 형태로 가려움증을 유발할 수도 있다.

⑤ **수족구염**(Hand – foot – mouth disease) : 주로 늦여름에서 가을에 10세 이하의 소아에게 발생하며 손, 발, 입에 수포와 구진의 발진이 발생한다.

⑥ **홍역**(Measles)

ⓒ 보통 재채기나 기침에 의해 감염되고 피부에 붉은 반점상 구진이 심하게 나타나며 발열과 발진이 주 증세로 나타난다.

ⓒ 감염성이 높아 96%의 감염률을 보이나 한번 걸리면 평생 면역을 얻는 질환이다.

⑦ **풍진**(German Measles, Rubella)

ⓒ 감기몸살처럼 2~3일간 열이 나고, 붉은 반점이 얼굴에서 전신으로 퍼져 나가고, 토끼눈 같이 빨갛게 되기도 한다.

ⓒ 임신 초기에 풍진에 걸리면 태아도 풍진에 걸려 선천성 기형이 될 수 있으므로 주의한다.

7 진균성 피부 질환(Dermatomycosis, 곰팡이, 사상균)

(1) 족부백선(Tinea Pedis)

① 무좀이라고 불리는 질환으로 쉽게 감염되며 **피부사상균**이라는 **곰팡이**에 의해서 발생하는데 전체 백선의 40% 정도를 차지한다.

② 형태에 따라 발가락 사이에 생기는 지간형과 발바닥과 그 주변을 따라 소수포가 생기는 소수포형 그리고 발바닥이 두껍게 각화되고 건조하여 균열이 생기는 각화형이 있다.

(2) 조갑백선(Tinea Ungium)

① 손톱이나 발톱에 피부사상균이 침입하여 병을 일으키는 조갑진균증이라고 한다.

② 족부백선이나 수부백선의 사상균이 조갑으로 들어가 발생하므로 함께 치료해주어야 하며, 외과적 수술법으로 손톱이나 발톱을 제거하여 치유하는 방법이 있다.

③ 칸디다증(Candidiasis)

   ⊙ 모닐리아증이라고도 하며, 주로 피부, 점막, 손·발톱에 생겨 표재성 진균증을 일으킨다.

   ⓛ 항생물질이나 부신피질호르몬을 사용한 경우, 인체의 방어력이 저하된 경우에 이상증식하여 병을 일으킨다.

8 모발 및 모공의 질환

(1) 남성형 탈모증(Male pattern areata)

① 유전, 남성 호르몬, 두피의 지루성 피부염이 중요한 요인으로 작용한다.

② 탈모를 일으키는 DHT(Di－Hydro Testosterone) 호르몬은 5α 리덕타아제(5 Alpha Reductase)라는 효소와 테스토스테론이 결합하여 탈모를 촉진한다.

(2) 원형 탈모증(Alopecia Areata)

① 대개 지름 1~2cm의 크기로 한 곳 또는 그 이상 다발하여 불규칙한 모양으로 융합할 때도 있고, 두발이 모두 빠지는 수도 있는데 이것을 **독두병(禿頭病) 또는 타이완대머리**라고도 한다.

② 유전적인 경향이 강하고 자가면역 상실과 스트레스 등이 원인으로 추정된다.

9 눈가 주위의 질환

(1) 비립종(Milium)

① 눈 주위와 뺨에 좁쌀 같은 알맹이 모양이다.

② 한선의 기능 퇴화로 발생하고 각질층에서 땀의 배출을 막아 덩어리가 뭉쳐진 형태이다.

(2) 한관종(Syringoma)

① 눈 밑 물사마귀를 말한다.

② 한관의 조직이 비정상적으로 증식함에 따라 한관이 막혀서 발생하는 살색이나 황색을 띠는 좁쌀 크기의 구진이 번져 있는 형태이다.

chapter 04 피부와 광선

01 자외선(Ultraviolet Light) ★★

1 광선의 종류

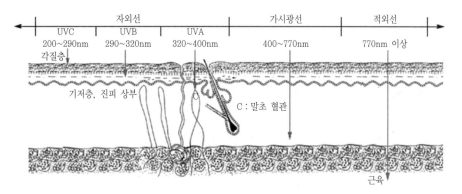

〈광선의 피부 침투(피부 단면도)〉

2 자외선의 종류와 특징 ★

(1) UVA(장파장, 320~400nm)

① **실내 유리창을 통과**할 수 있다. 날씨와 상관없이 언제나 존재하기 때문에 '**생활자외선**'이라고 불리며 진피층까지 도달한다.

② 홍반을 일으키지 않으며 **선탠(Suntan)이 발생**하며 즉시 **색소침착**이 이루어진다.

③ 유해산소의 영향으로 만성적인 **광노화** 진피섬유의 변성을 일으켜 피부의 조기노화, 피부탄력 감소, 피부건조화, 주름 형성, 일광 탄력섬유증을 유발한다.

> **선탠(Suntan)**
>
> 피부는 자외선을 받으면 피부 보호를 위하여 멜라닌색소를 만들어 내는데, 피부 상태가 손상되지 않고, 서서히 검은색의 멜라닌색소가 증가하여 그을리는 것을 말한다.

(2) UVB(중파장, 290~320nm)

① **기미**의 직접적인 원인으로 표피 기저층 또는 진피의 상부까지 도달한다.
② **선번(Sunburn)**이 발생하며 피부 건조, 피부암의 원인이 된다.
③ 일광화상을 일으키고 피부암에 영향을 주는 **비타민 D의 합성을 유도**한다.
④ **유리에 의해 차단**할 수 있다.

> **선번(Sunburn)**
>
> 강한 자외선에 장시간 노출되어 피부 조직이 화상이나 염증 등 손상되어 벌겋게 되고 열기와 부기가 나타나는 증상이다.

(3) UVC(단파장, 290nm 이하)

① 에너지가 가장 강한 자외선으로 오존층에서 완전 흡수되어 지표에 도달하지 않았던 것이나 최근 환경오염 등의 문제로 오존층이 파괴되면서 사람과 생태계를 위협하고 있다.
② **바이러스나 박테리아 등 단세포성 조직을 죽이는 데 효과적**이다(**살균효과**).
③ 피부에 직접 닿으면 **피부암**을 일으킬 수 있다.

3 자외선에 의한 피부의 반응

(1) 홍반

자외선이나 일광에 오래 노출되었을 때 진피 내 혈관확장으로 혈류량이 증가되어 피부가 빨갛게 되는 반응을 말한다.

(2) 색소침착

① 자외선이 피부에 침투하여 방어작용으로 멜라닌의 양이 증가하고 기미, 주근깨를 생성하는 것을 말한다.
② 색소침착의 지속시간은 피부에 자외선이 침투한 시간과 비례하여 나타난다.

(3) 일광화상

① 피부가 자외선에 과도하게 노출되어 나타나는 현상으로 주로 UV-B에 의해 발생한다.
② 피부에 홍반증상이 나타나고, 4~6시간의 잠복기를 거쳐 24시간 내에 최고조에 달하다가 심해지면 오한과 발열, 물집 등이 나타난다.

(4) 광노화

피부가 장시간 자외선에 노출되면 각질형성세포의 재생주기가 빨라져 표피가 두꺼워지고 피부의 수분과 탄력 등에 영향을 주는 콜라겐, 엘라스틴 등을 파괴하여 탄력이 저하되게 만들어 주름, 색소침착, 수분부족으로 인한 피부건조화 등 조기노화를 일으킨다.

(5) 피부암

① 여러 가지 발병 원인이 있으나 주로 자외선에 의해 나타나고 노년기에 많이 발생하며, 유색인종에 비해 광선에 대한 보호능력이 떨어지는 백인에게서 발병률이 높다.
② 피부암의 종류는 매우 다양하나 대표적인 것으로는 '피부암전구증'과 '표피내암', 악성도가 높은 '악성 흑색종' 등이 있다.

(6) 광독성 피부염

화장품이나 약물 등에 의해 체내에 들어온 광독성 물질은 태양광선에 노출된 후 수시간 내에 활성화되어 안면이나 팔, 가슴 등이 따갑거나 붓고 물집이 생기는 등의 피부염을 발생시키고 나중에 색소침착으로 남을 수 있다.

(7) 일광 알레르기

① 접촉성 피부염과 비슷하여 먼저 홍반, 습진, 소수포들이 나타나며 후에 인설과 가피가 덮이고 피부는 두꺼워지게 된다.
② 주로 태양광선에 노출되는 부위로 얼굴이나 목, 가슴 등에 나타난다.

(8) 일광 두드러기

자외선 자체에 민감한 반응을 보여 햇빛노출 후 홍반이나 가려움증을 느끼며 두드러기 형태로 나타난다.

4 자외선 차단제

자외선으로부터 피부를 보호하기 위하여 자외선을 산란시키거나 흡수하여 방어한다.

part 02. 피부학

(1) 자외선 차단제의 종류

① **물리적 차단제** : 피부 표면에서 **자외선을 산란, 반사**시켜 피부 내부로 침투되는 것을 막아주는 것으로 **이산화티탄, 산화아연, 탈크, 카올린** 등의 성분이 함유된 파우더 등의 메이크업 제품을 사용한다.

② **화학적 차단제** : 피부 표면에 발랐을 때 **자외선을 흡수**하여 피부 속으로 침투하는 것을 막아주는 물질을 말한다.

(2) 자외선 차단지수(Sun Protection Factor, SPF)

> **MED(Minimun—Erythema Dose, 최소 홍반량)**
>
> 자외선 감수성을 나타내는 하나의 지표로 이용되는데 자외선을 쬐어 약간 붉어지는 자외선량을 가리킨다.
>
> $$SPF = \frac{\text{자외선 차단제품을 사용했을 때의 최소 홍반량(MED)}}{\text{자외선 차단제품을 사용하지 않았을 때의 최소 홍반량(MED)}}$$

① 자외선 차단지수는 **UV－B를 차단하는 지수**를 나타낸다.

② 평소 생활자외선 예방 시에는 SPF 15 정도가 적당하나 골프나 스키, 수영 등 자외선에 오랫동안 노출될 때에는 SPF 30 이상을 사용하는 것이 좋다.

③ 자외선 차단지수의 효과는 인종이나 연령, 지역 등에 따라 달라진다.

(3) PA(Protect A)지수

① 피부탄력을 감소시키고 노화촉진, 멜라닌색소 증가 등으로 피부를 해치는 UV－A에 대한 차단지수이다.

② 차단 정도의 표시는 PA$^+$, PA^{++}, PA^{+++}로, ＋가 많을수록 차단효과가 크다(배수 증가).

5 자외선 미용기기의 예

① **인공선탠기** : 주로 UV－A만을 방출하여 인공적으로 멜라닌을 자극하는 방식으로 베드형과 스탠드형이 있다.

② **우드램프** : **고객의 피부 상태에 따라 다양한 색상을 나타내어 피부 상태를 분석**하는 기기이다.

③ **자외선 소독기** : 자외선을 이용한 소독기로 15W 살균등의 20cm 아래에서 대장균은 1분 정도면 사멸되나 침투성이 없어 표면에만 효과적이다.

02 적외선

1 적외선이 인체에 미치는 영향 ★★

① 피부에 해를 주지 않으며, 체온을 상승시키지 않고 **피부에 열감**을 준다.
② **혈관을 팽창시켜 순환을 용이**하게 하며 혈액순환 장애로 인한 체내 노폐물 축적, 지방축적, 셀룰라이트 예방관리에 효과적이다.
③ 피지선과 한선의 기능을 활성화하여 피부 노폐물의 배출을 도와준다.
④ 피부 깊숙이 영양분을 침투시키고 **신진대사를 활발**하게 해준다(**유효성분 침투**).
⑤ 근육을 이완시키는 기능을 하며 신체에 면역력을 증강시켜 저항력을 키워준다.

2 적외선램프 사용 시 주의사항

① 비발광등일 경우 빛이 보이지 않아 접촉 시 **화상**의 우려가 있으므로 주의한다.
② 램프와의 거리는 50~90cm(평균거리 60cm) 정도를 유지한다.
③ 해당 부위에 빛이 **직각**으로 비춰지도록 한다.

part 02. 피부학

Chapter 05 피부 면역

01 면역의 종류와 작용

면역이란 특정의 병원체 또는 독소에 대해 저항할 수 있는 인체의 능력을 말하며 어떤 질병을 앓고 난 후에 그 질병에 대한 저항성이 생기는 현상이다.

1 선천적 면역(자연면역)

태어날 때부터 가지고 있는 저항력 또는 방어력으로 병을 치유해 나가는 면역인데, 체내로 침입한 이물질을 백혈구, 림프구, 비만세포 등이 방어해 나가는 것을 말한다.

(1) 대식세포

체내에 있는 조직에 분포하여 침입한 이물질, 세균, 바이러스, 체내 노폐세포 등을 잡아서 포식하고 소화하는 대형 아메바상 식세포를 총칭하며, 탐식세포라고도 한다.

(2) 혈소판

지혈작용과 함께 백혈구의 면역작용을 보조하는 역할을 한다.

2 후천적 면역(획득면역)

(1) 능동면역

감염병 감염 후나 예방접종 등에 의해 후천적으로 형성된 면역을 말한다.
① **자연능동면역** : 감염병 감염 후 형성된 면역

자연능동면역의 종류

- **영구면역**
  – 현성 감염 후 : **홍역**, 수두, 백일해, 유행성이하선염, 콜레라, 두창, 성홍열
  – 불현성 감염 후 : 일본뇌염, 폴리오, 디프테리아
- **약한면역** : **폐렴**, 수막구균성수막염, 세균성 이질
- **감염면역(면역 형성이 안 됨)** : 매독, 임질, 말라리아

② **인공능동면역** : 예방접종 후 형성된 면역(백신, 톡신 등)

예방접종 후 형성된 면역

- 생균백신 : 두창, 탄저, 홍역, 광견병, 결핵, 황열, 폴리오
- 사균백신 : **콜레라, 파라티푸스 장티푸스 백일해, 일본뇌염, 폴리오**
- 순화독소 : **파상풍, 디프테리아**
- ※ 순화독소란 병원체가 아닌 병원체가 생산하는 독소를 약화시켜 인체에 접종하는 것을 말한다.

(2) 수동면역

수동면역은 모체로부터 태반이나 수유를 통해서 얻는 방법과 인공혈청제제를 주사하여 얻는 방법이 있다.

① **자연수동면역** : 모체로부터 태반이나 수유를 통해서 형성된 면역
② **인공수동면역** : 인공혈청제제를 주사하여 형성된 면역

3 면역세포

(1) **체액성 면역(B–림프구와 생산한 항체에 의한 면역)**

① 골수에서 생성되며, **면역글로불린**이라고 불리는 항체를 형성한다(항체는 체액에 존재하며 면역글로불린이라는 당단백질로 구성).

② B–림프구가 항원을 인지한 후 분화되어 자기 스스로가 항체를 쏟아내서 항원의 활동을 억제한다. 주로 감염된 세균을 제거하는 기능을 한다.

③ 대체적으로 B세포는 태아 때부터 형성된다. 항원에 따라 IgG, IgA, IgD, IgM, IgE 등 5종류가 있다. **항원전달세포에 해당된다.**

항원과 항체

- 항원(Antigen) : 인체의 면역체계에서 면역반응을 일으키는 원인물질
- 항체(Antibody) : 이물질에 대항하기 위해 림프구에 의해 생성된 면역글로불린(Ig : Immunoglobulin)이라
  는 단백질
- ※ 항원-항체반응은 자연적(능동적)으로 일어날 수도 있고, 인공적(수동적)으로 일어날 수도 있다.

(2) 세포성 면역(T-림프구에 의한 면역)

① 흉선에서 성숙되어 생성되며 혈액 내 림프구의 90%를 차지하고 정상 피부에 대부분 존재한다.

② T-림프구는 세포 독성 T세포와 보조 T세포가 있다. 세포 독성 T세포는 직접적으로 **바이러스에 감염된 세포를 죽이게 되고,** 보조 T세포는 B세포나 다른 대식 세포를 돕는다. 바이러스에 감염된 세포를 죽이지 않으면 그 세포로부터 많은 바이러스들이 만들어져 더 심각한 감염을 초래하게 된다.

chapter 06

피부 노화

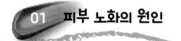

01 피부 노화의 원인

피부 노화란 나이가 들어감에 따라 나타나는 퇴행적 변화현상으로 인체가 지니고 있는 능력을 소진해 가는 과정이다.

1 생리적 노화(Physiological ageing)

① 25세 전후로 하여 나이가 들어감에 따라 인체를 구성하는 모든 기관의 기능이 저하된다.
② 모발이 감소하며 안구 조절기능에도 장애가 나타나고 피부의 구조와 생리적 기능에도 변화가 일어나면서 탄력성의 저하, 주름 및 노인반점 등 다양한 노화현상이 나타난다.
③ **원인** : 유전, 연령의 증가, 혈액순환 저하, 내장기능장애, 소화기능장애, 영양학적 요인, 면역 기능의 이상, 호르몬의 영향 등이 있다.

2 환경적 노화(Environment ageing)

① 주변 환경이나 생활여건 등의 외적 영향을 받아 일어나는 노화로 일광, 추위, 더위, 바람, 건조, 습기, 공해, 스모그, 흡연 등에 영향을 받는다.
② 외적 요인에 의한 노화는 나이가 들어감에 따라 생리학적 노화, 즉 내적 노화를 촉진시키거나 추가적 변화를 초래한다. 이 중 가장 중요한 요인은 일광으로, 지속적인 자외선 조사는 표피에서 진피에 이르기까지 피부조직학적 변화를 일으키는 광노화를 유발하며, 환경적 노화를 대표하여 지칭하기도 한다.
③ **원인** : 광선, 스트레스, 표정근육, 수면습관 및 자세, 흡연과 알코올 섭취, 중력, 유해산소, 환경요인, 일상적 생활습관 등이 있다.

02 피부 노화현상

1 생리적 노화현상

(1) 유해산소 이론(Free radical theory)

① 활성산소와 유해산소, 유리기 등과 같은 것으로 스스로 제어할 수 없는, 통제할 수 없는 활성이 강한 산소를 말한다.

② 피부의 보습과 탄력, 부드러움 등을 유지하는 핵심물질들인 콜라겐(Collagen)과 엘라스틴 (Elastin)을 공격하여, 주름이 많아지고 탄력이 떨어지게 된다.

③ 활성산소는 세포구성 물질인 인지질과 불포화지방산을 산화시키고, 화학적 반응성이 높고 빠른 유리기를 형성하여 무차별적으로 세포막을 파괴시키며 세포의 기능을 저하시킨다.

④ 자외선이나 환경오염에 의해 피부세포 속의 산소활동이 활발해지면 불안정한 활성산소에 의해 질병과 노화가 나타난다는 이론이다.

> **SOD(Super Oxide Dismutase : 활성산소제거효소)**
>
> 항산화란 인체의 산화를 막는 것이다. 즉, SOD(항산화 효소)는 활성산소가 만들어지는 과정에서 화학작용을 하여 활성산소를 제거하는 효소라고 할 수 있다.

(2) 유전자 이론(Gene theory)

① 인체에 존재하는 세포들이 생존기능의 파괴가 일어나도록 유기체 안에 하나 이상의 해로운 유전자가 존재하여 노인기에 활성화되어 노화를 일으킨다는 이론이다.

② 유전자 이론 중 유전자가 이중적 역할을 수행하여 사람의 수명을 지배하는 방법을 체계적으로 염색체지도를 하고 있다는 또 다른 견해가 있다.

(3) 노화예정설(Genetically programmed mechanism)

① 태어날 때부터 짜여진 유전자 정보에 의해 정해진 프로그램으로 노화과정이 진행된다고 하여 DNA 프로그램 이론이라고도 한다.

② 유전을 통해 전해진 프로그램에 따라 사람이 태어나서 성장하고 노화되어 가는 과정의 모든 속도와 리듬이 진행된다는 이론으로, 이 프로그램에 따라 사람의 탄생과 죽음의 순간이 결정되는 운명적인 것으로 보았다.

(4) 마모 이론(Wear and tear theory)

① 가장 오래된 노화 이론 중의 하나로 인체를 구성하는 세포들을 과다하게 사용하면 조금씩 손상이 되어 인체의 여러 기관에 마모를 일으켜 노화가 발생한다고 주장한다.

② 노화를 촉진시키는 원인이 없더라도 살아서 움직이는 것만으로도 노화가 진행되고 질병에 걸리며 죽음에 이른다고 보았다.

(5) 독소설(Toxin theory)

체내 유해물질이 배출되지 않고 축적됨으로써 세포의 정상적 기능에 방해를 받아 노화가 초래된다는 이론이다.

(6) 혈행장애설(Interruption in blood circulation theory)

말초 부위까지 신경전달이 잘 이루어지지 않은 혈행장애에 의해 각 세포에 산소와 영양물들의 공급과 노폐물의 배출이 원활하지 않아 노화가 이루어진다는 이론이다.

2 환경적 노화현상

① 장기간에 걸친 **광선의 노출**로 인한 임상적 또는 조직학적인 피부 변화가 노화로 진행되는 형태이다.

② 노폐물 축적으로 표피가 두꺼워진다.

③ 피부가 악건성화 또는 민감화된다.

④ 자외선에 의해 DNA가 파괴되면 피부암이 발생된다.

3 아미노산 라세미화

광학 비활성화라고도 한다. 물리적으로는 열, 빛의 조사(照射) 또는 용매에 녹이는 방법이 있고 화학적으로는 알칼리산 등을 사용하는 방법이 있다. 광학적으로 불안정한 활성체에서는 장시간 방치하기만 해도 라세미화하는 화합물도 있다. 또 합성에서 분자내 치환 반응과 같은 평면 구조인 중간체를 거칠 때에도 라세미화 현상이 일어난다.

4 텔로미어 단축

진핵 생물의 염색체 끝에 있는 구조물로 DNA 분자의 복제 안정성과 연관이 있으며 세포 분열 시 텔로미어(Telomere)는 그 끝으로부터 50~200의 DNA 염기서열이 소실된다.

5 내인성 노화(생리적 노화)와 광노화 현상의 차이 ★★

구 분	생리적 노화(내인성 노화)	환경적 노화(광노화, 자외선에 의한 노화)
표피	• 표피두께가 얇아짐 • 색소침착 유발	• 표피두께가 두꺼워짐 • 색소침착 증가
진피	• 진피의 두께가 얇아짐 • 콜라겐, 엘라스틴 감소 • 혈액순환 감소 • 랑게르한스(면역세포) 감소 • 주름 증가	• 진피두께가 두꺼워짐 • 콜라겐 변성과 파괴 • 랑게르한스(면역세포) 감소 • 주름 증가

실전예상문제

01 피부 구조에 대한 설명 중 틀린 것은?

① 표피에서 가장 두꺼운 층은 유극층으로 핵을 가지고 있다.
② 표피는 일반적으로 내측으로부터 기저층, 투명층, 유극층, 과립층 및 각질층의 5층으로 나뉜다.
③ 표피 중에서 피부로부터 수분이 증발하는 것을 막는 층은 과립층이다.
④ 멜라닌 세포 수는 민족과 피부색에 관계없이 일정하다.

해설 표피는 내측으로부터 기저층, 유극층, 과립층, 투명층, 각질층의 5층으로 나뉜다.

02 모세혈관이 위치하며 콜라겐 조직과 탄력적인 엘라스틴 섬유 및 무코다당류로 구성되어 있는 피부의 부분은?

① 표피　　　　② 유극층
③ 진피　　　　④ 피하조직

해설 진피의 망상층은 콜라겐, 엘라스틴, 무코다당류로 구성된다.

03 원주형의 세포가 단층으로 이어져 있으며 각질형성세포와 색소형성세포가 존재하는 피부세포층은?

① 기저층　　　　② 투명층
③ 각질층　　　　④ 유극층

해설 기저층에는 세포는 각질형성세포와 색소형성세포, 머켈세포가 존재한다.

04 땀샘에 대한 설명으로 틀린 것은?

① 에크린선은 입술뿐만 아니라 전신피부에 분포되어 있다.
② 에크린선에서 분비되는 땀은 냄새가 거의 없다.
③ 아포크린선에서 분비되는 땀은 분비량은 소량이나 나쁜 냄새의 요인이 된다.
④ 아포크린선에서 분비되는 땀 자체는 무취, 무색, 무균성이나 표피에 배출된 후, 세균의 작용을 받아 부패하여 냄새가 나는 것이다.

해설 에크린선은 소한선으로 입술을 제외한 전신에 분포되어 있다.

05 장기간에 걸쳐 반복하여 긁거나 비벼서 표피가 건조하고 가죽처럼 두꺼워진 상태는?

① 가피　　　　② 낭종
③ 태선화　　　　④ 반흔

해설 ① 가피 : 딱지
② 낭종 : 염증 상태가 가장 크고 여드름 주변 조직이 심하게 손상되어 치료 후 흉터가 남는다. 말랑말랑한 느낌으로 어두운 색을 보인다.
④ 반흔 : 흉터를 말하며, 반흔의 대표적인 예가 켈로이드이다.

Answer 01.② 02.③ 03.① 04.① 05.③

06 체내에 부족하면 괴혈병을 유발시키며, 피부와 잇몸에서 피가 나오게 하고 빈혈을 일으켜 피부를 창백하게 하는 것은?

① 비타민 A
② 비타민 B₂
③ 비타민 C
④ 비타민 K

> **해설** 체내 부족 시
> • 비타민 A : 야맹증
> • 비타민 B2 : 구순구각염, 설염
> • 비타민 K : 혈액응고 지연

07 피지선에 대한 설명으로 틀린 것은?

① 피지를 분비하는 선으로 진피 중에 위치한다.
② 피지선은 손바닥에는 없다.
③ 피지의 1일 분비량은 10~20g 정도이다.
④ 피지선이 많은 부위는 코 주위이다.

> **해설** 피지선은 하루 평균 1~2g의 피지를 모공으로 배출한다.

08 손톱, 발톱의 설명으로 틀린 것은?

① 정상적인 손발톱의 교체는 대략 6개월가량 걸린다.
② 개인에 따라 성장의 속도는 차이가 있지만 매일 약 1mm가량 성장한다.
③ 손끝과 발끝을 보호한다.
④ 물건을 잡을 때 받침대 역할을 한다.

> **해설** 보통 손톱, 발톱은 하루에 0.1mm가량 자라고 완전 교체하는 데는 5~6개월 정도 걸린다.

09 천연보습인자(NMF)의 설명으로 틀린 것은?

① Natural Moisturizing Factor의 줄임말이다.
② 피부 수분보유량을 조절한다.
③ 아미노산, 젖산, 요소 등으로 구성되어 있다.
④ 수소이온농도의 지수를 말한다.

> **해설** ④ 수소이온농도의 지수는 pH를 의미한다.
> **천연보습인자(NMF)**
> • Natural Moisturizing Factor의 줄임말
> • 각질층에 존재
> • 수분 보유량을 조절
> • **성분** : 아미노산 40%, 피롤리돈카르본산 12%, 젖산염 12%, 요소 7%, 염소 6%, 나트륨 5%, 칼륨 4%, 암모니아 15%, 마그네슘 1%, 인산염 0.5%, 기타 9%로 구성

10 피부의 기능에 대한 설명으로 틀린 것은?

① 인체 내부 기관을 보호한다.
② 체온조절을 한다.
③ 감각을 느끼게 한다.
④ 비타민 B를 생성한다.

> **해설** 피부의 기능
> • **보호, 방어의 기능(표피층)** : 세균침입으로부터 보호, 충격, 마찰로부터 방어
> • **감각, 지각 기능(진피층)** : 온각, 통각, 냉각, 압각
> • **체온 조절의 기능** : 땀 분비, 혈관 확장과 수축
> • **비타민 합성 기능** : 자외선의 영향으로 비타민 D 생성
> • **저장의 기능** : 수분 저장
> • **흡수의 기능** : 모낭, 피지선, 한선을 통해 흡수
> • **재생의 기능** : 피부 세포 재생
> • **분비 기능** : 모낭, 피지선, 한선을 통해 분비
> • **호흡 작용** : 폐호흡의 1% 정도는 피부 호흡
> • **면역 작용** : 면역 담당 세포(랑게르한스세포)

Answer 06.③ 07.③ 08.② 09.④ 10.④

11 다음 중 UV-A(장파장 자외선)의 파장 범위는?

① 320~400nm　　② 290~320nm

③ 200~290nm　　④ 100~200nm

 해설

UV-A(장파장, 320~400nm)	• 실내 유리창을 통과, 진피층까지 도달 (주름을 형성시킴) • 선탠(Suntan)이 발생하며 즉시 색소 침착
UV-B(중파장, 290~320nm)	• 기저층 또는 진피의 상부까지 도달 • 선번(Sunburn, 일광 화상)이 발생
UV-C(단파장, 280nm 이하)	• 대기권의 오존층에 의해 흡수됨 • 바이러스나 박테리아를 죽이는데 효과적 • 피부암 유발

12 광노화 현상이 아닌 것은?

① 표피두께 증가

② 멜라닌세포 이상항진

③ 체내 수분 증가

④ 진피 내의 모세혈관 확장

해설 광노화 현상은 체내 수분을 감소시킨다.

part 02. 피부학

Answer　11.① 12.③

피부미용사

part 03. 해부생리학

해부생리학은 기존에 출제되었던 기출문제만 봐도 4문제는 맞출 수 있다.
세포와 조직부분에서는 1~2문제가 출제되는데 세포막의 물질이동기전 또는 세포소기관에서 거의 매번 출제되고 있다.
골격계통에서는 골격의 구조 중 골의 형태나 척추 부분이 주로 출제되고, 근육계통에서는 근조직의 구분. 근육의 종류와 기능에 대해 숙지해야한다.
신경계통에서는 중추신경계와 말초신경계의 구분이 100% 출제된다.
소화기계통은 간. 췌장 부분이 많이 출제되며 소화효소 부분이 어렵게 출제되므로 숙지해두어야 할 필요가 있다.

출제 항목

	세부 항목	세세 항목
해 부 생 리 학	(1) 세포와 조직	① 세포의 구조 및 작용 ② 조직구조 및 작용
	(2) 뼈대(골격)계통	① 뼈(골)의 형태 및 발생 ② 전신뼈대(전신골격)
	(3) 근육계통	① 근육의 형태 및 기능 ② 전신근육
	(4) 신경계통	① 신경조직 ② 중추신경 ③ 말초신경
	(5) 순환계통	① 심장과 혈관 ② 림프
	(6) 소화기계통	① 소화기관의 종류 ② 소화와 흡수

세포와 조직	1~2문제
뼈대(골격)계통	1문제
근육계통	1~2문제
신경계통	1문제
순환계통	1문제
소화기계통	1문제

해부생리학 출제문항 수 : 7문제 출제

chapter 01 세포와 조직

01 인체의 개요

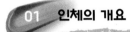

1 정의

① **해부학(Anatomy)** : 생물체 내부의 기관이나 조직의 구조와 형태 및 상호 간의 위치 등을 연구하는 학문이다.
② **생리학(Physiology)** : 자연과학적 방법을 이용하여 인체의 작용 및 기능에 관해 연구하는 학문이다.

2 주요 용어

① **항상성(Homeostasis)** : 외부 환경이 변하더라도 생체 내부의 환경을 거의 일정한 상태로 유지하려는 기전이다.
② **해부학적 자세(Anatomical position)**
　㉠ 발을 붙이고 똑바로 서서, 눈은 수평면을 응시하는 상태
　㉡ 팔을 내려 손바닥이 앞을 향하고 손가락은 쭉 편 상태
③ **정중 시상면(Median plane)** : 좌 · 우로 구분하는 면
④ **관상면(전두면, Frontal plane)** : 시상면에 직각, 신체나 기관을 앞뒤 방향으로 나누는 면
⑤ **횡단면** : 인체를 상하로 나누는 면

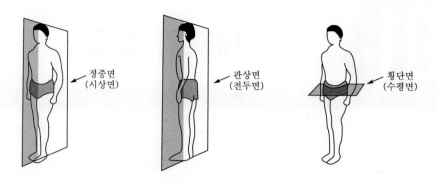

정중면
(시상면)

관상면
(전두면)

횡단면
(수평면)

3 계통(System)

	기관계	구 성	기 능
1	골격계 및 관절계	뼈, 연골, 관절	신체의 지주, 장기보호
2	근육계	골격근, 심장근, 평활근, 근막, 건	신체의 운동장치
3	순환기계	심장, 혈액, 혈관, 림프, 림프관, 림프절, 비장, 흉선, 편도	가스, 영양분, 노폐물 등의 운반, 림프구 및 항체의 생산
4	신경계	중추신경계, 말초신경계	신체의 감각과 자극 전달 및 조절
5	감각기	피부, 눈, 귀, 코, 혀	감각, 자극의 수용
6	소화기계	입, 식도, 위, 소장, 대장, 간, 췌장, 담낭, 타액선	음식물 섭취, 소화
7	호흡기계	코, 후두, 기관지, 폐	산소와 이산화탄소의 교환 및 배출
8	비뇨기계	신장, 수뇨관, 방광, 요도	오줌의 생산과 배설
9	생식기계	여성(자궁, 난소 등), 남성(고환, 전립선)	난자와 정자의 생산과 배출
10	내분비계	뇌하수체, 갑상선, 부갑상선, 부신, 정소, 난소, 송과선	호르몬의 생산 및 분비

02 세포의 구조 및 작용

1 세포(Cell)의 구조 ★★★

세포는 인체의 구조적, 기능적 기본 단위이다.

(1) 세포막(Cell membrane)

① 단위막, 선택적 투과막, 인지질 이중층, 원형질막이라고 부른다. 친수성과 소수성을 가지고 있는 인지질이 각각 이중층으로 존재한다.

② 구성

ㄱ 지질

ⓐ 인지질(25%) : 세포막 구조의 틀 형성, 물질이동의 장벽

ⓑ 콜레스테롤(13%) : 물질이동 속도 조절

ⓒ 당지질(4%) : 항원, 면역반응

ㄴ 단백질 : 결합수를 함유하고 있어 최소한의 수분을 유지한다.

ㄷ 탄수화물 : 당지질과 당단백질로 존재하며 면역반응과 주변 세포 사이의 정보 수용기로 작용한다.

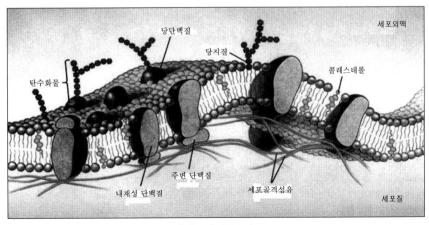

〈세포막의 구조〉

③ 기능

    ㉠ <u>항상성 유지</u>

    ㉡ <u>세포의 원형 유지</u>

    ㉢ <u>물질의 종류와 양에 따라 선택적 투과</u>

    ㉣ <u>세포 내 물질을 보호</u>

(2) 세포질(Cytoplasm)

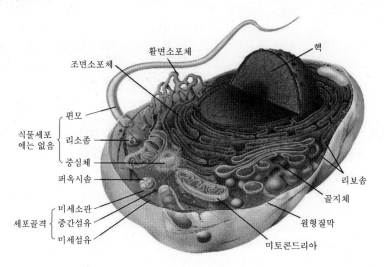

① **미토콘드리아**(Mitochondrian, **사립체**) ★★

    ㉠ 구조 : 내·외막의 이중막, 내막의 주름 형성

    ㉡ 기능 : <u>세포 내 호흡·생리 담당, ATP 생산,</u> TCA Cycle, 전자전달계

② 리보솜(Ribosome)

    ㉠ 단백질과 RNA로 구성된다.

    ㉡ <u>단백질 합성 장소</u>(단백질을 생산하는 공장)

    ㉢ 소포체 외면에 붙어 있다.

③ 소포체(형질내세망, Endoplasmic reticulum : ER)

    ㉠ <u>리보솜 유무에 따라</u>

        ⓐ 조면소포체(조면형질내세망) : 리보솜이 있고, 리보솜에서 합성된 단백질을 모아서 세포 내·외로 수송하는 역할을 한다.

        ⓑ 활면소포체(활면형질내세망) : <u>리보솜이 없고(무과립), 간에서 해독작용, 위벽에서 HCL 분비,</u> 내분비계에서 스테로이드 호르몬 등을 합성하는 활면소포체로 구성되어 있다.

④ 골지체(Golgi's apparatus)

    ㉠ 핵 주변에 위치한다.

ⓛ 소포체에서 합성된 단백질이 우리 인체에 맞게 단백질을 마무리하는 곳이다(포장센터).

⑤ **리소좀**(Lysosome)

    ㉠ **세포 내의 소화장치 역할**을 한다(세포 내에서 어떤 물질이 소화되려면 일단 리소좀과 결합하여야 한다).

    ⓛ 세포의 방어작용을 한다.

    ⓒ 골지체에서 생산된다.

    ⓔ 노폐물과 이물질을 처리하는 자가용해(Autolysis) 역할을 한다.

⑥ **중심소체**(Centriole)

    ㉠ 방추사를 형성하여 염색체를 이동시킨다.

    ⓛ 섬모나 편모를 형성하는 기저체가 된다.

    ⓒ 중심체를 형성한다.

⑦ **과산화소체**(Peroxisome)

    ㉠ 과산화수소를 분해시킨다.

    ⓛ 간과 신장에 많이 존재한다.

⑧ **미세소관**(Microtubule) : 세포골격 형성, 세포 내 물질의 이동에 관여한다.

(3) 핵(Nucleus)

① 구조

    ㉠ **핵막**(Nucleus membrane) : 핵과 세포질의 경계이다.

    ⓛ **핵**(Nucleus, 핵인) : RNA와 단백질로 구성되며 RNA를 생산한다.

    ⓒ **염색질**(Chromatin) : DNA와 단백질로 구성된다.

② 기능

    ㉠ 유전정보의 저장 및 전달

    ⓛ 단백질 합성에 관여

    ⓒ 세포분열 조절

(4) 핵산

① **핵산의 종류** : DNA, RNA이며, 기본 단위는 뉴클레오티드(Nucleotide)이다.

② DNA

    ㉠ 유전인자(Gene)

    ⓛ 2중 나선구조

③ RNA

    ㉠ 단일가닥, 핵인(핵소체)이 생산한다.

    ⓛ DNA의 암호를 받아 세포질에서 단백질을 합성한다.

part 03. 해부생리학

2 세포분열

(1) 유사분열

핵분열이 먼저 되고 세포질이 나중에 분열된다.

① **전기** : 핵막과 인이 소실되고, 염색체가 등장하며, 방추사가 형성된다.
② **중기** : <u>염색체 적도면에 배열되고, 염색체가 가장 잘 보인다.</u>
③ **후기** : 염색체가 양극으로 이동하고, 세포체가 분열되기 시작한다.
④ **종기** : 핵막과 인이 재출현하고, 염색체가 염색사로 바뀌며, 딸세포가 형성된다.

(2) 감수분열

① 분열과정은 유사분열과 동일하다.
② 분열이 2회 연속, 염색체수가 1/2로 반감된다.
③ 1차 분열 시 염색체수가 반감되고 2차 분열 시 DNA 양이 반으로 감소한다.

(3) 무사분열

곰팡이류, 세균류에서 볼 수 있으며 염색체나 방추사 없이 핵과 세포질이 동시에 분열한다.

3 세포의 작용

① 생명을 유지하기 위해 활동하는 구조적, 기능적 최소 단위이다.
② 단백질과 지질 이중층으로 구성된 세포막으로 싸여 있다.
③ DNA와 RNA에 의해 유전정보를 조절하여 단백질을 합성한다.
④ 에너지(ATP)를 생산한다.

4 세포막을 통한 물질의 이동 ★★

① <u>**수동수송** : 에너지가 필요 없는 과정(높은 농도에서 낮은 농도로 이동)</u>이다.
　㉠ **확산**(Diffusion) : 농도가 높은 곳에서 낮은 곳으로 이동되는 현상이다.
　　ⓐ **단순확산** : 세포막의 단백질과는 상관없이 이동한다. 세포막이 소수성을 띠므로 크기가 작고 물에 잘 녹는 물질이라도 통과하기 어렵다.
　　ⓑ **촉진확산** : 단백질에 의해 확산이 일어난다. 세포막을 사이에 두고 어떤 물질이 높은 농도에서 낮은 농도로 이동한다.
　㉡ **삼투**(Osmosis)
　　ⓐ 용질농도가 높은 곳으로 용매(물)의 이동 현상이다.
　　ⓑ 물이 용질의 농도가 낮은 쪽에서 높은 쪽으로 이동하는 것, 물은 많은 곳에서 적은 곳으로 이동하고 용해된 물질은 이동하지 않는다.

ⓒ **여과**(Filrtation) : 정수압 차이에 의해 용매와 용질이 막을 통과할 수 있도록 하는 것이다.
② **능동수송** : 에너지가 필요한 과정이다.
　㉠ **세포 내 이입**(Endocytosis, 식작용) : 세포 외에 있는 이물질을 세포 내로 받아들여서 세포 내에서 죽이는 과정이다.
　㉡ **세포 외 유출**(Exocytosis) : 세포 내에서 생산되고 변형된 물질을 세포 외로 내보내는 과정이다.

 조직

1 인체의 기본 4대 조직

(1) 상피조직

신체 내·외 표면을 덮고 있고 외부의 환경변화에 대하여 강한 저항성을 갖는 조직이다. 보호기능, 방어기능, 분비기능, 흡수기능, 감각기능을 갖는다.
① 상피조직의 분류
　㉠ 편평상피조직
　　ⓐ **단층편평상피** : 한 개 층의 편평한 비늘모양의 상피
　　　예 폐포, 신장의 사구체낭, 혈관내피, 림프관
　　ⓑ **중층편평상피** : 여러 층의 편평한 비늘모양으로 이루어진 상피
　　　예 **피부 표피**, 구강, 식도, 항문
　㉡ 입방상피조직
　　ⓐ **단층입방상피** : 한 층의 주사위 모양의 입방상피
　　　예 갑상선, 난소의 표면 상피
　　ⓑ **중층입방상피** : 여러 층의 주사위 모양의 입방상피
　　　예 한선과 피지선
　㉢ 원주상피조직
　　ⓐ **단층원주상피** : 한 층의 기둥모양의 원주상피
　　　예 위 점막, 장 점막
　　ⓑ **중층원주상피** : 여러 층의 기둥모양의 원주상피
　　　예 항문의 점막
　㉣ **이행상피조직** : 세포의 모양이 신축성 있게 변하는 상피로 방광, 신우, 요관이 있다.

(2) 결합조직

신체의 조직과 기관 사이를 서로 연결해주고 채워주며 지탱하게 해주는 조직이다. 섬유, 골, 혈액, 림프 등을 구성한다.

① **구성**

  ㉠ **섬유** : 교원섬유, 탄력섬유, 세망섬유(망상섬유)

  ㉡ **세포** : 섬유모세포, 대식세포, 비만세포, 색소세포, 지방세포 등

② **종류** : 지방조직, 조혈조직, 연골조직, 건, 인대, 골막 등

  ㉠ **소성결합조직** : 일반적인 결합조직(교원섬유, 탄력섬유, 세망섬유)이다.

  ㉡ **치밀결합조직** : 인대, 건, 골막, 탄성조직 등의 질긴 조직이다.

  ㉢ **탄력결합조직** : 동맥벽, 기관과 기관지 벽에 존재한다.

  ㉣ **세망결합조직** : 비장, 골수, 신장, 림프절, 폐에 존재한다.

  ㉤ **연골조직** : 단단하며 탄성력이 있다.

  ㉥ **골조직** : 단단하며 혈액 공급이 가능하다.

(3) 신경조직

몸 전체에 깔린 정보통신 연결망으로 신체 내·외부의 정보전달 기능을 수행한다. 뉴런(신경원)이라 불리는 신경세포와 이를 지탱하는 신경교세포로 구성되어 있다.

(4) 근육조직

① 신체의 운동을 책임지고 있는 조직으로 근섬유라고 하는 세포로 구성되어 있다.

② 골격근(골격을 이룸), 심근(심장근을 이룸), 평활근(방광, 장, 자궁, 혈관을 이룸)이 있다.

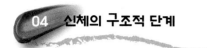
04 신체의 구조적 단계

세포(Cell) → 조직(Tissue) → 기관(Organ) → 계통(System) → 개체(Organism)

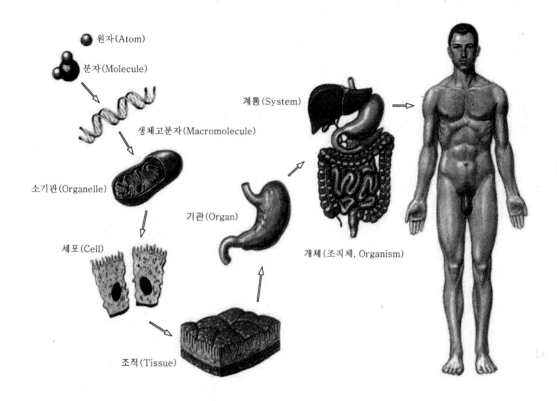

원자(Atom)

분자(Molecule)

생체고분자(Macromolecule)

소기관(Organelle)

세포(Cell)

조직(Tissue)

기관(Organ)

계통(System)

개체(조직체, Organism)

chapter 02 뼈대(골격)계통

01 뼈(골)의 형태 및 발생

1 골격의 기능 ★★

① **지지**기능 : 인체의 연조직을 지지
② **저장**기능 : 무기물의 저장(칼슘, 인, 나트륨, 마그네슘 등)
③ **보호**기능 : 생명기관을 보호
④ **운동**기능 : 관절을 중심으로 근육에 부착되어 인체의 운동에 관여
⑤ **조혈**기능 : 골수, 혈구세포 형성
⑥ 지렛대 역할

2 골의 형태 분류

① 골격은 뼈, 연골 및 인대로 구성된 것인데 여러 모양의 뼈 및 연골들은 서로가 관절이라는 형태로 연결되어 있고, 인대가 이들 관절을 보강하고 있다.
② 뼈의 모양에 따른 분류
　㉠ **장골(Long bone, 긴 뼈)** : 대퇴골, 상완골, 척골, 요골, 경골, 비골 등
　㉡ **단골(Short bone, 짧은 뼈)** : 수근골, 족근골 등
　㉢ **편평골(Flat bone, 납작 뼈)** : 흉골, 늑골, 두개골의 일부(두정골)
　㉣ **불규칙골(Irregular bone)** : 척추골 및 관골 등
　㉤ **함기골(Sesamoid bone, 공기 뼈)** : 상악골, 전두골, 사골, 접형골, 측두골
　㉥ **종자골(Sesamoid bone)** : 무릎(슬개골), 관절

❸ 골의 발생

<u>골화(뼈가 되는 과정)</u>의 완성시기는 25세 전후이다.

① **연골내골화**

    ㉠ 연골이 뼈가 되는 과정이다.

    ㉡ 대부분의 장골(대퇴골, 상완골, 척골, 요골, 경골, 비골)의 골화 과정이다.

② **막내골화**

    ㉠ 얇은 섬유성 결합조직으로부터 뼈로 골화된다.

    ㉡ 대부분의 두개골(전두골, 후두골, 측두골), 편평골(흉골, 늑골, 두정골)의 골화 과정이다.

02 뼈의 구조 ★

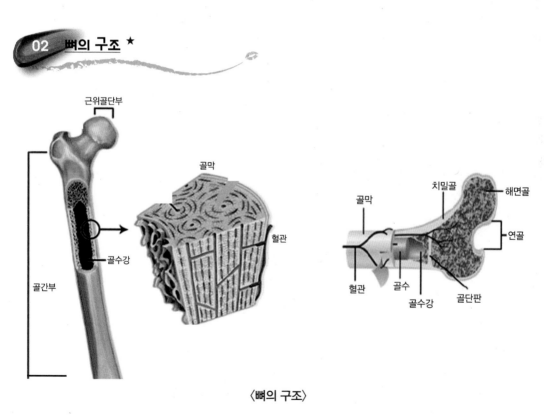

〈뼈의 구조〉

❶ 골막 ★

① 뼈의 표면을 싸고 있는 <u>2겹의 막(골내막, 골외막)</u>이 있다.

② 혈관, 림프관, 신경이 발달한다.

③ 기능 : <u>뼈의 보호, 영양, 재생, 성장 담당</u>

② 골단

① **뼈 끝의 초자연골(관절연골)** : 골단은 관절연골로 만들어져 있다.
② **뼈의 길이가 성장하는 부위**로 장골의 끝부위이다.

③ 치밀골

뼈의 가장 바깥층으로 틈이 없이 치밀하고 뼈가 단단하며 강하다.

④ 해면골

뼈의 내부 층으로 해면처럼 수많은 작은 공간이 다공성 구조로 이루어져 있다.

⑤ 골수강

뼈의 중앙부가 비어 있고, 그 안은 골수로 차 있다.
① **적골수** : 현재 조혈이 진행 중인 곳
② **황골수** : 지방조직이 축적되어 조혈기능이 중지된 것

> **일생 동안 적골수로 있는 뼈**
>
> 흉골, 늑골, 척추, 골반골

03 골격계의 종류

1 체간골격(80개)

(1) 두개골의 분류

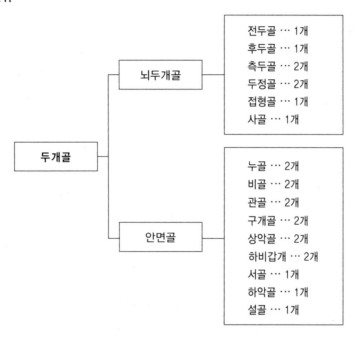

두개골 ─┬─ 뇌두개골 ─── 전두골 … 1개 / 후두골 … 1개 / 측두골 … 2개 / 두정골 … 2개 / 접형골 … 1개 / 사골 … 1개

두개골 ─┴─ 안면골 ─── 누골 … 2개 / 비골 … 2개 / 관골 … 2개 / 구개골 … 2개 / 상악골 … 2개 / 하비갑개 … 2개 / 서골 … 1개 / 하악골 … 1개 / 설골 … 1개

① 뇌두개골
- ㉠ **전두골** : 이마, 안와, 코뼈 일부
- ㉡ **후두골** : 머리 뒤쪽 부위의 뼈
- ㉢ **측두골** : 양쪽 귀 부위의 뼈
- ㉣ **두정골** : 머리 꼭대기에 있는 뼈
- ㉤ **접형골** : 양쪽 눈 주위의 뼈
- ㉥ **사골** : 비강을 형성하는 뼈

② 안면골
- ㉠ **누골** : 안와 내측 뼈(=눈물뼈)
- ㉡ **비골** : 코뼈
- ㉢ **관골** : 광대뼈 부위(=협골)
- ㉣ **구개골** : 상악골 뒤에 위치하는 L자 모양의 뼈
- ㉤ **상악골** : 위턱을 구성

part 03. 해부생리학

ⓗ **하비갑개** : 비강 최하측에 위치하는 1쌍의 갑개골

ⓢ **서골** : 코의 보습뼈를 구성

ⓞ **하악골** : 앞 부위의 아래턱을 구성

ⓩ **설골** : 혀의 뒤쪽에 위치하는 U자형 뼈

(2) 비강과 부비동

① 공기를 함유, 공명현상, 공기를 데우는 역할, 안면골 무게 감소

② 상악동(가장 큰 부비동), 사골동, 전두동, 접형골동

(3) 봉합

① **관상봉합** : 두정골과 전두골의 봉합

② **시상봉합** : 두정골과 두정골의 봉합

③ **인상봉합** : 두정골과 측두골의 봉합

④ **인자봉합** : 두정골과 후두골의 봉합

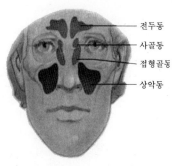

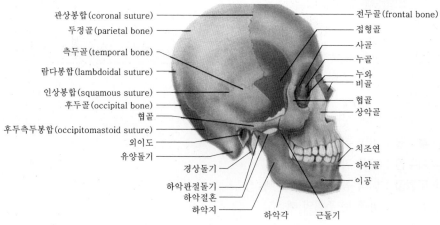

(4) 천문

신생아 두개골이 아직 골화되지 않고 남아 있는 상태

① **대천문** : 관상봉합과 시상봉합 접합부(생후 2년 폐쇄)

② **소천문** : 시상봉합과 인자봉합 접합부(생후 3개월 폐쇄)

③ **전외측천문** : 관상봉합과 인상봉합 접합부(생후 6개월 폐쇄)

④ **후외측천문** : 인자봉합과 인상봉합 접합부(생후 1.5년 폐쇄)

2 이소골

귀에 있는 작은 뼈이다.

3 <u>척주(척추, 26개)</u>

① **경추(7개), 흉추(12개), 요추(5개), 천추(1개), 미추(1개)**
② 척추의 순서 : 경추 → 흉추 → 요추 → 천추 → 미추

> **척추의 만곡**
>
> • 선천성 만곡(1차 만곡) : 흉추만곡, 천추만곡
> • 후천성 만곡(2차 만곡) : 경추만곡(3개월에 형성), 요추만곡(12개월에 형성)
> ※ 척추는 역 S자형의 만곡을 가짐

4 흉곽

① 흉추(12개)
② **흉골(1개)** : 흉골병, 흉골체, 검상돌기
③ **늑골(24개)**
　　㉠ **진늑골** : 흉골과 직접 연결된 1~7번 늑골
　　㉡ **가늑골** : 흉골과 연결되지 않는 8~12번 늑골
　　㉢ **부유늑골** : 흉추에만 연결된 11, 12번 늑골

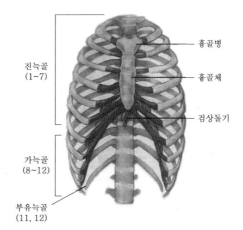

진늑골
(1~7)

가늑골
(8~12)

부유늑골
(11, 12)

흉골병

흉골체

검상돌기

5 체지골격(126개)

(1) 상지골

〈골흉곽 전면〉

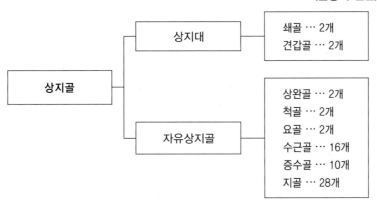

상지골 ─┬─ 상지대 ─── 쇄골 … 2개 / 견갑골 … 2개
　　　　└─ 자유상지골 ─── 상완골 … 2개 / 척골 … 2개 / 요골 … 2개 / 수근골 … 16개 / 증수골 … 10개 / 지골 … 28개

part 03. 해부생리학

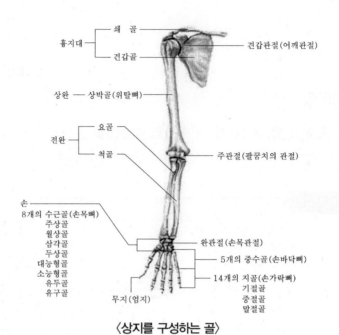

〈상지를 구성하는 골〉

① **쇄골** : 인체에서 골화가 가장 먼저 시작되는 S자형 뼈 견갑골과 흉골을 연결
② **견갑골** : 제2~7번 늑골 사이에 있는 삼각형의 편평골, 일명 주걱뼈
③ **상완골** : 상지에서 가장 긴 뼈
④ **척골** : 전완 내측의 뼈
⑤ **요골** : 전완 외측의 뼈
⑥ **수근골** : 8개 뼈로 손목뼈
⑦ **중수골** : 손바닥뼈
⑧ **지골** : 손가락뼈, 기절골, 중절골, 말절골로 구성

(2) 하지골

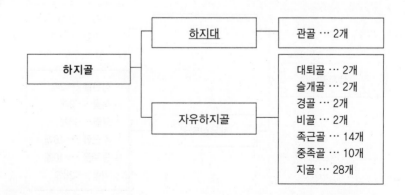

① 관골 : 장골＋좌골＋치골
② 대퇴골 : 인체 최대의 뼈
③ 슬개골 : 인체 최대의 종자골
④ 경골 : 하퇴의 내측 뼈
⑤ 비골 : 하퇴의 외측 뼈
⑥ 족근골 : 발목 7개 뼈로 구성(거골, 종골, 주상골, 제1설상골, 제2설상골, 제3설상골, 입방골)
⑦ 중족골 : 발바닥뼈
⑧ 지골 : 발가락뼈, 기절골, 중절골, 말절골로 구성

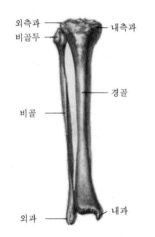
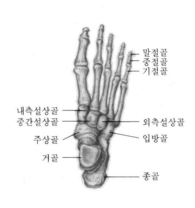

(3) 관절계

① 관절 : 2개 이상의 뼈가 연결된 것으로 운동을 보조한다.
② 분류 : 움직임의 정도, 관절의 구성성분에 따라 분류된다.
　㉠ 부동관절
　　ⓐ 섬유성 관절
　　　• 봉합 : 두개골, 이틀관절
　　　• 인대결합 : 경골+비골, 요골+척골
　　ⓑ 연골관절
　　　• 연골결합 : 흉늑관절
　　　• 섬유연골결합(반가동관절) : 치골, 척추간
　㉡ 자유가동관절
　　ⓐ 구상관절 : 견관절, 고관절 운동성이 가장 큼
　　ⓑ 경첩관절 : 주관절, 슬관절
　　ⓒ 차축관절 : 머리의 회전
　　ⓓ 평면관절 : 수근절

chapter 03 근육계통

01 근육의 형태 및 기능

1 근육의 기능 ★

① 신체운동
② 자세유지
③ 열 생산
④ 혈액순환
⑤ 호흡운동
⑥ 배분, 배뇨, 음식물의 이동

2 근육의 형태 ★★★

골격근	평활근(내장근)	심장근
골격에 부착	내장기관과 혈관벽 형성근	심장벽 형성근
횡문근(가로무늬)	민무늬근	횡문근(가로무늬)
수의근	불수의근(자율신경 지배)	불수의근(자율신경 지배)

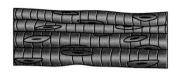

〈골격근〉　　　　　〈평활근〉　　　　　〈심장근〉

(1) 골격근

① <u>횡문근(가로무늬근), 수의근</u>

② 원주형, 다핵세포

③ 근원섬유는 길고 <u>가로무늬</u>가 뚜렷하다.

④ <u>골격에 부착되어 신체의 운동을 가능하게 한다.</u>

(2) <u>평활근(내장근)</u>

① <u>민무늬근, 불수의근</u>

② 내장기관의 근육 : 소화관, 요관, 난관벽, 혈관벽, 방광, 자궁

③ 근세포 : 방추형 근세포로 구성되어 있으며, 핵은 중앙에 1개씩 있다.

④ <u>자율신경의 지배를 받는다.</u>

⑤ <u>수축력이 완만하고 지속적</u>이며 쉽게 피로하지 않는다.

(3) 심장근

① <u>횡문근(가로무늬근), 불수의근</u>

② 타원형, 핵은 중앙에 1개씩 있다.

③ 자율신경의 지배를 받는다.

④ <u>자동능</u>이 있다(심근의 주기적인 수축은 외부의 조절을 받지 않고 일어남).

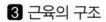

❸ 근육의 구조

(1) 근원섬유

① 액틴, 미오신, 트리포미오신, 트로포닌 단백질로 구성된다.
② **액틴과 미오신은 근육수축에 관여**한다.
③ **근절** : 골격근의 구조적, 기능적 단위

(2) 근섬유

① 근의 기본 단위, 근세포로 근원섬유 다발이 모여 형성된다.
② 근원섬유 → 근섬유 → 근속(근다발) → 근육

(3) 근육의 수축과 이완

① 전기적 신호로 신경말단 부위에서 아세틸콜린 방출 → 근세포막 전기적 흥분 유도 → 근형질세
   망에서 칼슘 방출
② 근형질세망에서 방출된 칼슘과 트로포닌이 결합하면 근육 수축이 일어난다.
③ 칼슘을 방출하면 액틴과 미오신이 서로 작용을 하지 못해 근육은 이완된다.

(4) 근수축의 종류

① **연축** : 한 번의 근육자극에 의해 수축되었다가 이완되어 본래의 상태로 돌아가는 것
② **강축** : 연축이 합쳐져서 단일수축보다 크고 지속적인 수축을 일으키는 상태
③ **강직** : 근육이 단단하게 굳어지는 상태
④ **긴장** : 근육이 부분적으로 수축을 지속하고 있는 상태

(5) 골격근의 형태

① **기시부** : 이는 곳, 근두와 뼈가 결합하는 부위, 근이 수축할 때 고정되는 쪽, 몸의 중심에 가까
   운 곳
② **정지부** : 닿는 곳, 근미(수축할 때 움직이는 쪽), 몸의 중심에서 먼 곳
③ **주동근** : 움직임을 주도하는 주요 근육
④ **협동근(협력근)** : 주동근을 보조하여 작용하는 근육
⑤ **길항근** : 주동근과 반대로 작용하는 근육

골격근의 구조 및 특징

체중의 약 40%를 차지하고 근섬유와 결합조직으로 구성된다.

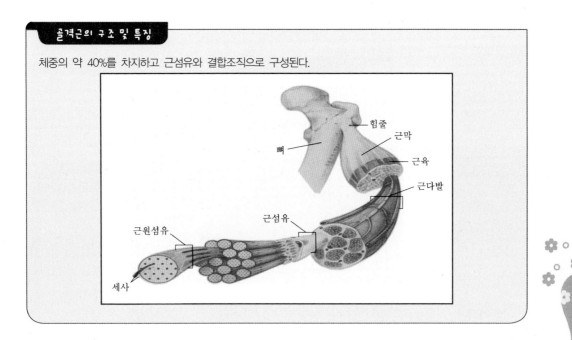

4 인체의 부위별 근육

(1) 두부의 근육 ★

① 안면근

ㄱ **안륜근** : 눈을 감거나 깜박거릴 때 작용

ㄴ **상안검거근** : 눈을 뜰 때

ㄷ **구륜근** : 입을 다무는 작용, 휘파람근

ㄹ **협근** : 트럼펫근, 뺨의 근육을 수축함으로서 뺨을 내측으로 당겨 음식물을 씹을 때 사용되는 근육

ㅁ **대협골근** : 웃음근

ㅂ **구각하체근** : 슬픈 표정근

ㅅ **소근** : 보조개근

ㅇ **추미근** : 미간 주름을 형성하는 작용

ㅈ **턱끝근(이근)** : 아랫입술을 위로 올려 당겨 턱에 주름이 지는 작용

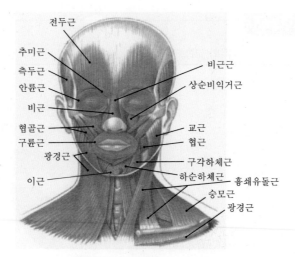

〈안면표정근(전면)〉

② 저작근

　　㉠ **기능** : 음식물 저작

　　㉡ **종류** : <u>교근, 측두근, 내측익돌근, 외측익돌근</u>

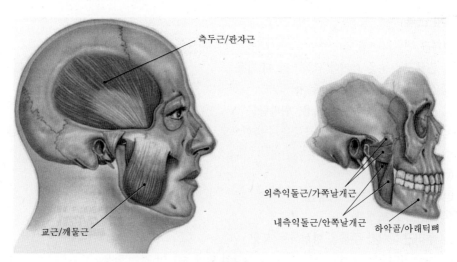

〈저작근〉

(2) 경부의 근육

① 목근육

　　㉠ **광경근** : 목의 외측을 둘러싸는 얇은 근으로 슬픈 표정을 짓게하며, 경정맥의 압박을 완화
　　　　시키는 근육

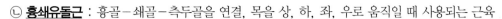

ⓒ **흉쇄유돌근** : 흉골−쇄골−측두골을 연결, 목을 상, 하, 좌, 우로 움직일 때 사용되는 근육
② **설골근** : 음식을 삼키거나 입을 열 때 사용되는 근육

(3) 흉부의 근육

① **천흉근**
　ⓐ 흉벽과 상지의 연결근
　ⓑ 대흉근(유방이 놓여 있는 근), 소흉근, 전거근, 쇄골하근
② **심흉근**
　ⓐ 흉식호흡을 일으키는 호흡근
　ⓑ 외늑간근, 내늑간근, 늑골거근, 늑하근, 흉횡근
　ⓒ 늑간근은 흉식호흡을 주관한다.
③ **횡격막**
　ⓐ 흉강과 복강의 경계막이다.
　ⓑ 복식호흡을 주관한다.

(4) 등근육

① **천배근**
　ⓐ 척추와 상지 연결
　ⓑ **승모근, 광배근, 견갑거근**, 소능형근, 대능형근
　ⓒ **승모근** : 등, 어깨에 분포, 가슴을 펴는 운동, 부신경과 경신경 지배(위팔을 올리거나 내릴 때 또는 바깥쪽으로 돌릴 때 사용되는 근육)

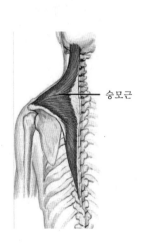
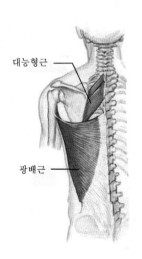
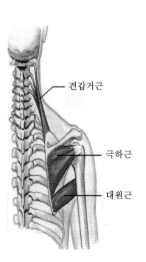

② 심배근

ㄱ 두개골과 척추, 골반을 연결한다.

ㄴ **척추기립근** : 장늑근, 최장근, 극근

(5) 복부의 근육

① 전복근

ㄱ 외사복근

ㄴ 내복사근

ㄷ 복횡근

ㄹ **복직근**

② **후복근** : 요방형근, 장골근, 대요근, 소요근

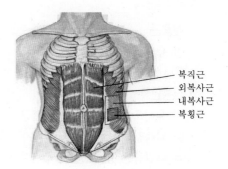

(6) 상지의 근육

① 어깨근육

ㄱ 삼각근, 견갑하근, 극상근, 극하근, 소원근, 대원근

ㄴ **삼각근** : 상지의 근육주사 맞는 부위, 액와신경 지배를 받고 팔을 올리거나 돌릴 때 쓰인다.

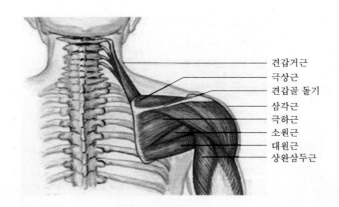

ㄷ **액와**

ⓐ **구성** : 대흉근, 소흉근, 광배근, 대원근, 견갑하근

ⓑ 신경, 혈관, 림프절, 지방조직이 발달되어 있다.

② **상완근**(상완이두근과 상완삼두근은 서로 길항근임)

ㄱ **상완이두근** : 알통근, 위팔 앞부분 위치

ㄴ **상완삼두근** : 요골신경 지배, 위팔 뒷부분에 위치

(7) 하지의 근육

① 장골근
   ㉠ 후복근의 일부로 장골근막에 싸여 있다.
   ㉡ 대요근, 소요근, 장골근
② **둔부근** : 대둔근(근육주사 맞는 부위), 중둔근, 소둔근
③ 대퇴근
   ㉠ **전대퇴근** : **봉공근**(인체에서 가장 긴 근육), 대퇴직근, 내측광근, 중측광근, 외측광근
   ㉡ **후대퇴근(슬와근)** : 대퇴이두근, 반건양근, 반막양근
④ 하퇴근
   ㉠ **전경골근** : 앞정강이근
   ㉡ **장비골근** : 종아리근
   ㉢ **후하퇴근** : 종아리 형성근
   ㉣ **비복근** : 장딴지근, 근수축 실험시 사용되는 근육, 개구리 수축 실험근

chapter 04

신경계통

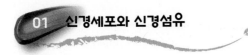

01 신경세포와 신경섬유

신경계는 내부환경이나 외부환경에 대한 정보를 수용기로부터 받아서 중추로 보내고 중추는 정보를 통합하여 근육, 분비선 등의 효과기에 정보를 전달하여 작용을 조절하는 신호를 보낸다.

> 신경조직 = 뉴런(신경원) + 신경교세포

1 뉴런(신경원) ★

(1) 개요

신경조직의 최소 단위 및 구조, 기능적인 기본 단위
① **구성** : 신경세포체
② **돌기** : 수상돌기 + 축삭돌기

(2) 운동 뉴런의 구조

① **수상돌기**
  ㉠ 여러 개가 세포체에 연결되어 있고 받아들이는 돌기이다.
  ㉡ 수용기 세포에서 자극을 받아 세포체에 전달한다.
② **세포체**
  ㉠ 일반 체세포보다 크고 타원형 혹은 별모양이다.
  ㉡ 핵으로 이루어지고 신경세포의 생존을 위해 필수적이다.
③ **축삭돌기 ★**
  ㉠ 1개씩 존재하는 신경섬유이다.
  ㉡ <u>세포체로부터 받은 자극을 멀리까지 전달하는 돌기</u>이다.

ⓒ 수초와 신경초로 둘러싸여 있다.
  ⓐ **신경초 : 신경 재생**에 관여한다.
  ⓑ **수초** : 주성분이 지방질로 전기저항이 높아 축삭돌기의 절연역할을 한다.
ⓔ 유수신경섬유
  ⓐ 수초와 랑비에 결절 있는 축삭, 백색으로 나타난다.
  ⓑ 무수신경섬유보다 전도속도가 더 빠르고 ATP 소모량도 적다.
ⓜ **무수신경섬유** : 수초가 없는 축삭, 회백색으로 나타난다.

> ### 시냅스와 신경전달물질
>
> - **시냅스** : 한 개의 신경세포가 다른 하나의 신경세포와 접촉하는 것(신경세포의 수상돌기와 다음 신경세포의 세포체와 연결)
> - 신경전달물질 : 아세틸콜린, 노에피네피린, 에피네피린, 엔도르핀 등

2 신경교세포

① 신경 전도는 하지 않는다.
② **기능** : 뉴런의 지지, 뉴런의 노폐물 처리, 영양공급, 박테리아로부터 보호

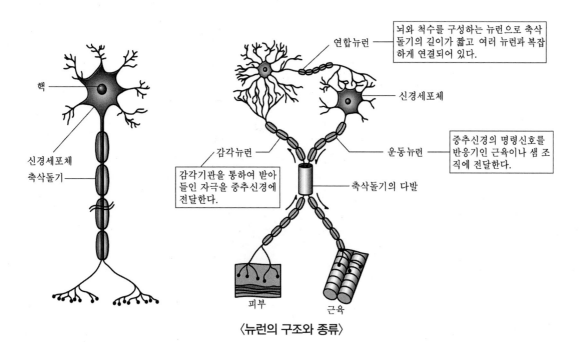

핵

신경세포체
축삭돌기

감각뉴런

감각기관을 통하여 받아들인 자극을 중추신경에 전달한다.

피부   근육

연합뉴런

뇌와 척수를 구성하는 뉴런으로 축삭돌기의 길이가 짧고 여러 뉴런과 복잡하게 연결되어 있다.

신경세포체

운동뉴런

중추신경의 명령신호를 반응기인 근육이나 샘 조직에 전달한다.

축삭돌기의 다발

〈뉴런의 구조와 종류〉

02 중추신경계

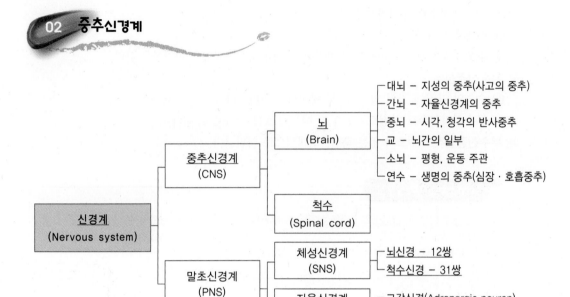

신경계 (Nervous system)	**중추신경계** (CNS)	**뇌** (Brain)	┌ 대뇌 – 지성의 중추(사고의 중추) ├ 간뇌 – 자율신경계의 중추 ├ 중뇌 – 시각, 청각의 반사중추 ├ 교 – 뇌간의 일부 ├ 소뇌 – 평형, 운동 주관 └ 연수 – 생명의 중추(심장·호흡중추)
		척수 (Spinal cord)	
	말초신경계 (PNS)	**체성신경계** (SNS)	┌ 뇌신경 – 12쌍 └ 척수신경 – 31쌍
		자율신경계 (ANS)	┌ 교감신경(Adrenergic neuron) └ 부교감신경(Cholinergic neuron)

🔟 뇌

① **대뇌** : 지성의 중추(사고의 중추)이며 뇌 전체의 80%를 차지한다.
 ㉠ **전두엽** : 운동영역, 인격발달(감정표현, 행동, 지적기능, 기억저장)
 ㉡ **두정엽** : 체성감각(피부와 근육, 미각, 말하기, 읽기)
 ㉢ **후두엽** : 시각 및 거리 판단
 ㉣ **측두엽** : 듣기, 냄새, 맛, 부분적 말하기

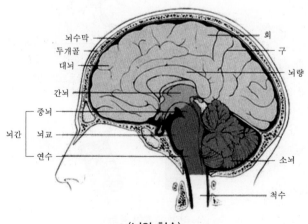

〈뇌와 척수〉

② **간뇌** : 자율신경계의 중추이고, 시상과 시상하부로 구분되며 시상하부 아래쪽에 뇌하수체가 있다.
　㉠ **시상하부** : 자율신경계 기능 조절(체온, 수분, 식욕, 성행동 조절 중추)
　㉡ **뇌하수체** : 호르몬 분비 중추
③ **뇌간**
　㉠ **중뇌**
　　ⓐ 시각, 청각의 반사중추
　　ⓑ 간뇌와 뇌교 및 소뇌를 연결
　　ⓒ 근 긴장과 자세를 불수의적으로 조절
　㉡ **교**
　　ⓐ 중뇌와 연수를 연결
　　ⓑ 연수의 호흡주기 중추 조정
　㉢ **연수**
　　ⓐ 일명 숨골이고 생명의 중추
　　ⓑ 심박동 · 호흡운동의 중추
④ **소뇌** : 몸의 평형을 유지하고 운동을 주관한다.
　㉠ 교와 연수 뒤에 위치
　㉡ 소뇌구와 소뇌회로 주름 형성
　㉢ 몸의 평형유지, 운동, 근 긴장도 조절
⑤ **변연계** : 감정의 뇌라고 하며, 뇌간을 둘러싸는 피질영역이고, 시상과 시상하부 부분을 싸고 있다.

2 **척수**

① 척수강 내에 위치한다.
② **길이** : 약 40~45cm, 위로는 뇌의 연수로 연속되어 있고 아래로는 제1~2요추 높이까지 내려와 있다.
③ 뇌와 말초신경 사이의 흥분 전달 통로이며 이 밖에 배뇨, 배변, 땀 분비 및 무릎반사와 같은 각종 반사의 중추로 작용한다.

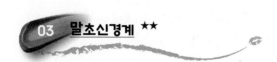

03 말초신경계 ★★

1 체성신경계

(1) 뇌신경(12쌍)

신경 이름	작용	분포영역
후신경(제1뇌신경)	감각성	후각(비강 후부), 냄새관련
시신경(제2뇌신경)	감각성	시각(안구 망막)
동안신경(제3뇌신경)	운동성	안구의 운동, 홍채에 분포
활차(제4뇌신경)	운동성	안구의 상사근, 동안근에 분포
삼차신경(제5뇌신경) 안신경 상악신경 하악신경	혼합성 감각성 감각성 운동성	안면부, 이, 잇몸, 혀의 감각(안면근) 안와, 전두부의 피부 상악부 하악부, 하악근 운동(저작근)
외전신경(제6뇌신경)	운동성	안구의 외측직근
안면신경(제7뇌신경)	혼합성	안면 근육운동, 혀 및 타액선, 혀 앞 미각 담당
내이신경(제8뇌신경)	감각성	내이의 전정, 와우(청각, 평형감각)
설인신경(제9뇌신경)	혼합성	구개, 편도, 혀 및 이하선
미주신경(제10뇌신경)	혼합성	인ㆍ후두근과 흉복부의 내장기관의 운동과 분비
부신경(제11뇌신경)	운동성	어깨근육(승모근), 목근육(흉쇄유돌근)운동
설하신경(제12뇌신경)	운동성	혀에 분포, 혀의 근육

(2) 척수신경(31쌍)

① 구성 : 경신경(8쌍), 흉신경(12쌍), 요신경(5쌍), 천골신경(5쌍), 미골신경(1쌍)
② 전각 : 운동섬유
③ 후각 : 감각신경
④ 감각과 운동신경은 서로 혼합되어 혼합신경을 구성한다.

2 자율신경계

(1) 특징

① 내장기관, 혈관, 분비선 등을 조절하는 신경계이다.
② 무의식 행동을 관여하는 식물적 기능의 신경계이다.
③ 호흡, 순환, 흡수, 대사, 배설, 생식 등의 무의식적 반사활동으로 생명을 유지한다.

(2) 종류

① 교감신경 : 흉수와 요수에서 기시한다.
② 부교감신경 : 뇌와 척수에서 기시한다.

(3) 흥분에 대한 작용 반응

계 통	기 관	교감신경	부교감신경
감각기	동공 누선 모양체근	동공 산대 미량 분비 원점을 위한 이완	동공 축소 대량 분비 근점을 위한 수축
외피	한선 입모근	분비 촉진 수축	영향 없음 영향 없음
소화기	타액선 평활근 소화선	소량 분비 연동운동 억제 분비 억제	대량 분비 연동운동 촉진 분비 촉진
호흡기	기관지	확대	축소
순환기	심박동 관상동맥 말초혈관	증가 확대 수축	감소 수축 영향 없음
비뇨기	방광괄약근 방광배뇨근	수축 이완	이완 수축
생식기	남자생식기 자궁	사정 수축	발기 이완
내분비계	분비촉진	촉진	억제

part 03. 해부생리학

Chapter 05 순환계통

01 혈액

1 정의

소화관에서 흡수된 영양분이나 폐에서 교환된 산소를 신체의 각 조직으로 운반하고 조직에서 생겨난 노폐물은 폐나 신장으로 보내고, 체내에서 생성된 호르몬 및 신진대사 산물은 필요한 부위로 이동시킨다.

2 순환계의 종류

① **혈액순환계** : 심장, 혈관, 혈액
② **림프순환계** : 림프절, 림프관, 림프

3 혈액순환

(1) 체순환(대순환)

① 신체 전체를 돌아오는 순환을 말한다.
② **혈행도** : 좌심실 → 동맥 → 모세혈관 → 정맥 → 우심방

(2) <u>폐순환(소순환)</u>

① 폐에서 가스교환을 위한 순환을 말한다.
② **혈행도** : 우심실 → 폐동맥 → 폐 → 폐정맥 → 좌심방

폐동맥과 폐정맥

폐동맥에는 정맥혈이 흐르고, 폐정맥에는 동맥혈이 흐름

(3) 판막

① 좌심방과 좌심실 사이 이첨판
② 우심방과 우심실 사이 삼첨판
③ **좌심실과 대동맥 사이 : 반월판(대동맥 판막)**
④ **우심실과 폐동맥 사이 : 반월판(폐동맥 판막)**

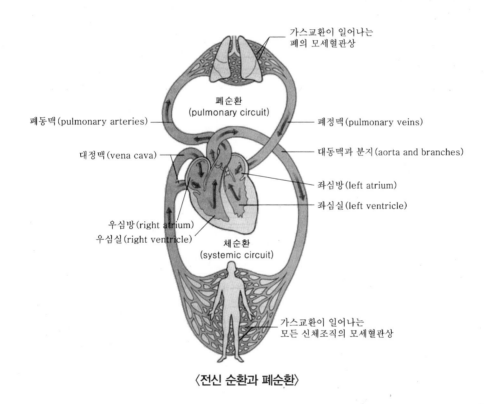

〈전신 순환과 폐순환〉

4 혈액의 기능 ★★

① 물질운반
  ㉠ 산소와 이산화탄소의 운반
  ㉡ **영양분 흡수 및 노폐물 운반작용** : 소장에서 흡수된 영양분은 혈장에 녹아 온몸의 조직세포에 운반되고 온몸의 조직세포에서 생긴 노폐물은 혈장에 실려 배설기관까지 운반된다.
  ㉢ <u>호르몬 운반작용(혈장)</u>

② 혈액의 응고 : 혈소판은 출혈 시 혈액응고 효소를 내서 출혈을 막는다.

③ 수분조절작용(혈장) : 혈액과 조직액 사이에 모세혈관을 통해 조직세포들이 일정한 수분을 유지한다.

④ **삼투압 조절 및 pH를 조절하고**, 체온 조절하여 체내의 항상성을 유지한다.

⑤ 혈압을 유지한다.

⑥ 면역작용, 식균작용(백혈구)을 한다.

5 혈액의 구성

인체의 혈액량은 체중의 8~9%를 차지한다.

혈구(Cell) 45%	적혈구(RBC)
	백혈구(WBC)
	혈소판(Platelet)
혈장(Plasma) 55%	섬유소원(Fibrinogen)
	혈청(Serum)

(1) 적혈구

① 헤모글로빈을 함유하여 산소를 운반한다.

② 대부분 비장에서 파괴된다.

③ 120일 동안 생존한다.

④ 무핵세포이다.

(2) 백혈구

① 유핵세포이다.

② 단핵구는 가장 큰 혈구로서 대식세포로 변화된다.

③ 골수 및 림프절에서 생산된다.

④ 종류

구 분	혈 구	특 징
과립	중성구	강한 식균작용, 급성 염증 시 증가
	호산구	알레르기, 자가면역질환, 기생충 감염 시 증가
	호염기구	헤파린 · 히스타민 함유, 혈액응고 방지
무과립	림프구	면역반응, 베타 · 감마글로불린 생산
	단핵구	강한 식균작용, 만성 염증 시 증가

(3) 혈소판

① 골수의 거대세포가 파괴된 2~4μm 정도의 세포조각이다.

② 1주일 동안 생존한다.

③ 혈액응고에 관여 : 주작용 – 혈관수축 → 혈소판 침착 → 혈소판 응집 → 혈전 형성

> **혈구의 크기**
>
> 백혈구 > 적혈구 > 혈소판

(4) 혈장

① **혈액의 50~60%의 액체(체중의 5%)**

② 혈장 단백질(7%)

ㄱ **알부민(55%)** : 간에서 생산되며, 생체, 교질삼투압을 조절한다.

ㄴ **피브리노겐(30%)** : 간에서 생산되며, 혈액응고에 관여한다.

ㄷ **글로불린(30%)** : 림프구에서 생산되며, 면역기전에 관여한다.

> **피브린 – 혈액응고 단백질**
>
> 혈액응고 시 혈액 중에 생긴 트롬빈이라는 단백질 분해효소가 혈장 중에 녹아있는 피브리노겐에 작용했을 때에 생기는 수용성 단백질

02 심장과 혈관

1 심장

(1) 특징

① 2개의 심방과 2개의 심실

② 심장의 **약 2/3는 정중선에서 왼쪽으로 치우쳐 있다.**

③ 심장을 담당하는 혈관 : 관상동맥(심실이 이완될 때 혈액이 들어감)

④ **성인 심장의 무게는 평균 250~300g 정도**

2 혈관 ★

(1) 종류

① 동맥 : 심장에서 혈액이 나가는 혈관이다.

◆ 혈관벽

㉠ **두껍고, 탄력막이 발달**되어 있다.

㉡ **3층 구조**

ⓐ **외막** : 교원섬유와 탄력섬유

ⓑ **중막** : 윤상의 평활근과 탄력섬유

ⓒ **내막** : 단층의 내피세포

② 정맥 : 심장으로 혈액이 들어가는 혈관으로, 동맥에 비해 **혈관벽이 얇다.**

㉠ **3층의 혈관벽 : 탄력막의 발달은 미약**하다.

㉡ **판막이 발달되어 혈액 역류를 방지한다.**

㉢ 혈류량은 정맥 속에서 가장 많다.

> ### 하지 정맥류
>
> 다리의 혈액순환 이상으로 피부 밑에 형성되는 검푸른 상태

③ 모세혈관

㉠ **단층편평 상피세포**

㉡ 넓은 표면적과, 얇은 혈관벽을 통해 조직세포와 물질교환(**산소, 영양분, 이산화탄소, 노폐물 교환**)이 쉽게 일어난다.

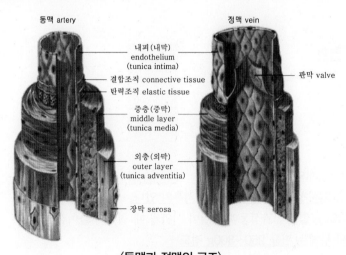

〈동맥과 정맥의 구조〉

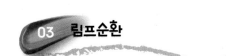
03 림프순환

1 림프의 기능 ★★

① 체액의 흐름을 담당(혈관을 통해 조직액으로 빠져 나간 액체와 단백질을 혈관으로 다시 되돌리는 기능)한다.
② 정맥이 아닌 다른 맥관을 통해 심장으로 돌아온다.
③ 심장혈관계의 동맥에 해당되는 부분이 없어 말단에서 심장으로 가는 일방적 통로뿐이다.
④ **신체면역작용**(면역반응을 통해 신체를 방어하는 기능)을 한다.
⑤ 모세혈관에서 빠져 나온 중요 물질을 혈관으로 되돌려 보내는 일을 한다.
⑥ 독성 물질, 악성 물질을 림프절로 운반한다.
⑦ 소화된 지방을 소장에서 흡수한다.

2 림프의 구성

림프, 림프관, 편도, 비장, 흉선으로 구성되어 있다.

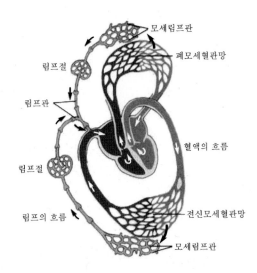

(1) 림프관

① 조직액을 모아 정맥으로 되돌리는 역할을 담당하는 맹관으로, 가늘고 투명하며, 벽이 얇고 동맥과는 연결되지 않는다.
② 림프의 역류를 방지하기 위해 림프판막이 발달되어 있다.
③ 곳곳에 림프절이 있어 그곳에서 독성물질을 파괴한다.

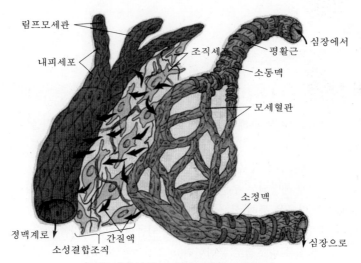

〈조직 내에서의 모세림프관과 모세혈관〉

⊙ 모세림프관
ⓐ 단층의 내피세포로 구성된다.
ⓑ 단백질과 같은 분자량이 큰 물질도 쉽게 통과할 수 있다.
ⓒ 세포가 중첩되어 있어 판막 역할을 하기 때문에 림프의 역류를 방지한다.
ⓓ 모세림프관들이 모여서 이룬 림프관은 정맥과 같은 구조로 되어 있으나 벽이 얇고 더 많은 판막이 **발달**되어 있다.
ⓛ **우림프관** : **우측 상지**(두부의 우측 부위, 우측 경부, 우측 팔)에서 생성된 림프는 우림프관으로 모아져 정맥으로 회수된다.
ⓒ **흉관**
ⓐ <u>우측 상지(우림프관)를 제외한 신체의 나머지 부분</u>에서 생긴 림프로 흉관을 통하여 정맥으로 유입된다.
ⓑ 흉관은 림프관 중에서 가장 크고 제2요추 복강에서 시작된다. 소장에 분포하는 림프관을 유미관이라 한다.
ⓒ 흉관인 유미조가 내장과 하지에서 생성된 림프를 수송한다.
ⓡ **림프순환**
ⓐ 오른쪽 머리와 오른쪽 상체에 모인 림프액 : 우측 림프관 → 우측 쇄골하정맥 → 심장
ⓑ 나머지 전신에서 모인 림프액 : 흉관 → 좌측 쇄골하정맥 → 심장

(2) 림프절

① 림프구 형성 및 식세포 작용을 한다(여과 및 식균작용).
② 500~1,000개의 림프절이 있고 액와, 서혜부, 유방, 목 부위에 존재한다.

chapter 06 소화기계통

01 소화기관

1 정의

소화란 구강에서 분비되는 침, 간에서 분비되는 담즙, 췌장에서 분비되는 췌장액이 가지고 있는 소화효소를 통해 소화된 물질 중에서 우리 몸에 필요한 물질을 흡수한 다음 혈액과 림프를 통하여 온몸에 분배하는 과정이다.

① 소화기관 : 구강 → 인두 → 식도 → 위 → 소장 → 대장 → 항문(대략 9m)
② 소화 부속기관 : 타액선, 간장, 췌장, 치아, 혀 등
③ 음식물 섭취량 조절중추, 포만중추 : 시상하부

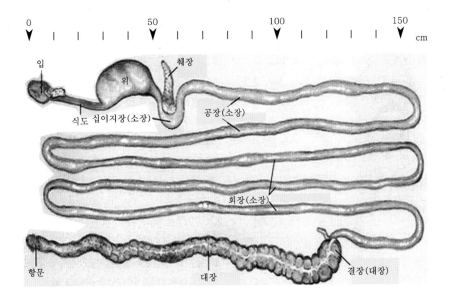

2 특징

① **소화** : 음식물을 흡수 가능한 상태로 가수분해하는 과정
② **흡수** : 단백질은 아미노산, 탄수화물은 포도당, 지방은 지방산과 글리세롤로 소화된 영양물질과 물, 염류가 점막을 통과해 혈액과 림프로 이동하는 과정
③ **저작** : 음식물을 잘게 부수어 타액과 혼합하는 과정으로 연수가 조절중추로 작용
④ **연하** : 저작된 음식물을 식도를 거쳐 위로 이동시키는 과정으로 연수가 조절중추로 작용

3 구조와 기능

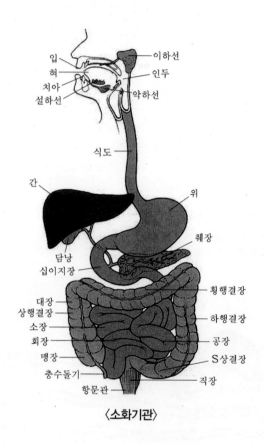

〈소화기관〉

(1) 구강, 치아, 혀

음식과 침이 섞어 삼키기 쉽도록 잘게 만드는 운동인 저작작용을 한다.

(2) 타액선

소화에 관여하는 점액성의 불투명 액체이다.

① **종류**

    ㉠ 이하선(귀밑샘)

    ㉡ 악하선(턱밑샘)

    ㉢ 설하선(혀밑샘)

② **타액**

    ㉠ **분비하는 곳** : 연수

    ㉡ **분비량** : 하루 대략 1.5L 정도가 분비된다.

    ㉢ **pH** : 6.3~6.8(약산성)

    ㉣ **소화효소** : **아밀라아제**(탄수화물의 분해효소), **프티알린**(다당류를 이당류로 분해)

(3) 인두

① 연하작용(음식물을 위로 옮기는 운동)을 한다.

② 음식물을 위로 옮기는 통로, 식도와 연결된다.

(4) 식도

① 연동작용(음식물을 아래로 밀어내림)을 한다.

② 음식물이 쉽게 통과할 수 있도록 식도샘에서 점액질을 분비하여 점막의 표면을 윤활하게 한다.

③ **위의 분문과 연결**된다.

(5) 위

① **위치** : 횡격막 왼쪽 아래에 위치한다.

② **구조**

    ㉠ **분문** : 식도와 이행부위이다.

    ㉡ **위저부** : 분문에서 수평선 상부이며 가스로 채워져있다.

    ㉢ **유문** : 십이지장과 이행부위이다.

③ **위액**

    ㉠ pH 1.5~2 정도의 강산성이다.

    ㉡ **분비량** : 1일 약 2L 정도가 분비된다.

    ㉢ **소화효소 : 펩신(단백질 분해효소)**

    ㉣ 음식물을 살균하고, 단백질과 지방을 소화시킨다.

part 03. 해부생리학

(6) 소장

① 특징

ㄱ 길이 : 7m(유문과 대장을 연결)

ㄴ 구분 : 십이지장, 공장, 회장

ㄷ 기능

ⓐ 단백질, 탄수화물, 지방질 등 영양분 흡수에 관여한다.

ⓑ 흡수면적을 넓히기 위해 미세 융모가 규칙적으로 잘 발달되어 있다.

② 회맹판 : 회장과 맹장의 결합부로, 음식물의 역류를 방지한다.

(7) 대장

① 특징

ㄱ 길이 : 1.5~1.7m

ㄴ 구분 : 맹장, 결장, 직장

ㄷ 기능 : <u>수분을 흡수하고</u>, 대변을 형성하며, 비타민 K 및 B 복합체를 합성한다.

② 맹장

ㄱ 길이 : 7cm

ㄴ 충수돌기 : 림프양조직, 염증이 발생하면 맹장염이 된다.

③ 결장

ㄱ 길이 : 대략 1.4m

ㄴ 구성 : 상행결장, 횡행결장, 하행결장, S자 결장

ㄷ 상행결장이 가장 짧고, 횡행결장이 가장 길다.

④ 직장 : 배변 작용을 한다.

02 부속기관

1 간 ★★★

(1) 특징

① 인체 최대의 분비선이다.

② 가장 재생력이 강한 장기이다.

(2) 기능

① **당대사** : 탄수화물을 글리코겐 형태로 **간에 저장한다.**
② 담즙 생산(**쓸개즙 생성과 분비**) : 담즙은 간에서 생성되어 담낭에 저장되었다가 십이지장으로 보내져 지방의 소화를 돕는다.
③ 해독작용을 한다.
④ 철분 및 비타민을 저장한다.
⑤ 아미노산으로 단백질을 형성하고 분해한다.

2 담낭(쓸개)

담즙은 간에서 분비되어 쓸개에서 보관 후 십이지장으로 이동하여 췌장의 프로리파아제를 리파아제로 변환시켜 지방의 소화를 돕는다.

3 췌장 ★★★

음식물 소화를 돕는 외분비 기능과 호르몬을 분비해서 체내 혈당을 조절하는 내분비 기능을 한다.
① **호르몬 분비** : 랑게르한스섬(내분비계 조직)에서 **인슐린(혈당저하), 글루카곤(혈당상승)**을 분비한다.
② **소화효소 분비** : **트립신(단백질 분해효소), 아밀라아제(탄수화물 분해효소), 리파아제(지방 분해효소)**를 분비하여 소화 및 영양흡수에 관여한다.

03 소화와 흡수

1 영양분의 소화

① 소화 분해효소
  ㉠ 단백질 분해효소 : 트립신(**췌장**), 펩신(**위**)
  ㉡ 지방 분해효소 : 리파아제(**십이지장**)
  ㉢ 탄수화물 분해효소 : 프티알린(**입**), 아밀라아제(**입**)
② 소화의 최종산물
  ㉠ 단백질 → 아미노산
  ㉡ 지방 → 지방산과 글리세롤
  ㉢ 탄수화물 → 포도당

실전예상문제

01 세포막을 통한 물질의 이동방법 중 수동적 방법에 해당하는 것은?

① 음세포 작용　　② 능동 수송
③ 확산　　　　　④ 식세포 작용

해설 세포막의 물질 이동 기전
• **수동적 수송** : 에너지가 필요하지 않음(확산, 여과, 삼투)
　– **확산** : 고농도에서 저농도로 물질 이동
　– **삼투** : 선택적 투과성 막을 통과하는 물의 확산
　– **여과** : 압력이 높은 곳에서 낮은 곳으로 물과 용해물질의 이동
• **능동적 수송** : 에너지가 필요함

02 원형질막을 통한 물질의 이동 과정에 관한 설명 중 틀린 것은?

① 확산은 물질 자체의 운동 에너지에 의해 저농도에서 고농도로 물질이 이동하는 것이다.
② 포도당은 보조 없이 원형질막을 통과할 수 없으며 단백질과 결합하여 세포 안으로 들어가는 것을 촉진 확산한다.
③ 삼투 현상은 높은 농도에서 낮은 농도로 물 분자만이 선택적으로 투과하는 것을 말한다.
④ 여과는 높은 압력이 낮은 압력이 있는 곳으로 이동하는 압력 경사에 의해 이루어지는 것이다.

해설 확산은 고농도에서 저농도로 물질이 이동하는 것이다.

03 다음 내용에 해당하는 세포질 내부의 구조물은?

• 세포 내의 호흡생리에 관여
• 이중막으로 싸여진 계란(타원형)의 모양
• 아데노신 삼인산(Adenosin Triphosphate)을 생산

① 형질내세망(Endolpasmic Reticlum)
② 용해소체(Lysosome)
③ 골지체(Golgi apparatus)
④ 사립체(Mitochondria)

해설 미토콘드리아(사립체)는 섭취된 음식물 중의 영양물질을 산화시켜 인체에 필요한 에너지를 생성해 내는 세포소기관이다.

04 골격계에 대한 설명 중 옳지 않은 것은?

① 인체의 골격은 약 206개의 뼈로 구성된다.
② 체중의 약 20%를 차지하며 골, 연골, 관절 및 인대를 총칭한다.
③ 기관을 둘러싸서 내부 장기를 외부의 충격으로부터 보호한다.
④ 골격에서는 혈액세포를 생성하지 않는다.

해설 골격에서는 적골수, 혈액세포를 생성한다.
골격계의 기능 : 인체지지기능, 보호기능, 조절기능(적골수 혈액 세포의 생산), 저장기능(칼슘과 인), 운동기능(근육의 도움으로 움직임)

Answer 01.③ 02.① 03.④ 04.④

05 척주(Vertebral colum)에 대한 설명이 아닌 것은?

① 머리와 몸통을 움직일 수 있게 한다.

② 성인의 척주를 옆에서 보면 4개의 만곡이 존재한다.

③ 경추 5개, 흉추 11개, 요추 7개, 천골 1개, 미골 2개로 구성된다.

④ 척수를 뼈로 감싸면서 보호한다.

해설 척추는 경추(7개), 흉추(12개), 요추(5개), 천골(1개), 미골(1개) 총 26개의 뼈로 구성되어있다.

06 인체 내의 화학 물질 중 근육의 수축에 주로 관여하는 것은?

① 액틴과 미오신

② 단백질과 칼슘

③ 남성 호르몬

④ 비타민과 미네랄

해설 액틴과 미오신은 근육의 수축에 관여한다.

07 골격근에 대한 설명으로 맞는 것은?

① 뼈에 부착되어 있으며 근육이 횡문과 단백질로 구성되어 있고, 수의적 활동이 가능하다.

② 골격근은 일반적으로 내장벽을 형성하여 위와 방광 등의 장기를 둘러싸고 있다.

③ 골격근은 줄무늬가 보이지 않아서 민무늬근이라고 한다.

④ 골격근의 움직임, 자세유지, 관절안정을 주며 불수의근이다.

해설 근조직의 구분

위 치	형 태	수 축
골격근	가로무늬근 (횡문근)	수의근
평활근 (내장근)	민무늬근	불수의근 (자율 신경 지배)
심장근	가로무늬근 (횡문근)	불수의근 (자율 신경 지배)

08 다음 중 배부(Back)의 근육이 아닌 것은?

① 승모근

② 광배근

③ 견갑거근

④ 비복근

해설 ④ 비복근은 하지근에 속한다.
등근육
• **천배근** : 광배근, 능형근, 견갑거근, 승모근
• **심배근** : 판상근, 척추기립근, 횡돌극근

09 눈살을 찌푸리고 이마에 주름을 짓게 하는 근육은?

① 구륜근

② 안륜근

③ 추미근

④ 이근

해설 ① 구륜근 : 입을 다무는 작용, 휘파람근이기도 하다.
② 안륜근 : 눈을 감거나 깜박거릴 때 작용한다.
④ 이근 : 아랫입술을 위로 올려 당겨 턱에 주름이 지는 작용을 한다.

10 중추신경계는 어떻게 구성되어 있나?

① 중뇌와 대뇌

② 뇌와 척수

③ 교감신경과 뇌간

④ 뇌간과 척수

해설 중추신경계는 뇌와 척수, 말초신경계는 체성신경계와 자율신경계로 구성되어 있다.

11 다음 중 척수신경이 아닌 것은?

① 경신경　　　　② 흉신경

③ 천골신경　　　④ 미주신경

해설 척수신경은 경신경(8쌍), 흉신경(12쌍), 요신경(5쌍), 천골신경(5쌍), 미골신경(1쌍)으로 구성된다.

12 안면의 피부와 저작근에 존재하는 감각신경과 운동신경의 혼합신경으로 뇌신경 중 가장 큰 것은?

① 시신경　　　　② 삼차신경

③ 안면신경　　　④ 미주신경

해설 제7뇌신경(안면신경) : 안면 근육운동, 혀 및 타액선, 혀 앞 미각 담당

13 신경계에 관한 내용 중 틀린 것은?

① 뇌와 척수는 중추신경계이다.

② 대뇌의 주요 부위는 뇌간, 간뇌, 중뇌, 교뇌 및 연수이다.

③ 척수로부터 나오는 31쌍의 척수신경은 말초신경을 이룬다.

④ 척수의 전각에는 감각신경세포, 후각에는 운동신경세포가 분포한다.

해설 척수의 전각은 운동신경세포가, 후각은 감각신경세포가 분포한다.

14 다음 중 혈액응고와 가장 관련이 없는 것은?

① 조혈자극인자　　② 피브린

③ 프로크롬빈　　　④ 칼슘 이온

해설 조혈자극인자는 혈액(피)생성과 관련이 있다.

15 림프(Lymph)의 주된 기능은?

① 분비작용　　　　② 면역작용

③ 체절보호작용　　④ 체온조절작용

해설 림프의 주된 기능은 노폐물의 배출 및 독소 제거, 혈액순환 증진 및 면역력 강화이다.

16 혈액의 기능으로 틀린 것은?

① 호르몬 분비작용

② 노폐물 배설작용

③ 산소와 이산화탄소의 운반작용

④ 삼투압과 산·염기 평형의 조절작용

해설 혈액의 기능
- 산소와 이산화탄소의 운반 : 적혈구
- 혈액의 응고 : 혈소판
- 호르몬 운반 작용 : 혈장(Cf : 호르몬분비기능은 내분비기능에 속함)
- 수분 조절 작용 : 혈장
- 면역작용(식균 작용) : 백혈구

17 폐에서 이산화탄소를 내보내고 산소를 받아들이는 역할을 수행하는 순환은?

① 폐순환　　　　② 체순환

③ 전신순환　　　④ 문맥순환

해설 혈액순환계
- 체순환(전신을 돌아오는 순환) : 좌심실 → 대동맥 → 동맥 → 세동맥 → 모세혈관(산소를 보내고 이산화탄소를 받아들이는 역할) → 세정맥 → 정맥 → 대정맥 → 우심방
- 폐순환 : 우심실 → 폐동맥 → 폐(이산화탄소 내보내고 산소를 받아들이는 역할) → 폐정맥 → 좌심방

Answer 11.④ 12.③ 13.④ 14.① 15.② 16.① 17.①

18 림프순환에서 다른 사지와는 다른 경로인 부분은?

① 우측 상지
② 좌측 상지
③ 우측 하지
④ 좌측 하지

해설 림프순환에서 우측 상지는 우측 쇄골하정맥으로, 좌측 상지, 우측 하지, 좌측 하지는 좌측 쇄골하정맥으로 유입된다.

19 심장에 대한 설명 중 틀린 것은?

① 성인 심장의 무게는 평균 250~300g 정도이다.
② 심장은 심방 중격에 의해 좌·우심방, 심실은 심실 중격에 의해 좌·우심실로 나누어진다.
③ 심장은 2/3가 흉골 정중선에서 좌측으로 치우쳐 있다.
④ 심장근육은 심실보다는 심방에서 매우 발달되어 있다.

해설 심장근육은 심실과 심방이 거의 유사하다.

20 혈관의 구조에 관한 설명 중 옳지 않은 것은?

① 동맥은 3층 구조이며 혈관벽이 정맥에 비해 두껍다.
② 동맥은 중막인 평활근 층이 발달해 있다.
③ 정맥은 3층 구조이며 혈관벽이 얇으며 판막이 발달해 있다.
④ 모세혈관은 3층 구조이며 혈관벽이 얇다.

해설 • **동맥** : 심장에서 혈액이 나가는 혈관으로 두껍고 탄력막이 발달되어 있으며 3층 구조로 외막(교원섬유와 탄력섬유), 중막(윤상의 평활근과 탄력섬유), 내막(단층의 내피세포)으로 구성되어 있다.
• **정맥** : 심장으로 혈액이 들어가는 혈관으로 동맥에 비해 혈관벽이 얇다. 3층의 혈관벽은 탄력막의 발달은 미약하고, 판막이 발달되어 있어 혈액의 역류를 방지한다. 혈류량은 정맥 속에서 가장 많다.
• **모세혈관** : 단층평편 상피세포로, 표면적이 최대로 얇은 혈관벽을 통해 조직세포와 물질교환이 쉽게 일어나는 곳이다.

21 내분비와 외분비를 겸한 혼합성 기관으로 3대 영양소를 분해할 수 있는 소화효소를 모두 가지고 있는 소화기관은?

① 췌장   ② 간
③ 위   ④ 대장

해설 췌장은 내분비, 외분비를 겸한 기관이며 랑게르한스섬에서 호르몬을 분비하고, 3대 영양소를 분해할 수 있는 소화효소(트립신, 키모트립신-단백질 분해효소, 리파아제-지방 분해효소, 아밀라아제-탄수화물 분해효소)를 가지고 있다.

22 다음 중 다당류인 전분을 2당류인 맥아당이나 덱스트린으로 가수분해하는 역할을 하는 타액 내의 효소는?

① 프티알린
② 리파제
③ 인슐린
④ 말타아제

해설 타액에 함유되어 있는 프티알린은 전분(녹말)을 가수분해하여 저분자의 당으로 분해시키는 아밀라아제이다.

23 각 소화기관별 분비되는 소화효소와 소화시킬 수 있는 영양소가 올바르게 짝지어진 것은?

① 소장 : 키이모트립신 – 단백질
② 위 : 펩신 – 지방
③ 입 : 락타아제 – 탄수화물
④ 췌장 : 트립신 – 단백질

해설 • 입 : 아밀라아제(탄수화물)
• **위** : 펩신(단백질)
• **췌장**
  – 아밀라아제(탄수화물)
  – 트립신, 키모트립신(단백질)
  – 리파아제(지방)
• **소장**
  – 펩타아제(단백질 → 아미노산)
  – 락타아제, 말타아제, 수크라아제(탄수화물 → 포도당)

24 다음 중 간의 역할에 가장 적합한 것은?

① 소화와 흡수촉진
② 담즙의 생성과 분비
③ 음식물의 역류방지
④ 부신피질호르몬 생산

해설 가장 재생력이 강한 장기인 간에서는 담즙(쓸개즙)을 생산, 분비한다.

25 다음 중 소화기관이 아닌 것은?

① 구강   ② 인두
③ 기도   ④ 간

해설 소화기관은 구강 – 인두 – 식도 – 위 – 소장 – 대장 순으로 이루어진다.

Answer 23.④ 24.② 25.③

MEMO

part 04. 피부미용기기학

피부미용기기학은 거의 기출과 비슷한 문제들이 출제되고 있는 만큼 쉽게 득점을 할 수 있고
주로 기기의 사용법 위주로 나오기 때문에 현장에서 일하는 분들은 어렵지 않게 득점할 수 있다.
전기용어, 전동브러시, 진공흡입법, 갈바닉 기기는 거의 매번 출제되고 있고,
그 외에도 저주파, 고주파, 초음파, 프레셔테라피, 컬러테라피 등이 출제되고 있다.

출제 항목

피 부 미 용 기 기 학	세부 항목	세세 항목
	(1) 피부미용기기 및 기구	① 기본용어와 개념 ② 전기와 전류 ③ 기기·기구의 종류 및 기능
	(2) 피부미용기기 사용법	① 기기·기구 사용법 ② 유형별 사용방법

피부미용기기 및 기구 ▬▬▬▬▬▬▬▬▬ 2~3문제
피부미용기기 사용법 ▬▬▬▬▬▬▬▬▬▬▬ 3~4문제

피부미용기기학 출제문항 수 : 6문제 출제

chapter 01 피부미용기기 및 기구

01 기본 용어와 개념

전기적 에너지를 이용하여 만들어진 기기를 인체에 적용하여 나타나는 효과를 활용하여, 인체의 미용적 관리에 응용한 것이 미용기기학이다.

1 물질

물질은 원자와 분자로 구성된다.
① **원자** : 원소의 성질을 가지고 있는 원소의 가장 작은 부분
② **분자** : 물질의 특성을 가지는 최소 단위(ex H_2O)

2 원자의 구조

(1) 원자핵(Atomic nucleus)

① **양성자(Proton)** : 양(+)전하를 띠고 원자핵의 양성자의 수가 원소의 종류를 구분하며, 양성자의 수를 원자번호라고 한다.
② **중성자(Neutron)** : 전기적으로는 중성이며 전하를 갖지 않는다.
③ 전기적으로 중성을 띠는 원자는 양성자와 전자의 수가 같다.

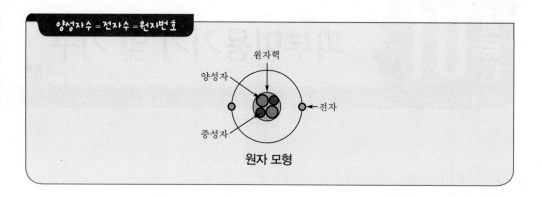

원자 모형

(2) 전자(Electron)

전자는 음(−)전하를 띠며, 핵 주위의 전자궤도를 이루게 된다.

3 이온(Ion) ★

이온은 전하를 띤 입자로 양이온, 음이온으로 분류된다.

① **양이온** : 원자가 전자를 잃어 (+)전하를 띠는 입자 ex $Na - e^- \rightarrow Na^+$

② **음이온** : 원자가 전자를 얻어 (−)전하를 띠는 입자 ex $Cl + e^- \rightarrow Cl^-$

4 물질의 결합

물질의 원자는 다른 원자의 전자를 공유하거나, 이온화된 원자가 정전기적으로 결합되거나, 전기인력에 의해 결합된다. 이렇게 만들어진 물질을 화합물이라 하며, 이 화합물의 원소의 결합방법에 따라 이온결합, 공유결합, 금속결합으로 분류된다.

(1) 이온결합(Ionic bond)

주기율표의 왼쪽에 있는 금속원소들은 다른 원자에게 전자를 주기 좋아해서 양이온이 되고, 오른쪽에 있는 비금속 원소들은 전자를 받기 좋아해서 음이온이 된다. 이러한 금속원소와 비금속원소가 만나면 서로 전자를 주고 받아서 각각 양이온과 음이온으로 되는 이때 <u>서로 끌어당기는 힘이 작용하면서 결합하여 화합물을 만드는 것을 '이온결합'</u>이라 한다. 대표적인 물질은 NaCl이다.

① 소듐원자가 껍질의 홀전자는 염소원자로 전달되어
7개의 원자가 전자와 합쳐지게 된다.

② 이렇게 해서 생긴 각각의 이온은 완전히 채워진
원자가 껍질을 가지며 이온결합은 반대 전하를
띠는 이온들 사이에서 형성될 수 있다.

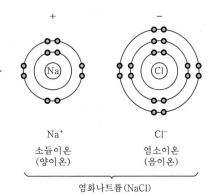

Na
소듐원자
(이온화되지 않은 원자)

Cl
염소원자
(이온화되지 않은 원자)

Na⁺
소듐이온
(양이온)

Cl⁻
염소이온
(음이온)

염화나트륨(NaCl)

〈이온결합〉

(2) 공유결합(Covalent bond)

① 비금속들은 서로 음이온이 되려고 하기 때문에 전자를 주고 받을 수 없다. 대신 이들은 전자를
내놓아 전자 2개로 이루어진 전자쌍을 만든 후 이것을 함께 공유함으로써 안정된 상태로 결합
하는데, 이것을 공유결합이라 한다. 즉, 공유결합은 비금속원자들을 서로 결합시키는 힘이다.

② 공유결합으로 이루어진 물질은 서로 끌어당기는 힘이 작아서 주로 기체 상태이며, 고체나 액체
라도 온도를 조금만 올리면 쉽게 기체 상태로 변한다.

③ 대표적인 예가 수소분자이며, 두 원자 사이에 1개의 전자쌍을 공유하면 단일결합, 2개를 공유
하면 이중결합, 3개를 공유하면 삼중결합이라고 한다.

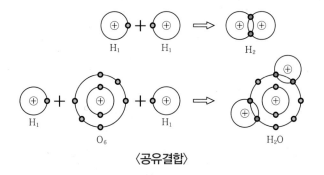

H_1 H_1 H_2

H_1 O_6 H_1 H_2O

〈공유결합〉

(3) 금속결합(Metalic bond)

① 금속원소들끼리의 결합을 말하며 같은 종류의 금속원자가 수없이 많이 모여서 된 결정 물질이다.

② 금속 내의 결합전자는 전자가 자기장이나 열에 의해 아주 쉽게 움직일 수 있는 자유 전자를 가
지고 있기 때문에 금속은 높은 전기전도와 열전도를 가지게 된다. 즉, <u>모든 금속은 전기가 통
하게 되는 도체가 되는 것이다.</u>

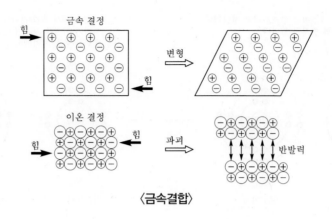

〈금속결합〉

02 전기

1 전기의 발생과 전하

전기란 전자가 한 원자에서 다른 원자로 이동하는 현상이라 할 수 있다.

(1) 전기의 발생

물체를 마찰시키면 한 쪽 물체에서 다른 쪽 물체로 전자가 이동하여 전기를 띠게 된다. 전자를 잃은 물체는 (+)전기, 전자를 얻은 물체는 (−)전기를 띤다.

(2) 전하

전하(Electric charge)란 물질을 구성하는 입자가 띠고 있는 전기로, 전기현상의 원인이다.
① 원자핵은 (+)전하를 가지고 있고, 전자들은 (−)전하를 가지고 있다.
② **같은 전하는 서로 밀어내고 다른 전하끼리는 서로 끌어 당긴다.**

2 전기의 분류

전기는 정전기(마찰전기)와 동전기로 나뉘며, 동전기는 직류(DC)와 교류(AC)로 나뉜다.

(1) 정전기(Static electricity, 마찰전기)

정지해 있는 전기. 마찰에 의해 발생되는 전기

(2) 동전기(Dynamic electricity)

화학적 반응이나 자기장에 의해 발생되는 전기

① **직류전류**(Direct Current, DC)

시간이 흘러도 전류의 방향이 변하지 않는 전류로 갈바닉전류가 대표적이다.

㉠ **평류전류**(Smooth galvanic current) : 시간이 흘러도 전류의 크기가 변하지 않고, 화학적 효과가 커서 이온도입법에 주로 이용한다.

㉡ **단속평류전류**(Interrupted galvanic current) : 전류의 방향은 일정하고 전류의 크기만 일정하게 증가되었다가 감소하기를 반복하는 전류로, 약화나 마비된 근육의 전기적 자극이나 진단에 사용한다.

② **교류전류**(Alternating Current, AC)

전류의 흐름이 주기적으로 변하는 전류로 정현파전류, 감응전류, 격동전류로 구분. 피부미용에는 정현파전류가 대표적인 전류방식이다.

㉠ **정현파전류**(Sinusoidal current)

ⓐ 시간의 흐름에 따라 방향과 크기가 대칭적으로 변하는 전류이다.

ⓑ 저주파는 역학적 효과, 고주파는 열 발생을 가져오는 피부미용기기에 응용한다.

ⓒ 신체에는 15~20분 이상의 사용을 피하도록 하며 고혈압이나 모세혈관이 약한 사람, 여드름 피부에는 사용을 금한다.

㉡ **감응전류**(Faradic current) : 시간의 흐름에 따라 방향과 크기가 비대칭으로 변하는 전류로 신경 근육계의 자극이나 전기 진단 시에 인체에 적용한다.

㉢ **격동전류**(Surging current) : 전류의 세기가 갑자기 강해졌다 약해졌다 하는 전류로 통증완화의 목적으로 매뉴얼 테크닉의 효과 등을 목적으로 사용된다.

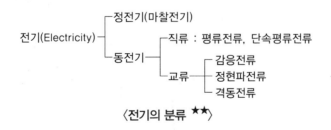

〈**전기의 분류 ★★**〉

(3) 주파수에 따른 분류

<u>주파수란 1초 동안에 일어나는 전기적 진동수</u>를 말한다. 단위는 사이클(Cycle) 또는 <u>헤르츠(Hertz, Hz)</u>이다.

① **저주파 전류** : 1~1,000Hz까지의 전류

② **중주파 전류** : 1,000~10,000Hz까지의 전류

③ **고주파 전류** : 100,000Hz 이상의 전류

3 전기 용어 ★★

구 분	설 명
암페어(A)	전류의 세기(전류의 크기)
도체	전류가 잘 통하는 물질(금속이나 전해질 수용액처럼 저항이 작음)
부도체	전류가 잘 통하지 않는 물질(유리, 고무 등 저항이 큼)
주파수(Hz)	1초 동안 반복하는 진동의 횟수
정류기	교류를 직류로 바꿈
변환기	직류를 교류로 바꿈
방전	전류가 흘러 전기에너지가 소비되는 것
전압(V, 볼트)	회로에서 전류를 생산하는데 필요한 압력, 전압계로 측정
전기저항(Ω, 옴)	도체 내에서 전류의 흐름을 방해하는 성질을 말하며 전류는 전압이 늘어나면 증가하고, 저항이 증가하면 줄어든다는 것을 의미
전력(W)	일정 시간 동안 사용된 전류의 양
퓨즈	전선에 전류가 과하게 흐르는 것을 방지하는 장치

03 전류

1 전류와 전기저항

(1) 전류(Electric current)

전류란 (−)전하를 지닌 전자의 흐름이라 할 수 있다. 도선에 전류가 흐를 때 전자가 이동하며 전자가 지닌 (−)전하도 함께 이동한다.

(2) 전류의 방향 ★

① 전류의 방향은 도선을 따라 (+)극에서 (−)극으로 흐른다.
② 전자의 방향은 도선을 따라 전지의 (−)극에서 (+)극으로 흐른다.
③ 즉, 전자의 방향과 전류의 방향은 반대이다.

(3) 전류의 세기 ★

① 1초 동안 한 점을 통과하는 전하의 양을 의미
② 단위는 암페어(A)이며, 전류계로 측정한다.
③ 전류는 높은 전위에서 낮은 전위 쪽으로 흐른다.

chapter 02 피부미용기기 사용법

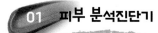

01 피부 분석진단기

1 확대경(Magnifying Glass) ★

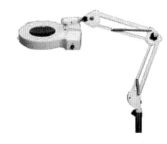

① 색소침착, 면포를 비롯한 여드름, 잔주름 등을 관찰 가능하다.
② 흑색면포, 흰색면포 제거와 여드름을 제거할 때 효과적이다.
③ 3.5~5배의 배율로 확대한다.

주의사항

• 눈을 보호하기 위하여 반드시 고객의 눈에 아이패드를 덮은 후에 피부 분석을 한다.
• 스위치 조작은 고객의 얼굴 위에서 하지 않는다

2 우드램프(Wood Lamp) ★★

① 인공 특수 자외선 파장을 이용한 피부 분석기기이다.
② 육안으로 보기 어려운 피지, 민감도, 모공의 크기, 트러블, 색소침착 상태를 진단가능하다.

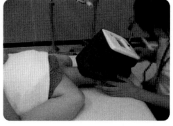

주의사항

- 우드램프는 암실에서 효과가 크므로 주위를 어둡게 하여 사용해야 한다.
- 고객의 눈을 보호하기 위해 아이패드를 반드시 한 후 피부 분석을 한다.
- 클렌징을 한 후 분석한다.

우드램프로 보이는 피부색

피부 상태	우드램프에 나타나는 피부색
두꺼운 각질층 부위	흰색
건강한 피부(정상 피부)	푸른 빛이 도는 흰색 형광(청백색)
민감성, 모세혈관 확장 피부	진보라색
건조한 피부(건성, 수분부족 피부)	밝은 보라색
보습된 좋은 피부	밝은 형광
지성 피부, 면포, 피지	오렌지색
비립종	노란색
색소침착 또는 검은 점	갈색(암갈색)

3 유 · 수분 측정기

(1) 유분 측정기(Sebum meter)

① 피부 각질층의 유분함량을 측정하기 위한 기기이다.

② 특수 플라스틱 테이프를 피부 표면에 닿게 한 후 묻어난 유분기로 빛의 투과성을 이용하여 피부의 유분상태를 측정한다.

③ **측정 환경** : 온도는 20~22℃, 습도는 40~60%가 적당하다.

(2) 수분 측정기(Coreometer)

① 피부 표면의 각질층 수분 함유량을 측정하는 기기이다.

② 유리로 만들어진 탐침을 측정하려는 피부 부위에 대면 수분 측정기의 수치가 기기계기에 표시된다.

③ 정해진 수치 기준에 따라 피부상태가 매우 건조, 건조, 보통으로 등급이 분류되어 피부의 상태에 대한 정보를 준다.

④ **측정 환경** : 온도는 20~22℃, 습도는 40~60%가 적당하다.

4 피부 pH 측정기

피부의 pH를 분석하는 기기로 피부의 산성도와 알칼리도를 측정하며 예민도 또는 유분기 등을 pH값으로 측정 가능하다. 정확하게 피부 표면의 pH를 측정하기 위해 사용되는 pH 측정기의 원리는 전기화학을 기초로 하여 만들어진 것이다.

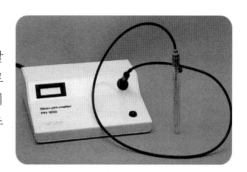

5 두피 진단기

두피의 상태나 모발의 손상 정도를 최대 800배까지 확대촬영이 가능하며, 두피의 상태와 탈모의 진행도를 확인할 수 있는 기기이다.
두피의 모공, 모근, 모발의 큐티클 상태는 200~300 배율, 모발의 큐티클 상태를 더욱 정확하게 판단해야 할 때는 800배율의 렌즈를 사용하여 확대·분석한다.

6 스킨스코프 ★

관리사와 고객이 동시에 보면서 피부를 분석할 수 있다.

02 안면 관리를 위한 기기

1 전동 브러시(프리마톨) ★★

피부에 자극이 적은 여러 가지 크기의 천연 양모 소재의 브러시를 다양한 속도로 이용하여 클렌징, 딥클렌징, 매뉴얼 테크닉 등의 효과를 얻을 수 있는 피부 관리기기이다.

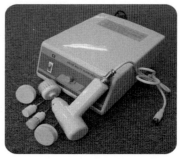

(1) 효과

① 클렌징 효과 : 모공 깊숙이 섬세하게 클렌징한다.
② 필링 효과 : 불필요한 각질을 제거한다.
③ 매뉴얼 테크닉 효과 : 혈액순환을 촉진시킨다.

(2) 주의사항

① 시술 시 다른 브러시로 교체하고자 할 때에는 반드시 스위치를 끈 상태에서 교체한다.

② 회전하는 브러시를 피부와 **90° (직각)**가 되도록 하여 사용한다.

③ 브러시의 털이 눌리지 않게 손목에 힘을 빼고 직각으로 세워 부드럽게 사용한다.

④ 사용 후 바로 따뜻한 물에 중성세제를 풀어 깨끗이 씻는다.

⑤ 세척 후 물기를 털고 잘 빗어 자외선 소독기에 20분 정도 소독한다.

⑥ 모세혈관 확장 피부, 화농성 여드름 피부, 알레르기성 민감성 피부, 일광이나 화상으로 자극된 피부, 담마진 같은 피부 질환 등에는 사용을 금한다.

⑦ 건성 피부 및 민감성 피부의 경우는 회전속도를 느리게 해서 사용하는 것이 좋다.

2 스티머(Steamer) = 베이퍼라이저, 증기연무기 ★★

(1) 효과

① 각질 연화작용으로 모공 깊이 쌓여 있는 지방과 노폐물의 배출을 용이하다.

② 피부의 긴장감을 풀어주고 온열효과로 각질층을 이완시켜 묵은 각질 제거에 용이하다.

③ 혈관이 확장되므로 혈액순환이 촉진되며 세포의 신진대사가 활성화 된다.

(2) 금기 및 주의사항

① 화상에 주의하여 30cm 이상 거리를 둔다.

② 오존 적용은 맨얼굴에 적용하지 않도록 한다.

③ 스팀(증기)이 나오기 시작하면 오존을 켠다.

④ 모세혈관 확장 피부, 민감 피부, 악건성 피부, 상처나 일광에 손상된 피부, 화농성 여드름 피부 감염 등에는 가능한 한 사용을 피한다. 피부 타입에 따라 스티머의 시간을 조정한다. 수조 안에 정수된 물이 있는지 확인하고 관리 전 증기가 나올 때까지 5~10분간 켜 놓아야 한다.

⑤ 스티머를 예열한 후 식초 2~3방울을 떨어뜨리고 재가열하여 소독한다.

⑥ 유리병 속에 세제나 오일이 들어가지 않도록 한다.

⑦ 아이패드를 한다(단, 오존 스티머가 아닌 경우는 아이패드를 하지 않아도 된다).

⑧ 증기분출 전에 분사구가 고객의 얼굴로 향하지 않도록 한다.

❸ 갈바닉 기기 ★★★

(1) 원리

분자가 이온화되면서 전기를 띨 때 같은 극성은
밀어내고 반대되는 극성은 끌어당기는 성질을
이용하여 피부에 유효성분을 침투시키거나 노폐
물을 배출시키는데 이용된다.

갈바닉은 음극(-), 양극(+) 두 극을 이용한다.
미용학적 기능으로 구분하면 이온토포레시스와
디스인크러스테이션 등이 있다.

이온토포레시스, (+)극, 카타포레시스	디스인크러스테이션, (-)극, 아나포레시스
• 전류를 이용하여 수용성 물질(유효성분)을 피부 속으로 침투시키는 과정 • 관리사 (+)극의 산성 반응을 이용하여 고객이 (-)극을 잡고 물질이 피부 속으로 흡수되는 원리를 이용하는 방법으로 수용성의 비타민, 앰플 등의 흡수를 촉진시킨다.	• 모낭에 축적된 피지와 흑색면포를 부드럽게 만들고 피부 속의 노폐물을 분해하는 과정 • 피부 속의 노폐물을 밖으로 배출시켜 제거하는 딥클렌징 과정 • 고객이 (+)극을 잡고 관리사가 (-)극의 알칼리 반응을 작용하여 모낭 내 피지 및 각질을 제거함으로써 노폐물 배출 대사를 촉진시켜 피부톤을 맑게 한다.

(2) 피부 관리 효과 ★★

양극(+)의 효과	음극(-)의 효과
• 산성 반응(산성물질 침투 사용) • 신경자극 감소 • 조직을 단단하게 하고 활성화시킴 • 혈관수축 • 수렴효과 • 염증감소 • 통증감소 • 진정	• 알칼리성 반응(알칼리물질 침투 사용) • 신경자극 증가 • 조직을 부드럽게 함 • 혈관확장 • 세정효과(각질제거) • 피지용해 • 통증증가

part 04. 피부미용기기

(3) 사용방법

① 앰플을 사용할 수 있도록 준비한다.

② 부관 전극 패드를 적당히 물에 적셔 고객의 팔이나 등에 대 준다.

③ 도자(핀셋) 전극에 적당한 길이로 자른 코튼을 물에 적셔 적당히 짠 후 감싸준다.

④ 앰플의 극성(+, -)을 맞추고, 얼굴에 앰플을 바른다(음극봉이 활동전극봉이며 박리 관리를 위해 사용된다).

⑤ 핀셋의 전극을 고객의 얼굴에 가볍게 대고 스위치를 켜서 서서히 조절한다.

⑥ 지정된 시간 내에 얼굴에 고루 문지른 뒤 끝낸다.

5 루카스(루카스프레이, 분무기)

스킨토너, 아스트린젠트, 미네랄 워터, 아로마 워터, 증류수 등을 용기에 넣은 후 진공펌프의 원리를 이용하여 얼굴에 뿌려 주는 기기로 흔히 분무기라고도 한다.

(1) 효과

① 부드러운 미세 액체 입자가 분무되어 피부에 산뜻한 청량감을 부여한다.
② 여드름을 짜낸 후의 주변 부위에 자극없이 소독할 수 있다.
③ 피부관리의 매 과정 사이에 피부의 pH 밸런스를 맞춰준다.
④ 피부에 크림이나 오일을 바르기 전 마무리 단계에서 사용할 수 있다.
⑤ 분무 시 신경점을 자극하여 신진대사와 혈액순환을 원활히 해준다.
⑥ 노화된 피부·탈수된 피부·수분 부족의 피부에 자주, 오랫동안 사용할 수 있다.

(2) 주의사항

① 내용물이 눈, 코, 입에 들어가지 않도록 하며 분무를 원하지 않는 부위는 내용물이 흐르지 않도록 티슈 또는 타월로 덮어준다.
② 스프레이의 내용물을 희석할 경우에는 반드시 증류수를 사용한다.

6 리프팅 기기

근육과 피부에 직접 기기를 작용함으로써 비탄력적인 피부나 근육의 처짐을 완화시켜 탄력있는 피부로 끌어 올려주는 기기이다.

(1) 종류 및 효과

종류	효과	특징 및 사용법
고무장갑형 리프팅기	• 피부의 혈액순환을 촉진시키고 림프순환을 원활히 해준다. • 피부 기능을 활성화하고 주름을 완화시킨다. • 세포 내·외의 활동을 활성화시켜 영양 공급을 촉진시킨다. • 표피층을 비롯하여 결합조직 하부까지 수축과 이완작용을 한다.	장갑을 끼고 하는 마이크로 매뉴얼 테크닉은 건식 매뉴얼 테크닉으로 관리 전에 고객의 피부에 미용 파우더를 바르고, 관리 중에는 손의 움직임을 원활히 해야 한다.

종류	효과	특징 및 사용법
전극봉형 리프팅기	• 장갑형에 비해 각각의 근육을 섬세하게 관리할 수 있다는 장점이 있어 안면표정 주름이나 부분적으로 탄력이 저하되어 늘어진 부위에 효과적이다. • 근육의 운동신경 자극에 의하여 근육의 위축이 방지되어 피부를 탄력 있게 한다.	봉 하나를 정지점에 두고 다른 하나를 근육결에 따라 압을 주어 이동하며 근육을 잡아주는 동작이나 근육의 양끝을 잡아주는 동작을 실시한다.
중·저주파 리프팅기	• 세포의 신진대사를 촉진시킨다. • 혈액순환의 촉진, 림프순환을 원활하게 한다. • 결합조직의 강화, 근육 강화 및 생성으로 피부 탄력이 강화된다.	이마, 입 주위, 아랫볼과 턱을 중심으로 안면근육의 기시점과 정지점을 정확하게 전극판에 부착하여 고객에 맞게 전류 강도를 조절하여 30~45분 동안 실시한다.
초음파 리프팅기	• 세포 심부에 온열효과를 발생시켜 순환계 활동에 도움을 준다. • 신경조직의 자극으로 세포의 신진대사를 촉진시켜 영양의 흡수율을 높이고 피부의 긴장감과 탄력감을 부여하여 안면 윤곽이 뚜렷해지는 효과를 나타낸다.	초음파의 온열효과를 이용한 미용기기로 콜라겐과 엘라스틴 섬유의 재생작용을 돕고, 안면근육의 탄력을 회복시킴으로써 물리·화학적 효과가 있다.

7 냉·온 매뉴얼 테크닉 기기

피부의 온도 변화 자극을 이용한 매뉴얼 테크닉 기기로 혈액순환과 신진대사를 촉진시켜 피부의 물질 흡수와 탄력을 증진시켜 주는 기기로서 여드름 압출 후, 메이크업 전 피부 관리 시에 많이 이용된다.

(1) 효과
① 온 매뉴얼 테크닉
ㄱ 혈관확장, 혈액순환 신진대사 촉진
ㄴ 세포의 영양물질 증가
ㄷ 피부의 물질흡수율 증가
ㄹ 정신적·육체적 안정감 부여
② 냉 매뉴얼 테크닉
ㄱ 혈관수축, 부종과 자극 진정
ㄴ 모공수축 및 탄력 증가
ㄷ 메이크업 지속성 증가
③ 냉·온 교대 매뉴얼 테크닉
ㄱ 신진대사 촉진
ㄴ 피부 물질 흡수율 증가
ㄷ 근조직 강화, 탄력 증가 및 피부 개선

(2) 주의사항

① 목과 데콜테 부위는 안면 적용 후에 W/O형의 에멀전을 윤활제로 사용하도록 한다.

② 수술환자, 암환자는 절대 사용을 금한다.

③ 심장박동기 착용자, 임산부의 경우 얼굴 관리에만 사용하고 전신은 절대 사용하지 않는다.

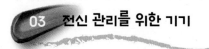
03 전신 관리를 위한 기기

■ 진공흡입기(석션기) ★

기계 모터로 **벤토즈**라 불리는 다양한 크기와 모양의 컵의 압력을 조절하여 피부조직을 흡입함으로써 빨아올리도록 하는 기능을 이용한 기기이다.

(1) 효과

① 간단한 세안효과와 여드름, 지성 피부의 죽은 각질 및 피지 제거에 효과적이다.

② 피부를 자극하여 한선과 피지선의 기능을 활성화 시키고 피부의 탄력을 증진시킨다.

③ 노폐물 배출을 원활하게 하고 림프와 혈액순환을 도와준다.

④ 세포의 활성화로 영양, 산소공급의 증가를 돕는다.

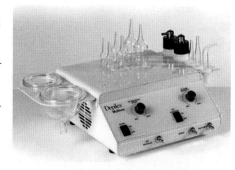

(2) 주의사항

① 예민 피부, 심한 여드름, 모세혈관 확장 피부, **늘어진 피부**, 피부 질환 등에는 피한다.

② 진공흡입기 안으로 이물질이 들어가지 않게 주의한다.

③ 너무 강한 흡입력으로 <u>피부 조직이 20% 이상 부풀어 올라오지 않도록 한다</u>(40% 이상 올라오지 않도록 함).

④ 벤토즈는 중성세제로 세척한 후 습기를 제거하고 자외선 소독기로 소독한다.

⑤ <u>림프절 부위는 림프드레나지 방법으로 관리</u>한다.

2 초음파기(Ultrasound) ★

초음파는 진동 주파수가 17,000~20,000Hz 이상으로 매우 높아서 인간의 귀로는 들을 수 없는 **불가청 진동음파**이다.

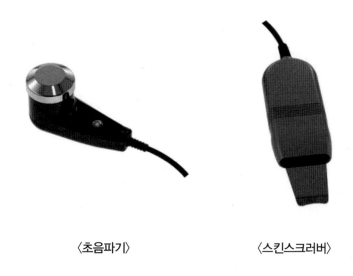

〈초음파기〉　　　　　　〈스킨스크러버〉

(1) 피부 관리 효과

① **세정작용(스킨스크러버)** : 이온화와 유화작용을 통해 모공 속 노폐물을 제거시킨다.
② **매뉴얼 테크닉 작용** : 진동으로 뭉쳐진 근육을 풀어주며 근육상태를 조절한다.
③ **온열작용** : 피부 온도를 상승시켜 혈액과 림프의 흐름을 원활하게 해주며 셀룰라이트 피부 개선에 도움을 준다.
④ **지방분해 작용** : 활발한 진동작용으로 인해 지방을 연소시킨다.

(2) 주의사항

① 높은 강도의 초음파는 신경세포와 비가역적 변화를 일으키기 때문에 뇌, 척수, 표면으로 주행하는 큰 신경에는 사용을 금한다.
② 초음파 에너지는 대부분 망막까지 도달하여 망막의 국소 파괴가 일어날 수 있고 시신경이 손상될 위험이 있다.
③ 가스 및 물이 차 있는 복부의 기관은 초음파의 반사에너지가 많아 화상의 위험이 있고, 생식기 주변은 장기간 온도가 상승되면 일시적 불임증이 생길 수 있으므로 사용을 금한다.
④ 임산부의 자궁에는 사용을 금한다. 초음파 적용 시 태아의 온도 상승으로 저체중아 출산, 뇌의 크기 감소 등의 문제가 발생한다.

3 고주파 기기(High Frequency Machine) ★★

고주파 전류는 높은 진폭에 의해 분류되는 교류전류이다. 약 10만Hz 이상인 전류의 주된 작용은 발열작용이며, 생리학적인 효과는 사용방법에 따라 피부를 긴장시키거나 진정시키는 것이다. 자광선(Violet rays)이라 불리는 **테슬러(Tesla) 전류**는 안면시술에 쓰인다. 빠른 진동 때문에 근육 수축이 없으며 피부 근육에 자극적 또는 완화적인 생리학적 결과는 적용 방법에 달려 있다. 전류가 유리전극을 통과할 때 미세 섬광을 방출시키는데 이는 유리관 속에 있는 가스의 종류에 따라 아르곤 가스는 보라색(자색), 네온 가스는 오렌지-레드색을 발한다. 보라색 빛은 살균, 배출, 흡수기능을 활성화시키고 오렌지-레드색은 혈액순환, 신진대사 활성화를 가져온다.

(1) 효과

① 세포 내에서 **열을 발생**시킨다.
② 혈액순환과 신진대사를 촉진시킨다.
③ 내분비선 분비를 활성화시킨다.
④ **스파킹으로 지성·여드름 피부에 살균작용**을 한다.
⑤ 진정작용을 한다.
⑥ 피부세포 재생 효과가 있다.

(2) 사용법

① **직접법**(전극봉의 직접 적용방식)
  ㉠ 전극봉에 공기가 들어가면 자색을 띠고 네온이 들어가 있으면 오렌지색을 띤다.
  ㉡ 수은이 들어가 있는 경우는 푸른 자색의 자외선을 발생한다.
  ㉢ 자극과 건조 효과가 있어 지성·여드름 피부에 적합하다. 노화 및 건성 피부는 3~5분 가량, 지성 피부는 8~10분 정도 적용한다.
  ㉣ 효과
    ⓐ 지성 피부에 효과적이다.
    ⓑ **스파킹**에 의해 박테리아를 제거, 화농성 여드름 피부에 효과적이다.
    ⓒ 피부의 **살균 효과**가 있다.
    ⓓ 열에 의해 모세혈관을 확장시켜 혈액순환에 효과적이다.
    ⓔ 신진대사를 촉진하고, 노폐물 배출에 효과적이다.

② **간접법**(전극봉의 간접 적용방식)

　　㉠ 시술 시에 고객은 한 손에는 전극봉을, 다른 한 손에는 홀더를 잡는데 전류가 홀더, 전극봉, 고객의 순으로 흐르게 된다.

　　㉡ 관리자가 고객을 마사지 하게 되면 전류는 관리자의 손가락을 통해 빠져 나가게 된다.

　　㉢ 관리자가 회로의 일부분이 된다.

　　㉣ **효과**

　　　　ⓐ 건성 피부, 노화 피부에 효과적이다.

　　　　ⓑ **온열 효과**로 인해 혈액순환을 촉진시킨다.

　　　　ⓒ 안면 관리와 전신 관리에 모두 사용한다.

(4) 주의사항

① 고객은 금속물질을 몸에 지니고 있으면 안 된다.

② 유리전극을 차가운 표면에 닿게 하면 깨질 염려가 있으므로 항상 조심한다.

③ 유리전극을 다른 전극봉으로 교환할 경우 스위치를 끈 상태에서 바꾸어 준다.

④ 임산부나 인공심장을 한 경우에는 사용해서는 안 된다.

⑤ 고주파기와 함께 사용하는 스킨로션은 알코올 성분이 함유된 것을 사용하면 안 된다.

⑥ 고혈압이 있는 경우는 사용하여서는 안 된다.

⑦ 수술 후, 노약자, 허약자에게는 사용을 피한다.

4 저주파 기기

저주파 기기는 1~1,000Hz 사이의 주파수를 가지는 저주파 전류를 이용하여 그 자극으로 근육의 수축과 이완을 반복하여 근육을 강화시켜서 비만 해소에 도움을 준다.

근육을 수축·이완시켜 에너지를 발산시키는 아이소토닉 운동의 원리와 근육의 운동방향을 수직 또는 비틀면서 **파라딕 주파**를 이용한다.

(1) 효과

① 단시간에 근육을 운동시켜 비만 관리에 효과적이다.

② 근육의 운동을 통해 에너지를 발산시키고, 체액과 노폐물의 순환을 촉진시킨다.

③ 최대한의 지방연소로 비만 관리와 탄력증진 효과가 있다.

④ 부분 비만 관리에도 적용할 수 있으며, 슬리밍 효과가 있다.

part 04. 피부미용기기학

(2) 주의사항

① 스펀지에 물이 너무 많으면 피부에 통증이 올 수 있으므로 적당히 적신다.
② 관리에 들어가기 전에 고객이 착용한 금속 액세서리는 모두 제거한다.
③ 스펀지 패드를 올릴 때 근육의 위치를 정확히 파악한다.

(3) 비적용대상

① 임산부나 임신의 가능성이 있는 사람
② 피부 질환이나 상처가 있는 사람
③ 체내에 금속 삽입물을 가진 사람
④ 인공심장기 또는 인공신장기를 사용하고 있는 사람
⑤ 심장병, 신장병을 앓고 있거나 병력을 가지고 있는 사람
⑥ 신체 허약자
⑦ 자궁 내 물혹이나 자궁 근종이 있는 사람

5 엔더몰로지(Endermologie)

엔더몰로지는 진공흡입 기기와 매우 유사하지만 유리관 안에 롤러가 있거나, 초음파 기기를 중간에 사용하는 등의 방법으로 다양한 매뉴얼 테크닉 효과인 바이브레이션, 롤 매뉴얼 테크닉, 림프드레나지 등을 할 수 있다. 기계적인 압박과 흡입작용으로 세포를 자극하여 피부의 재생능력과 림프순환을 촉진시킨다.

(1) 주의사항

① 지나친 압으로 어혈이 생기지 않도록 한다.
② 모세혈관 확장, 정맥류, 피부 질환 등의 증상이 있는 사람은 피한다.
③ 관절이나 뼈 부위는 적용하지 않는다.
④ 기기의 연결선이 꺾이거나 엉키지 않도록 주의한다.

6 에어프레셔(프레셔테라피)

적당한 공기압력을 이용하여 혈액순환과 림프순환을 원활히 하고 발과 종아리 및 허벅지 부위, 하체 부위, 허리 부위 등으로 구분하여 적용할 수 있다. 원하는 부위에 공기압을 이용하여 강하게 조여주고 풀어주기를 반복한다.

(1) 효과

① 체내의 노폐물 및 지방분해
② 혈액순환 및 림프순환 촉진
③ 근육 통증 완화 및 운동 효과
④ 체형 관리 및 슬리밍 효과

7 바이브레이터(Vibrator) ★

기계의 회전이나 진동을 이용하여 경직된 근육의 긴장과 통증을 완화시켜 전체적으로 순환을 시켜주는 기기이다. 마사지의 방향이 원을 그리며 이동하므로 근육을 보호해준다.
형태에 따라 5종류의 헤드가 있으며, 관리의 목적에 맞게 적용할 수 있다.

(1) 효과

① 근육을 자극시켜 체열과 혈액순환을 촉진시킨다.
② 체내의 노폐물 배설이 증진되고 지방분해가 증가하여 비만
   관리에 효과적이다.
③ 손을 이용한 매뉴얼 테크닉의 효과와 비슷하다.
④ 노화 각질 제거에 도움을 주고 신진대사를 촉진시킨다.

(2) 주의사항

① **목적에 맞는 형태의 헤드를 선택하고 적당한 압으로 관리한다.**
② 헤드를 갈아 끼울 때는 윗부분을 잘 고정시킨다.
③ 시술할 때는 한 손을 기계 위에 고정시켜 기계의 무게로만 이동한다.
④ **뼈가 있는 부위의 시술은 피하고 탈컴 파우더, 아로마 오일, 안티셀룰라이트 로션 등을 시술할 부위에 적당히 도포한다.**

(3) 비적용대상

정맥류, 모세혈관 확장, 상처, 멍든 피부, 간질, 고혈압, 당뇨병의 질환이 있거나 뼈 부위, 임산부에게는 사용을 금한다.

04 기타

① 적외선 램프

적외선 램프의 광원은 온열작용으로 혈액순환을 증가시키고 노폐물과 독소를 배출시키며, 화장품의 흡수를 도와 영양분을 피부 내에 깊숙이 침투시킨다.

(1) 피부미용적 효과

순환에 미치는 효과, 신진대사 증진, **근조직의 수축과 이완**을 통한 통증 감소 효과, 땀샘의 활동성 증가, 식균작용, **유효성분침투** 등 전신적 효과가 있다.

(2) 주의사항

① 피부의 감각이 없거나 둔한 경우는 주의한다.
② 어린이, 정신질환자, 노쇠한 사람, 악성종양 환자, 주사(Rosa-cea) 등은 피한다.
③ 안면 부위 조사 시 반드시 아이패드를 사용한다.

② 자외선 멸균기(살균소독기)

자외선은 무미·무취로 인체에 전혀 해가 없이 소독되며, 음식물의 맛, 색깔, 향 등이 변하지 않는 것이 특징이다. 살균작용이 있는 **UV-C를 이용**하여 만들고, 여러 가지 기구의 **살균소독**을 목적으로 사용되고 있다. 자외선이 조사되지 않는 부분은 오존가스로 살균한다.

(1) 효과

① 위생용품을 살균 및 보관한다.
② 세균 감염 및 증식을 방지한다.
③ 감염병을 예방한다.

(2) 주의사항

① 눈과 피부에 해로우므로 자외선 램프를 직접 보지 않는다.
② 플라스틱 제품을 장기간 넣어두면 변색의 우려가 있다.
③ 내용물을 넣거나 꺼낼 때 이외에는 덮개를 닫아 둔다.

3 컬러 테라피(Color therapy)

빛과 에너지의 종류 및 사용범위, 디자인에 따라 서로 다른 기기 명칭을 갖고 있다. 모두 빛의 파장, 세기, 색에 따른 효과를 적절히 선택·이용함으로써 빛의 에너지를 최대한 활용하여 피부와 전신미용 분야에 최대 효과를 발휘하도록 고안되어 있다.

컬러 테라피의 색상에 따른 효과

색 상	파 장	효 과
빨강	600~700nm	• 혈액순환 증진, 세포재생 및 활성화 증진 • 근조직 이완 • 셀룰라이트, 지방분해 개선
주황	500~600nm	• 신진대사 촉진, 내분비 기능과 호흡기계 기능을 활성화 • 예민한 피부나 알레르기성 피부, 튼살에 적용
노랑	580~590nm	• 신경과 근육활동을 자극시키고, 진피층 기능의 활성화 • 온열 효과로 인해 물질대사를 도와 소화기계 기능을 도움 • 조기노화, 문제성 피부에 적용
초록	500~550nm	• 균형과 안정, 생명과 관련 • 진정, 진통, 살균작용 • 대부분의 문제성 피부와 비만에 효과적
파랑	470~550nm	• 지성·염증성 여드름 관리, 모세혈관 확장증 관리 • 림프계에 영향을 주어 면역력과 관련 • 두통, 피부염, 건조한 피부, 부종완화

(1) 주의사항

① 광알레르기 피부, 염증이나 질환이 있는 피부에는 적용을 피한다.

② 빛의 강도와 시간은 목적에 맞게 선택하되 시간은 20분을 넘지 않도록 한다.

③ 주위를 어둡게 해야 컬러 테라피의 효과를 가져올 수 있다.

(2) 비적용대상

① 광알레르기성 피부

② 습진, 백반, 흑피증, 홍반성 낭종, 단순포진 등의 각종 피부염 및 피부 질환자

③ 감기 및 독감 혹은 열병으로 몸에 열이 있는 자

④ 심장병 및 혈압이상증과 방사선 치료병력이 있는 자

⑤ 면역 억제제 장기 복용자

⑥ 임산부

⑦ 급성질환, 심부종양, 악성종양, 심장 및 신장질환이 있는 자

part 04. 피부미용기기학

⑧ 출혈 부위, 피부이식 직후 순환장애가 있는 경우
⑨ 성형수술 직후 또는 콜라겐이나 보톡스를 주입한 자

5 파라핀 왁스기

① 온도에 맞게 사용할 수 있도록 파라핀을 데우는 기기로 데워진 파라핀을 피부에 직접 적용시켜 <u>모공을 열어 노폐물을 배출하고 영양성분의 침투력</u>을 높여 준다.
② 효과 : 보습 및 혈액순환촉진을 돕고, 건성, 노화 피부에 적합하다.

6 족탕기(각탕기)

① 발 마사지를 시술하기 전에 세정작용과 근육이완, 신진대사를 촉진하기 위해 물을 이용해서 시술하는 기기이다.
② 각탕기에 이용되는 물에 세정 효과와 살균 효과를 상승시킬 수 있는 제품을 적용할 수도 있다.
③ 따뜻한 물과 물을 이용한 수압 마사지, 물에 넣는 각종 유효성분은 근육을 이완시키며, 혈액순환과 신진대사를 촉진시킨다.

7 족문기

발의 지문을 이용하여 발의 변형을 알아보는 발 기기이다.

실전예상문제

01 이온에 대한 설명으로 옳지 않은 것은?

① 양전하 또는 음전하를 지닌 원자를 말한다.
② 증류수는 이온수에 속한다.
③ 원소가 전자를 잃어 양이온이 되고 전자를 얻어 음이온이 된다.
④ 양이온과 음이온의 결합을 이온결합이라 한다.

해설 증류수는 자연수를 증류하여 불순물을 제거한 물로, 무색투명하고 무미무취하며, 화학 실험, 의약품 따위에 쓰인다.

02 전류에 대한 설명이 틀린 것은?

① 전류는 도선을 따라 (+)극에서 (−)극 쪽으로 흐른다.
② 전류는 주파수에 따라 초음파, 저주파, 중주파, 고주파 전류로 나뉜다.
③ 전류의 세기는 1초 동안 도선을 따라 움직이는 전하량을 말한다.
④ 전자의 방향과 전류의 방향은 반대이다.

해설 초음파는 진동 주파수가 20,000Hz 이상인 진동 불가청 음파이다.

03 전류의 세기를 측정하는 단위는?

① 볼트(Voltage) ② 암페어(Amperage)
③ 와트(Wattage) ④ 주파수(Frequency)

해설

구 분	설 명
암페어(A)	전류의 세기(전류의 크기)
도체	전류가 잘 통하는 물질(금속이나 전해질 수용액처럼 저항이 작음)
주파수 (Hz,헤르츠)	1초 동안 반복하는 진동의 횟수
정류기	교류를 직류로 바꿈
변환기	직류를 교류로 바꿈
전압 (V, 볼트)	회로에서 전류를 생산하는데 필요한 압력, 전압계로 측정
전기저항 (Ω, 옴)	도체 내에서 전류의 흐름을 방해하는 성질을 말하며 전류는 전압이 늘어나면 증가하고, 저항이 증가하면 줄어든다는 것을 의미
전력(W)	일정시간 동안 사용된 전류의 양
퓨즈	전선에 전류가 과하게 흐르는 것을 방지하는 장치

04 브러시(프리마톨)의 사용 방법으로 틀린 것은?

① 브러시는 피부에 90도 각도로 사용한다.
② 건성, 민감성 피부는 빠른 회전수로 사용한다.
③ 회전속도는 얼굴은 느리게, 신체는 빠르게 한다.
④ 브러시를 미지근한 물에 적신 후 사용한다.

해설 브러시(프리마톨)
• 전동기의 회전 원리를 이용한 모공의 피지와 각질 제거용 딥클렌징기기
• 브러시 끝을 피부 표면에 직각(90°)으로 가볍게 누르듯이 원을 그리며 이동
• 민감성 피부는 회전 속도를 느리게 하여 적용

Answer 01.② 02.② 03.② 04.②

05 진공흡입기(Suction)의 효과로 틀린 것은?

① 피부를 자극하여 한선과 피지선의 기능을 활성화시킨다.

② 영양물질을 피부 깊숙이 침투시킨다.

③ 림프순환을 촉진하여 노폐물을 배출한다.

④ 면포나 피지를 제거한다.

해설 진공흡입기(버큠 석션기) : 림프드레나지 방향으로 관리

• 세포 활동 촉진, 세포 간·조직 간에 정체된 노폐물 배출 효과

• 죽은 각질 및 피지 제거

• 건성이나 색소 침착 및 노화 피부에 적용

• 원리 : 진공으로 빨아들이는 공기압이 작용하는 유리컵(벤토즈)을 피부에 접촉하면 흡입력이 피부 표면에 작용하여 피부를 흡입하게 됨(컵의 20%를 넘지 않게 흡입)

06 우드램프 사용 시 피부에 색소침착을 나타내는 색깔은?

① 푸른색

② 보라색

③ 흰색

④ 암갈색

해설

피부 상태	반응 색상	피부 상태	반응 색상
정상 피부	청백색	노화된 각질	흰색
건성, 수분 부족 피부	밝은 보라색	색소 침착 부위	암갈색
민감성, 모세혈관 확장 피부	짙은 보라색	비립종	노란색
피지, 면포, 지루성	오렌지색	먼지 등 이물질	반짝이는 형광색

07 안면 진공흡입기의 사용방법으로 가장 거리가 먼 것은?

① 사용 시 크림이나 오일을 바르고 사용한다.

② 한 부위에 오래 사용하지 않도록 조심한다.

③ 탄력이 부족한 예민, 노화피부에 더욱 효과적이다.

④ 관리가 끝난 후 벤토즈는 미온수와 중성세제를 이용하여 잘 세척하고 알코올 소독 후 보관한다.

해설 탄력이 부족한 노화피부, 예민피부는 진공흡입기의 사용을 하지 않는 것이 좋다.

08 지성 피부에 적용되는 작업 방법 중 적절하지 않은 것은?

① 이온영동 침투기기의 양극봉으로 디스인크러스테이션을 해준다.

② 쟈켓법을 이용한 관리는 디스인크러스테이션 후에 시행한다.

③ T-존 부위의 노폐물 등을 안면 진공흡입기로 제거한다.

④ 지성피부의 상태를 호전시키기 위해 고주파기의 직접법을 적용시킨다.

해설 이온영동 침투기기의 음극봉이 디스인크러스테이션을 해준다.

09 피부에 미치는 갈바닉 전류의 양극(+)의 효과는?

① 피부진정

② 모공세정

③ 혈관확장

④ 피부 유연화

해설

(−)음극의 효과 : 알칼리 반응	(+)양극의 효과 : 산성 반응
• 알칼리성 물질 침투	• 산성 물질 침투
• 신경 자극 및 활성화 작용	• 신경 안정 및 진정 작용
• 혈관, 모공, 한선 확장	• 혈관, 모공, 한선 수축
• 피부 조직 이완	• 피부 조직 강화
• 세정효과	• 통증감소
• 통증증가	

Answer 05.② 06.④ 07.③ 08.① 09.①

10 증기연무기(Steamer)의 사용방법으로 적합하지 않은 것은?

① 증기분출 전에 분사구를 고객의 얼굴로 향하도록 미리 준비해 놓는다.
② 일반적으로 얼굴과 분사구와의 거리는 30~40cm 정도로 하고 민감성 피부의 경우 거리를 좀 더 멀게 위치한다.
③ 유리병 속에 세제나 오일이 들어가지 않도록 한다.
④ 수분 없이 오존만을 쐬어주지 않도록 한다.

해설 스티머(Vaporizer, 베이퍼라이저, 증기 연무기)
• 정제수를 넣고 고객 관리 10분 전 예열하고 스팀이 나오기 시작할 때 오존을 켠다.
• 미리 스티머를 고객의 얼굴 방향으로 놓지 않는다.

11 적외선 미용 기기를 사용할 때의 주의사항으로 옳은 것은?

① 램프와 고객과의 거리는 최대한 가까이 한다.
② 자외선 적용 전 단계에 사용하지 않는다.
③ 최대흡수 효과를 위해 해당 부위와 램프가 직각이 되도록 한다.
④ 간단한 금속류를 제외한 나머지 장신구는 허용되지 않는다.

해설 적외선 램프
• 온열 작용으로 혈액 순환 증가(근육이완)
• 노폐물 및 독소 배출, 영양분 침투

12 고주파기의 효과에 대한 설명으로 틀린 것은?

① 피부의 활성화로 노폐물 배출의 효과가 있다.
② 내분비선의 분비를 활성화한다.
③ 색소침착 부위의 표백효과가 있다.
④ 살균, 소독 효과로 박테리아 번식을 예방한다.

해설 고주파기 : 100,000Hz 이상의 안면 테슬러 전류 사용
• 직접법
 - 전극봉 유리관 내의 공기와 가스가 이온화되어 전류가 유리관을 통해 피부로 전달되는 방법
 - 지성 피부에 효과적
 - 스파킹에 의해 박테리아 제거(화농성 여드름 피부에 효과적)
 - 피부 살균 효과
 - 열에 의한 모세혈관 확장, 혈액 순환에 효과적
 - 신진대사 촉진, 노폐물 배출에 효과적
 - 얼굴에 스파킹 이용 시 거즈를 깔고 시술
• 간접법
 - 전기가 흐르는 느낌이 작고 피부를 부드럽게 함
 - 건성 피부, 노화 피부에 효과적
 - 온열 효과로 인해 혈액순환 촉진
 - 안면 관리와 전신 관리에 모두 사용

part 04. 피부미용기기학

Skin Care Specialist

피부미용사

part **05**

화장품학

part 05. 화장품학

예전에는 기출문제 위주로 출제되었는데 현재는 난이도가 어려워져 문제를 예측하기 가장 어려운 과목이라 할 수 있다.
그래도 거의 매번 출제되고 있는 부분은 향수, 아로마, 기능성 화장품 부분이며, 어려운 부분인 안료와 염료, 성분의 내용과
가끔 출제되었던 화장품의 4대 요건, 화장품 제조, 계면활성제, 전신관리화장품 위주로 숙지하면 7문제 중 5문제는 맞출 수 있다.

출제 항목

	세부 항목	세세 항목
화장품학	(1) 화장품학개론	① 화장품의 정의 ② 화장품의 분류
	(2) 화장품제조	① 화장품의 원료 ② 화장품의 기술 ③ 화장품의 특성
	(3) 화장품의 종류와 기능	① 기초 화장품 ② 메이크업 화장품 ③ 모발 화장품 ④ 바디(body)관리 화장품 ⑤ 네일 화장품 ⑥ 향수 ⑦ 에센셜(아로마) 오일 및 캐리어 오일 ⑧ 기능성 화장품

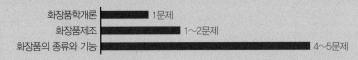

화장품학개론 ▬▬▬▬ 1문제
화장품제조 ▬▬▬▬▬▬ 1~2문제
화장품의 종류와 기능 ▬▬▬▬▬▬▬▬▬▬▬ 4~5문제

화장품학 출제문항 수 : 7문제 출제

chapter 01 화장품학개론

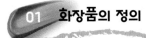

01 화장품의 정의

1 화장품 ★

화장품법 제2조 제1항에 "화장품이라 함은 인체를 대상으로 청결, 미화하여 매력을 더하고 용모를 밝게 변화시키거나 피부와 모발의 건강을 유지 또는 증진하기 위하여 인체에 사용되는 물품으로서 <u>인체에 대한 작용이 경미</u>한 것을 말한다."라고 정의되어 있다.

> **화장품법**
>
> 우리나라에서는 2000년 이전에는 약사법에 화장품을 포함하여 다루었다. 화장품법은 1999년 9월(1999. 9. 7 법률 제6025호) 제정되었고, 동법 시행령(2000. 6. 27 대통령령 제1686호)이 2000년 7월 1일부터 시행되었다.

2 화장품의 4대 요건 ★★

① **안전성** : 모든 사람들이 장기간 지속적으로 사용하는 물품이므로 피부에 대한 자극, 알레르기, 독성이 없어야 한다.

② **안정성** : 사용기간 중에 화장품이 변색, 변취, 변질, 미생물의 오염이 없어야 한다.

③ **사용성** : 사용감이 우수하고 편리해야 하며, 퍼짐성이 좋고 피부에 쉽게 흡수되어야 한다.

④ **유효성** : 목적에 적합한 기능을 충분히 나타낼 수 있는 원료 및 제형을 사용하여 목적하는 효과를 나타내야 한다.

화장품의 품질 특성

안전성	피부 자극이나 감작성, 경구 독성, 이물 혼입, 파손 등이 없을 것
안정성	변질이나 변색, 변취, 미생물 오염 등이 없을 것
사용성	• 사용감 – 피부 친화성, 촉촉함, 부드러움 등 • 사용 편리성 – 형상, 크기, 중량, 기능성, 휴대성 등 • 기호성 – 향, 색, 디자인 등
유용성(유효성)	보습 효과, 자외선 방어 효과, 세정 효과, 색채 효과 등

③ 화장품과 의약외품 · 의약품의 분류 및 차이 ★

화장품 · 의약외품 · 의약품의 차이

구 분	화장품	의약외품	의약품
의미	정상인이 피부 세정과 미용을 위해 사용하는 물품	정상인이 사용하는 물품 중에 어느 정도의 약리학적 효능 · 효과를 위해 사용하는 물품	환자에게 질병치료 또는 진단, 예방을 목적으로 사용하는 물품
대상	정상인	정상인	환자
목적	세정 · 미용	위생 · 미화	진단 · 치료 · 예방
효과	제한	효능 · 효과의 범위 일정	무제한
기간	장기간 · 지속적	장기간 · 단속적	일정기간
범위	전신	특정 부위	특정 부위
부작용	있으면 안 됨	있으면 안 됨	있을 수 있음
종류	화장수, 로션, 크림 등	치약, 구강청결제, 여성청결제 등	항생제, 연고 등

02 화장품의 분류

1 법적인 분류

어린이용품, 목욕용품, 눈화장용품, 방향용품, 두발용품, 염모용품, 메이크업용품, 메니큐어용품, 면도용품, 기초화장품, 일소 및 일소 방지용 화장품, 기능성 제품 등으로 분류된다.

2 사용 목적에 따른 분류 ★★

화장품의 분류

분 류	사용 목적	주요 제품
기초 화장품	세안	클렌징 크림, 클렌징 폼
	피부 정돈	화장수
	피부 보호	로션, 모이스쳐 크림, 팩, 에센스, 세럼
메이크업 화장품	베이스 메이크업	파운데이션, 페이스 파우더
	포인트 메이크업	립스틱, 아이섀도, 네일 에나멜
모발 화장품	세정	샴푸
	컨디셔닝, 트리트먼트	헤어 린스, 헤어 트리트먼트
	정발	헤어 스프레이, 헤어 무스, 헤어 젤, 포마드
	퍼머넌트 웨이브	퍼머넌트 웨이브 로션
	염색, 탈색	염모제, 헤어 블리치
	육모, 양모	육모제, 양모제
	탈모, 제모	탈모제, 제모제(왁싱)
방향 화장품	향취 부여	향수, 오데 코롱
바디 화장품	신체의 보호, 미화, 체취 억제, 세정	바디 클렌저, 바디 오일, 바스 토너, 체취방지제, 바디 샴푸, 버블바스
구강용 화장품	치마제	치약
	구강 청량제	마우스 워셔
기능성 화장품	미백	미백 에센스, 미백 크림
	주름개선	안티에이징 에센스, 크림
	자외선 차단	선 로션, 선 크림, 선 오일

③ 사용 부위에 따른 분류

안면용, 전신용, 헤어용, 네일용 등으로 분류된다.

④ 화장품의 안전성 평가

화장품의 안전성은 피부의 자극이나 알레르기, 독성 등 피부를 대상으로 하는 안전을 말하는 것으로 첩포시험(Patch test)이나 자극에 대한 반응으로 평가를 한다.

(1) 첩포시험(Patch test, 패치 테스트) ★★

① 화장품 중 특정 성분이 피부에 부작용과 자극을 유발하는지 미리 알아보고자 피부에 직접 도포해서 살펴보는 테스트이다.
② 첩포시험 부위는 대부분 팔 안쪽과 귀 뒷부분에 특정 성분이나 화장품을 도포하고 24~48시간이 지난 후 자극이나 피부 반응을 관찰한다.

(2) 자극 반응 ★

① 1차 자극성 테스트(즉각 반응 · 독성)
   ㉠ 화장품이 피부에 접촉했을 때 자극 반응이 생기지 않도록 하는 테스트이다.
   ㉡ 1차 자극성의 평가는 맨 먼저 실시해야 하는 중요한 항목이다.
   ㉢ 적용 시간은 24~48시간이며, 떼어 내고 30분 후 판정을 한다.
   ㉣ 즉각적인 자극 반응으로 접촉피부염 등이 발생한다.
② 2차 자극성 테스트(누적 반응 · 알레르기 반응 · 감작성 반응) : 1주일~1개월 단위로 첩포 테스트를 반복하여 사용하였을 때 일어날 가능성이 있는 면역계 반응 테스트로서 피부에서 반응이 일어나기 때문에 접촉감작성(접촉 알레르기) 반응이라고도 한다.
③ 광독성 테스트 : 화학물질 중에는 빛에 노출되었을 때 피부 자극성 반응을 일으키는 것이 있는데 이와 같은 물질을 광독성 물질이라고 한다. 이러한 성분이 함유된 제품을 바른 부위가 햇빛에 노출되면 홍반이나 색소침착이 일어날 수 있다.
   ⓔ 베르가못 : 광 자극에 의한 색소침착이나 알레르기 반응이 일어남
④ 광감작성(광자극성) 테스트 : 빛에 노출되었을 때 알레르기 관련 테스트로서 일부 자외선 차단제나 살균 보존제, 향료 등에서 광감작성이 있는 것으로 보고되어 있으며, 화장품은 대부분 사용 후 집 밖에서 활동하는 것이 일반적이므로 광감작성 테스트가 필요하다.

chapter 02 화장품의 역사

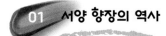

01 서양 향장의 역사

1 고대 · 이집트 시대(기원전 5000년 경)

① 고대에는 자연으로부터 곤충, 동물 등의 외부 공격에 신체를 보호하기 위해 전신에 색을 칠하였고, 주로 나무껍질이나 나뭇잎, 풀, 곤충, 광물질 등을 이용하여 얼굴과 몸, 머리에 칠을 하였다.

② **화장품의 최초 사용** : 그리스의 역사가인 '헤로도토스'가 BC 5세기경 이집트를 여행하면서 쓴 책에 향수에 대한 기록을 발견하였다.

③ 종교의식, 장례식, 개인 화장, 미라의 보존을 위한 붕대에 묻어 있는 여러 가지 오일 성분들을 추측해 보았을 때 방향제와 방부제를 사용했음을 알 수 있다.

④ 이집트 여인들은 계절에 따라 눈꺼풀과 입술, **뺨**, 손톱 등에 바르는 색조 화장품 등의 제조 기술에 향을 응용하였으며, 붉은색은 헤나(Henna) 염료와 이끼에서 얻은 보랏빛 리트머스 색소를 사용, 흰색은 백납을 이용하였다.

⑤ 이집트 여왕인 클레오파트라는 우유 및 향, 진흙 목욕법을 이용, 그리스 · 로마인에게 전파하였다.

⑥ 아이섀도가 발명되었고, 녹색과 흑색의 아이섀도가 사용되었다.

2 그리스 · 로마 시대(기원전 5∼7세기)

① <u>종교의식, 의약 목적으로 향장품을 많이 사용</u>하였다.

② 향료 제조기술이 발전해 향료가 사용되었다.

③ 백색미인의 유행으로 연백, 백묵, 석고 등을 이용하여 미백 효과를 보았다.

④ 그리스 여인들의 화장술은 이집트의 화장술보다 정교하였다고 한다.

⑤ 그리스 시대에는 '조향사'라는 직업이 생기게 되었다.

⑥ 목욕문화의 발달은 향료와 화장품의 대량 사용과 공중목욕탕의 번성을 가져왔다.

⑦ 상류층을 중심으로 우유와 포도주로 피부 마사지를 하였다.

⑧ 남성도 화장을 하였다. 얼굴에 난 털을 깎기 시작하면서 면도와 이발의 시초가 되었다.

3 중세 시대(7~12세기)

① 기독교의 금욕주의 영향으로 향이 대중들에게 관능적이고 환락적인 영향을 미친다는 부정적인 비판으로 화장과 목욕을 제한하였다(**화장 문화와 기술 침체**).

② 십자군 전쟁 이후 동서교류로 동양의 향신료(후추, 육계, 로즈마리)가 출현하여 근대적인 의미에서의 향수로 불리는 **최초의 향수**가 탄생하였다.

4 근세 시대

① 르네상스 시대(13~16세기)
  ㉠ 청결과 위생의 개념으로 향수의 사용을 생활화하였다.
  ㉡ 르네상스 시대의 향장의 발전은 알코올과 그 증류방법(향수)의 발견이다.
② 바로크 · 로코코 시대(17~18세기)
  ㉠ 여성들이 흰 피부를 선호함으로써 백연을 메이크업 베이스로 사용하였다.
  ㉡ 프랑스를 중심으로 향수제조업이 활발하게 진행되었다.
  ㉢ 1641년 영국에서 처음으로 비누를 생산하였다.

5 근대 시대(19세기)

① 1866년 산화아연의 개발은 백납분을 사용함으로써 생긴 수은 중독에서 벗어날 수 있게 해 주었다(산업혁명으로 인한 화장품 제조술의 발전).

② 화장품과 **비누 사용이 일반인들에게 보편화**되었다.

6 현대(20세기)

① 화장품의 기능성을 강조하고, **다양한 화장품이 출현**하게 되었다.

② 마사지 크림, 열 퍼머법, 자외선 차단제, 콜드 퍼머법, 호르몬 크림, 에어로졸 향장품(헤어 스프레이), 불소 함유 치약 등 다양한 원료와 기능성 제품들이 생산되어 화장품 산업이 급속도로 발전하였다.

02 우리나라 향장의 역사

1 고대

단군신화에 나오는 마늘과 쑥(쑥을 달인 물로 목욕을 하고, 마늘을 찧어서 꿀을 섞어서 바름)이 오늘날 미백과 혈액순환에 도움이 된다는 것을 알 수 있다.

2 삼국 시대

① **고구려** : 수산리 고분에서 눈썹이 가늘고 둥글며, **볼과 입술은 연지**(홍화 + 돼지기름)**화장**을 한 귀부인 얼굴 모습이 그려진 벽화가 출토되었다.
② **백제** : 일본의 옛 문헌에서 백제로부터 화장품의 제조기술과 화장술을 익혔다는 기록이 있다.
③ **신라** : 팥, 녹두, 잿물로 만든 비누를 사용하였으며, 불교의 영향을 받아 몸을 청결히 하고 향을 널리 사용하였다.

3 고려 시대

분대 화장법(창백하게 보이는 화장법)인 짙은 화장이 기생들 사이에서 행해졌고, 여염집 여인들은 기생들과는 차별화된 옅은 화장을 하였다. 또한 여인들은 향낭(향주머니)을 차고 다녔다.

4 조선 시대

① 백분, 연지, 머릿기름, 밀기름, 향수, 미안수가 등장하였다.
② **세안을 위한 세제 등 목욕용품이 발달하였다.**
② 양 볼에는 연지, 이마에는 곤지, 입술은 붉게 칠하는 **혼례 미용법이 발달하였다.**
③ 백분, 머릿기름, 밀기름, 화장수 등을 기생과 상류층이 사용하였다.
④ 귀족계급에 국한되어 사용되었으며, 폐쇄적인 문호개방(쇄국정책)으로 산업화의 형태를 갖출 수 없었다.
⑤ 일본의 문헌에 의하면 임진왜란 직후 선조임금 대에 조선에서 최신의 제법으로 제조한 '아침의 이슬'이란 화장수를 발매했다는 기록이 있어, 우리의 화장수 개발은 물론 화장술 및 화장품의 제조기술이 상당히 발전해있었음을 알 수 있다.

5 근대

① 1922년 우리나라 관허 제1호 '박가분'이 탄생하게 되었다(이후 서가분, 장가분 등의 유사품 제조 판매).

② 1930년대(일제시대 말) 동동구리무가 생겨났다.

③ 1945년 이후 콜드 크림, 백분, 콜드 파마약, 포마드, 헤어 토닉 등이 나왔다.

④ 1960년 이후 파운데이션, 립스틱, 화장수, 아스트린젠트, 파마약, 염모제, 오데 코롱, 네일 에나멜 등 화장품 산업이 본격화되었으며 방문판매가 시작되었다.

6 현대

① 1980년대 초, 독일에서 피부미용 관리가 도입되었다.

② 항노화 · 줄기세포 화장품 등 각종 기능성 화장품이 출시되었다.

③ 화장품법이 2000년 7월부터 시행되었다.

④ 세계 8위의 화장품 생산국으로 발전하였다.

chapter 03

화장품의 성분

01 화장품의 원료 및 작용

1 화장품의 성분이 갖춰야 할 조건

① **안전성** : 피부에 대한 안전성을 말한다.
② **안정성** : 제품 보관에 따른 안정성을 말한다.
③ **사용성** : 사용 목적에 따라 기능이 우수해야 한다.
④ **유효성** : 피부에 적절한 보습, 미백, 세정, 채색 효과 등을 부여해야 한다.

2 화장품의 성분 명칭

우리나라는 화장품 원료기준에 수록된 명칭을 원칙으로 하고 있다.
① 대한민국 화장품 원료 기준집(KCID : Korea Cosmetic Ingredient Dictionary)
② 국제 화장품 원료집(ICID : International Cosmetic Ingredient Dictionary)
③ 미국 화장품 원료집(CTFA : Cosmetic Toiletry & Fragrance Association)
④ 국제 화장품 성분명(INCI : International Nomenclature of Cosmetic Ingredient)

3 화장품의 원료

(1) 수성원료

무색, 무취이며 흡습성을 지속해야 하고 다른 성분과의 공존성 및 피부와의 친화성이 좋아야 한다. 또한 무엇보다도 안전성이 높아야 한다.

① **물(Water, 정제수)**
　㉠ 화장품에서 가장 많은 용매로 사용되며 화장수, 크림 등의 기초물질로 사용되는 원료이다.
　㉡ **정제수** : 세균과 금속이온(칼슘, 마그네슘 등)이 제거된 물이다.
　㉢ **증류수** : 물을 가열하여 수증기가 된 물 분자를 냉각기에 이동시켜 차갑게 하여 만든 물이다.

ⓔ 탈이온수 : 이온화된 물을 탈이온화시켜 질소, 칼슘, 마그네슘, 카드뮴, 수은, 납 등을 제거
　　　　하는 과정을 거친 물이다.

　② 알코올(에틸 알코올)

　　㉠ 시원한 청량감 및 탈지, 수렴 효과를 갖는다.

　　㉡ 지성, 여드름 피부용 화장수나 아스트린젠트, 헤어 토닉, 향수 등에 이용된다.

　　㉢ 배합량이 높아지면 살균, 소독작용이 나타난다.

　　㉣ 메탄올, 부탄올, 페놀 등은 공업용으로 이용되고, 화장품에는 사용되지 않는다.

(2) 유성원료

유성원료는 피부에 유분막을 형성하여 수분증발을 억제시켜 건조함을 방지하고, 피부와 모발에 유
연성과 광택 효과를 준다. 또한 고체와 액상으로 나눠지는데 고체는 왁스, 액체는 오일로 구분된다.

　① 천연 식물성 오일 : 식물의 열매, 잎, 줄기 등에서 추출한다.

　　㉠ 아몬드 오일

　　　ⓐ 올레인산과 리놀레인산의 함량이 높다.

　　　ⓑ 피부 유연작용과 퍼짐성이 좋다.

　　　ⓒ 진정작용이 있어서 민감한 피부에 좋다.

　　㉡ **아보카도 오일** : 체내에 합성되지 않는 필수 지방산과 비타민 등이 풍부하여 건성 피부에
　　　효과적이다.

　　㉢ 맥아 오일(윗점 오일)

　　　ⓐ 비타민 E가 함유되어 항산화 작용이 있고 혈액순환을 도와준다.

　　　ⓑ 건성, 노화 피부의 세포 재생에 효과가 좋다.

　　　ⓒ 밀 배아에서 추출된다.

　　㉣ 올리브 오일

　　　ⓐ 불포화 지방산으로 노화 방지와 건성 피부에 좋다.

　　　ⓑ 피부에 흡수가 잘 되어 윤활제 역할을 한다.

　　　ⓒ 주로 선탠 오일이나 크림에 사용되는데, 알레르기를 유발할 수 있다.

　　㉤ 피마자 오일

　　　ⓐ 일명 '아주까리'라고 하며 피마자의 종자에서 얻는 오일이다.

　　　ⓑ 구성 성분에는 리시놀(85~90%)이 함유되어 있어 피부에 친수성이 높고 유연작용을 한다.

　　　ⓒ 색소와 잘 혼합되기 때문에 립스틱과 네일 에나멜, 포마드 등에 주로 사용한다.

　　㉥ 야자 오일 : 지방산의 트리글리세라이드가 함유되어 있어 피부 자극이 있다.

　　㉦ 해바라기 오일 : 피부의 진정 효과가 있고, 리놀레인산 등의 필수 지방산의 혼합비가 높다.

　　㉧ 로즈 힙 오일

　　　ⓐ 세포조직 재생에 효과가 있다.

　　　ⓑ 피부 노화를 억제해 준다.

ⓒ 기초 화장품에 여러 용도로 사용되고 있다.

　ⓩ **호호바 오일** ★★

　　ⓐ 호호바 나무에서 추출하며 주성분은 고급 불포화 지방산의 에스터이다.

　　ⓑ **인체 피지와 지방산의 조성이 유사하여 피부 친화성이 좋다.**

　　ⓒ 일반적으로 피부 유연제와 보습제의 베이스로 사용된다.

　　ⓓ 피부 밀착감과 안정성이 우수하다.

② 동물성 오일

　㉠ 난황 오일

　　ⓐ 계란 노른자에서 추출한다.

　　ⓑ 레시틴, 비타민 A가 함유되어 있어 유화제로 사용된다.

　　ⓒ 피부 진정작용이 있다.

　㉡ 밍크 오일

　　ⓐ 밍크의 피하지방에서 추출한다.

　　ⓑ 피부에 친화성과 퍼짐성이 좋다.

　　ⓒ 상처 치유에 효과적이다.

　　ⓓ 선탠 오일이나 정발제로 사용된다.

　㉢ 스쿠알란

　　ⓐ 심해 상어의 간유에서 추출한 스쿠알렌에 수소를 첨가하여 산화를 방지한 것으로 피부 친화성이 높아 쉽게 흡수된다.

　　ⓑ 스쿠알란은 불포화 지방산으로 산패되지 않아 화장품에 사용되고 포화 지방산인 스쿠알렌은 산패되기 쉬우므로 캡슐로 보호하여 건강 보조제로 이용된다.

(3) 왁스(Wax)

① 식물성 왁스

　㉠ 칸델릴라 왁스

　　ⓐ 미국, 텍사스, 멕시코 북서부 등의 건조한 고온지대에서 자라는 칸데릴라 식물에서 추출한다.

　　ⓑ 스틱상 제품의 고형화에 이용되거나 광택이나 내온성을 높이는 데 사용된다.

　　ⓒ 장기간 보관해야 되는 화장품의 보습 용도로 첨가된다.

　㉡ 카르나우바 왁스

　　ⓐ 카르나우바 야자수에서 추출한다.

　　ⓑ 피부 표면의 보호막을 형성하고 광택이 우수하며 크림, 립스틱 등으로 사용된다.

② **동물성 왁스** ★

　㉠ 밀납

　　ⓐ 꿀벌의 집에서 채취·정제한 왁스이다.

part 05. 화장품학

ⓑ 유화제로 사용되고 크림이나 립스틱 등의 안정제로 사용된다.

ⓛ **라놀린**

ⓐ **양모에서 추출**하며, 피부에 대한 침투 및 유연 효과가 우수하다.

ⓑ 정제도에 따라 피부 트러블을 일으킬 수 있다(특히, 지성 피부에 장기간 사용 시 여드름 유발).

ⓒ **노화 및 건성 피부**에 주로 사용된다.

(4) 광물성 오일

석유 등 광물질에서 추출하므로, 광물성 유지류라고 한다.

① **미네랄 오일(유동 파라핀)**

ⓐ **석유의 원유를 증류하여 얻은 물질**이다.

ⓛ 무색, 무취이며 유화가 쉬워 유성원료로 많이 사용된다.

ⓒ 피부 표면의 수분증발을 억제한다.

② 바셀린 : 피부에 막을 형성하여 수분의 증발을 막아 수분을 유지한다. 끈적이는 느낌이 있다.

③ 실리콘 오일

ⓐ 석유계의 추출로 피막 형성(피지를 형성해 주는 방어막)이 좋고 가벼운 사용감이 특징이다.

ⓛ 종류에는 디메치콘, 디메치콘폴리올, 페닐트리메콘 등이 있다.

(5) 고급 지방산

지방산은 동·식물 유지의 주성분으로 에스테르가 유지 중의 95% 정도를 차지하며, 일반적으로 화장품에 사용되는 것은 포화지방산이다.

① 팔미트산(Palmitic acid)

ⓐ 팜유에서 얻으며 유성원료로 사용된다.

ⓛ 크림과 유액 등에 보호 유화제로 사용된다.

② 스테아린산(Stearic acid)

ⓐ 주로 우지(소의 지방)를 비누화 분해하여 얻은 지방산으로 크림 등에 보호막 성분으로 사용된다.

ⓛ 여드름 유발 가능성이 있다.

③ 올레인산(Oleic acid)

ⓐ 동·식물의 유지류에 분포되어 있고 올리브유의 주성분이다.

ⓛ 크림류에 사용되는 불포화지방산이다.

④ 미리스틴산(Myristic acid)

ⓐ 코코넛 등의 야자유에서 추출한다.

ⓛ 거품성이 풍부하고 세정성이 좋다.

ⓒ 비누 등 세정용 화장품에 이용된다.

(6) 고급 알코올

화장품의 원료로 오래전부터 가장 많이 사용되어 왔으며, 유성원료의 느낌을 부여해 준다.

① 세틸 알코올 : 유화 안정제로 유분감을 억제한다. 점도 조정제로도 사용된다.

② 스테아릴 알코올 : 유연제로 사용되며, 유화 안정제, 점도 조정제로 사용된다.

(7) 에스테르

알코올과 산을 합성하여 얻어진 것으로 산뜻하고 번들거림이 없다.

① 이소프로필 미리스테이트 : 사용감이 산뜻하고 흡수력이 우수하여 보습제, 유연제로 사용된다.

② 이소프로필 팔미테이트 : 사용감이 산뜻하고 흡수력이 우수하여 보습제, 유연제로 사용된다.

(8) <u>보습제</u> ★

① 수분 보유 능력과 수분을 끌어당기는 성질이 강해 피부를 촉촉하게 만들어 주는 성분이다.

ㄱ 끈적임이 있고 분자량이 크다.

ㄴ 수분 보유제의 기능이 있다.

② 종류

ㄱ 폴리올(Polyol)

ⓐ **글리세린** : 분자량이 커서 끈적임이 있지만 피부에는 안전하다. 그러나 20% 이상 농도의 글리세린을 사용했을 때는 주변 수분까지 끌어당겨 더 건조해질 수 있다.

ⓑ 프로필렌글리콜(PG) : 분자량이 작고 사용감은 촉촉하며, 약간의 부작용이 있을 수 있다.

ⓒ 부틸렌글리콜 : 글리세린보다 점도가 낮아 사용감이 우수하다.

ⓓ 폴리에틸렌글리콜 : 독성이 적어 진정 연고 베이스나 유화 제품에 사용한다.

ⓔ **솔비톨** : 딸기, 사과, 해조류에서 추출되고, 백색 분말로 냄새가 없다. 크림이나 로션의 보습제뿐 아니라 글리세린의 대체품으로 의약품에도 사용된다.

ㄴ 고분자 보습제**(히알루론산)**

ⓐ 추출 : 수탉의 벼슬이나 동물의 탯줄에서 추출하여 사용하였으나 최근에는 미생물의 발효에 의해서 생산한다.

ⓑ 효과 : 자신보다 최소 수백 배의 수분을 흡수한다.

ㄷ 천연보습인자(NMF, Natural Moisturizing Factor)

ⓐ 각질층에 존재하는 천연보습인자를 의미한다.

ⓑ 아미노산, 요소, 젖산염, 피롤리돈카르본산염 등이 있다.

ㄹ 기타

ⓐ **알란토인** : 주로 곡물의 눈, 밤나무 껍질 등과 같은 식물을 달인 즙의 형태로 사용한다. <u>보습력과 상처치유 효과</u>, 세포증식작용, 예민 피부에 사용한다.

ⓑ **알로에베라** : 알로에 잎에서 추출하며 진정, 보습, 상처치유, 항염증, 재생작용이 우수하다.

또한 약용과 식용으로 사용하며, 여드름 피부와 지성 피부에 적당하다.

(9) 동·식물 추출물 ★

① 콜라겐
- ㉠ **추출** : 과거에는 송아지에서 추출하였으나 현재 돼지 또는 식물에서 추출한다.
- ㉡ **효과** : 피부에 수분을 보유하게 하고, 멜라닌 색소의 생성을 억제시킨다.

② 엘라스틴
- ㉠ **추출** : 과거에는 송아지에서 추출하였으나 현재 돼지 또는 식물에서 추출한다.
- ㉡ **효과** : 피부에 탄력을 주고, 수분증발을 억제한다.

③ 플라센타 추출물
- ㉠ **추출** : 소, 돼지, 양의 태반에서 추출한다.
- ㉡ **효능** : 티로시나아제의 활성을 억제시켜 미백, 재생, 보습 효과를 준다.

④ 프로폴리스
- ㉠ **추출** : 벌의 효소 및 나무진액에서 추출한다.
- ㉡ **효능** : 피부진정, 치유, 면역력 향상, 항생제로 항염증 효과를 준다.

⑤ 감초 추출물
- ㉠ **추출** : 감초에서 추출한다.
- ㉡ **효능** : 독성제거, 해독, 항알레르기, 항염증, 미백 효과를 준다.

⑥ 해초 추출물
- ㉠ **추출** : 우뭇가사리, 다시마, 미역 등의 해초에서 추출한다.
- ㉡ **효능** : 대표 성분은 알긴산(Algae)으로 보습·진정작용을 한다.

⑦ 캄포
- ㉠ **추출** : 사철나무에서 추출한다.
- ㉡ **효능** : 피지 조절, 항염증 효과가 있으며, 멘톨향이 강하여 **청정감과 수렴 효과**가 있다.

⑧ 아줄렌
- ㉠ **추출** : 카모마일에서 추출한다.
- ㉡ **효능** : **진정**·항염증 효과가 있으며, 부종을 방지한다.

(10) 비타민

① **비타민 A** ★★
- ㉠ 노화 예방, 재생 효과가 있으며 **각질제거, 여드름, 주름개선**에도 좋다.
- ㉡ **레티노이드는 비타민 A을 통칭**하는 용어이다.

② **비타민 C** ★★
- ㉠ 대표적인 **항노화제로 노화를 지연**시키고, 재생, 방부, **미백 효과**가 있다.
- ㉡ 비타민 C는 쉽게 파괴되기 때문에 파우더 형태 등으로 사용된다.

③ 비타민 E : 지용성 비타민으로 유해산소를 제거해 주고 **항노화 효과**가 있으며, 경피 흡수력이 좋다.

④ 비타민 P : 수용성 비타민으로 **모세혈관벽을 강화**해 주고, 안면홍조인 피부와 멍에 효과가 좋다.

⑤ 비타민 K

   ㉠ 지용성 비타민으로 **모세혈관벽을 강화**해 주고, 안면홍조와 멍에 효과가 좋다.

   ㉡ 침투력이 강해서 비타민 P보다 많이 사용된다.

(11) 방부제

① 방부제

   ㉠ 화장품이 미생물에 오염되어 변질되고 품질이 저하되는 것을 방지해 준다.

   ㉡ 미생물의 증가를 억제하는 물질로 배합량이 많으면 피부 트러블을 유발할 수 있다.

   ㉢ 피부에 테스트를 거쳐 안전성이 확인된 것만을 사용하고 있다.

② 화장품에 주로 사용되는 **방부제**

   ㉠ 파라안식향산 에스텔(= 파라벤류)

종 류	효 과
파라옥시향산메틸	수용성 물질에 대한 방부 효과가 좋다.
파라옥시향산에틸	
파라옥시향산프로필	지용성 물질에 대한 방부 효과가 좋다.
파라옥시향산부틸	

   ㉡ 이미다졸리디닐 우레아(Imidazolidinyl urea)

     ⓐ 박테리아 성장을 억제해 주고, 파라벤류와 병행해서 사용된다(파라벤류의 보조방부제).

     ⓑ 무미, 무취의 백색 분말로 물과 글리세린에 용해된다.

     ⓒ 독성이 적어 기초 화장품, 유아용 샴푸 등에 사용된다.

   ㉢ 페녹시에탄올 : 화장품 사용 허용량이 1% 미만이며, 주로 메이크업 제품에 많이 사용된다.

   ㉣ 이소치아졸리논 : 샴푸처럼 씻어내는 제품에 주로 사용된다.

(12) 카보머(Cabomer, 점액질)

투명 타입 젤의 주성분으로 **제품의 점도를 조절**하는 목적으로 사용되며, 사용하기 쉬운 점도로 제조하거나 제품의 안정성을 유지할 목적으로 사용되어 화장품이 발리는 느낌을 제공하는 베이스 역할을 한다.

① **합성 카보머 성분** : 카보머941, 로션을 크림으로 변화시킬 때 첨가해준다.

② **천연 점증제** : 젤라틴, 팩틴, 알긴산, 한천 등

part 05. 화장품학

(13) 보존제

① 산화방지제
- ㉠ 비타민 E(토코페롤) : 항산화제
- ㉡ BHA : 합성산화 방부제, 항산화 작용을 하는 방부제이다.
- ㉢ BHT : 많이 사용되는 방부제, 항산화 물질의 방부제이며 피부에 자극이 된다.
- ㉣ 시트러스 계열 : 항산화 작용을 하며 자극이 낮고 산성화시켜준다.

② 금속 이온 봉쇄제
- ㉠ 화장품에 함유된 중금속 이온을 제거하기 위해 사용한다.
- ㉡ EDTA : 백색 분말로 물에 용해되며, 인산과 구연산이 있다.

③ pH 조절제
- ㉠ 포타슘하이드록사이드, 구연산 등이 있다.
- ㉡ 시트러스 계열 : 항산화 작용을 하며 자극이 낮고 산성화시켜준다.
- ㉢ 암모늄 카보나이트 : 알칼리화시킨다.

(14) **색소** ★

① **염료**
- ㉠ **물이나 오일에 용해**되는 색소로 화장품 자체에 시각적인 색상을 부여한다.
- ㉡ 물에 녹는 염료를 수용성 염료, 오일에 녹는 염료를 유용성 염료라고 한다.

② **안료**
- ㉠ **물이나 오일에 모두 녹지 않는 색소**이다.
- ㉡ 주로 메이크업 제품에 사용된다(마스카라, 아이라이너 등에 사용되며, 산화철이 들어가기 때문에 자석을 대보면 달라 붙는다).
- ㉢ 작은 고체 입자 상태로 존재하기 때문에 빛을 반사하고 차단시키며 커버력이 우수하다.
- ㉣ 종류
  - ⓐ **무기 안료** : 색상이 선명하지 않지만 **커버력, 내광성과 내열성이 우수하다. 주로 마스카라에 사용된다.**
    - 체질 안료 : 사용감에 큰 영향을 준다. **ex** 마이카(운모), 탈크, 카오린
    - 착색 안료 : 화장품에 색상을 부여하며 커버력을 높이는 데 사용한다(산화철 계통의 색소).
    - 백색 안료 : 높은 굴절률에 의한 커버력을 부여해준다. **ex** 이산화티탄, 산화아연
  - ⓑ **유기 안료** : **색상이 선명하고 화려하나 빛, 산, 알칼리에 약하다.** 주로 립스틱이나 색조 화장품에 사용한다. 타르색소(유기합성 색소)로 종류가 많고 대량생산이 가능하다.
  - ⓒ 레이크 : 수용성인 염료에 칼슘, 마그네슘을 가해 침전시켜 만든 불용성 색소를 의미한다. 브러시, 네일 에나멜에 안료와 함께 사용한다.
  - ⓓ **천연 색소** : 안정성과 대량 생산이 문제가 된다.

(15) 기능성 성분 ★★★

① 미백용 기능성 성분

　㉠ **알부틴** : 월귤나무의 추출물로 가장 대표적인 미백용 기능성 성분이다.

　㉡ **비타민 C** : 교원질(콜라겐) 형성에 중요한 역할을 한다. 이미 생긴 멜라닌색소를 환원시키는데 효과적이다. 산소에 산화가 쉽고 빛에 약하다.

　㉢ **감초 추출물(Licorise)** : 항산화 효과가 우수하고, 미백과 여드름에 좋다.

　㉣ **닥나무 추출물** : 한지 원료로 사용되며, 미백기능과 항산화 효과가 있다.

　㉤ **H · Q(하이드로퀴논)** : 멜라닌 세포에 대한 독성과 피부 발암 유발 문제로 사용이 금지되었으나, 피부과에서 처방되어 5% 미만의 농도로 이용되고 있다.

　㉥ **코직산** : 누룩곰팡이 성분, 간암 유발 독성물질로 보고 되어 제조가 금지되었다.

　㉦ **상백피 추출물(Mulberry)** : 뽕나무 추출물

② **주름개선 기능성 성분** ★★

　㉠ 레티놀

　　ⓐ 비타민 A의 전구체, 항산화제 및 노화 예방과 표피 재생을 해준다.

　　ⓑ 콜라겐 합성과 주름 및 탄력에 효과적이다(결핍 시 피부건조).

　　ⓒ 알칼리와 빛, 산, 열에 매우 약하다.

　㉡ 레티놀 팔미네이트

　　ⓐ 레티놀 유도체로서 불안정한 레티놀의 안정화에 효과적이다.

　　ⓑ 주름개선에 사용된다.

　㉢ 아데노신 : 섬유아세포를 합성해주며, 주름을 개선해준다.

(16) 피부 타입별 성분 ★★

① 건성 및 노화 피부

　㉠ 콜라겐, 엘라스틴, 알란토인, 알로에, 히알루론산, 해초, 비타민 C, 비타민 E, 레티놀, 플라센타, 세라마이드, A.H.A

　㉡ 세라마이드 : 수분증발 억제, 유해물질 침투 억제, 각질 세포간지질의 약 40% 정도를 차지한다.

② 지성 및 여드름 피부 : **살리실산, 설퍼(Sulfur), 벤조일 퍼록사이드(B/P), 티트리, 캄포**, 카오린, 벤토나이트

③ 예민 피부 : 아줄렌, 알로에, 해초, 은행잎 추출물, 비타민 C, 비타민 P, 비타민 K

part 05. 화장품학

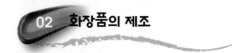

02 화장품의 제조

1 계면활성제의 정의 ★★

① 서로 섞이지 않는 두 물질(ex 물과 기름)을 섞을 때, 서로 다른 계면이 존재하게 되는데, 그 경계면을 잘 섞이게 해주는 활성물질을 '**계면활성제(표면활성제)**'라고 한다.

② 한 분자 내의 **둥근머리 모양의 친수성기와 막대꼬리 모양의 소수성기**를 갖는다.

③ 계면활성제의 피부에 대한 자극 순서는 <u>양이온성 > 음이온성 > 양쪽성 > 비이온성</u>이다.

2 계면활성제의 종류와 특징 ★★

종 류	특 징
양이온성 계면활성제	살균·소독작용이 크며 <u>정전기 발생률을 억제</u>하므로 헤어 컨디셔너, 헤어 트리트먼트 등에 사용한다. 역성비누라고도 한다.
음이온성 계면활성제	세정작용과 <u>기포형성작용</u>이 우수하며 비누, 샴푸, 클렌징 폼 등에 사용된다.
양쪽성 계면활성제	세정작용이 있으며 <u>피부 자극이 적어</u> 저자극 샴푸, 베이비 샴푸 등에 사용된다.
비이온성 계면활성제	피부 자극이 적어 주로 <u>기초 화장품</u>(화장수의 가용화제, 크림의 유화제, 클렌징 크림의 세정제 등)에 사용된다.

3 계면활성제의 작용 ★

(1) 가용화

① 물에 소량의 오일성분이 계면활성제에 의해 **투명하게 용해되는 현상**을 말한다.

② 유용성분을 물에 균일하게 혼합하는 작용을 하며 물과 기름을 잘 섞이게 한다.

③ 화장수, 에센스, 헤어토닉, 헤어리퀴드, 향수, 포마드 등

(2) 유화

① 물에 오일성분이 계면활성제에 의해 우윳빛으로 **백탁화된 상태**를 말한다.

② 물과 기름처럼 서로 섞이지 않는 두 액체를 계면활성제(유화제)라 불리는 제3의 물질을 이용하여 서로 섞이지 않는 계면 사이를 미세한 입자 상태로 용해시켜 놓은 방식이다.

③ 로션, 크림, 마사지 크림, 클렌징 크림 등

④ **유화의 분류** ★★

분 류	형 태	특 징	종 류
O/W형(Oil-in-Water)	• 수중유형 • 물 > 오일	• 물이 주성분이다. • 산뜻하고 가볍다. • 피부흡수 빠르다. • 지속성이 낮다.	로션, 에멀전
W/O형(Water-in-Oil)	• 유중수형 • 오일 > 물	• 오일이 주성분이다. • 사용감이 무겁다. • 피부흡수가 느리다.	영양 크림, 클렌징 크림, 헤어 크림, 선 크림
W/O/W형(다상 에멀전)	• 물 : 오일 : 물	• W/O형을 다시 물에 유화시킨 상태다. • O/W형보다 보습 효과가 우수하다.	고 보습 크림
O/W/O형(다상 에멀전)	• 오일 : 물 : 오일	• O/W형을 다시 기름에 유화시킨 상태다.	나이트 크림
Oil-Free(무지방)	• 오일 무첨가	• 오일과 지방을 전혀 사용하지 않은 순수 제품이다. • 지성 피부에 적당하다.	

(3) 분산

① 안료 등의 **고체입자를 액체 속에 균일하게 혼합**시키는 것을 말하며, 이때 사용하는 분산제는 계면활성제이다.

② 파우더, 아이섀도, 마스카라, 아이라이너 등

4 계면활성제의 특성 ★

(1) HLB

① 친수성, 친유성을 나타내는 상대적 세기이다.

② 계면활성제에 대해 20의 값을 부여한 것이다.

③ 값이 20에 가까울수록 친수성이 크다.

(2) 미셀

양친매성 물질이 용액 속에서 친수성기는 밖으로, 친유성기는 안으로 모여 이룬 회합체이다.

 part 05. 화장품학

화장품의 종류와 작용

chapter 04

01 기초 화장품

1 기초 화장품의 사용목적

피부의 청결, 보호 및 건강을 유지시키기 위해 사용되는 물품으로 피부가 정상적인 기능을 수행할 수 있도록 도와주는 제품이다.

2 기초 화장품의 기능 ★

① **세정** : 피부 표면의 오염, 노폐물, 메이크업 잔유물 등을 청결하게 한다.
② **정돈작용** : 수분 밸런스 유지와 세정작용으로 유·수분의 부조화 또는 pH 불균형을 정상화시킨다.
③ **보호작용** : 피부 표면의 건조를 방지하고, 추위나 세균으로부터 피부를 보호한다.
④ **영양공급 및 신진대사 활성화 작용** : 피부에 신진대사를 활성화 시키고, 영양을 공급한다.

3 기초 화장품의 종류

(1) 세안제

① 피부 표면의 이물질, 메이크업 잔여물을 제거하여 피부를 청결히 한다.
   ㉠ **계면활성제형 세안 화장품** : 클렌징 폼, 스크럽
   ㉡ **용제형 세안 화장품** : 클렌징 크림, 클렌징 로션, 클렌징 워터, 클렌징 젤, 리무버

② 세안 화장품의 제형별 특징

제품 유형	타입	특징
씻어내는 타입 (계면활성제형)	클렌징 폼	• 세정력이 우수하다. • 피부에 자극이 적어 민감성 피부에 효과적이다.
	비누	• 세정력이 뛰어나지만 사용 후 피부가 당기는 느낌이 든다.
닦아내는 타입 (용제형)	클렌징 크림	• 피부에서 분비되는 피지나 메이크업 찌꺼기 등 불순물을 제거해준다. • 짙은 화장 시 이중세안이 필요하다. • 광물성 오일을 40~50% 함유한다.
	클렌징 로션	• 사용감이 산뜻하다. 수분함량이 높다.
	클렌징 워터	• 화장수 타입으로 세정력이 낮다.
	클렌징 젤	• 수성과 유성의 두 가지 타입이 있다. • 수성 타입 : 옅은 화장 시 • 유성 타입 : 짙은 화장 시
	클렌징 오일	• 약간의 계면활성제와 에탄올이 함유되어 있으며, 사용 후 부드럽고 촉촉한 느낌을 준다.
물리적 각질제거	스크럽	• 미세한 알갱이 모양의 스크럽제가 연마제 역할을 한다. • 쉽게 제거되지 않는 모공 속 깊숙이 있는 더러움과 오래된 각질을 제거해 준다.
	고마쥐	• 도포 후 일정 시간이 지난 다음 근육결의 방향대로 밀어서 각질을 제거한다. • 모든피부에 사용 가능하나 민감한 피부는 주의한다.
화학적 각질제거	AHA	• 자연추출물(사탕수수, 과일산 등)로 구성되어 안전하며, 사용이 간편하다. • 단백질인 각질을 산으로 녹여서 제거한다.
	효소 (엔자임)	• 동·식물성 분해 효소(파파인, 브로멜린, 트립신, 펩신)가 각질을 제거한다. • 피부 자극이 비교적 적어 자극 없이 노후된 각질을 제거할 수 있다. • 효소의 활동 조건이 충족할 때만 단백질이 분해된다.

(2) 화장수

① 화장수의 기능

ㄱ 화장수는 세안을 하고도 지워지지 않는 성분들을 제거해준다.

ㄴ 각질층에 수분을 공급하며 pH 조절 등 세안 후 피부 정돈을 도와준다.

② 화장수의 종류

ㄱ **유연 화장수** : 스킨 로션, 스킨 소프너, 스킨 토너라고 하며, 피부 각질층에 수분을 공급하고 피부를 유연하고 매끄럽게 할 목적으로 사용한다.

ㄴ **수렴 화장수** : 아스트린젠트 또는 토닝 스킨이나 밸런스 토너라고 하며, 각질층 보습 외에 수렴작용 및 피지분비 억제작용 등의 효과가 있다.

(3) 유액(로션 · 에멀전)

① 화장수와 크림의 중간적인 성상이다.

② 수분이 60~80%, 유분이 30% 이하이다.

③ 피부 타입별로 건성용, 중성용, 지성용, 민감성용 등으로 나뉘어진다.

④ 사용목적별로 자외선 차단제, 클렌징 로션, 수분 로션 등으로 나뉘어진다.

(4) 에센스(세럼 · 컨센트레이트 · 부스터)

① 미용액으로 불리기도 하는 기초 화장품으로 세럼이라고도 한다.

② 피부에 탁월한 미용성분(진정, 여드름, 영양, 미백, 수분 등)이 고농축 함유되어 있다.

③ 스킨, 로션, 젤, 크림 타입으로 구분된다.

(5) 크림(Cream)

① 크림의 기능

　　㉠ 피부를 외부환경(추위, 열, 바람 등)으로부터 보호해 준다.

　　㉡ 피부의 생리기능을 도와준다.

　　㉢ 유효성분들로 피부의 문제점을 개선시켜 준다.

② 크림의 종류

종 류	기 능
데이 크림	• 자외선, 바람, 공해 등 낮 동안 환경적인 외부 자극으로부터 피부를 보호하는 효과가 있다.
나이트 크림	• 밤 시간대 바르는 영양 크림으로 대체로 유분함량이 높다. • 피부 재생, 영양, 보습 효과가 있다.
화이트닝 크림	• 피부에 미백 효과를 주는 기능성 성분이 함유되어있다.
마사지 크림	• 피부의 혈행을 자극시켜 마사지 효과를 가져 온다.
모이스춰 크림 에몰리엔트 크림	• 피부 보습 효과와 유연 효과를 준다. • 영양 크림, 나리싱 크림 등으로 불리며, 사용목적에 맞게 제형 및 유분, 보습제량이 다르게 들어 있다.
안티링클 크림 아이 크림	• 잔주름 완화 및 예방 효과가 있다. • 피부의 주름과 탄력에 도움을 주는 기능성 성분이 함유되어있다.
선 크림	• 자외선 차단 크림

(6) 팩(Pack)

'Package'라는 말에서 유래되었으며, '포장하다' 또는 '둘러싸다'라는 뜻이다.

① 팩의 기능

　　㉠ 보습작용

　　㉡ 수렴작용

　　㉢ 청정작용

ㄹ 신진대사 · 혈행촉진작용

> 팩은 피부 표면에 도포하여 수분증발을 막고 보습 효과를 부여하며, 노화 각질을 제거, 모공 · 땀샘 등의 오염물질을 제거하는 기능을 가지고 있다.

팩과 마스크

팩(Pack)	마스크(Mask)
• 얼굴에 바른 후 공기가 통할 수 있다. • 굳어지지 않는다.	• 얼굴에 바른 후 공기가 통하지 않는다. • 딱딱하게 굳어져 외부의 공기유입이 차단된다.

② 팩의 종류 ★★

종 류	특 징
필 오프 타입 (Peel off Type)	• 얼굴에 팩을 바른 후 건조된 피막을 피부에서 떼어내는 것으로 건조되는 동안 긴장감을 주어 피부에 탄력과 청결을 부여해 준다. • 불순물과 잔털을 제거해 주고, 긴장감을 주는 것이 특징이다.
워시 오프 타입 (Wash off Type)	• 얼굴에 도포 후 일정 시간이 경과하면 물로 닦아내는 것으로 피부에 자극이 가장 적고 대중적이다. 피지제거와 청정 · 정화작용을 한다. • 머드, 클레이, 숯 등이 있다.
티슈 오프 타입 (Tissue off Type)	• 팩을 티슈나 해면으로 닦아내는 것으로 잔여물이 피부에 남아도 해롭지 않은 성분을 사용한다. • 주로 건성과 노화 피부에 사용한다.
시트 타입 (Sheet Type)	• 붙인 후 일정 시간이 지난 다음 떼어내는 타입이다. • 건성, 노화, 민감성 피부에 사용한다. • 콜라겐, 벨벳 마스크, 시트 마스크 등이 있다.
분말 타입	• 분말을 물에 개어서 바르는 타입이다. • 석고팩, 효소팩 등이 있다.

part 05. 화장품학

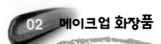
02 메이크업 화장품

1 메이크업 화장품의 사용 목적 ★

① **미적 역할** : 피부색 보정
② **보호적 역할** : 피부 보호
③ **심리적 역할** : 마음의 만족

> 메이크업 화장품은 색조 화장품이라고도 하며, 용모를 아름답게 변화시켜 피부를 아름답게 연출하려는 목적으로 사용된다.

2 메이크업 화장품의 요건

① **사용성** : 화장이 잘 지워져야 하며, 도포할 때 사용감이 좋아야 한다. 또한 기대되는 화장 효과가 있어야 한다.
② **안정성** : 변색, 변취, 미생물 오염이 없어야 한다.
③ **안전성** : 피부나 점막에 자극이 없어야 한다.
④ **색조** : 외관색과 도포색이 차이가 없어야 한다.

3 메이크업 화장품의 종류와 특징 ★

(1) 베이스 메이크업

피부색을 균일하게 정돈하고, **피부 결점을 커버**해 준다.
① 메이크업 베이스 : 화장을 잘 받게 해주고 들뜨는 것을 막아주며, 파운데이션의 색소 침착을 방지해준다.

종 류	특 징
녹색	피부색이 붉은 경우(여드름 피부, 모세혈관 확장 등)
파란색	붉은 얼굴, 하얀 피부톤을 표현할 때 효과적이다.
보라색	동양인의 노르스름한 피부에 사용한다.
분홍색	창백한 경우 혈색을 주기 위해 사용한다.
흰색	투명한 피부색을 원할 때 효과적이다.

② 파운데이션 : **피부의 결점을 커버**해 주고, 피부 색상을 조절해 준다. 그리고 포인트 메이크업을 돋보이게 해주며, 메이크업의 지속성을 높여 준다.

종 류	특 징
리퀴드 파운데이션(O/W형, 수성)	• 로션 타입으로 수분을 많이 함유하고 있다. • 퍼짐성이 좋고 사용감이 가볍고 산뜻하다. • 젊은 연령층에서 선호한다.
크림 파운데이션 (W/O, O/W형, 유성)	• 유분을 많이 함유하고 있어 무거운 느낌을 준다. • 피부 커버력이 우수하다. • 땀이나 물에 화장이 잘 지워지지 않는다.
케이크 타입 파운데이션	• 트윈 케이크, 투웨이 케이크라고 한다. • 사용감이 산뜻하고 밀착력이 우수하다.
스틱 파운데이션	• 창백한 경우 혈색을 주기 위해 사용한다.

③ 파우더(페이스 파우더, 콤팩트 파우더) : 파우더는 **파운데이션의 유분기를 제거**해 주며, **파운데이션의 지속성을 높여** 주기 위해 그리고 피부톤을 화사하게 연출해 주는 목적으로 사용한다.

페이스 파우더	콤팩트 파우더
• 가루분, 루스 파우더라고 한다 • 입자가 곱고 자연스러운 피부톤으로 연출가능하다. • 유분감이 없어 사용감이 가벼운 반면 피부가 건조해질 수 있다.	• 고형분, 프레스 파우더라고 한다. • 페이스 파우더에 소량의 유분을 첨가 후 압축한 제품이다. • 가루날림이 적고 휴대가 간편하다. • 화장의 투명도는 페이스 파우더에 비해 떨어진다.

(2) 포인트 메이크업

종 류	특 징
아이 메이크업	• 아이 브로우 펜슬 : 눈썹 모양을 그려주는 펜슬이다. • 마스카라 : 속눈썹을 짙고 길게 보이게 한다. • 아이라이너 : 눈의 윤곽을 또렷하게 하여 눈매를 연출한다. • 섀도 : 눈꺼풀에 입체감을 준다. 눈매에 표정을 연출하고 단점을 보완해 준다.
립 메이크업 (립스틱)	• 메이크업 화장품 중에 제일 많이 활용되는 제품이다. • 입술 점막에 사용하므로 피부에 대한 안전성이 중요하다. • 불쾌한 냄새와 맛이 없어야 한다. • 보습효과와 입술 유연효과가 있어야 한다.
블러셔 (치크 컬러, 볼터치)	• 치크 컬러, 블러셔, 볼터치라고 부른다. • 피부색을 건강하고 밝게 보이게 한다. • 얼굴형에 입체감을 주고 단점을 보완해 주어 메이크업의 마지막 단계에 사용한다.

part 05. 화장품학

03 모발 화장품

- 모발과 두피를 청결하게 하고 보호와 정돈, 미화의 목적으로 사용되고 있다.
- 모발 화장품은 세정, 컨디셔너, 트리트먼트, 정발, 퍼머넌트 웨이브, 염색, 탈색, 육모제, 양모제, 탈모제, 제모를 목적으로 하는 화장품이다.

(1) 세정제

씻어내는 역할을 한다.

① 샴푸제 : 더러워진 모발을 깨끗이 하고 모발의 육성을 촉진시켜 준다.

　㉠ 샴푸의 구비조건

　　ⓐ 적당한 세정력을 갖는다.

　　ⓑ 거품이 풍부하고 지속성을 가져야 한다.

　　ⓒ 피부나 점막에 대한 자극이 없어야 한다.

　　ⓓ 세정 후 모발손질이 쉬워야 한다.

　㉡ 용도에 따라 건성 모발용, 손상 모발용, 지성 모발용, 비듬 모발용, 염색 모발용 등이 있다.

② 린스제 : 샴푸 후에 모발에 유연성과 자연스러운 윤기를 주고 빗질이 잘 되게 한다.

　㉠ 린스의 기능

　　ⓐ 모발 표면을 보호하고 매끄럽게 한다.

　　ⓑ 모발을 유연하게 하고 자연스러운 윤기를 준다.

　　ⓒ 정전기 발생을 방지한다.

　　ⓓ 유분공급으로 모발의 손상을 억제한다.

(2) 양모제 ★

두발과 두피에 영양을 준다.

종 류	특 징
헤어 토닉	두피를 시원하게 하고 가려움증과 탈모를 예방한다.
헤어 팩	모발 및 두피에 사용하는 제품으로 모발에 화학적으로 흡착되는 모발 윤택제, 단백질, 라놀린 유도체 등 우수한 영양 오일의 효과로 모발을 부드럽고 윤기 있게 한다.
헤어 컨디셔너	거친 모발의 보호, 모발의 큐티클 파괴를 방지한다.
헤어 오일	모발, 두피 전용의 오일로서 모발의 케라틴질에 스며들어 모발을 유연하게 하며 광택을 준다.
헤어 트리트먼트	자연환경하의 일광, 일풍, 대기오염 물질에 의한 모발의 손상 또는 파마나 헤어 컬러 등으로 손상된 모발을 회복시켜 준다.

(3) 정발제

머리를 가다듬어 정리하는 역할을 한다.

종 류	특 징
세트 로션	드라이어의 뜨거운 열과 자외선으로부터 모발을 보호하고 정돈시켜 준다.
헤어 젤	촉촉하고 자연스러운 웨이브를 유지시켜 준다.
헤어 무스	빠른 헤어 스타일링 효과와 컨디셔닝 효과를 준다.
헤어 스프레이	바람이나 습기에도 모발이 흐트러지지 않도록 헤어스타일을 고정시켜 준다.
포마드	반고체상으로 남성용 정발제로 널리 사용된다.
헤어 크림, 로션	모발에 광택과 유연성을 주고 모발을 보호한다.
헤어 오일	정발과 두발 보호를 목적으로 사용한다.

(4) 염모제

모발에 색상을 준다.

종 류	특 징
일시적 염모제	모발의 바깥 부분만을 코팅해 주기 때문에 모발색이 오래 지속되지 않으며 샴푸 1~2회로 색상이 없어진다. ex 컬러스프레이, 컬러무스, 컬러마스카라 등
반영구적 염색제	큐티클층에 약간 침투하여 천연색상과 아울러 자연스럽게 표현된다. 색상은 2~4주간 유지된다. ex 산성컬러(코팅), 알칼리컬러 등
영구적 염색제	모발의 모피질(Cortex)까지 침투하여 모발의 색을 바꿔준 후 2~3달간 지속된다.
헤어 블리치	색소를 사용하지 않고 탈색만을 주목적으로 한 것으로 멜라닌을 파괴시켜 모발의 색상을 밝게 하기 위해 사용한다.

(5) 퍼머넌트 웨이브 로션(Permanent wave lotion)

① 물리적, 화학적 방법으로 모발의 형태를 변형시키기 위한 제품으로 1제인 환원제와 2제인 산화제로 구성되어 있다.

② 티오글리콜산으로 강한 웨이브 효과를 줄 수 있고, 시스테인은 자연스럽고 탄력있는 웨이브 효과를 주며 모발 손상이 적다.

③ **구분** ★

종 류	특 징
육모제	• 효능과 효과가 강조된 것으로 의약외품으로 분류 • 모발을 잘 자라게 도와주는 헤어 제품
양모제	• 법적으로 화장품으로 분류 • 털의 성장을 돕고 탈모를 막아주는 헤어 제품
발모제	• 치료를 위해 개발된 것으로 의약품으로 분류 • 머리털이 나게 하는 약

part 05. 화장품학

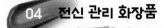

04 전신 관리 화장품

전신 관리 화장품은 신체의 보호와 미화 그리고 체취 억제를 목적으로 한다.

(1) 비누

① 대부분 알칼리 작용으로 피부에 있는 노폐물을 제거한다.
② 화장비누, 투명비누, 약용비누 등이 있다.

(2) 바디 샴푸

1970년대 이후로 점차 샤워의 빈도가 높아짐에 따라 비누보다 화장품적인 요소가 강한 액상 세안제가 스킨케어의 일부가 되었다.

(3) 방취 화장품 ★★

① 방취 화장품은 강한 수렴작용으로 발한을 억제해 준다.
② 피부 상재균의 증식을 억제하는 항균 기능을 한다.
③ 발생한 **체취를 억제하는 기능**을 한다.
④ 주로 겨드랑이 부위에 사용하는 제품이다.
⑤ **데오드란트** 로션, 데오드란트 파우더, 데오드란트 스프레이, 데오드란트 스틱 등이 있다.

(4) 핸드 새니타이저(Hand Sanitizer) ★

물을 사용하지 않고 직접 바르는 것으로 피부 청결 및 소독효과를 위해 사용한다.

 네일 화장품

1 네일 케어 제품 ★★

종 류	특 징
네일 에나멜 (Nail enamel)	• 손톱에 광택과 색채를 주어 아름답게 할 목적으로 사용하며 폴리시(Polish), 네일 락카 (Nail lacquer)라고 한다. • 손톱에 발라주는 유색 화장제로 2~3번 정도 발라야 색이 잘 표현된다.
폴리시 리무버 (Polish remover)	• 네일 에나멜 리무버(Nail enamel remover)라고도 하며 손톱에 있는 에나멜을 제거할 때나 네일 팁 등을 녹일 때 사용하며 아세톤과 비아세톤이 있다.
네일 크림 (Nail cream)	• 손톱의 영양 및 유분기를 제공하기 위한 크림이다.
색소 (Pigment)	• 불투명감이나 표면처리를 위해 로다민(Rhodamine) B 성분이 함유된 물감을 사용하 며 갈치비늘이나 인공 펄을 사용하여 반짝임을 준다.
베이스 코트 (Base coat)	• 네일 에나멜을 바르기 전에 손톱 표면의 틈을 메우고 네일 에나멜이 착색되거나 변색 되는 것을 방지하며 밀착성을 높여 준다.
탑 코트 (Top coat)	• 네일 에나멜을 바른 다음에 덧발라 주어 광택과 굳기를 증가시키고 내구성과 지속력 을 높여 준다.
큐티클 오일 (Cuticle oil)	• 손·발톱 주변의 죽은 세포를 정리하기 위해서 피부 조직을 부드럽게 하여 제거하기 위해 사용한다. • 주로 식물성 오일을 주원료로 사용하며 라놀린, 비타민 A, 비타민 E를 함유하고 있다.
네일 보강제 (Nail reinforce)	• 찢어지거나 갈라지는 등 약해진 손·발톱을 건강하게 회복될 수 있도록 도와주는 손 톱강화제이다.

2 건강한 손톱 ★

① 손톱이 핑크빛이고 바닥에 강하게 부착되어야 한다.
② 단단하고 윤기가 흐르며 탄력이 있어야 한다.
③ 반월 모양이 아치 모양을 형성해야 한다.

06 향수

1 향수의 제조과정

천연향료 + 합성향료 → 조합향료 → 희석 · 용해 → 숙성(냉각) → 여과 → 향수
　　　　　　　　　　　　　↳(알코올 첨가)　↳(1개월~1년)　↳(침전물 제거)

2 조합향료의 구성 ★

조합향료는 **휘발성**이 높은 순서부터 크게 3가지로 구분할 수 있다.

단 계	특 징
탑 노트(Top Note)	• 향수를 뿌린 후 처음 느껴지는 향으로 주로 <u>휘발성이 강하다.</u> • 감귤류, 과일향, 민트향 ⓔⓧ 베르가못, 오렌지, 레몬, 페파민트, 시나몬, 일랑일랑, 타임 등
미들 노트(Middle Note)	• 알코올이 휘발된 뒤 나타나는 향으로 대부분 꽃향과 과일향이 많다. • 꽃, 허브계 ⓔⓧ 로즈우드, 로즈, 쟈스민, 제라늄, 라벤더, 카모마일, 마조람 등
베이스 노트(Base Note)	• 조합향료의 잔향을 형성하고 지속력이 강하다. • 나무, 수지계 ⓔⓧ 샌달우드, 클라이세이지, 프랑킨센스, 파출리, 시더우드, 무스크 등

3 향수의 종류별 유지시간 ★★

종 류	부향률	지속시간	특 징
<u>샤워 코롱</u>	1~3%	1시간	• 바디용 방향 화장품에 주로 사용한다. • <u>샤워 후 사용한다.</u>
오데 코롱	3~5%	1~2시간	• 처음 접하는 사람에게 적당하다. • 과일향이 많다.
오데 토일렛	6~8%	3~5시간	• 상쾌한 향이다.
오데 퍼퓸	9~12%	5~6시간	• 퍼퓸에 가까운 향의 지속성이 있다.
퍼퓸	15~30%	6~7시간	• 일반적인 향수이다. • 고가이고, 분위기 연출로 사용한다.

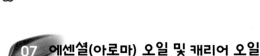

07 에센셜(아로마) 오일 및 캐리어 오일

1 정유(Essential oil) ★

① 에센셜 오일(정유)이란 식물의 순수한 에센스를 추출한 오일이다.
② <u>허브의 꽃, 줄기, 열매, 잎, 뿌리 등에서</u> 정밀하게 정제해 추출한 순수 오일이다.
③ 치료를 목적으로 하는 자연의 식물성 향기와 그 성분을 이용한 치료요법이다.

2 향요법의 역사와 아로마치료의 역사적 인물 ★

- **르네 모리스 가테포세** : 아로마테라피라는 용어를 처음으로 사용하였다.
- **장 발레** : 아로마테라피를 임상 환자에게 치료한 기록인 "The Practice of Aromatherapy"가 아로마테라피의 고전적 교과서가 되었다.
- **마가렛 모리** : 아로마테라피를 피부미용학으로 발전시켰다.

(1) 중국

BC 4,000년 경 Kiwanti 황제 때 사향을 사용한 기록이 있고, 허브 식물 추출물에 관해 의서에 기록하게 하였으며, BC 2,000년 경의 허브 식물을 사용한 기록이 있는 황제내경이 지금까지 전해져 오고 있다.

(2) 고대 이집트

① 종교적 의식과 밀접하게 연관되어 있었으며 화장과 위생을 위한 화장품으로 사용되었다.
② 미라를 감은 붕대에서 많은 종류의 오일 흔적이 발견되었다.
③ 클레오파트라는 자스민과 로즈를 사용하여 안토니오의 마음을 사로잡으려 했다고 한다.

(3) 인도

기원전 3,000년 경 에센셜 오일을 사용한 용기를 발견하였으며, 아유르베다 마사지에 향신료를 사용하였다. 또한 백단목, 생강, 몰약, 계피 등이 질병의 치유뿐만 아니라 종교의식에도 사용되었다.

(4) 그리스

주로 의학적으로 에센셜 오일을 사용하였으며, BC 500~400년경 의학의 아버지인 히포크라테스는 400여 종의 약초 치료법을 연구하고 기술하여 의학식물에 대한 많은 저서를 남겼다.

part 05. 화장품학

(5) 중동

성경에서 예수의 발에 향료를 부은 것과, 예수의 탄생에 금, 몰약, 유황을 선물한 것을 볼 수 있다.

(6) 중세 유럽

① 유럽인구의 절반을 숨지게 한 흑사병이 만연할 때 에센셜 오일의 진가가 발휘되었다.
② 마늘과 클로브(Clove, 정향)를 넣은 향료를 목에 둘러 감염병 예방법으로 사용하였다.

(7) 우리나라

① 쑥, 마늘은 우리나라 설화에 기록되어 있고, 이것은 실제로 미백 효과를 가지고 있다.
② 허준의 동의보감에 향을 이용한 치료가 소개되어 있다. 또한 여러 식물들을 이용한 민간 요법들이 발전해 왔다.

3 정유(에센셜 오일)의 추출법 ★★

종 류	특 징
수증기 증류법	• 가장 오래되고 많이 사용되는 방법이다. • 식물에 수증기를 불어 넣어 증기압으로 분리하여 에센셜 오일과 플로럴 워터를 얻는 방법이다. • 라벤더, 제라늄, 불가리아, 장미유 등은 수증기 증류방법만으로 제조한다.
압착법	• 오렌지, 레몬, 버가못 등 감귤류의 내피를 압착해 에센셜 오일을 추출하는 방법이다.
용매 추출법	• 휘발성 또는 비휘발성 용매를 사용해 낮은 온도에서 추출하는 방법이다. • 천연 향료를 대량 처리하는 데 적당하다.
침윤법	• 온침법 : 식물을 큰 유리병에 넣고 따뜻한 식물성 오일을 채워 1~2주 햇빛이 잘 드는 곳에 놓아둔다. 이러한 작업을 여러 번 반복하여 지용성분을 추출한다. • 냉침법 : 유리판에 지방(Lard)를 얇게 바르고 그 위에 신선한 꽃잎을 깔아놓는다. 지방에 오일이 흡수된 꽃잎을 떼어내고 새 꽃잎으로 반복하는 과정으로 얻어진다. • 이산화탄소 추출법 : 최근 개발된 추출법으로 초저온에서 추출하므로 열에 약한 정유의 성분도 추출 가능하다. 이물질이 남지 않으나 생산비가 비싸다.

4 에센셜 오일의 효과 ★

① 항염작용
② 항균작용
③ 세포재생 효과
④ 진정작용
⑤ 면역력 향상
⑥ 배설, 배농작용

5 에센셜 오일의 종류와 특징

종 류	특 징
라벤더	심장박동의 진정, 불면증, 우울증, 생리통, 피부 재생, 화상에 효과적
레몬	살균 및 소독, 수렴, 청정, 감광성, 민감성 피부는 주의할 것
로즈	소독, 여성 생리기능 조절, 최음 효과, 임산부 사용 주의
버가못	살균 및 소독, 피부, 습진, 여드름, 감광성
만다린	흥분과 자극진정, 소화촉진, 피부활력, 감광성
<u>티트리</u>	지성에 효과적으로 <u>살균</u>, 소독효과(여드름, 비듬관리), 항바이러스, 민감성 피부 주의
카모마일	불면증, 불안, 긴장해소, 청량감을 주며, 진정 항알레르기 작용
네롤리	피부에 활력을 주며, 주름, 튼살, 흉터, 불안, 초조, 감광성, 저온보관
일랑일랑	행복감, 긴장완화, 최음 작용, 모든 피부용, 과도 사용 시 구토 유발
페퍼민트	감기, 신경계 자극, 근육통, 두통, 임산부 주의, 수면 방해
클라리세이지	긴장완화, 호르몬 조절 작용, 갱년기 장애, 면역강화, 지성 피부와 비듬 등의 두피장애, 피지조절, 사용 후 운전금지
샌달우드	기분진정, 안정, 재생, 보습, 노화방지, 우울증에 사용금지
몰약	우울증, 불안조절, 천식, 가래, 구강청정, 건선, 노화방지, 임신 중 사용금지
자스민	신경안정, 긍정적 사고, 원기회복, 근육통·생리통 완화, 건성·민감성 피부, Flower 오일의 여왕이라 불림
유칼립투스	정신집중, 신경계 강화, 감기, 기침, 헤르페스, 염증, 박테리아 성장 막음, 고혈압 간질 시 사용금지

⑥ 캐리어 오일(베이스 오일)의 종류와 특징 ★

종 류	특 징
스위트 아몬드 오일 (Sweet almond oil)	• 진정 효과가 있다. • 모든 피부 타입에 적합하다. • 맑고 투명한 노란색을 띤다. 견과류 냄새가 난다. • 특히 습진, 가려움, 통증, 건조증, 화상으로 인한 감염 등에 효과적이다. • 가격은 고가이다. • 글루코사이드, 미네랄, 비타민 A, 비타민 E, 비타민 B_1, 비타민 B_2, 비타민 B_6와 단백질 등이 풍부하다.
달맞이꽃 오일 (Evening primrose oil)	• 필수 지방산인 감마 리놀렌산을 많이 함유한다. • 피부에 방어 역할을 한다. • 습진, 건선과 같은 건조하고 얇은 피부, 자극성 피부에 효과적이다. • 쉽게 산화된다. • 다른 캐리어 오일과 블랜딩 하여 10% 미만으로 사용한다.
<u>호호바 오일</u> (Jojoba oil)	• 장기간 보관이 가능하다. → 산화가 늦게 된다. • <u>인체 피지와 화학구조가 유사하여 피지성분을 공급해 준다.</u> • 과잉 피지를 분해하므로 지성 피부와 여드름 피부에도 사용할 수 있다. • 염증피부, 류머티즘, 관절염, 건선, 습진 등 모든 종류의 피부 염증에도 유용하다. • 가격이 고가이며 다른 오일과 블랜딩 하여 10% 미만으로 사용한다. • 단백질, 미네랄, 식물성 왁스 등을 주로 함유하고 있다.
올리브 오일 (Olive oil)	• 단일 불포화 지방인 올레인산(Oleic acid)을 함유하고 있다. • 건성 피부, 마사지 오일, 크림, 로션, 비누, 헤어 컨디셔너 등 다양하게 사용된다.
로즈 힙 오일 (Rosehip oil)	• 리놀렌산(Linoleic acid)과 리놀렌 지방산(Linoleic fatty acid)을 함유하고 있다. • 피부 재생, 상처, 화상, 건조, 주름진 피부 조직을 개선해 준다. • 매우 고가이며 다른 오일에 10% 미만으로 희석해서 사용한다. • 주로 안데스 산지에서 야생하는 장미 덩쿨의 씨앗으로부터 추출한다. • 산화되기 쉽다.
세서미 블랙 오일 (Sesame black oil)	• 중간 정도의 독특하게 달콤한 참깨 향을 가지고 있다. • 건조한 피부의 보습에 좋다. • 인도의 아유르베다에서 처방되는 매우 중요한 오일로 치료용 오일의 베이스로 사용된다.

7 아로마 오일의 흡수 경로와 배합

(1) 흡수 경로

피부
↓
근육 → 관절
↓
혈류 → 온몸의 조직과 기관 → 내분비 기관
↓
피부 · 폐 · 방광 → 체외로 배출

(2) 흡수 방법

종 류	특 징
흡입법	• 공기 중에 발산된 향을 코로 흡입하는 방법으로 간편하면서 가장 잘 알려진 방법이다. • 건식 흡입법, 증기 흡입법, 스프레이 분사법, 아로마 램프를 이용한 확산법 등의 종류가 있다. • 심리적 안정감을 주고, 뇌신경을 자극하여 호르몬을 활성화해 준다.
목욕법	• 물에 에센셜 오일을 희석해서 신체를 담그는 방법으로 전신욕 및 반신욕, 수욕법, 족욕법, 좌욕법 등이 있다. • 피로 회복과 근육이완에 효과적이다.
마사지법	• 베이스 오일(캐리어 오일)에 에센셜 오일을 희석해 피부에 직접 마사지 해 줌으로써 체내에 오일을 직접 흡수시켜 주는 방법이다. • 직접 체내에 침투되므로 아로마 오일의 효능을 최대로 이용할 수 있다.
습포법	• 습포에 희석한 아로마 오일을 차갑게 혹은 뜨겁게 하여 타박상, 신경통, 근육통, 두통 등의 부위에 적용한다. • 급성 또는 부분 질환에 유용하게 사용할 수 있다.

8 에센셜 오일(정유)을 사용할 때 주의사항 ★

① 임산부, 노인, 어린이나 민감한 피부를 가진 사람은 전문의와 상담 후 사용을 권장한다.
② 반드시 **희석된 오일만을 사용**해야 한다.
③ 심한 화상, 높은 열, 상처가 있을 경우는 사용하지 않는다.
④ 특히 눈, 입술, 질, 항문 등 점막부위는 사용 시 주의한다.
⑤ 감귤류 사용 시에는 햇빛을 피한다.
⑥ 정유는 100% 순수한 것을 사용한다.
⑦ 산소, 빛 등에 의해 변질될 수 있으므로 갈색병에 보관한다.
⑧ 안전성을 위해 사전에 패치 테스트(Patch test)를 실시한다.

part 05. 화장품학

08 기능성 화장품

일반 화장품에 비해 생리 활성이 강조된 화장품을 기능성 화장품이라고 한다.

1 기능성 화장품의 법적인 정의(화장품법 제2조 2항) ★★

① 피부 미백에 도움을 주는 제품
② 피부 주름개선에 도움을 주는 제품
③ 피부를 곱게 태워주거나 자외선으로부터 피부를 보호하는데 도움을 주는 제품(선탠 제품, 자외선 차단제)

2 미백 화장품 ★★

① 피부를 자외선으로부터 보호해 주는 기능이다.
② AHA, BHA, 레티놀 성분 등을 첨가해 피부의 각질 탈락을 유도해서 미백에 도움을 준다.
③ **티로시나아제의 활동을 억제**해 주는 성분(코직산, 알부틴, 비타민 C, 하이드로퀴논, 감초 추출물, 상백피 추출물 등)이 도파퀴논을 도파로 환원시켜 멜라닌 합성을 저해한다.

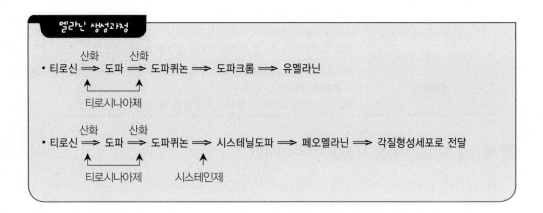

3 주름개선 화장품 ★

① 필링(AHA, BHA 성분이 들어간 제품)
② 레티놀이 함유된 제품
③ 이소플라본(에스트로겐, 여성 호르몬과 매우 유사 : 콩류에서 추출됨) 등이 함유된 제품

4 자외선 화장품 ★

① 자외선 차단 성분이 들어간 화장품
- ㉠ 물리적 차단제(**미네랄 필터**)
  - ⓐ 자외선을 반사해 준다(**자외선 산란제**, 난반사 필터, **물리적 필터**).
  - ⓑ 피부가 하얗게 보일 수 있다.
  - ⓒ 색상은 불투명하다.
  - ⓓ 피부에 자극을 주지 않는다.
  - ⓔ 메이크업에 밀릴 수 있다.
  - ⓕ **종류** : 이산화티탄, 산화아연
- ㉡ 화학적 차단제(**케미컬 필터**)
  - ⓐ 자외선 필터(**자외선 흡수제, 화학적 필터**, 멜라닌 색소 기능)
  - ⓑ 색상은 투명하다.
  - ⓒ 피부에 자극을 줄 수 있다.
  - ⓓ 사용감이 우수하다.
  - ⓔ 미네랄 필터를 제외한 모든 자외선 차단 성분을 말한다.
  - ⓕ **종류** : 벤조페논, 옥시벤존, 옥틸디메칠파바
② 항산화제 : 활성산소에 의한 피부 노화 예방
- ㉠ 비타민 E(Tocopherol) : 지용성 비타민으로 피부 흡수력이 우수하고 항노화, 항산화 작용을 한다.
- ㉡ 슈퍼옥사이드 디스뮤타제(Super Oxide Dismutase : SOD) : 활성산소 억제 효소로 항노화 작용을 한다.

part 05. 화장품학

실전예상문제

01 화장품법상 화장품의 정의와 관련된 내용이 아닌 것은?

① 신체의 구조, 기능에 영향을 미치는 것과 같은 사용목적을 겸하지 않는 물품
② 인체를 청결히 하고, 미화하고, 매력을 더하고 용모를 밝게 변화시키기 위해 사용하는 물품
③ 피부 혹은 모발을 건강하게 유지 또는 증진하기 위한 물품
④ 인체에 사용되는 물품으로 인체에 대한 작용이 경미한 것

해설 화장품은 신체의 구조, 기능에 영향을 미치는 것과 같은 사용목적을 겸하는 물품이다.

02 화장품의 4대 품질 조건에 대한 설명이 틀린 것은?

① 안전성 : 피부에 대한 자극, 알러지, 독성이 없을 것
② 안정성 : 변색, 변취, 미생물의 오염이 없을 것
③ 사용성 : 피부에 사용감이 좋고 잘 스며들 것
④ 유효성 : 질병 치료 및 진단에 사용할 수 있을 것

해설 화장품은 인체에 대한 작용에 경미해야 하며 질병 치료 및 진단에 사용하는 것은 의약품이다.

03 화장품의 분류와 사용목적, 제품이 일치하지 않는 것은?

① 모발 화장품 – 정발 – 헤어 스프레이
② 방향 화장품 – 향취부여 – 오데 코롱
③ 메이크업 화장품 – 색채부여 – 네일 에나멜
④ 기초 화장품 – 피부정돈 – 클렌징 폼

해설

분류	사용 목적	주요 제품
기초 화장품	세안	클렌징 크림, 클렌징 폼
	피부 정돈	화장수(유연 화장수, 수렴 화장수)
	피부 보호	로션, 모이스처 크림, 팩, 에센스

04 미백 화장품의 메커니즘이 아닌 것은?

① 자외선 차단
② 도파(DOPA) 산화 억제
③ 티로시나아제 활성화
④ 멜라닌 합성 저해

해설 티로시나아제 효소를 억제시켜야 멜라닌이 생기지 않는다.
멜라닌 생성과정
티로신 ⇒ 도파 ⇒ 도파퀴논 ⇒ 도파크롬 ⇒ 멜라닌
　　　↑　　　↑
　　　티로시나아제

05 진달래과의 월귤나무의 잎에서 추출한 하이드로퀴논 배당체로 멜라닌 활성을 도와주는 티로시나아제 효소의 작용을 억제하는 미백 화장품의 성분은?

① 감마-오리자놀　　② 알부틴
③ AHA　　　　　　④ 비타민 C

해설 알부틴은 하이드로퀴논과 비슷한 화학구조를 가지고 있는 미백 화장품의 성분이다.

미백용 화장품 성분
• 알부틴 : 월귤나무에서 추출
• 비타민 C
• 감초 추출물
• 닥나무 추출물 : 한지에서 추출
• 하이드로퀴논 : 의사의 처방이 필요
• 코직산
• 상백피 추출물 : 뽕나무에서 추출

06 SPF에 대한 설명으로 틀린 것은?

① Sun Protection Factor의 약자로써 자외선 차단지수라 불린다.
② 엄밀히 말하면 UV-B 방어효과를 나타내는 지수라고 볼 수 있다.
③ 오존층으로부터 자외선이 차단되는 정도를 알아보기 위한 목적으로 이용된다.
④ 자외선 차단제를 바른 피부가 최소의 홍반을 일어나게 하는데 필요한 자외선 양을, 바르지 않은 피부가 최소의 홍반을 일어나게 하는데 필요한 자외선 양으로 나눈 값이다.

해설 오존층으로부터 차단되는 자외선은 UV-C이다. 오존층의 파괴로 인해 차단되지 못한 UV-C는 피부암을 유발시킬 수 있다.

07 자외선 차단제에 대한 설명 중 틀린 것은?

① 자외선 차단제의 구성성분은 크게 자외선 산란제와 자외선 흡수제로 구분된다.
② 자외선 차단제 중 자외선 산란제는 투명하고, 자외선 흡수제는 불투명한 것이 특징이다.
③ 자외선 산란제는 물리적인 산란작용을 이용한 제품이다.

④ 자외선 흡수제는 화학적인 흡수작용을 이용한 제품이다.

해설 자외선 차단과 선탠 화장품 성분
• 자외선 산란제(물리적 차단제, 미네랄 필터)
  – 차단 효과가 우수하고, 불투명하여 파운데이션이나 파우더에 주로 사용, Make up이 밀릴 수 있음
  – 이산화티탄, 산화아연, 탈크, 카올린 등
• 자외선 흡수제(화학적 차단제, 케미컬 필터)
  – 투명하고 바르기 용이하나 접촉성 피부염 유발 가능성이 높음
  – 선 크림, 선 로션에 주로 사용
  – 벤조페논, 옥시벤존, 옥틸디메칠파바 등

08 계면활성제에 대한 설명 중 잘못된 것은?

① 계면활성제는 계면을 활성화시키는 물질이다.
② 계면활성제는 친수성기와 친유성기를 모두 소유하고 있다.
③ 계면활성제는 표면장력을 높이고 기름을 유화시키는 등의 특성을 지니고 있다.
④ 계면활성제는 표면활성제라고도 한다.

해설 계면활성제는 서로 섞이지 않는 두 물질을 섞을 때 서로 다른 계면이 존재하게 되는데, 그 경계면을 잘 섞이게 해주는 활성물질을 의미한다. 한 분자 내에 둥근 머리 모양의 친수성기와 막대 꼬리 모양의 소수성기를 가지며, 계면활성제는 양이온성, 음이온성, 양쪽성, 비이온성 계면활성제의 종류를 갖는다.

09 팩에 사용되는 주성분 중 피막제 및 점도 증가제로 사용되는 것은?

① 카올린(Kalin), 탈크(Talc)
② 폴리비닐알코올(PVA), 잔탄검(Xanthan gum)
③ 구연산나트륨(Sodium citrate), 아미노산류(Aminoacids)
④ 유동파라핀(Liquid paraffin), 스쿠알렌(Squalene)

part 05. 화장품학

해설 피막제 및 점도 증가제 성분은 제품의 점도를 조절하는 목적으로 사용되며 카보머 성분, 천연점증제로 한천, PVA, 잔탄검 등이 있다.

10 바디 화장품의 종류와 사용 목적의 연결이 적합하지 않은 것은?

① 바디 클렌저 - 세정, 용제
② 데오도란트 파우더 - 탈색, 제모
③ 썬스크림 - 자외선 방어
④ 바스 솔트 - 세정, 용제

해설 데오도란트는 탈색, 제모와 관련이 없고 체취억제와 관련이 있다.

분류	사용 목적	주요 제품
전신 (바디) 화장품	신체의 보호 미화, 체취 억제, 세정	바디 클렌저, 바디 오일, 바스 토너, 체취 방지제(데오도란트), 바디 샴푸, 버블 바스

11 화장품의 제형에 따른 특징의 설명이 틀린 것은?

① 유화 제품 : 물에 오일성분이 계면활성제에 의해 우유빛으로 백탁화된 상태의 제품
② 유용화 제품 : 물에 다량의 오일성분이 계면활성제에 의해 현탁하게 혼합된 상태의 제품
③ 분산 제품 : 물 또는 오일에 미세한 고체입자가 계면활성제에 의해 균일하게 혼합된 상태의 제품
④ 가용화 제품 : 물에 소량의 오일성분의 계면활성제에 의해 투명하게 용해되어 있는 상태의 제품

해설 화장품의 제조에 따른 분류는 가용화, 유화, 분산이다.

12 내가 좋아하는 향수를 구입하여 샤워 후 바디에 나만의 향으로 산뜻하고 상쾌함을 유지시키고자 한다면, 부향률을 어느 정도로 하는 것이 좋은가?

① 1~3%
② 3~5%
③ 6~8%
④ 9~12%

해설 1~3%는 샤워코롱의 부향률로, 샤워 후 산뜻하고 상쾌함을 유지하며 지속시간은 낮다.
- **퍼퓸** : 15~30%
- **오데 퍼퓸** : 9~12%
- **오데 토일렛** : 6~8%
- **오데 코롱** : 3~5%
- **샤워 코롱** : 1~3%

13 기능성 화장품류의 주요 효과가 아닌 것은?

① 피부 주름개선에 도움을 준다.
② 자외선으로부터 보호한다.
③ 피부를 청결히 하여 피부 건강을 유지한다.
④ 피부 미백에 도움을 준다.

해설 기능성 화장품의 주요 효과
- 피부 미백에 도움을 주는 제품
- 피부 주름 개선에 도움을 주는 제품
- 자외선으로부터 피부를 보호해 주는 제품

14 색소를 염료(Dye)와 안료(Pigment)로 구분할 때 그 특징에 대해 잘못 설명되어진 것은?

① 염료는 메이크업 화장품을 만드는데 주로 사용된다.
② 안료는 물과 오일에 모두 녹지 않는다.
③ 무기안료는 커버력이 우수하고 유기안료는 빛, 산, 알칼리에 약하다.
④ 염료는 물이나 오일에 녹는다.

Answer 10.② 11.② 12.① 13.③ 14.①

해설 • 염료

– 물이나 오일에 용해되는 색소로 화장품 자체에 시각적인 색상을 부여한다.

– 물에 녹는 염료를 수용성 염료, 오일에 녹는 염료를 유용성 염료라고 한다.

• 안료

– 물이나 오일에 모두 녹지 않는 색소이다.

– 주로 메이크업 제품에 사용된다.

– 작은 고체 입자 상태로 존재하기 때문에 빛을 반사하고 차단시키며 커버력이 우수하다.

– 종류

무기 안료	색상이 선명하지 않고 커버력은 우수하다. 내광성과 내열성이 우수하다. 주로 마스카라에 사용된다.
	• **체질 안료** : 사용감에 큰 영향을 준다(마이카(우모), 탈크, 카오린).
	• **착색 안료** : 화장품에 색상을 부여하며 커버력을 높이는데 사용한다.
	• **백색 안료** : 높은 굴절률에 의한 커버력을 부여해 준다(이산화티탄, 산화아연).
유기 안료	색상이 선명하고 화려하나 빛, 산, 알칼리에 약하다. 주로 립스틱이나 색조 화장품에 사용한다.

15 에센셜 오일을 추출하는 방법이 아닌 것은?

① 수증기 증류법 　② 혼합법

③ 압착법 　④ 용제 추출법

해설 정유의 추출 방법

• **수증기 증류법** : 가장 오래되고 많이 사용되는 방법으로, 고온의 증기를 통하여 추출하는 방법으로 에센셜 오일과 플로럴 워터가 생산됨

• 압착법

• 용매 추출법

• 침윤법(온침법, 냉침법)

• 이산화탄소 추출법

16 아로마테라피에 사용되는 에센셜 오일에 대한 설명 중 가장 거리가 먼 것은?

① 아로마테라피에 사용되는 에센셜 오일은 주로 수증기 증류법에 의해 추출된 것이다.

② 에센셜 오일은 공기 중의 산소, 빛 등에 의해 변질될 수 있으므로 갈색병에 보관하여 사용하는 것이 좋다.

③ 에센셜 오일은 원액을 그대로 피부에 사용해야 한다.

④ 에센셜 오일을 사용할 때에는 안전성 확보를 위하여 사전에 패치 테스트를 실시하여야 한다.

해설 에센셜 오일은 원액을 그대로 피부에 적용하지 않고 캐리어 오일과 블랜딩해서 사용한다.

part 05. 화장품학

part 06. 공중위생관리학

공중위생관리학은 비중이 크지만 가장 범위가 넓고 외울 것이 많아서 포기를 쉽게 하는 과목이다.
공중위생관리학은 3파트로 나뉘는 데, 공중보건학 부분은 범위가 넓어 반드시 출제되는 문제 위주로 공부하는 것이 좋다.
질병 관리(법정 감염병)와 식품위생(식중독) 부분은 매번 출제되고 있으니 반드시 숙지해둬야 한다.
가장 까다로운 파트인 소독학 부분은 소독방법 위주로 출제되었던 과거와는 달리 현재 미생물 부분이 어렵게 출제되고 있다.
공중위생관리법규는 목적과 정의부터 시행령 및 시행규칙 관련사항까지 안 나온 문제가 없을 정도로 모두 출제되었다. 그러나 목적 및 정의부터 위생교육까지는 외우는 것이 크게 어렵지 않기 때문에 이론서를 참고하여 숙지하고 벌칙과 시행령 및 시행규칙 관련사항은 반드시 외워야 문제를 풀 수 있다.

출제 항목

	세부 항목	세세 항목
공중위생관리학	(1) 공중보건학	① 공중보건학 총론 ② 질병관리 ③ 가족 및 노인보건 ④ 환경보건 ⑤ 식품위생과 영양 ⑥ 보건행정
	(2) 소독학	① 소독의 정의 및 분류 ② 미생물 총론 ③ 병원성 미생물 ④ 소독방법 ⑤ 분야별 위생·소독
	(3) 공중위생관리법규 (법, 시행령, 시행규칙)	① 목적 및 정의 ② 영업의 신고 및 폐업 ③ 영업자준수사항 ④ 면허 ⑤ 업무 ⑥ 행정지도감독 ⑦ 업소 위생등급 ⑧ 위생교육 ⑨ 벌칙 ⑩ 시행령 및 시행규칙 관련사항

공중보건학   5~6문제
소독학   3~4문제
공중위생관리법규   5문제

공중위생관리학 출제문항 수 : 13문제 출제

공중보건학

01 공중보건학 총론

1 건강의 정의(WHO, 1948년 세계보건기구)

질병이 없거나 허약하지 않을 뿐 아니라 육체적, 정신적, 사회적 안녕이 완전한 상태를 말한다.

2 공중보건학의 정의(윈슬로, Winslow)

① 윈슬로 박사는 공중보건을 "조직적인 지역사회의 노력을 통하여 질병을 예방하고 생명을 연장시키며 신체적, 정신적 효율을 증진시키는 기술과 과학이다"라고 정의 내렸다.
② **공중보건의 대상** : 지역사회 전체주민
③ **공중보건의 목적** : 질병예방, 건강증진, 생명연장

3 공중보건의 범위

① **환경보건분야** : 환경위생, 식품위생, 산업보건, 환경오염
② **보건관리분야** : 보건행정, 보건영양, 인구보건, 모자보건 및 가족보건, 노인보건, 학교보건 및 보건교육, 보건통계, 성인병관리, 가족계획 등
③ **질병관리분야** : 역학, 감염병 관리, 기생충질환 관리

4 공중보건학의 발전과정

① **고대기**(기원전~서기 500년) : 이집트, 그리스, 로마
  ㉠ **장기설** : 히포크라테스(Hippocrates)는 오염된 공기가 질병의 원인이 된다고 하였다. 오염된 공기를 정화시키기 위한 방법으로 불을 지르는 방법과 연기를 이용한 소독법 등을 사용하였다.
  ㉡ **점성설** : 별자리의 이동에 따라 질병, 기아, 전쟁이 발생

② 중세기(서기 500~1500년)

    ㉠ 종교가 지배적인 시기로, 질병은 신이 내린 벌로 인식하였다.

    ㉡ 천연두, 흑사병과 나병이 유행한 시대였다(목욕의 기피와 더러운 의복을 입는 것이 질병의 원인이 되었다).

    ㉢ 페스트가 유행한 시대였다(유럽인구의 1/4을 죽게 했던 무서운 질병이다).

③ 근세 여명기(서기 1500~1850년)

    ㉠ <u>산업혁명으로 공중보건의 사상이 싹튼 시기</u>였다.

    ㉡ 1848년 <u>영국에서 세계 최초의 공중보건법이 제정·공포되어</u> 보건행정의 기틀을 마련하였다.

④ 근대 확립기(서기 1850~1900년)

    ㉠ <u>공중보건학의 확립·기초를 다진 시기</u>였다.

    ㉡ 질병발생의 원인이 미생물 때문이라고 주장하는 미생물학의 시대로서 영국, 독일 등 유럽을 중심으로 발전하였다.

⑤ 발전기(현대, 20세기 이후)

    ㉠ <u>공중보건학과 치료의학의 조화로운 발전기</u>이다.

    ㉡ 영국에서 세계 최초의 보건부가 설치되었다(1919).

    ㉢ 리우환경선언(1992년 6월) 선포를 중심으로 환경오염으로부터 지구를 지키기 위한 공중보건학이 발전하였다.

    ㉣ WHO(World Health Organization : 세계보건기구)가 1948년에 발족되었다.

02 질병 관리

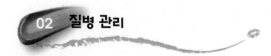

1 역학(Epidemiology, 疫學)

(1) 역학의 정의

인간집단을 대상으로 하여 건강생활에 방해 요인이 되는 질병의 분포와 경향의 양상을 파악하고, 분포와 경향을 결정하는 인자를 규명, 질병발생의 원인을 분석, 건강관리의 방향 및 예방대책을 강구하는 학문이다.

(2) 역학의 목적

① 질병의 예방 및 관리, 치료를 위한 건강관리사업의 계획, 수행, 평가의 기초자료를 제공한다.

② 질병 발생요인의 병원성을 확인 및 감정한다.

(3) 역학의 역할

① 질병발생의 원인규명 역할
② 질병발생과 유행의 감시 역할
③ 질병의 관리방법 및 결과의 평가
④ 보건사업의 기획과 평가자료 제공 역할
⑤ 질병의 자연사를 연구하는 역할
⑥ 질병의 임상적 연구, 활용하는 역할

구 분	특 징	질 병
시간적 현상 (Time factors)	추세 변화(장기 변화) : 질병의 유행이 <u>수십 년을 한 주기</u>로 한 유행현상	인플루엔자 30년, 디프테리아 10~24년, 장티푸스 30~40년, 이질 15~20년
	순환 변화(단기 변화) : <u>수년의 주기</u>로 유행이 단기적으로 반복되는 현상	백일해 2~4년, 유행성일본뇌염 3~4년, 홍역 2~3년
	계절적 변화 : 질병의 유행주기가 계절적으로 나타나는 현상	• 여름 : 소화기질환 • 겨울 : 호흡기질환
	불규칙 변화 : 외래감염병이 국내로 침입하는 등의 돌발적 유행	인플루엔자, 콜레라
지리적 현상 (Geographical factors)	지방적(편재적, Endemic) : 하천지역 중심	간디스토마증, 폐디스토마증
	전국적(Epidemic)	우리나라에 토착화한 장티푸스
	범세계적(Pandemic)	독감의 유행
	산발적(Sporadic) : 일부 한정지역에 산발적으로 발생	렙토스피라증
사회적 현상 (Social factors)	인구과밀 지역 : 호흡기계통 감염병	성홍열, 백일해, 디프테리아, 인플루엔자
	환경불량 지역 : 소화기계통 감염병	이질, 살모넬라, 장티푸스, 식중독
	빈곤층 인구	결핵
	부유층 인구	당뇨병
생물학적 현상 (Biological factors)	성별	• 남자 : 발진티푸스, 장티푸스 • 여자 : 백일해, 이질
	연령	• 어린이 : 백일해, 일본뇌염 • 성인 : 장티푸스, 성병
	종족(인종)	결핵 : 흑인이 백인보다 발병률이 높다.

2 질병발생의 3대 요소

<u>병인, 환경, 숙주</u>의 3대 요소로부터 질병이 발생한다.

(1) 병인

① 질병발생의 직접적인 원인이 된다.

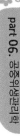

② 온도, 습도, 물, 음식오염, 중금속, 화학성 물질, 바이러스에서 절지동물에 이르는 생물 등

(2) 환경 요인

① 병인과 숙주 간에 매개역할을 한다.

② 병원체, 매개곤충, 지형, 기후, 상하수도, 계절, 전쟁, 위생상태, 직업, 경제상태 등

(3) 숙주 요인

같은 병원체 요인에 의해 침범을 받아도 이에 대한 반응은 사람에 따라 다르게 나타난다.

① 생물학적 요인(연령, 성, 종족, 면역)

② 형태 요인(생활습관, 직업, 개인위생)

③ 체질적 요인(선천적 · 후천적 지향력, 건강상태, 영양상태)

3 감염병(Disease)

(1) **감염병의 생성과정** ★

병원체 → 병원소 → 병원소로부터 병원체의 탈출 → 병원체의 전파 → 새로운 숙주로의 침입 → 새로운 숙주의 감염

① 병원체

   ㉠ 세균(Bacteria) : 병원체가 세균인 감염병으로 육안으로 관찰할 수 없다. **결핵, 성홍열, 디프테리아, 백일해,** 장티푸스, 파라티푸스, 콜레라, 세균성이질, **페스트, 매독,** 임질, 나병 등이 있다.

   ㉡ 바이러스(Virus) : 살아있는 세포 중에 가장 작은 생물체로 전자현미경으로만 볼 수 있다. **홍역, 폴리오, 두창, 일본뇌염, 유행성이하선염,** A형 간염, 광견병, 황열, B형 간염, 유행성 출혈열, AIDS(후천성면역결핍증) 등이 있다.

   ㉢ 리케차(Rickettsia) : 세균과 바이러스의 중간 크기로 세포 안에서만 기생하는 특성이 있다. **발진열, 발진티푸스, 양충병(쯔쯔가무시병),** 로키산홍반열, Q열 등이 있다.

   ㉣ 진균 / 사상균(Fungus) : 진균은 곰팡이, 버섯류, 효모 등을 예로 들 수 있으며 무좀 등의 피부병을 일으킨다.

   ㉤ 기생충(Parasite) : 동물성 기생체로서 육안으로 식별이 가능하다.

> **병원체의 크기에 따른 분류 ★**
>
> 곰팡이 > 효모 > 세균(박테리아) > 리케차 > 바이러스

② 병원소 : 인간(환자, 보균자), 동물(개, 소, 돼지), 토양(오염된 토양) 등이 있다.

㉠ 인간 병원소
  ⓐ 환자 : 병원체에 감염되어 임상 증상이 있는 모든 사람을 의미한다.
  ⓑ **보균자** ★

건강(만성)보균자	병원체를 지니고 있으나, 증상을 보이지 않고 병원균만 배출하는 보균자를 의미한다. 보건학상 관리가 가장 어려운 보균자이다
잠복기 보균자	감염성 질환의 잠복기간 중 병원체를 배출하는 자로 주로 호흡기계 감염병(홍역, 백일해, 유행이하선염, 수두, 디프테리아 등)이 속한다.
회복기 보균자	감염성 질환에 이환 된 후 증상이 소실 된 후에도 병원체를 배출하는 자로서 소화기계 감염병(장티푸스, 세균성이질, 파라티푸스, 콜레라), 살모넬라균 등이 속한다.

㉡ 동물 병원소
③ 병원소로부터 병원체의 탈출
  ㉠ **소화기계통의 탈출** : 환자의 분뇨, 토사물 등 환자가 사용한 실내 등을 소독하여야 한다.
  ㉡ **호흡기계통의 탈출** : 실제로 소독이 어려우나 환자의 객담, 환자가 사용한 병실 및 각종 기구와 의류를 소독해야 한다.
  ㉢ 비뇨생식기계통의 탈출
  ㉣ 개방병소(한센병, 피부병)의 탈출
④ 병원체의 전파와 침입
  ㉠ **직접전파** : 신체적 접촉, 기침, 재채기 등에 의한 전파이다.
  ㉡ **간접전파** : 매개체를 통한 전파(대부분의 세균감염)이다.
  ㉢ **활성전파** : 모기, 진드기 등에 의한 전파이다.
  ㉣ **비활성전파** : 공기, 물, 우유, 음식물, 물, 개달물에 의한 전파이다.

개달물

환자가 쓰던 모든 무생물로 환자의 컵, 수건, 안경 등이 있으며 개달물에 의한 대표적인 질환으로는 트라코마(결막염과 각막염을 유발하고 치료하지 않으면 실명을 초래)가 있다.

⑤ **숙주의 감수성과 면역**
  ㉠ **감수성** : 숙주에 침입한 병원체에 대항하여 감염이나 발병을 막을 수 없는 상태로 감수성 감염자가 감염되어 발병하는 비율을 %로 표시한 것이다.

두창, 홍역(95%) > 백일해(60~80%) > 성홍열(40%) > 디프테리아(10%) > 소아마비(0.1%)

  ㉡ **면역** : 침입한 병원체에 대하여 절대적인 방어 역할을 하는 것을 의미한다.
    ⓐ **선천성 면역** : 인종, 종족, 개인차에 따라 저항력이 다르다.

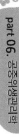

ⓑ **후천성 면역** ★

능동 면역	ⓐ 자연능동면역 : 질병 이환 후 획득 면역 **ex** 홍역, 수두, 콜레라, 장티푸스, 성홍열, 발진티푸스, 페스트, 두창 ⓑ 인공능동면역 : 예방 접종 후 면역 **ex** 백신, 톡신 － 생균백신 : 두창, 탄저, <u>홍역</u>, 광견병, <u>결핵</u>, 황열, 폴리오 － 사균백신 : <u>콜레라</u>, <u>파라티푸스</u>, <u>장티푸스</u>, <u>백일해</u>, 일본뇌염, 폴리오 － 순화독소 : <u>파상풍</u>, 디프테리아(병원체 대신 병원체가 생산한 독소를 약화시켜 접종하는 방법)
수동 면역	ⓐ 자연수동면역 : 모체로부터 태반이나 수유를 통해 받는 면역 ⓑ 인공수동면역 : 면역 혈청 등을 주사해서 받는 면역 **ex** 감마글로불린(γ-globulin), 회복기 혈청, 태반 추출물, 양친의 혈청

자연능동면역의 종류

① <u>영구면역</u>(현성 감염 후) : **홍역**, <u>수두</u>, 백일해, 유행성이하선염, 콜레라, 두창, 성홍열
② 영구면역(불현성 감염 후) : 일본뇌염, 폴리오, 디프테리아
③ <u>약한 면역</u> : **폐렴**, 수막구균성수막염, <u>세균성 이질</u>
④ <u>감염 면역</u>(면역형성이 안됨) : <u>매독</u>, <u>임질</u>, <u>말라리아</u>

출생 후 예방접종 순서

B형 간염, BCG, DTP(디프테리아, 파상풍, 백일해), 폴리오, 결핵

(2) 수인성 감염병의 특징

① 감염병 유행지역과 음료수 사용지역이 일치한다.
② 폭발적으로 환자가 발생한다.
③ 치명률과 발병률이 낮고 2차 감염환자가 적다.
④ 가족 집적성은 낮은 편이다.
⑤ 콜레라, 장티푸스, 세균성이질, 유행성 간염, 파라티푸스, 폴리오(소아마비)

(3) 법정 감염병 관리 ★★★

구 분	의 의	해당 질병	신고 기간
제1군 감염병(6종)	• 발생 즉시 • 환자격리 필요	콜레라, 장티푸스, 파라티푸스, 세균성이질, 장출혈성대장균 감염증, A형 간염	즉시 신고
제2군 감염병(13종)	• 예방접종대상	디프테리아, 백일해, 파상풍, 홍역, 유행성이하선염, 풍진, 폴리오, B형 간염, 일본뇌염 등	즉시 신고
제3군 감염병(19종)	• 모니터링 및 예방 홍보 중점	말라리아, 결핵, 한센병(나병), 성병, 성홍열, 발진열, 비브리오패혈증, 탄저, 공수병, 쯔쯔가무시병, 발진티푸스 등	즉시 신고
제4군 감염병(13종)	• 보건복지부령으로 정함	황열, 뎅기열, 바이러스성 출혈열, 페스트, 두창, 보툴리눔독소증 등	즉시 신고
제5군 감염병(6종)	• 기생충 감염 • 정기적 조사를 통한 감시	회춘증, 편충증, 요충증, 간흡충증, 폐흡충증, 장흡충증	7일 이내 신고
지정 감염병(8종)	• 평상시 감시활동이 필요한 전염병	1~5군 감염병 외 유행 여부에 따라 요구되는 전염병 보건복지부고시 제 2006-45호(2006.6.12)	7일 이내 신고

(4) 예방접종

① 국가필수 예방접종

구 분	연 령	접종 내용
기본접종	1주 이내	B형 간염 1차
	4주 이내	BCG(결핵), B형 간염 2차
	2개월	DTP 1차, 소아마비(폴리오)1차
	4개월	DTP 2차, 소아마비(폴리오)1차
	6개월	DTP 3차, 소아마비(폴리오)1차, B형 간염 3차
	12~15개월	MMR(홍역, 유행성이하선염, 풍진), 수두
	15~18개월	DTP 4차 추가
	3세	일본뇌염

(5) 인수공통 감염병

사람 및 동물 간에 서로 전파되는 병원체에 의해 발생하는 감염병을 말한다.

전파 동물	질 병
쥐	페스트, 살모넬라증, 발진열, 서교증, 렙토스피라증
소	결핵, 탄저병, 파상열, 살모넬라증
개	광견병(공수병)
돼지	파상열, 살모넬라증, 일본뇌염
양	탄저, 파상열
말	탄저, 일본뇌염, 살모넬라증

part 06. 공중위생관리학

(6) 곤충 매개 감염병

전파 곤충	질 병
모기	말라리아, 일본뇌염, 사상충, 황열, 뎅기열
파리	소화기계감염병, 수면병, 승저증(구더기증)
벼룩	페스트(흑사병), 발진열
이	발진티푸스, 재귀열, 참호열
진드기	록키산홍반열(참진드기), 쯔쯔가무시병(털진드기), 야토병

(7) 감염병의 분류

감염병은 급성과 만성 감염병으로 분류한다.

① 급성 감염병
  ㉠ **호흡기계 감염병** : 디프테리아, 홍역, 유행성이하선염, 풍진, 천연두(두창), 백일해, 폐렴, 세균성편도선염, 한센병, 수두, 결핵, 독감, 류마티스열 등이 있으며 이에 대한 예방대책으로는 예방접종이 있다.
  ㉡ **소화기계 감염병** : 콜레라, A형 간염, 장티푸스, 파라티푸스, 세균성이질, 폴리오, 살모넬라식중독, 포도상구균 식중독, 보틀리누스 식중독, 비브리오 식중독 등이 있으며 이에 대한 예방대책은 환경위생을 깨끗이 하는 것이다.

② **만성 간염병** : 성병, 나병, 결핵, B형 간염, 트라코마 등

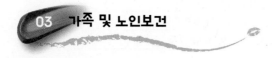

03 가족 및 노인보건

1 가족보건

(1) 인구와 가족계획

① 인구조사 : 5년마다 실시한다.

인구구조의 종류	
구 분	특 징
피라미드형(인구 증가형)	출생률은 높고 사망률도 낮은 형(후진국형)
종형(인구 정지형)	출생률과 사망률이 다 낮은 형(이상적인 형)
항아리형(인구 감소형)	출생률이 사망률보다 더 낮은 형(도시형)
별형(인구 유입형)	인구가 증가되는 형(도시형, 유입형)
기타형(호로형, 표주박형)	별형과 반대인 농촌형

② **가족계획** : 계획적인 출생, 계획적인 산아를 의미하는 것으로 초산 연령 조절, 출산 횟수 조절, 결혼 연령, 출산 간격, 출산 계절을 고려하여 잘 양육하여 잘 살 수 있도록 하는 것이다.

③ **피임의 원리** : 배란억제, 수정방지, 자궁착상방지, 정자 질내 침입방지 등이 있다.

(2) 모자보건

① 모자보건대상

- ㉠ 광의(넓은 의미)의 모자보건대상 : 모든 가임여성(임신 가능한 여성)과 6세 미만 어린이 (영·유아)
- ㉡ 협의(좁은 의미)의 모자보건대상 : 임신, 분만, 산욕기, 수유기 여성과 영아

② 모성의 대상 : 모성이란 엄마로서의 성질을 의미한다.

- ㉠ 광의의 대상 : 15세~ 폐경기 여성
- ㉡ 협의의 대상 : 임신관리, 분만관리, 산욕기관리 여성

③ 모성의 주 사망원인

- ㉠ 출산전후 출혈
- ㉡ 산욕열(감염증)
- ㉢ 임신중독증
- ㉣ 산과적 색전증
- ㉤ 유산
- ㉥ 자궁외 임신

> 임신 중의 감염병이나 사고로 인한 사망은 제외된다.

④ **영·유아 보건관리** : 출생 후 1년까지를 영아라고 부르며 출생 후 6년까지를 유아라고 부른다.

- ㉠ 정상아 : 3.2~35.5kg
- ㉡ 조산아(미숙아) : 37주 미만 출생아, 체중 2.5kg 미만자

2 노인보건

(1) 대상

노인보건의 대상은 65세 이상이다.

(2) 성인병의 종류

고혈압, 협심증, 심근경색, 뇌졸중증, 동맥경화증, 당뇨병, 암, 노인성 치매 등

① **고혈압** : 정상혈압은 수축기 혈압이 120mmHg, 이완기 혈압이 80mmHg인데 고혈압은 수축기 혈압이 160mmHg 이상이거나 이완기 혈압이 95mmHg 이상인 경우를 의미한다.

㉠ 원인 : 체중과다, 고지혈증, 과다한 소금섭취, 스트레스, 담배, 술 과다섭취, 운동부족, 과로 등

    ㉡ 증상 : 심근경색, 동맥경화, 대동맥박리, 뇌졸중, 허혈성 심장질환 등

② **당뇨병** : 공복 시 혈당이 140mg/dL이거나 식후 2시간 혈당이 200mg/dL 이상인 경우이다.

    ㉠ 원인 : 인슐린의 부족, 유전적인자와 스트레스, 운동부족, 음주, 흡연, 음식 등

    ㉡ 증상 : 다뇨, 다식, 다갈, 심근경색, 피로감 등

    ㉢ 분류

        ⓐ **1형 당뇨(인슐린 의존형)** : 인슐린 분비가 어렸을 때부터 안 되는 소아당뇨로 갑자기 발생하기도 하며 주로 35세 이전에 발생한다.

        ⓑ **2형 당뇨(비인슐린 의존형)** : 인슐린 분비 기능이 서서히 떨어지며 40대 이후 발생하는 성인당뇨이다.

04 환경보건

1 환경위생의 정의

인간을 주체로 한 각종 환경과 인간과의 관계를 연구하여 인간의 건강을 추구해가는 학문이다.

2 실내공기

① **산소**

    ㉠ 대기의 약 21%를 구성한다.

    ㉡ 공기 중에 산소량이 10%이면 호흡곤란 현상이 발생한다.

    ㉢ 7% 이하이면 질식, 사망한다.

② **질소**

    ㉠ 공기 중 78%로 가장 많이 구성된다.

    ㉡ 정상 기압에서는 직접적으로 인체에 영향을 주지 않으나, 고기압 상태(잠함병)나 감압 시(감압증)에는 영향을 준다.

③ **이산화탄소** : <u>0.03% 존재</u>하며 <u>**실내 공기의 오염도를 판정하는 기준**</u>이다. 적외선의 복사열을 흡수하여 온실효과를 일으키는 가스이다.

④ **일산화탄소** : 인간에게 가장 위험한 가스이며 무색, 무미, 무취의 가스로서 맹독성이 있다. 자동차 배기가스 등에서 가장 많이 배출된다. 헤모글로빈과의 친화력이 산소보다 200~300배 정도 강하다.

3 온열환경

기온, 기류, 기습(습도), 복사열을 온열환경이라 한다.

① **기온** : 실외 기온이란 지상으로부터 1.5m에서 측정한 건구 온도를 말한다.

　ⓐ **실내온도** : 적정온도 18±2℃, 침실온도 15±1℃

　ⓑ **계절별 쾌감온도** : 겨울철 19℃(66℉), 여름철 21.7℃(77℉)

② **기습(습도)** : 일정 온도의 공기 중에 포함되는 수증기량(쾌적습도 40~70%)이다.

③ **기류** : 대기 중에 일어나는 공기의 흐름(쾌감 기류 1m/sec)이다. 바람은 기압의 차와 기온의 차이에 의해서 형성된다.

④ **복사열** : 난로 같은 발열체로 인해 실제온도보다 더 큰 온감을 느낄 수 있는 것을 말한다.

불쾌지수

- **불쾌지수 70** : 10%의 사람이 불쾌감을 느낀다.
- **불쾌지수 75** : 50%의 사람이 불쾌감을 느낀다.
- **불쾌지수 80** : 100%의 사람이 불쾌감을 느낀다.
- **불쾌지수 85** : 견딜 수 없는 상태이다.

---

4 대기오염

(1) 공기의 자정작용

대기 오염물질이 스스로 정화되어 깨끗해지는 것을 의미한다.

① 바람에 의한 희석작용

② 강우 · 강설에 의한 세정작용

③ 산소, 오존, 과산화수소 등에 의한 산화작용

④ 식물의 CO_2, O_2의 교환에 의한 탄소동화작용

⑤ 자외선에 의한 살균작용

⑥ 중력에 의한 침강작용 등

(2) 대기의 수직구조

① 대류권(0~11km) → 성층권(11~50km) → 중간권(50~80km) → 열권(80~500km)

② 대기오염이 문제되는 기층은 대류권이다.

③ **아황산가스** : 자극성 냄새가 있는 가스로서 대기오염의 지표 및 대기오염의 주원인이 된다.

part 06. 공중위생관리학

(3) 대기 오염물질의 확산

① **기온역전** : 대류권에서는 평균 기온감율이 0.65℃/100m로서 하층에서 올라갈수록 기온이 감소하는 것이 보통이다. 그러나 상층의 공기가 하층의 공기보다 더 높은 현상을 기온역전이라 한다.

(4) 대기오염의 변화추세

① **산성비** : 공장, 자동차 등의 원인으로 대기 중에 다량 방출된 황산화물과 질소산화물이 수분과 결합하여 황산과 질산으로 되고 녹아서 pH 5.6 이하의 강수가 되는 것을 산성비라 한다.

② **온실효과** : 대기 중에 있는 잔류기체(특히 CO_2)가 적외선의 복사열을 흡수하여 지구의 온도가 높아지는 현상을 말한다.

③ **오존층의 파괴** : 오존층의 파괴는 자외선(UV-B)의 강도를 증가시키며 백내장, 피부암 등을 유발한다.

> **오존층 파괴물질**
>
> 염화불화탄소(CFCs : 프레온가스) : 스프레이, 냉장고·에어컨의 냉매제, 플라스틱 등

④ **열섬효과** : 도시의 연료소모로 인해 열 방출량이 높아 시골보다 기온이 2~5℃ 더 높은 것을 말한다. 여름부터 초가을에 잘 발생한다.

⑤ **엘니뇨와 라니냐** : 해수면의 온도가 0.5℃ 이상 높게 6개월 이상 계속되는 현상을 엘니뇨라 하고 해수면의 온도가 평년보다 0.5℃ 이상 낮게 지속되는 것을 라니냐라고 한다. 비교적 드물게 일어난다.

5 수질기준 ★

① **일반세균** : 1mL(cc) 중 100CFU를 넘지 않아야 한다.

② **음용수의 수질기준 중 대장균군의 기준** : 100mL(cc)에서 검출되지 않아야 한다. → 상수 수질 오염 검사의 지표는 대장균이다.

③ **음료수(음용수)의 기준**
　　㉠ pH 5.8~8.5
　　㉡ 색도는 5도를 넘지 아니할 것
　　㉢ 탁도는 1NTU를 넘지 아니할 것
　　㉣ 수은은 0.001mg/L를 넘지 아니할 것
　　㉤ 대장균은 100mL 중에서 검출되지 말 것

6 상수처리

① **상수의 6단계 정수과정** : 폭기, 응집, 침전, 여과, 소독, 특수정수법 등이 있다.
　㉠ **폭기** : 냄새와 맛을 제거하며 pH를 높이고 Fe, Mn을 제거한다.
　㉡ **응집** : 화학약품을 첨가하여 입자끼리 뭉치게 하여 침전시키는 것이다.
　㉢ **침전** : 중력이나 약품을 이용하여 침전시키는 것이다.
　㉣ **여과** : SS(부유물질)를 처리하는 것으로 완속여과와 급속여과가 있다.
　㉤ **소독** : 소독방법으로는 염소, 취소(Br₂), 은(Ag), 표백분, 자외선 등이 있으며 염소 소독은
　　먹는 물의 정수처리에서 가장 많이 사용하는 방법이다.
② **염소 소독**
　㉠ 우리나라는 염소 소독이 법으로 규정되어 있으며, 가장 많이 사용하는 방법이다. 소독력과
　　냄새가 강하고 독성이 있다.
　㉡ 일반적인 <u>유리 잔류 염소 농도</u> : <u>0.2mg/L 이상</u>
③ **수원지에서 가정까지 급수단계** : 취수 → 도수 → 정수 → 송수 → 배수 → 급수

7 하수처리 과정

예비처리(침사법, 침전법, 약품처리) → 본처리(혐기성, 호기성 처리) → 오니처리(최종처리)

> **오니처리 방법**
>
> 소화법, 소각법, 건조법

8 수질오염지표

① **DO(용존산소량)** : 물속에 녹아 있는 산소량으로 물의 오염 정도를 나타내는 지표이다.
② **BOD(생물학적 산소요구량)** : 미생물을 산화 · 분해하는데 사용되는 산소량으로, 오염된 물일수
　록 BOD의 값이 높다.
③ **COD(화학적 산소요구량)** : 수중에 함유되어 있는 유기물질을 화학적으로 산화시킬 때 소모되
　는 산화제의 양에 상당하는 산소량을 의미한다.

9 <u>수질오염에 의한 피해</u> ★★

① <u>**미나마타병**</u> : 어패류를 통하여 인체에 유입된 수은으로 인한 질병이다.
② <u>**이따이이따이병**</u> : 벼를 통하여 유입된 카드뮴에 인한 질병으로 뼈가 녹아서 생긴 신장장애와
　골연화증을 유발한다.

part 06. 공중위생관리학

05 산업보건

모든 산업장의 직업인들이 육체적, 정신적, 사회적 안녕이 최고도로 유지 · 증진되도록 하는 데 있다.

1 산업피로

휴식이나 수면으로 회복되지 않고 축적되는 피로를 의미한다.

① 근육노동자의 영양관리

    ㉠ 에너지 공급원은 주로 당질로 하며 나머지를 지방으로 보충하는 것이 좋다.

    ㉡ 비타민 B_1의 공급이 필요하며 중노동자는 단백질의 공급도 필요하다.

② 근로강도에 따른 영양관리 : 단백질, 식염 및 비타민 B군의 공급이 필요하다.

③ 근로종류에 따른 영양관리

    ㉠ **고온작업** : **식염**, 비타민 A, 비타민 B_1, 비타민 C

    ㉡ **저온작업** : 지방질, 비타민 A, 비타민 B_1, 비타민 D

    ㉢ **소음작업** : 비타민 B_1

    ㉣ **강노동작업** : 비타민류, Ca 강화식품(강화미, 된장, 간장, 우유)

2 산업재해

(1) 개념

근로자의 업무수행 중 그 업무에 기인하여 발생한 사망, 부상, 질병 등을 의미한다.

(2) 원인

① **인적 원인(80% 이상)** : 관리상 원인, 생리적 원인, 심리적 원인이 있다.

② **환경적 원인(물리적 원인)** : 시설물, 공구, 작업장, 복장의 불비 및 불량, 재료, 취급품의 부적합 등이 있다.

(3) 재해 발생부위

수족이 전체 재해의 70~80%를 차지하며 그중 손이 30~50%이다.

(4) 인체 재해의 발생 종류

① **사망** : 0.7~0.9%(손실일수를 7,500일로 계산)

② **중상** : 23~27%(휴업 14일 이상, 중등상은 휴업 8~13일)

③ **경상** : 72~76%(휴업 3~7일)

④ 미상 : 휴업 1~2일

⑤ 불휴 재해 : 휴일 없음

(5) 산업재해 지표

① 건수율 $= \dfrac{\text{재해건수}}{\text{평균 실근로자수}} \times 1,000$

② 도수율 $= \dfrac{\text{재해건수}}{\text{연 근로시간수}} \times 1,000,000$ 또는 $\dfrac{\text{재해건수}}{\text{연 근로일수}} \times 1,000$

③ 강도율 $= \dfrac{\text{근로손실일수}}{\text{연 근로시간수}} \times 1,000$

(6) <u>산업재해 발생시기별 특성</u>

① **계절별** : 여름(7, 8, 9월)과 겨울(12, 1, 2월)에 많이 발생한다.

② **주일별** : 목 · 금요일에 많이 발생하고 토요일은 감소한다.

③ **시간별** : 오전은 업무 후 3시간 경, 오후는 업무 시작 후 2시간 경에 다발로 발생한다.

④ **업종별** : 제조업과 소규모 사업장에 빈발한다.

3 직업병 발생원인

(1) 부적당한 작업환경

① **고온, 고열** : 열중증(열쇠약증, 울열증, 열경련증, 열허탈증)

② **고기압환경** : 잠함병

③ **불량조명** : 안정피로, 근시, 안구진탕증(<u>눈보호 : 간접조명</u>)

④ **소음** : 청력장애, <u>소음성난청(항공정비사)</u>

⑤ **진동** : 레이노드씨병(골, 관절장애)

⑥ **분진** : 진폐증(분진흡입), 규폐증(유리규산분진), 석면폐증(석면분진), 면폐증(<u>광부</u>)

⑦ **중금속**

　㉠ **수은** : 농약, 광산 등에서 발생하며 미나마타병, 구내염, 근육경련, 불면증 등을 야기한다.

　㉡ **카드뮴** : 제조, 도료, 안료 작업에서 발생하며 이따이이따이병, 폐기종, 신장기능장애 등을 야기한다.

　㉢ **크롬** : 도금 작업에서 발생하며 비중격에 구멍이 뚫리는 비중격천공증을 야기한다.

　㉣ **납** : 용광로, <u>활자조판(인쇄공)</u> 등의 작업에서 발생하며 폐 · 소화기장애를 야기한다.

　㉤ **벤젠** : 벤젠 유도체를 제조하는 작업에서 발생하며 근육마비, 의식상실 등을 야기한다.

06 식품위생과 영양

1 식품위생의 정의 및 개념

(1) 식품위생의 정의(우리나라)

식품위생이라 함은 식품, 식품첨가물, 기구 또는 용기와 포장을 대상으로 하는 음식에 관한 위생을 말한다.

(2) 식품 취급자의 개인위생

① 손 소독(역성비누)을 한다.
② 화농성 질환자 또는 소화기계 감염병 환자 등은 조리를 하지 않는다.
③ 반지는 끼지 않는다.
④ 위생복, 마스크, 위생모 등을 착용한다.

(3) 식품의 위생적인 보관방법

① 물리적 처리
　㉠ 냉동·냉장법(저온저장법)
　　ⓐ 냉동실(영하 18℃ 이하) : 육류의 냉동보관, 건조한 김 등 보관
　　ⓑ 냉장실(0~10℃)
　　　• 1단 온도 0~3℃ : 육류, 어류 등
　　　• 중간온도 5℃ 이하 : 유지가공품 등
　　　• 하단온도 7~10℃ : 과일, 야채류

> **냉장의 목적**
>
> • 미생물의 증식을 막는다.
> • 자기소화를 지연시킨다.
> • 변질을 지연시킨다.
> • 식품의 신선도를 단기간 유지시킨다.

　㉡ 가열살균법 : 미생물의 사멸과 효소파괴를 위해 100℃로 가열한다
　㉢ 건조탈수법 : 건조식품은 수분함량이 15% 이하가 되도록 보관한다. 곰팡이는 수분함량이 13% 이하인 경우 생육이 불가능하다.
　㉣ 자외선조사법 : 자외선으로 살균한다.

② 화학적 처리

- ㉠ 방부제 첨가법 : 안식향산나트륨, 프로피온산나트륨, 프로피온산칼슘, 디히드로초산(DHA)
- ㉡ 식염 · 설탕 첨가법 : <u>10% 이상의 식염</u>(염장법 : 축산가공법, 해산물, 채소, 육류저장)이나 <u>50% 이상의 설탕</u>(당장법 : 젤리, 잼, 가당연유)으로 저장하면 미생물의 발육을 억제할 수 있다.
- ㉢ 산 저장법 : 초산이나 젖산 이용(pH 4.0 이하)
- ㉣ gas 저장 : CO_2, N_2 gas 이용하여 식품의 호흡작용을 차단한다. 과일류, 야채류, 어육류, 난류 등의 저장에 활용한다.

2 식중독

(1) 세균성 식중독 ★★

세균이나 세균이 생성한 독소가 원인이지만 감염되지 않는다.

① 특징

- ㉠ 면역이 생기지 않는다
- ㉡ 2차 감염이 없다.
- ㉢ 식품에 의해 발생한다.
- ㉣ 식중독 세균의 적정온도는 25~37℃이다.

② 종류

독소형 식중독	・포도상구균 　- 우유, 치즈 등 유제품과 김밥이 원인식품이다. 　- 특징 : 잠복기(1~6시간)가 짧으며, 식품 취급자 손의 <u>화농성</u> 질환으로 인하여 감염된다. 　- 황색포도상구균 식중독 독소 : 엔테로톡신 ・<u>보툴리누스균</u> : 구멍난 통조림, 식육, 어류나 그 가공품, 소시지 등이 원인식품이다. 　- <u>치사율이 가장 높다.</u> 　- 신경마비증세, 치명률이 높고 호흡곤란 등의 현상이 일어난다.
감염형 식중독	・체내로 들어온 식중독균이 장에 침범하여 생기는 경우로 발열증상이 있다. ・원인균 : 살모넬라, 병원성대장균, 장염비브리오, 웰치균 등 　- 살모넬라균 : 발열증상이 가장 심한 식중독이지만 치사율은 낮다. 잠복기는 12~24(48)시간으로 길다. 식육, 달걀, 마요네즈 등이 원인식품이다. 　- 장염비브리오균 : 짧은 시간 내 식중독을 유발하며 바닷물에 분포(어패류, 해산물, 생선회 등이 원인)한다. 염분을 좋아하는 호염균이다.

(2) 자연독 식중독 ★★

특정한 환경조건에서 유독화되거나, 조리를 하지 않은 동 · 식물을 식용하는 경우나 무지로 인해 오용할 경우에 중독을 일으킨다.

동물성 식중독	식물성 식중독	곰팡이 독소에 의한 중독
• 복어 : 테트로톡신 • 조개류 : 모시조개(베네루핀) 　　　　　검은조개(삭시톡신)	• 독버섯 : 무스카린 • 감자 : 솔라닌	• 황변미 • 맥각균(특히, 보리) : 에고톡신, 에고타민 • 청매실 : 아미그다린 • 간장 · 된장 담을 때 생기는 독성분 : 아플라톡신

(3) 기생충 감염경로

구 분		특 성	기생부위	감염경로	예 방
선충류	회충	우리나라에 가장 많이 존재	소장	경구침입	분변의 위생처리, 야채 생식에 유의, 일광에서 사멸함
	편충	양, 소 등 초식동물에 기생	맹장 또는 대장		분변의 위생처리, 환자의 정기적인 구충제 복용
	요충	주로 집단생활을 하는 사람에게 감염(특히 어린이 감염률 높음)	항문주위	경구침입	침구류, 속옷, 잠옷 등의 깨끗한 세탁 및 소독이 필요
	말레이사상충		사람, 개, 소 등		모기 주의
구충류	십이지장충	풀독이라는 피부염을 일으킬 수 있으므로 채소밭에서는 피부보호	소장	경피감염	채소 · 과일은 흐르는 물에 깨끗이 씻기
조충류	유구조충 (갈고리촌충)	돼지고기로 인한 발생	소장		돼지고기 익혀 먹기
	무구조충 (민촌충)	• 쇠고기로 인한 발생 • 감염률이 유구조충보다 높음	소장		쇠고기 생식하지 말 것
흡충류	간흡충 (간디스토마)	기생충 질병 중 감염률이 가장 높음		• 제1중간숙주 : 쇠우렁 • 제2중간숙주 : 잉어, 붕어	• 민물고기 생식 금지 • 조리기구의 철저한 소독
	폐흡충 (페디스토마)			• 제1중간숙주 : 다슬기 • 제2중간숙주 : 가재, 게	담수어 생식 금지
이질아메바		주로 여름철에 유행			물 끓여먹기
질트리코모나스			• 여자 : 질 점막 • 남자 : 거의 발생하지 않음		불결한 성행위 금지, 감염 시에는 배우자가 함께 치료
광절열두조충 (긴촌충)				• 제1중간숙주 : 물버룩 • 제2중간숙주 : 연어, 송어, 농어	

3 식품영양

(1) 영양소의 3대 기능

① 신체의 열량공급

㉠ 단백질 및 탄수화물 : 1g당 4kcal 전후의 열량이 발생한다.

㉡ 지방질 : 1g당 9kcal 전후의 열량이 발생한다.

② 신체의 조직구성 : 단백질(근육조직), 칼슘 · 인(치아와 골격), 철분(혈액) 등

③ 생리적 조절기능

㉠ 비타민과 무기질 : 식품의 산화촉진, 심장운동

㉡ 요오드 : 갑상선 기능 유지

㉢ 지용성 비타민 : K(혈액응고 방해), F(발육저지, 피부건조)

㉣ 수용성 비타민 : B_1(Thiamine ; 각기병, 식욕부진), B_2(Riboflavin ; 구순염, 설염, 성장정지), Niacin(Pellagra), B_6(피부염), B_{12}(악성빈혈), C(괴혈병)

(2) 열량대사

① **기초대사량(BMR)** : 사람의 생명유지를 위한 호흡, 혈액순환, 배설작용 기능이 유지되는 생리적 최소에너지량을 의미한다.

② 비교에너지량(RMR) : 작업대사량이 기초대사량의 몇 배가 되는가를 계산한 것이다.

$$RMR = \frac{작업\ 시\ 열량\ 소요 - 안정\ 시\ 열량\ 소요}{기초대사량}$$

(3) 영양장애

① 유형 : 결핍증, 저영양, 영양실조증, 기아상태

② 열량, 단백질 실조증

㉠ Marasmus증 : 출생 직후 모유, 인공영양 부족, 비위생 수유로 인한 설사증, 기아상태

㉡ Kwashiorkor증(콰시오르코르) : 탄수화물 주 생활로 인한 단백질 결핍현상

part 06. 공중위생관리학

 보건행정

1 보건행정의 개념 ★

국민의 수명 연장, 질병예방 및 육체적 · 정신적 효율의 증진 등 **공중보건의 목적을 달성하기 위해 공공의 책임 하에 수행하는 행정활동이다.**

2 보건행정의 특징

① 공공이익을 위한 공공성과 사회성을 지닌다.
② 적극적인 서비스의 봉사도 포함된다.
③ 과학의 기반 위에 수립된 기술 행정이다.

3 보건행정의 범위

환경위생, 보건교육, 감염병 관리, 모자보건, 의료, 보건간호, 보건자료 · 보건관련 기록의 보존이 이에 속한다.

4 국민건강증진법

(1) 목적

개인, 집단, 지역사회 주민 모두가 자기들의 보건문제의 중요성을 인식하고 스스로 문제점을 해결함으로서 건강을 스스로 증진시킬 수 있도록 도와주는 데 목적이 있다.

(2) 용어정의

① 국민건강증진사업이라 함은 보건교육, 질병예방, 영양개선 및 건강생활의 실천 등을 통하여 국민의 건강을 증진시키는 사업을 말한다.
② 보건교육이라 함은 개인 또는 집단으로 하여금 건강에 유익한 행위를 자발적으로 수행하도록 하는 교육을 말한다.

(3) 보건교육

국민건강증진법의 보건교육에 포함되어야 하는 사항
① 구강건강에 관한 사항
② 영양 및 식생활에 관한 사항
③ 공중위생에 관한 사항

④ 금연ㆍ절주 등 건강생활의 실천에 관한 사항

⑤ 만성퇴행성질환 등 질병의 예방에 관한 사항

⑥ 건강증진을 위한 체육활동에 관한 사항

5 건강 수준의 보건지표

① **비례사망지수** : 연간 총 사망자수에 대하여 50세 이상의 사망자수가 차지하는 비율로서, 평균수명이나 조사망률의 보정지표가 된다.

② 평균수명

③ 사망률

　　㉠ **영아사망률** ★

　　　　ⓐ 출생아 1,000명당 1년 이내에 사망하는 영아의 수를 의미하는 것으로 한 국가의 건강수준을 나타내는 지표이다.

　　　　ⓑ **가장 대표적이며 보건 수준의 평가 지표가** 된다.

　　㉡ **조사망률** : 특정인구집단의 사망수준을 나타내는 가장 기본적인 지표로 사용된다.

6 사회보장제도

(1) 사회보장제도의 발달

① **창시자** : 독일 비스마르크(Bismarck)에 의해 "근로자 질병보호법"이 제정되었다.

② 사회보장에 대한 단독법은 1935년 미국에서 최초로 지정된 사회보장법이다.

(2) 사회보장제도의 방향

① 최저생활의 보장

② 사회보장의 안전망을 구축

③ 사회복지 서비스 확충

(3) 우리나라 사회보장관련 법률

① 사회보장기본법

② 4대 보험제도

　　㉠ **연금제도** : 국민연금(직장, 지역, 군인연금, 교원연금, 공무원연금 등)

　　㉡ 의료보험제도

　　㉢ 고용보험제도

　　㉣ 산재보험제도

③ **공적 부조제도** : 국민기초생활보장법, 의료급여법

part 06. 공중위생관리학

7 우리나라 보건행정

(1) 중앙조직

대통령 → 국무총리 → 보건복지부

(2) 지방조직은 행정자치부 산하에 소속

① 특별시, 광역시, 도청 수준에는 보건사회국과 시·도립병원

② 시·군·구 수준에는 보건소와 시립병원

③ 읍·면 수준에는 보건지소

④ 동·리 단위에는 보건진료소

(3) 국제보건기구

① 세계보건기구(World Health Organization)

㉠ 본부는 스위스의 제네바(Geneva)에 두고, 그 산하에 6개 지역사무소를 설치하였다.

㉡ 한국은 서태평양 지역사무국에 소속되어 있으며, 1949년 8월 17일에 65번째로 가입하였다.

chapter 02 소독학

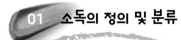

01 소독의 정의 및 분류

1 소독학의 정의 ★

① **소독** : 병원체의 생활력을 파괴시켜 감염력과 증식력을 제거하는 것이다.
② **멸균** : <u>미생물과 포자(아포)까지도 강한 살균력으로 완전히 사멸</u>시켜 무균의 상태로 만드는 것이다.
③ **방부** : 미생물의 발육과 생식을 저해시켜 부패나 발효를 방지시키는 것이다.
④ **살균** : 미생물의 생활력을 물리적, 화학적 작용에 의해 급속하게 죽이는 것이다.

2 소독제의 요건 ★

① 살균력이 강할 것
② 물품의 부식성, 표백성이 없을 것
③ <u>용해성이 높고,</u> 안전성(Safety)이 높을 것
④ 경제적이고 사용방법이 간편할 것
⑤ 어느 정도 안정성(Stability)이 있을 것
⑥ 냄새가 나지 않아 불쾌감을 주지 않을 것
⑦ <u>침투력이 강하고 방취력이 있을 것</u>

> **보관상 주의사항**
>
> 소독약은 일광과 열에 의해 분해되지 않도록 밀폐시켜 냉암소에 보관한다.

part 06. 공중위생관리학

3 소독제의 효과에 영향을 주는 요인

① 소독제의 농도
② 미생물의 종류
③ 작용온도, 작용시간
④ pH 농도

4 미생물 소독기전

소독제가 미생물에 작용하여 세포의 구조나 성분에 반응하여 세포의 대사작용을 상실하거나 사멸하도록 하는 기전을 의미한다.

① **효소계 침투작용** : 박테리아 세포에 작용하여 세포막이나 세포벽이 효소에 의해 파괴되어 미생물이 죽게 된다.
② **균체 단백질변성과 응고작용** : 소독제를 병원균에 가하면 미생물은 거의 단백질로 되어 있어서 단백질을 변성시키고 응고시켜 미생물의 활동을 못하게 한다.
③ **세포용해작용** : 소독제가 미생물 안에 있는 활성분자들과 붙어서 미생물의 활동을 정지한다.
④ **계면활성제** : 계면활성제 중에서 양이온 계면활성제(역성비누)와 양쪽성 계면활성제는 살균력을 가지고 있다.

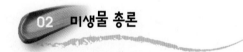

02 미생물 총론

1 미생물의 개요

미생물이란 단세포 또는 그것과 유사한 형태의 생물로서, 육안으로 볼 수 없는 미세한 생물군으로 현미경으로 확대함으로써 관찰되는 0.1mm 이하의 미세한 생물체를 총칭한다.

(1) 미생물의 분류

① **원충류(Protozoa)** : 아메바, 트리파노소마 등
② **진균류(Fungi)** : 버섯, 곰팡이, 효모 등
③ **리케챠(Rickettisae)** : 티푸스열, 로키산홍반열, 큐열, 참호열 등 세균과 바이러스의 중간에 속하는 미생물이다.
　㉠ **종류** : 원형, 타원형, 아령형
　㉡ 2분법으로 증식하며, 운동성이 없으며 세포에서만 증식이 가능하다.

ⓒ 발진티푸스의 병원체이다.

④ **클라미디아(Chlamydai)** : 진핵세포의 세포내에서만 증식하는 세포내 기생체

⑤ **바이러스(Virus)** : 20~250nm 크기, **가장 작은 미생물**이다(박테리오파지, 담배모자이크, 폴리오, 토마토위축병 등).

　　　㉠ 형태나 크기가 일정하지 않고 순수배양이 불가능하다.

　　　㉡ 살아있는 세포에서 증식하며 세균여과기를 통과하는 여과성 병원체이다.

　　　㉢ **질병** : 천연두, 소아마비, 인플루엔자, 광견병, 일본뇌염 등

⑥ **세균(Bacteria)** : 0.2~2um크기, 단세포의 하등 미생물이며 세포분열에 의하여 증식한다.

형태에 따른 분류	• 구균 : 화농균, 폐렴구균, 포도상구균 • 간균 : 살모넬라균, 이질균, 결핵균 • 나선균 : 콜레라균, 장염비브리오균
배열에 따른 분류	• 폐렴상구균 • 연쇄상구균 • 포도상구균

03 병원성 미생물

(1) 미생물의 이용

① **병원성 미생물** : 체내에 미생물이 침입하여 병적 반응을 일으키는 미생물

② **비병원성 미생물** : 병원균이 침입하여도 반응이 없는 미생물

③ **유용성 미생물** : 술, 간장, 된장, 기타 발효식품 등에 이용되는 젖산균, 유산균, 효모균, 곰팡이균 등의 발효균

(2) 미생물의 발육조건

미생물은 영양소, 수분, 온도, pH, 산소, 삼투압 등의 환경이 갖추어졌을 때 증식, 발육된다.

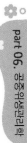

구 분	내 용
영양소	탄소원, 질소원, 무기염류, 비타민, 발육소 등이 필요하다.
수분	미생물의 몸체를 구성하는 성분이 되며, 생리기능을 조절(세균은 약 50%, 곰팡이는 16% 이하가 되면 발육증식이 억제)한다.
온도	최적온도에 따라 저온(16~20℃), 중온(30~40℃), 고온(50~65℃)성균이 있다
산소	• 호기성균 : 산소를 필요로 하는 균(곰팡이, 효모, 식초산균) • 혐기성균 : 산소를 필요로 하지 않는 균(낙산균) • 통성혐기성균 : 산소에 관계없이 어느 편에서도 발육이 가능한 균(젖산균) • 편성혐기성균 : 산소를 절대적으로 기피하는 균
pH	• 곰팡이와 효모 : pH 4.0~6.0(약산성) • 세균 : pH 6.5~7.5(중성 또는 약알칼리성)
삼투압	식염용액의 경우 보통 1~2% 정도의 농도에서 미생물의 생육은 저해되지만, 내염성 미생물은 10~20% 농도에서도 생육이 가능하다.

 04 소독방법

(1) 자연소독법

구 분	장 점	단 점
희석	• 균수를 감소시켜준다.	• 살균효과는 없다.
태양광선	• 도노선(2,900~3,200nm)파장이 강력한 살균작용이 있다.	
한랭	• 세균 발육을 저지시켜준다.	

(2) **물리적 소독법**(건열멸균법, 습열멸균법, 무가열처리법) ★★

구 분	소독방법 및 주의사항
건열멸균법	• 160~170℃ 정도의 열을 이용하여 1~2시간 가열하여 미생물과 포자를 완전히 멸균시킨다. • 급격히 냉각시키면 유리기구는 파손될 수 있으므로 따로 냉각시키지 않는다. • 유리제품, 금속제품 등에 주로 사용한다. • 종이나 천은 부적합하다.
화염멸균법	• 불꽃 속에 20초 이상 접촉으로 포자까지 사멸시킨다. • 금속류, 유리봉, 도자기류의 소독과 멸균에 사용된다.
소각소독법	불에 태워 멸균하는 가장 쉽고 안전한 방법이다(오염된 의복, 수건).

구 분	소독방법 및 주의사항
자비소독법	• 100℃의 끓는 물에서 약 15~20분간 직접 담그는 방법으로 멸균한다. • 주사기, 의류, 금속식기, 접시, 도자기, 주사기, 스테인리스 볼 등의 병원체를 사멸시킨다. 수건 소독에 가장 많이 사용한다. • 녹이 슬 수 있는 금속성 기구는 물을 끓인 후 넣는다. • 소독효과를 높이기 위해서는 반드시 100℃가 넘어야 한다.
저온소독법	• 파스퇴르가 고안한 방법으로 62~65℃에서 30분간 가열하거나 75℃에서 15분간 가열하여 멸균하는 방법이다. • 음식물의 부패 방지가 주요 목적이다. • 대장균은 사멸되지 않는다.
초고온 순간멸균법	• 135℃에서 2초간 순간적인 열처리를 하는 방법이다. • 멸균처리기간의 단축과 영양물질의 파괴를 줄이기 위하여 사용하며 우유소독에 적합하다.
고압증기 멸균법	• 121℃(250℉)의 증기압에서 15~20분 이용하여 멸균(포자까지 멸균) 시키는 방법이다. • 주로 수술기구, 수술포, 유리기구, 금속기구, 거즈, 고무제품, 약액 등의 멸균에 사용된다.
간헐 (유통증기) 멸균법	• 100℃의 증기로 하루에 한번씩 3일간 실시하고, 가열과 가열 사이에 20℃ 이상의 온도를 유지해야 한다는 주의사항이 있다. • 고압증기멸균으로 소독이 되지 않는 경우에 사용한다. • 포자를 파괴하지 못하기 때문에 1일 1회씩 실시한다.
무가열 처리법	• 열을 가하지 않고 균을 사멸시키거나 균의 활동을 억제하는 방법이다. • 자외선멸균법, 초음파살균법, 냉장법, 여과멸균법, 무균조작법, 희석법 등이 있다. 　- 자외선조사멸균법 : 230~280nm의 파장에서 최적의 살균효과를 내며 폴리에틸렌병, 표면의 미생물을 멸균시킬 목적으로 사용하되 소독효과를 내기 위해서는 자외선이 반드시 미생물에 직접 노출되어야 한다. 　- 여과멸균법 : 열에 불안정한 물질(혈청, 약제, 백신)이나 변질되는 물질을 여과기에 통과시켜 미생물을 분리 제거하는 방법으로 미생물을 죽이는 방법이 아니므로 여과법이라 한다. 　- 초음파살균법 : 미생물 중 초음파에 가장 민감한 나선균인데 초음파와 함께 병용하여 손소독에 사용할 수 있다. 신속하게 살균할 수 있다는 장점이 있다.
가스멸균법	• 가스상태 혹은 공기 중에 분무상태로 분무시켜 미생물을 멸균시키는 방법이다 　- 에틸렌옥사이드(E.O) : 기자재, 밀폐공간 등에 존재하는 미생물을 사멸시킬 목적으로 이용된다. 　- 포르말린(포름알데히드) : 지용성이며 단백질 응고작용이 있어 강한 희석액에도 강한 살균작용을 한다. 소독제나 방부제로 사용되며 실내나 책 소독에는 35% 포르말린과 온수, 과망간산알칼리를 같은 양으로 혼합하여 가스를 발생시켜 소독한다. 피부에는 사용이 부적합하다. 　- BPL(B-propiolactone) : 20℃에서는 무색투명한 액체이지만 온도가 올라가면 날라가기 때문에 냉장보관한다. 피부에 접촉되면 수포가 형성된다. 침투력이 없어 수술실, 연구실, 가구, 냉장실 등을 훈연법으로 소독할 수 있다.

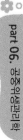

part 06. 공중위생관리학

(3) 화학적 소독제의 종류와 작용 ★

구 분		내 용
페놀류	석탄산	• 세균포자나 바이러스에 대해서는 작용력이 거의 없다. • 세균의 단백질 응고작용 및 효소 저해작용이 있어 저온에서는 살균효과가 떨어지고 소독액 온도가 높을수록 소독효과가 높다. • 금속기구 소독에는 부식성이 있어 적합하지 않고 금속의 녹을 방지하기 위해 0.5% 탄산나트륨을 첨가할 수 있다. 석탄산 3% 수용액은 의류, 실험대 등의 살균목적으로 사용되며 피부 점막에 자극을 주며, 냄새가 강하다. • 살균력이 안정하여 살균력 측정시험의 지표로 삼는다. • 석탄산 계수 = $\dfrac{\text{피검소독제의 희석배율(소독약의 희석배수)}}{\text{석탄산 희석배율(석탄산 = 페놀의 최대 희석배수)}}$ • 석탄산 계수가 클수록 살균력이 강하며 계수가 1이라는 것은 석탄산과 같은 살균력을 가지는 것을 의미한다.
	크레졸	• 크레졸은 물의 난용제로 크레졸 비누액(알칼리)으로 만들어 사용한다(크레졸 비누액 3% + 물 97%의 비율로 소독작용이 있다). 소독력이 강해서 석탄산의 2배의 효과가 있다. • 피부에 대한 자극성이 적고 오물, 객담 등의 소독에 사용한다. • 냄새가 매우 강하다.
	헥사클로로펜	• 손 소독 시 세균 수만 30~50% 감소되며 0.25%의 액체비누와 3%의 세척용액이 사용된다. • 수술 전 피부 소독에 사용된다.
중금속이온	승홍수	• 염화 제2수은의 화학명을 가지고 있으며, 0.1% 용액을 사용한다. • 강력한 살균력이 있으나 독성이 강해 금속류에는 부식우려가 있어 사용하지 않는다.
	머큐로크롬	점막 및 피부상처에 2% 머큐로크롬이 사용되며, 자극성도 없고 살균력도 약하고 염색성이 강하다.
	질산은	화상환자가 감염될 수 있는 균에 감수성이 있고 0.1%의 수용액으로 신생아 안질예방과 0.2~20%까지 점막소독에 많이 사용된다.
염소제	염소	기체상태로서 살균력이 크지만 자극성과 부식성이 강해 상하수도와 같은 큰 규모 소독 시에 사용한다.
	표백분 (클로르석회, $CaOCl_2$)	음료수나 수영장 소독에 사용하고, 음료수 소독 시 0.2~0.4ppm 정도를 쓰며 농이 묻은 물품을 소독할 때도 사용이 가능하다.
	치아염소산나트륨 (NaOCl)	염소원소에 의해 살균작용을 하며 부패하기 쉬운 결점은 있으나 안정제를 첨가해서 살균제로 사용한다.
	염소유기화합물	아조클라민과 디클로라민 톨로울이 있다. 살균작용이 서서히 나타나고 편리해 식당에서 식기소독에 사용된다.
산화제제	과산화수소	• 발생기 산소가 강력한 산화력으로 미생물을 살균하는 소독제이다. • 자극성이 적으며, 구내염, 인두염, 입안 세척, 상처 소독 등에 사용된다. • 3~10배 희석하여 기구세척, 보존 표백제나 모발의 탈색제로 사용된다.
	벤조일퍼옥사이드	산소를 유리시켜 염기성과 미호기성 살균작용을 하며 5~10% 벤조일퍼옥사이드 성분은 여드름 치료에 효과적이다.
	과망간산칼륨	
알콜류	에틸알코올	• 독성이 가장 낮다. • 포자는 살균하지 못한다.

구 분		내 용
계면 활성제	양이온계면 활성제	• 무미 · 무해하여 식품이나 손 소독에 적당하며, 자극성과 독성이 없다. • 미용업소에 널리 이용된다.
요오드 화합물	요오드	살균력이 매우 강하여 포자 바이러스를 소독한다.
기타	생석회 (산화칼슘)	• 칼슘과 산소의 화합물로 인체에 미치는 독성이 적고, 가격이 저렴해서 넓은 장소의 소독에 적합하다. • 공기에 오래 노출되면 살균력이 저하되며 분변, 하수, 오수 등의 소독에 적당한 방법이다. • 소독력이 약해서 결핵이나 아포를 멸균하지는 못한다.

소독대상물에 따른 소독방법

① 의복, 침구류, 수건 : 증기소독, 자비소독, 일광소독을 하거나 크레졸, 석탄산수에 2시간 정도 담가둔다.
② 고무류, 피혁제품 : 석탄산수, 크레졸, 포르말린수 등이 사용된다.
③ 대소변, 배설물, 토사물, 감염성 환자의복 : 소각법이 가장 좋다. 석탄산수, 클레졸수, 생석회분말 등도 사용된다.
④ 화장실, 하수구, 쓰레기 : 석탄산수, 크레졸, 포르말린수 등이 사용된다.
⑤ 환자 및 환자접촉자 : 석탄산수, 크레졸수, 승홍수, 역성비누를 사용하고 몸은 역성비누로 목욕시킨다.

05 분야별 위생·소독

1 질병오염원

① 관리실 내 배수시설이 있는 개수대나 세탁장 : 각종 박테리아, 진균류 등의 병원체가 서식하여 증식하므로 관리가 필요하다.
② 일회용품 및 각종 기기나 기구로 인한 1차 감염
  ㉠ 피부관리실 : 이온토포레시스, 초음파, 여드름압출기, 스파튤라, 핀셋, 해면, 팻붓, 보울 등
  ㉡ 헤어분야 : 빗, 브러시, 가위 등
  ㉢ 네일분야 : 파일(File), 니퍼(Nipper), 각탕기 등
③ 각종 제품 : 제품의 보관방법이나 사용기한 등의 준수여부에 의해 질병을 유발하기도 한다.
④ 냉난방시설, 정수기 필터교체 관리 등에 의해 일차 감염원의 제거가 중요하다.

2 피부미용기구 및 도구류의 위생 · 소독

사용되는 용도와 재질에 따라 소독방법을 다르게 하며 보관방법 및 사후 관리 방법도 달라진다.

(1) 기계, 기구류의 부속품

① **중저주파 부속품**

　㉠ **튜브류(glass tube), 유리제품 및 브러시 종류** : 전처리로 미온수에 세제를 넣고 이물질을 제거한 후 자비소독을 하거나 70%의 알코올용에 20분간 담근 후 자외선 소독기에 보관한다. 유리제품과 브러시는 고무 부분이나 플라스틱이 없을 경우 고압 증기멸균법을 사용하기도 한다.

　㉡ **고무달린 전극봉류(electrode pole)** : 전극봉의 주위를 70%의 알코올에 적신 솜을 이용하여 닦아내고 그늘에서 건조시킨다. 열이나 햇볕에 노출 될 경우 고무 부분이 손상될 수 있으며, 고무 부분과 전극봉 부분을 소독제에 완전히 담가서 소독할 경우 감전의 우려가 있으므로 주의한다.

　㉢ **금속류 전극봉** : 전극판이나 전극봉에 제품이 묻은 경우 닦아내고 70% 알코올을 적신 솜으로 닦아 소독한다.

　㉣ **패드류**

　　ⓐ **비닐류** : 70%의 알코올을 적신 넓은 면타월을 이용하여 닦아낸다.

　　ⓑ **부직포** : 중성세제로 닦아 말린 후 자외선 소독기에 넣어 보관한다.

② **팩 붓** : 제품이 묻은 붓은 중성세제로 씻어낸 후 말린다. 이후 자외선 소독기에 넣어 보관한다. 고압증기멸균기로 가열할 경우 붓이 변형될 수 있으므로 삼간다.

③ **여드름 압출기(Comedone Extractor), 핀셋류**

　㉠ 70% 알코올에 20분간 담근 후 사용한다.

　㉡ 사용 후에는 중성세제로 한번 씻어낸 후 자비소독이나 고압증기멸균기로 소독한다.

　㉢ 염소계의 소독제인 경우 금속이 부식될 수 있으므로 주의를 요한다.

④ **볼류(유리류)** : 유리볼이나 석션기의 컵 등은 자비소독 후 자외선 소독기에 넣어 보관한다.

(2) 기구 · 도구류

① 온장고나 자외선 소독기 등 사용하지 않는 기구는 먼지를 제거하고 코드를 뺀 후 문을 열어둔다.

② 스티머(베이퍼라이저)에 사용하는 물은 증류수나 정수된 물을 사용하며 사용하지 않을 경우 물을 버리고 건조 후 보관한다. 1주일에 한 번 정도는 식초와 물이 1:10의 비율로 혼합하여 8시간 정도 담가 소독한 후 깨끗한 물로 한 번 더 헹구고 건조시킨다.

③ 확대경, 적외선램프, 우드램프는 70% 알코올을 적신 솜으로 렌즈와 주위를 소독한다.

④ 베드는 비닐이므로 수시로 중성세제 세척한 후 70% 알코올 소독제로 닦아 소독한다.

(3) 소모품 소독

소모품들은 1회용을 사용하여 감염을 막는 것이 가장 좋은 방법이다.

① **해면** : 1회용을 사용하는 것을 최우선으로 하나 해면을 재사용할 경우 세탁망에 해면을 넣고 중성세제를 풀어 세탁 후 통풍이 잘 되는 곳에 완전히 건조시킨다.

② **면봉, 왁싱용 부직포, 절단솜** : 1회용으로 제품화 되어 있어서 사용 후 버린다.

③ **베드깔게** : 1회용 종이 시트를 사용할 수 없을 경우 희고 깨끗한 린넨천을 사용하며 린넨천은 삶아서 세탁하는 것이 좋다.

④ **터번, 가운** : 고객에게 사용한 터번이나 가운은 재사용하지 않고 세탁 후 사용하도록 하며 고객마다 새것을 사용하도록 한다.

⑤ **타올** : 삶은 자비소독을 이용하는 것이 가장 좋으며 혈액이나 고름 등의 이물질이 묻은 경우 세탁 전 처리 후 고압증기멸균법을 이용하는 것이 좋다.

⑥ **바늘, 랜셋(Lancet)** : 여드름 짤 때 비화농성 여드름은 같은 고객인 경우 계속 사용가능하지만 화농성 여드름일 경우 다른 부위의 감염방지를 위해 새것으로 사용한다. 관리도중 베드 위에 올려놓지 않고 70% 알코올을 적신 솜으로 소독한 보관통에 넣어둔다. 소독된 솜 위에 바로 바늘이나 랜셋을 올려놓지 않는다.

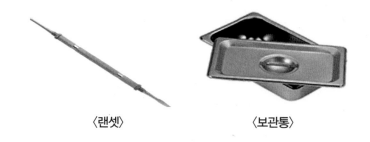

〈랜셋〉　　　　　　　　〈보관통〉

(4) 발 관리 기구 및 도구류의 위생 · 소독

① **발 관리 베드** : 베드 겉면, 베드 위의 비닐, 팔걸이 등은 70% 알코올을 사용하여 닦는다.

② **각탕기, 족탕기, 세면대** : 중성세제를 사용하여 닦은 후 건조시키고 정기적으로 70% 알코올로 소독해 준다.

③ **버퍼** : 감염의 우려가 있으므로 개인용이나 일회용을 권장한다. 사용 후 통풍이 잘 되는 곳에 건조시키고 상황에 따라 스프레이식 70% 알코올로 분사해서 소독한다.

④ **지압봉** : 감염의 우려가 있으므로 개인용을 권장하나 그렇지 않은 경우 중성세제로 닦아내고 잘 말린 후 자외선 소독기에 보관한다.

part 06. 공중위생관리학

chapter 03 공중위생관리법규

제1조 목적

공중이 이용하는 영업의 **위생관리** 등에 관한 사항을 규정함으로써 위생수준을 향상시켜 국민의 건강증진에 기여하는 것을 목적으로 한다.

제2조 정의

① **공중위생영업** : 다수인을 대상으로 위생관리서비스를 제공하는 영업으로서 숙박업 · 목욕장업 · 이용업 · 미용업 · 세탁업 · 건물위생관리업을 말한다.

② **미용업** : 손님의 얼굴 · 머리 · 피부 등을 손질하여 손님의 **외모**를 아름답게 꾸미는 영업을 말한다.

제3조 공중위생영업의 신고 및 폐업신고

미용업을 하고자 하는 자는 보건복지부령이 정하는 시설 및 설비를 갖추고 **시장 · 군수 · 구청장에게 신고**하여야 한다.

① **공중위생영업의 신고 시 필요한 서류**
  ㉠ 영업시설 및 설비개요서
  ㉡ 교육필증(법 제17조 제2항의 규정에 따라 미리 교육을 받은 경우에만 해당한다)

② **변경신고(시행규칙 제3조 2)**
  ㉠ 영업소의 명칭 또는 상호
  ㉡ 영업소의 소재지
  ㉢ 신고한 영업장 면적의 3분의 1 이상의 증감
  ㉣ 대표자의 성명 또는 생년월일
  ㉤ 숙박업 업종 간 변경
  ㉥ 미용업 업종 간 변경

③ 미용업(피부) 및 미용업(종합) 시설 및 설비기준

   ㉠ 피부미용업무에 필요한 베드(온열장치포함), 미용기구, 화장품, 수건, 온장고, 사물함 등을 갖추어야 한다.

   ㉡ 미용기구는 소독을 한 기구와 소독을 하지 아니한 기구를 구분하여 보관할 수 있는 용기를 비치하여야 한다.

   ㉢ 소독기, 자외선, 살균기 등 미용기구를 소독하는 장비를 갖추어야 한다.

   ㉣ 작업장소, 응접장소, 상담실 등을 분리하기 위해 칸막이를 설치할 수 있으나, 설치된 칸막이에 출입문이 있는 경우 **출입문의 3분의 1 이상을 투명하게** 하여야 한다. 다만, 탈의실의 경우에는 출입문을 투명하게 하여서는 아니 된다.

   ㉤ 작업장소 내 베드와 베드 사이에 칸막이를 설치할 수 있으나, 설치된 칸막이에 출입문이 있는 경우 그 출입문의 3분의 1 이상은 투명하게 하여야 한다.

④ **미용업의 폐업신고**

   ㉠ 미용업 **폐업한 날부터 20일 이내**에 시장, 군수, 구청장에게 신고하여야 한다.

   ㉡ 공중위생영업의 승계(양도, 사망, 법인의 합병, 경매 등)

     ⓐ **면허소지자에 한한다**.

     ⓑ 승계한 자는 1월 이내에 시장·군수 또는 구청장에게 신고하여야 한다.

     ⓒ **영업양도의 경우** : 양도, 양수 증명서류 사본, 양도인 인감증명서

     ⓓ **상속의 경우** : 가족관계증명서 및 상속인임을 확인할 수 있는 증명서류

     ⓔ **기타의 경우** : 해당 사유별 영업자의 지위 승계 증명서류

제4조 위생관리 의무

① 의료기구와 의약품을 사용하지 아니하는 순수한 화장 또는 피부 미용을 할 것

② 미용기구는 소독을 한 기구와 소독을 하지 아니한 기구로 분리하여 보관하고, 면도기는 **1회용 면도날만을 손님 1인에 한하여 사용**할 것. 이 경우 미용기구의 소독기준 및 방법은 보건복지부령으로 정한다.

③ 미용사면허증을 영업소 안에 게시할 것

part 06. 공중위생관리학

이용기구 및 미용기구의 소독기준 및 방법

기 준	소독의 종류	소독 세부 내용
일반기준	자외선 소독	1cm²당 85μW 이상의 자외선을 20분 이상 쬐어준다.
	건열 멸균 소독	섭씨 100℃ 이상의 건조한 열에 20분 이상 쐬어준다.
	증기 소독	섭씨 100℃ 이상의 습한 열에 20분 이상 쐬어준다.
	열탕 소독	섭씨 100℃ 이상의 물속에 10분 이상 끓여준다.
	석탄산수 소독	석탄산수(석탄산 3%, 물 97%의 수용액을 말한다)에 10분 이상 담가둔다.
	크레졸 소독	크레졸수(크레졸 3%, 물 97%의 수용액을 말한다)에 10분 이상 담가둔다.
	에탄올 소독	에탄올 수용액(에탄올이 70%인 수용액을 말한다)에 10분 이상 담가두거나 에탄올 수용액을 머금은 면 또는 거즈로 기구의 표면을 닦아준다.
개별기준	이용기구 및 미용기구의 종류·재질 및 용도에 따른 구체적인 소독기준 및 방법은 보건복지부장관이 정하여 고시한다.	

미용업자 위생관리기준

- 점빼기·귓볼뚫기·쌍꺼풀수술·문신·박피술 그 밖에 이와 유사한 의료행위를 하여서는 아니 된다.
- 피부 미용을 위하여 약사법 규정에 의한 의약품 또는 의료기기법에 따른 의료기기를 사용하여서는 아니 된다.
- 미용기구 중 소독을 한 기구와 소독을 하지 아니한 기구는 각각 다른 용기에 넣어 보관하여야 한다.
- 1회용 면도날은 손님 1인에 한하여 사용하여야 한다.
- 영업장 안의 조명도는 75룩스 이상이 되도록 유지하여야 한다.
- 영업소 내부에 미용업 신고증 및 개설자의 면허증 원본을 게시하여야 한다.
- 영업소 내부에 최종지불요금표를 게시 또는 부착하여야 한다.
- 위 조항에도 불구하고 신고한 영업장 면적이 66제곱미터 이상인 영업소의 경우 영업소 외부에도 손님이 보기 쉬운 곳에 옥외광고물 등 관리법에 적합하게 최종지불요금표를 게시 또는 부착하여야 한다. 이 경우 최종지불요금표에는 일부항목(5개 이상)만을 표시할 수 있다.

오염물질의 종류와 허용되는 오염의 기준

오염물질의 종류	오염허용기준
• 미세먼지(PM-10)	• 24시간 평균치 150μg/m³ 이하
• 일산화탄소(CO)	• 1시간 평균치 25ppm 이하
• 이산화탄소(CO_2)	• 1시간 평균치 1,000ppm 이하
• 포름알데이드(HCHO)	• 1시간 평균치 120μg/m³ 이하

제6조 미용사의 면허

미용사가 되고자 하는 자는 보건복지부령이 정하는 바에 의하여 시장 · 군수 · 구청장의 면허를 받아야 한다.

① 면허를 받을 수 있는 자

    ㉠ 전문대학 또는 이와 동등 이상의 학력이 있다고 교육부장관이 인정하는 학교에서 이용 또는 미용에 관한 학과를 졸업한 자

    ㉡ 학점인정 등에 관한 법률에 따라 대학 또는 전문대학을 졸업한 자와 동등 이상의 학력이 있는 것으로 인정되어 이용 또는 미용에 관한 학위를 취득한 자

    ㉢ 고등학교 또는 이와 동등의 학력이 있다고 교육부장관이 인정하는 학교에서 이용 또는 미용에 관한 학과를 졸업한 자

    ㉣ 교육부장관이 인정하는 고등기술학교에서 1년 이상 이용 또는 미용에 관한 소정의 과정을 이수한 자

    ㉤ 국가기술자격법에 의한 이용사 또는 미용사의 자격을 취득한 자

공중위생감시원의 자격조건

1. 위생사 또는 환경기사 2급 이상의 자격증이 있는 자
2. 「고등교육법」에 의한 대학에서 화학 · 화공학 · 환경공학 또는 위생학 분야를 전공하고 졸업한 자 또는 이와 동등 이상의 자격이 있는 자
3. 외국에서 위생사 또는 환경기사의 면허를 받은 자
4. 3년 이상 공중위생 행정에 종사한 경력이 있는 자

공중위생감시원의 업무 범위

1. 법 제3조제1항의 규정에 의한 시설 및 설비의 확인
2. 공중위생영업 관련 시설 및 설비의 위생상태 확인 · 검사, 공중위생영업자의 위생관리의무 및 영업자준수사항 이행여부의 확인
3. 공중이용시설의 위생관리상태의 확인 · 검사
4. 위생지도 및 개선명령 이행여부의 확인
5. 공중위생영업소의 영업의 정지, 일부 시설의 사용중지 또는 영업소 폐쇄명령 이행여부의 확인
6. 위생교육 이행여부의 확인

명예공중위생감시원의 자격조건

1. 공중위생에 대한 지식과 관심이 있는 자
2. 소비자단체, 공중위생관련 협회 또는 단체의 소속직원 중에서 당해 단체 등의 장이 추천하는 자

part 06. 공중위생관리학

명예감시원의 업무범위

1. 공중위생감시원이 행하는 검사대상물의 수거 지원
2. 법령 위반행위에 대한 신고 및 자료 제공
3. 그 밖에 공중위생에 관한 홍보 · 계몽 등 공중위생관리업무와 관련하여 시 · 도지사가 따로 정하여 부여하는 업무

② **미용사의 면허 첨부서류**

　㉠ 졸업증명서 1부(전문대학 또는 동등 이상 학력, 고등기술학교에서 1년 이상 수료자)

　㉡ 자격증 사본 1부

　㉢ 건강진단서 1부(정신질환자나 간질병자, 마약, 향정신성 의약품 중독자 및 결핵환자가 아님을 증명하는 건강진단서)

　㉣ 사진 2매(최근 6개월 이내에 찍은 가로 3cm, 세로 4cm의 탈모 정면 상반신)

③ **미용사의 면허를 받을 수 없는 자 ★**

　㉠ 금치산자

　㉡ 정신질환자(단, 전문의가 이용사 또는 미용사로서 적합하다고 인정하는 사람은 그러하지 아니하다)

　㉢ 공중의 위생에 영향을 미칠 수 있는 감염병환자로서 보건복지부령이 정하는 **결핵환자(비감염성은 제외)**

　㉣ 마약 기타 대통령령으로 정하는 약물(대마 또는 향정신성의약품) 중독자

　㉤ **면허가 취소된 후 1년이 경과되지 아니한 자**

제7조 이용사 및 미용사의 면허 취소

① 시장 · 군수 · 구청장은 이용사 또는 미용사가 다음 각 호의 1에 해당하는 때에는 그 **면허를 취소하거나 6개월 이내의 기간을 정하여 그 면허의 정지**를 명할 수 있다.

　㉠ 금치산자, 정신질환자, 결핵환자, 마약 및 약물 중독자에 해당하게 된 때

　㉡ **면허증을 다른 사람에게 대여한 때**

　㉢ 국가기술자격법에 따라 자격이 취소되거나 자격정지처분을 받은 때

　㉣ 이중으로 면허를 취득한 때

　㉤ 면허정지 처분을 받고도 그 정지 기간 중에 업무를 한 때

　㉥ 성매매알선 등 행위의 처벌에 관한 법률이나 풍속영업의 규제에 관한 법률을 위반하여 관계 행정기관의 장으로부터 그 사실을 통보받은 때

② **재교부 첨부서류**

　㉠ 면허증 원본(기재사항이 변경되거나 헐어 못쓰게 된 경우)

　㉡ 최근 6개월 이내에 찍은 3×4cm 탈모 정면 상반신 사진 2매

재교부 받은 후 원본을 찾았을 경우 <u>지체없이</u> 관할 시장·군수·구청장에게 반납

제8조 <u>미용사의 업무 범위</u> ★

① 면허를 받은 자가 아니면 미용업을 개설 및 종사할 수 없다. 다만, 미용사의 감독을 받아 미용 보조업무 가능
② 영업소 외의 장소에서 행할 수 없다. 다만, 보건복지부령이 정하는 특별한 사유가 있는 경우는 제외

보건복지부령이 정하는 특별한 사유

① 질병 같은 사유로 영업소 방문이 어려운 자에 대한 미용을 하는 경우
② 혼례나 그 밖의 의식에 참여하는 자에 대하여 그 의식 직전에 미용을 하는 경우
③ 사회복지시설에서 봉사활동으로 미용을 하는 경우
④ 방송 등의 촬영에 참여하는 사람에 대하여 그 촬영 직전에 미용을 하는 경우
⑤ 위의 경우 외에 특별한 사정이 있다고 시장·군수·구청장이 인정한 경우

미용사의 업무범위(2016년 1월 1일 이후 자격을 취득한 자)

① 미용사(일반) : 파마·머리카락 자르기·머리카락 모양내기·머리피부 손질·머리카락 염색·머리감기, 의료기기나 의약품을 사용하지 아니하는 눈썹 손질
② 미용사(피부) : 의료기기나 의약품을 사용하지 아니하는 피부 상태 분석·피부 관리·제모·눈썹 손질
③ 미용사(네일) : 손톱과 발톱의 손질 및 화장
④ 미용사(메이크업) : 얼굴 등 신체의 화장·분장 및 의료기기나 의약품을 사용하지 아니하는 눈썹 손질

제9조 보고 및 출입·검사

① 특별시장·광역시장·도지사 또는 시장·군수·구청장은 공중위생관리상 필요하다고 인정하는 때에는 공중위생영업자 및 공중이용시설의 소유자 등에 대하여 필요한 보고를 하게 하거나 소속공무원으로 하여금 영업소·사무소·공중이용시설 등에 출입하여 공중위생영업자의 위생관리의무이행 및 공중이용시설의 위생관리 실태 등에 대하여 검사하게 하거나 필요에 따라 공중위생영업장부나 서류를 열람하게 할 수 있다.
② 관계공무원은 그 권한 표시를 소지하고 이를 보여야 한다(위생감시 공무원증).

제10조 위생지도 및 개선명령

① 시·도지사 또는 시장·군수·구청장은 다음 각 호에 해당하는 자에 대하여 그 개선을 명할 수 있다.

㉠ 공중위생영업의 시설 및 설비 기준을 위반한 미용업자

      ㉡ 위생관리의무 등을 위반한 미용업자

      ㉢ 위생관리의무를 위반한 공중위생시설의 소유자 등

② 개선기간

위 개선명령에 의한 사항을 위반 시 개선에 소요되는 기간 등을 고려하여 즉시 그 개선을 명하거나 6개월 범위 내에서 기간을 정하여 개선을 명한다.

③ 개선명령 시 명시사항

제5조(공중이용시설 위생관리)의 규정 위반 시 위생관리기준, 발생된 오염물질의 종류, 오염허용기준 초과 정도와 개선기간을 명시한다.

제11조 공중위생영업소의 폐쇄

① 시장·군수·구청장은 공중위생영업자가 다음의 어느 하나에 해당하면 6월 이내의 기간을 정하여 영업의 정지 또는 일부 시설의 사용중지를 명하거나 영업소 폐쇄 등을 명할 수 있다.

      ㉠ 영업신고를 하지 아니하거나 시설과 설비기준을 위반한 경우

      ㉡ 변경신고를 하지 아니한 경우

      ㉢ 지위승계신고를 하지 아니한 경우

      ㉣ 공중위생영업자의 위생관리의무 등을 지키지 아니한 경우

      ㉤ 영업소 외의 장소에서 이용 또는 미용 업무를 한 경우

      ㉥ 제9조에 따른 보고를 하지 아니하거나 거짓으로 보고한 경우 또는 관계 공무원의 출입, 검사 또는 공중위생영업 장부 또는 서류의 열람을 거부·방해하거나 기피한 경우

      ㉦ 개선명령을 이행하지 아니한 경우

      ㉧ 성매매알선 등 행위의 처벌에 관한 법률, 풍속영업의 규제에 관한 법률, 청소년 보호법 또는 의료법을 위반하여 관계 행정기관의 장으로부터 그 사실을 통보받은 경우

② 시장·군수·구청장은 위에 따른 영업정지처분을 받고도 그 영업정지 기간에 영업을 한 경우에는 영업소 폐쇄를 명할 수 있다.

③ 시장·군수·구청장은 다음의 어느 하나에 해당하는 경우에는 영업소 폐쇄를 명할 수 있다.

      ㉠ 공중위생영업자가 정당한 사유 없이 6개월 이상 계속 휴업하는 경우

      ㉡ 공중위생영업자가 부가가치세법 제8조에 따라 관할 세무서장에게 폐업신고를 하거나 관할 세무서장이 사업자 등록을 말소한 경우

④ **미용업 영업자가 <u>영업소 폐쇄명령을 받고도 영업을 계속하는 경우의 조치</u>** ★

      ㉠ 당해 영업소의 간판 기타 영업표지물의 제거

      ㉡ 당해 영업소가 위반한 영업소임을 알리는 게시물 부착

      ㉢ 영업을 위해 필수불가결한 기구 및 시설물 봉인

제11조의2 과징금 처분

① 시장 · 군수 · 구청장은 제11조 제1항의 규정에 의한 영업정지가 이용자에게 심한 불편을 주거나 그 밖에 공익을 해할 우려가 있는 경우에는 영업정지 처분에 갈음하여 3천만 원 이하의 과징금을 부과할 수 있다. 다만, 성매매알선 등 행위의 처벌에 관한 법률, 풍속영업의 규제에 관한 법률 제3조 각호의 1 또는 이에 상응하는 위반행위로 인하여 처분을 받게 되는 경우를 제외한다.

② 위 규정에 의한 과징금을 부과하는 위반행위의 종별 · 정도 등에 따른 과징금의 금액 등에 관하여 필요한 사항은 대통령령으로 정한다.

③ 시장 · 군수 · 구청장은 과징금을 납부하여야 할 자가 납부기한까지 이를 납부하지 아니한 경우에는 대통령령으로 정하는 바에 따라 과징금 부과처분을 취소하고, 영업정지 처분을 하거나 지방행정제재·부과금의 징수 등에 관한 법률에 따라 이를 징수한다.

④ ① 및 ③의 규정에 의하여 시장 · 군수 · 구청장이 부과 · 징수한 과징금은 당해 시 · 군 · 구에 귀속된다.

제11조의3 행정제재처분효과의 승계

공중위생영업자가 그 영업을 양도하거나 사망한 때 또는 법인의 합병이 있는 때에는 종전의 영업자에 대하여 제11조 제1항의 위반을 사유로 행한 행정제재처분의 효과는 그 처분기간이 만료된 날부터 1년간 양수인 · 상속인 또는 합병 후 존속하는 법인에 승계된다.

제11조의4 **같은 종류의 영업 금지** ★

① 성매매알선 등 행위의 처벌에 관한 법률, 풍속영업의 규제에 관한 법률 또는 청소년 보호법(이하 "성매매알선 등 행위의 처벌에 관한 법률 등"이라 한다.)을 위반하여 폐쇄명령을 받은 자는 그 폐쇄명령을 받은 후 2년이 경과하지 아니한 때에는 같은 종류의 영업을 할 수 없다.

② 성매매알선 등 행위의 처벌에 관한 법률 등 외의 법률을 위반하여 폐쇄명령을 받은 자는 그 폐쇄명령을 받은 후 1년이 경과하지 아니한 때에는 같은 종류의 영업을 할 수 없다.

③ 성매매알선 등 행위의 처벌에 관한 법률 등의 위반으로 폐쇄명령이 있은 후 1년이 경과하지 아니한 때에는 누구든지 그 폐쇄명령이 이루어진 영업장소에서 같은 종류의 영업을 할 수 없다.

④ 성매매알선 등 행위의 처벌에 관한 법률 등 외의 법률의 위반으로 폐쇄명령이 있은 후 6개월이 경과하지 아니한 때에는 누구든지 그 폐쇄명령이 이루어진 영업장소에서 같은 종류의 영업을 할 수 없다.

제12조 **청문** ★

시장 · 군수 · 구청장이 청문을 실시하여야 하는 경우
① 법 제3조 제3항에 따른 신고사항의 직권 말소
② 미용사의 면허취소 또는 면허정지

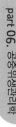

③ 영업정지명령, 일부시설의 사용중지명령 또는 영업소 폐쇄명령

제13조 위생서비스 수준의 평가

시장·군수·구청장은 평가계획에 따라 관할지역별 세부평가계획을 수립한 후 공중위생영업소의 위생서비스 수준을 평가(이하 "위생서비스 평가"라 한다)하여야 한다. **위생서비스 평가의 주기방법, 위생관리등급**의 기준 기타 평가에 관하여 필요한 사항은 보건복지부령으로 정한다.

① **평가의 절차 : 시·도지사는 위생서비스 평가계획을 수립**하여 시장·군수·구청장에게 통보

② 위생서비스 수준의 평가주기 : **2년마다** 실시하되 공중위생영업소의 보건·위생관리를 위하여 특히 필요한 경우에는 보건복지부장관이 정하여 고시하는 바에 의하여 공중위생영업의 종류 또는 위생관리등급별로 평가주기를 달리할 수 있다.

③ **위생관리등급의 구분** ★
　㉠ **최우수업소** : **녹색 등급**
　㉡ **우수업소** : **황색 등급**
　㉢ **일반관리업소** : **백색 등급**

제14조 위생관리등급 공표

① 시장·군수·구청장은 보건복지부령이 정하는 바에 의하여 위생서비스 평가의 결과에 따른 위생관리등급을 해당공중위생영업자에게 통보하고 이를 공표하여야 한다.

② 시·도지사 또는 시장·군수·구청장은 위생서비스 평가의 결과에 따른 위생관리등급별로 영업소에 대한 위생감시를 실시하여야 한다.

③ 이 경우 영업소에 대한 **출입·검사와 위생감시의 실시주기 및 횟수 등 위생관리등급별 위생 감시기준은 보건복지부령으로 정한다.**

제15조 공중위생감시원

공중위생감시원의 자격·임명·업무범위 기타 필요한 사항은 대통령령으로 정한다.

제16조 공중위생 영업자단체의 설립

공중위생영업자는 공중위생과 국민보건의 향상을 기하고 그 영업의 건전한 발전을 도모하기 위하여 영업의 종류별로 전국적인 조직을 가지는 영업자단체를 설립할 수 있다.

제17조 위생교육

① 미용업 영업자는 **매년 위생교육**을 받아야 한다.

② 신고를 하고자 하는 자는 **미리 위생교육**을 받아야 한다. 다만, 부득이한 사유로 미리 교육을 받을 수 없는 경우에는 영업개시 후 6개월 이내에 위생교육을 받을 수 있다.

③ 위생교육을 받아야 하는 자 중 영업에 직접 종사하지 아니하거나 2 이상의 장소에서 영업을 하고자 하는 자는 종업원 중 공중위생에 관한 책임자를 지정하는 경우 그 책임자로 하여금 위생교육을 받게 할 수 있다.

④ 위생교육은 보건복지부장관이 허가한 단체 또는 공중위생 영업자단체가 실시할 수 있다.

⑤ 위생교육의 방법·절차 기타 필요한 사항은 보건복지부령으로 정한다.

⑥ **위생교육에 대한 시행규칙** ★

　㉠ 위생교육은 **매년 3시간**으로 한다.

　㉡ 위생교육 대상자 중 보건복지부장관이 고시하는 도서·벽지지역에서 영업을 하고 있거나 하려는 자에 대하여는 제7항에 따른 교육교재를 배부하여 이를 익히고 활용하도록 함으로써 교육에 갈음할 수 있다.

　㉢ 위생교육 실시단체의 장은 위생교육을 수료한 자에게 수료증을 교부하고, 교육실시 결과를 교육 후 1개월 이내에 시장·군수·구청장에게 통보하여야 하며, 수료증 교부대장 등 교육에 관한 기록을 2년 이상 보관·관리하여야 한다.

제18조 위임 및 위탁

보건복지부장관은 이 법에 의한 권한의 일부를 대통령령이 정하는 바에 의하여 시·도지사 또는 시장·군수·구청장에게 위임할 수 있다.

제20조 **벌칙** ★★

1년 이하의 징역 또는 1천만 원 이하의 벌금	① 미용업 영업의 신고를 하지 아니하고 영업한 자 ② 영업정지명령 또는 일부시설의 사용중지명령을 받고도 그 기간 중에 영업을 한 자 ③ 영업소 폐쇄명령을 받고도 계속하여 영업을 한 자
6월 이하의 징역 또는 500만 원 이하의 벌금	① 공중위생영업을 변경신고하지 아니한 자 ② 공중위생영업자의 지위를 승계한 자의 승계신고 위반 ③ 건전한 영업질서를 위한 공중위생영업자의 준수사항 위반
300만 원 이하 벌금	① 다른 사람에게 이용사 또는 미용사의 면허증을 빌려주거나 빌린 사람 ② 이용사 또는 미용사의 면허증을 빌려주거나 빌리는 것을 알선한 사람 ③ 다른 사람에게 위생사의 면허증을 빌려주거나 빌린 사람 ④ 위생사의 면허증을 빌려주거나 빌리는 것을 알선한 사람 ⑤ 면허의 취소 또는 정지 중에 이용업 또는 미용업을 한 사람 ⑥ 면허를 받지 아니하고 이용업 또는 미용업을 개설하거나 그 업무에 종사한 사람

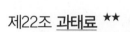

제22조 과태료 ★★

300만 원 이하 과태료	① 관계공무원의 보고 및 출입 · 검사 기타 조치를 거부 · 방해 또는 기피한 자 ② 개선명령에 위반한 자
200만 원 이하 과태료	① 미용업소의 위생관리의무를 위반한 자 ② 영업소 외의 장소에서 미용업무를 행한 자 ③ 위생교육을 받지 않은 자

과태료는 대통령령으로 정하는 바에 따라 보건복지부장관 또는 시장 · 군수 · 구청장이 부과 · 징수한다.

공중위생관리법 행정처분기준 ★★

위반사항	관련법규	행정처분기준			
		1차 위반	2차 위반	3차 위반	4차 위반
가. 영업신고를 하지 않거나 시설과 설비기준을 위반한 경우	법 제11조 제1항 제1호				
1) 영업신고를 하지 않은 경우		영업장 폐쇄명령			
2) 시설 및 설비기준을 위반한 경우		개선명령	영업정지 15일	영업정지 1월	영업장 폐쇄명령
나. 변경신고를 하지 않은 경우	법 제11조 제1항 제2호				
1) 신고를 하지 않고 영업소의 명칭 및 상호 또는 영업장 면적의 3분의 1 이상을 변경한 경우		경고 또는 개선명령	영업정지 15일	영업정지 1월	영업장 폐쇄명령
2) 신고를 하지 아니하고 영업소의 소재지를 변경한 경우		영업장 폐쇄명령			
다. 지위승계신고를 하지 않은 경우	법 제11조 제1항 제3호	경고	영업정지 10일	영업정지 1월	영업장 폐쇄명령
라. 공중위생영업자의 위생관리의무 등을 지키지 않은 경우	법 제11조 제1항 제4호				
1) 소독을 한 기구와 소독을 하지 않은 기구를 각각 다른 용기에 넣어 보관하지 않거나 1회용 면도날을 2인 이상의 손님에게 사용한 경우		경고	영업정지 5일	영업정지 10일	영업장 폐쇄명령
2) 피부미용을 위하여 약사법에 따른 의약품 또는 의료기기법에 따른 의료기기를 사용한 경우		영업정지 2월	영업정지 3월	영업장 폐쇄명령	
3) 점빼기 · 귓볼뚫기 · 쌍꺼풀수술 · 문신 · 박피술 그 밖에 이와 유사한 의료행위를 한 경우		영업정지 2월	영업정지 3월	영업장 폐쇄명령	
4) 미용업 신고증 및 면허증 원본을 게시하지 않거나 업소 내 조명도를 준수하지 않은 경우		경고 또는 개선명령	영업정지 5일	영업정지 10일	영업장 폐쇄명령
마. 면허 정지 및 면허 취소 사유에 해당하는 경우	법 제7조 제1항				
1) 법 제6조 제2항 제1호부터 제4호까지에 해당하게 된 경우		면허취소			

위반사항	관련법규	행정처분기준			
		1차 위반	2차 위반	3차 위반	4차 위반
2) 면허증을 다른 사람에게 대여한 경우 ★		면허정지 3월	면허정지 6월	면허취소	
3) 국가기술자격법에 따라 자격이 취소된 경우		면허취소			
4) 국가기술자격법에 따라 자격정지처분을 받은 경우(국가기술자격법에 따른 자격정지처분 기간에 한정한다)		면허정지			
5) 이중으로 면허를 취득한 경우(나중에 발급받은 면허를 말한다)		면허취소			
6) 면허정지처분을 받고 도 그 정지 기간 중 업무를 한 경우		면허취소			
바. 영업소 외의 장소에서 미용 업무를 한 경우	법 제11조 제1항 제5호	영업정지 1월	영업정지 2월	영업장 폐쇄명령	
사. 법 제9조에 따른 보고를 하지 않거나 거짓으로 보고한 경우 또는 관계 공무원의 출입, 검사 또는 공중위생영업 장부 또는 서류의 열람을 거부·방해하거나 기피한 경우	법 제11조 제1항 제6호	영업정지 10일	영업정지 20일	영업정지 1월	영업장 폐쇄명령
아. 개선명령을 이행하지 않은 경우	법 제11조 제1항 제7호	경고	영업정지 10일	영업정지 1월	영업장 폐쇄명령
자. 성매매알선 등 행위의 처벌에 관한 법률, 풍속영업의 규제에 관한 법률, 청소년 보호법 또는 의료법을 위반하여 관계 행정기관의 장으로부터 그 사실을 통보받은 경우	법 제11조 제1항 제8호				
1) 손님에게 성매매알선 등 행위 또는 음란행위를 하게 하거나 이를 알선 또는 제공한 경우					
가) 영업소		영업정지 3월	영업장 폐쇄명령		
나) 미용사		면허정지 3월	면허취소		
2) 손님에게 도박 그 밖에 사행행위를 하게 한 경우		영업정지 1월	영업정지 2월	영업장 폐쇄명령	
3) 음란한 물건을 관람·열람하게 하거나 진열 또는 보관한 경우		경고	영업정지 15일	영업정지 1월	영업장 폐쇄명령
4) 무자격안마사로 하여금 안마사의 업무에 관한 행위를 하게 한 경우		영업정지 1월	영업정지 2월	영업장 폐쇄명령	
차. 영업정지처분을 받고 도 그 영업정지 기간에 영업을 한 경우	법 제11조 제2항	영업장 폐쇄명령			
카. 공중위생영업자가 정당한 사유 없이 6개월 이상 계속 휴업하는 경우	법 제11조 제3항 제1호	영업장 폐쇄명령			
타. 공중위생영업자가 부가가치세법 제8조에 따라 관할 세무서장에게 폐업신고를 하거나 관할 세무서장이 사업자 등록을 말소한 경우	법 제11조 제3항 제2호	영업장 폐쇄명령			

part 06. 공중위생관리학

실전예상문제

01 다음 중 가장 대표적인 보건수준 평가기준으로 사용되는 것은?

① 성인사망률　　　② 영아사망률

③ 노인사망률　　　④ 사인별사망률

> **해설** 건강 수준의 보건지표
> • 비례사망지수 : 연간 총 사망자수에 대하여 50세 이상의 사망자수가 차지하는 비율로서, 평균수명이나 조사망률의 보정지표가 된다.
> • 평균수명
> • 사망률
>   – 영아사망률 : 출생아 1,000명당 1년 이내에 사망하는 영아의 수를 의미하는 것으로 한 국가의 건강수준을 나타내는 지표이다. 가장 대표적이며 보건수준의 평가 지표가 된다.
>   – 조사망률 : 특정인구집단의 사망수준을 나타내는 가장 기본적인 지표로 사용된다.

02 질병 발생의 3대 요소가 아닌 것은?

① 병인　　　② 환경

③ 숙주　　　④ 시간

> **해설** 병인, 환경, 숙주의 3대 요소로부터 질병이 발생한다.

03 감염병예방법 중 제1군 감염병에 해당되는 것은?

① 백일해　　　② 공수병

③ 세균성이질　　　④ 홍역

> **해설**
>
> | 구 분 | 의 의 | 해당 질병 | 신고 기간 |
> |---|---|---|---|
> | 제1군 감염병 (6종) | 발생 즉시 환자격리 필요 | 콜레라, 장티푸스, 파라티푸스, 세균성이질, 장출혈성대장균감염증, A형 간염 | 즉시 신고 (지체 없이) |
> | 제2군 감염병 (12종) | 예방접종대상 | 디프테리아, 백일해, 파상풍, 홍역, 유행성이하선염, 풍진, 폴리오, B형 간염, 일본뇌염 등 | 즉시 신고 (지체 없이) |
> | 제3군 감염병 (19종) | 모니터링 및 예방홍보 중점 | 말라리아, 결핵, 한센병(나병), 성홍열, 발진열, 비브리오패혈증, 탄저, 공수병, ㅉㅉ가무스증, 발진티푸스 등 | 즉시 신고 (지체 없이) |
> | 제4군 감염병 (19종) | 보건복지부령으로 정함 | 페스트, 황열, 뎅기열, 바이러스성 출혈열, 두창, 보툴리눔독소증, 중증 급성 호흡기 증후군(SARS) 등 | 즉시 신고 (지체 없이) |
> | 제5군 감염병 (6종) | 기생충 감염, 정기적 조사가 필요 | 회충증, 편충증, 요충증, 간흡충증, 폐흡충증, 장흡충증 | 7일 이내 신고 |
> | 지정 감염병 | 평상시 감시활동이 필요한 감염병 | 제1~5군 감염병 외 유행 여부에 따라 요구되는 감염병 | 7일 이내 신고 |

04 다음 중에서 접촉 감염지수(감수성지수)가 가장 높은 질병은?

① 홍역　　　② 소아마비

③ 디프테리아　　　④ 성홍열

> **해설** • 숙주의 감수성 : 숙주에 침입한 병원체에 대항하여 감염이나 발병을 막을 수 없는 상태
> • 두창, 홍역(95%) > 백일해(60~80%) > 성홍열(40%) > 디프테리아(10%) > 소아마비(0.1%)

05 다음 중 동물과 감염병의 병원소로 연결이 잘못된 것은?

① 소 – 결핵　　　② 쥐 – 말라리아

③ 돼지 – 일본뇌염　　　④ 개 – 공수병

Answer 01.② 02.④ 03.③ 04.① 05.②

해설

전파 동물	질병
쥐	페스트, 살모넬라증, 발진열, 서교증, 렙토스피라증
소	결핵, 탄저병, 파상열, 살모넬라증
개	광견병(공수병)
돼지	파상열, 살모넬라증, 일본뇌염
양	탄저, 파상열
말	탄저, 일본뇌염, 살모넬라증

06 수돗물로 사용할 상수의 대표적인 오염지표는? (단, 심미적 영향물질은 제외한다.)

① 탁도　　　　　② 대장균수
③ 증발잔류량　　④ COD

해설 상수의 대표적인 오염지표는 대장균수이다.

07 실내 공기의 오염지표로 주로 측정되는 것은?

① N_2　　　　　② NH_3
③ CO　　　　　④ CO_2

해설 이산화탄소는 공기 중에 0.03% 존재하며 실내 공기의 오염도를 판정하는 기준이다.

08 식중독에 관한 설명으로 옳은 것은?

① 세균성 식중독 중 치사율이 가장 낮은 것을 보툴리누스 식중독이다.
② 테트로도톡신은 감자에 다량 함유되어 있다.
③ 식중독은 급격한 발생률, 지역과 무관한 동시 다발성의 특성이 있다.
④ 식중독은 원인에 따라 세균성, 화학물질, 자연독, 곰팡이독 등으로 분류된다.

해설 세균성 식중독의 분류

독소형 식중독	㉠ 포도상구균 • 우유, 치즈 등의 유제품과 김밥 등이 원인 • 특징 : 잠복기(1~6시간)가 짧으며, 식품 취급자 손의 화농성 질환으로 인해 감염 • 황색포도상구균 식중독 독소 : 엔테로톡신 ㉡ 보툴리누스균 • 구멍난 통조림, 식육, 어류나 그 가공품, 소시지 등이 원인 • 치사율이 가장 높음 • 신경마비증세, 치명률이 높고 호흡곤란 등의 현상이 일어남
감염형 식중독	㉠ 체내로 들어온 식중독균이 장에 침범하여 생기는 경우로 발열증상이 있음 ㉡ 원인균 : 살모넬라, 병원성대장균, 장염비브리오, 웰치균 • 살모넬라균 – 발열증상이 가장 심한 식중독, 치사율은 낮음 – 잠복기 12~24(48)시간으로 긺 – 식육, 달걀, 마요네즈 등이 원인 • 장염비브리오균 – 짧은 시간 내 식중독유발 – 바닷물에 분포(어패류, 해산물, 생선회 등이 원인) – 염분을 좋아하는 호염균

09 보건행정의 특성과 가장 거리가 먼 것은?

① 공공성　　　　② 교육성
③ 정치성　　　　④ 과학성

해설 보건행정의 특징
• 공공이익을 위한 공공성과 사회성을 지닌다(공공성).
• 적극적인 서비스의 봉사도 포함된다.
• 과학의 기반 위에 수립된 기술 행정이다(과학성).
• 환경위생, 보건교육, 감염병 관리, 모자보건, 의료, 보건간호, 보건자료·보건관련 기록의 보존이 이에 속한다.

10 여러 가지 물리화학적 방법으로 병원성 미생물을 가능한 한 제거하여 사람에게 감염의 위험이 없도록 하는 것은?

① 멸균　　　　　② 소독
③ 방부　　　　　④ 살균

해설 ① **멸균** : 미생물과 포자(아포)까지도 강한 살균력으로 완전히 사멸시켜 무균의 상태로 만드는 것이다.
② **소독** : 병원체의 생활력을 파괴시켜 감염력과 증식력을 제거하는 것이다.
③ **방부** : 미생물의 발육과 생식을 저해시켜 부패나 발효를 방지시키는 것이다.
④ **살균** : 미생물의 생활력을 물리적, 화학적 작용에 의해 급속하게 죽이는 것이다.

11 소독장비 사용 시 주의해야 할 사항 중 옳은 것은?

① 건열멸균기 : 멸균된 물건을 소독기에서 꺼낸 즉시 냉각시켜야 살균효과가 크다.
② 자비소독기 : 금속성 기구들은 물이 끓기 전부터 넣고 끓인다.
③ 간헐멸균기 : 가열과 가열 사이에 20도 이상의 온도를 유지한다.
④ 자외선 소독기 : 날이 예리한 기구 소독 시에는 타올 등으로 싸서 넣는다.

해설 ① 건열멸균기를 사용할 경우 유리기구를 가열 후 즉시 냉각시키면 파손될 수 있으므로 따로 냉각시키지 않는다.
② 자비소독기 사용 시 녹이 슬 수 있는 금속성 기구는 물이 끓은 후 넣는다.
④ 자외선 소독기는 표면의 미생물을 멸균시킬 목적으로 사용하되 소독효과를 내기 위해서는 반드시 자외선에 미생물이 직접 노출되어야 한다.

12 면허의 정지명령을 받은 자는 그 면허증을 누구에게 제출해야 하는가?

① 보건복지부장관
② 시 · 도지사
③ 시장, 군수, 구청장
④ 이 · 미용사 중앙회장

해설 법 제7조 제1항의 규정에 의하여 면허가 취소되거나 면허의 정지명령을 받은 자는 지체 없이 관할 시장 · 군수 · 구청장에게 면허증을 반납하여야 한다.

13 이 · 미용업소의 위생관리기준으로 적합하지 않은 것은?

① 소독한 기구와 소독을 하지 아니한 기구를 분리하여 보관한다.
② 1회용 면도날은 손님 1인에 한하여 사용한다.
③ 피부미용을 위한 의약품은 따로 보관한다.
④ 영업장 안의 조명도는 75룩스 이상이어야 한다.

해설 피부미용에서는 의약품을 사용하여서는 안 된다.

14 이 · 미용사의 면허증을 대여한 때의 1차 위반 행정처분 기준은?

① 면허정지 3월
② 면허정지 6월
③ 영업정지 3월
④ 영업정지 6월

해설
미용사의 면허증을 다른 사람에게 대여한 경우 행정처분 기준
• 1차 위반 시 : 면허정지 3월
• 2차 위반 시 : 면허정지 6월
• 3차 위반 시 : 면허취소

15 이·미용 영업자가 공중위생관리법을 위반하여 관계행정기관의 장의 요청이 있을 때에 시장, 군수, 구청장은 몇 월 이내의 기간을 정하여 영업의 정지 또는 일부 시설의 사용중지를 명하거나 영업소 폐쇄 등을 명할 수 있는가?

① 3월 ② 6월
③ 1년 ④ 2년

해설 시장, 군수, 구청장은 공중위생영업자가 공중위생관리법 또는 공중위생관리법에 의한 명령에 위반하거나 성매매알선 등 행위의 처벌에 관한 법률, 풍속영업의 규제에 관한 법률, 청소년 보호법, 의료법에 위반하여 관계행정기관의 장의 요청이 있는 때에는 6월 이내의 기간을 정하여 영업의 정지 또는 일부 시설의 사용중지를 명하거나 영업소 폐쇄 등을 명할 수 있다.

16 이·미용업의 상속으로 인한 영업자 지위승계 시 신고 시 구비서류가 아닌 것은?

① 영업자 지위승계 신고서
② 가족관계증명서
③ 양도계약서 사본
④ 상속인임을 증명할 수 있는 서류

해설 영업양도의 경우는 양도, 양수 증명서류사본, 양도인 인감증명서가 필요하며 상속의 경우는 가족관계증명서 및 상속인임을 증명할 수 있는 서류 등이 필요하다.

17 다음 중 법에서 규정하는 명예공중위생감시원의 위촉대상자가 아닌 것은?

① 공중위생관련 협회장이 추천하는 자
② 소비자 단체장이 추천하는 자
③ 공중위생에 대한 지식과 관심이 있는 자
④ 3년 이상 공중위생 행정에 종사한 경력이 있는 공무원

해설 명예공중위생감시원의 자격조건
• 공중위생에 대한 지식과 관심이 있는 자
• 소비자단체, 공중위생관련 협회 또는 단체의 소속직원 중에서 당해 단체 등의 장이 추천하는 자

공중위생감시원의 자격조건
• 위생사 또는 환경기사 2급 이상의 자격증이 있는 자
• 고등교육법에 의한 대학에서 화학·화공학·환경공학 또는 위생학 분야를 전공하고 졸업한 자 또는 이와 동등 이상의 자격이 있는 자
• 외국에서 위생사 또는 환경기사의 면허를 받은 자
• 3년 이상 공중위생 행정에 종사한 경력이 있는 자

18 영업소 폐쇄명령을 받고도 영업을 계속할 때의 벌칙기준은?

① 1년 이하의 징역 또는 1천만 원 이하의 벌금
② 1년 이하의 징역 또는 500만 원 이하의 벌금
③ 6월 이하의 징역 또는 500만 원 이하의 벌금
④ 6월 이하의 징역 또는 300만 원 이하의 벌금

해설 미용업 영업의 신고를 하지 아니하고 영업한 자, 영업정지명령 또는 일부시설의 사용중지명령을 받고도 그 기간 중에 영업한 자, 영업소 폐쇄명령을 받고도 계속하여 영업을 한 자는 1년 이하의 징역 또는 1천만 원 이하의 벌금에 처한다.

part 06. 공중위생관리학

피부미용사

part 07
기출문제

※ 현재 시행 중인 법규에 따른 변경으로 인해 실제 기출문제와
다른 문제가 있을 수 있습니다.

2008년 10월 5일 시행

01 딥클렌징의 효과에 대한 설명이 아닌 것은?

① 피부 표면을 매끈하게 한다.
② 면포를 강화시킨다.
③ 혈색을 좋아지게 한다.
④ 불필요한 각질 세포를 제거한다.

해설 딥클렌징은 모공 속 피지와 불필요한 각질 세포를 제거함으로써 면포를 완화시킨다.

02 피부 관리를 위해 실시하는 피부 상담의 목적과 가장 거리가 먼 것은?

① 고객의 방문 목적 확인
② 피부 문제의 원인 파악
③ 피부 관리 계획 수립
④ 고객의 사생활 파악

해설 피부 상담은 고객 피부의 문제를 파악해 정확한 피부 타입을 알고 피부 관리 계획에 따라 관리하기 위함이다. 고객의 사생활은 중요하지 않다.

03 피부 관리의 정의와 가장 거리가 먼 것은?

① 안면 및 전신의 피부를 분석하고 관리하여 피부 상태를 개선시키는 것
② 얼굴과 전신의 상태를 유지 및 개선하여 근육과 관절을 정상화시키는 것
③ 피부미용사의 손과 화장품 및 적용 가능한 피부미용기기를 이용하여 관리하는 것
④ 의약품을 사용하지 않고 피부 상태를 아름답고 건강하게 만드는 것

해설 피부 관리는 피부결 방향대로의 마사지를 통해 인체의 혈액순환을 도와 신진대사를 촉진하는 데 목적이 있다. 근육과 관절의 치료는 피부미용에서는 할 수 없다.

04 피부미용실에서 손님에 대한 피부 관리 과정 중 피부 분석을 통한 고객카드 관리의 방법으로 가장 바람직한 것은?

① 개인의 피부 상태는 변하지 않으므로 첫 회만 피부 관리를 시작할 때 한 번만 피부 분석을 하여 분석 내용을 고객카드에 기록해 두고 매회 활용한다.
② 첫 회 피부 관리를 시작할 때 한 번만 피부 분석을 하여 분석 내용을 고객카드에 기록해 두고 매회 활용한다. 마지막에 다시 피부 분석을 해서 좋아진 것을 고객에게 비교해 준다.
③ 첫 회 피부 관리를 시작할 때 피부 분석을 하여 분석 내용을 고객카드에 기록하여 매회 활용하고, 중간에 한 번, 마지막에 다시 한 번 피부 분석을 해서 좋아진 것을 고객에게 비교해 준다.
④ 개인의 피부 유형, 피부 상태는 수시로 변화하므로 매회 마다 피부 관리 전에 항상 피부 분석을 해서 분석 내용을 고객카드에 기록해 두고 매회 활용한다.

해설 일반적으로 피부 관리는 일주일에 2회를 권장하나 그렇지 못한 것이 현실이며, 이에 따라 매회 피부 관리 전에 항상 고객의 피부 분석을 통해서 고객카드에 기록하고 고객의 피부에 맞는 관리를 해야 한다.

Answer 01.② 02.④ 03.② 04.④

05 매뉴얼 테크닉을 적용할 수 있는 경우는?

① 피부나 근육, 골격에 질병이 있는 경우
② 골절상으로 인한 통증이 있는 경우
③ 염증성 질환이 있는 경우
④ 피부에 셀룰라이트가 있는 경우

해설 질병이 있거나 감염성 질환, 염증이 있는 경우에는 피부관리에 매뉴얼 테크닉을 적용하지 않는다. 반면 셀룰라이트가 있는 경우에는 매뉴얼 테크닉을 통해 셀룰라이트 분해와 감소 효과를 볼 수 있다.

06 매뉴얼 테크닉을 이용한 관리 시 그 효과에 영향을 주는 요소와 가장 거리가 먼 것은?

① 속도와 리듬
② 피부결의 방향
③ 연결성
④ 다양하고 현란한 기교

해설 매뉴얼 테크닉은 강찰법, 경찰법, 유연법, 고타법, 진동법의 5가지 동작에 한해 피부결 방향에 맞게 심장의 맥박속도에 맞춰 연결시켜야 피부를 진정시키고 근육을 이완시켜 혈액순환을 촉진한다.

07 다음 중 피부 유형별 관리 방법으로 적합하지 않은 것은 무엇인가?

① 복합성 피부 : 유분이 많은 부위는 손을 이용한 관리를 행하여 모공을 막고 있는 피지 등의 노폐물이 쉽게 나올 수 있도록 한다.
② 모세혈관 확장 피부 : 세안 시 세안제를 손에서 충분히 거품을 낸 후 미온수로 완전히 헹구어 내고 손을 이용한 관리를 부드럽게 진행한다.

③ 노화 피부 : 피부가 건조해지지 않도록 수분과 영양을 공급하고 자외선 차단제를 바른다.
④ 색소침착 피부 : 자외선 차단제를 색소가 침착된 부위에 집중적으로 발라준다.

해설 자외선 차단제를 도포할 때는 전체적으로 골고루 발라준 후에 침착된 부위에 한 번 더 덧발라주면 효과적이다.

08 민감성 피부 관리의 마무리 단계에 사용될 보습제로 적합한 성분이 아닌 것은?

① 알란토인
② 알부틴
③ 아줄렌
④ 알로에 베라

해설 ① **알란토인** : 컴프리 뿌리에서 추출/진정작용/보습력/손상된 세포 및 조직의 재생/상처 치유/민감성 피부에 사용
② **알부틴** : 미백 성분으로 티로시나아제 효소에 작용해 색소 생산을 강력하게 억제하는 물질
③ **아줄렌** : 카모마일에서 추출/진정/항염증 효과/파란색을 띰
④ **알로에 베라** : 보습/진정/민감성 피부에 사용

09 다음 중 도포 후 온도가 40℃ 이상 올라가며, 노화 피부 및 건성 피부에 필요한 영양 흡수효과를 높이는 데 가장 효과적인 마스크는 어느 것인가?

① 석고 마스크
② 콜라겐 마스크
③ 머드 마스크
④ 알긴산 마스크

해설 ① **석고 마스크** : 발열 마스크로 특히, 노화 피부에 효과적이며, 고영양 물질들의 침투를 쉽게 해 효과를 보는 마스크
② **콜라겐 마스크** : 건성 피부와 노화 피부에는 적합하나 발열에 의한 효과는 없음
③ **머드 마스크** : 지성 피부용으로 과도한 피지와 노폐물 흡착에 효과적인 마스크
④ **알긴산 마스크** : 물기 없는 바닷말에서 얻는 다당류의 하나로 점성이 좋은 마스크로 보습과 진정에 효과적임

Answer 05.④ 06.④ 07.④ 08.② 09.①

10 홈케어 관리 시에 여드름 피부에 대한 조언으로 맞지 않는 것은?

① 여드름 전용 제품을 사용
② 붉어지는 부위는 약간 진하게 파운데이션이나 파우더를 사용
③ 지나친 당분이나 지방 섭취를 피함
④ 지나치게 얼굴이 당길 경우 수분 크림, 에센스 사용

> **해설** 외부에 나갈 경우 자외선에 의한 2차적인 원인을 제거하기 위해서는 가벼운 화장을 하는 것이 좋으나 진하게 파운데이션이나 파우더를 사용하게 되는 경우에는 제품의 성분이 모공에 작용해 여드름을 악화시킬 수 있다.

11 포인트 메이크업 클렌징 과정 시 주의할 사항으로 틀린 것은?

① 콘택트 렌즈를 뺀 후 시술한다.
② 아이라인을 제거 시 안에서 밖으로 닦아낸다.
③ 마스카라를 짙게 한 경우 강하게 자극하여 닦아낸다.
④ 입술화장을 제거 시 윗입술은 위에서 아래로, 아랫입술은 아래에서 위로 닦는다.

> **해설** 눈은 피부조직 중에서 가장 얇은 곳으로 강하게 자극을 주게 되면 피부가 손상될 수 있으며 주름을 쉽게 형성하게 된다.

12 다음 중 팩의 설명으로 옳은 것은?

① 파라핀 팩은 모세혈관 확장 피부에 사용을 피한다.
② Wash-off 타입의 팩은 건조되면서 얇은 필름을 형성하며, 피부 청결에 효과적이다.

③ Peel-off 타입의 팩은 도포 후 일정 시간 지나 미온수로 닦아내는 형태의 팩이다.
④ 건성 피부에 적용 시 도포하여 건조시키는 것이 효과적이다.

> **해설** ① 파라핀 팩은 수용성 성질이 아닌 열에 의한 팩이므로 열에 예민한 모세혈관 피부는 사용을 피해야 한다.
> ② Wash-off 타입은 팩을 도포 후 일정시간 후 미온수로 닦아내는 형태의 팩이다.
> ③ Peel-off 타입은 얇은 필름막을 형성하며, 보습과 진정 외에 피부에 남은 잔여물까지 제거하여 청결에 효과적인 팩이다.
> ④ 지성 피부의 경우에 머드팩을 사용할 때는 머드를 완전히 건조 후 제거하는 것이 효과적이다.

13 다음 중 민감성 피부의 화장품 사용에 대한 설명으로 틀린 것은?

① 석고팩이나 피부에 자극이 되는 제품의 사용을 피한다.
② 피부의 진정·보습 효과가 뛰어난 제품을 사용한다.
③ 스크럽이 들어간 세안제를 사용하고 알코올 성분이 들어간 화장품을 사용한다.
④ 화장품 도포 시 패치 테스트(Patch test)를 하여 적합성 여부의 확인 후 사용하는 것이 좋다.

> **해설** 민감성 피부일 경우 스크럽과 알코올이 함유된 제품의 사용은 더 예민한 피부로 만들 수 있기 때문에 피한다. 지성 피부의 경우에는 스크럽이 들어간 세안제를 사용하면 피지 제거가 쉬우며, 적당한 알코올 성분이 들어간 화장품을 사용하여 과도한 피지를 제거할 수 있다. 그러나 지성 피부라 하더라도 지나친 스크럽과 알코올이 함유된 제품을 사용하면 피부가 건조해지는 현상을 유발할 수 있기 때문에 주의해야 한다.

Answer 10.② 11.③ 12.① 13.③

14 딥클렌징에 대한 설명으로 틀린 것은?

① 스크럽 제품의 경우 여드름 피부나 염증 부위에 사용하면 효과적이다.

② 민감성 피부는 가급적 사용하지 않는 것이 좋다.

③ 효소를 이용할 경우 스티머가 없을 시에는 온습포를 적용할 수 있다.

④ 칙칙하고 각질이 두꺼운 피부에 효과적이다.

🔍 **해설** 스크럽 제품의 경우에 여드름과 염증 부위에 물리적인 자극을 주어 오히려 악화시킬 수 있으므로 사용을 자제하거나 녹는 타입의 제품을 사용하는 것이 좋다. 염증 부위는 질환이므로 특별히 주의해야 한다.

15 피부 유형과 화장품의 사용 목적이 틀리게 연결된 것은?

① 민감성 피부 : 진정 및 쿨링 효과

② 여드름 피부 : 멜라닌 생성 억제 및 피부 기능 활성화

③ 건성 피부 : 피부에 유·수분을 공급하여 보습 기능 활성화

④ 노화 피부 : 주름 완화, 결체조직 강화, 새로운 세포의 형성 촉진 및 피부 보호

🔍 **해설** 멜라닌 생성 억제 및 피부 기능 활성화는 색소 침착 피부에 관한 것이다.

16 왁스와 머절린(부직포)을 이용한 일시적 제모의 특징으로 가장 적합한 것은?

① 제모하고자 하는 털을 한 번에 제거하여 즉각적인 결과를 가져온다.

② 넓은 부분의 불필요한 털을 제거하기 위해서는 많은 비용이 든다.

③ 깨끗한 외관을 유지하기 위해서 반복 시술을 하지 않아도 된다.

④ 한 번 시술을 하면 다시는 털이 나지 않는다.

🔍 **해설** 일시적인 제모를 통해 털을 한 번에 즉각적으로 제거할 수 있으며 적은 비용이 들지만 지속적으로 시술해 제모를 해야 한다.

17 다음 중 일반적인 클렌징에 해당하는 사항이 아닌 것은?

① 색조화장 제거

② 먼지 및 유분의 잔여물 제거

③ 메이크업 잔여물 및 피부 표면의 노폐물 제거

④ 효소나 고마쥐를 이용한 깊은 단계의 묵은 각질 제거

🔍 **해설** • 일반적인 클렌징의 종류 : 클렌징 오일, 클렌징 로션, 클렌징 밀크, 클렌징 폼
• 딥 클렌징의 종류 : 효소, 고마쥐, 스크럽, AHA
• 1차 클렌징 : 포인트 메이크업 클렌징
• 2차 클렌징 : 클렌징
• 3차 클렌징 : 토너

18 다음 중 습포의 효과에 대한 내용과 가장 거리가 먼 것은?

① 온습포는 모공을 확장시키는 데 도움을 준다.

② 온습포는 혈액순환 촉진, 적절한 수분공급의 효과가 있다.

③ 냉습포는 모공을 수축시키며, 피부를 진정시킨다.

④ 온습포는 팩 제거 후 사용하면 효과적이다.

🔍 **해설** 냉습포는 팩 제거 후 깨끗한 모공을 통해 유입된 영양분이 나오지 못하도록 모공을 닫는 데 사용하면 모공을 수축시켜 더욱 효과적이다. 특히 지성 피부의 경우에 더욱 효과를 볼 수 있다.

Answer 14.① 15.② 16.① 17.④ 18.④

19 다음 비타민에 대한 설명 중 틀린 것은?

① 비타민 A가 결핍되면 피부가 건조해지고 거칠어진다.
② 비타민 C는 교원질 형성에 중요한 역할을 한다.
③ 레티노이드는 비타민 A를 통칭하는 용어이다.
④ 비타민 A는 많은 양이 피부에서 합성된다.

해설 • 비타민은 체내에 합성되지 않기 때문에 음식물로 섭취한다.
• 비타민 C는 항괴혈성, 항산화 비타민으로 수용성 환경에서 산화되기 쉬우며 항산화 기능, 콜라겐, 히알루론산 합성, 미백에 효능이 있으며 모세혈관 강화, 면역기능 강화, 감기, 암, 바이러스 질환 예방 및 치료에 효과가 있다. 비타민 A는 체내에 저장이 되므로 매일 섭취하지 않아도 된다.

20 자외선에 대한 설명으로 틀린 것은?

① 자외선 C는 오존층에 의해 차단할 수 있다.
② 자외선 A의 파장은 320~400nm이다.
③ 자외선 B는 유리에 의하여 차단할 수 있다.
④ 피부에 제일 깊게 침투하는 것은 자외선 B이다.

해설 • **자외선 A** : 유리창을 통과하기 때문에 생활 자외선으로 불리며 피부의 진피까지 제일 깊게 침투하는 자외선
• **자외선 B** : 홍반을 유발하는 자외선
• **자외선 C** : 최근에는 환경오염으로 인해 오존층이 파괴됨에 따라 지구에 도달하는 양이 늘어 피부암 환자가 증가하고 있음

21 피부의 주체를 이루는 층으로 망상층과 유두층으로 구분되며 피부 조직 외에 부속기관인 혈관, 신경관, 림프관, 땀샘, 기름샘, 모발과 입모근을 포함하고 있는 곳은?

① 표피
② 진피
③ 근육
④ 피하조직

해설 피부 조직은 크게 표피, 진피, 피하조직으로 구성된다.
• **표피** : 각질층, 투명층, 과립층, 유극층, 기저층으로 구성된다.
• **진피** : 유두층과 망상층으로 나뉘며 혈관, 피지선, 한선, 털, 모낭, 입모근, 모유두, 신경 등이 분포한다.
• **피하조직** : 지방세포로 구성된다.

22 기미에 대한 설명으로 틀린 것은?

① 피부 내에 멜라닌이 형성되지 않아 생기는 것이다.
② 30~40대의 중년 여성에게 잘 나타나고 재발이 잘 된다.
③ 선탠기에 의해서도 기미가 생길 수 있다.
④ 경계가 명확한 갈색의 점으로 나타난다.

해설 • 기미는 체내에서 멜라닌이 합성되는 데 피부 자극이 심한 경우 피부를 보호하기 위해 흑기사 같은 역할을 하는 과색소 질환이다.
• 중년 여성에게 잘 나타나며 대칭적으로 존재한다.
• 선탠기에 의해서도 기미가 생길 수 있고 갈색 점의 경계는 대체적으로 뚜렷하다.

23 림프액의 기능과 가장 관계가 없는 것은?

① 동맥 기능의 보호
② 항원반응
③ 면역반응
④ 체액이동

해설 림프액의 기능 : 세포 성분인 림프구와 액체 성분인 림프장으로 구성된다. 림프구는 백혈구의 일종으로 식균작용, 항체형성 등의 기능이 있고 림프장은 물질, 특히 지방을 운반하며 항상성 유지에 관여한다.

Answer 19.④ 20.④ 21.② 22.① 23.①

24 멜라닌 세포가 주로 분포되어 있는 곳은?

① 투명층   ② 과립층

③ 각질층   ④ 기저층

해설 기저층 : 각질형성세포, 멜라닌형성세포로 구성

25 피부의 면역에 관한 설명으로 맞는 것은?

① 세포성 면역에는 보체, 항체 등이 있다.

② T 림프구는 항원전달세포에 해당한다.

③ B 림프구는 면역글로불린이라고 불리는 항체를 형성한다.

④ 표피에 존재하는 각질형성세포는 면역조절에 작용하지 않는다.

해설 항원은 면역반응을 일으키는 원인물질을 말한다.

• 세포성 면역은 T 림프구에 의한 면역을 말한다. T 림프구는 세포독성 T세포와 보조 T세포가 있는데, 세포독성 T세포는 직접적으로 바이러스에 감염된 세포를 죽이게 되고 보조 T세포는 B세포나 다른 대식 세포를 돕는다.

• 체액성 면역은 B 림프구가 항원을 인지한 후 분화되어 항체 분비 뒤 주로 감염된 세균을 제거하는 기능을 한다. 항체는 체액에 존재하며 면역글로불린이라는 단백질로 구성되어 있다.

26 피부의 노화원인과 가장 관련이 없는 것은?

① 노화유전자와 세포노화

② 항산화제

③ 아미노산 라세미화

④ 텔로미어(Telomere) 단축

해설 • 항산화제 : 산화를 막아서 노화를 방지하기 위한 것

• 아미노산 라세미화 : 광학비활성화라고도 한다. 물리적으로는 열, 빛의 조사(照射) 또는 용매에 녹이는 방법이 있고 화학적으로는 알칼리산 등을 사용하는 방법이 있다. 광학적으로 불안정한 활성체에서는 장시간 방치하기만 해도 라세미화하는 화합물도 있다. 또 합성에서 분자 내 치환반응과 같은 평면구조인 중간체를 거칠 때에도 라세미화 현상이 일어난다.

• 텔로미어 : 진핵생물의 염색체 끝에 있는 구조로 DNA 분자의 복제 안정성과 연관이 있으며 세포 분열 시 텔로미어는 그 끝으로부터 50~200의 DNA 염기서열이 소실된다.

27 진피에 자리하고 있으며 통증이 동반되고, 여드름 피부의 4단계에서 생성되는 것으로 치료 후 흉터가 남는 것은?

① 가피   ② 농포

③ 면포   ④ 낭종

해설 • 가피 : 딱지의 다른 말이며 장액, 혈액, 고름 등이 건조해서 굳는 것이다.

• 농포 : 피부 표면에서 부풀에 있으며 그 안에 고름이 들어 있어 황백색으로 보인다.

• 낭종 : 진피 안에 고름이 생기고 그 속에 장액, 혈액, 지방 등이 있으며 모공, 기름샘, 땀샘에서 발생한다.

> **화농성 여드름 발생의 4단계**
> • 구진(Papule) : 세균 감염으로 혈액이 몰려 심한 통증, 부종, 선홍색의 염증 증상이다.
> • 농포(Pustule) : 구진 형태로 3일 이내 염증이 약간 진정되는 시기로 농이 발생하는 형태이다.
> • 결절(Nodule) : 여드름 상태가 딱딱하게 느껴지고 검붉은 색상을 띄며, 면포가 부서져 작은 결절이 생긴다. 흉터 발생 가능성이 있다.
> • 낭종(Cyst) : 여드름 가운데 염증상태가 가장 크고 깊으며, 말랑말랑한 느낌으로 어두운 색을 보인다. 또한 면포가 수많은 작은 결절로 나눠져 있다. 정상 피부 조직이 파괴되어 흉터발생 가능성이 높아진다.

28 골격계의 기능이 아닌 것은?

① 보호 기능   ② 저장 기능

③ 지지 기능   ④ 열생산 기능

해설 열생산 기능은 근육계 기능이다.

Answer 24.④ 25.③ 26.② 27.④ 28.④

29 인체의 구성 요소 중 기능적, 구조적 최소단위는?

① 조직　　　　② 기관
③ 계통　　　　④ 세포

> **해설** 세포 < 조직 < 기관 < 계통 < 개체

30 신경계에 관련된 설명이 옳게 연결된 것은?

① 시냅스 : 신경조직의 최소단위
② 축삭돌기 : 수용기 세포에서 자극을 받아 세포체에 전달
③ 수상돌기 : 단백질을 합성
④ 신경초 : 말초신경 섬유의 재생에 중요한 부분

> **해설** ・ **뉴런** : 신경계를 이루는 가장 작은 단위
> ・ **시냅스** : 한 개의 신경 세포가 다른 하나의 신경 세포와 접촉하는 것
> ・ **축삭돌기** : 신경 세포로부터 받은 자극을 다른 신경 세포에 전달. 축삭돌기는 수초와 신경초로 둘러싸여 있고 신경초는 말초신경 섬유의 재생에 중요한 부분

31 담즙을 만들며, 포도당을 글리코겐으로 저장하는 소화기관은?

① 간　　　　② 위
③ 충수　　　　④ 췌장

> **해설** 담즙은 간에서 생성되며, 십이지장으로 이동한다.

32 두부의 근을 안면근과 저작근으로 나눌 때 안면근에 속하지 않는 근육은?

① 안륜근　　　　② 후두전두근
③ 교근　　　　④ 협근

> **해설** 교근, 측두근, 내・외측익돌근 등은 저작근에 속한다.

33 근육에 짧은 간격으로 자극을 주면 연축이 합쳐져 단일수축보다 큰 힘과 지속적인 수축을 일으키는 근수축은?

① 강직(Contraction)　② 강축(Tetanus)
③ 세동(Fibrillation)　④ 긴장(Tonus)

> **해설** 강축은 두 번 이상의 자극을 가할 때 계속 수축을 일으키는 것이다.

34 조직 사이에서 산소와 영양을 공급하고, 이산화탄소와 대사 노폐물이 교환되는 혈관은?

① 동맥(Artery)
② 정맥(Vein)
③ 모세혈관(Capillary)
④ 림프관(Lymphatic vassel)

> **해설** ① **동맥** : 심장 박동에 의해 밀려나온 혈액을 온몸으로 보내는 혈관
> ② **정맥** : 몸의 각 부분에서 혈액을 모아 심장으로 보내는 혈관
> ③ **모세혈관** : 소동맥(小動脈)과 소정맥(小靜脈)을 연결하는 그물 모양의 가는 혈관으로 이산화탄소와 산소의 물질교환이 일어나는 곳
> ④ **림프관** : 림프액이 들어 있는 관

35 다음 중 열을 이용한 기기가 아닌 것은?

① 진공흡입기
② 스티머
③ 파라핀 왁스기
④ 왁스워머

> **해설** 진공흡입기는 '석션기'라고도 하며, 피지와 한선의 기능을 맞춰주는 기능이 있고, 림프의 방향으로 사용해 인체의 노폐물을 배출하는 데 목적이 있다.

Answer 29.④ 30.④ 31.① 32.③ 33.② 34.③ 35.①

36 스티머 활용 시 주의사항과 가장 거리가 먼 것은?

① 오존을 사용하지 않는 스티머를 사용하는 경우는 아이패드를 하지 않아도 된다.
② 스팀이 나오기 전 오존을 켜서 준비한다.
③ 상처가 있거나 일광에 손상된 피부에는 사용을 제한하는 것이 좋다.
④ 피부 타입에 따라 스티머의 시간을 조정한다.

해설 오존 스티머는 스팀과 오존이 함께 방사되는 스티머로 세포의 산소공급 증가와 항균작용이 있다.

37 다음 중 적외선등(Infrared lamp)에 대한 설명으로 옳은 것은 어느 것인가?

① 주로 UV-A를 방출하고 UV-B, UV-C는 흡수한다.
② 색소침착을 일으킨다.
③ 주로 소독·멸균의 효과가 있다.
④ 온열작용을 통해 화장품의 흡수를 도와준다.

해설 적외선등을 사용할 때는 팩 도포 후 사용하면 혈액순환을 촉진하며, 온열작용으로 인해 화장품과 영양분의 흡수를 도와준다.

38 브러싱에 관한 설명으로 틀린 것은?

① 모세혈관 확장 피부는 석고 재질의 브러싱을 권장한다.
② 건성 및 민감성 피부의 경우는 회전속도를 느리게 해서 사용하는 것이 좋다.
③ 농포성 여드름 피부에는 사용하지 않아야 한다.
④ 브러싱은 피부에 부드러운 마찰을 주므로 혈액순환을 촉진시키는 효과가 있다.

해설 브러싱(=프리마톨) : 정상 피부에는 300~400rpm 적용, 피부 표면에 미리 클렌징 제품을 도포 후 브러싱을 직각이 되게 한 후에 가볍게 얼굴에 적용한다. 모세혈관 확장 피부의 경우에는 아주 짧은 시간 또는 적용을 하지 않는 것이 좋다.

39 전기에 대한 설명으로 틀린 것은?

① 전류란 전도체를 따라 움직이는 (−)전하를 지닌 전자의 흐름이다.
② 도체란 전류가 쉽게 흐르는 물질을 말한다.
③ 전류의 크기의 단위는 볼트(Volt)이다.
④ 전류에는 직류(D.C)와 교류(A.C)가 있다.

해설 ·전류의 크기(세기) : 암페어(A)
·전압 : 볼트(V)
·전기의 저항 : 옴(Ω)

40 다음 중 우드램프로 피부 상태를 판단할 때 지성 피부는 어떤 색으로 나타나는가?

① 푸른색　　② 흰색
③ 오렌지　　④ 진보라

해설 ·진보라 : 민감 피부, 모세혈관 확장 피부
·옅은 보라 : 건성 피부, 수분 부족 피부
·청백색 : 정상 피부
·흰색 : 과각질
·오렌지 : 피지

41 다음 중 피부상재균의 증식을 억제하는 항균기능을 가지고 있고, 발생한 체취를 억제하는 기능을 가진 것은?

① 바디 샴푸　　② 데오도란트
③ 샤워 코롱　　④ 오데 토일렛

해설 데오도란트는 액취방지제이다.

Answer　36.② 37.④ 38.① 39.③ 40.③ 41.②

42 화장품을 만들 때 필요한 4대 조건은?

① 안전성, 안정성, 사용성, 유효성
② 안전성, 방부성, 방향성, 유효성
③ 발림성, 안전성, 방부성, 사용성
④ 방향성, 안전성, 발림성, 사용성

해설 • **안전성** : 인체에 독성, 알레르기를 유발하지 않아야 함
• **안정성** : 제품에 변취, 변색 등을 유발하지 않아야 함
• **사용성** : 손에 의한 발림성이 좋으며 사용감이 좋아야 함
• **유효성** : 제품이 피부에 흡수되어 효과를 나타내야 함

43 캐리어 오일 중 액체상 왁스에 속하고, 인체 피지와 지방산의 조성이 유사하여 피부 친화성이 좋으며, 다른 식물성 오일에 비해 쉽게 산화되지 않아 보존안정성이 높은 것은?

① 아몬드 오일(Almond oil)
② 호호바 오일(Jojoba oil)
③ 아보카도 오일(Avocado oil)
④ 맥아 오일(Wheat germ oil)

44 미백 화장품의 메커니즘이 아닌 것은?

① 자외선 차단
② 도파(DOPA) 산화 억제
③ 티로시나제 활성화
④ 멜라닌 합성 저해

해설 티로시나제 효소에 의해 멜라닌 활성이 증가되어 색소를 유발하게 된다. 따라서 티로시나제 효소를 차단하는 미백 화장품을 사용, 멜라닌 생성을 저해하면 효과적이다.

45 SPF에 대한 설명으로 틀린 것은?

① Sun Protection Factor의 약자이며, 자외선 차단 지수라 불린다.
② 엄밀히 말하면 UV-B 방어 효과를 나타내는 지수라고 볼 수 있다.
③ 오존층으로부터 자외선이 차단되는 정도를 알아보기 위한 목적으로 이용된다.
④ 자외선 차단제를 바른 피부가 최소의 홍반을 일어나게 하는 데 필요한 자외선 양을, 바르지 않은 피부가 최소의 홍반을 일어나게 하는데 필요한 자외선 양으로 나눈 값이다.

해설 오존층에서 자외선을 차단하는 것은 자외선 C이다.

46 다음 중 피부에 수분을 공급하는 보습제의 기능을 가지는 것은?

① 계면활성제
② 알파-하이드록시산
③ 글리세린
④ 메틸파라벤

해설 ① **계면활성제** : 섞이지 않는 다른 두 종류를 섞이게 하는 것
② **알파-하이드록시산** : AHA라고도 하며 딥클렌징제로 사용하고, 여드름 피부에 효과적임
③ **글리세린** : 보습제
④ **메틸파라벤** : 방부제의 한 종류

47 계면활성제에 대한 설명으로 옳은 것은?

① 계면활성제는 일반적으로 둥근머리 모양의 소수성기와 막대꼬리 모양의 친수성기를 가진다.

② 계면활성제의 피부에 대한 자극은 양쪽성 > 양이온성 > 음이온성 > 비이온성의 순으로 감소한다.

③ 비이온성 계면활성제는 피부자극이 적어 화장수의 가용화제, 크림의 유화제, 클렌징 크림의 세정제 등에 사용된다.

④ 양이온성 계면활성제는 세정작용이 우수하여 비누, 샴푸 등에 사용된다.

해설 • 양이온성 계면활성제 : 린스, 트리트먼트제에 사용
• 음이온성 계면활성제 : 샴푸
• 양쪽성 계면활성제 : 베이비용 샴푸
• 비이온성 계면활성제 : 화장수에 사용
• 계면활성제의 자극도 순서 : 양이온성 > 음이온성 > 양쪽성 > 비이온성

48 보건행정에 대한 설명으로 가장 올바른 것은?

① 공중보건의 목적을 달성하기 위해 공공의 책임하에 수행하는 행정활동

② 개인보건의 목적을 달성하기 위해 공공의 책임하에 수행하는 행정활동

③ 국가 간의 질병교류를 막기 위해 공공의 책임하에 수행하는 행정활동

④ 공중보건의 목적을 달성하기 위해 개인의 책임하에 수행하는 행정활동

해설 공중보건은 지역사회 전부를 대상으로 한다.

49 법정 감염병 중 제3군 감염병에 속하는 것은?

① 발진열　　　　② B형 간염

③ 유행성 이하선염　④ 세균성 이질

해설 • 제1군 감염병 : 콜레라, 장티푸스, 파라티푸스, 세균성 이질, 장출혈성 대장균, 페스트 등
• 제2군 감염병 : 백일해, 폴리오, B형 간염, 디프테리아, 파상풍, 일본뇌염 등
• 제3군 감염병 : 말라리아, 결핵, 비브리오패혈증, 발진열, 탄저 등
• 제4군 감염병 : 황열, 뎅기열, 바이러스성 출혈열 등

50 보건교육의 내용과 관계가 가장 먼 것은?

① 생활환경위생 – 보건위생 관련 내용

② 성인병 및 노인성 질병 – 질병관련 내용

③ 기호품 및 의약품의 외용·남용 – 건강 관련 내용

④ 미용정보 및 최신기술 – 산업관련 기술 내용

51 다음 중 가장 강한 살균작용을 하는 광선은?

① 자외선　　　　② 적외선

③ 가시광선　　　④ 원적외선

해설 자외선은 살균작용을 갖는다.

52 세균성 식중독이 소화기계 감염병과 다른 점은?

① 균량이나 독소량이 소량이다.

② 대체적으로 잠복기가 길다.

③ 연쇄전파에 의한 2차 감염이 드물다.

④ 원인식품 섭취와 무관하게 일어난다

해설 • 소화기계 감염병은 비교적 소량의 균으로서 발병되는 데 반해서 세균성 식중독은 많은 양의 세균이나 세균이 생산한 독소에 의해 발병된다.

• 소화기계 감염병은 2차 감염이 이뤄지는 데 반해서 세균성 식중독은 1차 감염만이 이뤄진다.
• 세균성 식중독은 소화기계 감염병보다 잠복기가 짧다. 일반적으로 잠복기는 침입균 양이 많을수록 짧으며, 침입 부위와 발병 병소가 가까울수록 짧다.
• 소화기계 감염병은 대부분 발병 후 면역이 획득되나 세균성 식중독은 면역이 획득되지 않는 특징이 있다.

53 순도 100% 소독약 원액 2mL에 증류수 98mL 를 혼합하여 100mL의 소독약을 만들었다면 이 소독약의 농도는?

① 2%　　　　　② 3%
③ 5%　　　　　④ 98%

54 다음 중 자비소독을 하기에 가장 적합한 것은?

① 스테인리스 볼
② 제모용 고무장갑
③ 플라스틱 스파츌라
④ 피부 관리용 팩 붓

해설 자비소독 : 식기류, 도자기, 주사기, 가위, 타월, 유리제품, 의류, 기구 등에 사용하고 날의 손상을 막기 위해 붕소, 탄산나트륨을 넣어서 녹을 방지한다.

55 석탄산 소독액에 관한 설명으로 틀린 것은?

① 기구류의 소독에는 1~3% 수용액이 적당하다.
② 세균포자나 바이러스에 대해서는 작용력이 거의 없다.
③ 금속기구의 소독에는 적합하지 않다.
④ 소독액 온도가 낮을수록 효력이 높다.

해설 소독액 온도가 높을수록 효력이 높다.

56 다음 중 이·미용사 면허의 발급자는?

① 시·도지사
② 시장, 군수, 구청장
③ 보건복지부 장관
④ 주소지를 관할하는 보건소장

해설 이·미용사 면허에 관한 발급은 시장, 군수, 구청장의 영역이다.

57 다음 중 공중위생감시원이 될 수 없는 자는?

① 위생사 또는 환경기사 2급 이상의 자격증이 있는 자
② 3년 이상 공중위생 행정에 종사한 경력이 있는 자
③ 외국에서 공중위생감시원으로 활동한 경력이 있는 자
④ 고등교육법에 의한 대학에서 화학, 화공학, 위생학 분야를 전공하고 졸업한 자

해설 공중위생감시원의 자격
• 위생사 또는 환경기사 2급 이상의 자격증이 있는 자
• '고등교육법'에 의해 대학에서 화학, 화공학, 환경공학 또는 위생학 분야를 전공하고 졸업한 자 또는 이와 동등 이상의 자격이 있는 자
• 외국에서 위생사 또는 환경기사의 면허를 받은 자
• 3년 이상 공중위생 행정에 종사한 경력이 있는 자

58 공중위생관리 법규상 공중위생 영업자가 받아야 하는 위생교육시간은?

① 매년 3시간　　　② 매년 8시간
③ 2년마다 4시간　　④ 2년마다 8시간

해설 공중위생 영업자는 매년 3시간 위생교육을 받아야 한다.

Answer 53.① 54.① 55.④ 56.② 57.③ 58.①

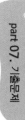

59 공중위생관리 법령에 따른 과징금의 부과 및 납부에 관한 사항으로 틀린 것은?

① 과징금을 부과하고자 할 때에는 위반행위의 종별과 해당 과징금의 금액을 명시하여 이를 납부할 것을 서면으로 통지하여야 한다.

② 통지를 받은 자는 통지를 받은 날부터 20일 이내에 과징금을 납부해야 한다.

③ 과징금액이 클 때는 과징금의 2분의 1 범위에서 각각 분할 납부가 가능하다.

④ 과징금의 징수절차는 보건복지부령으로 정한다.

해설 • **과징금의 가중·감경** : 시장, 군수, 구청장은 공중위생 영업자의 사업규모, 위반행위의 정도 및 횟수 등을 참작해 과징금의 금액의 2분의 1의 범위 안에서 이를 가중 또는 감경할 수 있다. 이 경우 가중하는 때에도 과징금의 총액이 3천만 원을 초과할 수 없다.

• **분할납부 금지** : 과징금은 이를 분할하여 납부할 수 없다(시행령 제7조의 3 제5항).

60 이·미용사의 면허증을 대여한 때의 1차 위반 행정처분 기준은?

① 면허정지 3월　　② 면허정지 6월

③ 영업정지 3월　　④ 영업정지 6월

해설 이·미용사의 면허증을 대여한 때의 행정처분

• **1차** : 면허정지 3월

• **2차** : 면허정지 6월

• **3차** : 면허취소

2009년 1월 18일 시행

01 다음 중 피부 유형별 화장품 사용 방법으로 적합하지 않은 것은?

① 민감성 피부 : 무색, 무취, 무알코올 화장품
② 복합성 피부 : T존과 U존 부위별로 각각 다른 화장품 사용
③ 건성 피부 : 수분과 유분이 함유된 화장품 사용
④ 모세혈관 확장 피부 : 일주일에 2번 정도 딥클린징제 사용

해설 모세혈관 확장 피부는 혈관이 확장되어 실핏줄처럼 보이는 심하게 민감한 피부에 해당되므로 딥클렌징제를 일주일에 두 번 사용하는 것은 자극을 줄 수 있으므로 피해야 한다.

02 피부 분석 시 사용되는 방법으로 가장 거리가 먼 것은?

① 고객 스스로 느끼는 피부 상태를 물어 본다.
② 스파츌라를 이용하여 피부에 자극을 주어 본다.
③ 세안 전에 우드램프를 사용하여 측정한다.
④ 유·수분 분석기 등을 이용하여 피부를 분석한다.

해설 우드램프를 이용하여 피부를 분석할 경우 세안을 한 후에 분석해야 피부 분석을 정확하게 할 수 있다.

03 다음 중 피부미용에 대한 설명으로 가장 거리가 먼 것은?

① 피부를 청결하고 아름답게 가꾸어 건강하고 아름답게 변화시키는 과정이다.
② 피부미용은 에스테틱, 코스메틱, 스킨케어 등의 이름으로 불리고 있다.
③ 일반적으로 외국에서는 매니큐어, 페디큐어가 피부미용의 영역에 속한다.
④ 제품에 의존한 관리법이 주를 이룬다.

해설 피부미용은 손을 이용한 관리가 우선으로 제품에 의존한 관리가 주가 되지는 않는다.

04 매뉴얼 테크닉 기법 중 닥터 자켓(Dr. jacquet)법에 관한 설명으로 가장 적합한 것은?

① 디스인크러스테이션을 하기 위한 준비단계에 하는 것이다.
② 피지선의 활동을 억제한다.
③ 모낭 내 피지를 모공 밖으로 배출시킨다.
④ 여드름 피부를 클렌징할 때 쓰는 기법이다.

해설 닥터 자켓법(=핀칭)은 엄지와 검지, 약지를 이용하여 근육결 방향으로 튕기듯 마사지하는 방법이다. 피지 조절 효과로 모낭 내 피지를 모공 밖으로 배출시키며, 림프 흐름 촉진 효과가 있다.

05 다음은 어떤 베이스 오일을 설명한 것인가?

> 인간의 피지와 화학구조가 매우 유사한 오일로 피부염을 비롯하여 여드름, 습진, 건선 피부에 안심하고 사용할 수 있으며, 침투력과 보습력이 우수하여 일반 화장품에도 많이 함유되어 있다.

① 호호바 오일　　② 스위트아몬드 오일
③ 아보카도 오일　　④ 그레이프시드 오일

해설 • 스위트아몬드 오일 : 맑고 투명한 노란색이고, 습진, 가려움, 건조증, 화상으로 인한 감염에 효과적이다.
• 아보카도 오일 : 체내에 합성되지 않는 필수 지방산과 비타민 등이 풍부하다.
• 그레이프시드 오일 : 유분감이 적어 사용감이 가볍고 부드럽다. 특히, 지성 피부에 효과적이다.

06 슬리밍 제품을 이용한 관리에서 최종 마무리 단계에 시행해야 하는 것은?

① 피부 노폐물을 제거한다.
② 진정 파우더를 바른다.
③ 매뉴얼 테크닉 동작을 시행한다.
④ 슬리밍과 피부유연제 성분을 피부에 흡수시킨다.

해설 슬리밍 관리 시 약간의 자극이 있을 수 있으므로 진정 파우더로 마무리한다.

07 다음 중 클렌징에 대한 설명이 아닌 것은?

① 피부의 피지, 메이크업 잔여물을 없애기 위해서 실행한다.
② 모공 깊숙이 있는 불순물과 피부 표면의 각질 제거를 주목적으로 한다.
③ 제품흡수를 효율적으로 도와준다.

④ 피부의 생리적인 기능을 정상적으로 도와준다.

해설 클렌징의 목적
• 피부의 노폐물, 메이크업 잔여물 제거
• 혈액순환 촉진 및 신진대사 원활
• 피부의 호흡 원활, 건강한 피부 유지
• 제품의 흡수 증가

08 다음 중 천연 과일에서 추출한 필링제는?

① AHA
② 락틱산(Lactic acid)
③ TCA
④ 페놀(Phenol)

해설 AHA는 천연 과일에서 추출한 필링제이다.

09 건성 피부(Dry skin)의 관리 방법으로 틀린 것은?

① 알칼리성 비누를 이용하여 뜨거운 물로 자주 세안을 한다.
② 화장수는 알코올 함량이 적고, 보습 기능이 강화된 제품을 사용한다.
③ 클린징 제품은 부드러운 밀크 타입이나 유분기가 있는 크림 타입을 선택하여 사용한다.
④ 세라마이드, 호호바 오일, 아보카도 오일, 알로에 베라, 히알루론산 등의 성분이 함유된 화장품을 사용한다.

해설 건성 피부에 알칼리성 비누와 뜨거운 물의 세안은 피부를 더욱 건조하게 만들 수 있다.

10 피부 관리 후 마무리 동작에서 수렴작용을 할 수 있는 가장 적합한 방법은?

① 건타월을 이용한 마무리 관리
② 미지근한 타월을 이용한 마무리 관리
③ 냉타월을 이용한 마무리 관리
④ 스팀타월을 이용한 마무리 관리

해설 피부 관리 후 마무리는 냉타월을 사용함으로써 모공수축 등 수렴작용을 한다.

11 계절에 따른 피부 특성 분석으로 옳지 않은 것은?

① 봄 : 자외선이 점차 강해지며, 기미와 주근깨 등 색소침착이 피부 표면에 두드러지게 나타난다.
② 여름 : 기온의 상승으로 혈액순환이 촉진되어 표피와 진피의 탄력이 증가된다.
③ 가을 : 기온의 변화가 심해 피지막의 상태가 불안정해진다.
④ 겨울 : 기온이 낮아져 피부의 혈액순환과 신진대사 기능이 둔화된다.

해설 여름에는 기온의 상승으로 표피와 진피의 탄력이 감소된다.

12 딥클렌징 시 스크럽 제품을 사용할 때 주의해야 할 사항 중 틀린 것은?

① 코튼이나 해면을 사용하여 닦아낼 때 알갱이가 남지 않도록 깨끗하게 닦아낸다.
② 과각화된 피부, 모공이 큰 피부, 면포성 여드름 피부에는 적합하지 않다.
③ 눈이나 입 속으로 들어가지 않도록 조심한다.

④ 심한 핸들링을 피하며, 마사지 동작을 해서는 안 된다.

해설 스크럽 사용 시 주의사항
• 알갱이가 남지 않도록 깨끗이 닦는다.
• 과각화된 피부, 모공이 큰 피부, 면포성 여드름에 사용한다.
• 눈이나 입 속에 들어가지 않도록 조심한다.
• 심한 핸들링을 피하며 마사지 동작은 해서는 안 된다.
• 민감성 피부에는 사용하지 않는다.

13 팩의 사용 방법에 대한 내용 중 틀린 것은?

① 천연 팩은 흡수시간을 길게 유지할수록 효과적이다.
② 팩의 적정시간은 제품에 따라 다르나 일반적으로 10~20분 정도가 적당하다.
③ 팩을 사용하기 전 알레르기 유무를 확인한다.
④ 팩을 하는 동안 아이패드를 적용한다.

해설 팩의 주의사항
• 천연 팩은 흡수시간을 짧게 두고 제거한다.
• 팩의 적정시간은 제품마다 다르고 일반적으로는 10~20분 적용한다.
• 팩을 사용하기 전에 알레르기 유무를 확인한다.
• 팩하는 동안 아이패드를 적용한다.

14 다음 중 인체의 임파선을 통한 노폐물의 이동으로 해독작용을 도와주는 관리 방법은?

① 반사요법   ② 바디 랩
③ 향기요법   ④ 림프드레나지

해설 림프드레나지의 목적은 노폐물 제거, 신체 면역작용이다.

Answer 10.③ 11.② 12.② 13.① 14.④

15 매뉴얼 테크닉의 동작 중 부드럽게 스쳐가는 동작으로 처음과 마지막이나 연결 동작으로 많이 사용하는 것은?

① 반죽하기　　② 쓰다듬기
③ 두드리기　　④ 진동하기

16 제모의 종류와 방법으로 옳은 것은?

① 일시적 제모는 면도, 가위를 이용한 커팅법, 화학적 제모, 전기침 탈모법이 있다.
② 영구적 제모는 전기 탈모법, 전기핀셋 탈모법, 탈색법이 있다.
③ 제모 시 사용되는 왁스는 크게 콜드 왁스(Cold wax)와 웜 왁스(Warm wax)로 구분할 수 있다.
④ 왁스를 이용한 제모법은 피부나 모낭 등에 화학적 해를 미치는 단점이 있다.

🍷 **해설** • 일시적 제모 : 면도, 가위, 화학적 제모, 족집게, 왁스
• 영구적 제모 : 전기적 탈모법, 전기핀셋 탈모법, 레이저 제모, 갈바닉 트위저
• 제모 시 사용되는 왁스의 종류 : 콜드 왁스, 웜 왁스

17 마스크에 대한 설명 중 틀린 것은?

① 석고 : 석고와 물의 교반작용 후 크리스털 성분이 열을 발산하여 굳어진다.
② 파라핀 : 열과 오일이 모공을 열어주고, 피부를 코팅하는 과정에서 발한작용이 발생한다.
③ 젤라틴 : 중탕되어 녹여진 팩제를 온도 테스트 후 브러시로 바르는 예민 피부용 진정팩이다.

④ 콜라겐 벨벳 : 천연 용해성 콜라겐의 침투가 이루어지도록 기포를 형성시켜 공기층의 순환이 되도록 한다.

🍷 **해설** 콜라겐 벨벳은 천연 용해성 콜라겐의 침투가 이루어지도록 기포가 생기지 않게 한다.

18 클렌징 시 주의해야 할 사항으로 틀린 것은?

① 클렌징 제품이 눈, 코, 입에 들어가지 않도록 주의한다.
② 강하게 문질러 닦아준다.
③ 클렌징 제품 사용은 피부 타입에 따라 선택하여야 한다.
④ 눈과 입은 포인트 메이크업 리무버를 사용하는 것이 좋다.

🍷 **해설** 클렌징은 가볍고 신속하게 닦아 준다.

19 아토피성 피부에 관계되는 설명으로 옳지 않은 것은?

① 유전적 소인이 있다.
② 가을이나 겨울에 더 심해진다.
③ 면직물의 의복을 착용하는 것이 좋다.
④ 소아습진과는 관계가 없다.

🍷 **해설** • 아토피성 피부는 소아습진과 관계가 있다.
• 아토피성 피부염은 원래 피부에 발생하는 습진형 반응이다.
• 소아습진은 팔꿈치의 안쪽, 무릎의 뒤쪽, 목둘레 등의 부드러운 피부가 단단해지고 가려움이 대단히 심해진다.

20 피지와 땀의 분비 저하로 유·수분의 균형이 정상적이지 못하고 피부결이 얇으며 탄력 저하와 주름이 쉽게 형성되는 피부는?

① 건성 피부　　　　② 지성 피부
③ 이상 피부　　　　④ 민감 피부

> **해설** 건성 피부의 특징
> • 피지선과 한선의 기능이 저하된다.
> • 세안 후 당기고 건조하며, 각질이 일어난다.
> • 주름이 빨리 생기고, 노화하기 쉽다.
> • 모공이 작다.

21 피부 색소를 퇴색시키며 기미, 주근깨 등의 치료에 주로 쓰이는 것은?

① 비타민 A　　　　② 비타민 B
③ 비타민 C　　　　④ 비타민 D

> **해설** 비타민 C : 기미, 주근깨 치료에 주로 쓰이며, 피부 색소를 없애는 비타민이다.

22 성인의 경우 피부가 차지하는 비중은 체중의 약 몇 % 정도인가?

① 5~7%　　　　② 15~17%
③ 25~27%　　　　④ 35~37%

> **해설** 피부의 무게는 체중의 15~17%에 해당한다.

23 여드름 발생의 주요 원인과 가장 거리가 먼 것은?

① 아포크린한선의 분비 증가
② 모낭 내 이상 각화
③ 여드름균의 군락 형성
④ 염증반응

> **해설** 여드름 발생 원인
> • 모낭 내 이상 각화
> • 여드름균
> • 피지

24 다음 중 피부 노화 현상으로 옳은 것은?

① 피부 노화가 진행되어도 진피의 두께는 그대로 유지된다.
② 광노화에서는 내인성 노화와 달리 표피가 얇아지는 것이 특징이다.
③ 피부 노화에는 나이에 따른 노화의 과정으로 일어나는 광노화와 누적된 햇빛 노출에 의하여 야기되는 내인성 피부 노화가 있다.
④ 내인성 노화보다는 광노화에서 표피 두께가 두꺼워진다.

> **해설**
>
> | | 생리적 노화 | 광노화 |
> |---|---|---|
> | 표피 | • 표피 두께가 얇아짐
• 색소침착 유발 | • 표피 두께가 두꺼워짐
• 색소침착의 증가 |
> | 진피 | • 진피의 두께가 얇아짐
• 콜라겐, 엘라스틴의 감소
• 혈액순환 감소 | • 진피 두께가 두꺼워짐
• 콜라겐 변성과 파괴 |

25 다음 중 표피층을 순서대로 나열한 것은?

① 각질층, 유극층, 투명층, 과립층, 기저층
② 각질층, 유극층, 망상층, 기저층, 과립층
③ 각질층, 과립층, 유극층, 투명층, 기저층
④ 각질층, 투명층, 과립층, 유극층, 기저층

> **해설** 표피층 : 각질층 → 투명층 → 과립층 → 유극층 → 기저층

26 다음 중 멜라닌 세포에 관한 설명으로 틀린 것은?

① 멜라닌의 기능은 자외선으로부터의 보호작용이다.
② 과립층에 위치한다.
③ 색소 제조 세포이다.
④ 자외선을 받으면 왕성하게 활동한다.

해설 멜라닌 세포는 기저층에 위치한다.

27 다음 중 원발진이 아닌 것은?

① 구진　　　　　② 농포
③ 반흔　　　　　④ 종양

해설 반흔은 속발진에 속한다.

28 다음 중 혈액의 기능이 아닌 것은?

① 조직에 산소를 운반하고, 이산화탄소를 제거한다.
② 조직에 영양을 공급하고, 대사 노폐물을 제거한다.
③ 체내의 유분을 조절하고, pH를 낮춘다.
④ 호르몬이나 기타 세포 분비물을 필요한 곳으로 운반한다.

해설 혈액의 기능
• 조직에 산소운반, 이산화탄소를 제거하여 가스를 교환함
• 흡수 및 운반작용
• 호르몬 운반작용
• 수분 조절작용
• 체온 조절
• 산·염기 조절, 혈압 유지

29 다음 중 뼈의 기능으로 맞는 것을 모두 나열한 것은?

> A. 지지　　B. 보호　　C. 조혈　　D. 운동

① A, C　　　　　② B, D
③ A, B, C　　　　④ A, B, C, D

해설 골격계의 기능
• 지지 기능
• 보호 기능
• 조혈 기능
• 저장 기능
• 운동 기능

30 세포에 대한 설명으로 틀린 것은?

① 생명체의 구조 및 기능적 기본단위이다.
② 세포는 핵과 근원섬유로 이루어져 있다.
③ 세포 내에는 핵이 핵막에 의해 둘러싸여 있다.
④ 기능이나 소속된 조직에 따라 원형, 아메바, 타원 등 다양한 모양을 하고 있다.

해설 근원섬유는 골격근의 구조이다.

31 다음 중 소화기계가 아닌 것은?

① 폐, 신장　　　　② 간, 담
③ 비장, 위　　　　④ 소장, 대장

해설 • 소화관 : 구강 → 인두 → 식도 → 위 → 소장(십이지장, 공장, 회장) → 대장(맹장, 결장, 직장) → 항문
• 소화 부속기관 : 타액선, 간장, 담낭, 췌장 등
• 폐는 호흡기관이고, 신장은 비뇨기관에 해당된다.

32 다음 중 위팔을 올리거나 내릴 때 또는 바깥쪽으로 돌릴 때 사용되는 근육의 명칭은?

① 승모근　　　　② 흉쇄유돌근
③ 대둔근　　　　④ 비복근

해설 ・승모근은 등, 어깨에 분포한다.
・대둔근과 비복근은 하지의 근육에 포함한다.

33 다음 중 웃을 때 사용하는 근육이 아닌 것은?

① 안륜근　　　　② 구륜근
③ 대협골근　　　④ 전거근

해설 전거근은 흉부의 근육이다.

34 골격근에 대한 설명으로 맞는 것은?

① 뼈에 부착되어 있으며 근육이 횡문과 단백질로 구성되어 있고, 수의적 활동이 가능하다.
② 골격근은 일반적으로 내장벽을 형성하여 위와 방광 등의 장기를 둘러싸고 있다.
③ 골격근은 줄무늬가 보이지 않아서 민무늬근이라고 한다.
④ 골격근의 움직임, 자세유지, 관절안정을 주며 불수의근이다.

해설 ・골격근은 횡문근이며, 우리의 의지에 따라 움직이기 때문에 수의근이라 한다.
・심장근은 횡문근이며, 불수의근이다.
・평활근은 민무늬근이며, 불수의근이다.

35 다음 중 브러시(Brush, 프리마톨) 사용법으로 옳지 않은 것은?

① 회전하는 브러시를 피부와 45°로 사용한다.

② 피부상태에 따라 브러시의 회전속도를 조절한다.
③ 화농성 여드름 피부와 모세혈관 확장 피부 등은 사용을 피하는 것이 좋다.
④ 브러시 사용 후 중성세제로 세척한다.

해설 회전하는 브러시를 피부와 90°로 하여 사용한다.

36 다음 중 스티머 기기의 사용 방법으로 적합하지 않은 것은?

① 증기분출 전에 분사구를 고객의 얼굴로 향하도록 미리 준비해 놓는다.
② 일반적으로 얼굴과 분사구와의 거리는 30~40센티 정도로 하고 민감성 피부의 경우 거리를 좀더 멀게 위치한다.
③ 유리병 속에 세제나 오일이 들어가지 않도록 한다.
④ 수분 없이 오존만을 쐬여주지 않도록 한다.

해설 ・스티머의 물통의 물이 가열되어 증기가 고객 얼굴로 이동한다.
・오존 스티머는 스팀과 오존이 함께 방사되는 스티머로 세포의 산소공급 증가와 항균작용을 한다.

37 수분 측정기로 표피의 수분 함유량을 측정하고자 할 때 고려해야 하는 내용이 아닌 것은?

① 온도는 20~22℃에서 측정하여야 한다.
② 직사광선이나 직접조명 아래에서 측정한다.
③ 운동 직후에는 휴식을 취한 후 측정하도록 한다.
④ 습도는 40~60%가 적당하다.

해설 수분 측정기는 피부 표면 각질층의 수분 함유량을 측정한다.

Answer 32.① 33.④ 34.① 35.① 36.① 37.②

38 디스인크러스테이션에 대한 설명 중 틀린 것은?

① 화학적인 전기분해에 기초를 두고 있으며, 직류가 식염수를 통과할 때 발생하는 화학작용을 이용한다.

② 모공에 있는 피지를 분해하는 작용을 한다.

③ 지성과 여드름 피부 관리에 적합하게 사용될 수 있다.

④ 양극봉은 활동전극봉이며, 박리 관리를 위하여 안면에 사용된다.

[해설] • 디스인크러스테이션은 피부 속 노폐물을 배출하고, 딥클렌징의 효과를 가진다.
• 복합성 피부의 T존과 여드름 피부, 지성 피부의 피지 제거에 사용된다.
• 전극봉의 (−)극은 관리사가 잡고, (+)극은 고객이 잡는다.
• 디스인크러스테이션은 음극의 효과를 가진다.

39 눈으로 판별하기 어려운 피부의 심층상태 및 문제점을 명확하게 분별할 수 있는 특수 자외선을 이용한 기기는?

① 확대경   ② 홍반측정기

③ 적외선 램프   ④ 우드램프

[해설] 우드램프는 인공 특수 자외선 파장을 이용한 피부 분석기기로 피부상태에 따라 다양한 색상을 나타낸다.

40 이온에 대한 설명으로 틀린 것은?

① 원자가 전자를 얻거나 잃으면 전하를 띠게 되는데, 이온은 이 전하를 띤 입자를 말한다.

② 같은 전하의 이온은 끌어당긴다.

③ 중성의 원자가 전자를 얻으면 음이온이라 불리는 음전하를 띤 이온이 된다.

④ 이온은 원소 기호의 오른쪽에 위에 잃거나 얻은 전자수를 + 또는 − 부호를 붙여 나타낸다.

[해설] 이온은 전하를 띤 입자를 말하며, 양이온과 음이온으로 분류한다. 양이온은 원자가 전자를 잃고 (+)전하를 띠는 입자이고, 음이온은 원자가 전자를 얻어 (−)전하를 띠는 입자이다. 같은 전하의 이온은 서로 밀어내고, 다른 전하의 이온끼리는 서로 끌어당긴다.

41 핸드 케어(Hand care) 제품 중 사용할 때 물을 사용하지 않고 직접 바르는 것으로 피부 청결 및 소독 효과를 위해 사용하는 것은?

① 핸드 워시(Hand wash)

② 핸드 새니타이저(Hand sanitizer)

③ 비누(Soap)

④ 핸드 로션(Hand lotion)

[해설] 핸드 새니타이저는 피부의 청결과 소독효과를 위해서 사용하는 것이다.

42 크림 파운데이션에 대한 설명 중 알맞은 것은?

① 얼굴의 형태를 바꾸어 준다.

② 피부의 잡티나 결점을 커버해 주는 목적으로 사용된다.

③ O/W형은 W/O형에 비해 비교적 사용감이 무겁고 퍼짐성이 낮다.

④ 화장 시 산뜻하고 청량감이 있으나 커버력이 약하다.

[해설] 파운데이션은 메이크업 화장품의 종류로 피부색을 균일하게 정돈하고, 피부의 결점을 커버해 준다.

43 땀의 분비로 인한 냄새와 세균의 증식을 억제하기 위해 주로 겨드랑이 부위에 사용하는 제품은?

① 데오도란트 로션　② 핸드 로션
③ 바디 로션　　　　④ 파우더

해설 데오도란트는 겨드랑이에서 나는 액취 제거를 위해 사용하는 액취방지제이다.

44 다음 중 물에 오일 성분이 혼합되어 있는 유화 상태는?

① O/W 에멀전　　② W/O 에멀전
③ W/S 에멀전　　④ W/O/W 에멀전

해설 • O/W형(수중유형) : oil-in-water은 물이 주성분이고, 오일이 보조 성분이다.
• W/O형(유중수형) : water-in-oil은 오일 속에 물이 섞여 있는 형태로 오일이 주성분이고, 물이 보조 성분이다.

45 아로마테라피(Aromatherapy)에 사용되는 아로마 오일에 대한 설명 중 가장 거리가 먼 것은?

① 아로마테라피에 사용되는 아로마 오일은 주로 수증기 증류법에 의해 추출된 것이다.
② 아로마 오일은 공기 중의 산소, 빛 등에 의해 변질될 수 있으므로 갈색병에 보관하여 사용하는 것이 좋다.
③ 아로마 오일은 원액을 그대로 피부에 사용해야 한다.
④ 아로마 오일을 사용할 때에는 안전성 확보를 위하여 사전에 패치 테스트(Patch test)를 실시하여야 한다.

해설 아로마(에센셜) 오일 사용 시에는 반드시 희석된 오일만을 사용한다.

46 자외선 차단제에 대한 설명 중 틀린 것은?

① 자외선 차단제의 구성 성분은 크게 자외선 산란제와 자외선 흡수제로 구분된다.
② 자외선 차단제 중 자외선 산란제는 투명하고, 자외선 흡수제는 불투명한 것이 특징이다.
③ 자외선 산란제는 물리적인 산란작용을 이용한 제품이다.
④ 자외선 흡수제는 화학적인 흡수작용을 이용한 제품이다.

해설 • 자외선 산란제 : 물리적 필터를 갖고 있으며, 돌가루가 들어가 있어 불투명하고 안전하다.
• 자외선 흡수제 : 케미컬 필터를 갖고 있으며, 투명하고 트러블을 유발할 수 있다.

47 다음 중 기능성 화장품의 범위에 해당하지 않는 것은?

① 미백 크림　　　　② 바디 오일
③ 자외선 차단 크림　④ 주름 개선 크림

해설 기능성 화장품의 정의
• 피부 미백에 도움을 주는 제품
• 피부 주름 개선에 도움을 주는 제품
• 자외선으로부터 피부를 보호해주는 제품

48 상수의 수질오염 분석 시 대표적인 생물학적 지표로 이용되는 것은?

① 대장균　　　　　② 살모넬라균
③ 장티푸스균　　　④ 포도상구균

해설 대장균군은 상수오염의 생물학적 지표로 100mL 중 한 개라도 검출되어서는 안 된다.

Answer　43.① 44.① 45.③ 46.② 47.② 48.①

49 자연능동면역 중 감염면역만 형성되는 감염병은?

① 두창, 홍역　　② 일본뇌염, 폴리오
③ 매독, 임질　　④ 디프테리아, 폐렴

해설 자연능동면역 중 감염면역만 형성되는 감염병은 매독과 임질 등이다.

50 다음 중 가장 대표적인 보건수준 평가기준으로 사용되는 것은?

① 성인사망률　　② 영아사망률
③ 노인사망률　　④ 사인별사망률

해설
• 보건수준을 나타내는 지표에는 비례사망지수, 평균수명, 영아사망률이 있다.
• 영아사망률이란, 한 해 출생아 1,000명 중 1년 미만에 사망한 영아수의 비율이다.

51 행정처분 대상자 중 중요처분 대상자에게 청문을 실시할 수 있다. 그 청문대상이 아닌 것은?

① 면허정지 및 면허취소
② 영업정지
③ 영업소 패쇄명령
④ 자격증 취소

해설 청문대상
• 법 제3조 제3항에 따른 신고사항의 직권 말소
• 미용사의 면허취소 또는 면허정지
• 영업정지명령, 일부시설의 사용중지명령 또는 영업소 폐쇄명령

52 다음 중 발열증상이 가장 심한 식중독은?

① 살모넬라균 식중독
② 웰치균 식중독
③ 복어중독
④ 포도상구균 식중독

해설
① 살모넬라균 식중독 : 38~40℃
② 웰치균 식중독 : 고열은 드물다. 38℃ 이하이다.
③ 복어중독 : 초기 중독증상(제1도)은 섭취 후 2~3시간 내에 먼저 입술, 혀끝, 두통, 복통, 구토가 계속되며, 이어서 불완전 운동마비(제2도)의 상태가 되어 지각마비, 언어장애, 혈압이 떨어진 후 완전 운동마비(제3도)의 운동 불능의 상태인 호흡곤란(Cyanosis)이 나타난다. 이어서 전신마비가 보이면서 의식소실(제4도)의 단계로 진행되어 의식을 잃고, 호흡과 심장박동이 정지된다.
④ 포도상구균 식중독 : 오심, 구토, 설사, 복통

53 고압증기멸균법에 있어 20Lbs, 126.5℃의 상태에서는 몇 분간 처리하는 것이 좋은가?

① 5분　　② 15분
③ 30분　　④ 60분

해설 고압증기멸균법은 120℃에서 15~20분간 처리한다.

54 소독장비 사용 시 주의해야 할 사항 중 옳은 것은?

① 건열멸균기 : 멸균된 물건을 소독기에서 꺼낸 즉시 냉각시켜야 살균 효과가 크다.
② 자비소독 : 금속성 기구들은 물이 끓기 전부터 넣고 끓인다.
③ 간헐멸균기 : 가열과 가열 사이에 20도 이상의 온도를 유지한다.
④ 자외선 소독기 : 날이 예리한 기구 소독 시 타월 등으로 싸서 넣는다.

해설
• 건열멸균기는 열을 이용한 것이다.
• 자비소독기는 물을 끓여서 사용하는 소독 방법이다.
• 간헐멸균기는 가열과 가열 사이에 20℃ 이상의 온도를 유지한다.
• 자외선 소독기는 스파츌라, 팩 붓, 해면 등을 소독한다.

Answer 49.③ 50.② 51.④ 52.① 53.② 54.③

55 이·미용업소에서 수건 소독에 가장 많이 사용 되는 물리적 소독법은?

① 석탄산 소독   ② 알코올 소독

③ 자비소독   ④ 과산화수소 소독

해설 자비소독법은 물을 끓여서 사용하는 소독 방법 으로 의류, 수건 등에 사용할 수 있는 물리적 소독법이다.

56 공중위생관리법상 이·미용 업소의 조명기준은?

① 50룩스 이상   ② 75룩스 이상

③ 100룩스 이상   ④ 125룩스 이상

해설 영업장 안의 조명도는 75룩스 이상이 되도 록 유지하여야 한다.

57 이·미용업 영업자가 공중위생관리법을 위반 하여 관계 행정기관의 장의 요청이 있을 때에 는 몇 월 이내의 기간을 정하여 영업의 정지 또는 일부 시설의 사용중지 혹은 영업소 패쇄 등을 명할 수 있는가?

① 3월   ② 6월

③ 1년   ④ 2년

해설 시장, 군수, 구청장의 명령에 위반 시에는 6 월 이내의 기간을 정하여 영업의 정지 또는 일부 시설의 사용중지를 명하거나 영업소 폐쇄 등을 명할 수 있다.

58 공중위생관리법상 위생서비스 수준의 평가에 대한 설명 중 맞는 것은 어느 것인가?

① 평가의 전문성을 높이기 위하여 필요하다 고 인정하는 경우에는 관련 전문기관 및 단체로 하여금 위생서비스 평가를 실시하 게 할 수 있다.

② 평가주기는 3년마다 실시한다.

③ 평가주기와 방법, 위생관리 등급은 대통 령령으로 정한다.

④ 위생관리 등급은 2개 등급으로 나뉜다.

해설 위생서비스는 시장, 군수, 구청장의 평가계획 에 따라 관할 지역별 세부 평가계획을 수립한 후 공중위 생 영업소의 위생서비스 수준을 평가하며, 위생서비스 평가의 주기 방법, 위생관리 등급의 기준 기타 평가에 관하여 필요한 사항은 보건복지부령으로 정하며, 2년마 다 실시하고, 위생관리 등급은 3개의 등급으로 나뉜다.
• 위생관리는 최우수업소(녹색 등급), 우수업소(황색 등 급), 일반관리업소(백색 등급)로 구분한다.

59 다음 중 소독약의 사용 및 보존상의 주의점으로 틀 린 것은?

① 일반적으로 소독약은 밀폐시켜 일광이 직 사되지 않는 곳에 보존해야 한다.

② 모든 소독약은 사용할 때마다 반드시 새 로이 만들어 사용해야 한다.

③ 승홍이나 석탄산 같은 것은 인체에 유해 하므로 특별히 주의 취급하여야 한다.

④ 염소제는 일광과 열에 의해 분해되지 않 도록 냉암소에 보존하는 것이 좋다.

해설 사용한 소독약은 냉암소에 보관했다가 다시 사용할 수 있다.

60 다음 중 ( ) 안에 가장 적합한 것은?

공중위생관리법상 "미용업"의 정의는 손님의 얼굴, 머리, 피부 등을 손질하여 손님의 ( )를 (을) 아름답게 꾸미는 영업이다.

① 모습   ② 외양

③ 외모   ④ 신체

해설 공중위생관리법상 "미용업"의 정의는 손님 의 얼굴, 머리, 피부 등을 손질하여 손님의 외모를 아름 답게 꾸미는 영업이다.

Answer   55.③ 56.② 57.② 58.① 59.② 60.③

2009년 3월 29일 시행

01 다음 중 필링의 대상이 아닌 것은?

① 모세혈관 확장 피부
② 모공이 넓은 지성 피부
③ 일반 여드름 피부
④ 잔주름이 많은 건성 피부

해설 필링은 과도한 각질을 제거하여 건강한 피부를 만드는 것인데 모세혈관 확장 피부는 각질층이 얇고 혈관이 보일 정도의 민감한 피부이므로 적용 대상이 아니다.

02 제모 시술 방법으로 올바르지 않은 것은?

① 시술자의 손을 소독한다.
② 머즐린(부직포)을 떼어낼 때 털이 자란 방향으로 떼어낸다.
③ 스파츌라에 왁스를 묻힌 후 손목 안쪽에 온도 테스트를 한다.
④ 소독 후 시술 부위에 남아 있을 유·수분을 정리하기 위하여 파우더를 사용한다.

해설 머즐린(부직포)을 떼어낼 때는 털이 자란 반대 방향으로 떼어낸다.

03 물의 수압을 이용해 혈액순환을 촉진시켜 체내의 독소배출, 세포재생 등의 효과를 증진시킬 수 있는 건강증진 방법은 다음 중 어느 것인가?

① 아로마테라피(Aroma-therapy)
② 스파테라피(Spa-therapy)
③ 스톤테라피(Stone-therapy)
④ 허벌테라피(Hebal-therapy)

해설 물의 수압을 이용하여 혈액순환을 촉진시키는 방법은 스파테라피에 해당한다.

04 신체 부위별 관리의 효과를 극대화하기 위한 방법과 가장 거리가 먼 것은?

① 배농을 돕기 위해 따뜻한 차를 마시게 한다.
② 온타월을 사용하여 고객의 몸을 이완시킨다.
③ 시원한 물을 마시게 하여 고객을 안정시킨다.
④ 편안한 환경을 만들어 고객이 심리적 안정감을 갖도록 한다.

해설 관리의 효과를 극대화하기 위해서는 따뜻한 물을 마시게 하여 고객을 안정시킨다.

05 제모 관리에서 왁스 제모법의 장점이 아닌 것은?

① 신체의 광범위한 부위를 짧은 시간 내에 효과적으로 제거할 수 있다.
② 털을 닳게 하여 제거하는 방법이므로 통증이 적다.
③ 다른 일시적 제모제보다 제모 효과가 4~5주 정도 오래 지속된다.
④ 피부나 모낭 등에 화학적 해를 미치지 않는다.

해설 제모의 방법 중에서 털을 닳게 하는 방법은 없다.

Answer 01.① 02.② 03.② 04.③ 05.②

06 매뉴얼 테크닉의 기본 동작에 대한 설명으로 틀린 것은?

① 에플라쥐(Effleurage) : 손바닥을 이용해 부드럽게 쓰다듬는 동작

② 프릭션(Friction) : 근육을 횡단하듯 반죽하는 동작

③ 타포트먼트(Tapotment) : 손가락을 이용하여 두드리는 동작

④ 바이브레이션(Vibration) : 손 전체나 손가락에 힘을 주어 고른 진동을 주는 동작

> **해설** 프릭션 방법은 손가락의 끝부분, 주먹, 손바닥을 피부에 대고 원을 그리는 등 문지르는 방법이다.

07 글리콜산이나 젖산을 이용하여 각질층에 침투시키는 방법으로 각질세포의 응집력을 약화시키며, 자연 탈피를 유도시키는 필링제는?

① Phenol ② TCA
③ AHA ④ BP

> **해설** AHA의 대표적인 성분은 글리콜산과 젖산으로 피부의 각질층에 침투하여 자연 각질 탈락을 유도하는 필링제이다.

08 피부 관리 시 마무리 동작에 대한 설명 중 틀린 것은?

① 장시간 동안의 피부 관리로 인해 긴장된 근육의 이완을 도와 고객의 만족을 최대한 향상시킨다.

② 피부 타입에 적당한 화장수로 피부결을 일정하게 한다.

③ 피부 타입에 적당한 앰플, 에센스, 아이크림, 자외선 차단제 등을 피부에 차례로 흡수시킨다.

④ 딥클렌징제를 사용한 다음 화장수로만 가볍게 마무리 관리해 주어야만 자극을 최소화할 수 있다.

> **해설** 일반적인 피부 관리의 순서는 클렌징 → 딥클렌징 → 매뉴얼 테크닉 → 팩의 순서이다.

09 다음에서 설명하는 팩(마스크)의 재료는?

> 열을 내어 혈액순환을 촉진시키고, 피부를 완전 밀폐시켜 팩(마스크) 도포 전에 바르는 앰플과 영양액 및 영양 크림의 성분이 피부 깊숙이 흡수되어 피부 개선에 효과를 준다.

① 해초 ② 석고
③ 꿀 ④ 아로마

> **해설** 발열로 인한 대표적인 팩의 재료는 석고마스크이다.

10 표피 수분부족 피부의 특징이 아닌 것은?

① 연령에 관계 없이 발생한다.

② 피부 조직에 표피성 잔주름이 형성된다.

③ 피부 당김이 진피(내부)에서 심하게 느껴진다.

④ 피부 조직이 별로 얇게 보이지 않는다.

> **해설** 피부의 당김이 진피에서 느껴지는 것은 진피 수분부족 피부의 특징이다.

11 입술화장을 제거하는 방법으로 가장 적합한 것은?

① 클렌저를 묻힌 화장솜으로 입술 바깥에서 안으로 닦아준다.

② 클렌저를 묻힌 화장솜으로 입술 안에서 바깥으로 닦아준다.

Answer 06.② 07.③ 08.④ 09.② 10.③ 11.①

③ 클렌저를 묻힌 화장솜으로 입꼬리에서 반 대쪽 입꼬리까지 닦아준다.

④ 클렌저를 묻힌 면봉으로 닦아준다.

 해설 입술화장 제거 시에는 바깥에서 안으로 닦아낸 후 모아진 것을 한 번에 닦아낸다.

12 다음 중 화장수의 작용이 아닌 것은?

① 피부에 남은 클렌저 잔여물 제거 작용

② 피부의 pH 밸런스 조절 작용

③ 피부에 집중적인 영양 공급 작용

④ 피부 진정 또는 쿨링 작용

해설 화장수는 화장품 및 세안제의 잔여물을 제거하고 피부의 밸런스를 유지하며, 수분을 공급하고 모공을 수축시키는 작용을 한다.

13 팩 중 아줄렌 팩의 주된 효과는?

① 진정 효과 　　　② 탄력 효과

③ 항산화작용 효과 　④ 미백 효과

해설 아줄렌의 주된 효과는 진정 작용이다.

14 피부미용의 기능이 아닌 것은?

① 보호 작용 　　　② 피부문제 개선

③ 피부 질환 치료 　④ 심리적 안정

해설 피부미용을 함으로써 피부 질환이 치료되지는 않는다.

15 클렌징의 목적과 가장 거리가 먼 것은?

① 청결과 위생 　　② 혈액순환 촉진

③ 트리트먼트의 준비 ④ 유효성분 침투

해설 클렌징의 목적은 피부의 노폐물, 메이크업 잔여물 제거, 혈액순환 촉진 및 신진대사 원활, 피부의 호흡 원활, 건강한 피부를 유지하고, 제품의 흡수 증가이다.

16 여드름 피부에 직접 사용하기 가장 좋은 아로마는?

① 유칼립투스 　　② 로즈마리

③ 페퍼민트 　　　④ 티트리

해설 티트리는 항염, 항균 효과가 높아 여드름 피부에 효과적이다.

17 매뉴얼 테크닉 시술 시 주의해야 할 사항이 아닌 것은?

① 피부미용사는 손의 온도를 따뜻하게 하여 고객이 차갑게 느끼지 않도록 한다.

② 처음과 마지막 동작은 주무르기 방법으로 부드럽게 시술한다.

③ 동작마다 일정한 리듬을 유지하면서 정확한 속도를 지키도록 한다.

④ 피부 타입과 피부 상태의 필요성에 따라 동작을 조절한다.

해설 처음과 마지막 동작은 쓰다듬기 방법으로 부드럽게 시술한다.

18 피부미용의 관점에서 딥클렌징의 목적이 아닌 것은?

① 영양물질의 흡수를 용이하게 한다.

② 피지와 각질층의 일부를 제거한다.

③ 피부 유형에 따라 주 1~2회 정도 실시한다.

④ 화학적 화상을 유발하여 피부 세포 재생을 촉진한다.

AnSwer 12.③ 13.① 14.③ 15.④ 16.④ 17.② 18.④

해설 딥클렌징의 효과는 모공 속의 피지와 불순물 제거, 피부의 각질층 정돈, 피부결이 맑아지고, 영양성분의 침투를 용이하게 하고, 혈액순환 촉진, 면포를 연화시킨다.

19 피부 구조에 대한 설명 중 틀린 것은?

① 피부는 표피, 진피, 피하지방층의 3개 층으로 구성된다.

② 표피는 일반적으로 내측으로부터 기저층, 투명층, 유극층, 과립층 및 각질층의 5층으로 나뉜다.

③ 멜라닌 세포는 표피의 기저층에 산재한다.

④ 멜라닌 세포수는 민족과 피부색에 관계없이 일정하다.

해설 표피는 내측으로부터 기저층, 유극층, 과립층, 투명층, 각질층 순서이다.

20 각 비타민의 효능에 대한 설명으로 옳은 것은?

① 비타민 E : 아스코르빈산의 유도체로 사용되며, 미백제로 이용된다.

② 비타민 A : 혈액순환 촉진과 피부 청정 효과가 우수하다.

③ 비타민 P : 바이오플라보노이드(Bioflavonoid)라고도 하며, 모세혈관을 강화하는 효과가 있다.

④ 비타민 B : 세포 및 결합조직의 조기노화를 예방한다.

해설 • 비타민 A : 레티놀이라고도 하며 피부 재생을 돕고 노화방지, 안구 건조증, 시력 유지에 관여한다.
• 비타민 B : 여러 수용성 비타민의 복합체로 일명 면역 비타민으로 불린다. 비타민 B가 부족하면 흉선이 점점 축소되고 T 임파구의 생산도 감소된다.
• 비타민 C : 아스코르빈산이라고도 하며, 미백제로 이용된다.

• 비타민 E : 토코페롤이라고도 하며, 항산화성 비타민으로 노화를 지연한다.

21 지성 피부에 대한 설명 중 틀린 것은?

① 지성 피부는 정상 피부보다 피지 분비량이 많다.

② 피부결이 섬세하지만 피부가 얇고 붉은 색이 많다.

③ 지성 피부가 생기는 원인은 남성 호르몬인 안드로겐이나 여성 호르몬인 프로게스테론의 기능이 활발해져서 생긴다.

④ 지성 피부의 관리는 피지제거 및 세정을 주목적으로 한다.

해설 지성 피부는 모공이 크고 피부결이 거칠며, 피부 두께가 두껍다.

22 피부의 각질층에 존재하는 세포간지질 중 가장 많이 함유된 것은 어느 것인가?

① 세라마이드(Ceramide)

② 콜레스테롤(Choiesterol)

③ 스쿠알렌(Spualene)

④ 왁스(Wax)

해설 각질층의 세포간지질에 가장 많이 함유된 것은 세라마이드이다.

23 사춘기 이후에 주로 분비가 되며, 모공을 통하여 분비되어 독특한 채취를 발생시키는 것은?

① 소한선   ② 대한선

③ 피지선   ④ 갑상선

해설 대한선은 모공과 붙어있으며, 액취증과 관련이 있다.

Answer 19.② 20.③ 21.② 22.① 23.②

24 다음 중 콜라겐(Collagen)에 대한 설명으로 틀린 것은 어느 것인가?

① 노화된 피부에는 콜라겐 함량이 낮다.
② 콜라겐이 부족하면 주름이 발생하기 쉽다.
③ 콜라겐은 피부의 표피에 주로 존재한다.
④ 콜라겐은 섬유아세포에서 생성된다.

🔖해설 콜라겐은 피부의 진피에 주로 존재한다.

25 광노화의 반응과 가장 거리가 먼 것은?

① 거칠어짐　　　② 건조
③ 과색소 침착증　④ 모세혈관수축

🔖해설 광노화는 햇빛에 의한 노화로 표피가 두꺼워지고, 색소침착이 증가하고, 진피가 두꺼워진다.

26 피부 표피 중 가장 두꺼운 층은?

① 각질층　　　② 유극층
③ 과립층　　　④ 기저층

🔖해설 표피에서 가장 두꺼운 층은 유극층이다.

27 성인이 하루에 분비하는 피지의 양은?

① 약 1~2g　　② 약 0.1~0.2g
③ 약 3~5g　　④ 약 5~8g

🔖해설 성인의 하루 동안 분비하는 피지의 양은 약 1~2g정도이다.

28 평활근에 대한 설명 중 틀린 것은?

① 근원섬유에는 가로무늬가 없다.
② 운동신경의 분포가 없는 대신 자율신경이 분포되어 있다.

③ 수축은 서서히 그리고 느리게 지속된다.
④ 신경을 절단하면 자동적으로 움직일 수 있다.

🔖해설 평활근은 내장근, 민무늬근, 불수의근이다 (불수의근은 자신의 의지와 상관 없이 움직이는 근).

29 혈액의 기능으로 틀린 것은?

① 호르몬 분비작용
② 노폐물 배설작용
③ 산소와 이산화탄소의 운반작용
④ 삼투압과 산·염기 평형의 조절작용

🔖해설 혈액은 가스교환, 영양분 흡수 및 노폐물 운반작용, 혈액의 응고, 수분 조절작용, 호르몬의 운반작용의 기능이 있다.

30 췌장에서 분비되는 단백질 분해효소는?

① 펩신(Pepsin)
② 트립신(Trypsin)
③ 리파아제(Lipase)
④ 펩티디아제(Peptidase)

🔖해설 췌장에서 분비되는 단백질 분해효소는 트립신이다.

31 다음 보기의 사항에 해당되는 신경은?

> • 제7뇌신경　　　• 안면근육운동
> • 혀 앞 2/3 미각담당　• 뇌신경 중 하나

① 3차 신경　　② 설인신경
③ 안면신경　　④ 부신경

🔖해설 제7뇌신경은 안면신경이다.

Answer 24.③ 25.④ 26.② 27.① 28.④ 29.① 30.② 31.③

32 골과 골 사이의 충격을 흡수하는 결합조직은?

① 섬유   ② 연골

③ 관절   ④ 조직

해설 관절은 2개 이상의 뼈가 연결된 것이고, 연골은 성질이 굳고 탄력이 강한 특수화 된 결합조직으로 골과 골 사이의 충격을 흡수하는 결합조직이다.

33 인체의 각종 호르몬의 기능 저하에 따라 나타나는 현상으로 틀린 것은?

① 부신피질자극호르몬(ACTH) : 갑상선 기능 저하

② 난포자극호르몬(FSH) : 불임

③ 인슐린(Insulin) : 당뇨

④ 에스트로겐(Estrogen) : 무월경

해설 부신피질자극호르몬은 스트레스 호르몬이다.

34 세포 내에서 호흡생리를 담당하고 이화작용과 동화작용에 의해 에너지를 생산하는 곳은?

① 리보솜   ② 염색체

③ 소포체   ④ 미토콘드리아

해설 미토콘드리아는 세포 내 호흡, 생리담당, ATP 생산을 한다.

35 다음 중 전동 브러시(Frimatol)의 효과가 아닌 것은?

① 앰플 침투   ② 클렌징

③ 필링   ④ 딥클렌징

해설 전동 브러시는 딥클렌징 단계에서 사용되는 기기로 각질을 탈락시키는 기능이 있다.

36 다음 중 전류의 설명으로 옳은 것은?

① 양(+) 전자들이 양(+)극을 향해 흐르는 것이다.

② 음(−) 전자들이 음(−)극을 향해 흐르는 것이다.

③ 전자들이 전도체를 따라 한 방향으로 흐르는 것이다.

④ 전자들이 양극(+) 방향과 음극(−) 방향을 번갈아 흐르는 것이다.

해설 전류는 전자들이 전도체를 따라 한 방향으로 흐르는 것이다.

37 적외선 미용기기를 사용할 때의 주의사항으로 옳은 것은?

① 램프와 고객과의 거리는 최대한 가까이 한다.

② 자외선 적용 전 단계에 사용하지 않는다.

③ 최대흡수 효과를 위해 해당 부위와 램프가 직각이 되도록 한다.

④ 간단한 금속류를 제외한 나머지 장신구는 허용되지 않는다.

해설 • 적외선 미용기기를 사용할 때는 적당한 거리를 두며, 장신구나 금속류의 사용을 하지 않는다.
• 적외선 미용기기는 순환과 신진대사의 증진을 가져오며, 온열의 효과가 있어서 자외선 전에 사용을 하지 않는다.

Answer 32.② 33.① 34.④ 35.① 36.③ 37.②

38 증기연무기(Steamer)를 사용할 때 얻는 효과와 가장 거리가 먼 것은?

① 따뜻한 연무는 모공을 열어 각질 제거를 돕는다.
② 혈관을 확장시켜 혈액순환을 촉진시킨다.
③ 세포의 신진대사를 증가시킨다.
④ 마사지 크림 위에 증기연무를 사용하면 유효성분의 침투가 촉진된다.

해설 스티머는 모공을 열어 각질 제거를 하며, 혈액순환을 촉진시켜 신진대사를 증가시키는 효과가 있다.

39 갈바닉 전류 중 음극(-)을 이용한 것으로 제품을 피부 속으로 스며들게 하기 위해 사용하는 것은?

① 아나포레시스(Anaphoresis)
② 에피더마브레이션(Epidearmabrassion)
③ 카타포레시스(Cataphoresis)
④ 전기마스크(Electronic mask)

해설 갈바닉 전류 중 (-)을 이용한 것은 아나포레시스이다.

40 디스인크러스테이션(Desincrustation)을 가급적 피해야 할 피부 유형은?

① 중성 피부   ② 지성 피부
③ 노화 피부   ④ 건성 피부

해설 디스인크러스테이션은 각질제거의 효과가 있어 중성 피부, 지성 피부, 노화 피부의 적용이 적당하다.

41 화장품의 4대 요건에 해당되지 않는 것은?

① 안전성   ② 안정성
③ 사용성   ④ 보호성

해설 화장품의 4대 요건은 안전성, 안정성, 사용성, 유효성이다.

42 세정 작용과 기포 형성 작용이 우수하여 비누, 샴푸, 클렌징 폼 등에 주로 사용되는 계면활성제는?

① 양이온성 계면활성제
② 음이온성 계면활성제
③ 비이온성 계면활성제
④ 양쪽성 계면활성제

해설 비누, 샴푸, 클렌징 폼에는 음이온성 계면활성제가 사용된다.

43 자외선 차단제에 대한 설명으로 옳은 것은?

① 일광에 노출 전에 바르는 것이 효과적이다.
② 피부 병변이 있는 부위에 사용하여도 무관하다.
③ 사용 후 시간이 경과하여도 다시 덧바르지 않는다.
④ SPF 지수가 높을수록 민감한 피부에 적합하다.

해설 자외선 차단제는 일정 시간이 경과하면 다시 덧발라 준다.

AnSwer 38.④ 39.① 40.④ 41.④ 42.② 43.①

44 다음의 설명에 해당되는 천연향의 추출 방법은?

> 식물의 향기 부분을 물에 담가 가온하여 증발된 기체를 냉각하면 물 위에 향기 물질이 뜨게 되는데 이것을 분리하여 순수한 천연향을 얻어내는 방법이다. 이는 대량으로 천연향을 얻어낼 수 있는 장점이 있으나 고온에서 일부 향기 성분이 파괴될 수도 있는 단점이 있다.

① 수증기 증류법
② 압착법
③ 휘발성 용매 추출법
④ 비휘발성 용매 추출법

> **해설** 수증기 증류법은 증발된 기체를 냉각하여 순수한 천연 에센셜 오일을 얻어내는 방법이다.

45 기능성 화장품에 대한 설명으로 옳은 것은?

① 자외선에 의해 피부가 심하게 그을리거나 일광화상이 생기는 것을 지연시킨다.
② 피부 표면의 더러움이나 노폐물을 제거하여 피부를 청결하게 해 준다.
③ 피부 표면의 건조를 방지해 주고 피부를 매끄럽게 한다.
④ 비누 세안에 의해 손상된 피부의 pH를 정상적인 상태로 빨리 들어오게 한다.

> **해설** 기능성 화장품은 피부를 곱게 태워주거나 자외선으로부터 피부를 보호하는 데 도움을 주는 제품, 미백에 도움이 되는 성분, 주름 개선에 도움을 주는 제품이다.

46 바디 샴푸에 요구되는 기능과 가장 거리가 먼 것은?

① 피부 각질층 세포간지질 보호
② 부드럽고 치밀한 기포 부여

③ 높은 기포 지속성 유지
④ 강력한 세정력 부여

> **해설** 바디 샴푸는 피부 각질층 세포간지질을 보호하고, 부드럽고 치밀한 기포를 부여하며 높은 기포 지속성을 유지해야 한다.

47 다음 중 향수의 부향률이 높은 것부터 순서대로 나열된 것은?

① 퍼퓸 > 오데 퍼퓸 > 오데 코롱 > 오데 토일렛
② 퍼퓸 > 오데 토일렛 > 오데 코롱 > 오데 퍼퓸
③ 퍼퓸 > 오데 퍼퓸 > 오데 토일렛 > 오데 코롱
④ 퍼퓸 > 오데 코롱 > 오데 퍼퓸 > 오데 토일렛

> **해설** 퍼퓸 > 오데 퍼퓸 > 오데 토일렛 > 오데 코롱 > 샤워 코롱

48 식중독에 관한 설명으로 옳은 것은?

① 세균성 식중독 중 치사율이 가장 낮은 것은 보툴리누스 식중독이다.
② 테트로톡신은 감자에 다량 함유되어 있다.
③ 식중독은 급격한 발생률, 지역과 무관한 동시 다발성의 특성이 있다.
④ 식중독은 원인에 따라 세균성, 화학물질, 자연독, 곰팡이독 등으로 분류된다.

> **해설** 곰팡이독은 자연독 식중독에 포함된다.

Answer 44.① 45.① 46.④ 47.③ 48.④

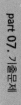

49 공중보건학의 개념과 관계가 가장 적은 것은?

① 지역주민의 수명 연장에 관한 연구
② 감염병 예방에 관한 연구
③ 성인병 치료기술에 관한 연구
④ 육체적 정신적 효율 증진에 관한 연구

해설 공중보건학은 지역사회 단위의 인간집단으로 지역사회의 전 주민을 대상으로 하며, 모든 사람들의 건강을 보호하는 공중을 위한 학문 및 실천적 활동을 의미한다.

50 보건행정의 원리에 관한 것으로 맞는 것은?

① 일반행정 원리의 관리과정적 특성과 기획과정은 적용되지 않는다.
② 의사결정 과정에서 미래를 예측하고 행동하기 전의 행동계획을 결정한다.
③ 보건행정에서는 생태학이나 역학적 고찰이 필요 없다.
④ 보건행정은 공중보건학에 기초된 과학적 기술이 필요하다.

해설 보건행정은 공중보건학에 기초한 과학적 기술이 필요하다.

51 다음 중 같은 병원체에 의하여 발생하는 인수공통 감염병은?

① 천연두　　② 콜레라
③ 디프테리아　　④ 공수병

해설 공수병(광견병)은 감염된 개에 물리거나 타액을 통하여 감염되는 인수공통 감염병이다.

52 혈청이나 약제, 백신 등 열에 불안정한 액체의 멸균에 주로 이용되는 멸균법은?

① 초음파 멸균법　　② 방사선 멸균법
③ 초단파 멸균법　　④ 여과 멸균법

해설 혈청이나 약제, 백신 등 액체의 멸균에 이용되는 것은 여과 멸균법이다.

53 고압증기 멸균기의 소독대상물로 적합하지 않은 것은?

① 금속성 기구　　② 의류
③ 분말제품　　④ 약액

해설 고압증기 멸균기에 의한 소독대상물로는 의류, 고무제품, 자기류, 거즈, 약액, 금속성 기구 등이 포함된다.

54 멸균의 의미로 가장 적합한 표현은?

① 병원균의 발육·증식 억제 상태
② 체내에 침입하여 발육·증식하는 상태
③ 세균의 독성만을 파괴한 상태
④ 아포를 포함한 모든 균을 사멸시킨 무균 상태

해설 멸균은 아포를 포함한 모든 균을 사멸시킨 무균 상태이다.

55 석탄산의 90배 희석액과 어느 소독약의 180배 희석액이 같은 조건하에서 같은 소독효과가 있었다면 이 소독약의 석탄산 계수는?

① 0.50　　② 0.05
③ 2.00　　④ 20.0

해설

$$석탄산\ 계수 = \frac{피검\ 소독제의\ 희석배율}{석탄산의\ 희석배율}$$

56 과태료에 대한 설명으로 틀린 것은?

① 과태료는 관할 시장, 군수, 구청장이 부과·징수한다.

② 과태료 처분에 불복이 있는 자는 그 처분을 고지 받은 날부터 30일 이내에 처분권자에게 이의를 제기할 수 있다.

③ 기간 내에 이의를 제기하지 아니하고 과태료를 납부하지 아니한 때에는 지방세 체납처분의 예에 의하여 과태료를 징수한다.

④ 과태료에 대하여 이의제기가 있을 경우 청문을 실시한다.

해설 과태료처분에 불복이 있는 자는 그 처분의 고지를 받은 날부터 30일 이내에 처분권자에게 이의를 제기할 수 있고, 이때 처분권자는 지체 없이 관할법원에 그 사실을 통보하여야 하며, 그 통보를 받은 관할법원은 비송사건절차법에 의한 과태료의 재판을 한다.

57 이·미용업 영업자의 지위를 승계받을 수 있는 자의 자격은?

① 자격증이 있는 자

② 면허를 소지한 자

③ 보조원으로 있는 자

④ 상속권이 있는 자

해설 이·미용업 영업자의 지위를 승계받을 수 있는 자의 자격은 반드시 면허를 소지한 자여야 한다.

58 미용업자가 점빼기, 귓볼뚫기, 쌍꺼풀 수술, 문신, 박피술 그 밖에 이와 유사한 의료행위를 하여 관련 법규를 1차 위반 했을 때의 행정처분은?

① 경고　　　　② 영업정지 2월

③ 영업장 폐쇄명령　④ 면허취소

해설 미용업자가 점빼기, 귓볼뚫기, 쌍꺼풀 수술, 문신 등의 의료행위를 하여 관련 법규를 위반 하였을 때 1차는 영업정지 2월, 2차는 영업정지 3월, 3차는 폐쇄명령이다.

59 미용업 영업자가 영업소 폐쇄명령을 받고도 계속하여 영업을 하는 때에 시장, 군수, 구청장이 관계 공무원으로 하여금 당해 영업소를 폐쇄하기 위하여 조치를 하게 할 수 있는 사항에 해당하지 않는 것은 어느 것인가?

① 출입자 검문 및 금지

② 영업소의 간판 기타 영업표지물의 제거

③ 위법한 영업소임을 알리는 게시물 등의 부착

④ 영업을 위하여 필수불가결한 기구 또는 시설물을 사용할 수 없게 하는 봉인

해설 관계 공무원의 폐쇄명령을 이행하지 않을 경우에는 당해 영업소의 간판 기타 영업표지물의 제거, 당해 영업소가 위반한 영업소임을 알리는 게시물 부착, 영업을 위해 필수불가결한 기구 및 시설물 봉인을 할 수 있다.

60 공중위생관리법상 (　) 속에 가장 적합한 것은?

> 공중위생관리법은 공중이 이용하는 영업의 (　) 등에 관한 사항을 규정함으로써 위생수준을 향상시켜 국민의 건강증진에 기여함을 목적으로 한다.

① 위생　　　　② 위생관리

③ 위생과 소독　④ 위생과 청결

해설 공중위생관리법은 공중이 이용하는 영업의 위생관리 등에 관한 사항을 규정함으로써 위생수준을 향상시켜 국민의 건강증진에 기여함을 목적으로 한다.

Answer 56.④ 57.② 58.② 59.① 60.②

2009년 7월 12일 시행

01 제모의 설명으로 틀린 것은?

① 왁싱(Waxing)을 이용한 제모는 얼굴이나 다리의 털을 제거하는 데 적합하며 모근까지 제거되기 때문에 보통 4~5주 정도 지속된다.
② 제모 적용 부위를 사전에 깨끗이 씻고 소독한다.
③ 제모 후에 진정 제품을 피부 표면에 발라 준다.
④ 왁스를 바른 후 떼어 낼 때는 아프지 않게 천천히 떼어내는 것이 좋다.

해설 왁스를 바른 후 떼어 낼 때는 털이 난 반대 방향으로 재빠르게 제거한다.

02 건성 피부, 중성 피부, 지성 피부를 구분하는 가장 기본적인 피부 유형 분석 기준은?

① 피부의 조직 상태   ② 피지분비 상태
③ 모공의 크기   ④ 피부의 탄력도

해설 피부 타입을 구분하는 기준은 피지분비 상태이다.

03 왁스를 이용한 제모의 부적용증과 가장 거리가 먼 것은?

① 신부전   ② 정맥류
③ 당뇨병   ④ 과민한 피부

해설 제모의 부적용증 : 궤양이나 종기가 있는 경우, 혈정증이나 정맥류가 심한 경우, 당뇨병 환자, 상처나 피부 질환이 있는 경우, 자외선으로 화상을 입은 경우, 간질 환자

04 다음 중 지성 피부의 특징으로 올바른 것은?

① 모세혈관이 약화되거나 확장되어 피부 표면으로 보인다.
② 피지분비가 왕성하여 피부 번들거림이 심하며, 피부결이 곱지 못하다.
③ 표피가 얇고 피부 표면이 항상 건조하고, 잔주름이 쉽게 생긴다.
④ 표피가 얇고 투명해 보이며, 외부 자극에 쉽게 붉어진다.

해설 지성 피부는 모공이 크고 피부결이 거칠며, 피부 두께가 두껍고, 과다한 피지 분비로 인해 번들거리고 지저분해지기 쉬우며, 화장이 잘 지워진다.

05 온습포의 작용으로 볼 수 없는 것은?

① 모공을 수축시키는 작용이 있다.
② 혈액순환을 촉진시키는 작용이 있다.
③ 피지분비선을 자극시키는 작용이 있다.
④ 피부 조직에 영양공급이 원활히 될 수 있도록 작용한다.

해설 모공을 수축시키는 작용은 냉습포에 대한 설명이다.

06 손가락이나 손바닥으로 연속적인 쓰다듬기 동작을 하는 매뉴얼 테크닉 방법은?

① 프릭션(Friction)
② 페트리사지(Petrissage)
③ 에플로라지(Effleurage)
④ 러빙(Rubbing)

Answer 01.④ 02.② 03.① 04.② 05.① 06.③

Skin Care Specialist

해설 • 프릭션 : 강찰법, 문지르기, 마찰하기
• 페트리사지 : 유찰법, 주무르기

07 다음의 설명에 가장 적합한 팩은?

> • 효과 : 피부 타입에 따라 다양하게 사용되며, 유화 형태이므로 사용감이 부드럽고 침투가 쉽다.
> • 사용 방법 및 주의사항 : 사용량만큼 필요한 부위에 바르고 필요에 따라 호일, 랩, 적외선 램프 사용

① 크림 팩   ② 벨벳(시트) 팩
③ 분말 팩   ④ 석고 팩

해설 크림 팩은 보습, 영양 공급효과가 뛰어난 제품으로 건성, 노화 피부에 효과적이다.

08 다음 중 클렌징 제품의 올바른 선택조건이 아닌 것은?

① 클렌징이 잘 되어야 한다.
② 피부의 산성막을 손상시키지 않는 제품이어야 한다.
③ 피부 유형에 따라 적절한 제품을 선택해야 한다.
④ 충분하게 거품이 일어나는 제품을 선택해야 한다.

해설 클렌징제는 메이크업 잔여물이나 먼지 등이 잘 지워지고, 피부의 피지막, 산성막이 손상되지 않도록 피부 자극이 없어야 하며, 피부 타입에 맞는 클렌징제를 선택해야 한다.

09 다음 중 스크럽 성분의 딥클렌징을 피해야 하는 피부는?

① 모공이 넓은 지성 피부
② 모세혈관이 확장되고 민감한 피부
③ 정상 피부
④ 지성 우세 복합성 피부

해설 스크럽제는 미세한 알갱이가 들어 있는 세안제로 민감성 피부 타입에는 사용을 금지한다.

10 피부미용의 개념에 대한 설명으로 가장 거리가 먼 것은?

① 피부미용이란 내·외적 요인으로 인한 미용상의 문제를 물리적이나 화학적인 방법을 이용하여 예방하는 것이다.
② 피부의 생리기능을 자극함으로써 아름답고 건강한 피부를 유지하고 관리하는 미용 기술을 말한다.
③ 피부미용은 과학적 지식을 바탕으로 다양한 미용적인 관리를 행하므로 하나의 과학이라 말할 수 있다.
④ 과학적인 지식과 기술을 바탕으로 미의 본질과 형태를 다룬다는 의미는 있으나 예술이라고는 할 수 없다.

해설 피부미용은 내·외적으로 아름답고 건강한 피부로 관리하는 전인적 예술이라 할 수 있다.

Answer 07.① 08.④ 09.② 10.④

11 필 오프 타입(Peel-off type) 마스크의 특징이 아닌 것은?

① 젤 또는 액체 형태의 수용성으로 바른 후 건조되면서 필름막을 형성한다.
② 볼 부위는 영양분의 흡수를 위해 두껍게 바른다.
③ 팩 제거 시 피지나 죽은 각질 세포가 함께 제거됨으로써 피부 청정 효과를 준다.
④ 일주일에 1~2회 사용한다.

해설 필 오프 타입은 바른 후 건조되면 얇은 필름막이나 굳어져 벗겨지는 타입으로 얼굴에 도포 시에 균일하게 도포한다.

12 딥클렌징의 효과 및 목적과 가장 거리가 먼 것은?

① 다음 단계의 유효 성분 흡수율을 높여준다.
② 모공 깊숙이 있는 피지와 각질 제거를 목적으로 한다.
③ 피지가 모낭 입구 밖으로 원활하게 나오도록 해 준다.
④ 효과적인 주름 관리가 되도록 해 준다.

해설 딥클렌징은 모공 속의 피지와 불순물을 제거 한다.

13 바디 랩(Body wraps)에 관한 설명으로 틀린 것은?

① 비닐을 감쌀 때는 타이트하게 꽉 조이도록 한다.
② 수증기나 드라이 히트(Dry heat)는 몸을 따뜻하게 하기 위해서 사용되기도 한다.
③ 보통 사용되는 제품은 앨쥐(Algea)나 허브 (Herb), 슬리밍(Sliming) 크림 등이다.

④ 이 요법은 독소 제거나 노폐물의 배출 증진, 순환 증진을 위해서 사용된다.

해설 바디 랩을 사용 시 비닐을 과도하게 꽉 조이게 되면 순환을 저해할 수 있다.

14 피부 관리 후 피부미용사가 마무리 해야 할 사항과 가장 거리가 먼 것은?

① 피부 관리 기록카드에 관리 내용과 사용 화장품에 대해 기록한다.
② 고객이 집에서 자가 관리를 잘 하도록 홈 케어에 대해서도 기록하여 추후 참고 자료로 활용한다.
③ 반드시 메이크업을 해 준다.
④ 피부미용 관리가 마무리 되면 베드와 주변을 청결하게 정리한다.

해설 피부 관리 후에 반드시 메이크업을 해줄 필요는 없다.

15 매뉴얼 테크닉의 기본동작 중 하나인 쓰다듬기에 대한 내용과 가장 거리가 먼 것은?

① 매뉴얼 테크닉의 처음과 끝에 주로 이용된다.
② 혈액과 림프의 순환을 도모한다.
③ 자율신경계에 영향을 미쳐 피부에 휴식을 준다.
④ 피부에 탄력성을 증가시킨다.

해설 쓰다듬기 방법은 혈액순환 및 근육이완, 피부 진정작용으로 마사지의 시작과 마무리 시에 적용한다. 피부의 탄력성을 증가시키는 방법은 떨기(진동법)이다.

16 모세혈관 확장 피부에 효과적인 성분이 아닌 것은?

① 루틴　　　　　② 아줄렌
③ 알로에　　　　④ AHA

해설 AHA는 과일산으로, 모세혈관 확장 피부와 같은 예민 피부에는 적합하지 않다.

17 다음 중 세정력이 우수하며 지성, 여드름 피부에 가장 적합한 제품은 어느 것인가?

① 클렌징 젤　　　② 클렌징 오일
③ 클렌징 크림　　④ 클렌징 밀크

해설 클렌징 젤은 모공이 넓은 피부에 효과적이다.

18 피부 유형별 적용 화장품 성분이 맞게 짝지워진 것은?

① 건성 피부 : 클로로필, 위치 하젤
② 지성 피부 : 콜라겐, 레티놀
③ 여드름 피부 : 아보카도 오일, 올리브 오일
④ 민감성 피부 : 아줄렌, 비타민 B₅

해설 아줄렌은 진정 성분이며, '판테놀'이라고 불리는 프로비타민 B₅는 보습과 진정 효과가 있다.

19 원주형의 세포가 단층으로 이어져 있으며, 각질형성세포와 색소형성세포가 존재하는 피부세포층은?

① 기저층　　　　② 투명층
③ 각질층　　　　④ 유극층

해설 기저층에는 각질형성세포와 색소형성세포가 존재한다.

20 다음 중 진피의 구성 세포는?

① 멜라닌세포　　　② 랑게르한스세포
③ 섬유아세포　　　④ 머켈세포

해설 • 멜라닌세포, 랑게르한스세포, 머켈세포는 표피구성 세포이다.
• 섬유아세포는 콜라겐과 엘라스틴의 모세포이다.

21 피부에서 피지가 하는 작용과 관계가 가장 먼 것은?

① 수분증발 억제　　② 살균작용
③ 열발산 방지작용　④ 유화작용

해설 피지막은 세균 살균 효과, 유중수형 상태, 수분 증발을 막아 수분조절 역할을 한다.

22 자외선의 영향으로 인한 부정적인 효과는?

① 홍반반응　　　　② 비타민 D 형성
③ 살균효과　　　　④ 강장효과

해설 홍반반응은 피부가 붉게 되는 현상이다.

23 화상의 구분 중 홍반, 부종, 통증뿐만 아니라 수포를 형성하는 것은?

① 제1도 화상
② 제2도 화상
③ 제3도 화상
④ 중급 화상

해설 • 1도 화상 : 표피층에만 손상을 입는 홍반성 화상으로 부종, 통증을 수반
• 2도 화상 : 홍반, 부종, 통증과 수포 발생
• 3도 화상 : 표피, 진피, 피하지방층의 일부까지 손상되는 괴사성 화상
• 4도 화상 : 피부가 괴사되어 피하의 근육, 힘줄, 신경, 골조직까지 손상

Answer　16.④　17.①　18.④　19.①　20.③　21.③　22.①　23.②

24 기미, 주근깨 피부 관리에 가장 적합한 비타민은?

① 비타민 A
② 비타민 B_1
③ 비타민 B_2
④ 비타민 C

해설 비타민 C는 피부 미백에 효과적인 비타민이다.

25 각화유리질과립(Keratohyaline)은 피부 표피의 어떤 층에 주로 존재하는가?

① 과립층
② 유극층
③ 기저층
④ 투명층

해설 과립층의 각화유리질과립으로 인하여 핵이 소멸되고 각질이 납작해지기 시작한다.

26 장기간에 걸쳐 반복하여 긁거나 비벼서 표피가 건조하고 가죽처럼 두꺼워진 상태는?

① 가피
② 낭종
③ 태선화
④ 반흔

해설 ① 가피 : 딱지
② 낭종 : 막으로 둘러싼 액체나 반고체 물질을 갖는 병변
④ 반흔 : 피부가 갈라진 상태

27 척주에 대한 설명이 아닌 것은?

① 머리와 몸통을 움직일 수 있게 함
② 성인의 척주를 옆에서 보면 4개의 만곡이 존재
③ 경추 5개, 흉추 11개, 요추 7개, 천골 1개, 미골 2개로 구성
④ 척수를 뼈로 감싸면서 보호

해설 경추 7개, 흉추 12개, 요추 5개, 미골은 3~5개의 뼈가 한 개로 융합되어 있다.

28 땀의 분비가 감소하고 갑상선 기능의 저하, 신경계 질환의 원인이 되는 것은?

① 다한증
② 소한증
③ 무한증
④ 액취증

해설 소한증은 갑상선 기능 저하, 금속성 중독, 신경계통 질환이 원인이다.

29 안면의 피부와 저작근에 존재하는 감각신경과 운동신경의 혼합 신경으로 뇌신경 중 가장 큰 것은?

① 시신경
② 3차 신경
③ 안면신경
④ 미주신경

해설 3차 신경은 혼합 신경으로 감각성, 운동성을 가지고 있다.

30 원형질막을 통한 물질의 이동과정에 관한 설명 중 틀린 것은?

① 확산은 물질 자체의 운동 에너지에 의해 저농도에서 고농도로 물질이 이동하는 것이다.
② 포도당은 보조 없이 원형질막을 통과할 수 없으며 단백질과 결합하여 세포 안으로 들어가는 것을 촉진 확산한다.
③ 삼투 현상은 높은 물 농도에서 낮은 물 농도로 물 분자만이 선택적으로 투과하는 것을 말한다.
④ 여과는 높은 압력이 낮은 압력이 있는 곳으로 이동하는 압력경사에 의해 이루어지는 것이다.

해설 확산은 고농도에서 저농도로 물질 이동이 되는 것을 말한다.

31 림프(Lymph)의 주된 기능은?

① 분비작용   ② 면역작용

③ 체절보호작용   ④ 체온조절작용

해설 림프의 주된 기능은 노폐물의 배출 및 독소 제거, 혈액순환 증진 및 면역력 강화이다.

32 안륜근의 설명으로 맞는 것은?

① 뺨의 벽에 위치하며 수축하면 뺨이 안으로 들어가서 구강 내압을 높인다.

② 눈꺼풀의 피하조직에 있으면서 눈을 감거나 깜빡거릴 때 이용된다.

③ 구각물 외 상방으로 끌어당겨서 웃는 표정을 만든다.

④ 교근 근막의 표층으로부터 입 꼬리 부분에 뻗어 있는 근육이다.

해설 안륜근은 눈과 관련된 근육이다.

33 골격근의 기능이 아닌 것은?

① 수의적 운동   ② 자세유지

③ 체중의 지탱   ④ 조혈작용

해설 조혈작용은 골격계의 작용이다.

34 근육의 기능에 따라 분류에서 서로 반대되는 작용을 하는 근육을 무엇이라 하는가?

① 길항근   ② 신근

③ 반거양근   ④ 협력근

해설 길항근은 움직임을 주도하는 주요 근육과 반대로 작용하는 근육이다.

35 다음 중 고주파 직접법의 주 효과에 해당하는 것은?

① 수렴 효과   ② 피부 강화

③ 살균 효과   ④ 자극 효과

해설 고주파 직접법의 주 효과는 살균 효과로 지성 피부에 효과적이다.

36 직류(D.C)와 교류(A.C)에 대한 설명으로 옳은 것은?

① 교류를 갈바닉 전류라고도 한다.

② 교류 전류에는 평류, 단속 평류가 있다.

③ 직류에는 전류의 흐르는 방향이 시간의 흐름에 따라 변하지 않는다.

④ 직류 전류에는 정현파, 감응, 격동 전류가 있다.

해설 • 갈바닉 전류는 직류이다.

• 교류 전류에는 감응, 정현파, 격동 전류가 있다.

37 다음 중 갈바닉 전류에서 음극의 효과는?

① 진정 효과   ② 통증 감소

③ 알칼리성 반응   ④ 혈관수축

해설 갈바닉 전류의 음극 효과 : 알칼리 반응, 신경자극 증가, 혈액공급 증가, 자극 효과, 통증 유발, 혈관확장, 음이온 물질 침투, 모공 세정 효과, 조직을 유연하게 함

38 피부를 분석 시 고객과 관리사가 동시에 피부 상태를 보면서 분석하기에 가장 적합한 피부분석기는?

① 확대경   ② 우드램프

③ 브러싱   ④ 스킨스코프

Answer 31.② 32.② 33.④ 34.① 35.③ 36.③ 37.③ 38.④

해설 관리사와 고객이 동시에 피부상태를 보는 기기는 스킨스코프이다.

39 바이브레이터기의 올바른 사용법이 아닌 것은?

① 기기관리 도중 지속성이 끊어지지 않게 한다.
② 압력을 최대한 주어 효과를 극대화 한다.
③ 항상 깨끗한 헤드를 사용하도록 유의한다.
④ 관리도중 신체손상이 발생하지 않도록 헤드 부분을 잘 고정한다.

해설 바이브레이터기의 압력을 너무 강하게 주면 몸에 자극을 줄 수 있다.

40 다음 보기와 같은 내용은 어떠한 타입의 피부 관리 중점 사항인가?

피부의 완벽한 클렌징과 긴장완화, 보호, 진정, 안정 및 냉(cooling) 효과를 목적으로 기기관리가 이루어져야 한다.

① 건성 피부   ② 지성 피부
③ 복합성 피부   ④ 민감성 피부

해설 민감성 피부는 충분한 보습 관리를 통해서 피부 자극을 줄이고 피부를 진정시킨다.

41 아로마 오일에 대한 설명으로 가장 적절한 것은?

① 수증기 증류법에 의해 얻어진 아로마 오일이 주로 사용되고 있다.
② 아로마 오일은 공기 중의 산소나 빛에 안정하기 때문에 주로 투명 용기에 보관하여 사용한다.

③ 아로마 오일은 주로 향기식물의 줄기나 뿌리 부위에서만 추출한다.
④ 아로마 오일은 주로 베이스 노트이다.

해설 수증기 증류법은 가장 오래되고 많이 사용하는 방법이다.

42 화장품의 분류에 관한 설명 중 틀린 것은?

① 마사지 크림은 기초 화장품에 속한다.
② 샴푸, 헤어 린스는 모발용 화장품에 속한다.
③ 퍼퓸, 오데코롱은 방향 화장품에 속한다.
④ 페이스 파우더는 기초 화장품에 속한다.

해설 페이스 파우더는 메이크업 화장품에 속한다.

43 유아용 제품과 저자극성 제품에 많이 사용되는 계면활성제에 대한 설명 중 옳은 것은?

① 물에 용해될 때 친수기에 양이온과 음이온이 동시에 결합되는 계면활성제
② 물에 용해될 때 이온으로 해리하지 않는 수산기, 에스테르의 결합, 에스테르 등을 분자 중에 갖고 있는 계면활성제
③ 물에 용해될 때 친수기 부분이 음이온으로 해리되는 계면활성제
④ 물에 용해될 때 친수기 부분이 양이온으로 해리되는 계면활성제

해설 양쪽성 계면활성제는 물에 용해될 때 친수기에 양이온과 음이온이 동시에 결합되는 계면활성제로 베이비 샴푸, 저자극 샴푸에 사용된다.

44 각질 제거용 화장품에 주로 쓰이는 것으로 죽은 각질을 빨리 떨어져 나가게 하고 건강한 세포가 피부를 구성할 수 있도록 도와주는 성분은?

① 알파-하이드록시산
② 알파-토코페롤
③ 라이코펜
④ 리소좀

> **해설** AHA(알파-하이드록시산)은 죽은 각질을 제거하는 각질 제거제이다.

45 아로마 오일을 피부에 효과적으로 침투시키기 위해 사용하는 식물성 오일은?

① 에센셜 오일　② 캐리어 오일
③ 트랜스 오일　④ 미네랄 오일

> **해설** 아로마 에센셜 오일은 고농축이므로 캐리어 오일에 블랜딩하여 피부에 효과적으로 침투시킨다.

46 여드름 피부용 화장품에 사용되는 성분과 가장 거리가 먼 것은?

① 살리실산　② 글리시리진산
③ 아줄렌　④ 알부틴

> **해설** 알부틴은 미백용 화장품 성분이다.

47 메이크업 화장품 중에서 안료가 균일하게 분산되어 있는 형태로 대부분 O/W형 유화 타입이며, 투명감 있게 마무리되므로 피부에 결점이 별로 없는 경우에 사용하는 것은?

① 트윈케이크　② 스킨커버
③ 리퀴드 파운데이션 ④ 크림 파운데이션

> **해설** O/W형은 수중유형으로 물이 많은 가운데 오일이 섞여 있는 타입으로 리퀴드 파운데이션이 이에 속한다.

48 다음 중 독소형 식중독의 원인균은?

① 황색포도상구균　② 장티푸스균
③ 돈 콜레라균　④ 장염균

> **해설** 세균성 식중독의 종류
> • 감염형 식중독 : 살모넬라균, 장염비브리오균
> • 독소형 식중독 : 황색포도상구균, 보톨리누스균

49 공중보건에 대한 설명으로 가장 적절한 것은?

① 개인을 대상으로 한다.
② 예방의학을 대상으로 한다.
③ 집단 또는 지역사회를 대상으로 한다.
④ 사회의학을 대상으로 한다.

> **해설** 공중보건은 집단 또는 지역사회를 대상으로 한다.

50 감염병 예방법 중 제1군 감염병에 해당되는 것은?

① 백일해　② 공수병
③ 세균성 이질　④ 홍역

> **해설** 제1군 감염병 : 콜레라, 파라티푸스, 장티푸스, 세균성 이질, 장출혈성 대장균감염증, A형 간염

51 다음 중 오염된 주사기, 면도날 등으로 인해 감염이 잘 되는 만성 감염병은?

① 렙토스피라증　② 트라코마
③ 간염　④ 파라티푸스

> **해설** ① 렙토스피라증 : 감염된 쥐의 배설물이나 배설물에 오염된 물을 통해서 감염된다.
> ② 트라코마 : 눈의 만성 염증으로 이 미생물은 감염된 숙주의 세포 안에서만 성장한다.
> ③ 간염 : A, B, C형이 있으며 주로 A형 감염, 주사기나 면도날, 침구, 키스, 성교 등으로 감염된다.
> ④ 파라티푸스 : 불완전 급수와 식품매개로 전파된다. 주로 환자의 대·소변에 오염된 음식물이나 물에 의해 전파된다.

Answer 44.① 45.② 46.④ 47.③ 48.① 49.③ 50.③ 51.③

52 소독약이 고체인 경우 1% 수용액이란?

① 소독약 0.1g을 물 100mL에 녹인 것
② 소독약 1g을 물 100mL에 녹인 것
③ 소독약 10g을 물 100mL에 녹인 것
④ 소독약 10g을 물 990mL에 녹인 것

해설 1%의 수용액은 물 100mL에 1g의 소독약이 녹아 있는 것이다.

53 다음 중 호기성 세균이 아닌 것은?

① 결핵균　　　② 백일해균
③ 가스괴저균　　④ 녹농균

해설 • 호기성 세균이란 산소가 있는 곳에서 생육·번식하는 세균을 말한다.
• 결핵균, 백일해균, 디프테리아균, 녹농균은 호기성 세균이고, 가스괴저균은 혐기성 아포 형성균의 하나로 흙, 먼지, 배설물 따위에 홀씨로서 존재한다.

54 다음 중 아포를 형성하는 세균에 대한 가장 좋은 소독법은?

① 적외선 소독
② 자외선 소독
③ 고압증기멸균 소독
④ 알코올 소독

해설 멸균은 아포를 포함한 모든 균을 사멸시키는 방법이다.

55 여러 가지 물리화학적 방법으로 병원성 미생물을 가능한 한 제거하여 사람에게 감염의 위험이 없도록 하는 것은?

① 멸균　　　② 소독
③ 방부　　　④ 살충

해설 소독이란 병원 미생물을 파괴하여 증식력을 없애는 것이다.

56 이·미용업을 승계할 수 있는 경우가 아닌 것은? (단, 면허를 소지한 자에 한함)

① 이·미용업을 양수한 경우
② 이·미용업 영업자의 사망에 의한 상속에 의한 경우
③ 공중위생관리법에 의한 영업장 폐쇄명령을 받은 경우
④ 이·미용업 영업자의 파산에 의해 시설 및 설비의 전부를 인수한 경우

해설 영업장 폐쇄명령을 받은 경우는 이·미용업을 승계할 수 없다.

57 이·미용업의 준수사항으로 틀린 것은?

① 소독을 한 기구와 하지 않은 기구는 각각 다른 용기에 보관하여야 한다.
② 간단한 피부미용을 위한 의료기구 및 의약품은 사용하여도 된다.
③ 영업장의 조명도는 75룩스 이상 되도록 유지한다.
④ 점빼기, 쌍꺼풀 수술 등의 의료행위를 하여서는 안 된다.

해설 피부미용은 의료기구, 의약품 및 의료행위는 하여서는 안 된다.

Answer 52.② 53.③ 54.③ 55.② 56.③ 57.②

58 면허의 정지명령을 받은 자는 그 면허증을 누구에게 제출해야 하는가?

① 보건복지부 장관
② 시·도지사
③ 시장, 군수, 구청장
④ 이·미용사 중앙회장

해설 면허의 정지명령을 받은 자는 시장, 군수, 구청장에게 면허증을 제출해야 한다.

59 갑이라는 미용업자가 처음으로 손님에게 윤락행위를 제공하다가 적발하였다. 이 경우 어떠한 행정처분을 받는가?

① 영업정지 3월 및 면허정지 3월
② 영업장 폐쇄명령 및 면허취소
③ 향후 1년간 영업장 폐쇄
④ 업주에게 경고와 함께 행정처분

해설 • 영업소 : 1차 위반 시 영업정지 3월, 2차 위반 시 영업장 폐쇄명령
• 미용사(업주) : 1차 위반 시 면허정지 3월, 2차 위반 시 면허취소

60 보건복지부 장관은 공중위생관리법에 의한 권한의 일부를 무엇이 정하는 바에 의해 시·도지사에게 위임할 수 있는가?

① 대통령령
② 보건복지부령
③ 공중위생관리법 시행규칙
④ 행정자치부령

해설 보건복지부 장관은 이 법에 의한 권한의 일부를 대통령령이 정하는 바에 의하여 시, 도지사 또는 시장, 군수, 구청장에게 위임할 수 있다.

Answer 58.③ 59.① 60.①

2009년 9월 27일 시행

01 다음 설명과 가장 가까운 피부 타입은?

- 모공이 넓다.
- 뽀루지가 잘 난다.
- 정상 피부보다 두껍다.
- 블랙헤드가 생성되기 쉽다.

① 지성 피부 ② 민감 피부
③ 건성 피부 ④ 정상 피부

해설 모공이 넓고 피지분비가 많아 뽀루지나 블랙헤드가 생성되기 쉬운 피부는 지성 피부이다.

02 매뉴얼 테크닉의 주의사항이 아닌 것은?

① 동작은 피부결 방향으로 한다.
② 청결하게 하기 위해서 찬물에 손을 깨끗이 씻은 후 바로 마사지 한다.
③ 시술자의 손톱은 짧아야 한다.
④ 일광으로 붉어진 피부나 상처가 난 피부는 매뉴얼 테크닉을 피한다.

해설 매뉴얼 테크닉 하기 전 관리사의 손을 찬물에 씻었을 경우 바로 마사지를 하게 되면 고객에게 차가운 느낌을 주므로 손을 따뜻하게 한 후 마사지한다.

03 딥클렌징의 효과에 대한 설명으로 틀린 것은?

① 면포를 연화시킨다.
② 피부 표면을 매끈하게 해주고, 혈색을 맑게 한다.
③ 클렌징의 효과가 있으며, 피부의 불필요한 각질세포를 제거한다.

④ 혈액순환을 촉진시키고, 피부 조직에 영양을 공급한다.

해설 딥클렌징의 효과
- 면포를 연화시킴
- 피부의 불필요한 각질 세포 제거
- 영양성분의 침투 용이
- 혈액순환 촉진(혈색을 맑게 함)

04 다음 중 딥클렌징 방법이 아닌 것은?

① 디스인크러스테이션
② 효소필링
③ 브러싱
④ 이온토포레시스

해설 이온토포레시스는 비타민 C와 같은 수용액의 유효 성분을 피부 깊숙이 침투시키는 방법이다.

05 피부 관리 시 매뉴얼 테크닉을 하는 목적과 가장 거리가 먼 것은?

① 정신적 스트레스의 경감
② 혈액순환 촉진
③ 신진대사 활성화
④ 부종 감소

해설 매뉴얼 테크닉의 목적
- 혈액, 림프순환 촉진
- 모세혈관 강화
- 결체조직의 긴장과 탄력성 증가
- 세포 재생을 도와줌
- 심리적 안정감 부여

Answer 01.① 02.② 03.④ 04.④ 05.④

06 왁스 시술에 대한 내용 중 옳은 것은?

① 제모하기 적당한 털의 길이는 2cm이다.

② 온왁스의 경우 왁스는 제모 실시 직전에 데운다.

③ 왁스를 바른 위에 머절린(부직포)은 수직으로 세워 떼어낸다.

④ 남아 있는 왁스의 끈적임은 왁스 제거용 리무버로 제거한다.

> **해설** 제모하기 적당한 털의 길이는 1cm 정도이며, 온왁스는 미리 데운다. 왁스를 바른 후 부직포는 비스듬히 떼어낸다.

07 피부 관리 시술 단계가 옳은 것은?

① 클렌징 → 피부 분석 → 딥클렌징 → 매뉴얼 테크닉 → 팩 → 마무리

② 피부 분석 → 클렌징 → 딥클렌징 → 매뉴얼 테크닉 → 팩 → 마무리

③ 피부 분석 → 클렌징 → 매뉴얼 테크닉 → 딥클렌징 → 팩 → 마무리

④ 클렌징 → 딥클렌징 → 팩 → 매뉴얼 테크닉 → 마무리 → 피부 분석

08 셀룰라이트 관리에서 중점적으로 행해야 할 관리 방법은?

① 근육의 운동을 촉진시키는 관리를 집중적으로 행한다.

② 림프순환을 촉진시키는 관리를 한다.

③ 피지가 모공을 막고 있으므로 피지배출 관리를 집중적으로 행한다.

④ 한선이 막혀 있으므로 한선관리를 집중적으로 행한다.

> **해설** 림프순환을 촉진시켜 노폐물의 배출을 돕는다.

09 피부미용의 개념에 대한 설명 중 틀린 것은?

① 피부미용이라는 명칭은 독일의 미학자 바움 가르텐(Baum garten)에 의해 처음 사용되었다.

② Cosmetic이란 용어는 독일어의 Kosmein에서 유래되었다.

③ Esthetique란 용어는 화장품과 피부 관리를 구별하기 위해 사용된 것이다.

④ 피부미용이라는 의미로 사용되는 용어는 각 나라마다 다양하게 지칭되고 있다.

> **해설** Kosmein은 그리스어이다.

10 눈썹이나 겨드랑이 등과 같이 연약한 피부의 제모에 사용하며, 부직포를 사용하지 않고 체모를 제거할 수 있는 왁스 제모 방법은?

① 소프트 왁스(Soft wax)법

② 콜드 왁스(Cold wax)법

③ 물 왁스(Water wax)법

④ 하드 왁스(Hard wax)법

> **해설** 하드 왁스(Hard wax)법 : 제모 부위에 두껍게 발라 마르면 부직포를 사용하지 않고 두터운 왁스 자체를 뜯는데 이 왁스를 하드왁스라 한다.

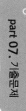

11 고객이 처음 내방하였을 때 피부 관리에 대한 첫 상담과정에서 고객이 얻는 효과와 가장 거리가 먼 것은?

① 전 단계의 피부관리 방법을 배우게 된다.
② 피부 관리에 대한 지식을 얻게 된다.
③ 피부 관리에 대한 경계심이 풀어지며, 심리적으로 안정된다.
④ 피부 관리에 대하여 긍정적이고 적극적인 생각을 가지게 된다.

🍶 **해설** 피부 상담의 목적
• 고객의 피부 상태를 파악하고 피부 타입을 알아보기 위함이다.
• 피부 타입에 따른 케어와 선택을 하기 위함이다.
• 피부 문제의 원인을 파악하기 위함이다.
• 피부 관리 계획을 수립하기 위함이다.
• 홈케어 관리 지침의 안내를 내리기 위함이다.
• 피부 관리의 방법은 피부 관리사의 역할이다.

12 습포에 대한 설명으로 맞는 것은?

① 피부미용 관리에서 냉습포는 사용하지 않는다.
② 해면을 사용하기 전에 습포를 우선 사용한다.
③ 냉습포는 피부를 긴장시키며, 진정 효과를 위해 사용한다.
④ 온습포는 피부미용 관리의 마무리 단계에서 피부 수렴 효과를 위해 사용한다.

🍶 **해설** 온습포는 피부미용 관리의 시작 단계에서 사용하고, 냉습포는 피부미용 관리의 마무리 단계에서 모공을 수축시키기 위하여 사용한다.

13 클렌징 시술 준비과정의 유의사항과 가장 거리가 먼 것은?

① 고객에게 가운을 입히고 고객이 액세서리를 제거하여 보관하게 한다.

② 터번은 귀가 겹쳐지지 않게 조심한다.
③ 깨끗한 시트와 중간 타월로 준비된 침대에 눕힌 다음 큰 타월이나 담요로 덮어준다.
④ 터번이 흘러내리지 않도록 핀셋으로 다시 고정시킨다.

🍶 **해설** 터번을 한 후 핀셋으로 다시 고정시키게 되면 고객의 순환 흐름에 자극이 된다.

14 다음 중 눈 주위에 가장 적합한 매뉴얼 테크닉의 방법은?

① 문지르기
② 주무르기
③ 흔들기
④ 쓰다듬기

🍶 **해설** 쓰다듬는 동작은 마사지의 시작과 끝 동작이나 연결 동작에 사용되며, 혈액순환 촉진, 근육이완 등 피부에 진정작용을 한다.

15 지성 피부를 위한 피부 관리 방법은?

① 토너는 알코올 함량이 적고 보습 기능이 강화된 제품을 사용한다.
② 클렌저는 유분기 있는 클렌징 크림을 선택하여 사용한다.
③ 동·식물성 지방 성분이 함유된 음식을 많이 섭취한다.
④ 클렌징 로션이나 산뜻한 느낌의 클렌징 젤을 이용하여 메이크업을 지운다.

🍶 **해설** 지성 피부는 피지분비를 조절하여 피부가 번들거리지 않도록 하고, 각질 축적으로 인해 모공이 막히지 않도록 한다. 일반적으로 클렌징 젤 타입을 사용하고, 스크럽이나 효소 타입의 딥클렌징을 권장하며 피지조절 성분이 함유된 제품을 사용하고, 유분기가 적은 크림을 사용한다.

Answer 11.① 12.③ 13.④ 14.④ 15.④

16 콜라겐 벨벳 마스크는 어떤 타입이 주로 사용되는가?

① 시트 타입　　② 크림 타입
③ 파우더 타입　④ 젤 타입

> **해설** 콜라겐 벨벳 마스크는 시트 타입으로 기포가 형성되지 않도록 한다.

17 워시 오프 타입의 팩이 아닌 것은?

① 크림 팩　　　② 거품 팩
③ 클레이 팩　　④ 젤라틴 팩

> **해설** 워시 오프 타입은 물로 씻어내는 타입으로 크림 형태, 점토 형태, 에어졸 형태, 분말 형태가 있으며, 피부에 자극이 적다. 젤라틴은 필 오프 타입에 해당된다.

18 관리 방법 중 수요법(Water theraphy, Hydro-theraphy) 시 지켜야 할 수칙이 아닌 것은?

① 식사 직후에 시행한다.
② 수요법은 대개 5분에서 30분까지가 적당하다.
③ 수요법 전에 잠깐 쉬도록 한다.
④ 수요법 후에는 주스나 향을 첨가한 물, 이온음료를 마시도록 한다.

> **해설** • 수요법은 전신관리의 한 종류로 물의 물리적, 화학적 성질을 이용하여 신체적, 심리적 건강을 증진하고, 미용 및 휴식에 도움을 주는 관리법이다.
> • 수요법 시에는 식사 후 30분 후에 하는 것이 인체의 생리적, 심리적 상태를 안정화시키고 정상화시킬 수 있다. 식사 직후에 시행하게 되면 소화에 자극이 될 수 있다.

19 내인성 노화가 진행될 때 감소 현상을 나타내는 것은?

① 각질층 두께　　② 주름
③ 피부 처짐 현상　④ 랑게르한스세포

> **해설** 내인성 노화는 나이가 들어감에 따라 인체를 구성하는 모든 기관의 기능이 저하되어 나타나는 노화를 의미한다. 표피의 두께가 얇아지고, 색소침착이 유발되며, 피부의 면역력이 감소되고, 진피의 두께가 얇아지며, 콜라겐, 엘라스틴의 감소로 주름이 발생하고 혈액순환의 감소, 점액 다당질의 감소가 나타난다.

20 아포크린한선의 설명으로 틀린 것은?

① 아포크린한선의 냄새는 여성보다 남성에게 강하게 나타난다.
② 땀의 산도가 붕괴되면 심한 냄새를 동반한다.
③ 겨드랑이, 대음순, 배꼽 주변에 존재한다.
④ 인종적으로 흑인이 가장 많이 분비한다.

> **해설** 아포크린한선은 대한선이라고도 하며, 모공을 통해서 분비되며, 체취가 남성보다 여성이 심하다.

21 다음 중 가장 이상적인 피부의 pH 범위는?

① pH 3.5~4.5　　② pH 5.2~5.8
③ pH 6.5~7.2　　④ pH 7.5~8.2

> **해설** 피부의 pH는 4.5~6.5 사이의 약산성 상태이다.

22 다음 중 피부의 기능이 아닌 것은?

① 보호작용　　　② 체온조절작용
③ 감각작용　　　④ 순환작용

Answer 16.① 17.④ 18.① 19.④ 20.① 21.② 22.④

해설 피부의 기능
- 외부와 직접 접하고 있는 우리 신체의 가장 겉 표면에 위치한다.
- 외부의 여러 방향으로부터 내부기관을 보호한다.
- 생명을 유지하는 데 중요한 역할을 한다.
- 그 외 보호, 방어의 기능, 감각, 지각 기능, 체온조절의 기능이 있다.

23 다음 중 주름이 생기는 요인으로 가장 거리가 먼 것은?

① 수분의 부족 상태
② 지나치게 햇빛에 노출되었을 때
③ 갑자기 살이 찐 경우
④ 과도한 안면운동

해설 주름은 수분의 부족 상태, 지나치게 햇빛에 노출되었을 때, 과도한 안면운동으로 인하여 생기게 된다.

24 산소 라디컬 방어에서 가장 중심적인 역할을 하는 것은?

① FDA   ② SOD
③ AHA   ④ NMF

해설 SOD는 유해산소로부터 세포를 지켜주는 역할을 한다.

25 다음 내용과 가장 관계있는 것은?

- 곰팡이균에 의하여 발생한다.
- 피부 껍질이 벗겨진다.
- 가려움증이 동반된다.
- 주로 손과 발에서 번식한다.

① 농가진   ② 무좀
③ 홍반   ④ 사마귀

해설 무좀은 족부백선이라고도 불리며, 피부사상균이라는 곰팡이에 의한 진균성 피부질환으로 쉽게 전염되며 전체 백선의 40% 정도를 차지한다. 형태에 따라 발가락 사이에 생기는 지간형과 발바닥과 그 주변을 따라 소수포가 생기는 소수포형 그리고 발바닥이 두껍게 각화되고 건조하여 균열이 생기는 각화형이 있다.

26 콜레스테롤의 대사 및 해독작용과 스테로이드 호르몬의 합성과 관계있는 무과립 세포는?

① 조면형질내세망   ② 골면형질내세망
③ 용해소체   ④ 골기체

해설 골면형질내세망(활면소포체)은 리보솜이 없으며, 간에서 해독작용, 위벽에서 HCL을 분비하고, 내분비계에서 스테로이드 호르몬 등을 합성하는 활면소포체로 구성되어 있다.

27 원주형의 세포가 단층으로 이어져 있으며 각질형성세포와 색소형성세포가 존재하는 피부세포층은?

① 기저층   ② 투명층
③ 각질층   ④ 유극층

해설 표피의 기저층에는 각질형성세포와 색소형성세포가 존재한다.

28 자율신경의 지배를 받는 민무늬근은?

① 골격근(Skeletal muscle)
② 심근(Cardiac muscle)
③ 평활근(Smooth muscle)
④ 승모근(Trapezius muscle)

해설
- 골격근은 우리의 의지에 따라 움직이기 때문에 이를 수의근이라 하고, 횡문근(가로무늬근)을 이룬다.
- 평활근은 민무늬근이고, 불수의근에 해당하고, 심장근은 횡문근이고, 불수의근이다.

29 혈관의 구조에 관한 설명 중 옳지 않은 것은?

① 동맥은 3층 구조이며, 혈관 벽이 정맥에 비해 두껍다.

② 동맥은 중막인 평활근 층이 발달해 있다.

③ 정맥은 3층 구조이며, 혈관 벽이 얇고 판막이 발달해 있다.

④ 모세혈관은 3층 구조이며, 혈관 벽이 얇다.

해설 • 동맥은 심장에서 혈액이 나가는 혈관으로 두껍고 탄력막이 발달되어 있으며, 3층 구조로 외막(교원섬유와 탄력섬유), 중막(윤상의 평활근과 탄력섬유), 내막(단층의 내피 세포)으로 구성되어 있다.
• 정맥은 심장으로 혈액이 들어가는 혈관으로 동맥에 비해 혈관 벽이 얇다.
• 3층의 혈관 벽은 탄력막의 발달은 미약하고, 판막이 발달되어 있어 혈액의 역류를 방지한다.
• 혈류량은 정맥 속에서 가장 많다.
• 모세혈관은 단층평편 상피 세포로, 표면적이 최대로 얇은 혈관벽을 통해 조직 세포와 물질교환이 쉽게 일어나는 곳이다.

30 소화선(소화샘)으로써 소화액을 분비하는 동시에 호르몬을 분비하는 혼합선(내·외분비선)에 해당하는 것은?

① 타액선 　　② 간
③ 담낭 　　④ 췌장

해설 췌장은 랑게르한스섬에서 호르몬을 분비하고, 내분비로 인슐린, 글루카곤을 외분비로 판크레아틴을 분비한다.

31 인체 내의 화학물질 중 근육의 수축에 주로 관여하는 것은 어느 것인가?

① 액틴과 미오신 　② 단백질과 칼슘
③ 남성 호르몬 　　④ 비타민과 미네랄

해설 액틴과 미오신은 근육의 수축에 관여한다.

32 다음 중 신경계의 기본 세포는?

① 혈액 　　② 뉴런
③ 미토콘드리아 　④ DNA

해설 뉴런은 신경조직의 최소단위 및 구조로, 기능적인 기본단위이다.

33 성장기에 있어 뼈의 길이 성장이 일어나는 곳을 무엇이라 하는가?

① 상지골 　　② 두개골
③ 연골상골 　④ 골단연골

해설 골단은 뼈 끝의 초자연골(관절연골)로 뼈의 길이가 성장하는 부위로 장골의 끝 부위이다.

34 섭취된 음식물 중의 영양물질을 산화시켜 인체에 필요한 에너지를 생성해 내는 세포소기관은?

① 리보솜 　　② 리소좀
③ 골지체 　　④ 미토콘드리아

해설 미토콘드리아는 내·외막의 이중막으로 구성되어 있고, 내막에 주름이 형성되어 있다. 세포 내 호흡과 생리를 담당하고, ATP를 생산한다.

35 컬러 테라피 기기에서 빨간색의 효과와 가장 거리가 먼 것은?

① 혈액순환 증진, 세포의 활성화, 세포 재생활동

② 소화기계 기능강화, 신경자극, 신체 정화 작용

③ 지루성 여드름, 혈액순환 불량 피부 관리

④ 근조직 이완, 셀룰라이트 개선

Answer　29.④　30.④　31.①　32.②　33.④　34.④　35.②

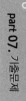

해설 • 컬러 테라피 중 빨강의 효과는 생명과 에너지, 활력과 관련이 있고, 심장활동 및 혈액순환을 증진하며, 노화, 여드름 피부 적응 및 셀룰라이트와 지방분해에 효과적이다.
• 노랑의 효과는 신경과 근육활동을 자극시키고, 진피층 기능의 활성화와 온열효과로 인해 물질대사를 도와 소화기능을 도와주고, 노화와 문제성 피부에 적용한다.

36 다음 중 이온에 대한 설명으로 옳지 않은 것은?

① 양전하 또는 음전하를 지닌 원자를 말한다.
② 증류수는 이온수에 속한다.
③ 원소가 전자를 잃어 양이온이 되고, 전자를 얻어 음이온이 된다.
④ 양이온과 음이온의 결합을 이온결합이라 한다.

해설 증류수는 이온을 뺀 물이다.

37 클렌징이나 딥클렌징 단계에서 사용하는 기기와 가장 거리가 먼 것은?

① 베이포라이저   ② 브러싱 머신
③ 진공흡입기   ④ 확대경

해설 확대경, 우드램프, 유수분 측정기는 피부분석기기에 해당한다.

38 피지, 면포가 있는 피부 부위의 우드램프(Wood lamp)의 반응 색상은 어느 것인가?

① 청백색   ② 진보라색
③ 암갈색   ④ 오렌지색

해설 우드램프로 보이는 피부색은 두꺼운 각질층 부위는 흰색, 건강한(정상) 피부는 푸른빛이 도는 흰색 형광, 민감성 및 모세혈관 확장 피부는 진보라색, 건조한 피부는 밝은 보라색, 지성 피부나 면포, 피지는 오렌지색, 비립종은 노란색, 색소침착 또는 검은 점은 갈색(암갈색)으로 나타난다.

39 전류에 대한 내용이 틀린 것은?

① 전하량의 단위는 쿨롱으로 1쿨롱은 도선에 1V의 전압이 걸렸을 때 1초 동안 이동하는 전하의 양이다.
② 교류 전류란 전류 흐름의 방향이 시간에 따라 주기적으로 변하는 전류이다.
③ 전류의 세기는 도선의 단면을 1초 동안 흘러간 전하의 양으로, 단위는 A(암페어)이다.
④ 직류전동기는 속도 조절이 자유롭다.

해설 • 1쿨롱은 도선에 1암페어의 전압이 걸렸을 때 1초 동안 이동하는 전하의 양이다.
• 전류란 (−)전하를 지닌 전자의 흐름이며, 전류의 방향은 (+)극에서 (−)극으로 흐른다.
• 전류의 세기는 1초 동안 도선을 따라 움직이는 전하의 양을 암페어(A)의 단위로 측정한다.
• 전류는 흐르는 방향에 따라 직류 전류와 교류 전류로 구분한다.
• 직류 전류는 시간이 흘러도 전류의 방향이 변하지 않는 전류로 대표적으로 갈바닉 전류가 있고, 교류 전류는 전류의 흐름이 주기적으로 변하는 전류로 정현파 전류, 감응 전류, 격동 전류로 구분하며 피부미용에서는 정현파 전류가 대표적인 방식이다.

40 고주파 피부미용기기의 사용 방법 중 간접법에 대한 설명으로 옳은 것은?

① 고객의 얼굴에 적합한 크림을 바르고, 그 위에 전극봉으로 마사지한다.
② 고객의 손에 전극봉을 잡게 한 후 관리사가 고객의 얼굴에 적합한 크림을 바르고 손으로 마사지한다.
③ 고객의 얼굴에 마른 거즈를 올린 후 그 위를 전극봉으로 마사지한다.
④ 고객의 손에 전극봉을 잡게 한 후 얼굴에 마른 거즈를 올리고 손으로 눌러준다.

Answer 36.② 37.④ 38.④ 39.① 40.②

해설 간접법 시술 시에 고객은 한 손에는 전극봉을 잡고, 관리사는 고객의 얼굴에 적합한 크림을 바르고 손으로 마사지한다.

41 다음 중 기초 화장품의 필요성에 해당되지 않는 것은?

① 세정
② 미백
③ 피부 정돈
④ 피부 보호

해설 기능성 화장품에는 피부의 미백에 도움을 주는 제품, 피부의 주름 개선에 도움을 주는 제품, 피부를 곱게 태워주거나 자외선으로부터 피부를 보호하는 데 도움을 주는 제품이 해당된다.

42 비누의 제조 방법 중 지방산의 글리세린에스테르와 알칼리를 함께 가열하면 유지가 가수분해되어 비누와 글리세린이 얻어지는 방법은?

① 중화법
② 검화법
③ 유화법
④ 화학법

해설 검화법은 비누의 제조 방법 중 지방산의 글리세린에스테르와 알칼리를 함께 가열하면 유지가 가수분해되어 비누와 글리세린이 얻어지는 방법을 말한다.

43 화장품과 의약품의 차이를 바르게 정의한 것은?

① 화장품의 사용 목적은 질병의 치료 및 진단이다.
② 화장품은 특정 부위만 사용 가능하다.
③ 의약품의 사용 대상은 정상적인 상태인 자로 한정되어 있다.
④ 의약품의 부작용은 어느 정도까지는 인정된다.

해설 의약품은 환자를 대상으로 하고 진단, 치료, 예방의 목적을 가지며, 효과는 무제한이고, 일정기간 사용하고, 특정 부위에 사용하며, 부작용이 있을 수 있다.

44 다음 중 AHA의 설명이 아닌 것은?

① 각질 제거 및 보습 기능이 있다.
② 글리콜릭산, 젖산, 사과산, 주석산, 구연산이 있다.
③ 알파 하이드록시카프로익 에시드(Alpha Hydroxycaproic Acid)의 약어이다.
④ 피부와 점막에 약간의 자극이 있다.

해설 AHA는 알파 하이드록시 에시드(Alpha Hydroxy Acid)의 약어이다.

45 샤워 코롱(Shower colongne)이 속하는 분류는?

① 세정용 화장품
② 메이크업용 화장품
③ 모발용 화장품
④ 방향용 화장품

해설 방향용 화장품은 샤워 코롱, 오데 코롱, 오데 토일렛, 오데 퍼퓸, 퍼퓸이다.

46 다음 중 향수의 구비 요건이 아닌 것은?

① 향에 특징이 있어야 한다.
② 향이 강하므로 지속성이 약해야 한다.
③ 시대성에 부합되는 향이어야 한다.
④ 향의 조화가 잘 이루어져야 한다.

해설 향수는 각 종류에 따른 부향률과 지속시간이 다르며, 그에 따라 특징도 다르다.

47 계면활성제에 대한 설명 중 잘못된 것은?

① 계면활성제는 계면을 활성화시키는 물질이다.
② 계면활성제는 친수성기와 친유성기를 모두 소유하고 있다.
③ 계면활성제는 표면장력을 높이고, 기름을 유화시키는 등의 특성을 지니고 있다.

Answer 41.② 42.② 43.④ 44.③ 45.④ 46.② 47.③

④ 계면활성제는 표면활성제라고도 한다.

해설 계면활성제는 서로 섞이지 않는 두 물질을 섞을 때 서로 다른 계면이 존재하게 되는데, 그 경계면을 잘 섞이게 해 주는 활성물질을 의미한다. 한 분자 내에 둥근 머리 모양의 친수성기와 막대꼬리 모양의 소수성기를 가지며, 계면활성제는 양이온성, 음이온성, 양쪽성, 비이온성 계면활성제의 종류를 갖는다.

48 다음 중 식품의 혐기성 상태에서 발육하여 신경계 증상이 주 증상으로 나타나는 것은?

① 살모넬라증 식중독
② 보툴리누스균 식중독
③ 포도상구균 식중독
④ 장염비브리오 식중독

해설 보툴리누스균 식중독은 통조림, 소시지 등이 원인이며, 독소형 식중독의 종류이다.

49 한 지역이나 국가의 공중보건을 평가하는 기초 자료로 가장 신뢰성 있게 인정되고 있는 것은?

① 질병이환율 ② 영아사망률
③ 신생아사망률 ④ 조사망률

해설 영아사망률은 출생아 1,000명당 1년 이내에 사망하는 영아의 수를 의미하는 것으로 한 국가의 건강 수준을 나타내는 지표로 가장 대표적인 보건수준의 평가지표가 된다.

50 감염병 예방법상 제1군 감염병에 속하는 것은?

① 한센병 ② 폴리오
③ 일본뇌염 ④ 파라티푸스

해설 제1군 법정 감염병은 총 6종으로 신고 주기는 즉시이고, 종류는 콜레라, A형 간염, 장티푸스, 파라티푸스, 세균성 이질, 장출혈성대장균 감염증이다.

51 다음 중 동물과 감염병의 병원소로 연결이 잘못된 것은?

① 소 – 결핵 ② 쥐 – 말라리아
③ 돼지 – 일본뇌염 ④ 개 - 공수병

해설 • 말라리아는 모기와 연결된다.
• 쥐는 페스트와 연결된다.

52 보통 상처의 표면을 소독하는 데 이용하며 발생기 산소가 강력한 산화력으로 미생물을 살균하는 소독제는?

① 석탄산 ② 과산화수소
③ 크레졸 ④ 에탄올

해설 과산화수소는 자극성이 적으며 구내염, 인두염, 입안 세척, 상처 소독 등에 사용된다.

53 자비소독에 관한 내용으로 적합하지 않는 것은?

① 물에 탄산나트륨을 넣으면 살균력이 강해진다.
② 소독할 물건은 열탕 속에 완전히 잠기도록 해야 한다.
③ 100 ℃에서 15~20분간 소독한다.
④ 금속기구, 고무, 가죽의 소독에 적합하다.

해설 자비소독은 습열 멸균법의 일종으로 주사기, 의류, 금속기구, 접시, 스테인리스 볼 등의 병원체를 사멸시키고, 기구의 날 손상을 방지하기 위하여 붕소를 첨가한다. 수건 소독에 가장 많이 사용한다.

54 알코올 소독의 미생물 세포에 대한 주된 작용 기전은?

① 할로겐 복합물 형성 ② 단백질 변성
③ 효소의 완전 파괴 ④ 균체의 완전 용해

Answer 48.② 49.② 50.④ 51.② 52.② 53.④ 54.②

해설 알코올은 포자는 살균하지 못하며, 소독의 기전인 균체 단백질 변성과 응고작용, 세포 용해 작용, 효소계 침투작용(세포막과 세포벽 파괴) 중 단백질 변성이 주된 작용 기전이다.

55 다음 중 음료수 소독에 사용되는 소독 방법과 가장 거리가 먼 것은?

① 염소 소독 　② 표백분 소독
③ 자비소독 　④ 승홍액 소독

해설 승홍수는 강력한 살균력이 있으나 피부 소독 시에는 0.1% 용액을 사용하고, 독성이 강하고 금속을 부식시킨다.

56 신고를 하지 아니하고 영업소의 소재를 변경한 때 1차 위반 시의 행정처분 기준은?

① 영업장 폐쇄명령 　② 영업정지 6월
③ 영업정지 3월 　④ 영업정지 2월

해설 신고를 하지 아니하고 영업소의 소재지를 변경한 때는 1차 위반 시 영업장 폐쇄명령을 받는다.

57 다음 중 법에서 규정하는 명예공중위생감시원의 위촉대상자가 아닌 것은?

① 공중위생관련 협회장이 추천하는 자
② 소비자 단체장이 추천하는 자
③ 공중위생에 대한 지식과 관심이 있는 자
④ 3년 이상 공중위생 행정에 종사한 경력이 있는 공무원

해설 3년 이상 공중위생 행정에 종사한 경력이 있는 공무원은 공중위생감시원의 위촉대상자에 해당된다.
명예공중위생감시원의 자격
• 공중위생에 대한 지식과 관심이 있는 자
• 소비자단체, 공중위생관련 협회 또는 단체의 소속직원 중에서 당해 단체 등의 장이 추천하는 자

58 소독을 한 기구와 소독을 하지 아니한 기구를 각각 다른 용기에 넣어 보관하지 아니한 때에 대한 2차 위반 시의 행정처분 기준에 해당하는 것은?

① 경고 　② 영업정지 5일
③ 영업정지 10일 　④ 영업장 폐쇄명령

해설 소독을 한 기구와 소독을 하지 아니한 기구를 각각 다른 용기에 넣어 보관하지 아니하거나 1회용 면도날을 2인 이상의 손님에게 사용한 때 1차 위반 시 경고, 2차 위반 시 영업정지 5일, 3차 위반 시 영업정지 10일, 4차 위반 시 영업장 폐쇄명령을 받는다.

59 이·미용업의 영업신고를 하지 아니하고 업소를 개설한 자에 대한 법적 조치는?

① 200만 원 이하의 과태료
② 300만 원 이하의 벌금
③ 6월 이하의 징역 또는 500만 원 이하의 벌금
④ 1년 이하의 징역 또는 1천만 원 이하의 벌금

해설 1년 이하의 징역 또는 1천만 원 이하의 벌금
• 미용업 영업의 신고를 하지 아니하고 영업한 자
• 영업정지 명령 또는 일부 시설의 사용중지 명령을 받고도 그 기간 중에 영업을 한 자
• 영업장 폐쇄명령을 받고도 계속하여 영업을 한 자

60 공중위생업소의 위생관리 수준을 향상시키기 위하여 위생서비스 평가계획을 수립하는 자는?

① 대통령
② 보건복지부 장관
③ 시·도지사
④ 공중위생관리협회 또는 단체

해설 시·도지사는 공중위생영업소의 위생관리수준을 향상시키기 위하여 위생서비스평가계획을 수립하여 시장, 군수, 구청장에게 통보하여야 한다.

Answer 55.④ 56.① 57.④ 58.② 59.④ 60.③

2010년 1월 31일 시행

01 딥클렌징의 분류로 옳은 것은?

① 고마쥐 : 물리적 각질 관리
② 스크럽 : 화학적 각질 관리
③ AHA : 물리적 각질 관리
④ 효소 : 물리적 각질 관리

해설 고마쥐와 스크럽은 손으로 러빙이 가능한 물리적 각질 관리이다.

02 다음 중 노폐물과 독소 및 과도한 체액의 배출을 원활하게 하는 효과에 가장 적합한 관리 방법은?

① 지압
② 인디안 헤드 마사지
③ 림프드레나지
④ 반사요법

해설 림프드레나지의 효과는 노폐물과 독소 및 과도한 체액의 배출이다.

03 안면 클렌징 시술 시 주의사항 중 틀린 것은?

① 고객의 눈이나 코 속으로 화장품이 들어가지 않도록 한다.
② 근육결 반대 방향으로 시술한다.
③ 처음부터 끝까지 일정한 속도와 리듬감을 유지하도록 한다.
④ 동작은 근육이 처지지 않게 한다.

해설 클렌징 동작은 근육결 방향으로 한다.

04 밑줄 친 내용에 대한 범위의 설명으로 맞는 것은? (단, 국내법상의 구분이 아닌 일반적인 정의 측면의 내용을 말함)

> 피부관리(Skin care)는 인체의 피부를 대상으로 아름답게, 보다 건강한 피부로 개선, 유지, 증진, 예방하기 위해 피부관리사가 고객의 피부를 분석하고, 분석결과에 따라 적합한 화장품, 기구 및 식품 등을 이용하여 피부관리 방법을 제공하는 것을 말한다.

① 두피를 포함한 얼굴 및 전신의 피부를 말한다.
② 두피를 제외한 얼굴 및 전신의 피부를 말한다.
③ 얼굴과 손의 피부를 말한다.
④ 얼굴의 피부만을 말한다.

05 일시적 제모 방법 가운데 겨드랑이 및 다리의 털을 제거하기 위해 피부미용실에서 가장 많이 사용되는 제모 방법은?

① 면도기를 이용한 제모
② 레이저를 이용한 제모
③ 족집게를 이용한 제모
④ 왁스를 이용한 제모

Answer 01.① 02.③ 03.② 04.② 05.④

06 효소필링이 적합하지 않은 피부는?

① 각질이 두껍고, 피부 표면이 건조하여 당기는 피부
② 비립종을 가진 피부
③ 화이트 헤드, 블랙 헤드를 가지고 있는 지성 피부
④ 자외선에 의해 손상된 피부

해설 효소필링은 모든 피부에 가능하고 자외선 등 손상된 피부는 삼가하는 것이 좋다.

07 상담 시 고객에 대해 취해야 할 사항 중 옳은 것은?

① 상담 시 다른 고객의 신상정보, 관리정보를 제공한다.
② 고객의 사생활에 대한 정보를 정확하게 파악한다.
③ 고객과의 친밀감을 갖기 위해 사적으로 친목을 도모한다.
④ 전문적인 지식과 경험을 바탕으로 관리 방법과 절차 등에 관해 차분하게 설명해 준다.

해설 상담 시 고객의 사생활이나 사적인 질문은 하지 않는다.

08 건성 피부의 특징과 가장 거리가 먼 것은?

① 각질층의 수분이 50% 이하로 부족하다.
② 피부가 손상되기 쉬우며, 주름 발생이 쉽다.
③ 피부가 얇고 외관으로 피부결이 섬세해 보인다.
④ 모공이 작다.

해설 건성 피부는 각질층의 수분 10% 이하일 경우에 해당된다.

09 습포에 대한 설명으로 틀린 것은?

① 타월은 항상 자비소독 등의 방법을 실시한 후 사용한다.
② 온습포는 팔의 안쪽에 대어서 온도를 확인한 후 사용한다.
③ 피부 관리의 최종 단계에서 피부의 경직을 위해 온습포를 사용한다.
④ 피부 관리 시 사용되는 습포에는 온습포와 냉습포의 두 종류가 일반적이다.

해설 피부 관리의 최종 단계는 냉습포를 사용한다.

10 다음 중 팩의 목적이 아닌 것은?

① 노폐물의 제거와 피부 정화
② 혈액순환 및 신진대사 촉진
③ 영양과 수분공급
④ 잔주름 및 피부 건조 치료

해설 팩의 목적이 치료를 위한 것은 아니다.

11 림프드레니지를 금해야 하는 증상에 속하지 않는 것은?

① 심부전증   ② 혈전증
③ 켈로이드증   ④ 급성염증

해설 림프드레나지를 금해야 하는 경우 : 모든 악성질환, 급성염증질환, 심부전증, 천식, 갑상선 기능항진, 결핵, 저혈압

Answer 06.④ 07.④ 08.① 09.③ 10.④ 11.③

12 피부 유형에 맞는 화장품 선택이 아닌 것은?

① 건성 피부 : 유분과 수분이 많이 함유된 화장품

② 민감성 피부 : 향, 색소, 방부제를 함유하지 않거나 적게 함유된 화장품

③ 지성 피부 : 피지조절제가 함유된 화장품

④ 정상 피부 : 오일이 함유되어 있지 않은 오일 프리(Oil free) 화장품

13 매뉴얼 테크닉 시 가장 많이 이용되는 기술로 손바닥을 편평하게 하고 손가락을 약간 구부려 근육이나 피부 표면을 쓰다듬고 어루만지는 동작은?

① 프릭션(Friction)

② 에플로라지(Effleurage)

③ 페트리사지(Petrissage)

④ 바이브레이션(Vibration)

> **해설** 에플로라지는 쓰다듬기로 매뉴얼 테크닉 시 가장 많이 이용되는 테크닉이다.

14 화학적 제모와 관련된 설명이 아닌 것은?

① 화학적 제모는 털을 모근으로부터 제거한다.

② 제모 제품은 강알칼리성으로 피부를 자극하므로 사용 전 첩포시험을 실시하는 것이 좋다.

③ 제모 제품 사용 전 피부를 깨끗이 건조시킨 후 적정량을 바른다.

④ 제모 후 산성 화장수를 바른 뒤에 진정 로션이나 크림을 흡수시킨다.

> **해설** 화학적 제모
> • 화학 성분이 함유되어 있는 크림 타입을 도포하여 털을 연화시켜 제거하는 방법이다.
> • 털의 모간을 제거하는 방법이다.

15 다음 중 클렌징 순서로 가장 적합한 것은?

① 클렌징 손동작 → 화장품 제거 → 포인트 메이크업 클렌징 → 클렌징 제품 도포 → 습포

② 화장품 제거 → 포인트 메이크업 클렌징 → 클렌징 제품 도포 → 클렌징 손동작 → 습포

③ 클렌징 제품 도포 → 클렌징 손동작 → 포인트 메이크업 클렌징 → 화장품 제거 → 습포

④ 포인트 메이크업 클렌징 → 클렌징 제품 도포 → 클렌징 손동작 → 화장품 제거 → 습포

16 매뉴얼 테크닉 시술에 대한 내용으로 틀린 것은?

① 매뉴얼 테크닉 시 모든 동작이 연결될 수 있도록 해야 한다.

② 매뉴얼 테크닉 시 중추부터 말초 부위로 향해서 시술해야 한다.

③ 매뉴얼 테크닉 시 손놀림도 균등한 리듬을 유지해야 한다.

④ 매뉴얼 테크닉 시 체온의 손실을 막는 것이 좋다.

> **해설** 매뉴얼 테크닉은 심장에서 먼 말초 부위에서 중추로 향해서 시술하는 것이 좋다.

17 다음 중 피지분비가 많은 지성, 여드름성 피부의 노폐물 제거에 가장 효과적인 팩은?

① 오이 팩   ② 석고 팩

③ 머드 팩   ④ 알로에겔 팩

> **해설** 여드름, 지성 피부에 효과적인 팩은 머드, 카올린, 클레이 등과 같은 피지흡착용 팩이다.

18 레몬 아로마 에센셜 오일의 사용과 관련된 설명으로 틀린 것은?

① 무기력한 기분을 상승시킨다.
② 기미, 주근깨가 있는 피부에 좋다.
③ 여드름, 지성 피부에 사용된다.
④ 진정작용이 뛰어나다.

해설 레몬은 시트러스 계열로 감광성이 있는 에센셜 오일이다.

19 체내에서 근육 및 신경의 자극전도, 삼투압 조절 등의 작용을 하며, 식욕에 관계가 깊기 때문에 부족하면 피로감, 노동력의 저하 등을 일으키는 것은?

① 구리(Cu)
② 식염(NaCl)
③ 요오드(I)
④ 인(P)

해설 식염(NaCl) : 체액의 pH 평형 및 염소(Cl)와 결합하여 체액의 삼투압을 일정하게 유지해 주고 신경의 자극전달에 관계하며, 근육의 탄력성을 유지해 준다. 결핍 시 극도의 피로감과 식욕부진, 위산 감소, 정신불안 등 증세를 보인다.

20 식후 12~16시간 경과되어 정신적, 육체적으로 아무것도 하지 않고 가장 안락한 자세로 조용히 누워있을 때 생명을 유지하는 데 소요되는 최소한의 열량을 무엇이라고 하는가?

① 순환대사량
② 기초대사량
③ 활동대사량
④ 상대대사량

해설 기초대사량이란 사람의 생명유지를 위한 호흡, 혈액순환, 배설작용 기능이 유지되는 생리적 최소에너지량을 의미한다.

21 접촉성 피부염의 주된 알러지원이 아닌 것은?

① 니켈
② 금
③ 수은
④ 크롬

해설 접촉성 피부염을 일으키는 물질은 주로 중금속이다.

22 표피 중에서 피부로부터 수분이 증발하는 것을 막는 곳은?

① 가질층
② 기저층
③ 과립층
③ 유극층

해설 과립층은 수분의 증발을 막는 수분 저지막이 존재한다.

23 다음 중 원발진에 해당되는 피부 변화는?

① 가피
② 미란
③ 위축
④ 구진

해설 가피, 미란, 위축은 속발진의 예이다.

24 다음 내용에 해당하는 세포질 내부의 구조물은?

- 세포 내의 호흡생리에 관여
- 이중막으로 싸여진 계란(타원형)의 모양
- 아데노신 삼인산(Adenosin Triphosphate)을 생산

① 형질내세망(Endolpasmic Reticulm)
② 용해소체(Lysosome)
③ 고기체(Golgi apparatus)
④ 사립체(Mitochondria)

해설 미토콘드리아(사립체)는 세포 내의 호흡·생리를 담당하고 ATP를 생산하고 이중막으로 싸여진 계란(타원형)의 모양이다.

Answer 18.④ 19.② 20.② 21.② 22.③ 23.④ 24.④

25 에크린한선에 대한 설명으로 틀린 것은?

① 실밥을 둥글게 한 것 같은 모양으로 진피 내에 존재한다.
② 사춘기 이후에 주로 발달한다.
③ 특수한 부위를 제외한 거의 전신에 분포한다.
④ 손바닥, 발바닥, 이마에 가장 많이 분포한다.

해설 사춘기 이후에 발달하는 것은 아포크린선이다.

26 셀룰라이트(Cellulite)의 설명으로 옳은 것은?

① 수분이 정체되어 부종이 생긴 현상
② 영양섭취의 불균형 현상
③ 피하지방이 축적되어 뭉친 현상
④ 화학물질에 대한 저항력이 강한 현상

해설 셀룰라이트는 피하지방이 축적되어 뭉친 현상이다.

27 피부에 계속적인 압박으로 생기는 각질층의 증식현상이며, 원추형의 국한성 비후증으로 경성과 연성이 있는 것은?

① 사마귀   ② 무좀
③ 굳은 살   ④ 티눈

28 신경계 중 중추신경계에 해당되는 것은?

① 뇌   ② 뇌신경
③ 척수신경   ④ 교감신경

해설 중추신경계 : 뇌와 척수

29 세포막을 통한 물질의 이동 방법이 아닌 것은?

① 여과   ② 확산
③ 삼투   ④ 수축

해설 세포막을 통한 물질의 이동 방법은 확산, 여과, 삼투가 있다.

30 다음 중 혈액의 구성물질로 항체생산과 감염의 조절에 가장 관계가 깊은 것은?

① 적혈구   ② 백혈구
③ 혈장   ④ 혈소판

해설 백혈구는 우리 몸을 감염으로부터 방어하는 데 중요한 역할을 하며 백혈구의 종류인 림프구가 항체를 만들어 균을 제어한다.

31 뇨의 생성 및 배설 과정이 아닌 것은?

① 사구체 여과   ② 사구체 농축
③ 세뇨관 재흡수 ④ 세뇨관 분비

해설 뇨의 생성 및 배설 과정 : 사구체 여과, 세뇨관 재흡수, 세뇨관 분비

32 다음 중 뼈의 기본구조가 아닌 것은?

① 골막   ② 골외막
③ 골내막   ④ 심막

해설 심막은 심장을 둘러싸고 있는 막이다.

33 내분비와 외분비를 겸한 혼합성 기관으로 3대 영양소를 분해할 수 있는 소화효소를 모두 가지고 있는 소화기관은?

① 췌장   ② 간
③ 위   ④ 대장

Answer 25.② 26.③ 27.④ 28.① 29.④ 30.② 31.② 32.④ 33.①

해설 췌장은 내분비, 외분비를 겸한 기관이며, 3 대 영양소를 분해할 수 있는 소화효소를 가지고 있다 (트립신-단백질 분해효소, 리파아제 -지방 분해효소, 아밀라아제-탄수화물 분해효소).

34 승모근에 대한 설명으로 틀린 것은?

① 기시부는 두개골의 저부이다.
② 쇄골에 견갑골에 부착되어 있다.
③ 지배신경은 견갑배신경이다.
④ 견갑골의 내전과 머리를 신전한다.

해설 승모근은 뇌신경의 지배를 받는다.

35 피부에 미치는 갈바닉 전류의 양극(+)의 효과는?

① 피부 진정   ② 모공세정
③ 혈관확장   ④ 피부 유연화

해설 갈바닉 전류의 양극(+)의 효과는 산성반응, 신경자극 감소, 조직 단단, 혈관수축, 수렴 효과, 염증 감소

36 테슬라 전류(Tesla current)가 사용되는 기기는?

① 갈바닉(The Galvanic Machine)
② 전기분무기
③ 고주파 기기
④ 스팀기(The vaporizer)

해설 테슬라 전류는 교류 전류이며 니콜라 테슬라가 창안하였다. 교류 전류에 속하는 기기는 고주파 기기이다.

37 스티머 사용 시 주의사항이 아닌 것은?

① 피부에 따라 적정시간을 다르게 한다.
② 스팀 분사 방향은 코를 향하도록 한다.
③ 스티머 물통에 물을 3/2 정도 적당량 넣는다.
④ 물통을 일반세제로 씻는 것은 고장의 원인이 될 수 있으므로 사용을 금한다.

해설 스티머의 스팀 분사 방향은 턱을 향하도록 한다.

38 지성 피부의 면포 추출에 사용하기 가장 적합한 기기는?

① 분무기   ② 전동 브러시
③ 리프팅기   ④ 진공흡입기

해설 진공흡입기는 지성 피부의 코 부위를 압착하여 면포 추출이 가능하다.

39 피부를 분석할 때 사용하는 기기로 짝지어진 것은?

① 진공흡입기, 패터기
② 고주파기, 초음파기
③ 우드램프, 확대경
④ 분무기, 스티머

해설 피부 분석기는 우드램프, 확대경, 유수분 측정기 등이 있다.

40 괄호 안에 알맞은 말이 순서대로 나열된 것은?

> 물질의 변화에서 고체는 (ⓐ)이/가 (ⓑ)보다 강하다.

	ⓐ	ⓑ		ⓐ	ⓑ
①	운동력,	기체	②	온도,	압력
③	운동력,	응력	④	응력,	운동력

해설 • 응력은 응집력이라고도 하는데 입자들이 한 곳에 모여 있으려고 하는 성질을 말한다.
• 운동력은 입자의 운동에너지를 말한다.
• 고체는 운동력보다 응력이 강하고, 기체는 응력보다 운동력이 강한 것이다.

41 피부 거칠음의 개선, 미백, 탈모방지 등의 피부, 면역학 등을 연구하는 유용성 분야는?

① 물리학적 유용성　② 심리학적 유용성
③ 화학적 유용성　　④ 생리학적 유용성

해설 생리학이란 신체의 조직이나 기능을 연구하는 학문으로 피부나 두피 기능의 유용성을 연구할 수 있다.

42 다음 화장품 중 그 분류가 다른 것은?

① 화장수　　　　　② 클렌징 크림
③ 샴푸　　　　　　④ 팩

해설 샴푸는 모발 화장품의 종류이다.

43 다음 중 기능성 화장품의 영역이 아닌 것은?

① 피부의 미백에 도움을 주는 제품
② 피부의 주름 개선에 도움을 주는 제품
③ 피부의 여드름 개선에 도움을 주는 제품
④ 자외선으로부터 피부를 보호하는 데 도움을 주는 제품

해설 기능성 화장품의 영역은 피부의 미백에 도움을 주는 제품, 피부의 주름 개선에 도움을 주는 제품, 자외선으로부터 피부를 보호하는 데 도움을 주는 제품이다.

44 다음 중 바디용 화장품이 아닌 것은?

① 샤워 젤　　　　　② 바스 오일
③ 데오도란트　　　 ④ 헤어 에센스

해설 바디용 화장품은 바디 클렌저, 바디 오일, 바스 토너, 체취 방지제, 바디 샴푸, 버블 바스 등이다. 체취 방지제는 데오도란트이다.

45 팩에 사용되는 주성분 중 피막제 및 점도 증가제로 사용되는 것은 어느 것인가?

① 카올린(Kalin), 탈크(Talc)
② 폴리비닐알코올(PVA), 잔탄검(Xanthan gum)
③ 구연산나트륨(Sodium citrate), 아미노산류(Aminoacids)
④ 유동파라핀(Liquid paraffin), 스쿠알렌(Squalene)

해설 피막제 및 점도 증가제 성분은 제품의 점도를 조절하는 목적으로 사용되며 카보머 성분, 천연점증제로 한천, PVA, 잔탄검 등이 있다.

46 화장품의 사용 목적과 가장 거리가 먼 것은?

① 인체를 청결, 미화하기 위하여 사용한다.
② 용모를 변화시키기 위하여 사용한다.
③ 피부, 모발의 건강을 유지하기 위하여 사용한다.
④ 인체에 대한 약리적인 효과를 주기 위해 사용한다.

해설 화장품의 목적은 약리적이거나 치료적인 효과는 아니다.

Answer 40.④ 41.④ 42.③ 43.③ 44.④ 45.② 46.④

47 아로마 오일의 사용법 중 확산법으로 맞는 것은?

① 따뜻한 물에 넣고 몸을 담근다.
② 아로마 램프나 스프레이를 이용한다.
③ 수건에 적신 후 피부에 붙인다.
④ 손수건, 티슈 등에 1~2방울 떨어뜨리고 심호흡을 한다.

해설 아로마 오일의 확산법
에센셜 오일은 온도가 올라가면 증발하여 향을 발산시키는 방법으로 아로마 램프나 스프레이를 이용할 수 있다.

48 다음 중 파리가 매개할 수 있는 질병과 거리가 먼 것은?

① 아메바성 이질   ② 장티푸스
③ 발진티푸스   ④ 콜레라

해설 발진티푸스는 이가 감염원이다.

49 법정 감염병 중 제2군에 해당되는 것은?

① 디프테리아   ② A형 간염
③ 지오넬라증   ④ 한센병

해설 제2군 법정 감염병은 디프테리아, 백일해, 파상풍, 일본뇌염, 폴리오, B형 간염 등이 있다.

50 다음 중 질병 전파의 개달물(介達物)에 해당되는 것은?

① 공기, 물   ② 우유, 음식물
③ 의복, 침구   ④ 파리, 모기

해설 개달물은 물, 우유, 식품, 공기, 토양을 제외한 모든 비활성 매체(의복, 침구, 완구, 책, 수건 등)를 말한다.

51 식품의 혐기성 상태에서 발육하여 체외독소로서 신경독소를 분비하며 치명률이 가장 높은 식중독으로 알려진 것은?

① 살모넬라 식중독
② 보툴리누스균 식중독
③ 웰치균 식중독
④ 알레르기성 식중독

해설 치명률이 가장 높은 식중독은 보툴리누스균이다.

52 다음 중 상처나 피부 소독에 가장 적합한 것은?

① 석탄산   ② 과산화수소수
③ 포르말린수   ④ 차아염소산나트륨

해설 과산화수소수는 발생기 산소가 강력한 산화력으로 미생물을 살균하는 소독제로 상처나 피부 소독에 적합한 소독제이다.

53 승홍에 소금을 섞었을 때 일어나는 현상은?

① 용액이 중성으로 되고, 자극성이 완화된다.
② 용액의 기능을 2배 이상 증대시킨다.
③ 세균의 독성을 중화시킨다.
④ 소독대상물의 손상을 막는다.

해설 염화제2수은의 수용액으로 강력한 살균력이 있어 기물(器物)의 살균이나 피부 소독에는 0.1% 용액, 매독성 질환에는 0.2% 용액을 쓰며, 점막이나 금속 기구를 소독하는 데는 적당하지 않다. 승홍에 소금을 섞으면 용액이 중성으로 되고, 자극성은 완화된다.

54 일반적으로 사용하는 소독제로서 에탄올의 적정 농도는?

① 30%   ② 50%
③ 70%   ④ 90%

Answer 47.② 48.③ 49.① 50.③ 51.② 52.② 53.① 54.③

해설 에탄올의 적정 농도는 70%이다.

55 인체에 질병을 일으키는 병원체 중 대체로 살아 있는 세포에서만 증식하고 크기가 가장 작아 전자현미경으로만 관찰할 수 있는 것은?

① 구균　　　　　② 간균
③ 바이러스　　　④ 원생동물

해설 바이러스는 살아 있는 세포에서만 증식하고 크기가 가장 작은 병원체이다.

56 미용업 영업자가 시장·군수·구청장에게 변경신고를 하여야 하는 사항이 아닌 것은?

① 영업소의 명칭의 변경
② 영업소의 소재지 변경
③ 신고한 영업장 면적의 3분의 1 이상의 증감
④ 영업소 내 시설의 변경

해설 변경신고 : 영업소의 명칭 또는 상호, 영업소의 소재지, 신고한 영업장 면적의 3분의 1 이상의 증감, 대표자의 성명 또는 생년월일, 미용업 업종 간 변경

57 이·미용사가 이·미용업소 외의 장소에서 이·미용을 한 경우의 3차 위반 행정처분 기준은?

① 영업장 폐쇄명령　　② 영업정지 10일
③ 영업정지 1월　　　　④ 영업정지 2월

해설 영업소 외의 장소에서 업무를 행한 때
• 1차 위반 : 영업정지 1월
• 2차 위반 : 영업정지 2월
• 3차 위반 : 영업장 폐쇄명령

58 행정처분 중 1차 위반 시 영업장 폐쇄명령에 해당하는 것은 어느 것인가?

① 영업정지 처분을 받고도 그 영업정지 기간 중 영업을 한 때
② 손님에게 성매매 알선 등의 행위를 한 때
③ 소독한 기구와 소독하지 아니한 기구를 각각 다른 용기에 넣어 보관하지 아니한 때
④ 1회용 면도기를 손님 1인에 한하여 사용하지 아니한 때

해설 영업정지 처분을 받고도 그 영업정지 기간 중 영업을 한 때의 1차 위반 행정처분은 영업장 폐쇄명령이다.

59 위생서비스 결과에 따른 위생관리 등급별로 영업소에 대한 위생감시를 실시할 때의 기준이 아닌 것은?

① 위생교육 실시 횟수
② 영업소에 대한 출입, 검사
③ 위생감시의 실시 주기
④ 위생감시의 실시 횟수

해설 위생관리 등급별로 영업소에 대한 위생감시를 실시할 때의 기준은 출입, 검사와 위생감시의 실시 주기 및 횟수 등이다.

60 다음 중 위생교육 대상자가 아닌 것은?

① 공중위생 영업의 신고를 하고자 하는 자
② 공중위생 영업을 승계한 자
③ 공중위생 영업자
④ 면허증 취득 예정자

해설 위생교육은 면허증을 취득한 자만 가능하다.

Answer 55.③ 56.④ 57.① 58.① 59.① 60.④

2010년 3월 28일 시행

01 매뉴얼 테크닉의 기본동작 중 신경조직을 자극하여 혈액순환을 촉진시켜 피부 탄력성 증가에 가장 좋은 효과를 주는 것은?

① 쓰다듬기　② 문지르기
③ 두드리기　④ 반죽하기

해설 두드리기는 혈액순환을 촉진시키며 피부의 탄력성을 증가시킨다.

02 피부 유형에 대한 설명 중 틀린 것은?

① 정상 피부 : 유·수분 균형이 잘 잡혀있다.
② 민감성 피부 : 각질이 드문드문 보인다.
③ 노화 피부 : 미세하거나 선명한 주름이 보인다.
④ 지성 피부 : 모공이 크고, 표면이 귤껍질 같이 보이기 쉽다.

해설 민감성 피부는 외부 자극에 민감한 반응을 보이며, 특정 부위의 피부가 붉어지거나 염증이 나타나는 피부를 말한다.

03 다음 중 화학적인 제모 방법은?

① 제모 크림을 이용한 제모
② 온왁스를 이용한 제모
③ 족집게를 이용한 제모
④ 냉왁스를 이용한 제모

해설 화학적인 제모는 화학 성분이 함유되어 있는 크림 타입을 도포하여 털을 연화시켜 제거하는 방법이다.

04 피부미용사의 피부 분석 방법이 아닌 것은?

① 문진　② 견진
③ 촉진　④ 청진

해설 피부미용사의 피부 분석 방법에는 문진, 촉진, 견진(시진), 첩포시험(Patch test), 민감도 검사가 있다.

05 림프드레나지의 대상이 되지 않는 피부는?

① 모세혈관 피부
② 일반적인 여드름 피부
③ 부종이 있는 셀룰라이트 피부
④ 감염성 피부

해설 림프드레나지 적용 금지 대상은 모든 악성 질환, 급성염증 질환, 갑상선 기능 항진, 심부전증, 천식, 결핵, 저혈압 등이다.

06 클렌징 제품과 그에 대한 설명이 바르게 짝지어진 것은?

① 클렌징 티슈 : 지방에 예민한 알레르기 피부에 좋으며, 세정력이 우수하다.
② 폼 클렌징 : 눈 화장을 지울 때 자주 사용된다.
③ 클렌징 오일 : 물에 용해가 잘 되며 건성, 노화, 수분부족 지성 피부 및 민감성 피부에 좋다.
④ 클렌징 밀크 : 화장을 연하게 하는 피부보다 두껍게 하는 피부에 좋으며, 쉽게 부패되지 않는다.

Answer 01.③ 02.② 03.① 04.④ 05.④ 06.③

해설 클렌징 오일은 물과 친화력이 있는 오일 성분을 배합시킨 제품으로 물에 쉽게 녹으며 건성 피부, 노화 피부, 수분 부족의 지성 피부, 민감성 피부에 적당하다.

07 다음 중 매뉴얼 테크닉의 효과가 아닌 것은?

① 내분비 기능의 조절
② 결체조직의 긴장과 탄력성 부여
③ 혈액순환 촉진
④ 반사작용의 억제

해설 • 반사작용은 자극에 대하여 무의식적으로 일어나는 근육섬유의 운동이다.
• 신생아의 반사작용이나 무릎을 두드리면 종아리가 앞쪽으로 움직이는 운동 따위를 말하는 것으로 매뉴얼 테크닉의 효과와는 직접적인 관련이 없으나, 오히려 매뉴얼 테크닉을 통해 신체 전반의 대사 기능 및 작용이 좋아진다.

08 피부 관리실에서 피부 관리 시 마무리 관리에 해당하지 않는 것은?

① 피부 타입에 따른 화장품 바르기
② 자외선 차단 크림 바르기
③ 머리 및 뒷목 부위 풀어주기
④ 피부 상태에 따라 매뉴얼 테크닉하기

해설 매뉴얼 테크닉은 피부 관리 중에 행하는 동작으로 마무리 관리는 아니다.

09 피부 유형별 화장품 사용 시 AHA의 적용 피부가 아닌 것은?

① 예민 피부   ② 노화 피부
③ 지성 피부   ④ 색소침착 피부

해설 AHA는 과일류에서 추출한 산으로 예민한 피부에는 자극을 줄 수 있다.

10 클렌징 제품의 선택과 관련된 내용으로 가장 거리가 먼 것은?

① 피부 자극이 적어야 한다.
② 피부의 유형에 맞는 제품을 선택해야 한다.
③ 특수 영양성분이 함유되어 있어야 한다.
④ 화장이 짙을 때는 세정력이 높은 클렌징 제품을 사용하여야 한다.

해설 클렌징은 피부 표면에 묻어 있는 메이크업 및 노폐물을 제거하여 피부의 상태를 깨끗하게 유지하기 위함이며, 특수 영양 성분은 팩이나 마무리 크림에 해당된다.

11 다음 중 딥클렌징의 효과로 틀린 것은?

① 모공 깊숙이 들어 있는 불순물을 제거한다.
② 미백 효과가 있다.
③ 피부 표면의 각질을 제거한다.
④ 화장품의 흡수 및 침투가 좋아진다.

해설 딥클렌징은 피부톤이 맑아지고 혈색을 좋게 하나 미백 효과가 있는 것은 아니다.

12 팩과 관련한 내용 중 틀린 것은?

① 피부 상태에 따라서 선별해서 사용해야 한다.
② 팩을 바르기 전 냉타월로 피부를 진정시킨 후 사용하면 효과적이다.
③ 피부에 상처가 있는 경우에는 사용을 삼간다.
④ 눈썹, 눈 주위, 입술 위는 팩 사용을 피한다.

해설 냉타월은 팩을 제거한 후 사용한다.

Answer 07.④ 08.④ 09.① 10.③ 11.② 12.②

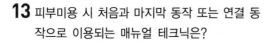

13 피부미용 시 처음과 마지막 동작 또는 연결 동작으로 이용되는 매뉴얼 테크닉은?

① 에플로라지(Effleuage)
② 타포트먼트(Tapotement)
③ 니딩(Kneading)
④ 롤링(Rolling)

해설 에플로라지(Effleuage : 쓰다듬기)는 마사지의 시작과 끝 동작이나 연결 동작에 주로 사용한다.

14 딥클렌징에 관한 설명으로 옳지 않은 것은?

① 화장품을 이용한 방법과 기기를 이용한 방법으로 구분된다.
② AHA를 이용한 딥클렌징의 경우 스티머(Steamer)를 이용한다.
③ 피부 표면의 노화된 각질을 부드럽게 제거함으로써 유용한 성분의 침투를 높이는 효과를 갖는다.
④ 기기를 이용한 딥클렌징 방법에는 석션, 브러싱, 디스인크러스테이션 등이 있다.

해설 AHA는 딥클렌징 후 냉타월로 제거한다.

15 다음 중 왁스를 이용한 제모 방법으로 적합하지 않은 것은?

① 피지막이 제거된 상태에서 파우더를 도포한다.
② 털이 성장하는 방향으로 왁스를 바른다.
③ 쿨왁스를 바를 때는 털이 잘 제거되도록 왁스를 얇게 바른다.
④ 남은 왁스는 오일로 제거한 후 온습포로 진정시킨다.

해설 제모 후에는 진정 젤을 바르고 냉타월로 진정한다.

16 셀룰라이트(Cellulite)의 원인이 아닌 것은?

① 유전적 요인
② 지방 세포수의 과다 증가
③ 내분비계 불균형
④ 정맥울혈과 림프 정체

해설 셀룰라이트란 지방이 몸 전체에 고루 퍼지지 않고 주로 허리, 엉덩이, 허벅지, 팔 윗부분 등의 피부 표면에 울퉁불퉁하게 뭉쳐 있어 마치 오렌지껍질 같은 지방층이다. 원인은 혈액순환이나 신진대사의 문제, 호르몬의 불균형, 결합조직의 요인, 면역 시스템의 저하, 부적당한 다이어트, 나쁜 자세, 스트레스 등으로 유전적인 요인은 셀룰라이트의 원인이 아니다.

17 피부 유형과 관리 목적과의 연결이 적합하지 않은 것은?

① 민감 피부 : 진정, 긴장 완화
② 건성 피부 : 보습작용 억제
③ 지성 피부 : 피지분비 조절
④ 복합 피부 : 피지, 유 · 수분 균형 유지

해설 건성 피부는 보습 위주의 관리를 해주어야 한다.

18 벨벳 마스크 사용 시 기포를 제거해야 하는 이유는?

① 기포가 생기면 마스크의 모양이 예쁘지 않기 때문이다.
② 기포가 생기면 마스크의 적용 시간이 길어지기 때문이다.
③ 기포가 생기면 고객이 불편해하기 때문이다.
④ 기포가 생기는 부분에는 마스크의 성분이 피부에 침투하지 않기 때문이다.

Answer 13.① 14.② 15.④ 16.① 17.② 18.④

19 다음 중 피부의 각화과정(Keratinization)이란?

① 피부가 손톱, 발톱으로 딱딱하게 변하는 것을 말한다.

② 피부 세포가 기저층에서 각질층까지 분열되어 올라가 죽은 각질 세포로 되는 현상을 말한다.

③ 기저 세포 중 멜라닌 색소가 많아져서 피부가 검게 되는 것을 말한다.

④ 피부가 거칠어져서 주름이 생겨 늙는 것을 말한다.

해설 각화과정은 피부 세포가 기저층까지 분열되어 올라가 죽은 각질 세포로 되는 현상을 말하며 보통 28일 주기로 박리된다.

20 피지선에 대한 내용으로 틀린 것은?

① 진피층에 놓여 있다.

② 손바닥과 발바닥, 얼굴, 이마 등에 많다.

③ 사춘기 남성에게 집중적으로 분비된다.

④ 입술, 성기, 유두, 귀두 등에 독립피지선이 있다.

해설 손바닥과 발바닥, 얼굴, 이마 등에 많은 것은 한선이며, 손바닥과 발바닥에는 피지선이 없다.

21 켈로이드는 어떤 조직이 비정상으로 성장하는 것인가?

① 피하지방조직   ② 정상 상피조직

③ 정상 분비선조직   ④ 결합조직

해설 켈로이드는 피부의 결합조직이 이상 증식하여 단단하게 융기한 것으로 대개 붉은 빛의 판이나 결절(結節) 꼴로 나타나며, 외상·화상·부식 따위가 원인이다.

22 교원섬유(Collagen)와 탄력섬유(Elastin)로 구성되어 있어 강한 탄력성을 지니고 있는 곳은?

① 표피   ② 진피

③ 피하조직   ④ 근육

해설 콜라겐이나 엘라스틴이 존재하는 층은 진피이다.

23 피부의 피지막은 보통 상태에서 어떤 유화상태로 존재하는가?

① W/O 유화   ② O/W 유화

③ W/S 유화   ④ S/W 유화

해설 보통 상태에서 피지막은 유중수형(W/O)이나 땀을 흘리게 되면 그 땀이 빨리 증발되도록 하기 위하여 수중유형(O/W) 피지막을 형성한다. 상황에 따라 피지막은 유중수형과 수중유형으로 가역적인 전환을 하여 피부의 수분조절에 기여한다. 이러한 피지막의 역할이 제대로 이루어지지 않을 때 피부는 건조하거나 민감하게 되기 쉽고 이에 따른 피부 트러블로 각질 과다 생성, 주름, 알러지, 피부염, 기미 등이 유발되기 쉽다.

24 성장 촉진, 생리대사의 보조 역할, 신경 안정과 면역기능 강화 등의 역할을 하는 영양소는?

① 단백질   ② 비타민

③ 무기질   ④ 지방

25 기미가 있는 피부의 관리 방법으로 가장 틀린 것은?

① 정신적 스트레스를 최소화 한다.

② 자외선을 자주 이용하여 멜라닌을 관리한다.

③ 화학적 필링과 AHA 성분을 이용한다.

④ 비타민 C가 함유된 음식물을 섭취한다.

Answer 19.② 20.② 21.④ 22.② 23.① 24.② 25.②

해설 기미의 발생에 가장 중요한 인자는 자외선 노출이다. 자외선에 노출되면 멜라닌은 오히려 더 짙어지게 된다.

26 물사마귀라고도 불리며 황색 또는 분홍색의 반투명성 구진(2~3mm 크기)을 가지는 피부 양성종양으로 땀샘관의 개출구 이상으로 피지분비가 막혀 생성되는 것은?

① 한관종　　　② 혈관종
③ 섬유종　　　④ 지방종

해설 한관종(눈밑 물사마귀)은 한관의 조직이 비정상적으로 증식하여 한관이 막혀서 발생하는 좁쌀 크기의 살색이나 황색을 띠는 구진이 번져 있는 형태이다.

27 장기간에 걸쳐 반복하여 긁거나 비벼서 표피가 건조하고 가죽처럼 두꺼워진 상태는?

① 가피　　　② 낭종
③ 태선화　　　④ 반흔

28 인체의 혈액량은 체중의 약 %인가?

① 약 2%　　　② 약 8%
③ 약 20%　　　④ 약 30%

해설 인체의 혈액량은 체중의 8~9%를 차지한다.

29 난자를 형성하는 성선인 동시에 에스트로겐과 프로게스테론을 분비하는 내분비선은?

① 난소　　　② 고환
③ 태반　　　④ 췌장

30 다음 중 윗몸일으키기를 하였을 때 주로 강해지는 근육은?

① 이두박근　　　② 복직근
③ 삼각근　　　④ 횡격막

해설 복부의 앞 중앙에 좌우 나란히 아래위로 있는 근육으로 복강의 내장을 보호하며, 갈빗대 사이 신경의 지배를 받아 척추를 앞으로 굽히거나 복압을 가할 때 작용한다.

31 다음 중 수면을 조절하는 호르몬은?

① 티로신　　　② 멜라토닌
③ 글루카곤　　　④ 칼시토닌

해설 멜라토닌은 또한 수면주기를 조절하는 데 중요한 역할을 한다.
실험대상자에게 멜라토닌을 주사하면 즉시 잠이 든다는 사실로부터, 일몰과 함께 멜라토닌 생성이 증가하면서 사람이 졸립게 된다는 기본적인 잠의 메커니즘이 제시되었다. 새벽이 되면 송과선은 멜라토닌 생성을 중단하므로 잠이 깨고 정신을 차리게 된다.

32 각 소화기관별 분비되는 소화효소와 소화시킬 수 있는 영양소가 올바르게 짝지어진 것은?

① 소장 : 키이모트립신－단백질
② 위 : 펩신－지방
③ 입 : 락타아제－탄수화물
④ 췌장 : 트립신－단백질

해설 • 소장 : 아미노펩타이드, 디펩티다아제－단백질
• 위 : 펩신－단백질
• 입 : 아밀라아제－탄수화물

33 성장기까지 뼈의 길이 성장을 주도하는 것은?

① 골막　　　② 골단판
③ 골수　　　④ 해면골

Answer 26.① 27.③ 28.② 29.① 30.② 31.② 32.④ 33.②

34 다음 중 척수신경이 아닌 것은?

① 경신경   ② 흉신경

③ 천골신경   ④ 미주신경

해설 척수신경은 경신경(8쌍), 흉신경(12쌍), 요신경(5쌍), 천골신경(5쌍), 미골신경(1쌍)으로 구성된다.

35 다음 중 전류의 세기를 측정하는 단위는?

① 볼트(Voltage)   ② 암페어(Amperage)

③ 와트(Wattage)   ④ 주파수(Frequency)

해설 전류의 세기(크기)의 측정단위는 암페어이다.

36 용액 내에서 이온화되어 전도체가 되는 물질은?

① 전기분해   ② 전해질

③ 혼합물   ④ 분자

해설 전해질은 물에 녹아 전하를 띠는 물질이다.

37 자외선 램프의 사용에 대한 내용으로 틀린 것은?

① 고객으로부터 1m 이상의 거리에서 사용한다.

② 주로 UV-A를 방출하는 것을 사용한다.

③ 눈 보호를 위해 패드나 선글라스를 착용하게 한다.

④ 살균이 강한 화학선이므로 사용 시 주의를 해야 한다.

해설 자외선 램프는 주로 UV-B를 방출하는 것을 사용한다.

38 다음 중 프리마톨을 가장 잘 설명한 것은?

① 석션 유리관을 이용하여 모공의 피지와 불필요한 각질을 제거하기 위해 사용하는 기기이다.

② 회전 브러시를 이용하여 모공의 피지와 불필요한 각질을 제거하기 위해 사용하는 기기이다.

③ 스프레이를 이용하여 모공의 피지와 불필요한 각질을 제거하기 위해 사용하는 기기이다.

④ 우드램프를 이용하여 모공의 피지와 불필요한 각질을 제거하기 위해 사용하는 기기이다.

해설 프리마톨(전기 브러시)은 전동기의 회전원리를 이용한 모공의 피지와 각질 제거용 딥클렌징 기기이다.

39 다음 중 고주파기의 효과에 대한 설명으로 틀린 것은?

① 피부의 활성화로 노폐물 배출의 효과가 있다.

② 내분비선의 분비를 활성화한다.

③ 색소침착 부위의 표백 효과가 있다.

④ 살균, 소독 효과로 박테리아 번식을 예방한다.

해설 고주파기의 효과
• 세포 내에서 열을 발생시킨다.
• 혈액순환과 신진대사를 촉진시킨다.
• 내분비선 분비를 활성화시킨다.
• 스파킹으로 지성, 여드름 피부에 살균작용을 한다.
• 피부 세포 재생 효과가 있다.

Answer 34.④ 35.② 36.② 37.② 38.② 39.③

40 엔더몰로지 사용 방법으로 틀린 것은?

① 시술 전 용도에 맞는 오일을 바른 후 시술한다.

② 지성의 경우 탈크 파우더를 약간 바른 후 시술한다.

③ 전신 체형 관리 시 10~20분 정도 적용한다.

④ 말초에서 심장 방향으로 밀어올리듯 시술한다.

해설 엔더몰로지

• 진공음압을 이용하여 피부를 당겨 지방 세포를 둘러싸고 있는 섬유질의 엉킴을 풀어 혈액과 림프의 순환을 촉진시키는 기기이다.
• 전신 체형 관리 시 40분 정도 적용한다.

41 비누에 대한 설명으로 틀린 것은?

① 비누의 세정 효과는 비누 수용액이 오염과 피부 사이에 침투하여 부착을 약화시켜 떨어지기 쉽게 하는 것이다.

② 비누는 거품이 풍성하고 잘 헹구어져야 한다.

③ 비누는 세정 효과뿐만 아니라 살균, 소독 효과를 주로 가진다.

④ 메디케이티드(Medicated) 비누는 소염제를 배합한 제품으로 여드름, 면도 상처 및 피부 거칠음 방지 효과가 있다.

해설 비누는 세정 효과는 있지만 살균, 소독 효과가 주된 작용은 아니다.

42 아로마 오일에 대한 설명 중 틀린 것은?

① 아로마 오일은 면역기능을 높여준다.

② 아로마 오일은 감기, 피부미용에 효과적이다.

③ 아로마 오일은 피부관리는 물론 화상, 여드름, 염증 치유에도 쓰인다.

④ 아로마 오일은 피지에 쉽게 용해되지 않으므로 다른 첨가물을 혼합하여 사용한다.

해설 아로마 오일은 다른 첨가물을 혼합하여 사용하지는 않는다.

43 기능성 화장품에 속하지 않는 것은?

① 피부의 미백에 도움을 주는 제품

② 자외선으로부터 피부를 보호해 주는 제품

③ 피부 주름 개선에 도움을 주는 제품

④ 피부 여드름 치료에 도움을 주는 제품

해설 기능성 화장품이라 함은 미백, 자외선으로부터 피부보호, 주름개선에 도움을 주는 화장품이다.

44 화장품의 4대 품질조건에 대한 설명으로 틀린 것은?

① 안전성 : 피부에 대한 자극, 알러지, 독성이 없을 것

② 안정성 : 변색, 변취, 미생물의 오염이 없을 것

③ 사용성 : 피부에 사용감이 좋고, 잘 스며들 것

④ 유효성 : 질병 치료 및 진단에 사용할 수 있을 것

해설 화장품은 인체에 대한 작용이 경미해야 한다. 질병 치료 진단에 사용하는 것은 의약품이다.

45 화장품 성분 중에서 양모에서 정제한 것은?

① 바세린　　　　② 밍크 오일

③ 플라센터　　　④ 라놀린

Answer 40.③ 41.③ 42.④ 43.④ 44.④ 45.④

해설 양모의 피지선에서 분비되는 성분은 라놀린이다.

46 세정용 화장수의 일종으로 가벼운 화장의 제거에 사용하기 가장 적합한 것은?

① 클렌징 오일　　② 클렌징 워터
③ 클렌징 로션　　④ 클렌징 크림

47 페이셜 스크럽(Facial scrub)에 관한 설명 중 옳은 것은?

① 민감성 피부인 경우는 스크럽제를 문지를 때 무리하게 압을 가하지만 않으면 매일 사용해도 상관없다.
② 피부 노폐물, 세균, 메이크업 찌꺼기 등을 깨끗하게 지워주기 때문에 메이크업을 했을 경우는 반드시 사용한다.
③ 각화된 각질을 제거하여 세포의 재생을 촉진해 준다.
④ 스크럽제로 문지르면 신경과 혈관을 자극하여 혈액순환을 촉진시켜 주므로 15분 정도 충분히 마사지가 되도록 문질러 준다.

48 식품의 혐기성 상태에서 발육하여 신경독소를 분비하는 세균성 식중독 원인균은?

① 살모넬라균　　② 황색포도상구균
③ 캠필로박터균　　④ 보툴리누스균

해설 보툴리누스균은 아포를 형성하는 그람 양성의 혐기성 간균이다.
혐기성 조건을 가진 식품에서 발아·증식하면 외독소를 생산하는데 그 독소를 지닌 음식을 먹으면 식중독을 일으킨다.

49 감염병 신고와 보고규정에서 7일 이내에 관할 보건소에 신고해야 할 감염병은?

① 파상풍　　② 콜레라
③ 임질　　④ 디프테리아

해설 7일 이내에 관할 보건소에 신고해야 할 감염병은 제5군 감염병과 지정 감염병이다. 임질은 지정 감염병에 해당한다. 제1~4군 감염병은 지체 없이 신고해야 한다.

50 다음 중 임신 7개월(28주)까지의 분만을 뜻하는 것은?

① 조산　　② 유산
③ 사산　　④ 정기산

해설 임신 28주까지의 분만은 유산이고, 28주 후의 분만은 조산이다.

51 다음 중 사회보장의 분류에 속하지 않는 것은?

① 산재보험　　② 자동차보험
③ 소득보장　　④ 생활보호

해설 사회보장의 종류 및 내용
① 사회보험
　• 소득보장 : 연금보험, 실업보험, 산재보험
　• 의료보장 : 의료보험, 산재보험
　• 가족수당
② 공적부조 : 생활보호, 의료보호
③ 공공 서비스
　• 사회복지 서비스 : 노령연금, 장애인 연금
　• 보건의료 서비스 : 개인보건서비스, 공공보건 서비스

52 다음 중 환자 접촉자가 손 소독 시 사용하는 약품으로 가장 부적당한 것은?

① 크레졸수　　② 승홍수
③ 역성비누　　④ 석탄산

Answer 46.② 47.③ 48.④ 49.③ 50.② 51.② 52.④

53 당이나 혈청과 같이 열에 의해 변성되거나 불안정한 액체의 멸균에 이용되는 소독법은?

① 저온살균법   ② 여과멸균법
③ 간헐멸균법   ④ 건열멸균법

해설 여과멸균법은 공기 중이나 수용액 중의 미생물을 열이나 화학약품을 사용하지 않고 여과기를 통과하게 해서 제거하는 방법이다.
물리화학적 작용에 변경되기 쉬운 물질, 즉 혈청, 불안정한 액체, 당류 및 시약, 수술실, 청정실 등의 미생물 제거를 목적으로 사용한다.

54 석탄산의 희석배수 90배를 기준할 때 어떤 소독약의 석탄산 계수가 4이었다면 이 소독약의 희석배수는?

① 90배   ② 94배
③ 360배   ④ 400배

해설

$$석탄산\ 계수 = \frac{피검\ 소독제의\ 희석배율}{석탄산\ 희석배율}$$

$$4 = \frac{x}{90}$$

$$\therefore\ x = 360$$

55 다음 중 화학적 소독법에 해당되는 것은?

① 알코올 소독법   ② 자비소독법
③ 고압증기멸균법   ④ 간헐멸균법

해설 자비소독법, 고압증기멸균법, 간헐멸균법은 물리적 소독법이다.

56 영업소의 폐쇄명령을 받고도 계속하여 영업을 하는 때에 관계 공무원으로 하여금 영업소를 폐쇄할 수 있도록 조치를 취할 수 있는 자는?

① 보건복지부 장관
② 시·도지사
③ 시장, 군수, 구청장
④ 보건소장

57 업소 내 조명도를 준수하지 않은 경우에 대한 3차 위반 시 행정처분 기준은?

① 영업정지 10일   ② 영업정지 15일
③ 영업정지 1월   ④ 영업장 폐쇄명령

해설 업소 내 조명도를 준수하지 않은 경우 1차 위반 시 경고 또는 개선명령, 2차 위반 시 영업정지 5일, 3차 위반 시 영업정지 10일, 4차 위반 시 영업장 폐쇄명령이 처분된다.

58 손님의 얼굴, 머리, 피부 등을 손질하여 손님의 외모를 아름답게 꾸미는 공중위생영업은?

① 위생관리용역업   ② 이용업
③ 미용업   ④ 목욕장업

59 다음 중 이·미용사의 면허증을 재교부 신청할 수 없는 경우는 어느 것인가?

① 국가기술자격법에 의한 이·미용사 자격증이 취소된 때
② 면허증의 기재사항에 변경이 있을 때
③ 면허증을 분실한 때
④ 면허증이 못쓰게 된 때

해설 자격증이 취소된 때는 면허증을 재교부 신청할 수 없다.

60 공중이용 시설의 위생관리 규정을 위반한 시설의 소유자에게 개선명령을 할 때 명시하여야 할 것에 해당되는 것을 모두 고른 것은?

> ㉠ 위생관리 기준
> ㉡ 개선 후 복구상태
> ㉢ 개선기간
> ㉣ 발생된 오염물질의 종류

① ㉠, ㉢ 　　　② ㉡, ㉣
③ ㉠, ㉢, ㉣ 　② ㉠, ㉡, ㉢, ㉣

해설 개선명령 시 명시사항

공중이용 시설 위생관리의 규정 위반 시 위생관리 기준, 발생된 오염물질의 종류, 오염 허용기준 초과 정도, 개선기간을 명시한다.

2010년 7월 11일 시행

01 올바른 피부 관리를 위한 필수조건과 가장 거리가 먼 것은?

① 관리사의 유창한 화술
② 정확한 피부 타입 측정
③ 화장품에 대한 지식과 응용 기술
④ 적절한 매뉴얼 테크닉 기술

해설 관리사의 유창한 화술은 피부 관리를 위한 필수조건은 아니다.

02 여드름 관리에 효과적인 성분이 아닌 것은?

① 스테로이드(Steroid)
② 과산화벤조인(Benzoyl Peroxide)
③ 살리실산(Salicylic Acid)
④ 글리콜산(Glycolic Acid)

해설 스테로이드는 콜레스테롤, 담즙산, 호르몬 등 생체 내에서 중요한 작용을 하는 물질이 포함된다. 스테로이드계의 성호르몬은 생체 내에서 길항적 또는 협동적으로 작용하여 몸의 조절을 유지하고 있다.

03 딥클렌징 시 사용되는 제품의 형태와 가장 거리가 먼 것은?

① 액체 타입   ② 고마쥐
③ 스프레이   ④ 크림 타입

해설 딥클렌징은 AHA 액체 타입, 크림 타입인 고마쥐, 스크럽, 분말 타입인 효소 등이 있다.

04 크림 타입의 클렌징 제품에 대한 설명으로 옳은 것은?

① W/O 타입으로 유성 성분과 메이크업 제거에 효과적이다.
② 노화 피부에 적합하고 물에 잘 용해가 된다.
③ 친수성으로 모든 피부에 사용이 가능하다.
④ 클렌징 효과는 약하나 끈적임이 없고, 지성 피부에 특히 적합하다.

해설 클렌징 크림은 W/O 타입 유중수형으로 메이크업 제거에 효과적이다.

05 매뉴얼 테크닉의 방법에 대한 설명으로 옳은 것은?

① 고객의 병력을 꼭 체크한다.
② 손을 밀착시키고, 압은 강하게 한다.
③ 관리 시 심장에서 가까운 쪽부터 시작한다.
④ 충분한 상담을 통하되 피부미용사는 의사가 아니므로 몸 상태를 살펴볼 필요는 없다.

해설 매뉴얼 테크닉 시 고객의 병력을 꼭 체크한다.

06 두 가지 이상의 다른 종류의 마스크를 적용시킬 경우 가장 먼저 적용시켜야 하는 마스크는?

① 가격이 높은 것
② 수분흡수 효과를 가진 것
③ 피부로의 침투시간이 긴 것
④ 영양성분이 많이 함유된 것

해설 1차 마스크는 수분흡수 효과, 2차 마스크는 영양성분이 함유된 것을 적용한다.

AnSwer 01.① 02.① 03.③ 04.① 05.① 06.②

07 제모의 방법에 대한 내용 중 틀린 것은?

① 왁스는 모간을 제거하는 방법이다.
② 전기응고술은 영구적인 제모 방법이다.
③ 전기분해술은 모두유를 파괴시키는 방법이다.
④ 제모 크림은 일시적인 제모 방법이다.

해설 왁스는 모근까지 제거하는 방법이다.

08 콜라겐 벨벳 마스크의 설명으로 틀린 것은?

① 피부의 수분 보유량을 향상시켜 잔주름을 예방한다.
② 필링 후 사용하여 피부를 진정시킨다.
③ 천연 콜라겐을 냉동 건조시켜 만든 마스크이다.
④ 효과를 높이기 위해 비타민을 함유한 오일을 흡수시킨 후 실시한다.

해설 콜라겐 벨벳은 수분 함량이 높은 마스크로 오일을 흡수시킨 후 실시하면 침투가 잘 되지 않는다.

09 피부미용의 기능적 영역이 아닌 것은?

① 관리적 기능　　② 실제적 기능
③ 심리적 기능　　④ 장식적 기능

10 다음 중 안면 매뉴얼 테크닉의 효과와 가장 거리가 먼 것은?

① 피부 세포에 산소와 영양소를 공급한다.
② 여드름을 없애준다.
③ 피부의 혈액순환을 촉진시킨다.
④ 피부를 부드럽고 유연하게 해주며, 근육을 이완시켜 노화를 지연시킨다.

해설 매뉴얼 테크닉은 혈액순환을 촉진시키고 근육을 이완시켜 주지만, 여드름 피부는 피지선 자극으로 여드름이 더 유발될 수 있다.

11 다음 중 피부미용의 영역이 아닌 것은?

① 눈썹 정리　　② 제모
③ 피부 관리　　④ 모발 관리

해설 모발 관리는 헤어미용의 영역에 속한다.

12 다음 설명에 따르는 화장품이 가장 적합한 피부형은?

> 저자극성 성분을 사용하며, 향, 알코올, 색소, 방부제가 적게 함유되어 있다.

① 지성 피부　　② 복합성 피부
③ 민감성 피부　　④ 건성 피부

해설 저자극성 화장품은 민감성 피부에 적합하다.

13 딥클렌징에 대한 내용으로 가장 적합한 것은?

① 노화된 각질을 부드럽게 연화하여 제거한다.
② 피부 표면의 더러움을 제거하는 것이 주 목적이다.
③ 주로 메이크업의 제거를 위해 사용한다.
④ 고마쥐, 스크럽 등이 해당하며, 화학적 필링이라고 한다.

해설 피부 표면의 더러움과 메이크업의 제거는 클렌징의 목적이고 고마쥐, 스크럽은 물리적 딥클렌징에 해당된다.

Answer　07.① 08.④ 09.② 10.② 11.④ 12.③ 13.①

14 각 피부 유형에 대한 설명으로 틀린 것은?

① 유성 지루 피부 : 과잉 분포된 피지가 피부 표면에 기름기를 만들어 항상 번질거리는 피부

② 건성 지루 피부 : 피지분비 기능의 상층으로 피지는 과다 분비되어 표피에 기름기가 흐르나 보습 기능이 저하되어 피부 표면의 당김 현상이 일어나는 피부

③ 표피 수분부족 건성 피부 : 피부 자체의 내적 원인에 의해 피부 자체의 수화 기능에 문제가 되어 생기는 피부

④ 모세혈관 확장 피부 : 코와 뺨 부위 피부가 항상 붉거나 피부 표면에 붉은 실핏줄이 보이는 피부

해설 피부 자체의 내적 원인에 의해 피부 자체의 수화 기능에 문제가 되어 생기는 피부는 진피 수분부족 건성 피부이다.

15 다음 중 매뉴얼 테크닉 시 피부미용사의 자세로 가장 적합한 것은 어느 것인가?

① 허리를 살짝 구부린다.

② 발은 가지런히 모으고 손목에 힘을 뺀다.

③ 양발은 편안한 상태로 손목에 힘을 준다.

④ 발은 어깨너비만큼 벌리고 손목에 힘을 뺀다.

16 다음 중 온습포의 효과는?

① 혈행을 촉진시켜 조직의 영양공급을 돕는다.

② 혈관 수축 작용을 한다.

③ 피부 수렴 작용을 한다.

④ 모공을 수축시킨다.

해설 혈관과 모공의 수축, 피부 수렴 작용은 냉습포의 효과이다.

17 유분이 많은 화장품보다는 수분 공급에 효과적인 화장품을 선택하여 사용하고, 알코올 함량이 많아 피지 제거 기능과 모공 수축 효과가 뛰어난 화장수를 사용하여야 할 피부 유형으로 가장 적합한 것은?

① 건성 피부   ② 민감성 피부
③ 정상 피부   ④ 지성 피부

해설 피지 제거 기능과 모공 수축 효과가 있는 화장수는 지성 피부에 적합하다.

18 매뉴얼 테크닉의 부적용 대상과 가장 거리가 먼 것은?

① 임산부의 복부, 가슴 매뉴얼 테크닉

② 외상이 있거나 수술 직후

③ 오랫동안 서 있는 자세로 인한 다리 부종

④ 다리 부위에 정맥류가 있는 경우

해설 오랫동안 서 있는 자세로 인한 다리 부종이 있는 경우는 매뉴얼 테크닉의 대상이 된다.

19 손바닥과 발바닥 등 비교적 피부층이 두꺼운 부위에 주로 분포되어 있으며 수분침투를 방지하고 피부를 윤기 있게 해주는 기능을 가진 엘라이딘이라는 단백질을 함유하고 있는 표피 세포층은?

① 각질층   ② 유두층
③ 투명층   ④ 망상층

해설 반유동성 단백질인 엘라이딘은 투명층에 존재한다.

20 피부가 느끼는 오감 중에서 감각이 가장 둔감한 것은?

① 냉각　　　　② 온각
③ 통각　　　　④ 압각

21 피부 색소인 멜라닌을 주로 함유하고 있는 세포층은?

① 각질층　　　　② 과립층
③ 기저층　　　　④ 유극층

해설 기저층에는 각질형성세포, 멜라닌형성세포가 존재한다.

22 모세혈관이 위치하며 콜라겐 조직과 탄력적인 엘라스틴 섬유 및 무코다당류로 구성되어 있는 피부층은?

① 표피　　　　② 유극층
③ 진피　　　　④ 피하조직

해설 진피의 망상층은 콜라겐, 엘라스틴, 무코다당류로 구성된다.

23 기미가 생기는 원인으로 가장 거리가 먼 것은?

① 정신적 불안
② 비타민 C 과다
③ 내분비 기능 장애
④ 질이 좋지 않은 화장품의 사용

해설 비타민 C는 미백 효과가 있는 성분이다.

24 나이아신 부족과 아미노산 중 트립토판 결핍으로 생기는 질병으로써 옥수수를 주식으로 하는 지역에서 자주 발생하는 것은?

① 각기증　　　　② 괴혈병
③ 구루병　　　　④ 페라그라병

해설 옥수수에는 나이아신이라는 비타민이 없기 때문에 옥수수를 주식으로 할 경우 페라그라병에 걸리게 된다.

25 피부의 각질(케라틴)을 만들어 내는 세포는?

① 색소 세포　　　　② 기저 세포
③ 각질형성세포　　　④ 섬유아세포

해설 각질을 만들어내는 세포는 각질형성세포이다.

26 다음 중 원발진으로만 짝지어진 것은?

① 농포, 수포　　　② 색소침착, 찰상
③ 티눈, 흉터　　　④ 동상, 궤양

해설 원발진은 반점, 홍반, 팽진, 구진, 농포, 결정, 낭종, 면포, 수포, 종양 등이 있다.

27 대상포진(헤르페스)의 특징에 대한 설명으로 옳은 것은?

① 지각신경 분포를 따라 군집 수포성 발진이 생기며 통증이 동반된다.
② 바이러스를 갖고 있지 않다.
③ 전염되지 않는다.
④ 목과 눈꺼풀에 나타나는 전염성 비대 증식현상이다.

해설 대상포진은 지각신경분포 신경을 따라 띠 모양으로 피부 발진이 발생하고 통증을 수반하며 수포가 화농으로 변하면서 심한 경우 흉터가 남을 수도 있다.

Answer 20.② 21.③ 22.③ 23.② 24.④ 25.③ 26.① 27.①

28 다음 중 소화기관이 아닌 것은?

① 구강   ② 인두

③ 기도   ④ 간

해설 소화기관은 구강 → 인두 → 식도 → 위 → 소장 → 대장 순으로 이루어진다.

29 다음 중 중추신경계가 아닌 것은?

① 대뇌   ② 소뇌

③ 뇌신경   ④ 척수

해설 뇌신경은 말초신경 중 체성신경계에 해당된다.

30 다음 중 뇌, 척수를 보호하는 골이 아닌 것은?

① 두정골   ② 측두골

③ 척수   ④ 흉골

해설 흉골은 가슴을 보호하는 골이다.

31 평활근은 잡아당기면 쉽게 늘어나서 장력의 큰 변화 없이 본래 길이의 몇 배까지도 되는 데, 이와 같은 성질을 무엇이라 하는가?

① 연축   ② 강직

③ 긴장   ④ 가소성

해설 장력의 큰 변화 없이 늘어나는 것은 연축에 대한 설명이다.

32 다음 중 혈액응고와 관련이 가장 먼 것은?

① 조혈자극인자   ② 피브린

③ 프로크롬빈   ④ 칼슘이온

해설 조혈자극인자는 혈액(피) 생성과 관련이 있다.

33 다음 중 세포막의 기능 설명이 틀린 것은?

① 세포의 경계를 형성한다.

② 물질을 확산에 의해 통과시킬 수 있다.

③ 단백질을 합성하는 장소이다.

④ 조직을 이식할 때 자기 조직이 아닌 것을 인식할 수 있다.

해설 단백질을 합성하는 장소는 RNA이다.

34 다음 중 신장의 신문으로 출입하는 것이 아닌 것은?

① 요도   ② 신우

③ 맥관   ④ 신경

해설 방광에 모아진 오줌을 몸 밖으로 배출하는 오줌길을 요도라고 한다.

35 진공흡입기 적용을 금지해야 하는 경우와 가장 거리가 먼 것은 어느 것인가?

① 모세혈관 확장 피부

② 알레르기성 피부

③ 지나치게 탄력이 저하된 피부

④ 건성 피부

해설 진공흡입기는 석션 머신이라 불리우며, 빨아들이는 압력이 있기 때문에 ①, ②, ③의 피부에는 자극을 줄 수 있다.

36 전기장치 중 퓨즈의 역할은?

① 전압을 바꾸어 준다.

② 전류의 세기를 조절한다.

③ 부도체 전기가 잘 통하도록 한다.

④ 전선의 과열을 막아주는 안전장치 역할을 한다.

Answer 28.③ 29.③ 30.④ 31.① 32.① 33.③ 34.① 35.④ 36.④

part 07. 기출문제

37 열을 이용한 기기가 아닌 것은?

① 스티머　　　　② 이온토포레시스
③ 파라핀 왁스기　④ 적외선등

해설 이온토포레시스는 비타민을 이온화시켜 흡수시키는 기기이다.

38 브러시 기기의 올바른 사용법은?

① 브러시 끝이 눌리도록 적당한 힘을 가한다.
② 손목으로 회전 브러시를 돌리면서 적용시킨다.
③ 브러시는 피부에 대한 수평 방향으로 적용한다.
④ 회전 시 내용물이 튀지 않도록 양을 적당히 조절한다.

해설 브러시는 회전 브러시를 직각으로 내용물이 튀지 않게 양을 적당히 조절한다.

39 교류 전류로 신경근육계의 자극이나 전기 진단에 많이 이용되는 감응 전류(Faradic current)의 피부 관리 효과와 가장 거리가 먼 것은?

① 근육상태를 개선한다.
② 세포의 작용을 활발하게 하여 노폐물을 제거한다.
③ 혈액순환을 촉진한다.
④ 산소의 분비가 조직을 활성화시켜 준다.

해설 감응 전류는 저주파, 중주파, 고주파 전류의 효과로 산소의 분비가 조직을 활성화시켜 주는 것과는 관계가 없다.

40 피부 분석 시 사용하는 기기가 아닌 것은?

① 확대경　　　② 우드램프
③ 스킨스코프　④ 적외선 램프

해설 적외선 램프는 온열 효과가 있어서 팩 관리 후 적용하면 팩의 흡수력이 높아진다.

41 다음 설명 중 파운데이션의 일반적인 기능과 가장 거리가 먼 것은?

① 피부색을 기호에 맞게 바꾼다.
② 피부의 기미, 주근깨 등 결점을 커버한다.
③ 자외선으로부터 피부를 보호한다.
④ 피지 억제와 화장을 지속시켜 준다.

해설 파운데이션은 피지를 억제시키는 기능은 가지고 있지 않다.

42 화장품을 선택할 때 검토해야 하는 조건이 아닌 것은?

① 피부나 점막, 두발 등에 손상을 주거나 알레르기 등을 일으킬 염려가 없는 것
② 구성 성분이 균일한 성상으로 혼합되어 있지 않은 것
③ 사용 중이나 사용 후에 불쾌감이 없고, 사용감이 산뜻한 것
④ 보존성이 좋아서 잘 변질되지 않은 것

해설 화장품은 안전성, 안정성, 사용성, 유효성의 조건이 있어야 한다.

Answer 37.② 38.④ 39.④ 40.④ 41.④ 42.②

43 바디 화장품의 종류와 사용 목적의 연결이 적합하지 않은 것은?

① 바디 클렌저-세정, 용제
② 데오도란트 파우더-탈색, 제모
③ 선크림-자외선 방어
④ 바스 솔트-세정, 용제

> **해설** 데오도란트는 탈색, 제모와 관련이 없고, 체취억제와 관련이 있다.

44 다음 설명에 적합한 유화 형태의 판별법은?

> 유화 형태를 판별하기 위해서 물을 첨가한 것과 잘 섞여 O/W으로 판별되었다.

① 전기전도법
② 희석법
③ 색소첨가법
④ 질량분석법

45 자외선 차단제를 도와주는 화장품 성분이 아닌 것은?

① 파라아미노안식향산
② 옥티디메티파바
③ 콜라겐
④ 티타늄디옥사이드

> **해설** 콜라겐은 수분 함량이 많은 성분으로 피부 재생과 관련된다.

46 바디 샴푸의 성질로 틀린 것은?

① 세포간의 존재하는 지질을 가능한 보호
② 피부의 요소, 염분을 효과적으로 제거
③ 세균의 증식 억제
④ 세정제의 각질층 내 침투로 지질을 용출

47 향수를 뿌린 후 즉시 느껴지는 향수의 첫 느낌으로 주로 휘발성이 강한 향들로 이루어져 있는 노트는?

① 탑 노트
② 미들 노트
③ 하트 노트
④ 베이스 노트

> **해설** 휘발성이 가장 강한 향은 탑 노트에 해당된다.

48 이 · 미용업 종사자가 손을 씻을 때 많이 사용하는 소독약은?

① 크레졸수
② 페놀수
③ 과산화수소
④ 역성비누

49 보건행정의 특성과 가장 거리가 먼 것은?

① 공공성
② 교육성
③ 정치성
④ 과학성

50 다음 중 실내의 가장 쾌적한 온도와 습도는?

① 14℃, 20%
② 16℃, 30%
③ 18℃, 60%
④ 20℃, 80%

> **해설** 쾌적온도는 18±2℃, 습도는 40~70%이다.

51 다음 중 쥐와 관계 없는 감염병은?

① 유행성 출혈열
② 페스트
③ 공수병
④ 살모넬라

> **해설** 공수병은 광견병이라고도 하며, 개와 관련된 감염병이다.

Answer 43.② 44.② 45.③ 46.④ 47.① 48.④ 49.③ 50.③ 51.③

52 다음 소독제 중에서 할로겐계에 속하지 않는 것은?

① 표백분　　　　　② 석탄산
③ 차아염소산나트륨　④ 염소 유기화합물

해설 할로겐계는 염소를 형성하며, 표백분은 염소계 표백제의 하나이다. 석탄산은 페놀류에 해당된다.

53 다음 중 예방법으로 생균백신을 사용하는 것은?

① 홍역　　　　　　② 콜레라
③ 디프테리아　　　④ 파상풍

해설 홍역은 인공능동면역으로 인위적으로 항원을 체내에 투입하여 항체가 생산되도록 하는 생균백신을 1회 접종으로 장기간 면역이 지속되는 예방접종에 의한 면역을 말한다.

54 인체의 창상용 소독약으로 부적당한 것은?

① 승홍수　　　　　② 머큐로크롬액
③ 희옥도정기　　　④ 아크리놀

해설 승홍수는 염화제2수은으로 인체의 창상용으로는 적당하지 않다.

55 다음 중 공중위생 감시원의 업무 범위가 아닌 것은?

① 공중위생 영업관련 시설 및 설비의 위생 상태 확인 및 검사에 관한 사항
② 공중위생 영업소의 위생서비스 수준평가에 관한 사항
③ 공중위생 영업소 개설자의 위생교육 이행여부 확인에 관한 사항
④ 공중위생 영업자의 위생관리 의무 및 영업자 준수사항 이행여부의 확인에 관한 사항

해설 공중위생 감시원의 업무범위
• 시설 및 설비의 확인
• 시설 및 설비의 위생상태 확인·검사
• 공중위생 영업자의 위생관리의무 및 영업자 준수사항 이행여부의 확인
• 위생관리상태의 확인·검사
• 위생지도 및 개선명령 이행여부의 확인
• 공중위생 영업소의 영업의 정지, 일부시설사용의 중지 또는 영업소 폐쇄명령 이행여부의 확인
• 위생교육 이행여부의 확인

56 이·미용업자가 신고를 하지 아니하고 영업소의 상호를 변경한 때의 1차 위반 행정처분 기준은?

① 경고 또는 개선명령
② 영업정지 3월
③ 영업허가 취소
④ 영업장 폐쇄명령

해설 이·미용업자가 신고를 하지 아니하고 영업소의 상호를 변경한 때
• 1차 위반 : 경고 또는 개선명령
• 2차 위반 : 영업정지 15일
• 3차 위반 : 영업정지 1월
• 4차 위반 : 영업장 폐쇄명령

57 이·미용사의 면허를 받지 않은 자가 이·미용의 업무를 하였을 때의 벌칙 기준은?

① 100만 원 이하의 벌금
② 200만 원 이하의 벌금
③ 300만 원 이하의 벌금
④ 500만 원 이하의 벌금

해설 300만 원 이하의 벌금
위생관리 기준 또는 오염 기준을 지키지 아니한 자로서 개선명령을 위반한 자, 면허취소된 후 계속하여 업무를 행한 자, 면허정지 기간 중 업무를 행한 자, 무면허업무를 행한 자

Answer 52.② 53.① 54.① 55.② 56.① 57.③

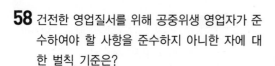

58 건전한 영업질서를 위해 공중위생 영업자가 준수하여야 할 사항을 준수하지 아니한 자에 대한 벌칙 기준은?

① 1년 이하의 징역 또는 1천만 원 이하의 벌금
② 6월 이하의 징역 또는 500만 원 이하의 벌금
③ 3월 이하의 징역 또는 300만 원 이하의 벌금
④ 300만 원 이하의 벌금

해설 6월 이하의 징역 또는 500만 원 이하의 벌금의 경우
공중위생 영업을 변경신고하지 아니한 자, 공중위생 영업자의 지위를 승계한 자로서 승계신고 위반, 건전한 영업질서를 위해 공중위생 영업자가 준수하여야 할 사항을 준수사항 위반

59 다음 중 이·미용업소 내에서 게시하지 않아도 되는 것은 어느 것인가?

① 이·미용업 신고증
② 개설자의 면허증 원본
③ 개설자의 건강진단서
④ 최종지불요금표

해설 이·미용업 신고증, 개설자의 면허증 원본, 최종지불요금표를 이·미용업소 내에 게시해야 한다.

60 이·미용업소에서 전염될 수 있는 트라코마에 대한 설명 중 틀린 것은?

① 수건, 세면대 등에 의하여 감염된다.
② 전염원은 환자의 눈물, 콧물 등이다.
③ 예방접종으로 사전 예방할 수 있다.
④ 실명의 원인이 될 수 있다.

Answer 58.② 59.③ 60.③

2010년 10월 3일 시행

01 실핏선 피부의 특징이라고 볼 수 없는 것은?

① 혈관의 탄력이 떨어져 있는 상태이다.
② 피부가 대체로 얇다.
③ 지나친 온도변화에 쉽게 붉어진다.
④ 모세혈관의 수축으로 혈액의 흐름이 원활하지 못하다.

해설 실핏선 피부는 모세혈관 확장 피부이다.

02 셀룰라이트에 대한 설명으로 틀린 것은?

① 노폐물 등이 정체되어 있는 상태
② 피하지방이 비대해져 정체되어 있는 상태
③ 소성 결합조직이 경화되어 뭉쳐져 있는 상태
④ 근육이 경화되어 딱딱하게 굳어 있는 상태

해설 셀룰라이트는 지방과 노폐물이 섞여 있는 것이다.

03 화장수(스킨로션)를 사용하는 목적과 가장 거리가 먼 것은?

① 세안을 하고나서도 지워지지 않는 피부의 잔여물을 제거하기 위해서
② 세안 후 남아 있는 세안제의 알칼리성 성분 등을 닦아내어 피부 표면의 산도를 산성으로 회복시켜 피부를 부드럽게 하기 위해서
③ 보습제, 유연제의 함유로 각질층을 촉촉하고 부드럽게 하면서 다음 단계에 사용할 제품의 흡수를 용이하게 하기 위해서

④ 각종 영양물질을 함유하고 있어, 피부의 탄력을 증진시키기 위해서

해설 화장수는 세안 후 잔여물 제거, 밸런스 조절, 보습용으로 사용된다. 각종 영양물질이나 탄력증진을 위한 것은 아니다.

04 입술 화장을 지우는 방법으로 틀린 설명은?

① 입술을 적당히 벌리며 가볍게 닦아낸다.
② 윗입술은 위에서 아래로 닦아낸다.
③ 아랫입술은 아래에서 위로 닦아낸다.
④ 입술 중간에서 외곽 부위로 닦아낸다.

해설 입술 화장은 입술의 외곽 부위에서 입술 중간으로 닦아낸다.

05 다음 중 클렌징의 목적과 가장 관계가 깊은 것은?

① 피지 및 노폐물 제거
② 피부막 제거
③ 자외선으로부터 피부 보호
④ 잡티 제거

해설 클렌징의 목적은 메이크업의 잔여물 및 노폐물 제거이다.

06 피부 관리에서 팩 사용 효과가 아닌 것은?

① 수분 및 영양 공급 ② 각질 제거
③ 치료 작용　　　　 ④ 잡티 제거

해설 피부 관리에서 팩은 치료하기 위함은 아니다.

Answer 01.④ 02.④ 03.④ 04.④ 05.① 06.③

07 세안 후 이마, 볼 부위가 당기며 잔주름이 많고 화장이 잘 들뜨는 피부 유형은?

① 복합성 피부   ② 건성 피부
③ 노화 피부   ④ 민감 피부

> **해설** · 복합성 피부 : T존과 U존 등 두 가지 이상의 피부 타입이다.
> · 노화 피부 : 보통 광노화가 대표적이며, 굵은 주름이 있다.
> · 민감성 피부 : 쉽게 얼굴이 붉어지며 피부가 얇다.

08 다음 중 온습포의 효과가 아닌 것은?

① 혈액순환 촉진
② 모공확장으로 피지, 면포 등 불순물 제거
③ 피지선 자극
④ 혈관 수축으로 염증 완화

> **해설** 냉습포는 혈관 수축으로 진정 효과가 있다.

09 피부 관리실에서 주로 사용되고 있는 제모 방법은?

① 면도(Shaving)   ② 왁싱(Waxing)
③ 전기응고술   ④ 전기분해술

> **해설** 피부 관리실에서 종아리 제모 등에 많이 사용하는 것은 왁스 제모이다.

10 피부미용 역사에 대한 설명으로 틀린 것은?

① 고대 이집트에서는 피부미용을 위해 천연 재료를 사용하였다.
② 고대 그리스에서는 식이요법, 운동, 마사지, 목욕 등으로 건강을 유지하였다.
③ 고대 로마인은 청결과 장식을 중요시하여 오일, 향수, 화장이 생활의 필수품이었다.
④ 국내의 피부미용이 전문화되기 시작한 것은 19세기 중반부터였다.

> **해설** 19세기에는 화장품이 일반 시민에게 보급되었던 시기이다.

11 매뉴얼 테크닉에 대한 설명 중 거리가 먼 것은?

① 체내의 노폐물 배설작용을 도와준다.
② 신진대사의 기능이 빨라져 혈압을 내려준다.
③ 몸의 긴장을 풀어줌으로써 건강한 몸과 마음을 갖게 한다.
④ 혈액순환을 도와 피부에 탄력을 준다.

> **해설** 매뉴얼 테크닉은 혈액순환, 근육이완과 화장품의 유효물질의 흡수력을 우수하게 한다.

12 딥클렌징 시술 과정에 대한 내용으로 틀린 것은?

① 깨끗이 클렌징 된 상태에서 적용한다.
② 필링제를 중앙에서 바깥쪽, 아래에서 위쪽으로 도포한다.
③ 고마쥐 타입은 팩이 마른 상태에서 근육결 대로 가볍게 밀어준다.
④ 딥클렌징 단계에서는 수분 보충을 위해 스티머를 반드시 사용한다.

> **해설** · 딥클렌징 중 효소관리할 때 스티머를 한다.
> · 딥클렌징 단계에서 반드시 스티머를 사용하지는 않는다.

13 피부 타입에 따른 팩의 사용이 잘못된 것은?

① 건성 피부 : 클레이 마스크
② 지성 피부 : 클레이 마스크
③ 노화 피부 : 벨벳 마스크
④ 여드름 피부 : 머드 팩

> **해설** 클레이 마스크는 지성 피부용이다.

Answer 07.② 08.④ 09.② 10.④ 11.② 12.④ 13.①

14 매뉴얼 테크닉 방법 중 두드리기의 효과와 가장 거리가 먼 것은?

① 피부 진정과 긴장 완화 효과
② 혈액순환 촉진
③ 신경자극
④ 피부의 탄력성 증대

해설 진정 및 긴장 완화 효과가 있는 매뉴얼 테크닉은 쓰다듬기이다.

15 딥클렌징과 관련이 가장 먼 것은?

① 더마스코프(Dermascope)
② 프리마톨(Frimator)
③ 엑스폴리에이션(Exfoliation)
④ 디스인크러스테이션(Disincrustation)

해설 더마스코프는 피부 분석기에 속한다.

16 건성 피부에 사용해야 할 화장품으로 옳지 않은 것은?

① 영양, 보습 성분이 있는 오일이나 에센스
② 알코올이 다량 함유되어 있는 토너
③ 밀크 타입이나 유분기가 있는 크림 타입의 클렌저
④ 토닉으로 보습 기능이 강화된 제품

해설 알코올이 다량 함유되어 있는 토너는 수분을 증발시켜 더욱 건조하게 한다.

17 제모할 때 왁스는 일반적으로 어떻게 바르는 것이 적합한가?

① 털이 자라는 방향
② 털이 자라는 반대 방향

③ 털이 자라는 왼쪽 방향
④ 털이 자라는 오른쪽 방향

해설 왁스는 털이 자라는 방향대로 바르고, 제거 시에는 털이 자라는 반대 방향으로 제거를 한다.

18 다음 중 매뉴얼 테크닉을 적용하는 데 가장 적절한 사람은?

① 손·발이 냉한 사람
② 독감이 심하게 걸린 사람
③ 피부에 상처나 질환이 있는 사람
④ 정맥류가 있어 혈관이 튀어나온 사람

해설 손·발이 냉한 사람이 매뉴얼 테크닉을 받으면 혈액순환이 되어 따뜻해진다.

19 다음 중 세포 재생이 더 이상 되지 않으며 기름샘과 땀샘이 없는 것은?

① 흉터　　　　　　② 티눈
③ 두드러기　　　　④ 습진

해설 세포 재생이 더 이상 되지 않고 기름샘과 땀샘이 없는 곳은 흉터이다.

20 다음 중 입모근과 가장 관련 있는 것은?

① 수분조절　　　　② 체온조절
③ 피지조절　　　　④ 호르몬조절

해설 입모근은 털을 세워주는 근육으로 체온조절과 관련이 있다.

21 다음 중 피지선이 분포되어 있지 않는 부위는?

① 손바닥　　　　　② 코
③ 가슴　　　　　　④ 이마

Answer 14.① 15.① 16.② 17.① 18.① 19.① 20.② 21.①

해설 신체에서 피지선이 분포되어 있지 않는 곳은 손바닥과 발바닥이다. 손바닥과 발바닥은 한선이 발달되어 있다.

해설 두부 백선은 곰팡이균에 의한 진균성 피부 질환이다. 사상균은 곰팡이가 만드는 가는 실 모양의 영양체인 균사체(菌絲體)와 자실체(子實體)로 이루어진 덩어리이다.

22 비듬이나 때처럼 박리 현상을 일으키는 피부층은?

① 표피의 기저층　② 표피의 과립층
③ 표피의 각질층　④ 진피의 유두층

해설 비듬이나 때처럼 박리 현상(각질 탈락)이 일어나는 곳은 각질층이다.

23 표피의 구조 중 콜라겐과 엘라스틴이 자리잡고 있는 층은?

① 표피　　　　　② 진피
③ 피하조직　　　④ 기저층

해설 콜라겐과 엘라스틴은 진피의 망상층에 자리잡고 있다.

24 손톱, 발톱에 대한 설명으로 틀린 것은?

① 정상적인 손·발톱의 교체는 대략 6개월 정도 걸린다.
② 개인에 따라 성장의 속도는 차이가 있지만 매일 약 1mm 정도 성장한다.
③ 손끝과 발끝을 보호한다.
④ 물건을 잡을 때 받침대 역할을 한다.

해설 보통 손톱, 발톱은 하루에 0.1mm 정도 자라고 완전 교체하는 데에는 5~6개월 정도 걸린다.

25 다음 중 전염성 피부질환인 두부 백선의 병원체는?

① 리케챠　　　　② 바이러스
③ 사상균　　　　④ 원생동물

26 다음 중 각질이상에 의한 피부 질환은?

① 주근깨(작반)　② 기미(간반)
③ 티눈　　　　　④ 리일 흑피증

해설 티눈은 발이나 발가락의 피부가 각질화되고 두꺼워지는 피부 질환이다.

27 다음 중 원발진에 속하는 것은?

① 수포, 반점, 인설　② 수포, 균열, 반점
③ 반점, 구진, 결절　④ 반점, 가피, 구진

해설 원발진은 피부에 1차적으로 나타나는 장애로 반점, 홍반, 소수포, 대수포, 팽진, 면포, 구진, 농포, 결절, 낭포, 종양이 있다.

28 인체의 골격은 약 몇 개의 뼈(골)로 이루어지는가?

① 약 206개　　　② 약 216개
③ 약 265개　　　④ 약 365개

해설 성인의 뼈는 총 206개이다.

29 신경계에 관한 내용 중 틀린 것은?

① 뇌와 척수는 중추신경계이다.
② 대뇌의 주요 부위는 뇌간, 간뇌, 중뇌, 교뇌 및 연수이다.
③ 척수로부터 나오는 31쌍의 척수신경은 말초신경을 이룬다.

Answer 22.③ 23.② 24.② 25.③ 26.③ 27.③ 28.①

④ 척수의 전각에는 감각신경 세포, 후각에는 운동신경 세포가 분포한다.

해설 척수의 전각은 운동신경 세포, 후각은 감각신경 세포가 분포한다.

30 성장 호르몬에 대한 설명으로 틀린 것은?

① 분비 부위는 뇌하수체후엽이다.
② 기능 저하 시 어린이의 경우 저신장증이 된다.
③ 기능으로는 골, 근육, 내장의 성장을 촉진한다.
④ 분비 과다 시 어린이는 거인증, 성인의 경우 말단 비대증이 된다.

해설 성장 호르몬의 부위는 뇌하수체전엽이다.

31 심장근을 무늬모양과 의지에 따라 분류하면 옳은 것은?

① 횡문근, 수의근
② 횡문근, 불수의근
③ 평활근, 수의근
④ 평활근, 불수의근

해설 • 골격근 – 횡문근 – 수의근
• 심장근 – 횡문근 – 불수의근
• 평활근 – 민무늬근 – 불수의근

32 세포 내 소기관 중에서 세포 내의 호흡생리를 담당하고 이화작용과 동화작용에 의해 에너지를 생산하는 기관은?

① 미토콘드리아
② 리보솜
③ 리소좀
④ 중심소체

해설 미토콘드리아는 세포 내 호흡을 담당하고, ATP를 생산한다.

33 3대 영양소를 소화하는 모든 효소를 가지고 있으며, 인슐린(Insulin)과 글루카곤(Glucagon)을 분비하여 혈당량을 조절하는 기관은?

① 췌장
② 간장
③ 담낭
④ 충수

해설 췌장에서 분비되는 소화효소
• 탄수화물 – 아밀라아제, 말타아제
• 단백질 – 트립신
• 지방 – 리파아제

34 심장에 대한 설명 중 틀린 것은?

① 성인 심장은 무게가 평균 250~300g 정도이다.
② 심장은 심방 중격에 의해 좌·우 심방, 심실은 심실 중격에 의해 좌·우 심실로 나누어진다.
③ 심장은 2/3가 흉골 정중선에서 좌측으로 치우쳐 있다.
④ 심장근육은 심실보다는 심방에서 매우 발달되어 있다.

해설 심장근육은 심실과 심방이 거의 유사하다.

35 우드램프 사용 시 피부에 색소침착을 나타내는 색깔은?

① 푸른색
② 보라색
③ 흰색
④ 암갈색

해설 우드램프 사용 시 정상 피부는 청백색, 민감한 피부는 짙은 보라색, 색소침착은 암갈색으로 나타난다.

Answer 29.④ 30.① 31.② 32.① 33.① 34.④ 35.④

36 모세혈관 확장 피부의 안면 관리방법으로 적당한 것은?

① 스티머(Steamer)는 분무 거리를 가까이 한다.
② 왁스나 전기마스크를 사용하지 않도록 한다.
③ 혈관확장 부위는 안면 진공흡입기를 사용한다.
④ 비타민 P의 섭취를 피하도록 한다.

해설 모세혈관 확장 피부는 혈관강화를 위해 비타민 P, K를 섭취하는 것이 좋으며, 혈관이 확장되는 것이나 기계는 사용하지 않는 것이 좋다.

37 이온토포레시스(Iontophoresis)의 주 효과는?

① 세균 및 미생물을 살균시킨다.
② 고농축 유효성분을 피부 깊숙이 침투시킨다.
③ 셀룰라이트를 감소시킨다.
④ 심부열을 증가시킨다.

해설 이온토포레시스는 산성에 반응을 하고, 유효성분을 침투시키는 효과가 있다.

38 직류(Direct current)에 대한 설명으로 옳은 것은?

① 시간의 흐름에 따라 방향과 크기가 비대칭적으로 변한다.
② 변압기에 의해 승압 또는 강압이 가능하다.
③ 정현파 전류가 대표적이다.
④ 지속적으로 한쪽으로만 이동하는 전류의 흐름이다.

해설 직류는 한쪽으로만 지속적으로 흐르는 전류이며, 이를 사용하는 기기로는 갈바닉과 리프팅 기기가 있다.

39 고주파 사용 방법으로 옳은 것은?

① 스파킹(Sparking)을 할 때는 거즈를 사용한다.
② 스파킹을 할 때는 피부와 전극봉 사이의 간격을 7mm 이상으로 한다.
③ 스파킹을 할 때는 부도체인 합성섬유를 사용한다.
④ 스파킹을 할 때는 여드름용 오일을 면포에 도포한 후 사용한다.

해설 고주파 직접법에서 스파킹의 역할은 살균 소독으로 거즈를 사용한다.

40 다음 중 피부 분석을 위한 기기가 아닌 것은?

① 고주파기   ② 우드램프
③ 확대경   ④ 유분 측정기

해설 고주파 기기는 피부미용 기기로 피부를 분석하는 기기는 아니다.

41 바디 관리 화장품이 가지는 기능과 가장 거리가 먼 것은?

① 세정   ② 트리트먼트
③ 연마   ④ 일소방지

해설 연마는 표면처리의 마지막 다듬질로 금속의 평활을 유지하고 광택을 높여주기 위해 사용하는 것을 말한다.

42 보습제가 갖추어야 할 조건이 아닌 것은?

① 다른 성분과 혼용성이 좋을 것
② 휘발성이 있을 것
③ 적절한 보습능력이 있을 것
④ 응고성이 낮을 것

Answer 36.② 37.② 38.④ 39.① 40.① 41.③ 42.②

해설 휘발성이 있으면 수분도 증발하므로 보습제의 조건은 아니다.

43 화장품의 제형에 따른 특징의 설명으로 틀린 것은?

① 유화 제품 : 물에 오일 성분이 계면활성제에 의해 우유빛으로 백탁화된 상태의 제품

② 유용화 제품 : 물에 다량의 오일 성분이 계면활성제에 의해 현탁하게 혼합된 상태의 제품

③ 분산 제품 : 물 또는 오일에 미세한 고체 입자가 계면활성제에 의해 균일하게 혼합된 상태의 제품

④ 가용화 제품 : 물에 소량의 오일 성분이 계면활성제에 의해 투명하게 용해되어 있는 상태의 제품

해설 화장품의 제조에 따른 분류는 가용화, 유화, 분산이다.

44 진달래과의 월귤나무의 잎에서 추출한 하이드로퀴논 배당체로 멜라닌 활성을 도와주는 티로시나아제 효소의 작용을 억제하는 미백 화장품의 성분은?

① 감마-오리자놀   ② 알부틴
③ AHA   ④ 비타민 C

해설 알부틴은 하이드로퀴논과 비슷한 화학구조를 가지고 있는 미백 화장품이다.

45 "피부에 대한 자극, 알러지, 독성이 없어야 한다."는 내용은 화장품의 4대 요건 중 어느 것에 해당하는가?

① 안전성   ② 안정성
③ 사용성   ④ 유효성

해설
• **안전성** : 피부에 대한 자극, 알레르기, 독성이 없을 것
• **안정성** : 보관에 따른 변질, 변색, 변취, 미생물의 오염이 없을 것
• **사용성** : 피부에 사용감이나 손놀림이 쉬울 것
• **유효성** : 보습, 자외선 차단, 미백 효과를 부여할 것

46 대부분 O/W형 유화 타입이며, 오일량이 적어 여름철에 많이 사용하고 젊은 연령층이 선호하는 파운데이션은?

① 크림 파운데이션   ② 파우더 파운데이션
③ 트윈 케이크   ④ 리퀴드 파운데이션

해설 리퀴드 파운데이션은 O/W형 유화 타입의 파운데이션이다.

47 좋아하는 향수를 구입하여 샤워 후 바디에 나만의 향으로 산뜻하고 상쾌함을 유지시키고자 한다면, 부향률을 어느 정도로 하는 것이 좋은가?

① 1~3%   ② 3~5%
③ 6~8%   ④ 9~12%

48 다음 중 인수공통 감염병에 해당하는 것은?

① 천연두   ② 콜레라
③ 디프테리아   ④ 공수병

해설 인수공통 감염병은 공수병(광견병)이다.

Answer 43.② 44.② 45.① 46.④ 47.① 48.④

49 광역시 지역에서 이·미용업소를 운영하는 사람이 영업소의 소재지를 변경하고자 할 때의 조치사항으로 옳은 것은?

① 시장에게 변경허가를 받아야 한다.
② 관할 구청장에게 변경허가를 받아야 한다.
③ 시장에게 변경신고를 하면 된다.
④ 관할 구청장에게 변경신고를 하면 된다.

50 다음 중 매개곤충과 전파하는 감염병의 연결이 틀린 것은?

① 쥐 – 유행성 출혈열 ② 모기 – 일본뇌염
③ 파리 – 사상충 ④ 쥐벼룩 – 페스트

해설 사상충은 모기에 의한 감염병이다.

51 다음 중 산업종사자와 직업병의 연결이 틀린 것은?

① 광부 – 진폐증 ② 인쇄공 – 납중독
③ 용접공 – 규폐증 ④ 항공정비사 – 난청

해설 규폐증은 규산 성분이 있는 돌가루가 폐에 쌓여 생기는 질환이다. 광부, 석공, 도공, 돌 따위의 연마공 등에서 주로 볼 수 있는 직업병이다.

52 다음 중에서 접촉 감염지수(감수성 지수)가 가장 높은 질병은?

① 홍역 ② 소아마비
③ 디프테리아 ④ 성홍열

해설 홍역은 약 2~4년마다 특정 지역에서 발발하는 감염성 바이러스 감염으로 가장 감염성이 높은 질환이다.

53 결핵환자의 객담 처리 방법 중 가장 효과적인 것은?

① 소각법 ② 알코올 소독
③ 크레졸 소독 ④ 매몰법

해설 결핵환자의 객담 처리는 태우는 것이 가장 효과적이다.

54 자외선의 작용이 아닌 것은?

① 살균작용 ② 비타민 D 형성
③ 피부의 색소침착 ④ 아포 사멸

해설 • 자외선은 살균 효과가 있지만, 아포는 사멸하지 못한다.
• 아포(포자)는 멸균에 의해서 사멸된다.

55 다음 중 소독약품의 적정 희석농도가 틀린 것은?

① 석탄산 3% ② 승홍 0.1%
③ 알코올 70% ④ 크레졸 0.3%

해설 크레졸의 적정 희석농도는 3%이다.

56 병원성 또는 비병원성 미생물 및 아포를 가진 것을 전부 사멸 또는 제거하는 것을 무엇이라 하는가?

① 멸균 ② 소독
③ 방부 ④ 정균

해설 멸균은 가장 살균력이 높은 것으로 아포(포자)까지 제거한다.

Answer 49.④ 50.③ 51.③ 52.① 53.① 54.④ 55.④ 56.①

57 이 · 미용사의 면허를 받을 수 없는 사람은?

① 전문대학 또는 이와 동등 이상의 학력이 있다고 교육부 장관이 인정하는 학교에서 이 · 미용에 관한 학과를 졸업한 자

② 국가기술자격법에 의한 이 · 미용사 자격을 취득한 자

③ 교육부 장관이 인정하는 고등기술학교에서 6월 이상 이 · 미용의 과정을 이수한 자

④ 고등학교 또는 이와 동등의 학력이 있다고 교육부 장관이 인정하는 학교에서 이 · 미용에 관한 학과를 졸업한 자

해설 미용사 면허는 사설 학원이나 기술학교에서 수업을 이수해서 받을 수 있는 것이 아니고, 해당 미용고나 미용대학을 졸업하거나 국가피부미용사 자격증을 취득하였을 때 면허를 받을 수 있다.

58 면허증 분실로 인해 재교부를 받았을 때, 잃어버린 면허를 찾은 경우 반납하여야 하는 기간은?

① 지체 없이 　　　 ② 7일

③ 30일 　　　　　 ④ 6개월

59 다음 중 이 · 미용영업에 있어 벌칙기준이 다른 것은?

① 영업신고를 하지 아니한 자

② 영업장 폐쇄명령을 받고도 계속하여 영업을 한 자

③ 일부 시설의 사용중지 명령을 받고 그 기간 중에 영업을 한 자

④ 면허가 취소된 후 계속하여 업무를 행한 자

해설 면허가 취소된 후에 계속 업무를 행한 자는 300만 원 이하의 벌금에 해당된다.

60 1회용 면도날을 2인 이상의 손님에게 사용한 때의 1차 위반 행정처분 기준은?

① 경고 　　　　　　 ② 영업정지 5일

③ 영업정지 10일 　　④ 영업정지 1월

해설 1회용 면도날을 2인 이상의 손님에게 사용한 경우 1차 위반 시 경고, 2차 위반 시 영업정지 5일, 3차 위반 시 영업정지 10일, 4차 위반 시 영업장 폐쇄명령의 행정처분이 가해진다.

Answer 57.③ 58.① 59.④ 60.①

2011년 2월 13일 시행

01 딥클렌징에 대한 설명으로 틀린 것은?

① 제품으로 효소, 스크럽 크림 등을 사용할 수 있다.

② 여드름성 피부나 지성 피부는 주 3회 이상 하는 것이 효과적이다.

③ 피부의 노폐물을 제거하고 피지 분비를 조절하는 데 도움이 된다.

④ 건성, 민감성 피부는 2주에 1회 정도가 적당하다.

> **해설** 딥클렌징을 자주하는 것은 피부를 예민하게 하기 때문에 지성 피부도 주 1~2회가 적당하다.

02 우드램프에 의한 피부의 분석결과로 틀린 것은?

① 흰색 : 죽은 세포와 각질층의 피부

② 연한 보라색 : 건조한 피부

③ 오렌지색 : 여드름, 피지, 지루성 피부

④ 암갈색 : 산화된 피지

> **해설** 암갈색 : 색소침착 부위

03 매뉴얼 테크닉 작업 시 주의사항으로 옳은 것은?

① 동작은 강하게 하여 경직된 근육을 이완시킨다.

② 속도는 빠르게 하여 고객에게 심리적인 안정을 준다.

③ 손동작은 머뭇거리지 않도록 하며, 손목이나 손가락의 움직임은 유연하게 한다.

④ 매뉴얼 테크닉을 할 때는 반드시 마사지 크림을 사용하여 시술한다.

> **해설** 동작이 강하거나 속도가 빠르면 근육이완과 고객의 심리적 안정을 줄 수 없다.

04 다음 중 피부 타입과 화장품과의 연결이 틀린 것은?

① 지성 피부 : 유분이 적은 영양 크림

② 정상 피부 : 영양과 수분 크림

③ 민감 피부 : 지성용 데이 크림

④ 건성 피부 : 유분과 수분 크림

> **해설** **민감 피부** : 민감성 피부용 보습 크림

05 다음 중 당일 적용한 피부 관리 내용을 고객카드에 기록하고 자가 관리 방법을 조언하는 단계는?

① 피부 관리 계획 단계

② 피부 관리 및 진단 단계

③ 트리트먼트(Treatment) 단계

④ 마무리 단계

> **해설** 마무리 단계에는 홈케어 관리법을 조언해준다.

06 매뉴얼 테크닉의 효과와 가장 거리가 먼 것은?

① 피부의 흡수능력을 확대시킨다.

② 심리적 안정감을 준다.

③ 혈액의 순환을 촉진한다.

④ 여드름이 정리된다.

> **해설** **매뉴얼 테크닉의 효과**
> • 화장품의 유효물질 흡수를 도와줌

Answer 01.② 02.④ 03.③ 04.③ 05.④ 06.④

• 정신적 스트레스 경감
• 혈액과 림프순환 촉진
• 모세혈관 강화

07 일시적인 제모 방법에 해당되지 않는 것은?

① 제모 크림　　　② 왁스
③ 전기응고술　　　④ 족집게

해설 전기응고술은 영구적 제모 방법이다.

08 천연 팩에 대한 설명 중 틀린 것은?

① 사용할 횟수를 모두 계산하여 미리 만들어 준비해 둔다.
② 신선한 무공해 과일이나 야채를 이용한다.
③ 만드는 방법과 사용법을 잘 숙지한 다음 제조한다.
④ 재료의 혼용 시 각 재료의 특성을 잘 파악한 다음 사용해야 한다.

해설 천연 팩은 즉석에서 만들어 사용하여야 한다.

09 클렌징에 대한 설명으로 가장 거리가 먼 것은?

① 피부 노폐물과 더러움을 제거한다.
② 피부호흡을 원활히 하는 데 도움을 준다.
③ 피부 신진대사를 촉진한다.
④ 피부 산성막을 파괴하는 데 도움을 준다.

해설 클렌징은 산성막을 파괴하는 것이 목적이 아니다.

10 딥클렌징 관리 시 유의사항 중 옳은 것은?

① 눈의 점막에 화장품이 들어가지 않도록 조심한다.
② 딥클렌징한 피부를 자외선에 직접 노출시킨다.
③ 흉터 재생을 위하여 상처 부위를 가볍게 문지른다.
④ 모세혈관 확장 피부는 부적용증에 해당하지 않는다.

해설 눈의 점막에 화장품이 들어가면 부작용을 일으킬 수 있다.

11 클렌징 과정에서 제일 먼저 클렌징을 해야 할 부위는?

① 볼 부위　　　② 눈 부위
③ 목 부위　　　④ 턱 부위

해설 아이섀도, 아이라인, 마스카라 등의 눈 화장과 입술 화장을 먼저 지운다.

12 림프드레나지 기법 중 손바닥 전체 또는 엄지를 피부 위에 올려놓고 앞으로 나선형으로 밀어내는 동작은?

① 정지상태 원 동작　② 펌프 기법
③ 퍼올리기 기법　　④ 회전동작

해설 ① **정지상태 원 동작(Stationary circle)** : 손가락 끝 부위나 손바닥 전체를 이용하여 림프배출 방향으로 압을 주는 방법이다.
② **펌프 기법(Pump technique)** : 팔, 다리에 주로 사용되는 기법으로 엄지와 네 손가락을 둥글게 하여 엄지와 검지 부분의 안쪽 면을 피부에 닿게 하고 손목을 움직여 위로 올릴 때 압을 준다.
③ **퍼올리기 기법(Scoop technique)** : 엄지를 제외한 네 손가락을 가지런히 하여 손바닥을 이용해 손목을 회전하여 위로 쓸어 올리듯이 압을 주는 기법이다.

Answer 07.③ 08.① 09.④ 10.① 11.② 12.④

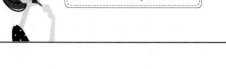
13 기초 화장품의 사용목적 및 효과와 가장 거리가 먼 것은?

① 피부의 청결 유지
② 피부 보습
③ 잔주름, 여드름 방지
④ 여드름 치료

> **해설** 기초 화장품은 치료의 목적이 아니다.

14 제모 관리 중 왁싱에 대한 내용과 가장 거리가 먼 것은?

① 겨드랑이 및 입술 주위의 털을 제거 시에는 하드왁스를 사용하는 것이 좋다.
② 냉왁스(Cold wax)는 데울 필요가 없지만 온왁스(Warm wax)에 비해 제모 능력이 떨어진다.
③ 왁싱은 레이저를 이용한 제모와는 달리 모유두의 모모세포를 퇴행시키지 않는다.
④ 다리 및 팔 등의 넓은 부위의 털을 제거할 때에는 부직포 등을 이용한 온왁스가 적합하다.

> **해설** 왁싱은 모모세포를 파괴할 수는 없지만 기능을 퇴행시킨다.

15 온열 석고 마스크의 효과가 아닌 것은?

① 열을 내어 유효성분을 피부 깊숙이 흡수시킨다.
② 혈액순환을 촉진시켜 피부에 탄력을 준다.
③ 피지 및 노폐물 배출을 촉진한다.
④ 자극받은 피부에 진정 효과를 준다.

> **해설** 석고 마스크는 늘어진 피부를 끌어올려 모델링 효과를 준다.

16 신체 각 부위별 매뉴얼 테크닉을 하는 경우 고려해야 할 유의사항과 가장 거리가 먼 것은?

① 피부나 근육, 골격에 질병이 있는 경우는 피한다.
② 피부에 상처나 염증이 있는 경우는 피한다.
③ 너무 피곤하거나 생리 중일 경우는 피한다.
④ 강한 압으로 매뉴얼 테크닉을 오래하는 것이 좋다.

> **해설** 매뉴얼 테크닉은 강약을 주면서 연결하여 시술한다.

17 피부미용의 목적이 아닌 것은?

① 노화예방을 통하여 건강하고 아름다운 피부를 유지한다.
② 심리적, 정신적 안정을 통해 피부를 건강한 상태로 유지시킨다.
③ 분장, 화장 등을 이용하여 개성을 연출한다.
④ 질환적 피부를 제외한 피부를 관리를 통해 상태를 개선시킨다.

> **해설** 피부미용은 손을 이용한 관리가 주가 된다.

18 다음 중 피부 분석을 하는 목적은?

① 피부 분석을 통해 고객의 라이프 스타일을 파악하기 위해서
② 피부의 증상과 원인을 파악하여 올바른 피부 관리를 하기 위해서
③ 피부의 증상과 원인을 파악하여 의학적 치료를 하기 위해서
④ 피부 분석을 통해 운동처방을 하기 위해서

> **해설** 피부 분석의 목적은 피부의 문제점과 원인을 파악하여 올바른 관리가 이루어지기 위함이다.

Answer　13.④　14.③　15.④　16.④　17.③　18.②

19 다음 중 적외선에 관한 설명으로 옳지 않은 것은?

① 혈류의 증가를 촉진시킨다.
② 피부에 생성물을 흡수되도록 돕는 역할을 한다.
③ 노화를 촉진시킨다.
④ 피부에 열을 가하여 피부를 이완시키는 역할을 한다.

🍼해설 적외선은 혈액순환을 촉진하여 노화를 지연시킨다.

20 다음 중 자외선이 피부에 미치는 영향이 아닌 것은?

① 색소침착   ② 살균 효과
③ 홍반 형성   ④ 비타민 A 합성

🍼해설 자외선은 비타민 D를 합성한다.

21 피부에 있어 색소 세포가 가장 많이 존재하고 있는 곳은 다음 중 어느 곳인가?

① 표피의 각질층   ② 표피의 기저층
③ 진피의 유두층   ④ 진피의 망상층

🍼해설 기저층에는 색소형성세포가 존재한다.

22 피부의 세포가 기저층에서 생성되어 각질 세포로 변화하여 피부 표면으로부터 떨어져 나가는 데 걸리는 기간은?

① 대략 60일   ② 대략 28일
③ 대략 120일   ④ 대략 280일

🍼해설 피부의 세포 주기는 28일이다.

23 사춘기 이후에 주로 분비가 되며, 모공을 통하여 분비되어 독특한 체취를 발생시키는 것은?

① 소한선   ② 대한선
③ 피지선   ④ 갑상선

🍼해설 대한선(아포크린선)은 사춘기 이후 발달되며, 액취증과 관련이 있다.

24 피지선에 대한 설명으로 틀린 것은?

① 피지를 분비하는 선으로 진피 중에 위치한다.
② 피지선은 손바닥에는 없다.
③ 피지의 1일 분비량은 10~20g 정도이다.
④ 피지선이 많은 부위는 코 주위이다.

🍼해설 피지선은 하루 평균 1~2g의 피지를 모공으로 배출한다.

25 체내에 부족하면 괴혈병을 유발시키며, 피부와 잇몸에서 피가 나오게 하고 빈혈을 일으켜 피부를 창백하게 만드는 것은?

① 비타민 A   ② 비타민 B_2
③ 비타민 C   ④ 비타민 K

🍼해설 체내 부족 시 나타나는 증상
• 비타민 A : 야맹증
• 비타민 B_2 : 구순구각염, 설염
• 비타민 K : 혈액응고 지연

26 한선에 대한 설명 중 틀린 것은?

① 체온조절 기능이 있다.
② 진피와 피하지방 조직의 경계 부위에 위치한다.
③ 입술을 포함한 전신에 존재한다.
④ 에크린선과 아포크린선이 있다.

Answer 19.③ 20.④ 21.② 22.② 23.② 24.③ 25.③ 26.③

해설 소한선은 입술을 제외한 전신에 분포되어 있다.

27 다음 중 피부의 기능이 아닌 것은?

① 보호작용　　　② 체온조절작용
③ 비타민 A 합성작용④ 호흡작용

해설 피부는 보호, 체온조절, 분비, 감각, 저장, 흡수, 비타민 D 생성, 면역, 호흡 등의 기능을 한다.

28 혈액 중 혈액응고에 주로 관여하는 세포는?

① 백혈구　　　② 적혈구
③ 혈소판　　　④ 헤마토크리트

해설 • 백혈구-식균작용, 적혈구-산소운반
• 헤마토크리트는 적혈구 용적률을 말한다.

29 눈살을 찌푸리고 이마에 주름을 짓게 하는 근육은?

① 구륜근　　　② 안륜근
③ 추미근　　　④ 이근

해설 ① **구륜근** : 입을 다무는 작용, 휘파람근이기도 하다.
② **안륜근** : 눈을 감거나 깜박거릴 때 작용을 한다.
④ **이근** : 아랫입술을 위로 올려 당겨 턱에 주름이 지는 작용을 한다.

30 피질의 세포 중 전해질 및 수분대사에 관여하는 염류피질 호르몬을 분비하는 세포군은?

① 속상대　　　② 사구대
③ 망상대　　　④ 경팽대

해설 부신피질의 가장 얇은 바깥층은 사구대이다.

31 뇌신경과 척수신경은 각각 몇 쌍인가?

① 뇌신경-12, 척수신경-31
② 뇌신경-11, 척수신경-31
② 뇌신경-12, 척수신경-30
③ 뇌신경-11, 척수신경-30

해설 체성신경계는 뇌신경 12쌍과 척수신경 31쌍으로 이루어진다.

32 다음 중 간의 역할에 가장 적합한 것은?

① 소화와 흡수촉진
② 담즙의 생성과 분비
② 음식물의 역류방지
④ 부신피질 호르몬 생산

해설 가장 재생력이 강한 장기인 간에서는 담즙(쓸개즙)을 생산, 분비한다.

33 두개골(Skull)을 구성하는 뼈로 알맞은 것은?

① 미골　　　② 즉골
③ 사골　　　④ 흉골

해설 두개골은 전두골, 후두골, 측두골, 두정골, 접형골, 사골로 구성되어 있다.

34 물질 이동 시 물질을 이루고 있는 입자들이 스스로 운동하여 농도가 높은 곳에서 낮은 곳으로 액체나 기체 속을 분자가 퍼져나가는 현상은?

① 능동수송　　　② 확산
③ 삼투　　　④ 여과

해설 ① **능동수송** : 에너지가 필요한 세포막의 물질 이동 기전
③ **삼투** : 선택적 투과성 막을 통과하는 물의 확산
④ **여과** : 압력이 높은 곳에서 낮은 곳으로 물과 용해물질의 이동

Answer 27.③ 28.③ 29.③ 30.② 31.① 32.② 33.③ 34.②

35 전류에 대한 설명으로 틀린 것은?

① 전류의 방향은 도선을 따라 (+)극에서 (−)극 쪽으로 흐른다.

② 전류는 주파수에 따라 초음파, 저주파, 중주파, 고주파 전류로 나뉜다.

③ 전류의 세기는 1초 동안 도선을 따라 움직이는 전하량을 말한다.

④ 전자의 방향과 전류의 방향은 반대이다.

해설 • 전류는 주파수에 따라 저주파, 중주파, 고주파 전류로 나뉜다.
• 초음파는 진동 주파수가 20,000Hz 이상인 진동 불가청 음파이다.

36 미용 기기로 사용되는 진공흡입기(Vacuum or Suction)와 관련 없는 것은?

① 피부에 적절한 자극을 주어 피부 기능을 왕성하게 한다.

② 피지 제거, 불순물 제거에 효과적이다.

③ 민감성 피부나 모세혈관 확장증에 적용하면 좋은 효과가 있다.

④ 혈액순환 촉진, 림프순환 촉진 등의 효과가 있다.

해설 진공흡입기는 민감성 피부나 모세혈관 확장증에는 적합하지 않다.

37 확대경에 대한 설명으로 틀린 것은?

① 피부 상태를 명확히 파악하게 하여 정확한 관리가 이루어지도록 한다.

② 확대경을 켠 후 고객의 눈에 아이패드를 착용시킨다.

③ 열린 면포 또는 닫힌 면포 등을 제거할 때 효과적으로 이용할 수 있다.

④ 세안 후 피부 분석 시 아주 작은 결점도 관찰할 수 있다.

해설 확대경을 켜기 전에 아이패드를 착용한다.

38 갈바닉 전류의 음극에서 생성되는 알칼리를 이용하여 피부 표면의 피지와 모공 속의 노폐물을 세정하는 방법은?

① 이온토포레시스

② 리프팅 트리트먼트

③ 디스인크러스테이션

④ 고주파 트리트먼트

해설 • 이온토포레시스 : 양극에서 생성되는 산성을 이용하여 비타민 C, 세럼 등의 유효성분을 침투시키는 방법
• 고주파 트리트먼트 : 100,000Hz 이상의 교류 전류를 사용한 심부 투열 치료 방법

39 다음 중 pH의 옳은 설명은?

① 어떤 물질의 용액 속에 들어 있는 수소이온의 농도를 나타낸다.

② 어떤 물질의 용액 속에 들어 있는 수소분자의 농도를 나타낸다.

③ 어떤 물질의 용액 속에 들어 있는 수소이온의 질량을 나타낸다.

④ 어떤 물질의 용액 속에 들어 있는 수소분자의 질량을 나타낸다.

해설 pH는 어떤 물질의 용액 속에 들어 있는 수소이온의 농도를 의미한다.

Answer 35.② 36.③ 37.② 38.③ 39.①

40 우드램프 사용 시 지성 부위와 코메도(Comedo)는 어떤 색으로 보이는가?

① 흰색 형광
② 밝은 보라
③ 노랑 또는 오렌지
④ 자주색 형광

해설 • 흰색 형광 : 각질
• 밝은 보라 : 건성 피부

41 손을 대상으로 하는 제품 중 알코올을 주 베이스로 하며, 청결 및 소독을 주된 목적으로 하는 제품은?

① 핸드 워시(Hand wash)
② 새니타이저(Sanitizer)
③ 비누(Soap)
④ 핸드 크림(Hand cream)

해설 새니타이저(Sanitizer)는 위생을 의미하며, 청결 및 소독에 주로 사용된다.

42 클렌징 크림의 설명으로 맞지 않는 것은?

① 메이크업 화장을 지우는 데 사용한다.
② 클렌징 로션보다 유성 성분 함량이 적다.
③ 피지나 기름때와 같이 물에 잘 닦이지 않는 오염물을 닦아 내는 데 효과적이다.
④ 깨끗하고 촉촉한 피부를 위해서 비누로 세정하는 것보다 효과적이다.

해설 클렌징 크림은 친유성(W/O)으로 로션보다 유성 성분 함량이 많다.

43 미백 화장품에 사용되는 원료가 아닌 것은?

① 알부틴
② 코직산
③ 레티놀
④ 비타민 C 유도체

해설 레티놀(비타민 A)은 피부 재생을 돕는 항노화 성분이다.

44 다음 중 여드름의 발생 가능성이 가장 적은 화장품 성분은?

① 호호바 오일
② 라놀린
③ 미네랄 오일
④ 이소프로필 팔미테이트

해설 호호바 오일은 인체 피지 성분과 가장 유사한 성분으로 여드름 발생 가능성이 적다.

45 다음 중 캐리어 오일로 부적합한 것은?

① 미네랄 오일
② 살구씨 오일
③ 아보카도 오일
④ 포도씨 오일

해설 미네랄 오일은 석유의 원유를 증류하여 얻은 물질이기 때문에 캐리어 오일로 부적합하다.

46 다음 중 화장품에 사용되는 주요 방부제는?

① 에탄올
② 벤조산
③ 파라옥시안식향산메칠
④ BHT

해설 파라옥시안식향산메칠은 에틸, 메틸, 프로필, 부틸 파라벤의 통칭이며, 방부제를 의미한다.

47 주름 개선 기능성 화장품의 효과와 가장 거리가 먼 것은?

① 피부 탄력 강화
② 콜라겐 합성 촉진

Answer 40.③ 41.② 42.② 43.③ 44.① 45.① 46.③

③ 표피 신진대사 촉진

④ 섬유아세포 분해 촉진

해설 주름 개선 기능성 화장품은 섬유아세포를 합성한다.

48 질병발생의 3대 요인으로 옳게 구성된 것은?

① 병인, 숙주, 환경

② 숙주, 감염력, 환경

③ 감염력, 연령, 인종

④ 병인, 환경, 감염력

해설 질병발생의 3대 요인 : 병인, 환경, 숙주

49 기생충과 중간숙주의 연결이 틀린 것은?

① 광절열두조충증-물벼룩, 송어

② 유구조충증-오염된 풀, 소

③ 폐흡충증-민물게, 가재

④ 간흡충증-쇠우렁, 잉어

해설 유구조충증-돼지고기

50 성층권의 오존층을 파괴시키는 대표적인 가스는?

① 아황산가스(SO_2) ② 일산화탄소(CO)

③ 이산화탄소(CO_2) ④ 염화불화탄소(CFC)

해설 염화불화탄소(프레온가스)는 대기 중에 올라가서 오존층을 파괴시킴으로 기상이변을 초래하며, 피부암을 일으킨다.

51 공중보건학의 정의로 가장 적합한 것은?

① 질병예방, 생명연장, 질병치료에 주력하는 기술이며 과학이다.

② 질병예방, 생명유지, 조기치료에 주력하는 기술이며 과학이다.

③ 질병의 기초발견, 조기예방, 생명연장에 주력하는 기술이며 과학이다.

④ 질병예방, 생명연장, 건강증진에 주력하는 기술이며 과학이다.

해설 윈슬로 박사는 "질병을 예방하고 생명을 연장시키며 신체적, 정신적 효율을 증진시키는 기술과 과학이다."라고 정의하였다.

52 다음 중 소독에 영향을 가장 적게 미치는 인자(因子)는?

① 온도 ② 대기압

③ 수분 ④ 시간

해설 소독에 영향을 미치는 요소 : 온도, 수분, 시간

53 다음 중 넓은 지역의 방역용 소독제로 적당한 것은?

① 석탄산 ② 알코올

③ 과산화수소 ④ 역성비누액

해설 석탄산(페놀)은 냄새가 강하며 온도가 높을수록 효력이 높다.

54 100℃ 이상 고온의 수증기를 고압상태에서 미생물, 포자 등과 접촉시켜 멸균할 수 있는 것은?

① 자외선 소독기 ② 건열멸균기

③ 고압증기멸균기 ④ 자비소독기

해설 고압증기멸균기는 120℃의 증기를 20분 이상 이용하여 멸균시키는 방법이다.

55 모기를 매개곤충으로 하여 일으키는 질병이 아닌 것은?

① 말라리아   ② 사상충염
③ 일본뇌염   ④ 발진티푸스

해설 발진티푸스는 리케차에 의해 질병을 일으킨다.

56 다음 중 이·미용업소에서 손님이 보기 쉬운 곳에 게시하지 않아도 되는 것은?

① 개설자의 면허증 원본
② 신고증
③ 사업자등록증
④ 최종지불요금표

57 이·미용사의 면허를 받기 위한 자격요건으로 틀린 것은?

① 교육부 장관이 인정하는 고등기술학교에서 1년 이상 이·미용에 관한 소정의 과정을 이수한 자
② 이·미용에 관한 업무에 3년 이상 종사한 경험이 있는 자
③ 국가기술자격법에 의한 이·미용사의 자격을 취득한 자
④ 전문대학에서 이·미용에 관한 학과를 졸업한 자

해설 고등학교 또는 이와 동등의 학력이 있다고 교육부 장관이 인정하는 학교에서 이용 또는 미용에 관한 학과를 졸업한 자가 면허를 받을 수 있다.

58 영업정지 처분을 받고 그 영업정지 기간 중 영업을 한 때에 대한 1차 위반 시 행정처분 기준은?

① 영업정지 10일   ② 영업정지 20일
③ 영업정지 1월   ④ 영업장 폐쇄명령

해설 영업정지 처분을 받은 경우 영업을 하면 1차 위반 시에도 바로 영업장 폐쇄명령이다.

59 이·미용사의 면허증을 다른 사람에게 대여한 때에 법적 행정처분 조치사항으로 옳은 것은?

① 시·도지사가 그 면허를 취소하거나 6월 이내의 기간을 정하여 업무정지를 명할 수 있다.
② 시·도지사가 그 면허를 취소하거나 1년 이내의 기간을 정하여 업무정지를 명할 수 있다.
③ 시장, 군수, 구청장은 그 면허를 취소하거나 6월 이내의 기간을 정하여 업무정지를 명할 수 있다.
④ 시장, 군수, 구청장은 그 면허를 취소하거나 1년 이내의 기간을 정하여 업무정지를 명할 수 있다.

60 이·미용사는 영업소 외의 장소에서는 이·미용업무를 할 수 없다. 그러나 특별한 사유가 있는 경우에는 예외가 인정되는데 다음 중 특별한 사유에 해당하지 않는 것은?

① 질병으로 영업소까지 나올 수 없는 자에 대한 이·미용

② 혼례 기타 의식에 참여하는 자에 대하여 그 의식 직전에 행하는 이·미용

③ 긴급히 국외에 출타하려는 자에 대한 이·미용

④ 시장, 군수, 구청장이 특별한 사정이 있다고 인정하는 경우에 행하는 이·미용

해설 보건복지부령이 정하는 특별한 사유
• 질병 같은 사유로 영업소 방문이 어려운 자
• 혼례 및 기타 의식에 참여하는 자
• 사회복지시설에서의 봉사활동
• 방송 등의 촬영에 참여하는 자
• 특별한 사정이 있다고 시장, 군수, 구청장이 인정한 경우

2011년 4월 17일 시행

01 다음 중 매뉴얼 테크닉의 효과와 가장 거리가 먼 것은?

① 혈액순환 촉진
② 피부결의 연화 및 개선
③ 심리적 안정
④ 주름 제거

해설 매뉴얼 테크닉으로 주름을 제거하기는 어렵다.

02 다음 중 일시적 제모에 해당하지 않는 것은?

① 족집게
② 제모용 크림
③ 왁싱
④ 레이저 제모

해설 레이저 제모는 영구적 제모 방법이다.

03 안면 관리 시 제품 도포 순서로 가장 바르게 연결된 것은?

① 앰플 → 로션 → 에센스 → 크림
② 크림 → 에센스 → 앰플 → 로션
③ 에센스 → 로션 → 앰플 → 크림
④ 앰플 → 에센스 → 로션 → 크림

04 셀룰라이트(Cellulite)에 대한 설명 중 틀린 것은?

① 주로 허벅지, 둔부, 상완 등에 많이 나타나는 경향이 있다.
② 오렌지껍질 피부 모양으로 표현한다.
③ 주로 여성에게 많이 나타난다.
④ 스트레스가 주원인이다.

해설 스트레스는 셀룰라이트 형성의 주원인은 아니다.

05 다음 중 피부미용에서의 딥클렌징에 속하지 않은 것은?

① 스크럽
② 엔자임
③ AHA
④ 크리스탈 필

해설 크리스탈 필은 의료영역의 화학 필에 속한다.

06 피부미용의 역사에 대한 설명 중 옳은 것은?

① 르네상스 시대 : 비누의 사용이 보편화
② 이집트 시대 : 약초 스팀법 개발
③ 로마 시대 : 향수, 오일, 화장이 생활의 필수품으로 등장
④ 중세 시대 : 매뉴얼 테크닉 크림 개발

해설
• **이집트 시대** : 고대 미용의 발상지, 종교적인 이유로 화장
• **로마 시대** : 갈렌의 콜드 크림 개발, 오일 마사지 실행
• **중세 시대** : 약초, 허브를 이용한 수증기 스팀법 발달, 알코올, 아로마 요법의 시초
• **르네상스 시대** : 청결위생의 개념으로 진한 향수 생활화
• **근세 시대** : 비누 사용의 보편화
• **근대 시대** : 마사지 크림 개발, 전기를 이용한 미용기기 개발
• **현대 시대** : 자연주의

AnSwer 01.④ 02.④ 03.④ 04.④ 05.④ 06.③

07 피부 분석표 작성 시 피부 표면의 혈액순환 상태에 따른 분류 표시가 아닌 것은?

① 홍반 피부(Erythrosis skin)

② 심한 홍반 피부(Couperose skin)

③ 주사성 피부(Rosacea skin)

④ 과색소 피부(Hyper pigmentation skin)

해설 과색소 피부는 피부 염증 반응 후에 멜라닌 색소의 침착이 증가하여 생기는 질환이다.

08 다리 제모의 방법으로 틀린 것은?

① 머슬린천을 이용할 때는 수직으로 세워서 떼어낸다.

② 대퇴부는 윗부분부터 밑부분으로 각 길이를 이등분 정도 나누어 내려가며 실시한다.

③ 무릎 부위는 세워 놓고 실시한다.

④ 종아리는 고객을 엎드리게 한 후 실시한다.

해설 털이 난 반대 방향으로 머슬린천을 비스듬히 재빠르게 떼어낸다.

09 피부 유형을 결정하는 요인이 아닌 것은?

① 얼굴형   ② 피부 조직

③ 피지분비   ④ 모공

해설 얼굴형은 건성, 지성, 복합성 피부 등의 유형을 결정하는 요인이라 할 수 없다.

10 다음 중 신체 각 부위 관리에서 매뉴얼 테크닉의 효과와 가장 거리가 먼 것은?

① 혈액순환 및 림프순환 촉진

② 근육의 이완 및 강화

③ 피부의 염증과 홍반증상의 예방

④ 심리적 안정감을 통한 스트레스 해소

해설 매뉴얼 테크닉 효과

• 혈액과 림프순환 촉진
• 모세혈관 강화
• 결체조직의 긴장과 탄력성 증가
• 세포 재생을 도와줌
• 심리적 안정감을 통한 스트레스 해소

11 화장수의 도포 목적 및 효과로 옳은 것은?

① 피부 본래의 정상적인 pH 밸런스를 맞추어 주며, 다음 단계에 사용할 화장품의 흡수를 용이하게 한다.

② 죽은 각질 세포를 쉽게 박리시키고 새로운 세포 형성 촉진을 유도한다.

③ 혈액순환을 촉진시키고 수분 증발을 방지하여 보습 효과가 있다.

④ 항상 피부를 pH 5.5 약산성으로 유지시켜 준다.

해설 화장수의 기능

• 화장품 및 세안제의 잔여물을 제거하고, 피부의 pH 밸런스 유지
• 수분 공급

12 딥클렌징의 효과와 가장 거리가 먼 것은?

① 모공의 노폐물 제거

② 화장품의 피부 흡수를 도와줌

③ 노화된 각질 제거

④ 심한 민감성 피부의 민감도 완화

해설 민감성 피부의 딥클렌징 사용은 피부를 더 민감하게 할 수 있다.

딥클렌징의 효과

• 모공 속의 피비와 불순물 제거
• 피부의 각질층 정돈, 피부톤이 맑아짐
• 영양성분의 침투 용이
• 혈액순환 촉진
• 면포를 연화시킴

Answer 07.④ 08.① 09.① 10.③ 11.① 12.④

13 클렌징 시술에 대한 내용 중 틀린 것은?

① 포인트 메이크업 제거 시 아이&립 메이크업 리무버를 사용한다.
② 방수(Waterproof) 마스카라를 한 고객의 경우에는 오일 성분의 아이 메이크업 리무버를 사용하는 것이 좋다.
③ 클렌징 동작 중 원을 그리는 동작은 얼굴의 위를 향할 때 힘을 빼고 내릴 때 힘을 준다.
④ 클렌징 동작은 근육결에 따르고, 머리 쪽을 향하게 하는 것에 유념한다.

해설 클렌징 동작 중 원을 그리는 동작은 얼굴의 위를 향할 때 힘을 주고 내릴 때 힘을 뺀다.

14 팩에 대한 내용 중 적합하지 않은 것은?

① 건성 피부에는 진흙 팩이 적합하다.
② 팩은 사용목적에 따른 효과가 있어야 한다.
③ 팩 재료는 부드럽고 바르기 쉬워야 한다.
④ 팩의 사용에 있어서 안전하고 독성이 없어야 한다.

해설 진흙 팩은 지성 피부에 적합하다.

15 팩의 제거 방법에 따른 분류가 아닌 것은?

① 티슈 오프 타입(Tissue off type)
② 석고 마스크 타입(Gypsum mask type)
③ 필 오프 타입(Peel off type)
④ 워시 오프 타입(Wash off type)

해설 석고 마스크는 필 오프 타입에 속하는 팩에 한 종류이다.

16 클렌징 제품에 대한 설명이 틀린 것은?

① 클렌징 밀크는 O/W 타입으로 친유성이며 건성, 노화, 민감성 피부에만 사용할 수 있다.
② 클렌징 오일은 일반 오일과 다르게 물에 용해되는 특성이 있고 탈수 피부, 민감성 피부, 악건성 피부에 사용하면 효과적이다.
③ 비누는 사용 역사가 가장 오래된 클렌징 제품이고, 종류가 다양하다.
④ 클렌징 크림은 친유성과 친수성이 있으며, 친유성은 반드시 이중세안을 해서 클렌징 제품이 피부에 남아 있지 않도록 해야 한다.

해설 클렌징 밀크는 O/W 타입으로 친수성이며, 클렌징 크림에 비해 수분 함유량이 많고 건성, 민감성, 노화 피부 타입에 적당하다.

17 카르테(고객카드) 작성에 반드시 기입되어야 할 사항과 가장 거리가 먼 것은?

① 성명, 생년월일, 주소, 전화번호
② 직업, 가족사항, 환경, 기호식품
③ 건강상태, 정신상태, 병력, 화장품
④ 취미, 특기사항, 재산 정도

해설 고객카드에 재산 정도는 반드시 기입하지 않아도 된다.

18 림프드레나지의 주 대상이 되지 않는 피부는?

① 모세혈관 확장 피부
② 튼 피부
③ 감염성 피부
④ 부종이 있는 셀룰라이트 피부

Answer 13.③ 14.① 15.② 16.① 17.④ 18.③

해설 적용금지 피부 : 모든 악성 질환, 급성염증 질환, 갑상선 기능 장애, 심부전증, 기관지, 천식, 결핵, 저혈압, 임산부(임신 후 3개월 전까지 금지)에게는 적용을 금지한다.

19 광노화 현상이 아닌 것은?

① 표피 두께 증가
② 멜라닌 세포 이상항진
③ 체내 수분 증가
④ 진피 내의 모세혈관 확장

해설 광노화 현상은 체내 수분을 감소하게 한다.

20 표피에서 촉감을 감지하는 세포는?

① 멜라닌(Melanin)세포
② 머켈(Merkel)세포
③ 각질 형성(Keratinization)세포
④ 랑게르한스(Langerhans)세포

해설 머켈세포는 아주 미세한 전구체인 촉각 수용체로 촉각을 감지하는 촉각 세포이다.

21 우리 몸의 대사과정에서 배출되는 노폐물, 독소 등이 배출되지 못하고 피부 조직에 남아 비만으로 보이며 림프순환이 원인인 피부 현상은?

① 쿠퍼로제
② 켈로이드
③ 알레르기
④ 셀룰라이트

해설 피하지방이 너무 많으면 피하지방층의 혈관이나 림프관이 눌려 혈액순환이 원활하지 못하게 된다. 피하지방이 축적되어 뭉치게 되면서 피부 표면이 귤껍질처럼 울퉁불퉁해지는데 이것을 '셀룰라이트'라고 한다.

22 콜라겐과 엘라스틴이 주성분으로 이루어진 피부조직은 다음 중 어느 것인가?

① 표피상층
② 표피하층
③ 진피조직
④ 피하조직

해설 콜라겐과 엘라스틴은 진피 중 망상층의 주성분이다.

23 피부 각질형성세포의 일반적 각화 주기는?

① 약 1주
② 약 2주
③ 약 3주
④ 약 4주

해설 각질형성세포는 28일(4주)을 주기로 박리 현상이 나타난다.

24 다음 중 땀샘의 역할이 아닌 것은?

① 체온조절
② 분비물 배출
③ 땀분비
④ 피지분비

해설 피지분비는 피지선의 역할이다.

25 피부의 천연보습인자(NMF)의 구성 성분 중 가장 많은 분포를 나타내는 것은?

① 아미노산
② 요소
③ 피롤리돈 카르본산
④ 젖산염

해설 NMF 중 아미노산이 40%로 가장 많이 함유되어 있다.

Answer   19.③ 20.② 21.④ 22.③ 23.④ 24.④ 25.①

26 어부들에게 피부의 노화가 조기에 나타나는 가장 큰 원인은 어느 것인가?

① 생선을 너무 많이 섭취하여서
② 햇볕에 많이 노출되어서
③ 바다에 오존(O₃) 성분이 많아서
④ 바다의 일에 과로하여서

해설 광노화는 피부 조기 노화의 원인이 된다.

27 다음 중 피부의 색소와 관계가 가장 먼 것은?

① 에크린 ② 멜라닌
③ 카로틴 ④ 헤모글로빈

해설 에크린은 소한선이다.

28 골격계에 대한 설명 중 옳지 않은 것은?

① 인체의 골격은 약 206개의 뼈로 구성된다.
② 체중의 약 20%를 차지하며 골, 연골, 관절 및 인대를 총칭한다.
③ 기관을 둘러싸서 내부 장기를 외부의 충격으로부터 보호한다.
④ 골격에서는 혈액 세포를 생성하지 않는다.

해설 골격에서는 적골수, 혈액 세포를 생성한다.

29 남성의 2차 성징에 영향을 주는 성스테로이드 호르몬으로 두정부 모발의 발육을 억제시키고 피지분비를 촉진시키는 것은?

① 알도스테론(Aldosterone)
② 에스트로겐(Estrogen)
③ 테스토스테론(Testosterone)
④ 프로게스테론(Progesterone)

해설 테스토스테론은 남성 호르몬으로서 피지분비를 촉진하는 호르몬이다.

30 다리의 혈액순환 이상으로 피부 밑에 형성되는 검푸른 상태를 무엇이라 하는가?

① 혈관축소 ② 심박동 증가
③ 하지정맥류 ④ 모세혈관 확장증

해설 혈액순환의 이상으로 노폐물의 배출이 용이하지 않아 생기는 것이 하지정맥류이다.

31 중추신경계는 어떻게 구성되어 있는가?

① 중뇌와 대뇌 ② 뇌와 척수
③ 교감신경과 뇌간 ④ 뇌간과 척수

해설
• 중추신경계 : 뇌, 척수
• 말초신경계
  – 체성신경계 : 뇌신경, 척수신경
  – 자율신경계 : 교감신경, 부교감신경

32 세포막을 통한 물질이동 방법 중 수동적 방법에 해당하는 것은?

① 음세포작용 ② 능동수송
③ 확산 ④ 식세포작용

해설 수동적 수송 방법에는 확산, 여과, 삼투가 있다.

33 담즙을 만들며, 포도당을 글리코겐으로 저장하는 소화기관은?

① 간 ② 위
③ 충수 ④ 췌장

해설 탄수화물 대사 : 포도당을 글리코겐으로 간에 저장한다.

Answer 26.② 27.① 28.④ 29.③ 30.③ 31.② 32.③ 33.①

34 다음 중 배부(Back)의 근육이 아닌 것은?

① 승모근　　　　　② 광배근
③ 견갑거근　　　　④ 비복근

해설 비복근은 하지근에 속한다.

35 브러시(프리마톨)의 사용 방법으로 틀린 것은?

① 브러시는 피부에 90° 각도로 사용한다.
② 건성, 민감성 피부는 빠른 회전수로 사용한다.
③ 회전속도는 얼굴은 느리게, 신체는 빠르게 한다.
④ 사용 후에는 즉시 중성세제로 깨끗하게 세척한다.

해설 건성, 민감성 피부는 회전속도를 느리게 한다.

36 피부 분석 시 사용하는 기기가 아닌 것은?

① pH 측정기　　　② 우드램프
③ 초음파 기기　　　④ 확대경

해설 초음파 기기는 피부미용 관리 기기이다.

37 피부미용 기기의 사용을 피해야 하는 경우와 가장 거리가 먼 것은?

① 임산부
② 알레르기, 피부 상처, 피부 질병이 진행 중인 경우
③ 지성 피부
④ 치아, 뼈, 보철 등 몸속에 금속 장치를 지닌 경우

38 컬러 테라피의 색상 중 활력, 세포 재생, 신경 긴장완화, 호르몬 대사조절 효과를 나타내는 것은?

① 주황색　　　　　② 노란색
③ 보라색　　　　　④ 초록색

해설
② **노란색** : 소화기계 기능 강화, 신체 정화 작용, 신경자극, 결합섬유 생성 촉진
③ **보라색** : 면역성 증가, 식욕조절, 화농성 여드름, 기미 및 주근깨 관리
④ **초록색** : 신경안정 및 신체평형 유지, 지방분비 기능 조절

39 다음 중 전류와 관련된 설명으로 가장 거리가 먼 것은?

① 전류의 세기는 1초에 한 점을 통과하는 전하량으로 나타낸다.
② 전류의 단위로는 A(암페어)를 사용한다.
③ 전류는 전압과 저항이라는 두 개의 요소에 의한다.
④ 전류는 낮은 전류에서 높은 전류로 흐른다.

해설 전류는 높은 전류에서 낮은 전류로 흐른다.

40 다음 중 향료의 함유량이 가장 적은 것은?

① 퍼퓸(Perfume)
② 오데 토일렛(Eau de toilet)
③ 샤워 코롱(Shower cologne)
④ 오데 코롱(Eau de cologne)

해설 • **퍼퓸** : 15~30%
• **오데 퍼퓸** : 9~12%
• **오데 토일렛** : 6~8%
• **오데 코롱** : 3~5%
• **샤워 코롱** : 1~3%

Answer 34.④ 35.② 36.③ 37.③ 38.① 39.④ 40.③

41 교형의 파라핀을 녹이는 파라핀기의 적용 범위가 아닌 것은 어느 것인가?

① 손 관리　　　　② 혈액순환 촉진

③ 살균　　　　　　④ 팩 관리

해설 파라핀기는 살균과 무관하다.

42 화장품에서 요구되는 4대 품질 특성이 아닌 것은?

① 안전성　　　　② 안정성

③ 보습성　　　　④ 사용성

해설 화장품의 4대 요건
안전성, 안정성, 사용성, 유효성

43 팩제의 사용 목적이 아닌 것은?

① 팩제가 건조하는 과정에서 피부에 심한 긴장을 준다.

② 일시적으로 피부의 온도를 높여 혈액순환을 촉진한다.

③ 노화한 각질층 등을 팩제와 함께 제거시키므로 피부 표면을 청결하게 할 수 있다.

④ 피부의 생리 기능에 적극적으로 작용하여 피부에 활력을 준다.

해설 팩의 기능
보습작용, 수렴작용, 청정작용, 신진대사 및 혈액순환 촉진작용

44 에센셜 오일을 추출하는 방법이 아닌 것은?

① 수증기 증류법　　② 혼합법

③ 압착법　　　　　④ 용제 추출법

해설 에센셜 오일 추출 방법
수증기 증류법, 압착법, 용제 추출법

45 화장품 제조의 3가지 주요 기술이 아닌 것은?

① 가용화 기술　　　② 유화 기술

③ 분산 기술　　　　④ 용융 기술

해설 화장품 제조기술 : 가용화, 유화, 분산

46 다음 중 옳은 것만을 모두 고른 것은?

> A. 자외선 차단제에는 물리적 차단제와 화학적 차단제가 있다.
> B. 물리적 차단제에는 벤조페논, 옥시벤존, 옥틸디메칠파바 등이 있다.
> C. 화학적 차단제는 피부에 유해한 자외선을 흡수하여 피부 침투를 차단하는 방법이다.
> D. 물리적 차단제는 자외선이 피부에 흡수되지 못하도록 피부 표면에서 빛을 반사 또는 산란시키는 방법이다.

① A, B, C　　　② A, C, D

③ A, B, D　　　④ B, C, D

해설 물리적 차단제에는 이산화티탄, 산화아연, 탈크, 카올린 등이 있다.

47 기능성 화장품류의 주요 효과가 아닌 것은?

① 피부 주름 개선에 도움을 준다.

② 자외선으로부터 보호한다.

③ 피부를 청결히 하여 피부 건강을 유지한다.

④ 피부 미백에 도움을 준다.

해설 기능성 화장품의 주요 효과
• 피부 미백에 도움을 주는 제품
• 피부 주름 개선에 도움을 주는 제품
• 자외선으로부터 피부를 보호해 주는 제품

Answer　41.③　42.③　43.①　44.②　45.④　46.②　47.③

48 관련법상 제2군에 해당되는 감염병은?

① 황열　　　　　② 풍진
③ 세균성 이질　　④ 장티푸스

해설 황열－제4군, 세균성 이질－제1군, 장티푸스－제1군

49 예방접종에 있어서 DPT와 무관한 질병은?

① 디프테리아　　② 파상풍
③ 결핵　　　　　④ 백일해

해설 DPT는 디프테리아, 파상풍, 백일해이다.

50 통조림, 소시지 등 식품의 혐기성 상태에서 발육하여 신경독소를 분비하여 중독이 되는 식중독은?

① 포도상구균 식중독
② 솔라닌 독소형 식중독
③ 병원성 대장균 식중독
④ 보툴리누스균 식중독

해설 ① **포도상구균 식중독** : 우유 등 유제품과 김밥
② **솔라닌 독소형 식중독** : 감자
③ **병원성 대장균 식중독** : 체내에 들어온 식중독균이 장에 침범하여 생김

51 실내 공기의 오염지표로 주로 측정되는 것은?

① N_2　　　　　② NH_3
③ CO　　　　　④ CO_2

해설 실내 공기의 오염지표는 이산화탄소이다.

52 질병발생의 3대 요소가 아닌 것은?

① 병인　　　　　② 환경
③ 숙주　　　　　④ 시간

해설 **질병발생 요인** : 병인, 환경(생물, 물리, 사회 환경), 숙주가 해당된다.

53 화학약품으로 소독 시 약품의 구비조건이 아닌 것은?

① 살균력이 있을 것
② 부식성, 표백성이 없을 것
③ 경제적이고, 사용 방법이 간편할 것
④ 용해성이 낮을 것

해설 소독 약품은 용해성이 높아야 한다.

54 100% 크레졸 비누액을 환자의 배설물, 토사물, 객담 소독을 위한 소독용 크레졸 비누액 100mL로 조제하는 방법으로 가장 적합한 것은?

① 크레졸 비누액 0.5mL＋물 99.5mL
② 크레졸 비누액 3mL＋물 97mL
③ 크레졸 비누액 10mL＋물 90mL
④ 크레졸 비누액 50mL＋물 50mL

해설 크레졸은 물에 난용제로 크레졸 비누액으로 만들어 사용한다(크레졸 비누액 3%＋물 97%).

55 훈증 소독법에 대한 설명 중 틀린 것은?

① 분말이나 모래, 부식되기 쉬운 재질 등을 멸균할 수 있다.
② 가스나 증기를 사용한다.
③ 화학적 소독 방법이다.
④ 위생해충 구제에 많이 이용된다.

해설 분말이나 모래, 부식되기 쉬운 재질 등을 멸균할 수 없다.

56 다음 중 이·미용업무에 종사할 수 있는 자는?

① 공인 이·미용학원에서 3개월 이상 이·미용에 관한 강습을 받은 자
② 이·미용업소에 취업하여 6개월 이상 이·미용에 관한 기술을 수습한 자
③ 이·미용업소에서 이·미용사의 감독하에 이·미용업무를 보조하고 있는 자
④ 시장·군수·구청장이 보조원이 될 수 있다고 인정한 자

해설 면허를 받은 자가 아니면 미용업을 개설 및 종사할 수 없다. 다만, 미용사의 감독을 받아 미용 보조 업무는 가능하다.

57 위생교육은 1년에 몇 시간을 받아야 하는가?

① 2시간　　　② 3시간
③ 5시간　　　④ 6시간

해설 공중위생 영업자는 매년 3시간의 위생교육을 받아야 한다.

58 이·미용업소에서 1회용 면도날을 손님 몇 명까지 사용할 수 있는가?

① 1명　　　② 2명
③ 3명　　　④ 4명

해설 면도기는 1회용 면도날만을 손님 1인에 한하여 사용하여야 한다.

59 변경신고를 하지 아니하고 영업소의 소재지를 변경한 때의 1차 위반 행정처분 기준은?

① 영업정지 1월　　　② 영업정지 2월
③ 영업장 폐쇄명령　　④ 영업허가 취소

60 손님의 얼굴, 머리, 피부 등에 손질을 통하여 손님의 외모를 아름답게 꾸미는 영업에 해당하는 것은?

① 미용업　　　② 피부미용업
③ 메이크업　　④ 종합미용업

해설 미용업이라 함은 손님의 얼굴, 머리, 피부 등에 손질을 통하여 손님의 외모를 아름답게 꾸미는 영업을 말한다.

2011년 7월 31일 시행

01 매뉴얼 테크닉의 종류 중 기본 동작이 아닌 것은?

① 두드리기(Tapotement)
② 문지르기(Friction)
③ 흔들어주기(Vibration)
④ 누르기(Press)

해설 매뉴얼 테크닉의 기본 동작은 쓰다듬기, 문지르기, 주무르기, 떨기(흔들어주기), 두드리기이다.

02 팩 사용 시 주의사항이 아닌 것은?

① 피부 타입에 맞는 팩제를 사용한다.
② 잔주름 예방을 위해 눈 위에 직접 덧바른다.
③ 한방 팩, 천연 팩 등은 바로 만들어 사용한다.
④ 안에서 바깥 방향으로 바른다.

해설 사용 시 눈 주위는 자극을 줄 수 있으므로 눈 가깝게는 바르지 않는다.

03 파우더 타입의 머드 팩에 대한 설명으로 옳은 것은?

① 유분을 공급하므로 노화, 재생관리가 필요한 피부에 사용한다.
② 피지를 흡착하고 살균, 소독 및 항염 작용이 있어 지성 및 여드름 피부에 사용한다.
③ 항염작용이 있어 민감 피부 관리에 사용한다.
④ 보습작용이 뛰어나 눈가나 입술 관리에 사용한다.

해설 지성 및 여드름 피부에 사용하는 팩은 머드 팩, 클레이 팩, 퓨리화잉 팩 등이다.

04 다음 중 클렌징 로션에 대한 올바른 설명은?

① 사용 후 반드시 비누세안을 해야 한다.
② 친유성 에멀전(W/O 타입)이다.
③ 눈 화장, 입술 화장을 지우는 데 주로 사용한다.
④ 민감성 피부에도 적합하다.

해설 클렌징 로션 타입은 친수성 에멀전(O/W 타입)으로 건성 피부, 민감성 피부에 적합하다.

05 습포의 효과에 대한 내용과 가장 거리가 먼 것은?

① 온습포는 모공을 확장시키는 데 도움을 준다.
② 온습포는 혈액순환 촉진, 적절한 수분공급의 효과가 있다.
③ 냉습포는 모공을 수축시키며, 피부를 진정시킨다.
④ 온습포는 팩 제거 후 사용하면 효과적이다.

해설 냉습포는 팩 제거 후 사용된다.

Answer 01.④ 02.② 03.② 04.④ 05.④

06 다음 중 피부 상담 시 고려해야 할 점으로 가장 거리가 먼 것은?

① 관리 시 생길 수 있는 만약의 경우에 대비하여 병력사항을 반드시 상담하고 기록해 둔다.

② 피부 관리 유경험자의 경우 그동안의 관리 내용에 대해 상담하고 기록해 둔다.

③ 여드름을 비롯한 문제성 피부 고객의 경우 과거 병원치료나 약물치료의 경험이 있는지 기록해 두어 피부 관리계획표 작성에 참고한다.

④ 필요한 제품을 판매하기 위해 고객이 사용하고 있는 화장품의 종류를 체크한다.

해설 피부 상담이 제품을 판매하기 위한 목적이 되는 것은 아니다.

07 매뉴얼 테크닉을 적용할 수 있는 경우는?

① 피부나 근육, 골격에 질병이 있는 경우

② 골절상으로 인한 통증이 있는 경우

③ 염증성 질환이 있는 경우

④ 피부에 셀룰라이트(Cellulite)가 있는 경우

해설 매뉴얼 테크닉을 피해야 하는 경우
• 피부나 근육, 골격에 질병이 있는 경우
• 골절상으로 인한 통증이 있는 경우
• 염증성 질환이 있는 경우
• 자외선으로 인한 홍반이 있는 경우
• 감염성 질환을 가지고 있는 경우

08 신체 각 부위에 매뉴얼 테크닉 방법에 대한 내용 중 틀린 것은?

① 규칙적인 리듬과 속도를 유지하면서 관리한다.

② 전신에 대해 매뉴얼 테크닉은 강하면 강할수록 효과가 좋다.

③ 전신 매뉴얼 테크닉은 림프절이 흐르는 방향으로 실시한다.

④ 전신에 손바닥을 밀착시키고, 몸통을 이용하여 관리한다.

해설 매뉴얼 테크닉은 강약을 주면서 연결하여 시술한다.

09 피부미용의 영역이 아닌 것은?

① 신체 각 부위 관리

② 레이저 필링

③ 눈썹 정리

④ 제모

해설 레이저 필링은 의료영역이다.

10 다음 중 건성 피부의 관리 방법으로 가장 거리가 먼 것은?

① 알칼리성 비누를 이용하여 자주 세안을 한다.

② 화장수는 알코올 함량이 적고, 보습 기능이 강화된 제품을 사용한다.

③ 클렌징 제품은 부드러운 밀크 타입이나 유분기가 있는 크림 타입을 선택하여 사용한다.

④ 세라마이드, 호호바 오일, 아보카도 오일, 알로에베라, 히알루론산 등의 성분이 함유된 화장품을 사용한다.

해설 건성 피부는 피지선과 한선의 기능이 약화되어 있는 피부로 알칼리성 비누를 이용하여 자주 세안하면 피부의 pH가 깨져서 피부가 더욱 건조해진다.

Answer 06.④ 07.④ 08.② 09.② 10.①

11 세안에 대한 설명으로 틀린 것은?

① 클렌징제의 선택이나 사용 방법은 피부 상태에 따라 고려되어야 한다.
② 청결한 피부는 피부 관리 시 사용되는 여러 영양 성분의 흡수를 돕는다.
③ 피부 표면은 pH 4.5~6.5이며, 세균 번식이 쉬워 문제 발생이 잘 되므로 세안을 잘해야 한다.
④ 세안은 피부 관리에 있어서 가장 먼저 행하는 과정이다.

해설 피부의 pH는 4.5~6.5 정도의 약산성으로 세균의 번식이 쉽지 않다. 약산성이 파괴되었을 때 세균의 번식이 쉽다.

12 림프드레나지를 적용할 수 있는 경우에 해당되는 것은?

① 림프절이 심하게 부어 있는 경우
② 감염성의 문제가 있는 피부
③ 열이 있는 감기 환자
④ 여드름이 있는 피부

해설 림프드레나지를 적용할 수 있는 피부 : 자극에 민감한 피부, 알레르기 피부, 노화 피부, 여드름 피부, 모세혈관 확장 피부, 부종이 심한 경우, 수술 후 상처 회복, 셀룰라이트, 홍반 피부 등이다.

13 딥클렌징의 대상으로 적합하지 않은 것은?

① 모세혈관 확장 피부
② 모공이 넓은 지성 피부
③ 비염증성 여드름 피부
④ 잔주름이 많은 건성 피부

해설 모세혈관 확장 피부는 피부가 너무 예민한 경우이므로 딥클렌징의 대상으로는 부적합하다.

14 다음 중 제모 시 유의사항이 아닌 것은?

① 염증이나 상처, 피부 질환이 있는 경우는 하지 말아야 한다.
② 장시간의 목욕이나 사우나 직후는 피한다.
③ 제모 부위는 유분기와 땀을 제거한 다음 완전히 건조된 후 실시한다.
④ 제모한 부위는 즉시 물로 깨끗하게 씻어 주어야 한다.

해설 제모한 부위는 모공이 열려 있으므로 즉시 물로 닦는 행위는 삼간다.

15 수요법(Water therapy, Hydrotherapy) 시 지켜야 할 수칙이 아닌 것은?

① 식사 직후에 행한다.
② 수요법은 대개 5분에서 30분까지가 적당하다.
③ 수요법 전에 잠깐 쉬도록 한다.
④ 수요법 후에는 물을 마시도록 한다.

해설 수요법은 식사한 후 적어도 30분~1시간 정도 지난 후 행한다.

16 다음 중 물리적인 딥클렌징이 아닌 것은?

① 스크럽제
② 브러시(프리마톨)
③ AHA(Alpha Hydroxy Acid)
④ 고마쥐

해설 물리적이란 용어는 손과 기기를 가지고 행하는 것을 말한다.

17 매뉴얼 테크닉의 효과가 아닌 것은?

① 내분비기능의 조절
② 결체조직에 긴장과 탄력성 부여
③ 혈액순환촉진
④ 반사작용의 억제

해설 매뉴얼 테크닉의 효과는 반사작용의 촉진이 해당된다.

18 피부 유형에 맞는 화장품 선택이 아닌 것은?

① 건성 피부 : 유분과 수분이 많이 함유된 화장품
② 민감성 피부 : 향, 색소, 방부제를 함유하지 않거나 적게 함유된 화장품
③ 지성 피부 : 피지조절제가 함유된 화장품
④ 정상 피부 : 오일이 함유되어 있지 않은 오일 프리(Oil free) 화장품

해설 오일 프리 화장품을 사용하기에 적합한 피부 타입은 지성 피부, 여드름 피부 등이다.

19 천연보습인자에 대한 설명으로 틀린 것은?

① NMF(Natural Moisturizing Factor)
② 피부 수분 보유량을 조절한다.
③ 아미노산, 젖산, 요소 등으로 구성되어 있다.
④ 수소이온농도의 지수를 말한다.

해설 수소이온농도의 지수는 pH를 의미한다.

20 진피에 함유되어 있는 성분으로 우수한 보습능력을 가져 피부 관리 제품에도 많이 함유되어 있는 것은?

① 알코올　　　② 콜라겐
③ 판테놀　　　③ 글리세린

해설 진피에 함유되어 있는 성분으로는 콜라겐, 엘라스틴, 히알루론산이 있다.

21 피부의 기능에 대한 설명으로 틀린 것은?

① 인체 내부 기관을 보호한다.
② 체온조절을 한다.
③ 감각을 느끼게 한다.
④ 비타민 B를 생성한다.

해설 피부의 기능으로 비타민 D를 생성한다.

22 다음 중 피부 표면의 pH에 가장 큰 영향을 주는 것은?

① 각질 생성　　② 침의 분비
③ 땀의 분비　　④ 호르몬의 분비

해설 피부 표면의 pH에 땀과 피지가 영향을 준다.

23 탄수화물에 대한 설명으로 옳지 않은 것은?

① 당질이라고도 하며, 신체의 중요한 에너지원이다.
② 장에서 포도당, 과당 및 갈락토오스로 흡수된다.
③ 지나친 탄수화물의 섭취는 신체를 알칼리성 체질로 만든다.
④ 탄수화물의 소화 흡수율은 99%에 가깝다.

해설 탄수화물의 섭취는 신체를 산성 체질로 만든다.

Answer 17.④ 18.④ 19.④ 20.② 21.④ 22.③ 23.③

24 원주형의 세포가 단층으로 이어져 있으며, 각질형성세포와 색소형성세포가 존재하는 피부 세포층은?

① 기저층　　　　② 투명층
③ 각질층　　　　④ 유극층

해설 기저층에는 각질형성세포와 색소형성세포, 머켈 세포가 존재한다.

25 다음 중 표피층에 존재하는 세포가 아닌 것은?

① 각질형성세포　　② 멜라닌 세포
③ 랑게르한스세포　④ 비만 세포

해설 진피층에는 섬유아세포, 비만 세포, 대식 세포 등이 있다.

26 인체에서 피지선이 전혀 없는 곳은?

① 이마　　　　　② 코
③ 귀　　　　　　④ 손바닥

해설 손바닥과 발바닥에는 한선이 발달되어 있다.

27 건강한 손톱에 대한 설명으로 틀린 것은?

① 바닥에 강하게 부착되어야 한다.
② 단단하고 탄력이 있어야 한다.
③ 윤기가 흐르며 노란색을 띠어야 한다.
④ 아치모양을 형성해야 한다.

해설 건강한 손톱은 윤기가 흐르며 핑크빛을 띠어야 한다.

28 골격계의 형태에 따른 분류로 옳은 것은?

① 장골(긴뼈) : 상완골(위팔뼈), 요골(노뼈), 척골(자뼈), 대퇴골(넙다리뼈), 경골(정강뼈)

② 단골(짧은뼈) : 슬개골(무릎뼈), 대퇴골(넙다리뼈), 두정골(마루뼈) 등
③ 편평골(납자뼈) : 척추골(척추뼈), 관골(광대뼈) 등
④ 종자골(종자뼈) : 전구골(이마뼈), 후두골(뒤통수뼈), 두정골(마루뼈), 견갑골(어깨뼈), 늑골(갈비뼈) 등

해설 ① 장골 : 대퇴골, 상완골, 척골, 요골, 경골, 비골
② 단골 : 수근골, 족근골
③ 편평골 : 흉골, 늑골, 두정골
④ 종자골 : 무릎, 관절

29 비뇨기계에서 배출기관의 순서를 바르게 표현한 것은?

① 신장 → 요관 → 요도 → 방광
② 신장 → 요도 → 방광 → 요관
③ 신장 → 요관 → 방광 → 요도
④ 신장 → 방광 → 요도 → 요관

해설 신장은 소변을 생산, 방광은 소변을 일시적으로 저장하는 역할을 한다.
신장 → 요관 → 방광 → 요도

30 다음 소화에 대한 설명 중 틀린 내용은?

① 소화란 포도당을 산화하여 에너지를 생산하는 과정이다.
② 소화란 탄수화물은 단당류로, 단백질은 아미노산 등으로 분해하는 과정이다.
③ 소화란 유기물들이 소장의 융모상피가 흡수할 수 있는 크기로 잘리는 과정을 말한다.
④ 소화계에는 입과 위, 소장은 물론 간과 췌장도 포함된다.

Answer 24.① 25.④ 26.④ 27.③ 28.① 29.③ 30.①

해설 소화란 음식물을 흡수 가능한 상태로 가수분해하는 과정을 말한다.

31 폐에서 이산화탄소를 내보내고 산소를 받아들이는 역할을 수행하는 순환은?

① 폐순환　　　　② 체순환
③ 전신순환　　　④ 문맥순환

해설 폐순환 : 우심실 → 폐동맥 → 폐 → 폐정맥 → 좌심방

32 성인의 척수신경은 모두 몇 쌍인가?

① 12쌍　　　　② 13쌍
③ 30쌍　　　　④ 31쌍

해설 뇌신경은 12쌍, 척수신경은 31쌍이다.

33 다음 중 인체에서 방어작용에 관여하는 세포는?

① 적혈구　　　　② 백혈구
③ 혈소판　　　　④ 항원

해설 백혈구는 인체에 염증반응이 일어날 경우 방어하기 위해 작용하는 세포이다.

34 근육은 어떤 작용으로 움직일 수 있는가?

① 수축에 의해서만 움직인다.
② 이완에 의해서만 움직인다.
③ 수축과 이완에 의해서 움직인다.
④ 성장에 의해서만 움직인다.

해설 근육은 수축과 이완에 의해서 움직인다.

35 고주파 전류의 주파수(진동수)를 측정하는 단위는?

① W(와트)　　　② A(암페어)
③ Ω(옴)　　　　④ Hz(헤르츠)

해설 ① W(와트) : 전력의 단위
② A(암페어) : 전류의 세기
③ Ω(옴) : 전기저항

36 다음 중 갈바닉(Galvanic) 기기의 음극 효과가 아닌 것은?

① 모공의 수축　　② 피부의 연화
③ 신경의 자극　　④ 혈액공급의 증가

해설 갈바닉 기기의 음극 효과
신경자극 증가, 조직을 부드럽게 함(피부연화), 혈관확장, 세정효과, 피지용해

37 다음 중 스티머 사용 시 주의해야 할 사항으로 틀린 것은?

① 오존이 함께 장착되어 있는 경우 스팀이 나오기 전 오존을 미리 켜 두어야 한다.
② 일광에 손상된 피부나 감염이 있는 피부에는 사용을 금한다.
③ 수조 내부를 세제로 씻지 않도록 한다.
④ 물은 반드시 정수된 물을 사용하도록 한다.

해설 오존은 스팀이 나오기 전에는 켜지 않고 스팀이 나오기 시작하면 켠다.

Answer 31.① 32.④ 33.② 34.③ 35.④ 36.① 37.①

38 진공흡입기(Suction)의 효과로 틀린 것은?

① 피부를 자극하여 한선과 피지선의 기능을 활성화시킨다.
② 영양물질을 피부 깊숙이 침투시킨다.
③ 림프순환을 촉진하여 노폐물을 배출한다.
④ 면포나 피지를 제거한다.

해설 영양물질을 피부 깊숙이 침투시키는 기기는 적외선이나 이온토포레시스 등이 있다.

39 전동 브러시(Frimator)의 올바른 사용 방법이 아닌 것은?

① 모세혈관 확장 피부에는 사용하지 않는다.
② 브러시를 미지근한 물에 적신 후 사용한다.
③ 손목에 힘을 주어 눌러가며 돌려준다.
④ 면포나 피지를 제거한다.

해설 전동 브러시 사용에는 손목에 힘을 주지 않고 90° 각도로 돌려준다.

40 다음 중 우드램프에 대한 설명으로 틀린 것은?

① 피부 분석을 위한 기기이다.
② 밝은 곳에서 사용하여야 한다.
③ 클렌징 한 후 사용하여야 한다.
④ 자외선을 이용한 기기이다.

해설 우드램프는 암실에서 효과가 크기 때문에 주위를 어둡게 하여 사용해야 한다.

41 캐리어 오일에 대한 설명으로 틀린 것은?

① 캐리어는 운반이란 뜻으로 캐리어 오일은 마사지 오일을 만들 때 필요한 오일이다.
② 베이스 오일이라고도 한다.

③ 에센셜 오일을 추출할 때 오일과 분류되어 나오는 증류액을 말한다.
④ 에센셜 오일의 향을 방해하지 않도록 향이 없어야 하고 피부 흡수력이 좋아야 한다.

해설 에센셜 오일을 추출할 때 오일과 분류되어 나오는 증류액은 플로랄 워터이다.

42 다음 중 냉각기에 의해 제조된 제품은?

① 립스틱　　　　② 화장수
③ 아이섀도　　　④ 에센스

43 화장품의 분류와 사용 목적, 제품이 일치하지 않는 것은?

① 모발 화장품 – 정발 – 헤어 스프레이
② 방향 화장품 – 향취 부여 – 오데 코롱
③ 메이크업 화장품 – 색채 부여 – 네일 에나멜
④ 기초 화장품 – 피부 정돈 – 클렌징 폼

해설 • 피부 정돈 : 화장수, 로션, 크림류
• 피부 보호 : 로션, 모이스처 크림, 팩, 에센스

44 팩의 분류에 속하지 않는 것은?

① 필 오프(Peel-off) 타입
② 워시 오프(Wash-off) 타입
③ 패치(Patch) 타입
④ 워터(Water) 타입

해설 팩의 분류
• 필 오프(Peel-off) 타입, 워시 오프(Wash-off) 타입
• 패치 타입도 벗겨내는 것이므로 필 오프 타입에 해당된다.

Answer 38.② 39.③ 40.② 41.③ 42.① 43.④ 44.④

45 색소를 염료(Dye)와 안료(Pigment)로 구분할 때 그 특징에 대해 잘못 설명한 것은?

① 염료는 메이크업 화장품을 만드는 데 주로 사용된다.
② 안료는 물과 오일에 모두 녹지 않는다.
③ 무기 안료는 커버력이 우수하고, 유기 안료는 빛, 산, 알칼리에 약하다.
④ 염료는 물이나 오일에 녹는다.

해설 안료가 메이크업 화장품에 주로 사용된다.

46 기능성 화장품에 해당되지 않는 것은?

① 피부의 미백에 도움을 주는 제품
② 인체의 비만도를 줄여주는 데 도움을 주는 제품
③ 피부의 주름 개선에 도움을 주는 제품
④ 피부를 곱게 태워주거나 자외선으로부터 피부를 보호하는 데 도움을 주는 제품

해설 기능성 화장품은 피부의 미백에 도움을 주는 제품, 피부의 주름 개선에 도움을 주는 제품, 피부를 곱게 태워주거나 자외선으로부터 피부를 보호하는 데 도움을 주는 제품이 있다.

47 계면활성제에 대한 설명을 옳은 것은?

① 계면활성제는 일반적으로 둥근 머리모양의 소수성기와 막대꼬리모양의 친수성기를 가진다.
② 계면활성제의 피부에 대한 자극은 양쪽성 〉 양이온성 〉 음이온성 〉 비이온성의 순으로 감소한다.
③ 비이온성 계면활성제는 피부 자극이 적어 화장수의 가용화제, 크림의 유화제, 클렌징 크림의 세정제 등에 사용된다.

④ 양이온성 계면활성제는 세정작용이 우수하여 비누, 샴푸 등에 사용된다.

48 체온을 유지하는 데 영향을 주는 온열인자가 아닌 것은?

① 기온   ② 기습
③ 복사열   ④ 기압

해설 기압은 대기의 압력으로 온열인자와 상관 없다.

49 다음 중 제3군 감염병이 아닌 것은?

① 결핵   ② B형 간염
③ 한센병   ④ 신증후군 출혈열

해설 제3군 감염병에는 결핵, 한센병, 신증후군 출혈열, 말라리아, 성홍열, 발진티푸스가 있다.

50 예방접종 중 세균의 독소를 약독화(순화)하여 사용하는 것은?

① 폴리오   ② 콜레라
③ 장티푸스   ④ 파상풍

해설 • 예방접종은 제2군 감염병에 대한 예방으로, DTP(디프테리아, 파상풍, 백일해), BCG, B형 간염, 폴리오, 풍진, 홍역 등이 이에 해당한다.
• 순화독소사용 : 디프테리아, 파상풍

51 어떤 소독약의 석탄산 계수가 2.0이라는 것은 무엇을 의미하는가?

① 석탄산의 살균력이 2이다.
② 살균력이 석탄산의 2배이다.
③ 살균력이 석탄산의 2%이다.
④ 살균력이 석탄산의 120%이다.

해설

$$석탄산\ 계수 = \frac{피검\ 소독제의\ 희석배율}{석탄산\ 희석배율}$$

52 다음 중 소독약의 구비조건으로 틀린 것은?

① 인체에는 독성이 없어야 한다.
② 소독물품에 손상이 없어야 한다.
③ 사용 방법이 간단하고, 경제적이어야 한다.
④ 소독 실시 후 서서히 소독 효력이 증대되어야 한다.

해설 소독약은 바로 침투력이 강해야 한다.

53 자비소독 시 살균력을 강하게 하고 금속기자재가 녹스는 것을 방지하기 위하여 첨가하는 물질이 아닌 것은?

① 2% 중조   ② 2% 클레졸 비누액
③ 5% 승홍수   ④ 5% 석탄산

해설 승홍수는 독성이 강하고 금속을 부식시키므로 금속기구의 소독에는 적합하지 않다.

54 무수알코올(100%)을 사용해서 70%의 알코올 1,800mL를 만드는 방법으로 옳은 것은?

① 무수알코올 700mL에 물 1,100mL를 가한다.
② 무수알코올 70mL에 물 1,730mL를 가한다.
③ 무수알코올 1,260mL에 물 540mL를 가한다.
④ 무수알코올 126mL에 물 1,674mL를 가한다.

해설 $1,800 \times 0.7 = 1,260$
$\therefore 1,800 - 1,260 = 540$

55 공중위생 업소의 위생서비스 수준의 평가는 몇 년마다 실시해야 하는가?

① 매년   ② 2년
③ 3년   ④ 4년

56 다음 중 공중위생업자에게 개선명령을 명할 수 없는 사항은?

① 보건복지부령이 정하는 공중위생업의 종류별 시설 및 설비기준을 위반한 경우
② 공중위생 영업자는 그 이용자에게 건강상 위해 요인이 발생하지 아니하도록 영업관련 시설 및 설비를 위생적이고 안전하게 관리해야 하는 위생관리 의무를 위반한 경우
③ 면도기는 1회용 면도날만을 손님 1인에 한하여 사용한 경우
④ 이·미용 기구는 소독을 한 기구와 소독을 하지 아니한 기구로 분리하여 보관해야 하는 위생관리 의무를 위반한 경우

해설 면도기는 1회용 면도날만을 손님 2인에 한하여 사용한 경우에 경고를 명할 수 있다.

57 이·미용업소의 위생관리 의무를 지키지 아니한 자의 과태료 기준은?

① 30만 원 이하   ② 50만 원 이하

③ 100만 원 이하   ④ 200만 원 이하

해설 200만 원 이하 과태료

• 미용업소의 위생관리 의무를 위반한 자
• 영업소 외의 장소에서 미용업무를 행한 자
• 위생교육을 받지 않은 자

58 영업허가 취소 또는 영업장 폐쇄명령을 받고도 계속하여 이·미용 영업을 하는 경우에 시장·군수·구청장이 취할 수 있는 조치가 아닌 것은?

① 당해 영업소의 간판 기타 영업표지물의 제거

② 당해 영업소가 위법한 것임을 알리는 게시물 등을 부착

③ 영업을 위하여 필수불가결한 기구 또는 시설물을 사용할 수 없게 하는 봉인

④ 당해 영업소의 업주에 대한 손해배상 청구

해설 미용업 영업자가 영업장 폐쇄명령을 받고도 영업을 계속하는 경우의 조치

• 당해 영업소의 간판 기타 영업표지물 제거
• 당해 영업소가 위반한 영업소임을 알리는 게시물 부착
• 영업을 위해 필수 불가결한 기구 및 시설물 봉인

59 이·미용사 면허를 받을 수 있는 자가 아닌 것은?

① 고등학교에서 이용 또는 미용에 관한 학과를 졸업한 자

② 국가기술자격법에 의한 이용사 또는 미용사 자격을 취득한 자

③ 보건복지부 장관이 인정하는 외국의 이용사 또는 미용사 자격 소지자

④ 전문대학에서 이용 또는 미용에 관한 학과 졸업자

60 보건행정의 제 원리에 관한 것으로 맞는 것은?

① 일반 행정원리의 관리과정적 특성과 기획 과정은 적용되지 않는다.

② 의사결정과정에서 미래를 예측하고, 행동하기 전의 행동계획을 결정한다.

③ 보건행정에서는 생태학이나 역학적 고찰이 필요 없다.

④ 보건행정은 공중보건학에 기초한 과학적 기술이 필요하다.

2011년 10월 9일 시행

01 효소 필링제의 사용법으로 가장 적합한 것은?

① 도포한 후 약간 덜 건조된 상태에서 문지르는 동작으로 각질을 제거한다.

② 도포한 효소의 작용을 촉진하기 위해 스티머나 온습포를 사용한다.

③ 도포한 후 완전하게 건조되면 젖은 해면을 이용하여 닦아낸다.

④ 도포한 후 피부 근육결 방향으로 문지른다.

 해설 • 효소의 작용을 촉진하기 위해 스티머를 사용하지만 스티머가 없는 경우 온습포 적용이 가능하다.
• 효소는 각질을 녹이고 해면으로 닦아내므로 문지르는 동작은 하지 않는다.

02 지성 피부의 화장품 적용 목적 및 효과로 가장 거리가 먼 것은?

① 모공수축

② 피지분비 및 정상화

③ 유연회복

④ 항염, 정화기능

 해설 지성 피부는 피지가 많이 생성되는 피부로 유연하게 하는 것이 목적은 아니다.

03 다음 중 일시적 제모에 속하지 않는 것은?

① 전기분해법을 이용한 제모

② 족집게를 이용한 제모

③ 왁스를 이용한 제모

④ 화학탈모제를 이용한 제모

 해설 전기분해법을 이용한 제모는 영구적 제모에 속한다.

04 짙은 화장을 지우는 클렌징 제품 타입으로 중성과 건성 피부에 적합하여, 사용 후 이중세안을 해야 하는 것은?

① 클렌징 크림

② 클렌징 로션

③ 클렌징 워터

④ 클렌징 젤

 해설 클렌징 크림은 짙은 화장을 지우는 데 적합하며, 이중세안이 필요하다.

05 매뉴얼 테크닉의 쓰다듬기(에플러라쥐) 동작에 대한 설명 중 맞는 것은?

① 피부 깊숙이 자극하여 혈액순환을 증진한다.

② 근육에 자극을 주기 위하여 깊고 지속적으로 누르는 방법이다.

③ 매뉴얼 테크닉의 시작과 마무리에 사용한다.

④ 손가락으로 가볍게 두드리는 방법이다.

 해설 쓰다듬기(에플러라쥐) 동작은 매뉴얼 테크닉의 시작과 마무리에 적용되는 테크닉이다.

06 림프드레나지의 주된 작용은?

① 혈액순환과 신진대사 저하

② 노폐물과 독소물질을 림프절로 운반

③ 피부 조직 강화

④ 림프순환 저하

 해설 림프드레나지의 작용은 노폐물 배출 및 독소 제거이다.

Answer 01.② 02.③ 03.① 04.① 05.③ 06.②

07 다음 중 건성 피부에 적용되는 화장품 사용법으로 가장 적합한 것은?

① 낮에는 O/W형의 데이 크림과 밤에는 W/O형의 나이트 크림을 사용한다.
② 강하게 탈지시켜 피지샘 기능을 균형있게 해주고 모공을 수축해주는 크림을 사용한다.
③ 봄, 여름에는 W/O 크림을 사용하고 가을, 겨울에는 O/W 크림을 사용한다.
④ 소량의 하이드로퀴논이 함유된 크림을 사용한다.

해설 건성 피부는 한선과 피지선의 기능이 약화된 피부로서 낮에는 O/W형의 보습을 주는 데이 크림과 밤에는 W/O형의 친유성 나이트 크림을 사용한다.

08 팩의 목적 및 효과와 가장 거리가 먼 것은?

① 피부의 혈행촉진 및 청정작용
② 진정 및 수렴 작용
③ 피부 보습
④ 피하지방의 흡수 및 분해

해설 피하지방의 흡수 및 분해는 팩의 효과가 아니다.

09 다음 중 신체 각 부위별 관리에서 매뉴얼 테크닉의 적용이 적합하지 않은 것은?

① 스트레스로 인해 근육이 경직된 경우
② 림프순환이 잘 안 되어 붓는 경우
③ 심한 운동으로 근육이 뭉친 경우
④ 하체 부종이 심한 임산부의 경우

해설 하체 부종이 심한 임산부의 경우는 림프드레나지를 적용한다. 단, 3개월 전까지는 금한다.

10 피부 관리를 위한 피부 유형 분석의 시기로 가장 적합한 것은 어느 것인가?

① 최초 상담 전
② 트리트먼트 후
③ 클렌징이 끝난 후
④ 마사지 후

해설 피부 분석은 클렌징이 끝난 후 깨끗한 상태에서 분석한다.

11 여드름 피부에 관련된 설명으로 틀린 것은?

① 여드름은 사춘기에 피지분비가 왕성해지면서 나타나는 비염증성, 염증성 피부 발진이다.
② 여드름은 사춘기에 일시적으로 나타나며, 30대 정도에 모두 사라진다.
③ 다양한 원인에 의해 피지가 많이 생기고 모공 입구의 폐쇄로 인해 피지배출이 잘 되지 않는다.
④ 선천적인 체질상 체내 호르몬의 이상현상으로 지루성 피부에서 발생되는 여드름 형태는 심상성 여드름이라 한다.

해설 여드름은 사춘기에서 남성 호르몬 때문에 일시적으로 많이 생길 수는 있지만 30대 정도에 모두 사라지지는 않는다.

12 매뉴얼 테크닉의 효과에 해당하지 않는 것은?

① 혈액순환을 촉진시킨다.
② 림프순환을 촉진시킨다.
③ 근육의 긴장을 감소시키고, 피부 온도를 상승시켜 기분을 좋게 한다.
④ 가슴과 복부 관리를 통해 생리 시, 임신 초기 또는 말기에 진정효과를 준다.

Answer 07.① 08.④ 09.④ 10.③ 11.② 12.④

해설 임신 초기 또는 말기에는 마사지를 하지 않는다.

13 웜 왁스를 이용하여 제모하는 방법으로 옳은 것은?

① 제모 전에는 로션을 발라 피부를 보호한다.
② 왁스는 털이 난 방향으로 발라준다.
③ 왁스를 제거할 때는 천천히 떼어낸다.
④ 제모 후에는 온습포를 이용해 시술 부위를 진정시킨다.

해설 • 왁스는 털이 난 방향으로 발라주고, 왁스를 제거할 때는 재빠르게 떼어낸다.
• 제모 후에는 냉습포를 이용해 시술 부위를 진정시키고 진정 로션을 발라 피부를 보호한다.

14 마스크의 종류에 따른 사용 목적으로 틀린 것은?

① 콜라겐 벨벳 마스크 : 진피 수분 공급
② 고무 마스크 : 진정, 노폐물 흡착
③ 석고 마스크 : 영양성분 침투
④ 머드 마스크 : 모공 청결, 피지 흡착

해설 콜라겐 벨벳 마스크는 수용성이며, 분자구조가 커서 피부 진피까지 수분을 공급하기는 어렵다.

15 우리나라 피부미용 역사에서 혼례 미용법이 발달하고, 세안을 위한 세제 등 목욕 용품이 발달한 시대는?

① 고조선 시대 ② 삼국 시대
③ 고려 시대 ④ 조선 시대

해설 조선 시대에 혼례 때 연지, 곤지를 사용하는 등 혼례 미용법이 발달하였다.

16 피부 관리 시 최종마무리 단계에서 냉타월을 사용하는 이유로 가장 적합한 것은?

① 고객을 잠에서 깨우기 위해서
② 깨끗이 닦아내기 위해서
③ 모공을 열어주기 위해서
④ 이완된 피부를 수축시키기 위해서

해설 냉타월의 목적은 모공 수축 및 피부 진정이다.

17 클렌징에 대한 설명이 아닌 것은?

① 피부의 피지, 메이크업 잔여물을 없애기 위한 작업이다.
② 모공 깊숙이 있는 불순물과 피부 표면의 각질의 제거를 주목적으로 한다.
③ 제품흡수를 효율적으로 도와준다.
④ 피부의 생리적인 기능을 정상적으로 도와준다.

해설 모공 깊숙이 있는 불순물과 피부 표면의 각질의 제거는 딥클렌징의 주목적에 해당된다.

18 딥클렌징에 대한 설명으로 가장 거리가 먼 것은?

① 디스인크러스테이션은 주 2회 이상이 적당하다.
② 효소 타입은 불필요한 각질을 분해하여 잔여물을 제거한다.
③ 디스인크러스테이션을 전기를 이용한 딥클렌징 방법이다
④ 예민성 피부는 브러시 머신을 이용한 딥클렌징을 삼간다.

해설 디스인크러스테이션은 주 1회 정도가 적당하다.

Answer 13.② 14.① 15.④ 16.④ 17.② 18.①

19 땀샘에 대한 설명으로 틀린 것은?

① 에크린선은 입술뿐만 아니라 전신 피부에 분포되어 있다.

② 에크린선에서 분비되는 땀은 냄새가 거의 없다.

③ 아포크린선에서 분비되는 땀은 분비량은 소량이나 나쁜 냄새의 요인이 된다.

④ 아포크린선에서 분비되는 땀 자체는 무취, 무색, 무균성이나 표피에 배출된 후, 세균의 작용을 받아 부패하여 냄새가 나는 것이다.

해설 에크린선은 입술을 제외한 전신 피부에 분포되어 있다.

20 천연보습인자(NMF)의 구성 성분 중 40%를 차지하는 중요 성분은?

① 요소   ② 젖산염

③ 무기염   ④ 아미노산

해설 천연보습인자(NMF)의 40%를 차지하는 주성분은 아미노산이다.

21 일반적으로 피부 표면의 pH는?

① 약 4.5~5.5   ② 약 9.5~10.5

③ 약 2.5~3.5   ④ 약 7.5~8.5

해설 피부의 pH는 약 4.5~5.5이다.

22 피부에 존재하는 감각기관 중 가장 많이 분포하는 것은?

① 촉각점   ② 온각점

③ 냉각점   ④ 통각점

해설 피부에 가장 많이 분포하는 감각기관은 통각이다.

23 피부 색상을 결정짓는 데 주요한 요인이 되는 멜라닌 색소를 만들어 내는 피부층은?

① 과립층   ② 유극층

③ 기저층   ④ 유두층

해설 멜라닌 색소와 각질형성세포는 기저층에 존재한다.

24 체조직 구성 영양소에 대한 설명으로 틀린 것은?

① 지질은 체지방의 형태로 에너지를 저장하며, 생체막 성분으로 체구성 역할과 피부의 보호역할을 한다.

② 지방이 분해되면 지방산이 되는데 이중 불포화지방산은 인체 구성 성분으로 중요한 위치를 차지하므로 필수지방산이라고도 부른다.

③ 필수지방산은 식물성 지방보다 동물성 지방을 먹는 것이 좋다.

④ 불포화지방산은 상온에서 액체 상태를 유지한다.

해설 필수지방산은 동물성 지방보다 식물성 지방을 먹는 것이 좋다.

25 다음 중 UV-A(장파장 자외선)의 파장 범위는?

① 320~400nm   ② 290~320nm

③ 200~290nm   ④ 100~200nm

해설 • UV-A(장파장 자외선)의 파장 : 320~400nm
• UV-B(중파장 자외선)의 파장 : 290~320nm
• UV-C(단파장 자외선)의 파장 : 290nm 이하

Answer 19.① 20.④ 21.① 22.④ 23.③ 24.③ 25.①

26 다음 단면도에서 모발의 색상을 결정짓는 멜라닌 색소를 함유하고 있는 모피질은?

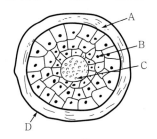

① A   ② B
③ C   ④ D

해설 • A, D(외측) – 모표피
• B(중간층) – 모피질
• C(내측) – 모수질

27 피부의 면역에 관한 설명으로 맞는 것은?

① 세포성 면역에는 보체, 항체 등이 있다.
② T림프구는 항원전달세포에 해당한다.
③ B림프구는 면역글로불린이라고 불리는 항체를 생성한다.
④ 표피에 존재하는 각질형성세포는 면역조절에 작용하지 않는다.

해설 B림프구는 체액성 면역으로 면역글로불린이라고 불리는 항체를 생성한다.

28 뉴런과 뉴런의 접속 부위를 무엇이라고 하는가?

① 신경원   ② 랑비에 결절
③ 시냅스   ④ 축삭종말

해설 뉴런과 뉴런이 연결되는 부위를 시냅스라고 한다.

29 림프순환에서 다른 사지와는 다른 경로인 부분은?

① 우측상지   ② 좌측상지
③ 우측하지   ④ 좌측하지

해설 림프순환은 우측상지는 우측쇄골하정맥으로, 좌측상지, 우측하지, 좌측하지는 좌측쇄골하정맥으로 유입된다.

30 인체의 3가지 형태의 근육 종류 명이 아닌 것은?

① 골격근   ② 내장근
③ 심근   ④ 후두근

해설 근육의 종류는 골격근, 내장근(평활근), 심근(심장근)이다.

31 수정과 임신에 대한 설명 중 잘못된 것은?

① 임신에서 분만까지의 기간은 약 280일이다.
② 모체와 태아 사이의 모든 물질교환이 이루어지는 곳은 태반이다.
③ 임신기간이 지날수록 프로게스테론과 에스트로겐은 증가한다.
④ 임신 2개월째에는 태아에 체모가 생기고 외음부에 남녀의 차이가 난다.

해설 임신 1~2개월은 이미 성별, 피부색, 머리카락 모양 등 대부분의 유전형질이 결정되어 있는 상태이지만 체모는 임신 3개월부터 생기기 시작한다.

32 세포 내 소화기관으로 노폐물과 이물질을 처리하는 역할을 하는 기관은?

① 미토콘드리아   ② 리보솜
③ 리소좀   ④ 골지체

해설 리소좀은 세포 내의 소화장치역할을 하며 노폐물과 이물질을 자가용해하는 기관이다.

Answer 26.② 27.③ 28.③ 29.① 30.④ 31.④ 32.③

33 다음 중 다당류인 전분을 2당류인 맥아당이나 덱스트린으로 가수분해하는 역할을 하는 타액 내의 효소는?

① 프티알린　　② 리파아제

③ 인슐린　　　④ 말타아제

해설 프티알린은 전분(녹말)을 가수분해하여 저분자의 당으로 분해시키는 타액에 함유되어 있는 아밀라아제이다.

34 골격계의 기능이 아닌 것은?

① 보호기능　　② 저장기능

③ 저지기능　　④ 열생산기능

해설 열생산기능은 근육계의 기능이다.

35 매우 낮은 전압의 직류를 이용하며, 이온영동법과 디스인크러스테이션의 두 가지 중요한 기능을 하는 기기는?

① 초음파 기기　　② 저주파 기기

③ 고주파 기기　　④ 갈바닉 기기

해설 이온영동법과 디스인크러스테이션은 직류로서 갈바닉 기기의 종류에 속한다.

36 초음파를 이용한 스킨스크러버의 효과가 아닌 것은?

① 진동과 온열 효과로 신진대사를 촉진한다.

② 각질 제거 효과가 있다.

③ 피부 정화 효과가 있다.

④ 상처 부위에 재생 효과가 있다.

해설 초음파는 세정작용, 매뉴얼 테크닉작용, 온열작용 등이 있고, 상처 부위에 재생 효과와는 관계 없다.

37 피부 분석 시 육안으로 보기 힘든 피지, 민감도, 색소침착, 모공의 크기, 트러블 등을 세밀하고 정확하게 분별할 수 있는 기기는?

① 스티머　　　② 진공흡입기

③ 우드램프　　④ 스프레이

해설 우드램프는 특수 자외선 파장을 이용한 피부 분석기로서 육안으로 보기 힘든 피지, 민감도, 색소침착, 모공의 크기 등을 분별할 수 있다.

38 안면 진공흡입기의 사용 방법으로 가장 거리가 먼 것은?

① 사용 시 크림이나 오일을 바르고 사용한다.

② 한 부위에 오래 사용하지 않도록 조심한다.

③ 탄력이 부족한 예민, 노화 피부에 더욱 효과적이다.

④ 관리가 끝난 후 벤토즈는 미온수와 중성 세제를 이용하여 잘 세척하고, 알코올 소독 후 보관한다.

해설 탄력이 부족한 노화 피부, 예민 피부는 진공흡입기를 사용하지 않는 것이 좋다.

39 지성 피부에 적용되는 작업 방법 중 적절하지 않은 것은?

① 이온영동 침투기기의 양극봉으로 디스인크러스테이션을 해 준다.

② 자켓법을 이용한 관리는 디스인크러스테이션 후에 시행한다.

③ T-존 부위의 노폐물 등을 안면 진공흡입기로 제거한다.

④ 지성 피부의 상태를 호전시키기 위해 고주파기의 직접법을 적용시킨다.

Answer 33.① 34.④ 35.④ 36.④ 37.③ 38.③ 39.①

해설 이온영동 침투기기의 음극봉이 디스인크러스테이션을 한다.

40 고주파 피부미용 기기를 사용하는 방법 중 직접법을 올바르게 설명한 것은?

① 고객의 얼굴에 마른 거즈를 올리고 그 위에 전극봉으로 가볍게 관리한다.

② 적합한 크기의 벤토즈가 피부 표면에 잘 밀착되도록 전극봉을 연결한다.

③ 고객의 손에 전극봉을 잡게 한 후 얼굴에 마른 거즈를 올리고 손으로 눌러준다.

④ 고객의 손에 전극봉을 잡게 한 후 관리사가 고객의 얼굴에 적합한 크림을 바르고 손으로 관리한다.

해설 고주파의 직접법은 고객의 얼굴에 마른 거즈를 올리고 그 위에 전극봉으로 가볍게 관리한다. 간접법은 고객의 손에 전극봉을 잡게 한 후 관리사가 고객의 얼굴에 적합한 크림을 바르고 손으로 관리한다.

41 기능성 화장품의 표시 및 기재사항이 아닌 것은?

① 제품의 명칭

② 내용물의 용량 및 중량

③ 제조자의 이름

④ 제조번호

해설 기능성 화장품의 표시 및 기재사항에 제조자의 이름은 필요하지 않다.

42 화장품법상 화장품의 정의와 관련한 내용이 아닌 것은?

① 신체의 구조, 기능에 영향을 미치는 것과 같은 사용 목적을 겸하지 않는 물품

② 인체를 청결히 하고, 미화하고, 매력을 더하고, 용모를 밝게 변화시키기 위해 사용하는 물품

③ 피부 혹은 모발을 건강하게 유지 또는 증진하기 위한 물품

④ 인체에 사용되는 물품으로 인체에 대한 작용이 경미한 것

해설 화장품은 신체의 구조, 기능에 영향을 미치는 것과 같은 사용 목적을 겸하는 물품이다.

43 다음 중 화장수의 설명으로 잘못된 것은?

① 피부의 각질층에 수분을 공급한다.

② 피부에 청량감을 준다.

③ 피부에 남아있는 잔여물을 닦아준다.

④ 피부의 각질을 제거한다.

해설 화장수로 각질을 제거할 수는 없다.

44 아로마테라피에 사용되는 에센셜 오일에 대한 설명 중 가장 거리가 먼 것은?

① 아로마테라피에 사용되는 에센셜 오일은 주로 수증기 증류법에 의해 추출된 것이다.

② 에센셜 오일은 공기 중의 산소, 빛 등에 의해 변질될 수 있으므로 갈색병에 보관하여 사용하는 것이 좋다.

③ 에센셜 오일은 원액을 그대로 피부에 사용해야 한다.

④ 에센셜 오일을 사용할 때에는 안전성 확보를 위하여 사전에 패치테스트를 실시하여야 한다.

해설 에센셜 오일은 원액을 그대로 피부에 적용하지 않고 캐리어 오일과 블렌딩해서 사용한다.

Answer 40.① 41.③ 42.① 43.④ 44.③

45 다음 설명하는 유화기로 가장 적합한 것은?

> • 크림이나 로션 타입의 제조에 주로 사용된다.
> • 터빈형의 회전날개를 원통으로 둘러싼 구조이다.
> • 균일하고 미세한 유화입자가 만들어진다.

① 디스퍼(Disper)
② 호모믹서(Homo-mixer)
③ 프로펠러믹서(Propeller mixer)
④ 호모게나이져(Homogenizer)

46 화장품 성분 중 무기 안료의 특성은?

① 내광성, 내열성이 우수하다.
② 선명도와 착색력이 뛰어나다.
③ 유기 용매에 잘 녹는다.
④ 유기 안료에 비해 색의 종류가 다양하다.

해설 무기 안료는 커버력이 우수하며, 내광성과 내열성이 우수하다.

47 여드름 피부용 화장품에 사용되는 성분과 가장 거리가 먼 것은?

① 살리실산   ② 글리시리진산
③ 아줄렌   ④ 알부틴

해설 알부틴은 미백 화장품 성분에 속한다.

48 과태료 처분에 불복이 있는 경우 어느 기간 내에 이의를 제기할 수 있는가?

① 처분한 날로부터 30일 이내
② 처분의 고지를 받은 날로부터 30일 이내
③ 처분한 날로부터 15일 이내
④ 처분이 있음을 안 날로부터 15일 이내

해설 과태료 처분에 불복이 있는 경우는 처분의 고지를 받은 날로부터 30일 이내에 이의를 제기할 수 있다.

49 일반적인 미생물의 번식에 가장 중요한 요소로만 나열된 것은?

① 온도, 적외선, pH
② 온도, 습도, 자외선
③ 온도, 습도, 영양분
④ 온도, 습도, 시간

해설 미생물은 영양소, 수분, 온도, 산소, pH, 삼투압 등의 환경이 갖추어졌을 때 증식, 발육되는 것이다.

50 영업장 폐쇄명령을 받고도 영업을 계속할 때의 벌칙기준은?

① 1년 이하의 징역 또는 1천만 원 이하의 벌금
② 1년 이하의 징역 또는 500만 원 이하의 벌금
③ 6월 이하의 징역 또는 500만 원 이하의 벌금
④ 6월 이하의 징역 또는 300만 원 이하의 벌금

해설 1년 이하의 징역 또는 1천만 원 이하의 벌금의 경우는 미용업 영업의 신고를 하지 아니하고 영업한 자, 영업정지 명령 또는 일부 시설의 사용중지 명령을 받고 그 기간 중에 영업한 자, 영업소 폐쇄명령을 받고도 계속하여 영업을 한 자에 해당된다.

51 이·미용업의 상속으로 인한 영업자 지위승계 신고 시 구비서류가 아닌 것은?

① 영업자 지위승계 신고서
② 가족관계증명서
③ 양도계약서 사본
④ 상속자임을 증명할 수 있는 서류

해설 영업 양도의 경우는 양도, 양수 증명서류 사본, 양도인 인감증명서가 필요하며 상속의 경우는 상속자임을 증명할 수 있는 서류들이 필요하다.

52 감염병 관리상 그 관리가 가장 어려운 대상은?

① 만성감염병 환자
② 급성감염병 환자
③ 건강보균자
④ 감염병에 의한 사망자

해설 건강보균자는 임상적 증상을 전혀 나타내지 않고 보균상태를 지속하고 있는 자로서 감염되지 않는 사람에 해당된다.

53 수돗물로 사용할 상수의 대표적인 오염지표는? (단, 심미적 영향물질은 제외한다)

① 탁도　　　　② 대장균수
③ 증발잔류량　④ COD

해설 상수의 대표적인 오염지표는 대장균수이다.

54 비타민이 결핍되었을 때 발생하는 질병의 연결이 틀린 것은?

① 비타민 B_1 - 각기병 ② 비타민 D - 괴혈증
③ 비타민 A - 야맹증 ④ 비타민 E - 불임증

해설 비타민 D의 결핍은 구루병, 비타민 C는 괴혈병과 관련이 있다.

55 청문을 실시하여야 하는 사항과 거리가 먼 것은?

① 이·미용사의 면허취소, 면허정지
② 공중위생 영업의 정지
③ 영업장의 폐쇄명령
④ 과태료 징수

해설 청문을 실시해야 하는 사항
• 이·미용사의 면허취소, 정지
• 일부 시설의 사용중지
• 공중위생 영업의 정지
• 영업소의 폐쇄명령

56 소독에 사용되는 약제의 이상적인 조건은?

① 살균하고자 하는 대상물을 손상시키지 않아야 한다.
② 취급 방법이 복잡해야 한다.
③ 용매에 쉽게 용해되지 않아야 한다.
④ 향기로운 냄새가 나야 한다.

해설 취급 방법이 간단해야 하며, 용해성이 높아야 하고 대상물을 손상시키지 않아야 한다.

57 용품이나 기구 등을 일차적으로 청결하게 세척하는 것은 다음의 소독 방법 중 어디에 해당되는가?

① 희석　　　② 방부
③ 정균　　　④ 여과

해설 희석은 어떤 물질의 농도를, 다른 물질을 가함으로써 낮게 하는 것을 말하며 기구를 일차적으로 청결하게 세척하는 것을 말한다.

Answer 51.③ 52.③ 53.② 54.② 55.④ 56.① 57.①

58 바이러스에 대한 일반적인 설명으로 옳은 것은?

① 항생제에 감수성이 있다.

② 광학현미경으로 관찰이 가능하다.

③ 핵산 DNA와 RNA 둘 다 가지고 있다.

④ 바이러스는 살아 있는 세포 내에서만 증식 가능하다.

해설 바이러스는 살아 있는 세포 내에서만 증식하며 광학현미경으로 관찰이 불가능할 정도로 가장 작은 미생물이다.

59 이·미용업소의 위생관리 기준으로 적합하지 않은 것은?

① 소독한 기구와 소독을 하지 아니한 기구를 분리하여 보관한다.

② 1회용 면도날은 손님 1인에 한하여 사용한다.

③ 피부미용을 위한 의약품은 따로 보관한다.

④ 영업장 안의 조명도는 75룩스 이상이어야 한다.

해설 피부미용에서는 의약품을 사용하여서는 안 된다.

60 알코올 소독의 미생물 세포에 대한 주된 작용 기전은?

① 할로겐 복합물형성

② 단백질 변성

③ 효소의 완전 파괴

④ 균체의 완전 융해

해설 미생물을 알코올로 소독하면 단백질 변성이 일어난다.

part **08**

상시시험
복원문제

제1회 상시시험 복원문제

	수험번호 :	
🌊 피부미용사 CBT 문제풀이	수험자명 :	⏱ 제한시간 : 60분

01 밑줄 친 내용에 대한 범위의 설명으로 맞는 것은? (단, 국내법상의 구분이 아닌 일반적인 정의 측면의 내용을 말한다)

> 피부 관리(Skin care)는 <u>인체의 피부</u>를 대상으로 아름답게, 보다 건강한 피부로 개선, 유지, 증진, 예방하기 위해 피부 관리사가 고객의 피부를 분석하고 분석결과에 따라 적합한 화장품, 기구 및 식품 등을 이용하여 피부 관리방법을 제공하는 것을 말한다.

① 두피를 포함한 얼굴 및 전신의 피부를 말한다.
② 두피를 제외한 얼굴 및 전신의 피부를 말한다.
③ 얼굴과 손의 피부를 말한다.
④ 얼굴의 피부만을 말한다.

🍶 **해설** 피부 관리는 일반적인 정의 측면에서 두피를 제외한 얼굴 및 전신의 피부 관리를 말한다.

02 우리나라의 피부의 역사 중 규합총서에 소개된 미용에 관한 내용이 기록되었던 시대는 언제인가?

① 고려 시대　　② 조선 시대
③ 삼국 시대　　④ 통일신라 시대

🍶 **해설** 조선 시대 규합총서에 소개된 「면지법」에는 몸을 향기롭게 하는 법, 목욕법 등의 미용에 관한 내용이 소개되어 있다.

조선시대의 화장품
• 백분, 연지, 머릿기름, 밀기름, 향수, 미안수가 등장하였다.
• 세안을 위한 세제 등 목욕용품이 발달하였다.
• 양 볼에는 연지, 이마에는 곤지, 입술은 붉게 칠하는 혼례미용법이 발달하였다.
• 백분, 머릿기름, 밀기름, 화장수 등을 기생과 상류층이 사용하였다.

03 각 나라와 테라피의 연결이 틀린 것은?

① 인도-아유르베다　② 중국-추나
③ 일본-시아츠　　　④ 스웨덴-발반사

🍶 **해설** 스웨디쉬는 스웨덴 헨리 링에 의해 유럽인들의 체질에 맞도록 개발되어 일반적으로 사용되고 있는 테크닉이다.

04 피부 유형에 대한 설명 중 틀린 것은?

① 수분 부족 건성 피부 : 잔주름이 잘 형성되며, 피부 조직은 얇다.
② 유분 부족 건성 피부 : 피지선의 기능이 저하되고 영양분이 부족할 때 발생한다.
③ 민감성 피부 : 모공이 거의 없고 각질의 지나친 탈락으로 피부결이 거칠다.
④ 복합성 피부 : 세안 후 볼과 눈 주위에 당기는 느낌이 있으며, 민감성 피부와는 무관하다.

해설 민감성 피부는 모공이 거의 없고, 피부결이 곱지만, 붉은 예민기를 가지고 있다. 이 예민기를 진정시키기 위해 진정 효과가 우수한 아줄렌 성분을 사용한다.

05 복합성 피부의 특징이 아닌 것은?

① T-존 부위에 모공이 특히 크며, 기름기가 많고 면포 등 여드름이 발생하기 쉽다.
② 광대뼈, 볼 부위에 색소침착이 나타나는 경우가 많다.
③ 피부조직이 전체적으로 일정하지 않다.
④ 특히 T-존 부위의 각질이 얇다.

해설 복합성 피부는 피지분비량의 불균형으로 얼굴 부위에 따라 서로 다른 두 가지 이상의 타입을 가지고 있는 피부 유형으로 T-존 부위는 대체적으로 피지분비가 많아 각질이 두껍다.

06 클렌징제의 기능으로 올바르지 않은 것은?

① 메이크업, 피지, 먼지, 더러움이 잘 제거되어야 한다.
② 피부의 피지막을 완전히 제거해야 한다.
③ 피부의 수분을 탈수시키지 말아야 한다.
④ 피부의 산성막을 파괴해서는 안 된다.

해설 클렌징제는 메이크업 잔여물이나 먼지 등이 잘 지워져야 하고 피부의 피지막, 산성막의 손상이 없도록 피부에 자극이 없어야 한다.

07 다음 중 노폐물과 독소 및 과도한 체액의 배출을 원활하게 하는 효과에 가장 적합한 관리 방법은?

① 지압　　　　② 인디안 헤드 마사지
③ 림프드레나지　④ 반사 요법

해설 림프드레나지는 노폐물 배출과 독소제거, 혈액순환 증진 및 면역력 강화, 부종 완화, 셀룰라이트 피부 등에 효과적이다.

08 다음 중 피부 분석 시 촉진을 통해서 알 수 있는 것은?

① 색소침착　　② 모공 크기
③ 탄력　　　　④ 주름 깊이

해설 촉진은 고객의 피부를 직접 만져보거나 눌러봄으로써 피부의 상태를 판별하는 방법으로 피부의 탄력성과 예민상태 등을 확인할 수 있다.

09 다음 중 물리적인 제모 방법이 아닌 것은?

① 제모 크림을 이용한 제모
② 온왁스를 이용한 제모
③ 족집게를 이용한 제모
④ 냉왁스를 이용한 제모

해설 물리적인 방법은 화학적으로 변하지 않는 것으로 손이나 도구를 활용한 방법이다.
제모 크림을 이용한 제모는 화학적 제모이다.

10 피부 유형에 맞는 에멀전 처방이 아닌 것은?

① 건성 피부 : 피지조절제가 함유된 에멀전
② 민감성 피부 : 향, 색소, 방부제를 함유하지 않거나 적게 함유된 에멀전
③ 여드름 피부 : 오일 프리 에멀전
④ 중성 피부 : 유분과 보습, 영양성분이 적절히 함유된 에멀전

해설 피지조절제가 함유된 에멀전은 지성 피부의 처방에 해당된다. 건성 피부는 피지분비가 적은 피부 유형으로 피지분비를 촉진할 수 있는 에멀전을 사용해야 한다.

Answer　05.④　06.②　07.③　08.③　09.①　10.①

11 마사지 시 중요한 요소가 아닌 것은?

① 방향   ② 속도와 압력
③ 마찰   ④ 크림 등의 매개체

해설 마사지 시 중요한 요소

• 매뉴얼 테크닉의 세기는 피부에 손을 밀착시켜 강약을 주면서 연결하여 시술한다.
• 5가지의 시술방법이 포함되도록 한다(경찰법, 강찰법, 유연법, 고타법, 진동법).
• 속도는 너무 빠르거나 느리지 않도록 적절한 리듬에 맞춰 실시한다.
• 피부 상태에 따라 오일이나 크림을 사용하여 시술한다.
• 관리사는 바른 자세를 유지하면서 체중(체간)을 실어서 관리한다.
• 동작은 피부의 결방향으로 한다.

12 우드램프에 의한 피부의 분석결과 중 틀린 것은?

① 흰색 : 죽은 세포와 각질층의 피부
② 연한 보라색 : 건조한 피부
③ 오렌지색 : 여드름, 피지, 지루성 피부
④ 암갈색 : 산화된 피지

해설 ④ 암갈색 : 기미 피부

13 피부미용의 역사에 대한 설명 중 옳은 것은?

① 르네상스 시대 : 비누의 사용이 보편화
② 이집트 시대 : 약초 스팀법 개발
③ 로마 시대 : 향수, 오일, 화장이 생활의 필수품으로 등장
④ 중세 시대 : 매뉴얼 테크닉 크림 개발

해설 • 이집트 시대 : 고대 미용의 발상지, 종교적인 이유로 화장
• 로마 시대 : 향수, 오일, 화장이 생활의 필수품으로 등장
• 중세 시대 : 페스트 및 성병 등이 유행하면서 목욕탕 폐쇄, 알코올, 향수문화 발달
• 르네상스 시대 : 청결위생의 개념으로 진한 향수 생활화
• 근세 시대 : 비누 사용이 보편화

14 매뉴얼 테크닉의 효과가 아닌 것은?

① 내분비 기능의 조절
② 결체조직에 긴장과 탄력성 부여
③ 혈액순환 촉진
④ 반사작용의 억제

해설 매뉴얼 테크닉의 효과

• 혈액순환을 원활히 한다.
• 피부 기능과 피부 호흡을 촉진시켜 피부에 영양을 공급한다.
• 근육을 이완·강화시켜 준다.
• 세포재생을 도와준다.
• 심리적인 안정감을 준다.
• 화장품 유효물질의 흡수를 도와준다.
• 내분비 기능(호르몬)에 도움을 준다.
• 결체조직의 긴장과 탄력성을 부여한다.
• 반사작용을 촉진시켜 순환을 돕는다.

15 딥클렌징의 대상으로 적합하지 않은 것은?

① 모세혈관 확장 피부
② 모공이 넓은 지성 피부
③ 비염증성 여드름 피부
④ 잔주름이 많은 건성 피부

해설 모세혈관 확장 피부나 민감성 피부는 가급적 딥클렌징을 하지 않는다.

16 다음 중 팩의 효과가 아닌 것은?

① 피부 신진대사 촉진   ② 각질 제거
③ 유효성분 공급   ④ 피부 치유기능

해설 팩은 약이 아니므로 피부 치유기능은 해당되지 않는다.
팩의 효과
• 각질 제거
• 유효성분 공급
• 피부에 수렴작용을 하여 모공 수축
• 수분 공급으로 진정 효과
• 피부신진대사 촉진
• 청정작용

Answer 11.④ 12.④ 13.③ 14.④ 15.① 16.④

17 클렌징 로션에 대한 알맞은 설명은?

① 사용 후 반드시 비누 세안을 해야 한다.
② 친유성 에멀전(W/O 타입)이며, 유중수형 타입이다.
③ 눈 화장, 입술 화장을 지우는 데 주로 사용한다.
④ 민감성 피부에도 사용할 수 있다.

해설 클렌징 로션
• 친수성(O/W, 수중유형) 에멀전 상태의 제품으로 물에 오일이 분산된 타입이다.
• 클렌징 크림에 비해 수분 함유량이 많아 물에 잘 용해되지만 세정력은 떨어지므로 옅은 화장을 지울 때 적합하다.
• 건성, 민감성, 노화 피부에 적당하다.

18 림프드레나지의 주 대상이 되지 않는 피부는?

① 모세혈관 확장 피부
② 튼 피부
③ 감염성 피부
④ 부종이 있는 셀룰라이트 피부

해설 모든 악성 질환, 급성 염증 질환, 갑상선 기능 항진, 심부전증, 천식, 결핵, 저혈압 등의 고객에게는 림프드레나지를 적용하지 않아야 한다.

19 마사지에서 여드름 치료를 위하여 가장 많이 이용되는 광선은?

① 적외선   ② 자외선
③ 붉은 가시광선   ④ 밝은 광선

해설 자외선은 살균효과가 있으므로 여드름 치료에 효과적이다.

20 피부의 각질(케라틴)을 만들어 내는 세포는?

① 색소 세포   ② 기저 세포
③ 각질 형성 세포   ④ 섬유아 세포

해설 각질을 만들어내는 세포는 기저층에 존재하며 각질 형성 세포(케라티노사이트)라고 한다.
① 색소 세포 : 기저층에 존재하며 멜라닌을 만들어내는 세포
④ 섬유아 세포 : 진피에 존재하며 콜라겐과 엘라스틴을 만들어내는 모세포

21 피부 구조에 있어 물이나 일부의 물질을 통과시키지 못하게 하는 흡수 방어벽층은 어디에 있는가?

① 투명층과 과립층 사이
② 각질층과 투명층 사이
③ 유극층과 기저층 사이
④ 과립층과 유극층 사이

해설 투명층은 자외선을 반사하고 무색투명의 엘라이딘이라는 반유동성 단백질이 수분 침투를 막는다. 과립층은 수분저지막(Rein membrane)이 수분 증발을 억제하여 이물질 침투와 과잉 침투에 대한 표피의 방어막 역할을 담당한다.

22 아포크린선의 설명으로 틀린 것은?

① 아포크린선의 냄새는 여성보다 남성에게 강하게 나타난다.
② 땀의 산도가 붕괴되면 심한 냄새를 동반한다.
③ 겨드랑이, 대음순, 배꼽 주변에 존재한다.
④ 인종적으로 흑인이 가장 많이 분비한다.

해설 아포크린선의 특징
• 모공을 통해 분비되며, 체취가 남성보다 여성이 심하다.
• 세균으로 산도가 높아지면 냄새가 심해진다.
• 겨드랑이, 대음순, 항문 주위, 유두, 배꼽 주변, 두피에 분포되어 있다.
• 흑인, 백인, 동양인 순으로 체취 발생이 강하다.

Answer 17.④ 18.③ 19.② 20.③ 21.① 22.①

part 08. 상시시험 복원문제

- 사춘기 이후 발달되며, 갱년기 이후에 기능이 저하된다.
- 정신적인 스트레스에 영향을 받는다.
- 색깔은 흰색이다.
- 액취증과 관련이 있다.

23 모세혈관이 위치하며 콜라겐 조직과 탄력적인 엘라스틴 섬유 및 뮤코다당류로 구성이 되어 있는 피부의 부분은?

① 표피　　　　② 유극층
③ 진피　　　　④ 피하조직

해설 진피의 구성 물질은 콜라겐과 엘라스틴 섬유성분과 세포 사이를 채우고 있는 물질인 뮤코다당류로, 히알루론산 당질이 주성분이다.

24 피부 표피 중 가장 두꺼운 층은?

① 각질층　　　　② 유극층
③ 과립층　　　　④ 기저층

해설 유극층은 핵이 있는 유핵층으로 표피층에서 가장 두꺼운 층이다.

25 자외선 차단제에 관한 설명 중 틀린 것은?

① 자외선 차단제는 SPF(Sun Protect Factor)의 지수를 매긴다.
② SPF(Sun Protect Factor)가 낮을수록 차단율이 높다.
③ 자외선 차단제의 효과는 멜라닌 색소의 양과 자외선에 대한 민감도에 따라 달라질 수 있다.
④ 자외선 차단지수는 제품을 사용했을 때 홍반을 일으키는 자외선의 양을 제품을 사용하지 않았을 때 홍반을 일으키는 자외선의 양으로 나눈 값이다.

해설 SPF는 자외선 B를 나타내는 차단지수로 SPF (Sun Protect Factor)가 높을수록 자외선 차단율이 높다.

26 다음 중 무기질의 종류가 아닌 것은?

① 비타민　　　　② 철분
③ 요오드　　　　④ 나트륨

해설 무기질의 종류는 칼슘, 인, 마그네슘, 나트륨, 칼륨, 염소, 철분, 아연, 구리, 요오드 등이다.

27 적외선을 피부에 조사시킬 때 나타나는 생리적 영향의 설명으로 틀린 것은?

① 신진대사에 영향을 미친다.
② 혈관을 확장시켜 순환에 영향을 미친다.
③ 전신의 체온 저하에 영향을 미친다.
④ 식균작용에 영향을 미친다.

해설 적외선의 특징
- 피부에 해를 주지 않으며, 체온을 상승시키지 않고 피부에 열감을 준다.
- 혈관을 팽창시켜 순환을 용이하게 하며 혈액순환 장애로 인한 체내 노폐물 축적, 지방축적, 셀룰라이트 예방 관리에 효과적이다.
- 피지선과 한선의 기능을 활성화하여 피부 노폐물의 배출을 도와준다.
- 피부 깊숙이 영양분(유효성분)을 침투시키고 신진대사를 활발하게 해 준다.
- 근육을 이완시키는 기능을 하며 신체에 면역력을 증강시켜 저항력을 키워준다.

28 신경계 중 중추신경계에 해당되는 것은?

① 뇌　　　　② 뇌신경
③ 척수신경　　　　④ 교감신경

해설 • 중추신경계 : 뇌와 척수
- 말초신경계 : 체성신경계와 자율신경계
- 체성신경계 : 뇌신경과 척수신경
- 자율신경계 : 교감신경과 부교감신경

Answer 23.③ 24.② 25.② 26.① 27.③ 28.①

29 심장근을 무늬 모양과 의지에 따라 분류한 것으로 옳은 것은?

① 횡문근, 수의근
② 횡문근, 불수의근
③ 평활근, 수의근
④ 평활근, 불수의근

해설
• 골격근 : 횡문근(가로무늬근), 수의근
• 심장근 : 횡문근(가로무늬근), 불수의근
• 평활근(내장근) : 민무늬근, 불수의근

30 다음 중 세포 내의 소화장치 역할을 하며 자가 용해하는 기관은?

① 리소좀
② 리보솜
③ 골지체
④ 미토콘드리아

해설 리소좀의 역할
• 세포 내의 소화장치 역할(세포 내에서 어떤 물질이 소화되려면 일단 리소좀과 결합하여야 한다)
• 세포의 방어작용
• 자가용해(Autolysis) : 노폐물과 이물질 처리

31 다음 중 간의 역할에 가장 적합한 것은?

① 소화와 흡수 촉진
② 담즙의 생성과 분비
② 음식물의 역류 방지
④ 부신피질 호르몬 생산

해설 간의 역할
• 단백질대사에 관여(암모니아로부터 요소합성)
• 탄수화물 대사에 관여(포도당을 글루코겐으로 저장하며 분해한다)
• 지방의 합성, 분해, 저장
• 담즙 생성과 분비
• 해독 작용, 철분 및 비타민 저장
• 면역글로불린이나 프로트롬빈, 피브리노겐 같은 혈액 응고에 중요한 물질을 만듦
• 적혈구를 만들기 위해 철과 비타민 B_{12} 저장

32 뼈가 단단하지 않은 조직에서 단단한 조직으로 바뀌는 현상은?

① 골막
② 봉합
③ 골화
④ 골수

해설 골화(뼈가 되는 과정)
• 연골내골화 : 연골이 뼈가 되는 과정으로 대부분의 장골(대퇴골, 상완골, 척골, 요골, 경골, 비골)의 골화 과정이다.
• 막내골화 : 얇은 섬유성 결합조직으로부터 뼈로 골화된다. 대부분의 두개골(전두골, 후두골, 측두골), 편평골(흉골, 늑골, 두정골)의 골화 과정이다.

33 다음 중 헤모글로빈에 들어 있는 성분은?

① 철분
② 칼슘
③ 단백질
④ 나트륨

해설 헤모글로빈은 철을 포함한 포르피린고리와 단백질의 일종(글로빈)을 포함한 헴(Heme)이라는 구조 4개가 모여 이루어진다. 철 원자 1개에 대해 한 분자씩의 산소가 결합하므로, 헤모글로빈 한 분자에는 산소 4분자가 결합한다. 생체 내에서 산소를 운반하는 역할을 하며 정상적인 경우 남성은 13~17g/dl, 여성은 12~15 g/dl의 헤모글로빈을 혈액 속에 포함한다.

34 다음 중 조혈 기능이 이루어지는 곳은?

① 골수
② 지방
③ 심장
④ 혈관

해설 적골수에서 조혈 기능(혈액 생성)을 한다.

35 전기에 대한 설명으로 틀린 것은?

① 전류란 전도체를 따라 움직이는 (−)전하를 지닌 전자의 흐름이다.
② 도체란 전류가 쉽게 흐르는 물질을 말한다.
③ 전류의 크기의 단위는 볼트(Volt)이다.
④ 전류에는 직류(D.C)와 교류(A.C)가 있다.

Answer 29.② 30.① 31.② 32.③ 33.① 34.① 35.③

해설 전류의 크기는 암페어(A)이다.

36 갈바닉 전류의 음극에서 생성되는 알칼리를 이용하여 피부 표면의 피지와 모공 속의 노폐물을 세정하는 방법은?

① 이온토포레시스
② 리프팅 트리트먼트
③ 디스인크러스테이션
④ 고주파 트리트먼트

해설 갈바닉 전류
• 디스인크러스테이션 : 알칼리성, 모공 속의 노폐물을 세정하는 기기
• 이온토포레시스 : 비타민 C 영양성분을 침투시키는 기기

37 다음 중 원자에 대한 설명으로 틀린 것은?

① 양성자, 전자, 중성자로 구성되어 있다.
② 원자는 쪼갤수록 더 많은 원자로 나누어진다.
③ 양성자와 중성자가 원자핵을 이룬다.
④ 원자는 그리스어 Atomos에서 유래되었다.

해설 원자는 더 이상 분리될 수 없다.

38 고주파 사용 방법으로 옳은 것은?

① 거즈를 사용한다.
② 피부와 전극봉 사이의 간격을 7mm 이상으로 한다.
③ 부도체인 합성 섬유를 사용한다.
④ 여드름용 오일을 면포에 도포한 후 사용한다.

해설 고주파는 직접법과 간접법이 있고, 직접법에 스파킹을 할 때 거즈를 사용하며, 스파킹의 효과는 박테리아를 제거하고, 살균 효과를 주는 것이다.

39 지성 피부의 면포 추출에 사용하기에 가장 적합한 기기는?

① 분무기
② 전동 브러시
③ 리프팅기
④ 진공흡입기

해설 진공흡입기는 벤토즈라 불리는 다양한 크기와 모양의 컵을 가지고 있어 컵의 압력을 조절하여 피부 조직을 흡입할 수 있기 때문에 여드름(면포) 추출에 적합한 기기이다.

40 다음 중 자외선의 효과가 아닌 것은?

① 홍반반응
② 색소침착
③ 근육의 통증 완화
④ 비타민 D 형성

해설 자외선의 효과
• 위생용품의 살균 및 보관
• 세균 감염 및 증식 방지
• 감염병 예방

적외선의 효과
• 순환 및 신진대사의 증진
• 근조직의 수축과 이완을 통한 통증 감소
• 땀샘의 활동성 증가
• 식균작용, 유효성분침투

41 화장품 성분 중 양모에서 정제한 것은?

① 바셀린
② 밍크 오일
③ 플라센터
④ 라놀린

해설 양모의 피지선에서 추출한 성분은 라놀린이다. 장시간 사용 시 여드름 유발 가능성이 있다.
② 밍크 오일 : 밍크에서 추출
③ 플라센타 : 태반에서 추출

Answer 36.③ 37.② 38.① 39.④ 40.③ 41.④

42 화장품의 제형에 따른 특징의 설명으로 틀린 것은?

① 유화 제품 : 물에 오일 성분이 계면활성제에 의해 우유빛으로 백탁화된 상태의 제품
② 유용화 제품 : 물에 다량의 오일 성분이 계면활성제에 의해 현탁하게 혼합된 상태의 제품
③ 분산 제품 : 물 또는 오일에 미세한 고체 입자가 계면활성제에 의해 균일하게 혼합된 상태의 제품
④ 가용화 제품 : 물에 소량의 오일 성분이 계면활성제에 의해 투명하게 용해되어 있는 상태의 제품

해설 계면활성제의 작용
• 가용화 : 물에 소량의 오일성분이 계면활성제에 의해 투명하게 용해되는 현상을 말한다. 화장수, 에센스, 헤어 토닉, 헤어 리퀴드, 향수, 포마드 등이 이에 해당된다.
• 유화 : 물에 오일성분이 계면활성제에 의해 우윳빛으로 백탁화된 상태를 말한다. 로션, 크림, 마사지 크림, 클렌징 크림 등이 이에 해당된다.
• 분산 : 안료 등의 고체입자를 액체 속에 균일하게 혼합시키는 것을 말한다. 분산을 이용한 화장품은 파우더, 아이섀도, 마스카라, 아이라이너 등이 있다.

43 다음 중 캐리어 오일로서 부적합한 것은?

① 미네랄 오일　② 살구씨 오일
③ 아보카도 오일　④ 포도씨 오일

해설 캐리어 오일은 식물의 씨앗류나 견과류에서 추출한 식물성 오일이며, 미네랄 오일은 광물성으로 피부에 트러블을 유발할 수 있다.

44 바디 화장품의 종류와 사용 목적의 연결이 적합하지 않은 것은?

① 바디 클렌저－세정, 용제
② 데오도란트 파우더－탈색, 제모
③ 선크림－자외선 방어
④ 배스 솔트－세정, 용제

해설 데오도란트는 체취방지제이다.
바디 화장품은 신체의 보호, 미화, 체취억제, 세정 등의 기능을 갖는 화장품으로 바디 클렌저, 바디 오일, 바스 토너, 체취방지제, 바디 샴푸, 버블 바스 등이 이에 해당된다.

45 다음 중 화장품에 사용되는 주요 방부제는?

① 에탄올
② 벤조산
③ 파라옥시안식향산메칠
④ BHT

해설 파라옥시안식향산은 방부제 파라벤의 총칭 어이다.

화장품에 주로 사용되는 방부제
㉠ 파라안식향산 에스텔(=파라벤류)

종 류	효 과
파라옥시향산메틸 파라옥시향산에틸	수용성 물질에 대한 방부 효과가 좋다.
파라옥시향산프로필 파라옥시향산부틸	지용성 물질에 대한 방부 효과가 좋다.

㉡ 이미다졸리디닐 우레아(Imidazolidinyl urea)
• 박테리아 성장을 억제해 주고, 파라벤류와 병행해서 사용된다(보조방부제).
• 무미, 무취의 백색 분말로 물과 글리세린에 용해된다.
• 독성이 적어 기초 화장품, 유아용 샴푸 등에 사용된다.
㉢ 페녹시에탄올 : 화장품 사용 허용량이 1% 미만이며, 주로 메이크업 제품에 많이 사용된다.
㉣ 이소치아졸리논 : 샴푸처럼 씻어내는 제품에 주로 사용된다.

46 화장품에 배합되는 에탄올의 역할이 아닌 것은?

① 청량감 　　② 수렴 효과

③ 소독작용 　　④ 보습작용

해설 에탄올은 알코올 성분으로 보습작용과는 상관 없다.

47 손을 대상으로 하는 제품 중 알코올을 주 베이스로 하며, 청결 및 소독을 주된 목적으로 하는 제품은?

① 핸드 워시(Hand wash)

② 새니타이저(Sanitizer)

③ 비누(Soap)

④ 핸드 크림(Hand cream)

해설 새니타이저(Sanitizer)는 위생을 의미하며, 청결 및 소독에 주로 사용된다.

48 공중보건학의 정의에 대한 설명으로 적합하지 않은 것은?

① 조직화된 지역사회의 노력을 통하여 목적을 달성한다.

② 공중보건학의 목적은 질병 예방, 수명 연장, 신체적 및 정신적 효율의 증진이다.

③ 구체적으로 환경위생, 감염병의 관리 등을 통하여 목적을 달성한다.

④ 공중보건학의 대상은 개인 및 가정을 주 대상으로 하고 있다.

해설 공중보건학의 대상은 지역사회의 전 주민을 대상으로 한다.

49 다음 중 제3군 감염병인 것은?

① 콜레라 　　② 한센병

③ B형 간염 　　④ 유행성 이하선염

해설 제3군 감염병

말라리아, 결핵, 한센병(나병), 성홍열, 발진열, 비브리오 패혈증, 탄저, 쯔쯔가무시증, 발진티푸스 등

50 매개 곤충과 전파하는 감염병의 연결이 틀린 것은?

① 쥐−유행성 출혈열

② 모기−일본뇌염

③ 파리−사상충

④ 쥐벼룩−페스트

해설 곤충 매개 감염병

• 모기 : 말라리아, 일본뇌염, 사상충, 황열, 뎅기열

• 파리 : 소화기계 감염병, 수면병, 승저증(구더기증)

• 벼룩 : 페스트(흑사병), 발진열

• 이 : 발진티푸스, 재귀열, 참호열

• 진드기 : 록키산홍반열(참진드기), 쯔쯔가무시병(털진드기), 야토병

51 질병 발생의 3대 요소가 아닌 것은?

① 병인 　　② 환경

③ 숙주 　　④ 시간

해설 질병 발생의 3대 요인

병인, 환경, 숙주

52 영업소 출입검사 관련 공무원이 영업자에게 제시해야 하는 것은?

① 주민등록증

② 위생검사 통지서

③ 위생감시 공무원증

④ 위생검사 기록부

Answer 46.④ 47.② 48.④ 49.② 50.③ 51.④ 52.③

해설 관계 공무원은 그 권한 표시를 소지하고 위생감시 공무원증을 보여줘야 한다.

53 다음 중 가을철 들쥐 등에 의해 감염되는 감염병은?

① 쯔쯔가무시병　　② 페스트
③ 공수병　　④ 살모넬라증

해설 쯔쯔가무시병은 오리엔티아 쯔쯔가무시균(Orientia tsutsugamushi)에 의해 발생하는 감염성 질환으로 가을철 들쥐나 야생동물에 기생하는 쯔쯔가무시균에 감염된 털진드기의 유충이 사람의 피부를 물어서 생긴다.

54 1회용 면도날을 2인 이상의 손님에게 사용한 경우의 1차 위반 행정처분기준은?

① 경고
② 영업정지 5일
③ 영업정지 10일
④ 영업정지 20일

해설 1회용 면도날을 2인 이상의 손님에게 사용한 경우는 1차 위반 시 경고, 2차 위반 시 영업정지 5일, 3회 위반 시 영업정지 10일, 4회 위반 시 영업장 폐쇄명령으로 처분한다.

55 다음 중 식품의 혐기성 상태에서 발육하여 신경계 증상이 주 증상으로 나타나는 것은 어느 것인가?

① 살모넬라증 식중독
② 보툴리누스균 식중독
③ 포도상구균 식중독
④ 장염비브리오 식중독

해설 보툴리누스균은 치사율이 가장 높으며, 구멍난 통조림에서 발생한다. 주 증상은 신경계 이상이다.

56 공중위생업소의 위생관리 수준을 향상시키기 위하여 위생서비스 평가계획을 수립하는 자는?

① 대통령
② 보건복지부 장관
③ 시·도지사
④ 공중위생관리협회 또는 단체

해설 시·도지사는 공중위생 영업소의 위생관리수준을 향상시키기 위하여 위생서비스 평가계획을 수립하여 시장, 군수, 구청장에게 통보하여야 한다.

57 일부 시설의 사용중지 명령을 받고도 그 기간 중에 그 시설을 사용한 자에 대한 벌칙은?

① 3년 이하의 징역 또는 3천만 원 이하의 벌금
② 2년 이하의 징역 또는 2백만 원 이하의 벌금
③ 1년 이하의 징역 또는 1천만 원 이하의 벌금
④ 5백만 원 이하의 벌금

해설 1년 이하의 징역 또는 1천만 원 이하의 벌금
• 미용업 영업의 신고를 하지 아니하고 영업한 자
• 일부 시설의 사용중지 명령을 받고도 그 기간 중에 그 시설을 사용한 자
• 영업장 폐쇄명령을 받고도 계속하여 영업을 한 자

58 감염병 신고와 보고규정에서 7일 이내에 관할 보건소에 신고해야 할 감염병은?

① 파상풍　　② 콜레라
③ 임질　　④ 디프테리아

해설 • 제1군~제4군 감염병 → 지체 없이
• 제5군 및 지정 감염병 → 7일 이내
(보건복지부장관 또는 관할 보건소)

59 다음 중 공중위생 감시원의 직무가 아닌 것은?

① 시설 및 설비의 확인에 관한 사항

② 영업자의 준수사항 이행 여부에 관한 사항

③ 위생지도 및 개선명령 이행 여부에 관한 사항

④ 세금납부의 적정 여부에 관한 사항

해설 공중위생 감시원의 업무 범위

• 시설 및 설비의 확인
• 공중위생 영업 관련 시설 및 설비의 위생상태 확인·검사, 공중위생 영업자의 위생관리의무 및 영업자 준수사항 이행여부의 확인
• 공중이용시설의 위생관리상태의 확인·검사
• 위생지도 및 개선명령 이행여부의 확인
• 공중위생 영업소의 영업의 정지, 일부 시설의 사용중지 또는 영업소 폐쇄명령 이행여부의 확인
• 위생교육 이행여부의 확인

60 신고를 하지 아니하고 영업장의 소재를 변경한 때 1차 위반 시의 행정처분 기준은?

① 영업장 폐쇄명령　② 영업정지 6월

③ 영업정지 3월　　④ 영업정지 2월

해설 신고를 하지 아니하고 영업장의 소재지를 변경한 때는 바로 영업장 폐쇄명령을 한다.

Answer 59.④ 60.①

제2회 상시시험 복원문제

피부미용사 CBT 문제풀이	수험번호 :	제한시간 : 60분
	수험자명 :	

01 제모 시술 중 올바른 방법이 아닌 것은?

① 시술자의 손을 소독한다.
② 머슬린(부직포)을 떼어낼 때 털이 자란 방향으로 떼어낸다.
③ 스파츌라에 왁스를 묻힌 후 손목 안쪽에 온도 테스트를 한다.
④ 소독 후 시술 부위에 남아 있을 유·수분을 정리하기 위하여 파우더를 사용한다.

해설 제모 시술 절차
• 제모할 부위를 화장수나 알코올로 소독한다.
• 유분기를 없애기 위해 탈컴 파우더를 바른다.
• 스파츌라(나무스틱)로 왁스가 녹았는지 온도를 확인한다.
• 왁스를 제모할 부위에 털이 난 방향대로 바른다.
• 면패드(부직포, 머절린)를 대고 털이 난 반대 방향으로 재빠르게 비스듬히 제거한다.
• 제모 후 진정로션이나 진정젤을 바른다.

02 스크럽 딥클렌징이 효과적인 피부가 아닌 피부는?

① 여드름 자국이 있는 피부
② 모공이 큰 피부
③ 면포성 여드름 피부
④ 민감성 피부

해설 스크럽은 미세한 알갱이가 있는 세안제로 도포 후 물을 묻혀 가볍게 문질러 피부의 죽은 각질을 제거하는 딥클렌징 제품이다. 민감성 피부 타입은 사용을 하지 않는 것이 좋다.

03 딥클렌징의 효과에 대한 설명이 아닌 것은?

① 예민한 피부를 진정시킨다.
② 면포를 연화시킨다.
③ 피부의 불필요한 각질 세포를 제거한다.
④ 혈색이 좋아지게 한다.

해설 딥클렌징의 효과
• 모공 속의 피지와 깊은 단계의 묵은 각질을 제거한다.
• 칙칙하고 각질이 두꺼운 피부에 효과적이다.
• 각질 세포 제거 후 영양성분의 침투가 용이하다.
• 물리적인 딥클렌징제는 문질러줌으로써 혈액순환을 촉진시킨다.
• 피부톤이 맑아진다(혈색을 좋아지게 한다).

04 민감성 피부의 특징이 아닌 것은?

① 피부 표면이 거칠고 두꺼우며, 모공이 크다.
② 화장품을 바꾸어 사용하면 자주 예민반응을 일으킨다.
③ 수분부족 현상이 쉽게 나타나 피부 당김 현상이 일어난다.
④ 홍반이 발생되는 부위, 피부가 얇은 부위에 색소침착이 쉽게 형성된다.

해설 피부 표면이 거칠고 두꺼우며, 모공이 큰 것은 지성 피부의 특징이다.

민감성 피부의 특징
• 피부 조직이 섬세하고 얇다.
• 피부가 건조하고 당긴다.
• 환경이나 온도에 민감하다.
• 색소침착이 쉽게 생길 수 있다.

Answer 01.② 02.④ 03.① 04.①

05 다음 중 피지 분비가 많은 지성, 여드름성 피부의 노폐물 제거에 가장 효과적인 팩은?

① 오이 팩 　② 석고 팩
③ 머드 팩 　④ 알로에겔 팩

해설 지성, 여드름성 피부에 효과적인 팩에는 머드 팩, 클레이 팩, 정화 팩, 카올린 팩 등이 있다.

06 스웨디쉬 마사지의 창시자는?

① 헨리 링 　② 에밀보더
③ 가타포세 　④ 지바카쿠마르

해설 ② 에밀보더 – 림프드레나지
③ 가타포세 – 아로마테라피
④ 지바카쿠마르 – 타이 마사지

07 클렌징 제품에 대한 설명으로 틀린 것은?

① 클렌징 밀크는 O/W 타입으로 친유성이며 건성, 노화, 민감성 피부에만 사용할 수 있다.
② 클렌징 오일은 일반 오일과 다르게 물에 용해되는 특성이 있고 탈수 피부, 민감성 피부, 악건성 피부에 사용하면 효과적이다.
③ 비누는 사용 역사가 가장 오래된 클렌징 제품이고 종류가 다양하다.
④ 클렌징 크림은 친유성과 친수성이 있으며, 친유성은 반드시 이중세안을 해서 클렌징 제품이 피부에 남아 있지 않도록 해야 한다.

해설 클렌징 밀크는 O/W 타입으로 친수성이며, 클렌징 크림에 비해 수분 함유량이 많고 건성, 민감성, 노화 피부 타입에 적당하다.

08 다음 중 피부 분석표 작성 시 피부 표면의 혈액순환 상태에 따른 분류 표시가 아닌 것은 어느 것인가?

① 홍반피부(Erythrosis skin)
② 심한 홍반피부(Couperose skin)
③ 주사성 피부(Rosacea skin)
④ 과색소 피부(Hyper pigmentation skin)

해설 과색소 피부는 피부 염증반응 후에 멜라닌 색소의 침착이 증가하여 생기는 질환이다.

09 안면 관리 시 제품의 도포 순서로 가장 바르게 연결된 것은?

① 앰플 ⇨ 로션 ⇨ 에센스 ⇨ 크림
② 크림 ⇨ 에센스 ⇨ 앰플 ⇨ 로션
③ 에센스 ⇨ 로션 ⇨ 앰플 ⇨ 크림
④ 앰플 ⇨ 에센스 ⇨ 로션 ⇨ 크림

10 피부미용 역사에 대한 설명으로 틀린 것은?

① 고대 이집트에서는 피부미용을 위해 천연 재료를 사용하였다.
② 고대 그리스에서는 식이요법, 운동, 마사지, 목욕 등을 통해 건강을 유지하였다.
③ 고대 로마인은 청결과 장식을 중요시하여 오일, 향수, 화장이 생활의 필수품이었다.
④ 국내의 피부미용이 전문화되기 시작한 것은 19세기 중반부터였다.

해설 피부미용이 전문화되기 시작한 시기로 다양한 화장품이 개발되고 대량화된 것은 현대(20세기 이후)부터이다.

11 매뉴얼 테크닉의 기본 동작이 아닌 것은?

① 두드리기(Tapotement)
② 문지르기(Friction)
③ 흔들어주기(Vibration)
④ 누르기(Press)

해설 매뉴얼 테크닉의 기본 동작은 쓰다듬기, 문지르기, 주무르기, 떨기(흔들어주기), 두드리기이다.

12 다음 중 전신 관리의 순서로 적당한 것은?

① 수요법 ⇨ 바디 각질 제거 ⇨ 바디 래핑 ⇨ 바디 마사지 ⇨ 마무리
② 바디 각질 제거 ⇨ 수요법 ⇨ 바디 마사지 ⇨ 바디 래핑 ⇨ 마무리
③ 수요법 ⇨ 바디 각질 제거 ⇨ 바디 마사지 ⇨ 바디 래핑 ⇨ 마무리
④ 수요법 ⇨ 바디 마사지 ⇨ 바디 각질 제거 ⇨ 바디 래핑 ⇨ 마무리

해설 전신 관리의 순서는 수요법 ⇨ 바디 각질 제거 ⇨ 바디 마사지 ⇨ 바디 래핑 ⇨ 마무리 과정이다. 전신 관리 후 마지막에는 물 한 잔을 마시는 것이 좋다.

13 클렌징 단계에 대한 설명으로 틀린 것은?

① 1차 클렌징 단계는 포인트 메이크업을 지우는 단계이다.
② 2차 클렌징 단계는 피부 유형에 알맞은 클렌징제를 사용하는 단계이다.
③ 3차 클렌징 단계는 비누를 사용하는 단계이다.
④ 화장수를 바르는 것은 클렌징 단계에 속한다.

해설 • 1차 클렌징 : 포인트 메이크업 리무버 사용
• 2차 클렌징 : 피부 타입에 맞는 클렌징제 사용
• 3차 클렌징 : 화장수 사용

14 딥클렌징에 관한 설명으로 옳지 않은 것은?

① 화장품을 이용한 방법과 기기를 이용한 방법으로 구분된다.
② AHA를 이용한 딥클렌징의 경우 스티머(Steamer)를 이용한다.
③ 피부 표면의 노화된 각질을 부드럽게 제거함으로써 유용한 성분의 침투를 높이는 효과를 갖는다.
④ 기기를 이용한 딥클렌징 방법에는 석션, 브러싱, 디스인크러스테이션 등이 있다.

해설 아하(AHA)는 냉습포를 사용한다.

15 다음 중 온습포의 효과가 아닌 것은?

① 혈액순환 촉진
② 모공 확장으로 피지, 면포 등 불순물 제거
③ 피지선 자극
④ 혈관 수축으로 염증 완화

해설 혈관 수축은 냉습포의 효과에 해당된다.

16 건성 피부의 관리 방법으로 가장 거리가 먼 것은?

① 알칼리성 비누를 이용하여 자주 세안을 한다.
② 화장수는 알코올 함량이 적고, 보습 기능이 강화된 제품을 사용한다.
③ 클렌징 제품은 부드러운 밀크 타입이나 유분기가 있는 크림 타입을 선택하여 사용한다.
④ 세라마이드, 호호바 오일, 아보카도 오일, 알로에베라, 히아루론산 등의 성분이 함유된 화장품을 사용한다.

Answer 11.④ 12.③ 13.③ 14.② 15.④ 16.①

해설 건성 피부는 피지선과 한선의 기능이 약화되어 있는 피부로서 알칼리성 비누를 이용하여 자주 세안하면 피부의 pH가 깨져서 더욱 건조해질 수 있다.

17 화장수의 도포 목적 및 효과로 옳은 것은?

① 피부 본래의 정상적인 pH 밸런스를 맞추어 주며, 다음 단계에 사용할 화장품의 흡수를 용이하게 한다.
② 죽은 각질 세포를 쉽게 박리시키고 새로운 세포 형성 촉진을 유도한다.
③ 혈액순환을 촉진시키고 수분 증발을 방지하여 보습 효과가 있다.
④ 피부를 항상 pH 5.5 정도의 약산성으로 유지시켜 준다.

해설 화장수는 피부에 수분을 공급하며, 화장품 및 세안제의 잔여물을 제거하고, 피부의 pH 밸런스를 유지하는 역할을 한다.

18 다음 중 물리적인 딥클렌징이 아닌 것은?

① 스크럽제
② 브러시(프리마톨)
③ AHA(Alpha Hydroxy Acid)
④ 고마쥐

해설 물리적이란 용어는 손과 기기를 가지고 행하는 것을 말한다.

19 면역 기능을 담당하는 랑게르한스세포가 존재하는 층은?

① 투명층
② 유극층
③ 과립층
④ 기저층

해설 유극층은 표피의 가장 두꺼운 층이며, 랑게르한스 세포가 존재한다.

20 피부의 각질층에 존재하는 세포간지질 중 가장 많이 함유된 것은?

① 세라마이드(Ceramide)
② 콜레스테롤(Cholesterol)
③ 스쿠알렌(Squalene)
④ 왁스(Wax)

21 비타민 C가 피부에 미치는 영향으로 틀린 것은?

① 멜라닌 색소 생성 억제
② 광선에 대한 저항력 약화
③ 모세혈관의 강화
④ 진피의 결체조직 강화

22 풋고추, 당근, 시금치, 달걀 노른자에 많이 들어있는 비타민으로 피부 각화작용을 정상적으로 유지시켜 주는 것은?

① 비타민 C
② 비타민 A
③ 비타민 K
④ 비타민 D

해설 비타민 A는 피부 상피 세포의 형성 · 재생 · 유지에 관여하며, 피부 재생을 돕고, 노화방지, 안구 건조증, 각화증, 피부 건조증에 효과적이다.

23 피부 미백제 성분의 하나로 티록신이 멜라닌으로 대사되는 과정에 참여하는 티로시나아제라는 효소의 작용을 억제하여 멜라닌 합성을 막아주는 성분은?

① 비타민 A
② 코직산
③ 비타민 D
④ 비타민 E

해설 미백제 성분에는 비타민 C, 알부틴, 감초 추출물, 상백피 추출물, 코직산, 닥나무 추출물, 하이드로퀴논이 있다.

Answer 17.① 18.③ 19.② 20.① 21.② 22.② 23.②

24 피부의 피지막은 보통 상태에서 어떤 유화상태로 존재하는가?

① W/O 유화　　② O/W 유화
③ W/S 유화　　④ S/W 유화

해설 피부의 피지막은 유중수형 상태(W/O 유화)로 존재한다.

25 다음 중 세균성 피부 질환에 포함되지 않는 것은?

① 전염성 농가진　② 모낭염
③ 절종　　　　④ 수족구염

해설
• 바이러스 감염증 : 단순포진, 대상포진, 수두, 편평사마귀, 수족구염, 홍역, 풍진
• 세균성 감염증 : 모낭염, 전염성 농가진, 절종(종기)과 옹종, 봉소염

26 다음 중 자외선 차단 지수(SPF)에서 자외선 감수성을 나타내는 하나의 지표로 이용되는 MED는 무엇을 나타내는가?

① 최소홍반량　② 최대홍반량
③ 일광화상　　④ UVA 지수

해설

$$SPF = \frac{\text{자외선 차단 제품을 사용했을 때의 최소홍반량(MED)}}{\text{자외선 차단 제품을 사용하지 않았을 때의 최소홍반량(MED)}}$$

27 다음 중 피부 표면의 pH에 가장 큰 영향을 주는 것은?

① 각질 생성　② 침의 분비
③ 땀의 분비　④ 호르몬의 분비

해설 피부 표면의 pH는 피지막의 pH을 의미한다. 피지막은 한선에서의 땀과 피지선에서의 피지가 혼합되어 이뤄진다.

28 다음 중 연골내골화 과정을 겪는 뼈가 아닌 것은?

① 흉골　　　② 대퇴골
③ 요골　　　④ 비골

해설
• 연골내골화 : 연골이 뼈가 되는 과정으로 대부분의 장골(대퇴골, 상완골, 척골, 요골, 경골, 비골)의 골화 과정이다.
• 막내골화 : 얇은 섬유성 결합조직으로부터 뼈가 되는 과정으로 대부분의 두개골(전두골, 후두골, 측두골), 편평골(흉골, 늑골, 두정골)의 골화 과정이다.

29 동맥에 대한 설명으로 틀린 것은?

① 심장과 연결된 가장 굵은 동맥을 대동맥이라고 한다.
② 직경 0.5mm 이하는 세동맥이라고 한다.
③ 세동맥을 다시 나누면 모세혈관이 된다.
④ 폐동맥은 산소를 다량 함유한 혈액을 운반한다.

해설 폐동맥은 노폐물을 함유한 혈액을 운반한다.

30 다음 중 근육계의 주요 기능은?

① 운동 기능　② 흡수작용
③ 자극전달　④ 보호 기능

해설 근육의 기능은 신체운동, 자세 유지, 열 생산, 호흡운동, 혈액순환 등이다.

31 세포 내에서 호흡, 생리를 담당하고 이화작용과 동화작용에 의해 에너지를 생산하는 곳은?

① 리보솜　　② 염색체
③ 소포체　　④ 미토콘드리아

해설 미토콘드리아(사립체) : 세포 내 호흡, 생리 담당, ATP 생당(에너지 생산)

Answer 24.① 25.④ 26.① 27.③ 28.① 29.④ 30.① 31.④

32 다음 중 췌장에서 분비되는 소화효소는?

① 트립신　　　　② 펩신
③ 프티알린　　　　④ 가스트린

해설 췌장에서 분비되는 소화효소에는 트립신, 아밀라아제, 리파아제가 있다.

33 심근이 골격근과 가장 다른 점은?

① 자동성이 있다.
② 횡문근이다.
③ 수축 시 젖산이 발생한다.
④ 핵이 있다.

해설 심근은 불수의근으로 자동성이 있다.

골격근
• 횡문근(가로무늬근), 수의근
• 원주형, 다핵세포
• 근원섬유는 길고 가로무늬가 뚜렷함
• 골격에 부착되어 신체의 운동을 가능케 함

심장근
• 횡문근(가로무늬근), 불수의근
• 타원형, 핵은 중앙에 1개씩 있음
• 자율신경의 지배를 받음
• 자동능이 있음(심근의 주기적인 수축은 외부의 조절을 받지 않고 일어남)

34 모세혈관 확장 피부의 안면 관리로 적당한 것은?

① 스티머(Steamer)는 분무 거리를 가까이 한다.
② 왁스나 전기마스크를 사용하지 않도록 한다.
③ 혈관 확장 부위는 안면 진공흡입기를 사용한다.
④ 비타민 P의 섭취를 피하도록 한다.

해설 ① 스티머 분무 거리는 모세혈관 확장 피부의 경우 거리를 멀리한다.
③ 모세혈관 확장 피부는 안면 진공흡입기를 사용하지 않는다.
④ 비타민 P를 섭취한다.

35 다음 중 등근육에 속하지 않는 것은?

① 광배근　　　　② 광경근
③ 승모근　　　　④ 견갑거근

해설 승모근, 광배근, 견갑거근, 소능형근, 대능형근이 등근육에 속한다.
② 광경근 : 목의 외측을 둘러싸는 얇은 근

36 이온에 대한 설명으로 틀린 것은?

① 원자가 전자를 얻거나 잃으면 전하를 띠게 되는데 이온은 이 전하를 띤 입자를 말한다.
② 같은 전하의 이온은 끌어당긴다.
③ 중성의 원자가 전자를 얻으면 음이온이라 불리는 음전하를 띤 이온이 된다.
④ 이온은 원소기호의 오른쪽 위에 잃거나 얻은 전자수를 + 또는 − 부호를 붙여 나타낸다.

해설 같은 전하의 이온은 밀어낸다.

37 다음 중 테슬라 전류(Tesla current)가 사용되는 기기는?

① 갈바닉　　　　② 전기분무기
③ 고주파 기기　　④ 스팀기

해설 고주파 전류는 높은 진폭에 의해 분류되는 교류전류이다. 약 10만Hz 이상인 전류의 주된 작용은 발열작용이며, 생리학적인 효과는 사용방법에 따라 피부를 긴장시키거나 진정시키는 것이다. 자광선(Violet rays)이라 불리는 테슬러(Tesla) 전류는 안면시술에 쓰인다.

38 피부에 미치는 갈바닉 전류의 양극(+)의 효과는?

① 피부 진정　　　② 모공 세정
③ 혈관 확장　　　④ 피부 유연화

Answer 32.① 33.① 34.② 35.② 36.② 37.③ 38.①

해설 갈바닉 전류의 효과

• 양극(+) : 산성 반응(산성물질 침투에 사용), 신경자극 감소, 조직을 단단하게 하고 활성화시킴, 혈관수축, 수렴효과, 염증감소, 통증감소, 진정
• 음극(-) : 알칼리성 반응(알칼리물질 침투에 사용), 신경자극 증가, 조직을 부드럽게 함, 혈관확장, 세정효과(각질제거), 피지용해, 통증증가

39 브러싱에 관한 설명으로 틀린 것은?

① 회전하는 브러시를 피부와 45°로 사용한다.
② 건성 및 민감성 피부의 경우는 회전 속도를 느리게 해서 사용하는 것이 좋다.
③ 농포성 여드름 피부에는 사용하지 않아야 한다.
④ 브러싱은 피부에 부드러운 마찰을 주므로 혈액순환을 촉진시키는 효과가 있다.

해설 브러싱은 피부에 자극이 적은 여러 가지 크기의 천연 양모 소재의 브러시를 다양한 속도로 이용하여 클렌징, 딥클렌징, 매뉴얼 테크닉 등의 효과를 얻을 수 있는 피부 관리 기기이다.

시술 시 주의사항
• 다른 브러시로 교체하고자 할 때에는 반드시 스위치를 끈 상태에서 교체한다.
• 회전하는 브러시를 피부와 직각(90°)이 되도록 하여 사용한다.
• 브러시의 털이 눌리지 않게 손목에 힘을 빼고 부드럽게 사용한다.
• 사용 후 바로 따뜻한 물에 중성세제를 풀어 깨끗이 씻는다.
• 세척 후 물기를 털고 잘 빗어 자외선 소독기에 20분 정도 소독한다.
• 모세혈관 확장 피부, 화농성 여드름 피부, 알레르기성 민감성 피부, 일광이나 화상으로 자극된 피부, 담마진 같은 피부 질환 등에는 사용을 금한다.
• 건성 피부 및 민감성 피부의 경우는 회전속도를 느리게 해서 사용하는 것이 좋다.

40 진공흡입기의 원리로 알맞은 것은?

① 피부 표면을 진공상태로 만들어 피부 조직에 적절한 압력으로 흡입한다.
② 초음파 진동으로 발생하는 열을 이용하여 혈액순환을 촉진시킨다.
③ 교류 전류를 이용하여 전극봉 유리관 내에 공기와 가스가 이온화되어 피부에 전달한다.
④ 파라딕 전류를 이용하여 근육을 수축시켜 에너지를 소비하게 한다.

해설 진공흡입기는 기계 모터로 벤토즈라 불리는 다양한 크기와 모양의 컵의 압력을 조절하여 피부 조직을 흡입하여 빨아올리는 기능을 이용한 기기이다.

41 캐리어 오일에 대한 설명으로 틀린 것은?

① 캐리어는 운반이란 뜻으로 캐리어 오일은 마사지 오일을 만들 때 필요한 오일이다.
② 베이스 오일이라고도 한다.
③ 에센셜 오일을 추출할 때 오일과 분류되어 나오는 증류액을 말한다.
④ 에센셜 오일의 향을 방해하지 않도록 향이 없어야 하고, 피부 흡수력이 좋아야 한다.

해설 에센셜 오일을 추출할 때 오일과 분류되어 나오는 증류액은 플로랄 워터이다.

42 기능성 화장품에 해당되지 않는 것은?

① 피부의 미백에 도움을 주는 제품
② 인체의 비만도를 줄여주는 데 도움을 주는 제품
③ 피부의 주름 개선에 도움을 주는 제품
④ 피부를 곱게 태워주거나 자외선으로부터 피부를 보호하는 데 도움을 주는 제품

Answer 39.① 40.① 41.③ 42.②

해설 기능성 화장품은 피부의 미백에 도움을 주는 제품, 피부의 주름 개선에 도움을 주는 제품, 피부를 곱게 태워주거나 자외선으로부터 피부를 보호하는 데 도움을 주는 제품이다.

43 주름 개선 기능성 화장품의 효과와 가장 거리가 먼 것은?

① 피부 탄력 강화
② 콜라겐 합성 촉진
③ 표피 신진대사 촉진
④ 섬유아세포 분해 촉진

해설 주름 개선 기능성 화장품은 섬유아세포를 합성해 준다.

44 계면활성제에 대한 설명으로 옳은 것은?

① 계면활성제는 일반적으로 둥근머리 모양의 소수성기와 막대꼬리 모양의 친수성기를 가진다.
② 계면활성제의 피부에 대한 자극은 양쪽성 > 양이온성 > 음이온성 > 비이온성의 순으로 감소한다.
③ 비이온성 계면활성제는 피부 자극이 적어 화장수의 가용화제, 크림의 유화제, 클렌징 크림의 세정제 등에 사용된다.
④ 양이온성 계면활성제는 세정작용이 우수하여 비누, 샴푸 등에 사용된다.

해설 ① 계면활성제는 둥근머리 모양의 친수성기, 막대꼬리 모양의 소수성기를 가진다.
② 자극 순서는 양이온성 > 음이온성 > 양쪽성 > 비이온성의 순으로 감소한다.
④ 세정작용이 우수하여 비누, 샴푸 등에 사용되는 것은 음이온성 계면활성제이다.

45 다음 중 여드름의 발생 가능성이 가장 적은 화장품 성분은?

① 호호바 오일
② 라놀린
③ 미네랄 오일
④ 이소프로필 팔미테이트

해설 호호바 오일은 인체 피지 성분과 가장 유사한 성분으로 여드름 발생 가능성이 적다.

46 다음 중 자외선 B에 관한 내용으로 틀린 것은?

① 차단 지수는 SPF 지수로 나타낸다.
② 차단 지수는 PFA 지수로 나타낸다.
③ 홍반량을 나타낸다.
④ 차단 등급은 1, 2, 3, … 로 나타낸다.

해설 SPF는 자외선 B 차단 지수이다.

47 화장품을 만들 때 필요한 4대 조건은?

① 안전성, 안정성, 사용성, 유효성
② 안전성, 방부성, 방향성, 유효성
③ 발림성, 안전성, 방부성, 사용성
④ 방향성, 안전성, 발림성, 사용성

해설 화장품의 4대 요건
• 안전성 : 모든 사람들이 장기간 지속적으로 사용하는 물품이므로 피부에 대한 자극, 알레르기, 독성이 없어야 한다.
• 안정성 : 사용기간 중에 화장품이 변색, 변취, 변질, 미생물의 오염이 없어야 한다.
• 사용성 : 사용감이 우수하고 편리해야 하며, 퍼짐성이 좋고 피부에 쉽게 흡수되어야 한다.
• 유효성 : 목적에 적합한 기능을 충분히 나타낼 수 있는 원료 및 제형을 사용하여 목적하는 효과를 나타내야 한다.

Answer 43.④ 44.③ 45.① 46.② 47.①

48 공중보건학의 범위에 속하지 않는 것은?

① 환경위생   ② 역학
③ 당뇨병 치료   ④ 산업보건

해설 공중보건학의 범위
• 환경보건분야 : 환경위생, 식품위생, 산업보건, 환경오염
• 보건관리분야 : 보건행정, 보건영양, 인구보건, 모자보건 및 가족보건, 노인보건, 학교보건 및 보건교육, 보건통계, 성인병관리, 가족계획 등
• 질병관리분야 : 역학, 감염병관리, 기생충질환관리

49 지역사회의 보건수준을 나타내는 가장 대표적인 지수는?

① 보통사망률   ② 영아사망률
③ 유병률   ④ 감염병 발병률

해설 지역사회의 건강수준의 보건지표는 비례사망지수, 평균수명, 사망률 중 가장 대표적인 보건수준의 평가지표는 영아사망률이다.

50 다음 중 청문을 실시할 수 있는 사람은?

① 시장, 군수, 구청장 ② 시·도지사
③ 보건소장   ④ 대통령

51 실내 공기의 오염도로 판정이 되는 이산화탄소의 기준은?

① 0.03%   ② 0.3%
③ 0.1%   ④ 0.01%

해설 이산화탄소는 공기 중에 0.03% 존재하며 실내 공기의 오염도를 판정하는 기준으로 적외선의 복사열을 흡수하여 온실효과를 일으키는 가스이다.

52 어패류의 생식이 주요 원인이 되는 식중독균은?

① 살모넬라균   ② 웰치균
③ 장염비브리오균   ④ 포도상구균

해설 장염비브리오균은 염분을 좋아하는 호염균으로 바닷물에 분포(어패류, 해산물, 생선회 등이 원인식품)한다. 짧은 시간 내 식중독을 유발한다.

53 살균작용 기전으로 산화작용을 주로 이용하는 소독제는?

① 오존   ② 석탄산
③ 알코올   ④ 머큐로크롬

해설 오존은 불완전 원소인 산소원자의 산화력에 있으며, 화학물질과 반응하여 물질의 성질을 변화시킨다. 지구상에서 가장 강력한 살균력 및 산화력을 가지며 매우 활발한 반응을 일으킨다.

54 석탄산 소독액에 관한 설명으로 틀린 것은?

① 기구류의 소독에는 1~3% 수용액이 적당하다.
② 세균포자나 바이러스에 대해서는 작용력이 거의 없다.
③ 금속기구의 소독에는 적합하지 않다.
④ 소독액 온도가 낮을수록 효력이 높다.

해설 석탄산 소독액은 세균의 단백질 응고작용 및 효소 저해작용이 있어 저온에서는 살균 효과가 떨어지므로 소독액 온도가 높을수록 소독 효과가 높다.

55 다음 기생충 중 중간 숙주와의 연결이 잘못된 것은?

① 회충－채소   ② 흡충류－돼지
③ 무구조충－소   ④ 사상충－모기

해설 돼지－유구조충

Answer 48.③ 49.② 50.① 51.① 52.③ 53.① 54.④ 55.②

56 발열 증상이 가장 심한 식중독은?

① 살모넬라 식중독 ② 웰치균 식중독

③ 복어중독 ④ 포도상구균 식중독

해설 발열 증상이 가장 심한 식중독은 살모넬라균으로 치사율은 낮다. 잠복기가 12~24(48)시간 정도로 길며, 식육, 달걀, 마요네즈 등이 원인식품이다.

57 공중위생 영업의 승계에 대한 내용으로 옳지 않는 것은?

① 공중위생 영업을 승계한 자는 20일 이내에 시장·군수 또는 구청장에게 신고하여야 한다.

② 영업양도의 경우 양도, 양수 증명서류 사본, 양도인 인감증명서가 필요하다.

③ 상속의 경우 상속인임을 확인할 수 있는 증명서류가 있어야 한다.

④ 면허소지자에 한한다.

해설 공중위생 영업을 승계한 자는 1월 이내에 시장, 군수 또는 구청장에게 신고하여야 한다.

58 미용업의 개설에 관한 설명으로 옳은 것은?

① 미용사 자격증 소지자만 미용업에 종사할 수 있다.

② 미용사의 면허증을 취득한 자만이 미용업을 개설할 수 있다.

③ 미용사의 기술자격증만 있으면 개설할 수 있다.

④ 누구나 미용업을 개설할 수 있다.

해설 미용사의 면허증을 취득한 자만이 미용업을 개설할 수 있다.

59 손님의 얼굴, 머리, 피부 등의 손질을 통하여 손님의 외모를 아름답게 꾸미는 영업에 해당하는 것은?

① 미용업 ② 피부미용업

③ 메이크업 ④ 종합 미용업

해설 미용업이라 함은 손님의 얼굴·머리·피부 등을 손질하여 손님의 외모를 아름답게 꾸미는 영업을 말한다.

60 미용기구 소독 방법 중 화학적 소독 방법이 아닌 것은?

① 증기 소독 ② 석탄산 소독

③ 에탄올 소독 ④ 크레졸 소독

해설 증기 소독은 물리적 소독 방법에 해당된다.

제3회 상시시험 복원문제

🐾 피부미용사 CBT 문제풀이	수험번호 :	⏱ 제한시간 : 60분
	수험자명 :	

01 다음은 클렌징 로션에 대한 내용이다. 맞지 않는 것은?

① 친유성(W/O) 에멀전 상태의 제품이다.
② 수분 함유량이 많아 물에 잘 용해된다.
③ 옅은 화장을 지울 때 적합하다.
④ 건성, 민감성, 노화 피부 타입에 적당하다.

🧴**해설** 클렌징 로션은 친수성(O/W) 에멀전 상태의 제품으로 물에 오일이 분산된 타입이다.

02 다음 중 피부 유형에 따른 관리 방법으로 옳지 않은 것은?

① 복합성 피부 – 유분이 많은 부위는 손을 이용한 관리를 행하여 모공을 막고 있는 피지 등의 노폐물이 쉽게 나올 수 있도록 한다.
② 모세혈관 확장 피부 – 세안 시 세안제를 손으로 충분히 거품을 낸 후 미온수로 완전히 헹구어 내고 손을 이용한 관리를 부드럽게 진행한다.
③ 민감성 피부 – 충분한 보습 관리를 통해서 피부 자극을 줄이고 피부를 진정시킨다.
④ 노화 피부 – 두꺼운 각질층에 의한 주름을 완화하기 위해 스크럽이 섞인 클렌징제를 사용한다.

🧴**해설** 스크럽이 섞인 클렌징제는 미세한 알갱이로 피부의 죽은 각질을 제거하기 위해 사용하며, 주름을 완화하기 위해서 사용하는 것은 아니다.

03 피부 분석 시 표피 수분부족으로 판단하는 경우가 아닌 것은?

① 깊고 굵은 주름이 생긴다.
② 잔주름이 형성된다.
③ 연령층과 상관없이 발생한다.
④ 피부 겉으로부터의 당김 현상이 나타난다.

🧴**해설** 깊고 굵은 주름이 생기는 것은 진피 수분부족 현상이다.

04 다음 중 건성 피부 관리 시 화장품의 종류와 선택이 맞지 않는 것은?

① 클렌징제는 로션이나 오일, 크림 타입을 사용한다.
② 딥클렌징으로 고마쥐나 효소 타입을 사용한다.
③ 콜라겐이나 천연보습인자 성분이 함유된 보습 앰플을 도포한다.
④ 머드나 클레이 팩을 사용한다.

🧴**해설** 건성 피부는 콜라겐이나 히알루론산이 함유된 크림 팩을 사용하며, 머드나 클레이 팩은 지성 피부나 여드름 피부에 적당하다.

Answer 01.① 02.④ 03.① 04.④

05 다음 중 관리실에서 딥클렌징으로 사용할 수 없는 것은?

① 스크럽제

② 디스인크러스테이션

③ 프리마톨

④ 30% AHA

해설 피부관리실에서는 AHA 10% 이상을 사용할 수 없다.

06 다음 중 크림을 도포할 때 주로 사용하는 매뉴얼 테크닉의 방법은?

① 에플라지　　② 프릭션

③ 패트리싸지　　④ 타포트먼트

해설 크림 도포 시에는 매뉴얼 테크닉의 방법 중 쓰다듬기를 사용한다. 쓰다듬기의 영어표기는 에플라지 이다.

07 다음 중 매뉴얼 테크닉 기법 중 두드리기의 효과와 거리가 먼 것은?

① 피부 진정과 긴장완화

② 혈액순환 증진

③ 신경 자극

④ 피부의 탄력성 증진

해설 피부 진정과 긴장완화는 쓰다듬기의 효과이다.

08 우드램프 분석 시 지성 피부의 코메도(Comedo) 부위는 어떤 색으로 나타나는가?

① 흰색　　　　② 노랑 또는 주황색

③ 밝은 보라색　④ 암갈색

해설 ① 흰색(청백색) : 정상 피부

③ 밝은 보라색 : 건성 피부

④ 암갈색 : 색소침착 피부

09 다음 중 글리콜산이나 젖산을 이용하여 각질층에 침투시키는 방법으로 각질의 자연 탈피를 유도하는 필링제는?

① 페놀　　　　　② TCA

③ 벤조일퍼옥사이드　④ AHA

해설 AHA(알파하이드로액시드)는 각질층에 침투시키는 과일산으로 글리콜산, 젖산, 말릭산, 구연산, 시트릭산 등을 이용해 각질탈락을 유도하는 필링제이다.

10 눈 근육 주위의 관리 방법으로 옳지 않은 것은?

① 아이 메이크업 리무버를 사용하여 대상 부위를 매우 섬세하게 클렌징 한다.

② 눈 부위 마사지는 약하고 부드럽게 행한다.

③ 탄력을 재생시키는 목적으로 관리한다.

④ 부은 눈 부위는 혈액순환을 촉진시키기 위하여 스팀타월을 이용한다.

해설 부종을 완화하기 위해 냉타월을 이용한다.

11 셀룰라이트에 대한 설명으로 틀린 것은?

① 노폐물 등이 정체되어 있는 상태

② 피하지방이 비대해져 정체되어 있는 상태

③ 소성 결합조직이 경화되어 뭉쳐져 있는 상태

④ 근육이 경화되어 딱딱하게 굳어 있는 상태

Answer 05.④ 06.① 07.① 08.② 09.④ 10.④ 11.④

12 다음 중 매뉴얼 테크닉의 적용이 적합하지 않은 것은?

① 스트레스로 인해 근육이 경직된 경우
② 림프순환이 잘 안 되어 붓는 경우
③ 심한 운동으로 근육이 뭉친 경우
④ 하체 부종이 심한 임산부의 경우

해설 하체 부종이 심한 임산부는 림프드레나지로 가볍게 마사지하는 것이 바람직하다

13 피부 관리 후 마무리에 대한 설명으로 옳지 않은 것은?

① 피부 타입에 맞는 앰플, 에센스, 크림 등을 피부에 흡수시킨다.
② 피부에 자극을 주지 않고 영양성분이 피부에 침투되도록 가볍게 바른다.
③ 자외선으로부터 피부를 보호하기 위해 레티놀이 함유된 자외선 차단제를 발라준다.
④ 장시간의 피부 관리로 인해 긴장된 근육의 이완을 도와 고객의 만족도를 향상시킨다.

해설 레티놀은 주름 개선용 기능성 화장품의 성분이다. 자외선 차단제에는 벤조페논, 옥시벤존, 옥틸디메칠파바 등이 사용된다.

14 다음 중 크림을 도포하여 털을 연화시켜 제거하는 제모 방법은 무엇인가?

① 면도기를 이용한 제모
② 족집게를 이용한 제모
③ 왁스에 의한 제모
④ 화학적 제모

해설 화학적 제모는 화학성분이 함유되어 있는 크림을 도포하여 털을 연화시켜 제거하는 방법이다.

15 팩에 대한 설명으로 옳지 않은 것은?

① 시술 전에 냉습포로 모공을 수축시킨다.
② 피부 신진대사를 촉진한다.
③ 피부에 수분을 공급하여 진정 효과를 준다.
④ 제거 방법에 따라 필 오프, 워시 오프, 티슈 오프 타입 등으로 분류된다.

해설 팩 시술 후에 냉습포로 모공을 수축시켜 마무리한다.

16 다음 중 일시적 제모에 속하지 않는 것은?

① 전기분해법을 이용한 제모
② 족집게를 이용한 제모
③ 왁스를 이용한 제모
④ 화학탈모제를 이용한 제모

해설 전기분해법을 이용한 제모는 영구적 제모에 속한다.

17 다음 중 에센셜 오일의 추출법이 아닌 것은?

① 압축법　　② 용매추출법
③ 증류법　　④ 세정법

해설 에센셜 오일의 추출법은 압축법, 용매추출법, 증류법 등이 있다.

18 림프드레니지의 주된 작용은?

① 혈액순환과 신진대사 저하
② 노폐물과 독소물질을 림프절로 운반
③ 피부조직 강화
④ 림프순환 저하

해설 림프드레니지의 주된 작용은 노폐물과 독소를 림프절로 운반하여 제거하는 것이다.

19 입과 입술, 구강 점막, 눈과 눈꺼풀 등에 존재하는 피지선을 무엇이라 하는가?

① 큰 피지선　　　② 독립 피지선
③ 아포크린 한선　④ 한선

해설 • 큰 피지선 : 얼굴의 T존 부위, 두피, 등, 가슴
• 독립 피지선 : 입술, 눈가(보호막이 약하여 수분 증발이 잘 일어나 주름이 잘 생긴다)
• 작은 피지선 : 전신
• 무(無)피지선 : 손, 발바닥

20 표피 중에서 피부로부터 수분이 증발하는 것을 막는 층은?

① 각질층　　　② 기저층
③ 과립층　　　④ 유극층

해설 과립층에는 수분의 증발을 막는 수분저지막이 존재한다.

21 나이아신 부족과 아미노산 중 트립토판 결핍으로 생기는 질병으로서 옥수수를 주식으로 하는 지역에서 자주 발생하는 것은?

① 각기증　　　② 괴혈병
③ 구루병　　　④ 페라그라병

해설 옥수수에는 나이아신이라는 비타민이 없기 때문에 옥수수를 주식으로 할 경우 페라그라병에 걸리게 된다.

22 다음에서 설명하는 피부 질환은?

> 신체 전반에서 나타날 수 있는 비교적 흔한 질환으로 피부를 긁거나 문지르고 싶은 불유쾌한 감각이다.

① 습진　　　　② 소양증
③ 대상포진　　④ 홍반

23 원발진으로만 묶인 것은?

① 결절, 인설　　② 백낭종, 반혼
③ 농포, 소수포　④ 반점, 가피

해설 원발진은 1차적 피부 장애 증상으로 반점, 홍반, 구진, 농포, 팽진, 소수포, 대수포, 결절, 종양, 낭종이 있다.

24 멜라노사이트(Melanocyte)에 대한 설명 중 틀린 것은?

① 멜라닌세포의 수와 멜라닌의 색깔은 인종에 따라 다르다.
② 멜라닌세포 1개는 각질세포와 연결되어 자외선으로부터 보호작용에 관여한다.
③ 자외선을 받으면 왕성하게 활동한다.
④ 기저층에 있으며 각질세포와 멜라닌세포의 비율이 10~4:1의 비율로 존재한다.

해설 멜라닌세포의 수는 인종과 상관없이 같다.

25 다음에서 설명하는 것은?

> 신체 부위에 따라 일정한 방향성을 가지고 배열되어 있는 선으로, 수술 시 이 선을 따라 절개하면 상처의 흔적을 최소화할 수 있다.

① 랑게르한스선(Langerhan's line)
② 바우맨스선(Bowman's line)
③ 헬렌선(Henle's line)
④ 랑거선(Langer's line)

Answer　19.② 20.③ 21.④ 22.② 23.③ 24.① 25.④

해설 랑거선(langer's line)이란 망상층에 존재하며 신체 부위에 따라 일정한 방향성을 갖고 배열하는 것으로 수술 시 이 선을 따라 절개하면 상처의 흔적을 최소화할 수 있다.

26 다음 중 콜라겐의 특징으로 가장 거리가 먼 것은?

① 노화된 피부에는 콜라겐 함량이 낮다.
② 콜라겐이 부족하면 주름이 발생하기 쉽다.
③ 콜라겐은 피부의 표피에 주로 존재한다.
④ 콜라겐은 섬유아세포에서 생성된다.

해설 콜라겐은 진피층에 존재한다.

27 다음 중 아포크린선의 특징이 아닌 것은?

① 여성이 남성보다 냄새가 심하다.
② 세균의 산도가 높아지면 냄새가 난다.
③ 독립된 땀구멍으로부터 분비된다.
④ 에크린선보다 크며 피부 깊숙이 위치한다.

해설 아포크린선은 대한선으로 모공을 통해 분비된다.

28 자외선의 기능으로 옳은 것은?

① 파장범위는 차이가 있으나 대체로 380~770nm이다.
② UV-A는 바이러스나 각종 병원성 세균 등의 살균작용에 효과적이다.
③ 인공선탠은 UV-A를 이용하여 멜라닌색소의 형성을 촉진시켜 피부를 검게 하는 것이다.
④ SPF는 UV-A 차단지수를 의미한다.

해설 ① 자외선의 파장범위는 대체로 100~400nm이다.
② UV-C가 살균작용이 강하다.
④ SPF는 UV-B 차단지수를 의미한다.

29 골격근 수축 시 직접적인 에너지원은 무엇인가?

① 요산   ② 아세틸콜린
③ ATP   ④ 젖산

해설 ATP가 분해되면서 나오는 에너지는 운동, 체열 등에 이용된다.

30 인체 내의 화학 물질 중 근육의 수축에 주로 관여하는 것은?

① 액틴과 미오신
② 단백질과 칼슘
③ 남성호르몬
④ 비타민과 미네랄

해설 액틴과 미오신은 근육의 수축에 관여한다.

31 다음 중 식도 바로 다음에 위치한 소화기관은?

① 위   ② 인두
③ 소장과 대장   ④ 구강

해설 소화기관은 입 → 인두 → 식도 → 위 → 소장 → 대장 → 항문 순으로 위치한다.

32 정상인의 최고/최저혈압으로 옳은 것은?

① 160/90mmHg   ② 90/60mmHg
③ 120/80mmHg   ④ 120/60mmHg

해설 정상인의 혈압은 120/80mmHg 정도이다.

Answer 26.③ 27.③ 28.③ 29.③ 30.① 31.① 32.③

33 다음 중 골격근의 기능이 아닌 것은?

① 수의적 운동　　② 자세 유지
③ 체중의 지탱　　④ 조혈 기능

해설 조혈 기능은 뼈(골격)의 기능에 해당된다.

34 다음 중 말초신경계에 해당되지 않는 것은?

① 척수　　　　　② 교감신경
③ 체성신경　　　④ 뇌신경

해설 • 중추신경계 : 뇌와 척수
• 말초신경계 : 체성신경계(뇌신경, 척수신경), 자율신경계(교감신경계, 부교감신경계)

35 다음 중 평생 동안 적골수를 유지하며 혈액을 생성하는 것은?

① 대퇴골　　　　② 쇄골
③ 골반골(장골)　④ 상완골

해설 일생 동안 적골수로 있는 뼈는 흉골, 늑골, 척추, 골반골이다.

36 다음 중 전류와 전기저항에 대한 설명으로 옳지 않은 것은?

① 인체 내에 수분 함량이 높아지면 전기저항이 커진다.
② 직류는 시간이 지나도 전류의 방향이 변하지 않는 전류이다.
③ 교류는 시간에 따라 크기와 방향이 주기적으로 변하는 전류이다.
④ 전류는 전압에 비례하고 저항에 반비례한다.

해설 전기저항은 도체 내에서 전류의 흐름을 방해하는 성질을 말하며 인체 내에 수분함량이 높아지면 전기저항은 줄어든다.

37 적외선 기기에 대한 설명으로 옳은 것은?

① 온열작용으로 혈액순환을 증진시킨다.
② 장시간 사용 시 세포변이로 피부암을 일으킨다.
③ 살균작용을 하여 면역력을 높여준다.
④ UV-C 광선을 주로 사용한다.

해설 적외선은 혈액순환과 신진대사의 증진, 근조직의 수축과 이완을 통한 통증 감소, 땀샘의 활동성 증가, 식균 작용, 유효성분 침투 등의 효과가 있다.

38 초음파 기기의 효과가 아닌 것은?

① 혈액과 림프순환을 촉진
② 지방분해
③ 피부의 노폐물 제거
④ 냉동작용

해설 초음파 기기의 효과
• 세정작용(스킨스크러버) : 이온화와 유화작용을 통해 모공 속 노폐물을 제거한다.
• 매뉴얼 테크닉 작용 : 진동으로 뭉쳐진 근육을 풀어주며 근육상태를 조절한다.
• 온열작용 : 피부의 온도를 상승시켜 혈액과 림프의 흐름을 원활하게 해주며 셀룰라이트 피부의 개선에 도움을 준다.
• 지방분해 작용 : 활발한 진동작용으로 인해 지방을 연소시킨다.

39 다음에서 설명하는 효과를 갖는 컬러 테라피의 색깔은?

> 생명과 에너지, 활력과 관련이 있고, 심장활동 및 혈액순환을 증진시키며, 노화, 여드름 피부 적응 및 셀룰라이트와 지방분해에 효과적이다.

① 빨간색　　　　② 노란색
③ 초록색　　　　④ 파란색

해설 빨간색의 효과

- 혈액순환 증진, 세포재생 및 활성화 증진
- 근조직 이완
- 셀룰라이트 개선 및 지방분해

40 다음 중 화장품의 4대 요건 중 '피부에 적절한 보습 효과, 노화 억제, 자외선 차단 효과, 색채 효과 등을 부여해야 한다'고 정의되는 것은?

① 안전성 ② 안정성
③ 유효성 ④ 사용성

해설 화장품의 유효성이란 목적에 적합한 기능을 충분히 나타낼 수 있는 원료 및 제형을 사용하여 목적 하는 효과를 나타내야 한다는 것을 말한다.

41 크림 파운데이션에 대한 설명 중 알맞은 것은?

① 얼굴의 형태를 바꾸어 준다.
② 피부의 잡티나 결점을 커버해주는 목적으로 사용된다.
③ O/W형은 W/O형에 비해 비교적 사용감이 무겁고 퍼짐성이 낮다.
④ 화장 시 산뜻하고 청량감이 있으나 커버력이 약하다.

42 다음 중 퍼퓸의 부향률로 옳은 것은?

① 3~5% ② 6~8%
③ 9~12% ④ 15~30%

해설 향수의 부향률
- 샤워 코롱 : 1~3%
- 오데 코롱 : 3~5%
- 오데 토일렛 : 6~8%
- 오데 퍼퓸 : 9~12%
- 퍼퓸 : 15~30%

43 다음 중 물 없이 사용할 수 있으며 피부 청결 및 소독을 위해 사용하는 제품은?

① 핸드 워시
② 데오도란트
③ 핸드 새니타이저
④ 비누

해설 핸드 새니타이저는 물을 사용하지 않고 직접 바르는 것으로 피부 청결 및 소독 효과를 위해 사용한다.

44 다음 중 가용화를 이용하여 만든 화장품은?

① 퍼퓸
② 마스카라
③ 크림
④ 아이섀도

해설 가용화란 물에 소량의 오일 성분이 계면활성제에 의해 투명하게 용해되는 현상을 말한다. 가용화를 이용해 만든 화장품으로는 토너, 앰플, 에센스, 향수 등이 있다.

45 다음 중 O/W형 에멀전과 W/O형 에멀전에 대한 설명으로 바른 것은?

① W/O형은 O/W형보다 산뜻하고 가볍다.
② O/W형은 W/O형에 비해 피부 흡수가 빠르다.
③ W/O형은 O/W형에 비해 지속성이 낮다.
④ O/W형은 주로 영양 크림이나 크렌징 크림 등에 사용된다.

해설 O/W형(수중유형)은 물이 주성분으로 산뜻하고 가벼우며, 피부 흡수가 빠르지만 지속성이 낮다는 단점이 있다. 반대로 W/O형(유중수형)은 오일이 주성분으로 사용감이 무겁고 피부 흡수가 느리다.

Skin Care Specialist

46 다음 중 공중보건의 영역이 아닌 것은?

① 감염병의 치료
② 성인병의 관리
③ 학교보건 및 보건교육
④ 식품위생

해설 공중보건은 지역사회 전체주민을 대상으로 질병예방, 건강증진, 생명연장을 목적으로 하며, 치료는 공중보건의 영역에 속하지 않는다.

47 다음 중 습도에 대한 설명으로 옳지 않은 것은?

① 습도가 높아질수록 불쾌지수는 낮아진다.
② 쾌적온도 범위 내에서의 쾌적습도는 40~70%이다.
③ 불쾌지수 85이면 견딜 수 없는 상태이다.
④ 기온, 기류, 기습(습도), 복사열을 온열환경이라 한다.

해설 습도가 높아질수록 불쾌지수는 높아진다.

48 바퀴벌레가 옮기는 감염병이 아닌 것은?

① 장티푸스
② 살모넬라증
③ 세균성이질
④ 말라리아

해설 말라리아는 모기가 옮기는 감염병이다.

49 다음 중 생명표에 나타나는 것을 모두 고른 것은?

ㄱ. 생존수   ㄴ. 사망수
ㄷ. 사망률   ㄹ. 평균여명

① ㄱ, ㄴ
② ㄱ, ㄷ, ㄹ
③ ㄱ, ㄷ
④ ㄱ, ㄴ, ㄷ, ㄹ

해설 생명표란 현재의 사망 수준이 그대로 지속된다는 가정하에서, 어떤 출생 집단이 나이가 많아지면서 연령별로 몇 세까지 살 수 있는가를 정리한 표이다. 연령, 생존수, 사망수, 생존률, 사망률 등을 사용하여 정상인 고정지인구를 산출하여 이의 고연령층으로부터의 누적합계로서의 생존연수를 만들어 평균여명을 산출한다.

50 다음에서 설명하는 식중독균은?

치사율이 가장 높은 그람양성의 혐기성 간균으로 햄이나 소시지 등의 통조림 등에서 주로 서식한다.

① 살모넬라균
② 보툴리누스균
③ 장염비브리오균
④ 포도상구균

해설 보툴리누스균은 구멍난 통조림, 식육, 어류나 그 가공품, 소시지 등이 원인이며 치사율이 가장 높고 식품의 혐기성 상태에서 발육하며, 중독 시 신경계 증상이 나타난다.

51 다음 중 동·식물의 생체에 침입하여 병을 일으키는 미생물을 일컫는 것은?

① 병원성 세균
② 침입성 세균
③ 장내 세균
④ 비병원성 세균

해설 병원성 세균이란 동식물이 생체에 침입하여 각각 병을 일으키거나 위해를 주는 미생물의 총칭이다.

52 다음 중 건열멸균법에 대한 설명으로 옳지 않은 것은?

① 화학적 소독방법이다.
② 건열멸균기(Dry oven)를 사용한다.
③ 160~170℃ 정도의 열을 이용하여 1시간 이상 가열한다.
④ 미생물과 세균포자를 완전히 멸균시킨다.

Answer 46.① 47.① 48.④ 49.④ 50.② 51.① 52.①

456 美친 합격률·적중률·만족도

해설 건열멸균법은 물리적 소독방법으로 170℃ 정도의 열을 이용하여 1~2시간 가열하여 미생물과 포자를 완전히 멸균시킨다. 따로 냉각시키지 않으며 유리기구, 주사침, 글리세린, 자기류 등에 주로 사용한다.

③ 공중위생감시원

④ 이 · 미용 영업자

해설 위생교육 대상자는 공중위생영업의 신규영업자나 기존영업자가 해당된다.

53 다음 중 미용업 종사자가 손을 소독할 때 주로 사용되는 것은?

① 세척용 중성비누
② 역성비누
③ 승홍수
④ 과산화수소

해설 역성비누는 무미·무해하고 자극성과 독성이 없어 식품이나 손 소독에 적당하다.

54 다음 중 소독약제의 살균력 측정지표로 사용되는 것은?

① 석탄산　　② 크레졸
③ 승홍　　④ 과산화수소

해설 석탄산은 다른 소독약제들보다 소독 효과가 안정하여 소독약제의 효력을 비교할 때의 표준으로 사용된다(석탄산 계수).

55 다음 중 공중위생영업에 해당하지 않는 것은?

① 미용업　　② 건물위생관리업
③ 음식업　　④ 목욕장업

해설 공중위생영업의 종류 : 숙박업, 목욕장업, 이용업, 미용업, 세탁업, 건물위생관리업

56 다음 중 위생교육 대상자는?

① 이 · 미용 면허를 받은 자
② 공중위생관리법을 위반한 자

57 1회용 면도날을 2인 이상의 손님에게 사용한 경우의 1차 행정처분 기준은?

① 영업정지 2월
② 경고
③ 면허정지 2월
④ 영업장 폐쇄명령

해설 1회용 면도날을 2인 이상의 손님에게 사용한 때는 1차 경고, 2차 영업정지 5일, 3차 영업정지 10일, 4차 영업장 폐쇄명령의 행정처분을 받는다.

58 공중위생관리법에 따른 미용업의 시설 및 설비 기준으로 옳지 않은 것은?

① 미용기구는 소독을 한 기구와 소독을 하지 아니한 기구를 구분하여 보관할 수 있는 용기를 비치하여야 한다.
② 소독기, 자외선 살균기 등 미용기구를 소독하는 장비를 갖추어야 한다.
③ 작업장소 내 베드와 베드 사이에는 칸막이를 설치할 수 없다.
④ 상담실 등에 설치된 칸막이에 출입문이 있는 경우 출입문의 3분의 1 이상을 투명하게 하여야 한다.

해설 작업장소 내 베드와 베드 사이에 칸막이를 설치할 수 있으나, 설치된 칸막이에 출입문이 있는 경우 그 출입문의 3분의 1 이상은 투명하게 하여야 한다.

Answer 53.② 54.① 55.③ 56.④ 57.② 58.③

59 시장, 군수, 구청장은 공중위생영업자가 법을 위반한 경우 6월 이내의 기간을 정하여 영업의 정지 또는 일부 시설의 사용중지를 명하거나 영업소 폐쇄 등을 명할 수 있는데 이와 관련된 법이 아닌 것은?

① 청소년 보호법
② 성매매알선 등 행위의 처벌에 관한 법률
③ 공중위생관리법
④ 근로기준법

해설 시장, 군수, 구청장은 공중위생영업자가 공중위생관리법 외에도 「성매매알선 등 행위의 처벌에 관한 법률」, 「풍속영업의 규제에 관한 법률」, 「청소년 보호법」 또는 「의료법」을 위반하여 관계 행정기관의 장으로부터 그 사실을 통보받은 경우에도 6월 이내의 기간을 정하여 영업의 정지 또는 일부 시설의 사용중지를 명하거나 영업소 폐쇄 등을 명할 수 있다(공중위생관리법 제11조 제8항).

60 다음 중 영업정지명령 또는 일부 시설의 사용중지명령을 받고도 그 기간 중에 영업을 한 자에 대한 처분은?

① 1년 이하의 징역 또는 1천만 원 이하의 벌금
② 300만 원 이하의 과태료
③ 200만 원 이하의 과태료
④ 3년 이하의 징역 또는 3천만 원 이하의 벌금

해설 1년 이하의 징역 또는 1천만 원 이하의 벌금
• 미용업 영업의 신고를 하지 아니하고 영업한 자
• 영업정지명령 또는 일부시설의 사용중지명령을 받고도 그 기간 중에 영업을 한 자
• 영업소 폐쇄명령을 받고도 계속하여 영업을 한 자

Answer 59.④ 60.①

part 09
상시대비
적중문제

제1회 상시대비 적중문제

피부미용사 CBT 문제풀이	수험번호 :	제한시간 : 60분
	수험자명 :	

01 안면 관리 시 순서로 가장 바르게 연결된 것은?

① 클렌징 → 포인트 메이크업 리무버 → 피부 분석 → 딥클렌징 → 매뉴얼 테크닉 → 팩 → 마무리

② 클렌징 → 딥클렌징 → 확대경 → 피부 분석 → 매뉴얼 테크닉 → 마무리 → 팩

③ 포인트 메이크업 리무버 → 클렌징 → 피부 분석 → 확대경 → 딥클렌징 → 매뉴얼 테크닉 → 팩

④ 포인트 메이크업 리무버 → 클렌징 → 확대경 → 피부 분석 → 딥클렌징 → 매뉴얼 테크닉 → 팩

해설 확대경이나 피부 분석은 클렌징 후에 한다.

02 글리콜산이나 젖산을 이용하여 각질층에 침투시키는 방법으로 각질 세포의 응집력을 약화시키며 자연 탈피를 유도시키는 필링제는?

① Phenol   ② AHA

③ TCA   ④ BP

해설 AHA 필링제의 성분

- 글리콜산(Glycolic acid) : 사탕수수에서 추출, 분자량이 가장 작아 침투력이 우수
- 젖산(락틱산, Lactic acid) : 발효된 우유에서 추출
- 구연산(시트릭산, Citric acid) : 오렌지, 레몬에서 추출

- 말릭산(Malic acid) : 사과, 복숭아에서 추출하며, 능금산이라고도 함
- 주석산(Tataric acid) : 포도, 바나나에서 추출

의료영역에서의 필링의 종류

- TCA필링(Tri Chloroacetric Acid) : 단백질을 응고시키는 작용을 이용한 필링
- B·P(벤조일퍼옥사이드,Benzoyl Peroxide) : 여드름 피부에 효과적인 필링
- 크리스탈 필링(Crystal Peeling) : 크리스탈 가루를 이용한 물리적 방법의 필링
- BHA(베타하이드로시 엑시드, Beta-Hydroxy Acid) : 버드나무껍질, 원터그린 나뭇잎, 자작나무에서 추출. 대표적 성분으로 살리실산이 있다. 여드름, 노화, 지성피부에 효과적이다.

03 매뉴얼 테크닉의 기본 동작에 대한 설명으로 틀린 것은?

① 에플라쥐 : 손바닥을 이용해 부드럽게 쓰다듬는 동작

② 프릭션 : 근육을 횡단하듯 반죽하는 동작

③ 타포트먼트 : 손가락을 이용하여 두드리는 동작

④ 바이브레이션 : 손 전체나 손가락에 힘을 주어 고른 진동을 주는 동작

해설 프릭션은 두 손가락의 끝부분을 피부에 대고 원을 그리며 문지르는 방법이다.

04 콜라겐 벨벳 마스크의 특징이 아닌 것은?

① 천연 콜라겐을 냉동 건조시켜 만든 마스크이다.

② 수분부족 건성 피부, 노화 피부, 여드름 피부나 필링 후 재생관리에 도움을 준다.

③ 효과를 높이기 위해 비타민을 함유한 수분 앰플을 바르면 도움이 된다.

④ 해조류에서 추출한 활성 성분이 주성분으로 고무막으로 굳어진다.

해설 콜라겐 벨벳 마스크는 콜라겐 성분이 녹아 있는 시트 타입의 팩으로, 굳는 팩이 아니다. 천연 용해성 콜라겐을 침투시키는데 기포가 생기지 않도록 마스크를 적용한다.

05 다음에 해당되는 피부 타입은?

- 피부결은 곱고, 피부는 얇다.
- 세안 후 피부가 당기는 느낌이 든다.
- 피지 분비가 적고 메이크업이 잘 받지 않는다.

① 지성 피부　　② 건성 피부
③ 노화 피부　　④ 여드름 피부

06 클렌징 제품의 선택과 관련된 내용과 가장 거리가 먼 것은?

① 클렌징 로션 : 친수성(O/W) 에멀전으로 퍼짐성이 좋고 산뜻하며, 건성 피부에 적합하다.

② 클렌징 크림 : 친유성(O/W) 크림 타입으로 두꺼운 화장을 지우기에 적합하다.

③ 클렌징 젤 : 세정력이 강하며, 이중세안이 필요하다.

④ 클렌징 오일 : 건성 타입, 예민성 피부나 노화 피부에 적합하다.

해설 클렌징 젤
- 오일성분 없이 세정력이 우수하여 이중세안이 필요없다.
- 지성 피부에 적합하다.

07 다음 중 피부미용의 범위에 대한 설명이 아닌 것은?

① 미백용 화장품을 이용하여 기미를 개선하는 것

② 수기요법과 화장품을 이용하여 전신 관리를 하는 것

③ 제품을 이용하여 눈썹 문신을 하고 MTS 롤러를 이용하여 진피층에 영양물질을 침투시키는 것

④ 의료기기나 의약품을 사용하지 않고 피부 분석, 피부 관리, 제모, 눈썹 손질을 하는 것

해설 피부미용에서는 약품을 사용하거나 의료행위를 할 수 없다(문신, 점 제거, 레이저).

08 건성 피부의 관리 방법으로 가장 거리가 먼 것은?

① 알칼리성 비누를 이용하여 세안을 자주 한다.

② 화장수는 알코올 함량이 적고 보습 기능이 강화된 제품을 사용한다.

③ 클렌징 제품은 부드러운 밀크 타입이나 유분기가 있는 크림 타입을 선택하여 사용한다.

④ 세라마이드, 호호바 오일, 아보카도 오일, 알로에베라, 히알루론산 등의 성분이 함유된 화장품을 사용한다.

해설 건성 피부는 피지분비가 적은 피부타입으로 알칼리성 비누의 사용은 피부를 더 건조하게 만들기 때문에 약산성 비누나 클렌징 로션, 클렌징 오일을 사용하는 것이 바람직하다.

Answer 04.④ 05.② 06.③ 07.③ 08.①

part 09. 상시대비 적중문제

09 다음 중 클렌징의 설명으로 잘못된 것은?

① 모공 속의 피지와 각질을 제거한다.
② 피부 표면의 노폐물을 제거한다.
③ 먼지 및 유분의 잔여물을 제거한다.
④ 노화를 막고 영양의 흡수를 돕는다.

해설 모공 속의 피지와 각질 제거는 딥클렌징의 역할이다.

클렌징의 효과
• 피부 표면의 노폐물(메이크업, 먼지, 피지, 땀 등)을 제거하여 피부 상태를 깨끗하고 건강하게 유지시킨다.
• 표피의 미세 각질을 제거하여 피부 호흡과 신진대사를 원활하게 한다.
• 클렌징 다음 단계에서 화장품의 흡수를 돕는다.

딥클렌징의 효과
• 모공 속의 피지와 깊은 단계의 묵은 각질을 제거한다.
• 칙칙하고 각질이 두꺼운 피부에 효과적이다.
• 각질 세포를 제거하고, 영양성분의 침투를 용이하게 한다.
• 물리적인 딥클렌징제는 피부에 문질러줌으로써 혈액순환을 촉진시킨다.
• 피부톤이 맑아진다(혈색을 좋아지게 한다).

10 다음 중 웜왁스에 관한 설명으로 적합하지 않은 것은?

① 작업온도는 68℃ 정도이다.
② 왁스를 도포하기 전 반드시 온도 체크를 해야 한다.
③ 아프지 않은 제모법이다.
④ 털이 굵은 부위나 도포 부위가 적은 겨드랑이 부위에 주로 사용한다.

해설 웜왁스는 피부에 닿을 때에 뜨거운 느낌이 있고, 떼어내는 순간 아픔이 있으므로 사전에 고객에게 특징을 잘 설명해야 한다.

11 다음 중 셀룰라이트의 정의로 잘못된 것은?

① 지방이 쌓여서 뭉쳐져 있는 상태
② 소상결합 조직이 경화되어 뭉쳐 있는 상태
③ 노폐물이 배설되지 못하고 정체되어 있는 상태
④ 림프순환 장애가 원인인 피부 현상

해설 셀룰라이트의 정의
• 피하지방이 비대해져 정체되어 있는 상태
• 소상결합 조직이 경화되어 뭉쳐 있는 상태
• 노폐물이 배설되지 못하고 정체되어 있는 상태
• 림프순환 장애가 원인인 피부 현상

12 다음 중 습포의 효과에 대한 내용과 가장 거리가 먼 것은?

① 온습포는 모공을 확장 시키는데 도움을 준다.
② 온습포는 혈액순환 촉진, 적절한 수분공급의 효과가 있다.
③ 냉습포는 모공을 수축시키며 피부를 진정시킨다.
④ 온습포는 팩 제거 후 사용하면 효과적이다.

해설 ④ 팩 제거 후에는 냉습포를 사용하는 것이 효과적이다.

온습포
• 모공을 확장시켜 노폐물의 배출을 돕는다.
• 각질 관리와 피지분비를 원활하게 한다.
• 혈액순환을 원활하게 한다.
• 적절한 수분공급의 효과가 있다.

냉습포
• 모공, 혈관을 수축시켜 피부에 탄력을 준다.
• 피부를 진정시킨다.
• 팩 제거 후 마무리 단계에서 사용한다.

13 다음 중 pH에 대한 설명으로 틀린 것은?

① pH란 수소이온농도의 지수 유지를 말한다.
② pH는 피지의 지방산과 땀의 유산에 의해 일정하게 유지된다.
③ 피부의 pH는 피부 자체의 pH를 말한다.
④ 피부의 pH는 계절에 따라서도 약간 차이가 난다.

해설 피부의 pH는 피부 자체의 pH를 말하는 것이 아니라 땀과 피지가 혼합되어 피부를 덮고 있는 피지막의 pH를 말한다.

14 다음 중 매뉴얼 테크닉의 방법으로 틀린 것은?

① 두드리기 – 고타법
② 떨기 – 진동법
③ 문지르기 – 유연법
④ 쓰다듬기 – 경찰법

해설 매뉴얼 테크닉의 방법
• 경찰법(Effleurage) : 쓰다듬기
• 강찰법(Friction) : 문지르기, 마찰하기
• 유연법(Patrissage) : 반죽하기, 주무르기
• 고타법(Tapotement) : 두드리기
• 진동법(Vibration) : 흔들기, 떨기

15 다음 중 아로마테라피에 대한 설명으로 옳지 않은 것은?

① 각종 허브 식물이 제공하는 향기를 이용해 치료하는 향기요법이다.
② 아로마 마사지는 마사지 효과와 향기가 주는 심리적 효과까지 얻을 수 있다.
③ 근육의 통증과 부종을 완화시키는 데 뛰어난 효과를 보인다.
④ 아로마테라피의 방법에는 흡입법, 목욕법, 찜질법, 마사지, 습포법 등이 있다.

해설 아로마테라피는 식물의 줄기, 뿌리, 잎, 열매, 꽃 등에서 추출한 정유(Essential oil)를 호흡기와 피부를 통해 체내로 흡수시키는 요법이다.
아로마테라피의 효능
㉠ 정신적 작용
• 자율신경계에 작용하여 스트레스를 완화시킨다.
• 불면증을 해소하고 집중력을 강화한다.
㉡ 생리적 작용
• 혈액순환을 개선하고 노폐물 배출을 돕는다.
• 식물성 호르몬의 작용으로 인체 호르몬의 균형을 돕는다.
• 피지선 분비를 조절하고, 면역기능을 높여 준다.
㉢ 항균 작용
• 항균, 소독, 방부 작용을 한다.
• 상처, 화상, 피부병, 염증 등에 도움을 준다.
㉣ 방향 작용 : 공기를 정화하고 악취를 제거한다.

16 다음 중 피부 관리실에서 피부 관리 시 낮시간 마무리 관리에 발라야 하는 것은?

① 에센스
② 크림
③ 자외선 차단제
④ 파운데이션

해설 피부 관리 시 낮에 마무리는 자외선 차단제로 마무리한다.
피부 관리 시 화장품 도포 순서
토너 ➡ 앰플 ➡ 에센스 ➡ 로션 ➡ 크림 ➡ 자외선 차단제

17 다음 중 피부의 유형에 따른 화장품의 선택이 적절하지 않은 것은?

① 노화 피부는 노화지연을 위해 유효성분이 함유된 에센스, 크림을 사용한다.
② 지성 피부는 오일이 함유되지 않은 클렌징 젤을 사용해도 좋다.
③ 건성 피부는 피지를 조절해 주고 항균작용이 있는 화장수를 사용한다.
④ 중성 피부는 유·수분 밸런스가 유지될 수 있도록 계절 및 나이에 맞는 화장품을 사용한다.

Answer 13.③ 14.③ 15.③ 16.③ 17.③

해설 피지를 조절하고 항균작용이 있는 화장품을 사용하는 것은 지성 피부이다.

18 다음 중 일반적으로 실행하고 있는 마사지의 이름은?

① 스웨디쉬
② 림프드레나지
③ 스톤테라피
④ 타이 마사지

해설 스웨디쉬 마사지
• 클래식 마사지 또는 유러피안 마사지로 불린다. 관리실에서 주로 행해지고 있는 일반적인 마사지이다.
• 1812년 스웨덴의 의사 헨리 링(Pehr Henring Ling)이 중국을 방문한 후 유럽인들의 체질에 맞도록 개발한 것이다.

19 다음 중 멜라닌 세포의 설명으로 잘못된 것은?

① 멜라닌 세포의 수는 인종에 따라 다르다.
② 유멜라닌(Eumelanin)과 페오멜라닌(Pheo-melanin) 두 종류가 있다.
③ 멜라닌 세포 1개는 각질 세포와 연결되어 자외선으로부터 보호작용에 관여한다.
④ 기저층에 있으며, 각질 세포와 멜라닌 세포의 비율이 10 : 1의 비율로 존재한다.

해설 색소형성세포(멜라노사이트, Melanocyte)
• 유전에 의해 완성된 멜라닌 과립의 형태, 크기, 색상에 따라 피부색이 결정된다.
• 멜라닌 세포의 수는 성별이나 인종에 관계없이 모두 동일하다.
• 기저층에 존재하며 자외선으로부터 보호작용에 관여한다.

20 다음 중 신체를 둘러싸고 있는 피부 두께는?

① 0.8~1.2mm   ② 1.4~2.5mm
③ 2.0~3.5mm   ④ 0.1~0.3mm

해설 피부
• 표면적 : 약 1.6~2.0m^2
• 두께 : 표피와 진피를 포함한 피부두께는 1.4~2.5mm 정도(표피의 두께는 보통 0.04~0.3mm)로 부위에 따라 다양하며 발바닥과 손바닥이 가장 두껍고 고막과 눈꺼풀이 가장 얇다.
• 무게 : 체중의 약 15~17%

21 다음 중 갑상선 호르몬의 성분이면서 피부와 탈모 예방, 모발 건강에 효과적인 무기질은?

① 요오드(I)   ② 철(Fe)
③ 나트륨(Na)   ④ 인(P)

해설 ① 요오드(I) : 갑상선 호르몬의 구성성분으로 기초대사량을 조절한다. 결핍 시 갑상선 기능장애와 갑상선종, 크레틴증(성장지연)이 발생한다. 미역, 김, 다시마, 파래 등의 해조류, 해산물 등으로 공급된다.
② 철(Fe) : 헤모글로빈과 미오글로빈의 구성성분으로 골수에서 조혈작용을 한다. 피부의 혈색과 밀접한 관련이 있다. 결핍 시 빈혈이 생기고, 적혈구막에 지질과산화가 촉진되어 적혈구가 쉽게 파괴된다. 간, 육류, 완두콩, 생선류, 녹색채소, 견과류, 굴, 김 등으로 공급된다.
③ 나트륨(Na) : 체액의 pH 평형 및 체액의 삼투압을 조절하고, 신경의 자극을 전달하며 근육의 탄력성을 유지시킨다. 결핍 시 극도의 피로감과 식욕부진, 소화액, 위산 감소, 정신불안 등이 발생하며 새우류, 미역, 김, 오징어, 소금 등으로 공급된다.
④ 인(P) : 골격과 치아를 형성하고, 물질대사에 관여하며 세포의 핵산과 세포막을 구성한다. 우유, 치즈, 콩류, 달걀노른자 등으로 공급된다.

22 다음 중 섬유아세포 기능이 저하되면 발생하는 현상이 아닌 것은?

① 기저층의 세포분열이 저하된다.
② 탄력이 떨어진다.
③ 면역 세포가 저하된다.
④ 피하조직이 얇아진다.

Answer 18.① 19.① 20.② 21.① 22.④

해설 섬유아세포는 진피의 구성 물질인 콜라겐과 엘라스틴의 모세포이다.

23 다음 중 바이러스에 의한 감염성 질환은?

① 대상포진　　② 농포
③ 절종　　　　④ 봉소염

해설 바이러스에 의한 감염성 질환의 종류는 단순포진, 대상포진, 수두, 편평사마귀, 수족구염, 홍역, 풍진 등이 있다.

24 다음 중 피지선의 역할이 아닌 것은?

① 피지막을 형성하여 피부 보호
② 외부의 이물질 침입 억제
③ 수분증발 억제
④ 체온 조절

해설 피지선의 역할
• 피부 표면에 피지막을 형성해 피부를 보호하고, 외부의 이물질 침입을 억제한다.
• 피부와 털의 윤기를 부여하고 수분증발을 억제한다.
• 모공의 중간 부분에 부착되어 있다.

25 다음 중 피부 노화 현상이 아닌 것은?

① 아미노산 라세미화
② 광노화
③ 환경적 노화
④ SOD(슈퍼옥사이드 디스뮤타아제) 항산화

해설 SOD(Super Oxide Dismutase, 활성산소제거효소) : 일명 항산화효소라고 하며 항산화는 "인체의 산화를 막는 것"이다. 즉, 항산화효소는 활성산소가 만들어지는 과정에서 어떤 화학작용을 하여 활성산소를 제거하는 효소라고 할 수 있다.

26 다음 중 피부의 기능에 해당되지 않는 것은?

① 보호작용
② 비타민 A 합성작용
③ 저장작용
④ 호흡작용

해설 ② 자외선의 영향으로 프로비타민 D를 비타민 D로 합성한다.
이외에도 감각·지각작용, 체온조절, 흡수작용, 재생작용, 분비작용, 표정작용, 면역작용(랑게르한스세포) 등이 피부의 기능에 해당된다.

27 다음 중 피부의 설명 중 틀린 것은?

① 표피, 털, 피부선, 신경계, 감각기계 등 표피와 부속기관이 함께 외배엽에서 분화한다.
② 표피는 혈관, 신경이 존재하지 않는다.
③ 젊은 피부는 소릉이 낮다.
④ 표피의 두께는 평균적으로 0.1~0.4mm이고 눈꺼풀이 가장 얇다.

해설 피부결이란 피부의 소구(오목한 부위)와 소릉(올라온 부위)에 의해 형성된 그물모양으로 젊은 피부일수록 소릉이 높다.

28 다음 중 뼈의 기능이 아닌 것은?

① 지지 기능
② 보호 기능
③ 면역 기능
④ 조혈 기능

해설 뼈는 지지 기능, 보호 기능, 조혈 기능, 저장 기능, 운동 기능을 한다.

part 09. 상시대비 적중문제

29 다음 중 피부는 상피 조직의 형태 중 어디에 해당되는가?

① 중층편평 상피

② 중층입방 상피

③ 중층원주 상피

④ 단층편평 상피

해설 중층편평 상피란 여러 층의 편평한 비늘모양으로 이루어진 상피로 피부 표피, 구강, 식도, 항문 등이 이에 속한다.

30 다음 중 뇌두개골이 아닌 것은?

① 하악골   ② 전두골

③ 접형골   ④ 사골

해설 두개골

• 뇌두개골 : 전두골, 후두골, 측두골, 두정골, 접형골, 사골

• 안면골 : 누골, 비골, 관골, 구개골, 상악골, 하비갑개, 서골, 하악골, 설골

31 다음 중 대장의 역할에 가장 적합한 것은?

① 음식물의 수분 흡수

② 담즙의 생성과 분비

② 음식물의 역류 방지

④ 부신피질 호르몬 생산

해설 대장의 기능은 음식물의 수분, 전해질, 비타민 재흡수, 대변형성 등이 있다.

32 다음 중 세포막을 통한 물질이동 방법 중 수동적 방법에 해당하는 것은?

① 음세포작용   ② 능동수송

③ 확산   ④ 식세포작용

해설 ㉠ 확산(Diffusion) : 농도가 높은 곳에서 낮은 곳으로 이동되는 현상이다.

• 단순확산 : 세포막의 단백질과는 상관없이 이동한다. 세포막이 소수성을 띠므로 크기가 작고 물에 잘 녹는 물질이라도 통과하기 어렵다.

• 촉진확산 : 단백질에 의해 확산이 일어난다. 세포막을 사이에 두고 어떤 물질이 높은 농도에서 낮은 농도로 이동한다.

㉡ 삼투(Osmosis) : 용매(물)가 용질의 농도가 낮은 쪽에서 높은 쪽으로 이동하는 것으로 물은 많은 곳에서 적은 곳으로 이동하고 용해된 물질은 이동하지 않는다.

㉢ 여과(Filrtation) : 정수압 차이에 의해 용매와 용질이 막을 통과할 수 있도록 하는 것이다.

33 안면의 피부와 저작근에 존재하는 감각신경과 운동신경의 혼합신경으로 뇌신경 중 가장 큰 것은?

① 삼차신경   ② 안면신경

③ 시신경   ④ 미주신경

해설

신경 이름	작용	분포영역
후신경 (제1뇌신경)	감각성	후각(비강 후부),냄새관련
시신경 (제2뇌신경)	감각성	시각(안구 망막)
동안신경 (제3뇌신경)	운동성	안구의 운동, 홍채에 분포
활차 (제4뇌신경)	운동성	안구의 상사근, 동안근에 분포
삼차신경 (제5뇌신경) 안신경 상악신경 하악신경	혼합성 감각성 감각성 운동성	안면부, 이, 잇몸, 혀의 감각(안면근) 안와, 전두부의 피부 상악부 하악부, 하악근 운동(저작근)
외전신경 (제6뇌신경)	운동성	안구의 외측직근
안면신경 (제7뇌신경)	혼합성	안면 근육운동, 혀 및 타액선, 혀 앞 미각 담당
내이신경 (제8뇌신경)	감각성	내이의 전정, 와우 (청각, 평형감각)
설인신경 (제9뇌신경)	혼합성	구개, 편도, 혀 및 이하선
미주신경 (제10뇌신경)	혼합성	인·후두근과 흉복부의 내장기관의 운동과 분비
부신경 (제11뇌신경)	운동성	어깨근육(승모근), 목근육(흉쇄유돌근)운동
설하신경 (제12뇌신경)	운동성	혀에 분포, 혀의 근육

34 다음 중 교감신경이 활발할 때 몸의 반응은 어떻게 나타나는가?

① 연동운동 촉진
② 심장박동수 억제
③ 소화선의 분비 촉진
④ 입모근의 수축

해설 교감신경이 활발해지면 연동운동 억제, 심장박동수 촉진, 소화선의 분비 억제, 입모근의 수축 등이 일어난다.

35 다음 중 증기연무기와 분무기의 사용에 대해 틀린 것은?

① 증기연무기는 각질 연화, 보습 효과가 있다.
② 스킨토닉분무기는 피부 자극을 줄여준다.
③ 증기연무기를 베이퍼라이저라고도 한다.
④ 베이퍼라이저는 클렌징 전에 사용한다.

해설 베이퍼라이저(스티머, 증기연무기)는 클렌징이나 피부 분석 후에 사용한다.

36 다음 중 갈바닉의 양극의 효과는?

① 피부 유연화
② 진정
③ 알칼리성 반응
④ 각질 제거

해설

양극(+)의 효과	음극(−)의 효과
• 산성 반응(산성 물질 침투 사용) • 신경자극 감소 • 조직을 단단하게 하고 활성화시킴 • 혈관수축 • 수렴 효과 • 염증 감소 • 통증 감소 • 진정 효과	• 알칼리성 반응(알칼리 물질 침투 사용) • 신경자극 증가 • 조직을 부드럽게 함 • 혈관 확장 • 세정 효과(각질 제거) • 피지 용해 • 통증 증가

37 다음 중 스팀 발생기라고도 하며, 스킨토닉분무기기로 화장솜에 묻혀 피부 자극을 줄여주는 기기는?

① 루카스
② 프리마톨
③ 고주파
④ 초음파기

해설 루카스란 스킨토너, 아스트린젠트, 미네랄워터, 아로마워터, 증류수 등을 용기에 넣은 후 진공펌프의 원리를 이용하여 얼굴에 뿌려 주는 기기이다.

38 직류(D.C)와 교류(A.C)에 대한 설명으로 옳은 것은?

① 교류를 갈바닉 전류라고도 한다.
② 교류 전류에는 평류, 단속 평류가 있다.
③ 직류는 전류의 흐르는 방향이 시간의 흐름에 따라 변하지 않는다.
④ 직류 전류에는 정현파, 감응, 격동 전류가 있다.

해설 직류와 교류
㉠ 직류 전류 : 시간이 흘러도 전류의 방향이 변하지 않는 전류로 갈바닉 전류가 이에 해당된다.
• 평류 전류(Smooth galvanic current) : 시간이 흘러도 전류의 크기가 변하지 않고, 화학적 효과가 커서 이온도입법에 주로 이용한다.
• 단속 평류 전류(Interrupted galvanic current) : 전류의 방향은 일정하고 전류의 크기만 일정하게 증가되었다가 감소하기를 반복하는 전류로, 약화나 마비된 근육의 전기적 자극이나 진단에 사용한다.
㉡ 교류 전류(Alternating Current, AC) : 전류의 흐름이 주기적으로 변하는 전류이며 정현파 전류, 감응 전류, 격동 전류로 구분된다. 피부미용에는 대표적으로 정현파 전류(Sinusoidal current)가 사용된다.

39 다음 중 고주파 기기의 효능이 아닌 것은?

① 살균 효과
② 노폐물 배출
③ 혈액순환 촉진
④ 근육수축·이완

Answer 34.④ 35.④ 36.② 37.① 38.③ 39.④

해설 근육수축·이완은 저주파의 효능이다.

고주파 기기의 효능
- 세포 내에서 열을 발생시킨다.
- 혈액순환과 신진대사를 촉진시킨다.
- 내분비선 분비를 활성화시킨다.
- 스파킹으로 지성·여드름 피부에 살균작용을 한다.
- 진정작용을 한다.
- 피부세포 재생 효과가 있다.

40 다음 중 컬러 테라피 기기에서 빨간색의 효과와 가장 거리가 먼 것은?

① 혈액순환 증진, 세포의 활성화, 세포 재생활동
② 소화기계 기능 강화, 신경자극, 신체 정화작용
③ 지루성 여드름, 혈액순환 증진, 불량 피부 관리
④ 근조직 이완, 셀룰라이트 개선

 해설 소화기계 기능 강화, 신경자극, 신체 정화작용은 노란색의 효과이다.

41 화장품 성분 중 건성 피부에 효과적인 성분이 아닌 것은?

① 콜라겐   ② 세라마이드
③ 알란토인   ④ 클레이

 해설 • 건성 피부 : 콜라겐이나 히알루론산, 세라마이드가 함유된 성분 사용
• 지성 피부 : 머드나 클레이, 카올린 등의 성분 사용

42 지성 피부의 관리에 적합한 크림은?

① 라놀린 크림   ② 바니싱 크림
③ 콜드 크림   ④ 미네랄 크림

 해설 바니싱 크림은 진주 모양의 광택을 가진 기름 성분이 적은 O/W형 크림으로, 피부에 바르면 잘 스며든다. 기름기가 없고 촉촉한 보습효과를 준다.

43 다음 중 계면활성제 중 피부에 대한 자극이 제일 강한 것은?

① 양이온성 계면활성제
② 음이온성 계면활성제
③ 양쪽이온성 계면활성제
④ 비이온성 계면활성제

 해설 계면활성제의 자극은 양이온성 > 음이온성 > 양쪽이온성 > 비이온성 순이다.

44 다음 중 부향률이 가장 오래 지속되는 것은?

① 퍼퓸
② 오데 퍼퓸
③ 샤워 코롱
④ 오데 코롱

 해설

종 류	부향률 (지속시간)	특 징
샤워 코롱	1~3% (1시간)	• 바디용 방향화장품에 주로 사용한다. • 샤워 후 사용한다.
오데 코롱	3~5% (1~2시간)	• 처음 접하는 사람에게 적당하다. • 과일향이 많다.
오데 토일렛	6~8% (3~5시간)	상쾌한 향이다.
오데 퍼퓸	9~12% (5~6시간)	퍼퓸에 가까운 향의 지속성이 있다.
퍼퓸	15~30% (6~7시간)	• 일반적인 향수이다. • 고가이고, 분위기 연출로 사용한다.

Answer 40.② 41.④ 42.② 43.① 44.①

45 다음 중 화장품의 안정성 평가를 하기 위한 자극반응으로, 빛에 노출되었을 때 알레르기 관련 테스트로서, 자외선 차단제나 향료 등에 있는 테스트는?

① 광독성 테스트 ② 광감작성 테스트
③ 첩포 테스트 ④ 알레르기 테스트

해설 광감작성(광자극성) 테스트란 빛에 노출되었을 때 알레르기 관련 테스트로서 일부 자외선 차단제나 살균 보존제, 향료 등에 광감작성이 있는 것으로 보고되어 있으며, 화장품은 대부분 사용 후 집 밖에서 활동하는 것이 일반적이므로 광감작성 테스트가 필요하다.

46 미백 효과가 뛰어나지만 백반증을 유발할 수 있어 의약품에서만 사용되는 성분은?

① 하이드로퀴논 ② 감초 추출물
③ 닥나무 추출물 ④ 아스코르브산

해설 H·Q(하이드로퀴논)은 멜라닌 세포에 대한 독성과 피부 발암 유발 문제로 사용이 금지되었으나, 피부과에서 처방되어 5% 미만의 농도로 이용되고 있다.

47 다음 중 화장품 4대 요건이 아닌 것은?

① 안전성 : 피부에 대한 자극, 독성, 알레르기가 없을 것
② 안정성 : 변질이나 변색, 변취 등이 없을 것
③ 사용성 : 피부에 발랐을 때 퍼짐감이나 피부 친화성이 있을 것
④ 유효성 : 보습 효과, 자외선 방어 효과, 미백 효과 등의 어느 정도는 치료 기능을 가지고 있을 것

48 다음 중 크레졸은 물에 잘 녹지 않는 난용제로 어떤 것을 사용해야 하는가?

① 약산성 ② 알칼리성
③ 강산성 ④ 중성

해설 크레졸은 알칼리성으로서 알칼리성에 녹는다.

49 다음 중 분진으로 인한 감염병이 아닌 것은?

① 유행성 이하선염 ② 디프테리아
③ 백일해 ④ 일본뇌염

해설 유행성 이하선염, 디프테리아, 백일해는 호흡기 계통에 해당되는 질병이며, 일본뇌염은 모기에 의해 감염되는 질병이다.

50 다음 중 즉시 신고하지 않아도 되는 것은?

① 회충증 ② 홍역
③ 디프테리아 ④ 백일해

해설 즉시 신고하지 않아도 되는 법정 감염병은 제5군 감염병과 지정 감염병이다. 회충증은 7일 이내 신고할 수 있는 제5군 법정 감염병이다.

51 다음 중 출생률과 사망률이 낮은 이상적인 인구형은?

① 피라미드형 ② 항아리형
③ 종형 ④ 별형

해설 ① 피라미드형(인구증가형) : 출생률은 높고 사망률은 낮다.
② 항아리형(인구감소형) : 사망률이 낮지만 출생률보다 높아 인구가 감소하는 선진국형이다.
④ 별형(도시형) : 청장년층 인구의 유입으로 중간층이 많아진 형태로 도시에서 많이 나타난다.

part 09. 상시대비 적중문제

52 다음 중 면허증을 분실하여 재교부를 받은 후 이전 분실했던 면허증을 찾으면 해야 하는 조치로 알맞은 것은?

① 가위로 자르거나 소각한다.
② 시장, 군수, 구청장에게 지체 없이 반납한다.
③ 잘 보관한다.
④ 두 개의 면허증을 번갈아 사용한다.

53 다음 중 업소에서 화학용액을 사용 후 보관하는 방법은?

① 건조 소독기
② 오븐 소독기
③ 젖은 소독기
④ 이름 표기 후 냉암소

54 훈증소독법에 대한 설명으로 잘못된 것은?

① 이산화염소 가스나 증기를 사용한다.
② 물리적 소독 방법이다.
③ 위생 해충 구제에 많이 사용된다.
④ 부식되기 쉬운 재질 등을 멸균하는 데 사용할 수 없다.

> **해설** 훈증소독법은 화학적 소독 방법이다.

55 다음 중 소독에 대하여 잘못 연결된 것은?

① 타월-증기 소독   ② 손-역성비누
③ 서적-자비소독   ④ 브러시-자외선

해설 자비소독
• 100℃의 끓는 물에 약 15~20분간 직접 담그는 방법으로 멸균한다.
• 주사기, 의류, 금속식기, 접시, 도자기, 주사기, 스테인리스 볼 등의 병원체를 사멸시키며, 수건 소독에 가장 많이 사용한다.
• 녹이 슬 수 있는 금속성 기구는 물이 끓은 후에 넣는다.
• 소독 효과를 높이기 위해서는 반드시 100℃가 넘어야 한다.

56 다음 중 음료수 소독에 사용되는 소독 방법과 가장 거리가 먼 것은?

① 염소 소독   ② 표백분 소독
③ 자비소독   ④ 승홍액 소독

> **해설** 승홍수는 염화제2수은의 수용액으로 강력한 살균을 가지고 있어 피부 소독(0.1%), 매독성 질환(0.2%)에 사용한다. 점막, 음료수 소독, 금속기구에는 사용하지 않는다.

57 다음 중 수돗물로 사용할 상수의 대표적인 오염지표는? (단, 심미적 영향물질은 제외)

① 탁도   ② 대장균수
③ 증발잔류량   ④ COD

> **해설** 대장균수는 상수 수질오염의 지표로 삼는다.

58 다음 중 미용 영업장 안의 조명도는?

① 40룩스 이하   ② 75룩스 이상
③ 90룩스 이하   ④ 120룩스 이상

> **해설** 미용 영업장의 조명도는 75룩스 이상이어야 한다.

59 다음 중 공중위생 영업을 변경신고하지 아니한 자의 벌금은?

① 1년 이하의 징역 또는 1천만 원 이하의 벌금

② 6월 이하의 징역 또는 5백만 원 이하의 벌금

③ 3백만 원 이하의 벌금

④ 5백만 원 이하의 벌금

해설 6월 이하의 징역 또는 5백만 원 이하의 벌금

• 공중위생 영업을 변경신고하지 아니한 자
• 공중위생 영업자의 지위를 승계한 자로서 승계신고 위반
• 건전한 영업질서를 위하여 공중위생 영업자가 준수사항 위반

60 다음 중 손님에게 성매매 알선 등 행위 또는 음란행위를 하게 하거나 이를 알선 또는 제공한 때의 1차 위반 시 행정처분은?

① 영업정지 2월   ② 영업정지 3월
③ 영업장 폐쇄명령   ④ 영업정지 10일

해설

구분	1차 위반 시 행정처분	2차 위반 시 행정처분
영업소	영업정지 3월	영업장 폐쇄명령
영업주	면허정지 3월	면허취소

Answer 59.② 60.②

제2회 상시대비 적중문제

🐾 피부미용사 CBT 문제풀이	수험번호 :	⏱ 제한시간 : 60분
	수험자명 :	

01 화장수(스킨로션)를 사용하는 목적과 가장 거리가 먼 것은?

① 세안을 하고나서도 지워지지 않는 피부의 잔여물을 제거하기 위해서

② 세안 후 남아 있는 세안제의 알칼리성 성분 등을 닦아내어 피부 표면의 산도를 약산성으로 회복시켜 피부를 부드럽게 하기 위해서

③ 보습제, 유연제의 함유 각질층을 촉촉하고 부드럽게 하면서 다음 단계에 사용할 제품의 흡수를 용이하게 하기 위해서

④ 각종 영양물질을 함유하고 있어 피부의 탄력을 위해서

해설 **화장수(스킨로션)의 사용목적**
• 화장품 및 세안제의 잔여물을 제거하고 피부의 밸런스를 유지한다.
• 수분을 공급하고 모공을 수축시킨다.

02 다음 중 건성 피부의 화장품 사용법으로 가장 거리가 먼 것은?

① 영양, 보습 성분이 있는 오일이나 에센스

② 알코올과 피지조절제가 함유된 화장품

③ 클렌저는 밀크 타입이나 유분기가 있는 크림 타입

④ 토닉으로 보습 기능이 강화된 제품

해설 알코올과 피지조절제가 함유된 화장품은 지성 피부나 여드름 피부에 적합하다.

03 다음 중 피부 분석 및 관리의 목적과 거리가 먼 것은?

① 고객의 피부 상태와 피부 유형을 알아보고 올바른 관리를 할 수 있다.

② 주름을 예방하고 탄력 저하를 지연시킬 수 있다.

③ 피부 부작용이나 알레르기에 대해 미리 알 수는 없다.

④ 여드름이나 기미관리를 효과적으로 예방 및 관리할 수 있다.

해설 **피부 분석 및 관리의 목적**
• 방문 목적을 파악할 수 있어야 한다.
• 피부 타입을 판별할 수 있어야 한다.
• 어떤 부적응증에 대해 인식할 줄 알아야 한다.
• 관리의 부작용에 대해 인식할 줄 알아야 한다.
• 올바른 제품을 선택할 수 있어야 한다.
• 고객에게 홈케어를 위한 조언을 할 수 있어야 한다.

04 다음 중 필 오프 타입 마스크의 특징이 아닌 것은?

① 젤 또는 액체 형태의 수용성으로 바른 후 건조되면서 필름막을 형성한다.

② 볼 부위는 영양분의 흡수를 위해 두껍게 바른다.

③ 팩 제거 시 피지나 죽은 각질 세포가 함께 제거되므로 피부 청정 효과를 준다.

④ 일주일에 1~2회 사용한다.

Answer 01.④ 02.② 03.③ 04.②

🔖**해설** ② 팩의 두께는 영양분의 흡수에 큰 영향을 주지는 못한다.

필 오프 타입 마스크의 특징
• 바른 후 건조되면 얇은 필름막으로 벗겨지는 타입이다.
• 젤리 형태, 페이스트 형태, 분말 형태가 있다(석고 마스크, 벨벳 마스크, 고무모델링 등의 형태포함).
• 피지나 죽은 각질이 함께 제거된다.
• 떼어 낼 때 피부에 자극이 가지 않도록 한다.

05 다음 중 엔자임 필링이 적합하지 않는 피부는?

① 각질이 두껍고 피부 표면이 건조하여 당기는 피부
② 비립종을 가진 피부
③ 개방 면포, 닫힌 면포를 가지고 있는 지성피부
④ 자외선에 의해 홍반된 피부

🔖**해설** 엔자임 필링은 효소 필링으로 모든 피부에 적당하며 특히 민감성 피부에도 사용이 가능하다. 그러나 자외선에 의해 붉게 홍반된 피부에는 자극이 될 수 있으므로 필링보다는 보습 위주의 관리를 하도록 한다.

06 다음 중 딥클렌징 중 고마쥐에 대한 설명으로 틀린 것은?

① 얼굴 부위에 손이나 브러시를 이용하여 얇게 도포한다.
② 약간 덜 마른 상태에서 주름이 생기지 않도록 근육결 방향으로 밀어낸다.
③ 가루 타입, 크림 타입, 앰플 타입, 고마쥐 타입, 폼 타입 등 다양한 형태가 있다.
④ 예민 부위는 밀어내지 않고 물을 이용하여 롤링하여 제거한다.

🔖**해설** 효소는 가루 타입, 크림 타입, 앰플 타입, 고마쥐 타입, 폼 타입 등 다양한 형태가 있으며, 고마쥐는 크림 타입과 젤 타입이 있다.

07 효소를 이용한 딥클렌징의 성분이 아닌 것은?

① 브로멜린
② 트립신
③ 라이스브랜
④ 파파인

🔖**해설** 식물성으로 파파인, 브로멜린, 라이스브랜 등을 사용하고 동물성으로는 펩신, 트립신, 판크레아틴이 있으나 최근에는 거의 사용하지 않는다.

08 다음 중 면역기관이 아닌 것은?

① 골수   ② 흉선
③ 비장   ④ 보체

🔖**해설** 면역기관은 골수, 흉선, 림프절, 비장이다.

09 TPO에 따른 화장법으로 옳지 않은 것은?

① 아침에는 보습제와 자외선 차단 크림을 바른 후 메이크업을 하는 것이 좋다.
② 낮에는 메이크업을 다시 할 수 없으므로 피지와 번들거림을 오일페이퍼를 이용하여 제거한다.
③ 저녁에는 미지근한 물로 가볍게 세안하고 중성이나 순한 약산성의 클렌징 제품을 사용한다.
④ 저녁에는 진한 메이크업을 지우기 위해 클렌징 크림과 클렌징 폼을 이용하여 이중세안 한다.

🔖**해설** • TPO란 Time(시간), Place(장소), Occasion(목적)을 고려한 화장법을 말한다.
• 아침에는 미지근한 물로 가볍게 세안하거나 중성 또는 약산성 클렌징 제품을 사용한다.

part 09. 상시대비 적중문제

Answer 05.④ 06.③ 07.② 08.④ 09.③

10 다음 마사지 방법 중 유연법 동작에서 강한 동작으로 피부를 주름잡듯이 하는 방법은?

① 린징(Wringing)　② 롤링(Rolling)
③ 풀링(Fulling)　④ 처킹(Chucking)

> **해설** ① 린징 : 피부를 양손으로 비틀듯이 행하는 동작
> ② 롤링 : 피부를 나선형으로 굴리는 동작
> ④ 처킹 : 피부를 상하로 움직이는 동작

11 다음 중 웜왁스를 이용하여 제모하는 방법으로 옳은 것은?

① 제모 전에는 로션을 발라 피부를 보호한다.
② 왁스는 털이 난 방향으로 발라준다.
③ 왁스를 제거할 때는 천천히 떼어낸다.
④ 제모 후에는 온습포를 이용해 시술 부위를 진정시킨다.

> **해설** 왁스를 제거할 때는 비스듬히 재빠르게 떼어내고 제모 후에는 냉습포를 사용하여 시술 부위를 진정시킨다.

12 다음 중 우드램프 사용 시 피부에 색소침착을 나타내는 색깔은?

① 담황색　　　② 보라색
③ 흰색　　　　④ 암갈색

> **해설** 색소침착을 나타내는 색은 암갈색이다.

13 다음 중 매뉴얼 테크닉의 기본 동작 중 신경조직을 자극하여 혈액순환을 촉진시켜 피부 탄력성 증가에 가장 옳은 효과를 주는 것은?

① 쓰다듬기　　② 문지르기
③ 두드리기　　④ 반죽하기

> **해설** 두드리기(고타법) : 말초신경 조직자극, 혈액순환 촉진, 신진대사 작용 촉진, 근육위축 예방

14 다음 중 피부 타입에 맞는 팩의 사용이 잘못된 것은?

① 여드름 피부－머드　② 노화 피부－클레이
③ 건성 피부－크림　　④ 지성 피부－젤

> **해설** 클레이 팩은 지성 피부, 여드름 피부에 사용한다.

15 다음 중 피하지방의 기능으로 옳지 않은 것은?

① 체온보호 기능
② 신체 내부의 보호 기능
③ 새 세포형성 기능
④ 에너지의 저장 기능

16 다음 중 마스크의 종류에 따른 사용 목적이 틀린 것은?

① 콜라겐 벨벳 마스크－진피 수분 공급
② 고무 마스크－진정, 노폐물 흡착
③ 석고 마스크－영양 성분 침투
④ 머드 마스크－모공청결, 피지흡착

> **해설** 고무 마스크는 진정, 보습의 목적을 둔다.

17 다음 중 피부 관리 과정 중 가장 중요한 관리는?

① 피부 분석　　　② 클렌징
③ 매뉴얼 테크닉　④ 팩

> **해설** 피부 관리의 과정 중 클렌징 과정이 가장 중요하다.

Answer 10.③ 11.② 12.④ 13.③ 14.② 15.③ 16.② 17.②

18 피부의 노화에 대한 설명으로 잘못된 것은?

① 생리적 노화는 25세 전후로 나이가 들어감에 따라 모든 기관의 기능이 저하됨을 말한다.
② 진피 내의 콜라겐의 감소와 엘라스틴의 변질이 일어난다.
③ 광노화는 진피와 표피의 두께를 두껍게 한다.
④ 알레르겐에 의해 소양감이 발생된다.

해설 생리적 노화는 진피, 표피의 두께는 얇아지고 광노화는 진피, 표피의 두께를 두껍게 한다. ④ 알레르겐은 알레르기 반응에 관여하는 항원이다.

19 다음 중 자외선의 파장 중 가장 긴 것부터 바르게 나열된 것은?

① UV-A > UV-B > UV-C
② UV-B > UV-A > UV-C
③ UV-C > UV-B > UV-A
④ UV-A > UV-C > UV-B

해설 UV-A(320~400nm), UV-B(290~320nm), UV-C(200~290nm)

20 다음 중 피지선의 특징이 아닌 것은?

① 모낭에 개구하고 있다.
② 피지선은 진피의 망상층에 위치하고 있다.
③ 얼굴, 두피, 가슴, 등, 손바닥, 발바닥에 있다.
④ 입술은 독립피지선에 해당된다.

해설 손바닥, 발바닥은 한선이 발달되어 있다.

21 다음 중 피부 관리 시 마무리 동작에 대한 설명 중 틀린 것은?

① 장시간 동안의 피부 관리로 인해 긴장된 근육의 이완을 도와 고객의 만족을 최대한 향상시킨다.
② 피부 타입에 적당한 화장수로 피부결을 일정하게 한다.
③ 피부 타입에 적당한 앰플, 에센스, 아이 크림, 자외선 차단제 등을 피부에 차례로 흡수시킨다.
④ 딥클렌징제를 사용한 다음 화장수로만 가볍게 마무리 관리해야 자극을 최소화할 수 있다.

22 다음 중 피부에 계속적인 압박으로 생기는 각질층의 증식 현상이며, 원추형의 국한성 비후증으로 경성과 연성이 있는 것은?

① 사마귀
② 무좀
③ 굳은살
④ 티눈

23 물사마귀로도 불리며 황색 또는 분홍색의 반투명성 구진(2~3mm 크기)을 가지는 피부 양성 종양으로 땀샘관의 개출구 이상으로 피지분비가 막혀 생성되는 것은?

① 한관종
② 혈관종
③ 섬유종
④ 지방종

해설 물사마귀 또는 한관종으로 불린다.

Answer 18.④ 19.① 20.③ 21.④ 22.④ 23.①

24 다음 중 감염성 피부 질환인 두부 백선의 병원체는?

① 리케차　　　　② 바이러스
③ 사상균　　　　④ 원생동물

해설 백선균은 사상균(곰팡이)이다.

25 다음 중 털의 구조에 대한 설명으로 잘못된 것은?

① 모유두 – 입모근을 싸고 있다.
② 모낭 – 모근을 싸고 있다.
③ 모간 – 피부 표면 밖으로 나와 있는 부분을 말한다.
④ 모근 – 피부 속 모낭 안에 있는 부분을 말한다.

해설 모유두는 모구의 중앙 부위에 있으며, 모세혈관이 있어 산소와 영양공급이 이루어진다.

26 다음 중 골격계의 기능이 아닌 것은?

① 보호 기능　　　② 지지 기능
③ 조혈 기능　　　④ 자세유지

해설 자세유지는 근육의 기능이다.

27 다음 중 땀의 역할이 아닌 것은?

① 체내의 수분, 노폐물 배출
② 신장의 기능 보조
③ 몸의 온도를 높이는 것
④ 피부 표면의 습도와 산도 유지

해설 땀은 체온을 낮춰주는 역할을 한다.

28 다음 중 상지골에 속하지 않는 것은?

① 상완골　　　　② 쇄골
③ 척골　　　　　④ 경골

해설 • 상지골 : 쇄골, 견갑골, 상완골, 척골, 요골, 수근골, 중수골
• 하지골 : 관골, 대퇴골, 슬개골, 경골, 비골, 족근골, 중족골

29 다음 중 뇌두개골(Skull)을 구성하는 뼈로 알맞지 않은 것은?

① 두정골　　　　② 접형골
③ 사골　　　　　④ 하악골

해설 두개골에는 뇌두개골과 안면골이 있다. 하악골은 안면골의 종류에 속한다.

30 다음 중 세포 소기관 중에서 세포 내의 호흡생리를 담당하고, 이화작용과 동화작용에 의해 에너지를 생산하는 기관은?

① 리소좀　　　　② 리보솜
③ 골지체　　　　④ 미토콘드리아

해설 미토콘드리아는 ATP를 생성해서 에너지 공급, DNA, RNA를 함유로 자기복제, 호흡에 관여하는 각종 효소를 가지고 있다.

31 다음 중 승모근에 대한 설명으로 틀린 것은?

① 기시부는 두개골의 저부이다.
② 쇄골과 견갑골에 부착되어 있다.
③ 지배신경은 견갑배신경이다.
④ 견갑골의 내전과 머리를 신전한다.

해설 승모근의 지배신경은 뇌신경 중 11번째 신경인 부신경의 지배를 받는다.

Answer　24.③ 25.① 26.④ 27.③ 28.④ 29.④ 30.④ 31.③

32 다음 중 성장기까지 뼈의 길이 성장을 주도하는 것은?

① 골막　　　　　② 골단판
③ 해면골　　　　④ 골수

🧴**해설** 뼈의 길이 성장을 주도하는 것은 골단판이고, 뼈의 굵기는 골간이 주도한다.

33 다음 중 콜라겐의 설명이다. 맞는 것은?

① 유두층에 존재하며, 기저층과 경계를 이룬다.
② 탄력섬유로 연령이 많을수록 탄력이 떨어진다.
③ 2중 나선구조로 보습력이 우수하다.
④ 진피의 70~80%를 차지하는 결합섬유로 피부의 기둥 역할을 한다.

🧴**해설** 망상층에 존재하며 주름, 수분관여, 3중 나선구조를 가지고 있다.

34 다음 중 미간에 주름을 만드는 근육은?

① 추미근　　　　② 안륜근
③ 구륜근　　　　④ 저작근

35 적외선 램프의 효과가 아닌 것은?

① 혈류의 증가를 촉진시킨다.
② 피부에 생성물을 흡수되도록 돕는 역할을 한다.
③ 노화를 촉진시킨다.
④ 피부에 열을 가하여 피부를 이완시키는 역할을 한다.

36 다음 중 피부 관리의 마지막 단계에 사용하면 효과적인 미용기기는?

① 확대경　　　　② 갈바닉 기기
③ 진공흡입기　　④ 냉온 마사지기

37 다음 중 pH에 대한 설명으로 옳은 것은?

① 어떤 물질의 용액 속에 들어 있는 수소이온의 농도를 나타낸다.
② 어떤 물질의 용액 속에 들어 있는 수소분자의 농도를 나타낸다.
③ 어떤 물질의 용액 속에 들어 있는 수소이온의 질량을 나타낸다.
④ 어떤 물질의 용액 속에 들어 있는 수소분자의 질량을 나타낸다.

🧴**해설** pH는 어떤 물질의 용액 속에 들어 있는 수소이온농도를 나타낸다.

38 다음 중 피부 분석기가 아닌 것은?

① 스킨스코프　　② 확대경
③ 우드램프　　　④ 베이포라이저

🧴**해설** 베이포라이저는 스티머를 말한다.

39 다음 중 리프팅 기기에 대한 설명으로 맞지 않는 것은?

① 피부에 유효성분을 침투시키는 목적으로 사용한다.
② 고객의 피부가 전극이 된다.
③ 피부에 탄력과 리프팅을 준다.
④ 귀금속 제거 후에 실시해야 한다.

Answer 32.② 33.④ 34.① 35.③ 36.④ 37.① 38.④ 39.①

40 샤워 코롱이 속하는 화장품의 분류는?

① 세정용 화장품 　② 메이크업용 화장품
③ 모발용 화장품 　④ 방향용 화장품

해설 방향용 화장품에는 샤워 코롱, 오데 코롱, 오데 토일렛, 오데 퍼퓸, 퍼퓸이 있다.

41 다음 중 바이브레이터 기기를 사용하지 말아야 하는 경우에 해당하는 것은?

① 민감성 피부, 흉터 부위를 가지고 있는 경우
② 근육이 단단한 경우
③ 혈액순환이 안 되는 경우
④ 마비증상이 있는 경우

해설 바이브레이터는 민감성 피부나 상처, 흉터가 있는 부위에는 적용하지 않는다.

42 다음 중 신체의 특정 부위에 사용하여 셀룰라이트를 예방하고 혈액순환을 도와 노폐물 배출을 용이하게 해 주는 제품은?

① 바디 클렌져 　② 버블바스
③ 바디 스크럽 　④ 슬리밍 제품

43 다음 중 네일 에나멜의 기능으로 바르지 않은 것은?

① 적당한 속도로 건조하여 균일한 피막을 형성하여야 한다.
② 도포 후에 색조나 광택이 변화하지 않아야 한다.
③ 손톱에 광택과 색채를 준다.
④ 손톱의 표면에 부드럽고 얇은 피막을 형성하여야 한다.

44 비누의 제조 방법 중 지방산의 글리세린에스테르와 알칼리를 함께 가열하면 유지가 가수분해되어 비누와 글리세린이 얻어지는 방법은?

① 중화법 　② 검화법
③ 유화법 　④ 화학법

45 다음 중 아로마 에센셜 추출법이 아닌 것은?

① 수증기 증류법 　② 가열법
③ 압착법 　④ 냉·온침법

46 다음 중 자외선을 차단하여 미백에 도움을 주는 성분에 해당되는 것은?

① 이산화티탄 　② 알부틴
③ 알란토인 　④ 비타민 C

해설 자외선 차단제에는 자외선 산란제와 자외선 흡수제가 있다.
• 산란제의 종류 : 이산화티탄, 산화아연
• 흡수제의 종류 : 벤조페논, 옥시벤존, 옥틸디메칠파바 등

47 다음 중 향료의 함유량이 가장 적은 것은?

① 퍼퓸(Perfume)
② 오데 토일렛(Eau de toilet)
③ 샤워 코롱(Shower cologne)
④ 오데 코롱(Eau de cologne)

해설 • 퍼퓸 : 15~30%
• 오데 퍼퓸 : 9~12%
• 오데 토일렛 : 6~8%
• 오데 코롱 : 3~5%
• 샤워 코롱 : 1~3%

48 인체에 질병을 일으키는 병원체 중 대체로 살아 있는 세포에서만 증식하고 크기가 가장 작아 전자현미경으로만 관찰할 수 있는 것은?

① 구균　　　　　② 간균
③ 바이러스　　　④ 원생동물

49 결핵환자의 객담 처리 방법 중 가장 효과적인 것은?

① 소각법　　　　② 알코올 소독
③ 크레졸 소독　　④ 매몰법

해설 결핵환자의 객담은 소각법으로 처리한다. 소각법은 불에 태워 멸균하는 가장 쉽고 안전한 방법으로 오염된 의복, 수건 등에 사용한다.

50 예방접종에 있어서 DPT와 무관한 질병은?

① 디프테리아　　② 파상풍
③ 결핵　　　　　④ 백일해

해설 DPT는 디프테리아, 백일해, 파상풍 예방접종을 의미한다.

51 다음 중 포름알데히드는 어떤 소독제에서 발생하는 가스인가?

① 옥시젠　　　　② 클로린
③ 썰파　　　　　④ 포르말린

해설 포르말린(포름알데히드)은 가스멸균법에 사용되는 소독제로 지용성이며 단백질 응고작용이 있어 희석도도 강한 살균작용을 갖고 소독제나 방부제로 사용된다. 실내나 책 소독에는 35% 포르말린과 온수, 과망간산알칼리를 같은 양으로 혼합하여 가스를 발생시켜 소독한다. 피부 사용에는 부적합하다.

52 협의의 모자보건대상에 속하지 않는 것은?

① 임신 가능한 여성　② 수유기여성
③ 산욕기여성　　　　④ 분만여성

해설 모자보건대상
· 광의의 모자보건대상 : 모든 가임여성(임신 가능한 여성)과 6세 미만 어린이(영·유아)
· 협의의 모자보건대상 : 임신, 분만, 산욕기, 수유기 여성과 영아

53 공중위생관리법 시행규칙은 누구의 명령인가?

① 시장, 군수, 구청장
② 시·도지사
③ 대통령
④ 보건복지부 장관

54 위생교육은 1년에 몇 시간을 받아야 하는가?

① 2시간　　　　② 3시간
③ 5시간　　　　④ 6시간

해설 위생교육은 1년에 3시간 받아야 하며 시장, 군수, 구청장이 이를 실시하여야 한다. 도서, 벽지 등의 영업자는 교육교재로 대체할 수 있다.

55 100℃ 이상 고온의 수증기를 고압 상태에서 미생물, 포자 등과 접촉시켜 멸균할 수 있는 것은?

① 자외선 소독기　　② 건열멸균기
③ 고압증기멸균기　　④ 자비소독기

해설 고압증기멸균
· 121℃(250℉)의 증기압에서 15~20분 이용하여 멸균(포자까지 멸균)시키는 방법이다.
· 주로 수술기구, 수술포, 유리기구, 금속기구, 거즈, 고무제품, 약액 등의 멸균에 사용된다.

56 다음 중 법에서 규정하는 명예공중위생 감시원의 업무에 해당하는 것은?

① 공중위생 영업 관련 시설 및 설비의 위생 상태 확인 및 검사
② 공중위생 영업소 위생교육 이행 여부 확인
③ 공중위생 관리를 위한 지도, 계몽 등
④ 공중위생 영업자의 위생관리 의무 영업자 준수사항 이행여부의 확인

해설 ①, ②, ④는 공중위생 감시원의 업무범위이다.
명예공중위생 감시원의 업무범위
• 공중위생 감시원이 행하는 검사대상물의 수거 지원
• 법령 위반행위에 대한 신고 및 자료 제공
• 그 밖에 공중위생에 관한 홍보·계몽 등 공중위생 관리 업무와 관련하여 시·도지사가 따로 정하여 부여하는 업무

57 이·미용사 면허를 받을 수 있는 자가 아닌 것은?

① 고등학교에서 이용 또는 미용에 관한 학과를 졸업한 자
② 국가기술자격법에 의한 이용사 또는 미용사 자격을 취득한 자
③ 보건복지부 장관이 인정하는 외국인 이용사 또는 미용사 자격 소지자
④ 전문대학에서 이용 또는 미용에 관한 학과를 졸업한 자

해설 **면허를 받을 수 있는 자**
• 전문대학 또는 이와 동등 이상의 학력이 있다고 교육부 장관이 인정하는 학교에서 이용 또는 미용에 관한 학과를 졸업한 자
• 고등학교 또는 이와 동등의 학력이 있다고 교육부 장관이 인정하는 학교에서 이용 또는 미용에 관한 학과를 졸업한 자
• 교육부 장관이 인정하는 고등기술학교에서 1년 이상 이용 또는 미용에 관한 소정의 과정을 이수한 자
• 국가기술자격법에 의한 이용사 또는 미용사의 자격을 취득한 자

58 감염병 신고와 보고규정에서 발생 즉시 방역대책을 수립해야 할 제1군 감염병은?

① 파상풍   ② 콜레라
③ 임질   ④ 디프테리아

해설 제1군 감염병은 물 또는 식품을 매개로 발생하고 집단 발생의 우려가 커서 발생 또는 유행 즉시 방역대책을 수립하여야 하는 감염병으로 발견 즉시 신고해야 하며 콜레라, 장티푸스, 파라티푸스, 세균성이질, 장출혈성대장균감염증, A형간염이 이에 속한다.

59 공중위생업자에게 개선명령을 명할 수 없는 것은?

① 보건복지부령이 정하는 공중위생업의 종류별 시설 및 설비기준을 위반한 경우
② 공중위생 영업자가 그 이용자에게 건강상 위해요인이 발생하지 아니하도록 영업 관련 시설 및 설비를 위생적이고 안전하게 관리해야 하는 위생관리의무를 위반한 경우
③ 면도기는 1회용 면도날만을 손님 1인에 한하여 사용한 경우
④ 이·미용기구는 소독을 한 기구와 소독을 하지 아니한 기구로 분리하여 보관해야 하는 위생관리의무를 위반한 경우

해설 1회용 면도날을 손님 2인 이상의 손님에게 사용한 경우 1차 위반 시에는 경고(개선명령), 2차 위반 시에는 영업정지 5일, 3차 위반 시에는 영업정지 10일, 4차 위반 시에는 영업장 폐쇄명령의 행정처분이 행해진다.

60 다음 중 보고를 하지 아니하거나 관계 공무원의 출입, 검사 기타 조치를 거부, 방해 또는 기피한 자의 법적 조치는?

① 1년 이하의 징역 또는 1천만 원 이하의 벌금

② 6월 이하의 징역 또는 5백만 원 이하의 벌금

③ 3백만 원 이하의 벌금

④ 3백만 원 이하의 과태료

해설 300만 원 이하의 과태료
• 관계공무원의 출입 · 검사 · 조치를 거부 · 방해 · 기피한 자
• 개선명령에 위반한 자

Answer 60.④

피부미용사

part **10**
CBT
최종모의고사

Skin Care Specialist

제1회 CBT 최종모의고사

| 피부미용사 CBT 문제풀이 | 수험번호 :
수험자명 : | 제한시간 : 60분 |

01 피부 구조에 대한 설명으로 잘못된 것은?

① 표피에서 가장 두꺼운 층은 유두층으로 핵을 가지고 있다.
② 각질층의 지질의 구성 성분은 세라마이드, 지방, 콜레스테롤 등이다.
③ 과립층에는 케라토히알린(Keratohyalin)이라는 과립이 존재하여 각질화가 시작된다.
④ 기저층에는 케라티노사이트와 멜라노사이트가 존재한다.

02 피지막에 대한 설명으로 잘못된 것은?

① 피지와 땀으로 이루어져 있다
② 수중유형(O/W) 상태로 기름 속에 수분이 일부 섞인 상태를 말한다.
③ 피부의 pH는 4.5~5.5로 약산성을 띤다.
④ 수분증발을 막아 수분을 조절하는 역할을 한다.

03 다음 중 바이러스 감염증에 해당되지 않는 것은?

① 대상포진
② 수두
③ 수족구염
④ 두부백선

04 피부장애와 질환 중 다음 설명은 무슨 질환에 해당되는가?

> 지속적인 압력을 받는 부위의 피부, 피하지방, 근육이 괴사되는 현상을 말하며 주로 움직이지 못하는 환자에게 잘 발생한다.

① 굳은살
② 절종
③ 욕창
④ 봉소염

05 다음 중 옳지 않은 것은?

① 자외선 A는 실내 유리창을 통과하는 장파장으로 진피층까지 도달한다.
② 자외선 A는 선탠(Suntan)이 발생하며 즉시 색소침착을 일으킨다.
③ 자외선 B는 중파장으로 290~320nm의 파장대를 가진다.
④ 자외선 B는 피부암을 유발하며 대기권의 오존층에서 흡수된다.

06 다음 중 세균성 피부질환의 종류가 아닌 것은?

① 모낭염
② 감염성 농가진
③ 절종
④ 지루성 피부염

07 다음 설명은 어떤 영양소에 대한 설명인가?

> 갑상선 호르몬의 구성성분이며 기초대사량을
> 조절하고, 결핍 시에는 갑상선 기능 장애와 갑
> 상선종, 크레틴증(성장지연)이 발생한다. 미역,
> 김, 다시마, 해조류 등으로 공급된다.

① 인(P)
② 요오드(I)
③ 철분(Fe)
④ 구리(Cu)

08 모발의 구조에 대한 설명으로 잘못된 것은?

① 털은 크게 모간부와 모근부로 나뉘며 모
표피, 모피질, 모수질, 모유두, 모구, 모
모세포 등으로 구성되어 있다.
② 털을 세우는 근육의 이름은 입모근(기모
근)이라고 한다.
③ 모피질은 모수질의 바깥층으로 모발의 색
소를 만들어 내는 층이다.
④ 모유두는 모구의 중앙부위로 털의 성장이
시작되는 곳이다.

09 면역에 대한 설명으로 잘못된 것은?

① 자연수동면역은 모체로부터 태반이나 수
유를 통해서 형성된 면역이다.
② 항체는 인체의 면역체계에서 면역반응을
일으키는 원인물질이다.
③ 세포성 면역은 T림프구에 의한 면역으로
흉선에서 성숙되어 생성되며 혈액 내 림
프구의 90%를 차지하고 있다.
④ 체액성 면역은 골수에서 생성되며 면역글
로불린이라고 불리는 항체를 형성한다.

10 다음 중 계통이 서로 다른 하나는 무엇인가?

① 혈관
② 혈액
③ 편도
④ 간

11 다음 중 세포질에서 세포의 방어 작용을 하며
이물질을 처리하는 세포소기관은 무엇인가?

① 사립체(Mitochondria)
② 리보솜(Ribosome)
③ 용해소체(Lysosome)
④ 골지체(Golgi apparatus)

12 척추의 만곡 중 후천성 만곡(2차 만곡)끼리 짝
지어진 것은?

① 흉추만곡, 경추만곡
② 경추만곡, 천추만곡
③ 경추만곡, 요추만곡
④ 흉추만곡, 천추만곡

13 다음 중 불수의근에 속하지 않는 근육은 어느
것인가?

① 골격근
② 평활근
③ 심장근
④ 내장근

14 다음 중 스트레스를 받으면 외부에서 항상성을
조절하는 곳으로 생명의 중추가 되는 뇌는 어
디인가?

① 대뇌
② 간뇌
③ 교
④ 연수

15 다음 중 근육의 위치가 다른 하나는?

① 천흉근　　② 승모근
③ 봉공근　　④ 능형근

16 다음 중 소화기관과 소화효소의 연결이 잘못된 것은?

① 위−펩신−단백질 분해효소
② 췌장−트립신−단백질 분해효소
③ 입−아밀라아제−탄수화물 분해효소
④ 십이지장−프티알린−지방 분해효소

17 화장품의 4대 요건에 대한 설명으로 틀린 것은?

① 안전성 : 화장품 용기 등 포장이 안전성을 갖추어야 한다.
② 안정성 : 변색, 변취, 미생물 등의 오염이 없어야 한다.
③ 사용성 : 피부에 적용 시 사용감이 좋고 잘 스며야 한다.
④ 유효성 : 피부에 적절한 보습, 노화 억제, 자외선 차단, 미백, 세정 등의 효과를 부여해야 한다.

18 가용화 제품에 대한 설명으로 맞는 것은?

① 물에 다량의 오일 성분이 계면활성제에 의해 우윳빛으로 백탁화된 상태이다.
② 물에 소량의 오일 성분이 계면활성제에 의해 투명하게 용해된 상태이다.
③ 물 또는 오일에 미세한 고체입자가 계면활성제에 의해 균일하게 혼합된 상태이다.
④ 로션, 크림 등과 같은 제품이 이에 속한다.

19 화장품에 주로 사용되는 방부제는?

① 벤조산
② 에탄올
③ 파라옥시안식향산메틸
④ BHT

20 메이크업 화장품 중에서 안료가 균일하게 분산되어 있는 형태로 W/O형 유화 타입에 해당하며, 피부의 결점을 커버하는 것을 주목적으로 사용하는 제품은?

① 리퀴드 파운데이션
② 메이크업 베이스
③ 크림 파운데이션
④ 트윈케이크

21 아로마 오일을 피부에 효과적으로 침투시키기 위해 사용하는 식물성 오일은?

① 미네랄 오일　　② 캐리어 오일
③ 에센셜 오일　　④ 트랜스 오일

22 다음 중 자외선 차단제에 대한 설명으로 옳지 않은 것은?

① 자외선 차단제의 구성 성분은 자외선 산란제와 자외선 흡수제로 구분된다.
② 자외선 산란제는 물리적 작용을 이용한 제품이다.
③ 자외선 흡수제는 화학적 작용을 이용한 제품이다.
④ 자외선 산란제는 투명하고, 자외선 흡수제는 불투명한 것이 특징이다.

23 다음 중 미백 기능성 성분에 해당하는 것은?

① 세라마이드　　② 아데노신
③ 알부틴　　　　④ 레티놀

24 공중보건학의 정의에 대한 설명 중 가장 거리가 먼 것은?

① 질병예방, 생명연장, 건강증진에 주력하는 기술이며 과학이다.
② 개인이 아닌 지역주민 또는 국민을 대상으로 한다.
③ 사회의학을 대상으로 암 치료기술에 관한 연구에 힘쓴다.
④ 조직화된 지역사회의 노력을 통한다.

25 다음 감염병 중 예방접종으로 예방이 가능한 감염병은?

① A형 간염　　② 백일해
③ 장티푸스　　④ 결핵

26 다음 질병의 전파 중 개달물에 해당하는 것은?

① 우유　　② 공기
③ 토양　　④ 옷

27 다음 중 질병과 병원소의 연결이 맞는 것은?

① 모기－페스트
② 파리－렙토스피라증
③ 쥐－콜레라
④ 소－결핵

28 다음 중 감염형 식중독균이 아닌 것은?

① 포도상구균　　② 웰치균
③ 살모넬라균　　④ 장염비브리오균

29 다음 설명 중 맞는 것은?

① 방부 : 미생물과 포자까지도 강한 살균력으로 완전히 사멸시켜 무균의 상태로 만드는 것
② 멸균 : 미생물의 생활력을 물리적, 화학적 작용에 의해 급속하게 죽이는 것
③ 소독 : 병원체의 생활력을 파괴시켜 감염력과 증식력을 제거하는 것
④ 살균 : 미생물의 발육과 생식을 저해시켜 부패나 발효를 방지하는 것

30 물리적 소독방법에 대한 설명 중 잘못된 것은?

① 저온소독법 : 40~45℃에서 30분간 가열하는 방법
② 초고온 순간멸균법 : 135℃에서 2초간 순간적인 열처리를 하는 방법
③ 고압증기 멸균법 : 100~135℃ 고온의 수증기로 고압상태에서 20분간 가열하는 방법
④ 간헐멸균법 : 100℃ 유통증기로 30~60분, 24시간 간격으로 3회 처리하는 방법

31 공중위생업소의 위생서비스 수준의 평가는 몇 년마다 실시하는가?

① 6개월　　② 1년
③ 2년　　　④ 3년

32 미용업자가 시장·군수·구청장에게 변경신고를 해야 하는 사항이 아닌 것은?

① 영업소 소재지 변경
② 영업소 명칭 변경
③ 영업소 대표자 변경
④ 영업소 면적의 1/4 이상의 증감

33 다음 중 자비소독에 관한 설명으로 옳지 않은 것은?

① 100℃ 끓는 물 속에 소독할 물건이 완전히 잠기도록 한다.
② 15~20분간 가열한다.
③ 포자까지 완벽하게 사멸된다.
④ 스테인리스 볼, 수건 등의 소독에 적합하다.

34 다음 중 청문을 실시할 수 있는 사항에 해당되지 않는 것은?

① 영업정지
② 면허정지 및 면허취소
③ 과징금 처분
④ 영업소 폐쇄명령

35 전류에 대한 설명으로 잘못된 것은?

① 전류는 도선을 따라 양(+)극에서 음(-)극 쪽으로 흐른다.
② 전류의 세기는 1초 동안 도선을 따라 움직이는 전하량을 말한다.
③ 전자의 방향과 전류의 방향은 반대이다.
④ 전류는 주파수에 따라 초음파, 저주파, 중주파, 고주파 전류로 나뉜다.

36 과태료 처분에 불복이 있는 경우 이의 제기를 할 수 있는 기한은?

① 처분한 날로부터 30일 이내
② 처분한 날로부터 20일 이내
③ 처분의 고지를 받은 날로부터 30일 이내
④ 처분의 고지를 받은 날로부터 20일 이내

37 이·미용업소의 위생관리 의무를 지키지 아니한 경우 과태료 기준은?

① 50만 원 이하
② 100만 원 이하
③ 200만 원 이하
④ 300만 원 이하

38 다음 중 우드램프로 피부상태를 판단할 때 지성 피부는 어떤 색으로 나타나는가?

① 푸른색   ② 흰색
③ 오렌지색   ④ 진보라색

39 고주파 피부미용기기를 사용하는 방법 중 직접법을 올바르게 설명한 것은?

① 고객의 손에 전극봉을 잡게 한 후 얼굴에 마른 거즈를 올리고 손으로 눌러준다.
② 고객의 얼굴에 마른 거즈를 올리고 그 위에 전극봉으로 가볍게 관리한다.
③ 고객의 손에 전극봉을 잡게 한 후 관리사가 고객의 얼굴에 적합한 크림을 바르고 손으로 관리한다.
④ 적합한 크기의 벤토즈가 피부 표면에 잘 밀착되도록 전극봉을 연결한다.

40 다음 중 적외선등(Infrared lamp)에 대한 설명으로 옳은 것은?

① 색소침착을 일으킨다.
② 주로 UV-A를 방출하고 UV-B, UV-C는 흡수한다.
③ 주로 소독·멸균의 효과가 있다.
④ 온열작용을 통해 화장품의 흡수율을 높여 준다.

41 디스인크러스테이션에 대한 설명 중 틀린 것은?

① 화학적인 전기분해에 기초를 두고 있으며, 직류가 식염수를 통과할 때 발생하는 화학 작용을 이용한다.
② 지성과 여드름 피부 관리에 적합하게 사용될 수 있다.
③ 양극봉은 활동전극봉이며, 박리 관리를 위하여 안면에 사용된다.
④ 모공에 있는 피지를 분해하는 작용을 한다.

42 피부미용의 개념에 대한 설명으로 옳지 않은 것은?

① 물리적 방법과 화장품을 사용하여 피부를 분석한다.
② 피부미용은 에스테틱, 코스메틱, 스킨케어 등의 이름으로 불리고 있다.
③ 피부미용의 영역에는 눈썹정리, 제모, 두피모발 관리 등이 속한다.
④ 미용상의 문제를 예방하고 피부를 건강하게 한다.

43 다음 중 브러시(프리마톨)의 사용법으로 옳지 않은 것은?

① 피부상태에 따라 브러시의 회전속도를 조절한다.
② 화농성 여드름 피부와 모세혈관 확장 피부 등은 사용을 피하는 것이 좋다.
③ 브러시 사용 후 중성세제로 세척한다.
④ 회전하는 브러시를 피부와 45° 각도로 사용한다.

44 우리나라 피부미용 역사에서 혼례 미용법이 발달하고 세안을 위한 세제 등 목욕용품이 발달한 시대는?

① 삼국 시대
② 고조선 시대
③ 고려 시대
④ 조선 시대

45 매뉴얼 테크닉 방법 중 두드리기의 효과와 가장 거리가 먼 것은?

① 피부 진정과 긴장완화 효과
② 혈액순환 촉진
③ 피부의 탄력성 증대
④ 신경자극

46 물리적인 딥 클렌징 방법이 아닌 것은?

① 스크럽
② 전기 세정
③ 스티머
④ 효소

47 고타법의 종류에 대한 설명으로 옳은 것은?

① 커핑−주먹을 가볍게 쥐고 두드리는 동작이다.
② 비팅−손가락을 이용하여 두드리는 동작이다.
③ 슬래핑−손바닥을 이용하여 두드리는 동작이다.
④ 태핑−손의 측면을 이용하여 두드리는 동작이다.

48 클렌징 제품의 올바른 선택조건이 아닌 것은?

① 클렌징이 잘 되어야 한다.
② 피부의 산성막을 손상시키지 않는 제품이어야 한다.
③ 피부 상태에 따라 클렌징 제품을 사용하여야 한다.
④ 충분하게 거품이 일어나는 제품을 선택해야 한다.

49 림프드레나지의 기본동작이 아닌 것은?

① 원 동작(Stationary circle)
② 떨기 동작(Vibration)
③ 퍼올리기 동작(Scoop technique)
④ 회전 동작(Rotary technique)

50 진피 수분부족 피부의 특징으로 거리가 먼 것은?

① 늘어짐 현상이 있다.
② 깊고 굵은 주름이 생긴다.
③ 피부 속으로부터의 당김 현상이 느껴진다.
④ 연령층과 상관없이 발생한다.

51 다음 설명에 해당하는 피부 타입은?

> • 피부결이 곱고 얇다.
> • 세안 후 피부가 당기는 느낌이 든다.
> • 피지분비가 적고 잔주름이 보인다.

① 지성 피부   ② 건성 피부
③ 복합성 피부   ④ 민감성 피부

52 피부 유형별 적용 화장품 성분이 맞게 짝지어진 것은?

① 지성 피부−레티놀, 콜라겐
② 건성 피부−위치 하젤, 클로로필
③ 민감성 피부−아줄렌, 비타민B_5
④ 여드름 피부−스위트아몬드 오일, 올리브 오일

53 다음 중 팩의 효과에 대한 설명으로 옳지 않은 것은?

① 피부의 탄력 및 청정효과가 있다.
② 피부에 보습과 진정작용을 준다.
③ 피부와 외부를 일시적으로 차단하므로 피부온도가 낮아지는 효과가 있다.
④ 피부의 각질을 연화시켜주는 효과가 있다.

54 AHA의 종류 중 우유에서 추출한 성분은?

① 주석산
② 글리콜릭산
③ 라틱산
④ 구연산

55 다음 중 건성 피부에 적용되는 화장품 사용법으로 가장 적합한 것은?

① 소량의 하이드로퀴논이 함유된 크림을 사용한다.
② 오일이 함유되어 있지 않은 오일프리(Oil free) 제품을 사용한다.
③ 피지선 조절기능이 있고 모공을 수축해주는 크림을 사용한다.
④ 낮에는 O/W형의 크림, 밤에는 W/O형의 크림을 사용한다.

56 제모관리 중 왁싱에 대한 내용과 가장 거리가 먼 것은?

① 다리 및 팔 등의 넓은 부위의 털을 제거할 때는 부직포 등을 이용한 온왁스가 적합하다.
② 왁싱은 레이저를 이용한 제모와는 달리 모유두의 모모세포를 퇴행시키지는 않는다.
③ 콜드왁스(Cold wax)는 데울 필요가 없지만 온왁스(Warm wax)에 비해 제모효과가 떨어진다.
④ 겨드랑이 및 입술 주위의 털 제거 시에는 하드왁스를 사용하는 것이 좋다.

57 마스크의 종류에 따른 사용목적과 효과가 잘못된 것은?

① 고무 마스크 : 진정, 보습
② 석고 마스크 : 영양성분 침투
③ 콜라겐 벨벳 마스크 : 진피 수분공급
④ 머드 마스크 : 모공청결, 피지흡착

58 셀룰라이트에 대한 설명으로 틀린 것은?

① 피하지방이 비대해져 정체되어 있는 상태
② 노폐물 등이 정체되어 있는 상태
③ 소성 결합조직이 경화되어 뭉쳐져 있는 상태
④ 근육이 경화되어 딱딱하게 굳어 있는 상태

59 딥 클렌징과 관련이 없는 것은?

① 디스인크러스테이션(Disincrustation)
② 엑스폴리에이션(Exfoliation)
③ 프리마톨(Frimator)
④ 더마스코프(Dermascope)

60 광노화 현상이 아닌 것은?

① 진피 내의 모세혈관 확장
② 멜라닌세포 이상 항진
③ 체내 수분 증가
④ 표피 두께 증가

제1회 CBT 최종모의고사 정답 및 해설

01	02	03	04	05	06	07	08	09	10	11	12	13	14	15	16	17	18	19	20
①	②	④	③	④	④	②	④	②	④	③	③	①	④	③	④	①	②	③	③
21	22	23	24	25	26	27	28	29	30	31	32	33	34	35	36	37	38	39	40
②	④	③	④	②	④	①	③	①	③	③	④	③	④	③	③	③	②	②	④
41	42	43	44	45	46	47	48	49	50	51	52	53	54	55	56	57	58	59	60
③	③	④	④	①	④	④	②	④	②	③	③	④	③	④	②	③	④	④	③

01 ①

유두층은 진피의 구조이다. 진피는 유두층과 망상층으로 이루어져 있다.

02 ②

유중수형(W/O) 상태이다.

03 ④

진균성 피부질환(곰팡이=사상균)의 종류에는 족부백선(무좀), 조갑백선, 두부백선 등이 있다.

04 ③

욕창은 물리적 손상에 의한 피부질환에 해당된다.

05 ④

UVA (장파장, 320~400nm)	• 실내 유리창을 통과, 진피층까지 도달(주름을 형성시킴) • 선탠(Suntan)이 발생하며 즉시 색소침착
UVB (중파장, 290~320nm)	• 기저층 또는 진피의 상부까지 도달 • 선번(Sunburn, 일광 화상)이 발생
UVC (단파장, 280nm 이하)	• 대기권의 오존층에서 흡수됨 • 바이러스나 박테리아를 죽이는 데 효과적 • 피부암 유발

06 ④

지루성 피부염은 접촉성 피부염의 종류이다. 접촉성 피부염에는 원발형 접촉피부염, 알레르기성 접촉피부염, 광알레르기성 접촉피부염, 지루성 피부염이 있다.

07 ②

08 ④

모유두는 모구의 중앙부위이며 모세혈관이 있어 산소와 영양공급이 이루어진다. 모구는 털의 성장이 시작되는 곳이다.

09 ②

항원은 인체의 면역체계에서 면역반응을 일으키는 원인 물질이다.

10 ④

• 순환계 : 심장, 혈액, 혈관, 림프, 림프관, 림프절, 비장, 흉선, 편도
• 소화계 : 입, 식도, 위, 소장, 대장, 간, 췌장, 담낭, 타액선

11 ③

리소좀
• 세포 내의 소화장치 역할을 하며 세포의 방어 작용을 한다.
• 골지체에서 생산된다.
• 노폐물과 이물질을 처리하는 자가용해 역할을 한다.

12 ③

후천성 만곡은 경추만곡(3개월에 형성), 요추만곡(12개월에 형성)이다.

13 ①

골격근은 골격에 부착되어 신체의 운동을 가능하게 하는 수의근이다.

14 ④

연수는 생명의 중추로 심장의 모든 것을 컨트롤하며, 호흡의 중추라고도 한다.

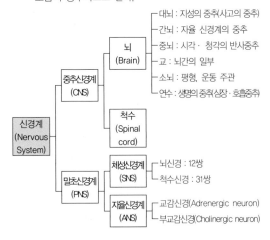

15 ③

봉공근은 인체에서 가장 긴 하체의 대퇴근육이다.

16 ④

• 리파아제 – 지방 분해효소
• 프티알린 – 입에서 나오는 또 다른 탄수화물 분해효소

17 ①

안전성은 피부에 대한 자극, 알레르기, 독성 등이 없어야 한다는 것이다.

18 ②

가용화 작용은 물에 소량의 오일 성분이 계면활성제에 의해 투명하게 용해된 상태로 주로 스킨 토너, 에센스, 향수 등이 이에 해당한다.

19 ③

화장품의 주요 방부제는 파라옥시안식향산메틸, 파라옥시안식향산프로필, 이미다졸리디닐우레아, 페녹시에탄올 등이 있다.

20 ③

크림 파운데이션은 유중수형(W/O형) 유화 제품으로 커버력이 우수하다.

21 ②

캐리어 오일은 베이스 오일이라고도 하며 에센셜 오일과 희석하여 사용하는 식물성 오일이다.

22 ④

자외선 산란제는 불투명하고, 자외선 흡수제는 투명한 것이 특징이다.

23 ③

• 세라마이드 : 지용성 보습 성분
• 아데노신, 레티놀 : 주름 개선 성분

24 ③

공중보건학은 조직화된 지역사회의 노력을 통해 질병예방, 생명연장, 신체적·정신적 효율을 증진시키는 기술이며 과학이다. 또한 공중보건의 최소 단위는 개인이 아닌 지역사회이며, 전체 주민 또는 국민을 대상으로 한다.

25 ②

예방접종 대상 감염병은 2군 감염병에 해당하며, B형 간염, 폴리오, 디프테리아, 백일해, 파상풍, 홍역, 유행성이하선염, 풍진, 일본뇌염 등이 여기에 속한다.

26 ④

개달물이란 질병의 간접 전파 중 물, 우유, 식품, 공기, 토양을 제외한 모든 비활성 매개체를 의미하며, 옷, 완구, 책, 침구류 등이 있다.

27 ④

• 모기 : 말라리아, 일본뇌염, 황열, 사상충
• 파리 : 장티푸스, 이질, 폴리오, 살모넬라
• 쥐 : 페스트, 살모넬라증, 발진열, 서교증, 렙토스피라증

28 ①

• 독소형 식중독균 : 포도상구균, 보툴리누스균
• 감염형 식중독균 : 살모넬라균, 병원성대장균, 장염비브리오균, 웰치균

part 10. CBT 최종모의고사

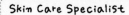

29 ③

① 방부 : 미생물의 발육과 생식을 저해시켜 부패나 발효를 방지하는 것
② 멸균 : 미생물과 포자까지도 강한 살균력으로 완전히 사멸시켜 무균의 상태로 만드는 것
④ 살균 : 미생물의 생활력을 물리적, 화학적 작용에 의해 급속하게 죽이는 것

30 ①

저온소독법은 62~65℃에서 30분간 가열하여 멸균하는 방법이다.

31 ③

위생서비스 수준의 평가는 2년마다 실시한다.

32 ④

영업소 면적의 1/3 이상의 증감이 있을 경우에는 변경신고를 해야 한다.

33 ③

포자까지 사멸시키지는 못한다.

34 ③

청문(제12조)
시장·군수·구청장은 이·미용사의 면허취소·면허정지 및 공중위생영업의 정지, 일부 시설의 사용중지 및 영업소 폐쇄명령 등 처분을 하고자 하는 때에는 청문을 실시할 수 있다.

35 ④

초음파는 진동 주파수가 20,000Hz 이상인 진동 불가청 음파이다.

36 ③

과태료 처분에 불복이 있는 자는 그 처분의 고지를 받은 날로부터 30일 이내에 처분권자에게 이의를 제기할 수 있다.

37 ③

위생관리 의무를 지키지 아니한 경우 과태료는 200만 원 이하이다.

38 ③

• 진보라 : 민감 피부, 모세혈관 확장 피부
• 옅은 보라 : 건성 피부, 수분 부족 피부
• 청백색 : 정상 피부
• 흰색 : 과각질 상태
• 오렌지 : 피지, 여드름 피부

39 ②

직접법은 고객의 얼굴에 마른 거즈를 올리고 그 위에 전극봉으로 가볍게 관리한다. 간접법은 고객의 손에 전극봉을 잡게 한 후 관리사가 고객의 얼굴에 적합한 크림을 바르고 손으로 관리한다.

40 ④

적외선등을 사용할 때는 팩 도포 후 사용하면 혈액순환을 촉진하며, 온열작용으로 인해 화장품과 영양분의 흡수를 도와준다.

41 ③

디스인크러스테이션
• 피부속 노폐물을 배출하고, 딥 클렌징 효과가 있다.
• 복합성 피부의 T존과 여드름 피부, 지성 피부의 피지 제거에 사용된다.
• 전극봉의 (–)극은 관리사가 잡고 (+)극은 고객이 잡는다.
• 음극의 효과를 지닌다.

42 ③

피부미용의 개념은 물리적 방법과 화장품, 미용기기를 사용하여 피부를 분석하고 그에 맞게 관리함으로써 미용상의 문제를 예방하고, 두피모발을 제외한 얼굴과 전신의 피부를 건강하고 아름답게 유지 및 증진시키는 과정을 의미한다.

43 ④

회전하는 브러시를 피부와 90° 각도로 하여 사용한다.

44 ④

조선 시대에는 혼례 때 연지, 곤지를 사용하는 등 혼례 미용법이 발달하였다.

45 ①

진정 및 긴장완화 효과가 있는 것은 쓰다듬기이다.

46 ④

효소는 화학적(생리학적)인 방법이다.

47 ③

① 커핑-손을 오목하게 하고 두드리는 동작
② 비팅-주먹을 가볍게 쥐고 두드리는 동작
④ 태핑-손가락을 이용하여 두드리는 동작

48 ④

메이크업 잔여물이나 먼지 등이 잘 지워지고, 피부의 피지막과 산성막이 손상되지 않도록 피부 자극이 없어야 하며, 피부 타입에 맞는 클렌징제를 선택해야 한다.

49 ②

림프드레나지의 기본동작은 원 동작, 회전 동작, 퍼올리기 동작, 펌프 동작이다.

50 ④

④ 표피 수분부족 피부의 특징이다.

51 ②

52 ③

아줄렌은 진정 성분이며, '판테놀'이라고 불리는 프로비타민 B$_5$는 보습과 진정 효과가 있다.

53 ③

피부에 얇은 막이 형성되어 외부 공기와 차단되므로 체온상승 효과가 나타나고, 혈액순환이 활발해져 피부 생리 기능을 회복시켜 준다.

54 ③

우유에서 추출한 AHA 성분은 젖산(라틱산)이다.

55 ④

건성 피부는 O/W형의 보습을 주는 데이 크림과 W/O형의 나이트 크림을 사용한다. 오일프리 화장품을 사용하기에 적합한 피부 타입은 지성 피부, 여드름 피부 등이라고 할 수 있다. 세라마이드, 호호바 오일, 아보카도 오일, 알로에베라, 히알루론산 등의 성분이 함유된 화장품을 사용한다.

56 ②

왁싱은 모모세포를 파괴할 수는 없지만 기능을 퇴행시킨다.

57 ③

콜라겐 벨벳 마스크는 수용성이며, 분자구조가 커서 피부 진피층까지 수분을 공급하기는 어렵다.

58 ④

셀룰라이트는 지방과 노폐물이 섞여 있는 오렌지껍질 피부 모양이다. 주로 여성의 허벅지, 둔부, 상완 등에 많이 나타나는 경향이 있다.

59 ④

더마스코프는 피부 분석기에 속한다.

60 ③

광노화 현상은 체내 수분을 감소하게 한다.

제2회 CBT 최종모의고사

피부미용사 CBT 문제풀이	수험번호 :	⏱ 제한시간 : 60분
	수험자명 :	

01 피부미용에 대한 설명으로 가장 거리가 먼 것은?

① 피부미용의 기능적 영역에는 관리적, 심리적, 장식적 기능이 속한다.
② 미용상의 문제를 예방하고 관리한다.
③ 피부미용의 영역에는 눈썹 정리, 제모, 모발 관리 등이 속한다.
④ 얼굴과 전신의 피부를 건강하고 아름답게 유지 및 증진시키는 과정을 의미한다.

02 다음 중 피부관리의 실제적 영역이 아닌 것은?

① 전신 관리　　② 안면 관리
③ 눈썹 제모　　④ 여드름 치료

03 한국의 피부미용 역사에서 신분에 따라 화장법을 달리 하였던 시대는 어느 시대인가?

① 신라　　② 고조선
③ 백제　　④ 고려

04 피부분석 방법 중 촉진법을 통해 판별하기 어려운 것은?

① 피부의 톤　　② 피부의 탄력성
③ 피부의 두께　　④ 피부의 예민도

05 다음 중 민감성 피부의 특징으로 가장 거리가 먼 것은?

① 피부가 건조하고 당김 현상이 나타난다.
② 외부의 환경이나 온도에 민감하다.
③ 피부 표면이 거칠고 피부 두께가 두꺼운 편이다.
④ 색소침착이 쉽게 생길 수 있다.

06 다음 중 안면클렌징의 대한 설명으로 가장 적합한 것은?

① 가볍고 신속한 동작으로 클렌징한다.
② 얼굴의 주요 혈점을 눌러주며 혈액순환을 자극해주는 것도 좋다.
③ 클렌징 동작은 천천히 시행해야 한다.
④ 진한 메이크업 제거를 위해서는 강한 압력을 주며 시행한다.

07 딥 클렌징 종류와 피부유형이 올바르게 연결된 것은?

① 효소 - 염증성 피부
② 스크럽 - 모세혈관 확장 피부
③ 고마쥐 - 여드름 피부
④ AHA - 민감성 피부

08 딥 클렌징의 효과 및 목적과 거리가 가장 먼 것은?

① 피부의 각질층이 정돈되고 피부톤이 맑아진다.
② 다음 단계의 유효성분 흡수율을 높여준다.
③ 모공 깊숙이 있는 피지가 원활하게 배출되도록 도와준다.
④ 주름 관리를 효과적으로 도와준다.

09 건성 피부 관리에 대한 설명 중 가장 부적절한 것은?

① 피부에 유·수분을 공급하여 보습 기능을 활성화시킨다.
② 클렌징 제품은 부드러운 밀크 타입이나 유분기가 있는 크림 타입을 선택한다.
③ 딥 클렌징으로 고마쥐나 효소 타입을 사용한다.
④ 머드나 클레이 팩을 자주 사용한다.

10 매뉴얼 테크닉을 시행할 경우 고려돼야 하는 요소가 아닌 것은?

① 연결성   ② 속도와 리듬
③ 다양한 기교   ④ 피부결 방향

11 매뉴얼 테크닉의 동작 중 손가락을 이용하여 피부를 두드리는 동작은 무엇인가?

① 바이브레이션
② 프릭션
③ 에플라쥐
④ 타포트먼트

12 팩의 사용 방법으로 틀린 것은?

① 팩을 사용하기 전 알러지 유무를 확인하다.
② 팩의 적정시간은 일반적으로 대략 10~20분 정도의 범위이다.
③ 천연팩은 천연성분이므로 알러지 및 부작용이 전혀 없다.
④ 팩을 하는 동안 아이패드를 적용한다.

13 석고 마스크 적용 시 주의사항이 아닌 것은?

① 석고가 굳기 전에 신속하게 바른다.
② 석고의 두께는 두꺼울수록 좋다.
③ 전체적으로 균일한 두께로 도포한다.
④ 석고를 바르기 전에 베이스크림을 충분히 도포한다.

14 왁스를 이용한 제모 관리 시 장점으로 맞는 것은?

① 털을 닳게 하여 제거하는 방법으로 통증이 전혀 없다.
② 피부나 모낭에 물리적인 자극을 미치지는 않는다.
③ 신체의 광범위한 부위의 털을 단시간 내에 효과적으로 제거한다.
④ 제모의 지속력이 영구적이다.

15 다음 중 왁스를 이용한 제모의 부적응증과 거리가 먼 것은?

① 정맥류
② 과민한 피부
③ 당뇨병 환자
④ 신장질환

16 다음 림프드레나쥐에 대한 설명 중 옳지 않은 것은?

① 노폐물 배출을 돕는다.
② 림프와 혈액의 흐름을 원활하게 한다.
③ 갑상선 기능 저하증 환자는 림프드레나쥐 적용을 금한다.
④ 림프드레나쥐의 기본동작은 원동작, 떨기 동작, 퍼올리기 동작, 회전동작이다.

17 다음 중 에센셜오일의 일반적인 사용법이 아닌 것은?

① 목욕법　　　② 마사지법
③ 흡입법　　　④ 복용법

18 다음 중 피부 관리 마무리 과정에 해당되지 않는 것은?

① 온습포 적용
② 보호크림 도포
③ 가벼운 스트레칭
④ 간단한 상담

19 표피층을 내측부터 순서대로 나열한 것은?

① 기저층 – 유두층 – 투명층 – 과립층 – 각질층
② 각질층 – 투명층 – 기저층 – 유극층 – 과립층
③ 기저층 – 유극층 – 과립층 – 투명층 – 각질층
④ 각질층 – 투명층 – 유극층 – 과립층 – 기저층

20 멜라닌 세포가 주로 분포되어 있는 피부층은?

① 각질층　　　② 과립층
③ 투명층　　　④ 기저층

21 진피의 구성 물질이 아닌 것은?

① 엘라스틴　　　② 기질
③ 콜라겐　　　④ 지질

22 피지선에 대한 설명으로 틀린 것은?

① 이마, 코 부분에는 독립피지선이 존재한다.
② 피지의 하루 분비량은 1~2g 정도이다.
③ 남성호르몬인 테스토스테론과 관련이 있다.
④ 사춘기 이후 발달되며, 모공을 통해 배출된다.

23 다음 중 피부의 감각기관 중 가장 많이 분포하는 것은?

① 압각　　　② 온각
③ 냉각　　　④ 통각

24 다음 비타민에 효능에 대한 설명 중 맞는 것은?

① 비타민D – 자외선을 통해 피부에서 합성한다.
② 비타민E – 모세혈관을 강화하는 효과가 있다.
③ 비타민K – 세포 및 결합조직의 조기 노화를 예방한다.
④ 비타민P – 미백효과가 있다.

25 다음 중 원발진에 속하는 것은?

① 반점, 가피　　② 수포, 찰상
③ 수포, 인설　　④ 종양, 팽진

26 자외선이 인체에 미치는 영향으로 틀린 것은?

① 살균 효과　　② 색소침착
③ 홍반 반응　　④ 비타민A 합성

27 다음 중 면역의 1차 방어 기전이 아닌 것은?

① 눈물　　　　② 재채기
③ 피부 및 점막　④ 백혈구

28 세포 내 소기관 중에서 세포 내의 호흡을 담당하고 동화작용과 이화작용에 의해 에너지를 생산하는 기관은?

① 미토콘드리아　② 중심소체
③ 리소좀　　　　④ 리보솜

29 다음 중 눈을 감거나 깜박거릴 때 작용을 하는 근육은?

① 구륜근　　　　② 안륜근
③ 이근　　　　　④ 추미근

30 담즙을 생산하며 포도당을 글리코겐으로 저장하는 소화 기간은?

① 간　　　　　　② 췌장
③ 충수　　　　　④ 위

31 중추 신경계의 구성으로 옳은 것은?

① 중뇌와 대뇌
② 뇌와 척수
③ 뇌간과 척수
④ 교감신경과 뇌간

32 골격계의 형태에 따른 분류에 대한 설명이다. 옳은 것은?

① 단골(짧은뼈) : 슬개골(무릎뼈), 대퇴골(접적다리뼈), 두정골(마루뼈) 등
② 장골(긴뼈) : 상완골(위팔뼈), 요골(노뼈), 척골(자뼈), 대퇴골(넙적다리뼈), 경골(정강이뼈), 비골(종아리뼈) 등
③ 종자골(종자뼈) : 전구골(이마뼈), 후두골(뒤통수뼈), 두정골(마루뼈), 견갑골(어깨뼈), 늑골(갈비뼈) 등
④ 편평골(납작뼈) : 척추골(척추뼈), 관골(광대뼈) 등

33 비뇨기계에서 배출 기관의 순서를 바르게 나열한 것은?

① 신장 – 요관 – 요도 – 방광
② 신장 – 요관 – 방광 – 요도
③ 신장 – 요도 – 방광 – 요관
④ 신장 – 방광 – 요도 – 요관

34 폐에서 이산화탄소를 내보내고 산소를 받아들이는 역할을 수행하는 순환은?

① 체순환　　　　② 폐순환
③ 림프순환　　　④ 전신순환

35 직류(Direct current)에 대한 설명으로 옳은 것은?

① 지속적으로 한쪽으로만 이동하는 전류의 흐름이다.
② 변압기에 의해 승압 또는 강압이 가능하다.
③ 시간의 흐름에 따라 방향과 크기가 비대칭적으로 변한다.
④ 정현파 전류가 대표적이다.

36 다음 중 우드램프로 피부상태를 판단할 때 건성피부는 어떤 색으로 나타나는가?

① 푸른색   ② 흰색
③ 오렌지색   ④ 옅은 보라색

37 자외선 램프의 사용에 대한 내용으로 틀린 것은?

① 주로 UV-A, B 모두를 방출하는 것을 사용한다.
② 고객으로부터 1m 이상의 거리를 두고 사용한다.
③ 살균이 강한 화학선이므로 안전사고에 주의를 해야 한다.
④ 눈 보호를 위해 선글라스나 전용패드를 착용하게 한다.

38 고주파기의 효과에 대한 설명 중 틀린 것은?

① 피부를 활성화하여 노폐물 배출의 효과가 있다.
② 색소 침착부위의 표백효과가 탁월하다.
③ 살균, 소독의 효과의 세균 및 박테리아 번식을 예방한다.
④ 혈액순환과 신진대사를 활성화시킨다.

39 적외선 미용 기기를 사용할 때의 주의사항으로 옳은 것은?

① 간단한 금속류를 제외한 나머지 장신구는 허용되지 않는다.
② 자외선 적용 전 단계에 사용하지 않는다.
③ 최대 흡수 효과를 위해 해당 부위와 램프가 직각이 되도록 한다.
④ 램프와 고객과의 거리는 최대한 가까이 한다.

40 물질 이동 시 물질을 이루고 있는 입자들이 스스로 운동하여 농도가 높은 곳에서 낮은 곳으로 액체나 기체 속을 분자가 퍼져나가는 현상은?

① 능동 수송   ② 확산
③ 여과   ④ 삼투

41 다음 중 화장품의 사용 목적과 거리가 먼 것은?

① 인체에 대한 약리적인 효과를 주기 위해 사용한다.
② 인체를 청결, 미화하기 위해 사용한다.
③ 용모를 변화시키기 위하여 사용한다.
④ 피부, 모발의 건강을 유지하기 위해 사용한다.

42 다음 화장품 중 그 분류가 다른 것은?

① 크림팩
② 컨디셔너
③ 화장수
④ 클렌징 로션

43 팩에 사용되는 주성분 중 피막제 및 점증제로 사용되는 것은?

① 카올린, 탈크
② 구연산나트륨, 아미노산류
③ 폴리비닐알코올, 잔탄검
④ 유동파라핀, 스쿠알렌

44 자외선 차단을 도와주는 화장품 성분이 아닌 것은?

① 옥틸디메틸파바
② 콜라겐
③ 파라아미노안식향산
④ 티타늄디옥사이드

45 크림에 안료가 균일하게 분산된 형태로 O/W형, W/O형이 있으며 피부의 결점을 감추고 피부색을 조절해 주는 메이크업 화장품의 종류는?

① 스킨커버
② 크림파운데이션
③ 메이크업 베이스
④ 페이스파우더

46 다음 중 향수의 부향률이 강한 순서대로 나열된 것은?

① 샤워코롱 > 오데코롱 > 오데토일렛 > 오데퍼퓸
② 오데퍼퓸 > 오데토일렛 > 오데코롱 > 샤워코롱
③ 퍼퓸 > 오데토일렛 > 샤워코롱 > 오데코롱
④ 퍼퓸 > 오데토일렛 > 오데퍼퓸 > 오데코롱

47 민감성 화장품에 유효한 성분이 아닌 것은?

① 위치하젤
② 솔비톨
③ 아줄렌
④ 리보플라빈

48 공중보건의 개념과 가장 어울리는 것은?

① 개인을 대상으로 한 연구
② 지역주민을 대상으로 한 암치료 연구
③ 지역주민을 대상으로 육체적, 정신적 효율 증진에 관한 연구
④ 사회의학을 대상으로 한 질병 치료에 관한 연구

49 한 지역이나 국가의 공중보건을 평가하는 지표로 대표적인 보건 수준의 평가 자료로 활용되는 것은?

① 총사망률
② 평균수명
③ 비례사망자수
④ 영아사망률

50 다음 중 인수공통감염병과 병원소의 연결이 틀린 것은?

① 쥐 – 결핵
② 개 – 공수병
③ 소 – 탄저병
④ 돼지 – 일본뇌염

51 보건행정의 특징으로 옳지 않은 것은?

① 공공이익을 위한 공공성과 사회성을 지닌다.
② 환경위생, 보건교육, 모자보건 등이 이에 속한다.
③ 과학의 기반 위에 수립된 기술 행정이다.
④ 적극적인 서비스의 봉사는 포함되지 않는다.

52 세균성 식중독이 소화기계 전염병과 다른 점은?

① 잠복기가 길다.
② 균량이나 독소량이 많아야 한다.
③ 2차 감염이 형성된다.
④ 원인식품 섭취와는 무관하다.

53 미생물을 제거하여 사람에게 감염의 위험이 없도록 하는 것은?

① 소독   ② 살균
③ 멸균   ④ 방부

54 자비 소독에 관한 내용으로 적합한 것은?

① 포자까지 완벽하게 사멸된다.
② 스테인레스 보울, 수건 등의 면 재질류 소독에 적합하다.
③ 물에 소독약을 넣으면 살균력이 좋아지므로 30% 중조를 넣어 살균한다.
④ 100℃에서 5분간 살균한다.

55 다음 소독약품의 희석농도가 잘못된 것은?

① 석탄산 3%   ② 알코올 70%
③ 승홍 1%   ④ 크레졸 3%

56 이 · 미용 면허를 발급할 수 있는 자는?

① 보건소
② 보건복지부장관
③ 동사무소
④ 시장 · 군수 · 구청장

57 다음 중 이 · 미용사의 면허증을 재교부 신청할 수 없는 경우는 어느 것인가?

① 면허증의 기재상항에 변경이 있을 때
② 국가기술자격법에 의한 이 · 미용사 자격증이 취소된 때
③ 면허증이 손상된 때
④ 면허증을 분실한 때

58 행정처분대상자 중 중요처분대상자에게 청문을 실시할 수 있다. 청문 대상이 아닌 것은?

① 영업정지
② 영업소 폐쇄명령
③ 면허정지 및 면허취소
④ 고액의 과태료

59 과태료 처분에 불복이 있는 경우 어느 기간 내에 이의를 제기할 수 있는가?

① 처분의 고지를 받은 날로부터 30일 이내
② 처분이 있음을 안 날로부터 20일 이내
③ 처분한 날로부터 30일 이내
④ 처분한 날로부터 20일 이내

60 1회용 면도날을 2인 이상의 손님에게 사용한 때의 2차 위반 행정처분 기준은?

① 영업정지 1개월
② 영업정지 10일
③ 영업정지 5일
④ 경고

제2회 CBT 최종모의고사 정답 및 해설

01	02	03	04	05	06	07	08	09	10	11	12	13	14	15	16	17	18	19	20
③	④	④	①	③	①	①	④	④	③	④	③	②	③	④	③	④	①	③	④
21	22	23	24	25	26	27	28	29	30	31	32	33	34	35	36	37	38	39	40
④	①	④	①	④	④	④	①	②	①	②	②	②	②	②	④	①	②	②	②
41	42	43	44	45	46	47	48	49	50	51	52	53	54	55	56	57	58	59	60
①	②	③	②	②	②	②	③	④	①	④	②	①	③	④	②	④	①	③

01 ③
모발 관리는 미용(일반)에 속한다.

02 ④
여드름 치료는 의료적 영역에 속한다.

03 ④
고려 시대에는 신분에 따라 분대화장과 비분대화장으로 화장법을 달리하였다.

04 ①
촉진법은 손으로 만져보거나 눌러보는 방법으로 피부의 탄력성, 두께, 유분함량 등을 알 수 있다. 피부톤은 견진법을 통해 판별할 수 있다.

05 ③
피부표면이 거칠고 두꺼운 피부는 지성 피부의 특징이다.

06 ①
클렌징 동작은 가볍고 신속하게 3분 이내로 끝내는 것이 좋다.

07 ①
효소 타입은 모든 피부에 사용할 수 있으며, 물리적 자극을 피해야 하는 염증성 피부에도 사용이 가능하다.

08 ④
딥클렌징은 주름관리에 직접적인 영향을 미치지 않는다.

09 ④
머드나 클레이 팩은 주로 지성 피부에 사용한다.

10 ③
매뉴얼 테크닉을 시행할 시 피부의 결, 근육 방향 등을 바탕으로 일정한 속도와 리듬, 연결성, 적절한 압력과 밀착성 등을 고려하여 고객에게 안정감을 줄 수 있도록 해야 한다.

11 ④
① 바이브레이션 : 손 전체나 손가락에 힘을 주어 고른 진동을 주는 동작
② 프릭션 : 근육을 횡단하듯 반죽하는 동작
③ 에플라쥐 : 손바닥을 이용해 부드럽게 쓰다듬는 동작

12 ③
팩은 성분에 대한 알러지 유무를 확인해야 한다. 피부 상태 및 개인의 피부 특성에 따라 성분에 대해 피부 반응이 다르므로 반드시 패치 테스트가 필요하다.

13 ②
석고의 두께가 너무 두꺼우면 열의 지속이 너무 오래되므로 피부에 자극을 줄 수 있으므로 적당한 두께로 도포한다.

14 ③

왁스를 이용한 제모는 신체의 광범위한 부위의 털을 단시간 내에 효과적으로 제거할 수 있고 제모의 지속력이 4주가량으로 긴 편이다. 다만, 제모 시 물리적인 자극 및 통증이 동반된다.

15 ④

제모 부적응증 : 궤양이나 종기가 있는 경우, 혈전증이나 정맥류가 심한 경우, 당뇨병 환자, 상처나 피부질환이 있는 경우, 자외선으로 화상을 입은 경우, 간질 환자

16 ③

갑상선 기능 항진증의 경우는 림프드레나쥐 적용을 금한다.

17 ④

에센셜오일의 복용은 일반적인 사용법이 아니며, 의사의 처방 하에 적용 가능하다.

18 ①

피부 관리 마무리에서는 냉습포를 적용하여 피부를 진정시킨다.

19 ③

표피는 내측부터 기저층-유극층-과립층-투명층-각질층의 순서로 이루어져 있다.

20 ④

기저층 : 각질 형성 세포, 멜라닌 형성 세포로 구성

21 ④

진피는 콜라겐(교원섬유), 엘라스틴(탄력섬유), 기질로 구성되어 있다.

22 ①

독립피지선은 입술, 눈가 등에 존재한다.

23 ④

24 ①

② 비타민E : 세포 및 결합조직의 조기 노화를 예방
③ 비타민K : 모세혈관을 강화하는 효과
④ 비타민P : 모세혈관 강화 효과

25 ④

원발진이란 정상적인 피부에 처음으로 나타나는 병적변화로 반점, 구진, 결절, 농포, 홍반, 수포, 팽진, 종양, 낭종 등이 있다.

26 ④

피부는 자외선을 받으면 비타민D를 합성한다.

27 ④

1차 방어기전은 피부 및 점막, 위산이나 눈물, 재채기 등이며, 백혈구는 2차 방어기전에 속한다.

28 ①

① 미토콘드리아는 세포 내 호흡을 담당하고 ATP를 생산한다.
② 중심소체는 방추사를 형성하여 염색체를 이동시키고 섬모나 편모를 형성하는 기저체가 된다.
③ 리소좀은 세포의 방어작용과 세포내의 소화 장치 역할을 한다.
④ 리보솜은 단백질과 RNA로 구성되며 단백질 합성장소이다.

29 ②

① 구륜근 : 입을 다물게 하거나 휘파람을 불 때 작용하는 근육
③ 이근 : 아랫입술을 위로 올리거나 당겨 턱에 주름을 지게 하는 근육
④ 추미근 : 눈살을 찌푸리고 이마에 주름을 짓게 하는 근육

30 ①

② 췌장 : 트립신(단백질 분해 효소), 아밀라아제(탄수화물 분해 효소), 리파아제(지방 분해 효소)
③ 충수 : 충양돌기로, 염증이 생기면 맹장염이 된다.
④ 위 : 펩신(단백질 분해 효소)

31 ②

- 중추신경계 : 뇌, 척수
- 말초신경계 : 체성신경계(뇌신경, 척수신경), 자율신경계(교감신경, 부교감신경)

32 ②

골격의 형태에 따른 분류
- 장골 : 대퇴골, 상완골, 척골, 요골, 경골, 비골
- 단골 : 수근골, 족근골
- 편평골 : 흉골, 늑골, 두정골
- 종자골 : 무릎, 관절

33 ②

신장은 소변을 생산, 방광은 소변을 일시적으로 저장하는 역할을 한다. 소변은 신장–요관–방광–요도의 순서로 배출된다.

34 ②

- 체순환(전신순환) : 좌심실 → 대동맥 → 동맥 → 세동맥 → 모세혈관(산소를 보내고 이산화탄소를 받아들이는 역할) – 세정맥 → 정맥 → 대정맥 → 우심방
- 폐순환 : 우심실 → 폐동맥 → 폐(이산화탄소 내보내고 산소를 받아들이는 역할) → 폐정맥 → 좌심방

35 ①

직류 전류는 지속적으로 일정하게 흐르는 전류이며, 이를 사용하는 기기로는 갈바닉과 리프팅 기기가 있다.

36 ④

우드램프의 색에 따른 피부 상태
- 진보라 : 민감, 모세혈관 확장 피부
- 옅은 보라 : 건성, 수분 부족 피부
- 청백색 : 정상피부
- 흰색 : 과각질 상태
- 오렌지 : 피지, 여드름

37 ①

자외선램프는 주로 UV–B를 방출하는 것을 사용한다.

38 ②

고주파기의 효과
- 세포 내에서 열을 발생시킨다.
- 혈액순환과 신진대사를 촉진시킨다.
- 스파킹으로 지성·여드름 피부에 살균 작용을 한다.
- 내분비선 분비를 활성화시킨다.
- 피부 세포의 재생 효과가 있다.

39 ②

40 ②

① 능동수송 : 에너지가 필요한 세포막의 물질 이동기전
③ 여과 : 압력이 높은 곳에서 낮을 곳으로 물과 용해물질의 이동
④ 삼투 : 선택적 투과성막을 통과하는 물의 확산

41 ①

화장품의 목적은 약리적이거나 치료적인 효과는 아니다.

42 ②

컨디셔너는 모발 화장품의 종류이다.

43 ③

피막제 및 점증제 성분은 제품의 점도를 조절하는 목적으로 사용되며 카보머 성분, 천연점증제로 한천, PVA, 잔탄검 등이 있다.

44 ②

콜라겐은 수분 함량이 많은 성분으로 피부 재생과 관련된다.

45 ②

크림파운데이션은 유분을 많이 함유하고 있어 무거운 느낌을 주긴 하나 퍼짐성과 부착성이 좋아 땀이나 물에 화장이 잘 지워지지 않는다.

46 ②

퍼퓸 > 오데퍼퓸 > 오데토일렛 > 오데코롱 > 샤워코롱

47 ②

솔비톨은 건성피부 화장품의 유효 성분이다.

48 ③

공중보건학이란 조직화된 지역사회의 노력을 통해 질병 예방, 생명연장, 신체적·정신적 효율을 증진시키는 기술 이며 과학이다. 또한 공중보건의 최소단위는 개인이 아닌 지역사회이며 전체 주민 또는 국민을 대상으로 한다.

49 ④

영아사망률은 공중보건을 평가하는 지표자료로서 대표 적인 보건 수준의 평가 자료로 활용된다.

50 ①

쥐가 병원소인 인수공통감염병은 페스트, 살모넬라증, 발진열, 서교증, 렙토스피라증 등이 있다.

51 ④

보건행정에는 적극적인 서비스의 봉사도 포함된다.

52 ②

세균성 식중독은 원인 식품의 섭취로 발생하는데 잠복 기가 비교적 짧고, 2차 감염이 드물다. 또한 균량이나 독소량이 중독증상을 일으킬 정도로 많아야 한다.

53 ①

소독은 감염 위험이 있는 병원성 미생물을 물리·화학 적 방법으로 파괴시켜 감염 및 증식력을 제거한 상태를 말한다.

54 ②

자비소독법은 100℃의 끓는 물속에 소독할 물건을 완전 히 잠기도록 하여 15~20분간 끓이는 방법으로 금속성 식기류, 면 재질(의류, 수건), 도자기 소독에 적합하다.

55 ③

승홍의 적정 희석농도는 0.1%이다.

56 ④

면허는 시장·군수·구청장이 발급한다(제6조).

57 ②

자격증이 취소된 때는 면허증을 재교부 신청할 수 없다.

58 ④

시장·군수·구청장은 이·미용사의 면허취소, 면허정 지 및 공중위생영업의 정지, 일부 시설의 사용중지 및 영업소 폐쇄명령 등 처분을 하고자하는 때에는 청문을 실시할 수 있다(제12조).

59 ①

과태료 처분에 불복이 있는 자는 그 처분의 고지를 받 은 날부터 30일 이내에 처분권자에게 이의를 제기할 수 있다(제23조).

60 ③

1회용 면도날을 2인 이상의 손님에게 사용한 경우 1차 위반 시 경고, 2차 위반 시 영업정지 5일, 3차 위반 시 영업정지 10일, 4차 위반 시 영업장 폐쇄의 행정처분을 받는다.

제3회 CBT 최종모의고사

피부미용사 CBT 문제풀이	수험번호 :	⏱ 제한시간 : 60분
	수험자명 :	

01 피부미용의 역사에 관한 설명으로 틀린 것은?

① 고려시대 : 목욕이 성행했고 분대화장과 비분대화장으로 구분된다.

② 삼국시대 : 불교의 영향으로 향 문화와 목욕 문화가 발달하였고 고구려는 연지화장, 백제는 은은한 화장, 신라는 백분을 즐겼다.

③ 개화기 : 화장품이 특수계층의 전유물에서 일반인층으로 보편화하기 시작했다.

④ 현대 : 1960년대 YMCA에서 피부미용이 도입되어 피부미용 수업이 진행되었다.

02 효소를 이용한 딥클렌징 성분이 아닌 것은?

① 브로멜린 ② 트립신
③ 라이스브랜 ④ 파파인

03 피부 유형별 적용 화장품 성분이 적절하게 연결된 것은?

① 건성피부 : 클로로필, 위치하젤
② 지성피부 : 콜라겐, 레티놀
③ 여드름 피부 : 아보카도 오일, 올리브 오일
④ 민감성 피부 : 아줄렌, 비타민 B₅

04 다음 중 피부관리실의 환경에 대한 설명으로 적합하지 않은 것은?

① 환기를 자주 해야 한다.
② 피부관리 기구의 소독과 위생 관리에 철저해야 한다.
③ 조명은 간접 조명만 사용하는 것이 좋다.
④ 관리실의 분위기는 심신의 안정을 취할 수 있도록 해야 한다.

05 피부 분석표 작성 시 피부 표면의 혈액순환 상태에 따른 분류 표시가 아닌 것은?

① 심한 홍반 피부(Couperose skin)
② 주사성 피부(Rosacea skin)
③ 과색소 피부(Hyper pigmentation skin)
④ 홍반 피부(Eerythrosis skin)

06 림프드레나지 테크닉에 대한 설명으로 옳지 않은 것은?

① 면역기능을 강화한다.
② 독소 배출, 과잉 수분, 부종을 완화한다.
③ 늘어지고 탄력 없는 피부에 효과적이다.
④ 통증을 가라앉히고 진정시켜 준다.

07 피부분석 시 사용되는 방법으로 가장 거리가 먼 것은?

① 유·수분 측정기 등을 이용하여 피부를 분석한다.
② 고객의 평소 피부관리 습관을 문진하여 분석하다.
③ 정확한 피부 측정을 위해 세안 전에 우드 램프를 적용한다.
④ 스파츌라를 이용하여 피부에 자극을 주어 본다.

08 클렌징 시 주의해야 할 사항으로 잘못된 것은?

① 클렌징 제품 사용은 피부 타입뿐만 아니라 메이크업 상태도 고려해야 한다.
② 클렌징 제품이 눈, 코, 입에 들어가지 않도록 주의한다.
③ 눈과 입은 포인트메이크업 리무버를 사용해야 한다.
④ 진한 메이크업 클렌징의 경우 강하게 문질러 닦아준다.

09 다음 딥클렌징 제품의 적용 방법에 따른 분류가 바르게 연결된 것은?

① 물리적 방법 : 고마쥐, 효소
② 화학적 방법 : 고마쥐, 스크럽
③ 물리적 방법 : A.H.A, 스크럽
④ 화학적 방법 : 효소, A.H.A

10 다음 중 콜라겐 벨벳 마스크에 관한 설명으로 틀린 것은?

① 진정 작용을 한다.
② 콜라겐 성분을 냉각 압착시켜 종이처럼 만든 것이다.
③ 각질 제거로 인해 피부 정돈 효과가 있다.
④ 얼굴 모양으로 마스크를 재단하여 얼굴에 올린 후 물을 적셔가며 부착시킨다.

11 다음 중 건조한 노화 피부에 가장 어울리지 않는 팩은?

① 석고 마스크
② 머드팩
③ 크림팩
④ 콜라겐 벨벳 마스크

12 다음 제모 방법 중 그 분류의 기준이 다른 하나는?

① 족집게   ② 면도기
③ 제모 크림 ④ 왁스

13 피부관리 마무리 단계에 적합하지 않은 것은?

① 기초 화장품을 사용하여 피부 결을 정돈하고 보호해준다.
② 고객의 근육을 이완시키기 위해 스트레칭을 해준다.
③ 기초 메이크업까지는 해줘야 한다.
④ 따뜻한 차를 제공해준다.

14 다음 중 클렌징 제품과 피부 타입의 연결이 가장 잘 어울리는 것은?

① 건성 피부 : 클렌징 워터
② 지성 피부 : 클렌징 젤
③ 여드름 피부 : 클렌징 오일
④ 민감성 피부 : 클렌징 크림

15 매뉴얼 테크닉 방법 중 손바닥 측면으로 두드리는 동작은 무엇인가?

① 슬래핑(Slapping)
② 커핑(Cupping)
③ 해킹(Hacking)
④ 태핑(Tapping)

16 다음 중 손바닥 전체 또는 엄지를 피부 위에 올려놓고 앞으로 나선형으로 밀어내는 림프 매뉴얼 테크닉은 무엇인가?

① 펌프 동작
② 회전 동작
③ 원 동작
④ 퍼올리기 동작

17 피부 타입을 건성, 중성, 지성으로 구분하는 가장 중요한 분석 기준은 무엇인가?

① 피부의 조직 상태
② 피부의 두께
③ 피지 분비 상태
④ 피부 수분량

18 왁스를 이용한 제모에 대한 설명으로 틀린 것은?

① 털이 자라는 방향으로 왁스를 바른다.
② 털이 자라는 반대 방향으로 왁스를 떼어 낸다.
③ 부직포를 제거할 때는 수직 방향으로 떼어 낸다.
④ 부직포를 제거할 때는 빠르게 떼어 낸다.

19 표피 중 각질층의 적절한 수분 함량은?

① 10% 미만
② 약 15% 정도
③ 약 30% 정도
④ 약 70% 정도

20 표피 중 각질층의 주성분이 아닌 것은?

① 케라틴 단백질
② 콜라겐
③ 천연보습인자
④ 지질

21 pH에 대한 설명으로 틀린 것은?

① 수소이온농도의 지수를 말한다.
② 피지의 지방산과 땀의 유산에 의해 일정하게 유지된다.
③ 계절에 따라 약간의 차이가 날 수 있다.
④ 피부의 pH는 피부 자체의 pH를 말한다.

22 피부의 감각기관 중 피부에 가장 많이 분포된 것은?

① 통각
② 온각
③ 촉각
④ 냉각

23 피부의 살균 작용과 비타민 D의 형성을 돕는 것은?

① 가시광선   ② 적외선
③ 형광선   ④ 자외선

24 다음 비타민에 효능에 대한 설명 중 맞는 것은?

① 비타민 C : 세포와 결합 조직의 조기 노화를 예방한다.
② 비타민 E : 모세혈관을 강화하는 효과가 있다.
③ 비타민 K : 지용성 비타민으로 모세혈관 강화에 도움을 준다.
④ 비타민 P : 미백 효과가 있다.

25 다음 중 바이러스에 의한 전염이 아닌 것은?

① 단순포진   ② 대상포진
③ 사마귀   ④ 홍반

26 다음 중 광노화의 설명으로 틀린 것은?

① 표피 두께가 두꺼워진다.
② 색소 침착이 증가한다.
③ 콜라겐 변성과 파괴 현상이 생긴다.
④ 진피의 두께가 얇아진다.

27 피지선의 활동 증가에 영향을 주는 것과 관계가 없는 것은?

① 테스토스테론   ② 안드로겐
③ 임신   ④ 에스트로겐

28 안면의 피부와 저작근에 존재하는 감각신경과 운동신경의 혼합신경으로 뇌신경 중 가장 큰 신경은 무엇인가?

① 안면신경   ② 동안신경
③ 삼차신경   ④ 설인신경

29 세포막을 통한 물질의 이동방법이 다른 하나는 무엇인가?

① 능동 수송   ② 확산 작용
③ 음세포 작용   ④ 식세포 작용

30 뼈의 굵기 성장이 일어나는 곳은?

① 연골   ② 골수
③ 골막   ④ 골단

31 다음 두부의 근육 중 그 분류의 기준이 다른 하나는 무엇인가?

① 전두근   ② 이근
③ 교근   ④ 협골근

32 혈액의 구성 물질로 항체 생산과 감염을 조절하고 식균작용을 통해 세포의 찌꺼기나 죽은 조직을 제거하는 것은?

① 적혈구   ② 백혈구
③ 혈소판   ④ 혈장

33 수면 주기와 생체 리듬을 조절하고 성적 조숙을 억제하는 호르몬은 무엇인가?

① 칼시토닌　　② 멜라토닌
③ 글루카곤　　④ 티록신

34 다음 중 간의 역할에 가장 적합한 것은?

① 담즙의 생성과 분비
② 음식물의 역류 방지
③ 소화의 흡수 촉진
④ 음식물을 살균

35 다음 중 물질의 온도에 따른 분류의 설명이 바른 것은?

① 고체 : 온도에 의해 분자가 서로 붙지 못하고 떨어지는 상태의 물질
② 액체 : 온도상승으로 분자들 사이에 서로 당기는 힘을 박차고 튀어나오는 상태의 물질
③ 기체 : 분자가 서로 들러붙어 있는 상태의 물질
④ 플라즈마 : 기체에 열을 가하면 기체의 원자나 분자가 전자와 이온으로 분리되는 물질

36 전류 중 1mA의 미세직류로 한 방향으로만 흐르는 극성을 가진 전류로 피부관리실에서 주로 사용하는 전류는?

① 갈바닉 전류　　② 감응전류
③ 정현파전류　　④ 격동전류

37 전류의 흐름을 방해하는 성질을 나타내는 단위는?

① 볼트(Volage)
② 저항(Ohm)
③ 와트(Wattage)
④ 주파수(Frequency)

38 우드램프를 이용한 피부 진단이 올바른 것은?

① 정상 : 연보라
② 모세혈관 확장 : 암갈색
③ 여드름 : 주황색
④ 비립종 : 흰색

39 갈바닉 원리 중 양극의 효과가 아닌 것은?

① 혈관을 수축한다.
② 조직을 단단하게 한다.
③ 세정 효과가 있다.
④ 통증이 감소한다.

40 다음 중 1,000~10,000㎐ 전류로 자극 없이 피부조직깊이 치료가 가능하고 넓은 부위의 심부까지 관리가 가능하여 통증과 부종 관리나 지방분해, 혈액순환 등 신진대사촉진에 사용할 수 있는 기기는?

① 저주파기
② 중주파기
③ 고주파기
④ 엔더몰로지기

41 다음 중 화장품의 4대 요건에 대한 설명으로 틀린 것은?

① 안전성 : 피부의 주름개선 효과가 있고 알레르기가 없을 것
② 안정성 : 보관에 따른 변질, 변색, 변취, 미생물 오염이 없을 것
③ 사용성 : 피부에 사용 시 발림성과 퍼짐성이 좋을 것
④ 유효성 : 피부에 보습, 주름개선, 자외선 차단, 미백효과 등을 부여할 것

42 화장품의 일반적인 분류와 사용 목적이 다른 것은?

① 기초 화장품 : 세안, 피부 정돈, 피부 보호
② 전신 화장품 : 제모, 정발, 피부 보호
③ 모발 화장품 : 세정, 트리트먼트, 정발
④ 메이크업 화장품 : 피부색 표현, 피부 미화, 피부 보호

43 계면활성제의 종류와 특징에 대한 설명으로 틀린 것은?

① 양이온성 계면활성제 : 살균, 소독작용이 우수하고 정전기 발생률을 억제하므로 헤어컨디셔너, 트리트먼트 제품 등에 사용된다.
② 음이온성 계면활성제 : 기포형성 작용이 우수하며 비누, 샴푸, 클렌징 폼 등에 사용된다.
③ 양쪽성 계면활성제 : 정전기 방지 효과가 우수하며 기초화장품 등에 사용된다.
④ 비이온성 계면활성제 : 저자극성으로 주로 기초화장품에 사용된다.

44 화장품의 제조에서 계면활성제의 대표적인 작용으로 틀린 것은?

① 가용화   ② 용해
③ 분산   ④ 유화

45 자외선 차단 성분 중 미네랄 필터의 설명으로 틀린 것은?

① 자외선 산란제로 물리적 차단제이다.
② 색상은 투명하다.
③ 이산화티탄, 산화아연의 종류가 있다.
④ 피부에 자극을 주지 않으나 피부가 하얗게 보일 수 있다.

46 에센셜 오일 사용 시 주의사항으로 틀린 것은?

① 임산부, 노인, 어린이나 민감한 피부를 가진 사람은 전문의와 상담 후 사용을 권장한다.
② 100% 순수한 것을 사용하므로 바로 피부에 적용 가능하다.
③ 산소, 빛 등에 의해 변질할 수 있으므로 갈색병에 보관한다.
④ 심한 화상, 높은 열, 상처가 있으면 사용하지 않는다.

47 다음 중 방취 화장품의 설명으로 올바른 것은?

① 방취 화장품은 강한 수렴작용으로 발한을 억제해 준다.
② 피부 상재균의 증식을 돕는다.
③ 물을 사용하지 않고 직접 바르는 것으로 피부 청결 및 소독 효과가 있다.
④ 대부분 알칼리 작용으로 피부에 있는 노폐물을 제거한다.

48 다음 중 질병 예방 단계와 예방법에 대해 연결이 바르지 않은 것은?

① 1차 예방 : 예방접종
② 1차 예방 : 조기검진
③ 2차 예방 : 건강검진
④ 3차 예방 : 재활

49 다음 중 인구 피라미드 중 개발도상국에 속하는 형태는 어떤 형인가?

① 피라미드형 : 인구증가형, 출생률 높고 사망률이 낮은 형으로 후진국형
② 종형 : 출생률과 사망률이 낮은 이상적인 인구형으로 인구 정지형
③ 별형 : 유입형, 도시의 인구형태
④ 항아리형 : 인구감소형, 출생률과 사망률이 낮은 선진국형

50 다음 중 세균이 옮기는 병원체가 아닌 것은?

② 콜레라
② 장티푸스
④ 페스트
④ 폴리오

51 다음 중에서 수인성 전염병에 해당하지 않는 것은?

① 디프테리아
② 장티푸스
③ 콜레라
④ 세균성 이질

52 다음 중 절족동물 매개 전염병 종류의 연결이 잘못된 것은?

① 모기 : 황열
② 벼룩 : 흑사병
③ 이 : 재귀열
④ 진드기 : 발진티푸스

53 미생물의 성장과 사멸에 영향을 주는 요소가 아닌 것은?

① 영양소
② 수소 농도
③ 삼투압
④ 빛의 세기

54 다음 중 자외선의 종류 중 도르너선(Dorno-ray, 건강선)이라 불리는 자외선은?

① 원자외선
② 중자외선
③ 근자외선
④ 진공자외선

55 다음 중 음용수의 수질 기준에서 유기물질에 오염된 지 얼마 되지 않은 것을 알 수 있는 것은?

① 과망간산칼륨 검출
② 암모니아성질소 검출
③ 대장균군 검출
④ 염소유기화합물

56 다음 중 미생물 중 크기가 가장 큰 것은?

① 효모
② 곰팡이
③ 세균
④ 바이러스

57 다음 중 이·미용업소에 널리 이용하여 사용하는 화학적 소독법은 무엇인가?

① 양이온계면활성제
② 포름알데히드
③ 페놀
④ 크레졸

58 아래 가로에 들어갈 단어는?

> 미용사의 업무 범위 중 영업소 외의 장소에서는 행할 수 없다. 다만, (   ) 정하는 특별한 사유가 있는 경우에는 제외된다.

① 대통령령
② 보건복지부령
③ 시장·군수·구청장
④ 시도지사

59 이·미용업소의 위생관리 의무를 지키지 아니한 자의 과태료 기준은?

① 50만 원 이하
② 100만 원 이하
③ 200만 원 이하
④ 500만 원 이하

60 신고하지 아니하고 영업장의 소재를 변경한 때 1차 위반 시의 행정처분 기준은?

① 영업장 폐쇄 명령
② 영업정지 6월
③ 영업정지 3월
④ 영업정지 2월

제3회 CBT 최종모의고사 정답 및 해설

01	02	03	04	05	06	07	08	09	10	11	12	13	14	15	16	17	18	19	20
④	②	④	③	③	③	③	④	④	③	②	③	③	②	①	②	③	③	②	②
21	22	23	24	25	26	27	28	29	30	31	32	33	34	35	36	37	38	39	40
④	①	④	③	④	④	④	③	②	③	③	②	②	①	④	①	②	③	②	②
41	42	43	44	45	46	47	48	49	50	51	52	53	54	55	56	57	58	59	60
①	②	③	②	②	②	①	②	②	④	①	④	②	②	②	②	①	②	③	①

01 ④

1960년대 이후 국내 화장품 개발이 활성화되기 시작하였고, 1981년 YMCA에서 피부미용이 도입되고 피부미용 수업이 진행되었다. 80년대 중반 피부미용 전문 제품이 수입되었다.

02 ②

식물성으로는 파파인, 브로멜린, 라이스브랜 등을 사용하고, 동물성으로는 펩신, 트립신, 판크레아틴이 있으나 최근에는 거의 사용하지 않는다.

03 ④

- 콜라겐, 레티놀, 아보카도 오일, 올리브 오일 : 건성, 노화 피부
- 위치하젤 : 진정, 보습 작용

04 ③

피부 진단과 관리를 할 수 있는 직접 조명과 휴식과 안정을 취할 수 있도록 간접 조명을 적절히 사용해야 한다.

05 ③

과색소 피부는 피부 염증 반응 후에 멜라닌 색소의 침착이 증가하여 생기는 질환이다.

06 ③

늘어지고 탄력 없는 피부에 효과적인 것은 매뉴얼 테크닉이다.

07 ③

우드 램프는 자외선을 이용한 피부 분석기로 피부의 상태를 다양한 색으로 나타낸다. 정확한 피부 측정을 우드 램프는 세안 후에 적용한다.

08 ④

강하게 문질러 닦으면 피부에 자극을 주므로 주의해야 한다. 메이크업이 진할 경우 세정이 우수한 제품을 사용하여 부드럽게 문질러 닦아낸다.

09 ④

- 물리적 딥클렌징 : 고마쥐, 스크럽
- 화학적 딥클렌징 : 효소, A.H.A

10 ③

콜라겐 벨벳 마스크는 수분공급능력이 뛰어나고 진정 작용이 탁월하여 모든 피부 타입에 적합하나, 건성, 노화 피부에 특히 효과적이다. 그러나 각질 제거 효과는 없다.

11 ②

머드팩은 피지 흡착과 건조 과정에서 모공 수렴 작용으로 지성 피부에 가장 효과적이다.

12 ③

족집게, 면도기, 왁스를 이용한 제모는 물리적 방법이고, 제모 크림은 화학적 방법이다.

13 ③

일반적으로 피부관리 마무리 과정에서 메이크업을 반드시 해야 하는 것은 아니다.

14 ②

클렌징 워터나 젤 타입은 유분이 많은 피부 타입에 잘 어울리고, 클렌징 오일이나 크림 타입은 건조한 피부 타입에 사용하기 적절하다.

15 ①

• 커핑(Cupping) : 손을 진공상태로 하여 두드리는 동작
• 해킹(Hacking) : 손등으로 두드리는 동작
• 태핑(Tapping) : 손가락으로 가볍게 두드리는 동작

16 ②

회전 동작은 엄지와 네 손가락을 둥글게 하여 엄지와 검지 부분의 안쪽 면을 피부에 닿게 하고 손목을 움직여 위로 올릴 때 압을 주는 것이다.

17 ③

피지선에서 피지분비가 적으면 건성 피부, 많으면 지성 피부, 적당할 경우 중성 피부이다.

18 ③

왁스는 털이 자라는 방향으로 바르고 반대방향으로 비스듬하게 해서 빠르게 떼어 낸다.

19 ②

기저층, 유극층은 약 70%, 과립층은 약 30%, 각질층은 약 15%이다.

20 ②

표피의 주성분으로는 케라틴 단백질 58%, 각질 세포 간 지질 11%, 천연보습인자 38%를 함유하고 있다. 콜라겐은 피부의 결합조직을 구성하는 주요 성분으로 진피 성분의 90%를 차지하고 있다.

21 ④

pH의 기준은 땀과 피지가 혼합되어 피부를 덮고 있는 피지막의 pH를 말한다.

22 ①

피부의 1㎠에는 통각 200여 개, 촉각 25여 개, 냉각 12여 개, 온각 2개가량이 존재한다.

23 ④

자외선은 무열광선으로 살균작용이 우수하여 자외선 소독기 등에도 쓰이며, 인체에 비타민 D를 형성하고 칼슘의 흡수율을 높여 뼈 건강에도 도움을 준다.

24 ③

• 비타민C : 수용성 비타민으로 미백 효과
• 비타민E : 세포 및 결합 조직의 조기 노화를 예방
• 비타민P : 모세혈관 강화 효과

25 ④

홍반은 열이나 직접적인 피부조직의 손상에 의해 발생하는 질환이다.

26 ④

광노화 현상으로는 진피의 두께가 두꺼워진다. 생리적 노화의 특징은 표피와 진피의 두께가 얇아지고 콜라겐과 엘라스틴이 감소하는 현상이 나타난다.

27 ④

테스토스테론, 안드로겐은 피지분비 촉진의 기능을 가지고 있다. 임신 초기에 분비되는 프로게스테론 호르몬의 영향으로 피지선을 자극하여 피지 분비량을 증가시킨다. 에스트로로겐은 피지 분비를 억제하는 기능을 한다.

28 ③

삼차신경은 제5뇌신경으로 얼굴, 피부, 턱, 혀에 분포하고 저작작용에 관여한다.

29 ②

세포막을 통한 물질의 이동 기전 능동수송과 수동수송이 있다. 능동수송으로는 음세포 작용과 식세포 작용이 있고 수동수송은 확산, 여과, 삼투 작용이 있다.

30 ③

골막은 뼈를 덮는 막으로 뼈의 굵기 성장이 이루어지고, 길이 성장은 골단의 성장판에서 일어난다.

31 ③

두부의 근육은 안면근과 저작근으로 나눌 수 있다. 저작근은 씹는 작용을 하는 근육으로 교근, 측두근, 내측익돌근, 외측익돌근이 있다.

32 ②

백혈구는 인체 내부에 침입한 세균 등을 제거하여 감염을 조절하고 항체를 생산한다.

33 ②

- 칼시토닌 : 혈액 내 칼슘농도를 감소시킨다.
- 글루카곤 : 췌장에서 분비되며 혈당을 높인다.
- 티록신 : 갑상선호르몬으로 세포의 대사율을 조절한다.

34 ①

가장 재생력이 강한 장기인 간에서는 담즙(쓸개즙)을 생산, 분비한다.

35 ④

- 고체 : 분자가 서로 들러붙어 있는 상태의 물질
- 액체 : 온도에 의해 분자가 서로 붙지 못하고 떨어지는 상태의 물질
- 기체 : 온도상승으로 분자들 사이에 서로 당기는 힘을 박차고 튀어나오는 상태의 물질

36 ①

- 감응전류 : 시간의 흐름에 따라 극성과 크기가 비대칭으로 변하는 전류
- 정현파전류 : 시간의 흐름에 따라 방향과 크기가 대칭적으로 변하는 전류
- 격동전류 : 전류의 세기가 순간적으로 강했다가 약했다 하는 전류

37 ②

구분	설명
암페어(A)	전류의 세기(전류의 크기)
도체	전류가 잘 통하는 물질(금속이나 전해질 수용액처럼 저항이 작음)
주파수 (Hz, 헤르츠)	1초 동안 반복하는 진동의 횟수
전압(V, 볼트)	회로에서 전류를 생산하는 데 필요한 압력, 전압계로 측정한다.
전력(W)	일정 시간 동안 사용된 전류의 양
퓨즈	전선에 전류가 과하게 흐르는 것을 방지하는 장치

38 ③

피부 상태	반응 색상
정상 피부	청백색
건성, 수분 부족 피부	밝은 보라색
민감성, 모세혈관 확장 피부	짙은 보라색
피지, 면포, 지루성	오렌지색
노화된 각질	흰색
색소 침착 부위	암갈색
비립종	노란색
먼지 등 이물질	반짝이는 형광색

39 ③

양극(+) 효과	음극(-) 효과
산성반응	알칼리성 반응
신경자극감소	신경자극 증가
조직을 단단하게 함	조직을 부드럽게 함
혈관 수축	혈관 확장
수렴 효과	세정 효과
염증 감소	피지 용해
통증 감소	통증 증가
진정	

40 ②

- 저주파기 : 지방, 셀룰라이트 분해, 림프 배농, 1~1,000Hz 전류
- 고주파기 : 열 효과, 혈관확장, 신진대사, 세포기능증진, 비만, 셀룰라이트 관리, 100,000Hz 이상의 교류
- 엔더몰로지기 : 물리적 자극으로 혈액, 림프순환을 촉진

41 ①

안전성은 피부에 대한 자극, 알레르기, 독성이 없는 것이다.

42 ②

전신 화장품은 바디클렌저, 바디오일 등의 제품이 있으며 신체보호와 체취 억제의 목적으로 사용된다.

43 ③

쪽성 계면활성제는 세정 작용이 있으며 피부 자극이 적어 저자극 샴푸, 베이비 샴푸 등에 사용된다.

44 ②

계면활성제의 3대 작용으로는 가용화, 유화, 분산이 있다.
• 가용화 : 물에 소량의 오일 성분이 계면활성제에 의해 투명하게 용해되는 현상으로 화장수, 에센스 등이 있다.
• 유화 : 물에 오일 성분이 계면활성제에 의해 우윳빛으로 백탁화 된 상태를 말하며 로션, 크림 등이 있다.
• 분산 : 안료 등의 고체 입자를 액체 속에 균일하게 혼합시키는 것을 말하며 파우더, 아이섀도 등이 있다.

45 ②

물리적 차단(미네랄 필터)은 자외선을 반사해 주고, 피부가 하얗게 보일 수 있고, 색상은 불투명하고, 피부에 자극을 주지 않고, 메이크업에 밀릴 수 있고, 이산화티탄, 산화아연 등이 있다. 색상이 투명한 것은 화학적 차단제(케미컬 필터)의 특징이다.

46 ②

안전성을 위해 사전에 패치 테스트를 시행하고 감귤류 사용 시에는 햇빛을 피하고 특히 눈, 입술, 질, 항문 등 점막 부위는 사용 시 주의한다.

47 ①

방취 화장품
• 피부 상재균의 증식을 억제하는 항균 기능을 한다.
• 발생한 체취를 억제하는 기능을 한다.
• 주로 겨드랑이 부위에 사용하는 제품이다.
• 데오드란트 로션, 파우더, 스프레이, 스틱 등이 있다.
• 핸드 새니타이저은 물을 사용하지 않고 직접 바르는 것으로 피부 청결 및 소독 효과가 있다.
• 비누는 대부분 알칼리 작용으로 피부에 있는 노폐물을 제거한다.

48 ②

질병 예방수준
① 1차 예방 : 질병 발생 전 단계, 예방법 : 건강 관리, 예방 접종, 환경 개선 등
② 2차 예방 : 질병 감염 단계, 예방법 : 건강 검진, 조기 검진, 악화 방지 및 치료 등
③ 3차 예방 : 불구 예방 단계, 예방법 : 재활, 사회 복귀 등

49 ②

종형은 선진국으로 도입하기 전인 개발도상국에 속하는 인구 피라미드다.

50 ④

병원체의 종류
• 세균 : 결핵, 성홍열, 디프테리아, 백일해, 장티푸스, 파라티푸스, 콜레라, 세균성 이질, 페스트, 매독, 임질, 파상열, 나병, 수막구균성수막염
• 바이러스 : 홍역, 폴리오, 유행성이하선염, 일본뇌염, 광견병, 전염성간염, 두창, AIDS

51 ①

수인성전염병(소화기계전염병)의 종류 : 장티푸스, 콜레라, 세균성 이질, 유행성간염(A형 간염), 파라티푸스, 폴리오

52 ④

절족동물	질병
모기	말라리아, 사상충, 일본뇌염, 황열
이	뎅구열, 발진티푸스, 재귀열
진드기	발진열, 재귀열, 록키산홍반열, 야토병
파리	참호열, 쯔쯔가무시병
벼룩	흑사병, 수면병

53 ②

미생물의 성장과 사멸에 영향을 주는 요소는 영양원, 온도, 산소농도, 수분, 빛의 세기, 삼투압, pH 등이다.

54 ②

중자외선을 도르너선(Dorno-ray)이라 한다.

55 ②

오염된 상태
- 암모니아성 질소 검출 : 유기물질에 오염된 지 얼마 되지 않은 것을 의미
- 과망간산칼륨 검출 : 유기물 산화 시 소비, 수중 유기물을 간접적으로 추정
- 대장균군 검출 : 수질오염의 지표로 사용

56 ②

미생물의 크기 : 곰팡이 > 효모 > 세균 > 리케치아 > 바이러스

57 ①

양이온계면활성제는 역성 비누액으로 이·미용업소에 널리 이용되고 있다.

58 ②

미용사의 업무 범위 중 영업소 외의 장소에서는 행할 수 없다. 다만, 보건복지부령이 정하는 특별한 사유가 있는 경우에는 제외된다.

59 ③

200만 원 이하 과태료
- 미용업소의 위생관리 의무를 위반한 자
- 영업소 외의 장소에서 미용 업무를 행한 자
- 위생교육을 받지 않은 자

60 ①

신고를 하지 아니하고 영업장의 소재지를 변경한 때는 바로 영업장 폐쇄 명령을 한다.

피부미용사
필기시험에 미치다

2017. 1. 10. 초 판 1쇄 발행
2018. 1. 5. 개정 1판 1쇄 발행
2019. 1. 7. 개정 2판 1쇄 발행
2019. 3. 22. 개정 2판 2쇄 발행
2020. 1. 6. 개정 3판 1쇄 발행
2021. 1. 7. 개정 4판 1쇄 발행

지은이 | 허은영, 박해련, 김경미
펴낸이 | 이종춘
펴낸곳 | BM (주)도서출판 성안당
주소 | 04032 서울시 마포구 양화로 127 첨단빌딩 3층(출판기획 R&D 센터)
　　　 | 10881 경기도 파주시 문발로 112 파주 출판 문화도시(제작 및 물류)
전화 | 02) 3142-0036
　　　 | 031) 950-6300
팩스 | 031) 955-0510
등록 | 1973. 2. 1. 제406-2005-000046호
출판사 홈페이지 | www.cyber.co.kr
ISBN | 978-89-315-9068-5 (13590)
정가 | 27,000원

이 책을 만든 사람들
책임 | 최옥현
기획·진행 | 박남균
교정·교열 | 디엔터
내지 디자인 | 박원석, 디엔터
표지 디자인 | 박원석, 디엔터
홍보 | 김계향, 유미나
국제부 | 이선민, 조혜란, 김혜숙
마케팅 | 구본철, 차정욱, 나진호, 이동후, 강호묵
마케팅 지원 | 장상범, 조광환
제작 | 김유석

이 책의 어느 부분도 저작권자나 BM (주)도서출판 성안당 발행인의 승인 문서 없이 일부 또는 전부를 사진 복사나 디스크 복사 및 기타 정보 재생 시스템을 비롯하여 현재 알려지거나 향후 발명될 어떤 전기적, 기계적 또는 다른 수단을 통해 복사하거나 재생하거나 이용할 수 없음.

■ **도서 A/S 안내**

성안당에서 발행하는 모든 도서는 저자와 출판사, 그리고 독자가 함께 만들어 나갑니다.
좋은 책을 펴내기 위해 많은 노력을 기울이고 있습니다. 혹시라도 내용상의 오류나 오탈자 등이
발견되면 **"좋은 책은 나라의 보배"**로서 우리 모두가 함께 만들어 간다는 마음으로 연락주시기
바랍니다. 수정 보완하여 더 나은 책이 되도록 최선을 다하겠습니다.
성안당은 늘 독자 여러분들의 소중한 의견을 기다리고 있습니다. 좋은 의견을 보내주시는 분께는
성안당 쇼핑몰의 포인트(3,000포인트)를 적립해 드립니다.
잘못 만들어진 책이나 부록 등이 파손된 경우에는 교환해 드립니다.

국가기술자격 미용사(일반) 필기시험 합격률 31.6%!
(2018년 한국산업인력공단 국가기술자격통계)

" 이제 지난 기출문제(정시시험)만으로는 합격할 수 없습니다! "

2018~2020 미용 분야 베스트 도서
2021 최신개정판
미용 관련 학교·학원 지정 교재

미용사 일반
필기시험 에
美 미치다
(美: 아름다울 미)

CBT 상시시험 대비 합격 수험서!

☑ CBT 상시시험 완벽 대비 최근 상시시험 복원문제와 적중문제 전격 수록!

☑ NCS 학습모듈, 개정교육과정, 기출문제를 철저하게 분석 체계화한 핵심이론!

☑ 수험자들이 가장 어려워하는 공중보건위 생법 및 문제 중점 강화!

☑ 출제 빈도가 높은 기출문제 엄선 수록!

한국미용교과교육과정연구회 지음
586쪽 ┃ 25,000원

족집게 강의

+

OX 합격노트

최근 국가기술자격 CBT 상시시험 합격을 위한 최선의 선택·최고의 교재!

출제기준을 완벽하게 반영한 미용사(일반)분야
표준도서

출제 경향을 분석 상시시험을 완벽 복원.수록한
맞춤도서

합격을 위해 필요한 모든 것을 제공하는
알찬도서

NCS 기반 '헤어 미용' 학습모듈을 완벽 적용한
앞선도서

美친 적중률
美친 합격률
美친 만족도

최고의 국가자격시험 수험서를 제대로
만들고 싶어하는 성안당의 마음입니다

미용사 일반
실기시험 에
美 미치다

(美: 아름다울 미)

미용사(일반) 분야 베스트셀러

☑ 한국산업인력공단 최근 출제기준을 100%
   반영한 합격 수험서!

☑ NCS기반 과정형 평가 완벽 대비 수험서!

☑ 공신력 있는 저자진의 실전 노하우가 녹아
   있는 수험서!

☑ 실기 과제별 상세 이미지와 자세한 설명이
   있는 수험서!

한국미용교과교육과정연구회 지음
328쪽 l 23,000원

국가자격시험 출제위원과 NCS 개발위원의 열과 성이 담긴 합격 보장 수험서!

출제기준을 완벽하게
반영한 국가자격시험
표준도서

최신 경향에 따라
빠르게 개정하는
수험자 **맞춤도서**

합격을 위한 모든 것을
알차게 담은
알찬도서

NCS 기반
과정형 평가사항을
반영한 **앞선도서**

美친 적중률
美친 합격률
美친 만족도

최고의 국가자격시험 수험서를 제대로
만들고 싶어하는 성안당의 마음입니다

최근 국가기술자격 CBT 상시시험 합격을 위한 최선의 선택·최고의 교재

미용사 일반
필기시험 최종마무리

☑ 출제경향을 바탕으로 정리한 꼭 필요한 알
짜배기 핵심이론 수록!

☑ 정확하고 자세한 설명과 함께하는 기출문
제 풀이 10회 제공!

☑ CBT 완벽 대비 상시시험 복원문제 및 적
중문제 전격 수록!

☑ 저자가 직접 풀이해주는 상시시험 적중문
제 동영상 강의 제공!

한국미용교과교육과정연구회 지음
8절 | 170쪽 | 15,000원

상시시험 문제풀이

최근 국가기술자격 CBT 상시시험 합격을 위한 최선의 선택·최고의 교재!

필기부터 실기까지
완벽하게 대비하는
합격 수험서

최근 출제 경향에 따라
연구 · 개정하는
최신 수험서

합격을 위한
모든 것을 제공하는
알찬 수험서

출제기준을 철저하게
분석 및 체계화한
표준 수험서

美친 적중률
美친 합격률
美친 만족도

최고의 국가자격시험 수험서를 제대로
만들고 싶어하는 성안당의 마음입니다

합격보장 ✔

MAKE UP ARTIST

미용사 메이크업 필기

2017~2020수험서(미용)분야 베스트 도서
2021 최신개정판
미용 관련 학교·학원 지정 교재

4년 연속 최고 적중률·합격률 달성!
CBT(컴퓨터기반테스트) 상시시험 완벽대비서!!

☑ 2016~2019년 시행 기출문제 완벽 분석 & 수록!

☑ 기출문제 분석에 따른 핵심이론 및 적중문제 전면 보강!

☑ 가장 까다롭고 어려운 '공중보건' 분야 전면 집중 보강!

☑ 국가직무능력표준(NCS) 기반 메이크업 학습 모듈 완벽 적용!

 사단법인한국메이크업미용사회
KOREA MAKE-UP CENTRAL ASSOCIATION

곽지은·박효원·유한나·조애라·홍은주 지음 | 400쪽 | 20,000원

공신력 있는 (사)한국메이크업미용사회

교수자문위원과 성안당이 제대로 만든 최고의 교재가
예비 메이크업 아티스트를 응원합니다!

美친 적중률
美친 합격률
美친 만족도

최고의 국가자격시험 수험서를 제대로
만들고 싶어하는 성안당의 마음입니다

MAKE UP ARTIST

합격보장
✓ 미용사
메이크업 실기

국가기술자격 상시시험
합격을 위한 최고의 선택!

2021 최신개정판

☑ 공신력 있는 (사)한국메이크업미용사회
교수자문위원이 만든 표준 수험서

☑ 실기 과제별 상세한 과정컷과 자세하고
정확한 설명이 있는 알찬 수험서

☑ 국가자격시험에 국가직무능력표준(NCS)을
완벽하게 접목한 앞선 수험서

사단법인한국메이크업미용사회
KOREA MAKE-UP CENTRAL ASSOCIATION

박효원·유한나·진현용 지음 ㅣ 216쪽 ㅣ 22,000원

4년(2016-2019년) 연속 **미용사 메이크업 필기·실기 분야 베스트 도서**가 되기까지
보내주신 수많은 관심에 깊이 감사드립니다.
앞으로도 최고의 국가자격시험 수험서를 제대로 만들고 싶어하는 성안당의 마음으로
美친 적중률·합격률·만족도를 드리도록 하겠습니다!

美친 적중률
美친 합격률
美친 만족도

최고의 국가자격시험 수험서를 제대로 만들고 싶어하는 성안당의 마음입니다

CBT 상시시험 대비! 합격을 위한 유일무이한 교재

피부미용사 필기시험 에 美 미치다
(美: 아름다울 미)

2018~2020 미용 분야 베스트 도서
2021 최신개정판
미용 관련 학교·학원 지정 교재

☑ 기출·상시시험문제를 완벽 분석 체계화한 출제경향과 핵심이론

☑ 합격을 좌우하는 공중위생관리학 이론 및 문제 완벽 보강

☑ 단원별 학습 수준을 확인하는 실전예상문제

☑ CBT 상시시험 대비 기출문제 복원 및 적중 문제 전격 수록

☑ 족집게 적중노트와 저자 직강 동영상 제공

허은영·박해련·김경미 지음
본책 530쪽 & 적중노트 72쪽 | 27,000원

족집게 강의 + 족집게 적중노트

기출문제와 상시문제를 철저하게 분석하여 만든 피부미용사 국가자격시험 필독서!!

| 수험생의 고충을 헤아린 빈틈없는 구성 | CBT 상시시험에 대한 완벽한 대비 | 공중위생관리학 이론 및 문제 철저한 대비 | 족집게 적중노트와 동영상 강의 특별 제공 |

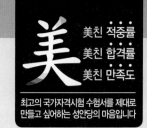

美친 적중률
美친 합격률
美친 만족도

최고의 국가자격시험 수험서를 제대로
만들고 싶어하는 성안당의 마음입니다

국가자격시험에 국가직무능력표준(NCS)을 완벽하게 접목시킨 최고의 교재

피부미용사
실기시험 에
美 미치다
(美: 아름다울 미)

2018~2020 미용 분야 베스트 도서
2021
최신개정판
미용 관련 학교·학원 지정 교재

☑ 정확한 동작 숙지를 위한 풍부한 과정 사진과
   자세한 설명 수록

☑ 짧은 과제 시간 내에 작업을 마칠 수 있는
   시간 배분표 제공

☑ 과제별 유의사항, 유용한 팁 및 감독위원
   평가 항목 수록

☑ NCS 추가 실습자료(등·복부 관리/피부미용
   기구·화장품) 수록

허은영·박해련·김경미 지음
본책 280쪽 | 23,000원

한국산업인력공단 최근 출제기준을 100% 분석·반영한 합격 보장서!

출제기준의
철저한 분석으로
합격 보장!

놓치기 쉬운
감점요인까지
꼼꼼한 대비!

공신력 있는
저자들의
실전 노하우

NCS 과정형
학습 대비
현장 응용 실습서!

美친 적중률
美친 합격률
美친 만족도

최고의 국가자격시험 수험서를 제대로
만들고 싶어하는 성안당의 마음입니다

2018~2020 미용 분야 베스트 도서
2021
최신개정판
미용 관련 학교·학원 지정 교재

미용사 네일
필기시험에
美 미치다
(美: 아름다울 미)

국가직무능력표준(NCS) 기반
네일미용 학습모듈 완벽 적용!

☑ 기출 분석에 따른 핵심이론 및 예상적중
문제

☑ 완벽 분석·해설한 기출문제(2014~
2019년)

☑ CBT 상시시험 완벽 대비 CBT 기출복원
문제

☑ 자격시험 최종 합격을 위한 CBT 실전
모의고사

정은영·박효원·김기나·김문경 지음
424쪽 | 23,000원

4년(2016-2019년) 연속 **미용사 네일 필기·실기 분야 베스트 도서**가 되기까지

보내주신 수많은 관심에 깊이 감사드립니다.

앞으로도 ㈜성안당과 네일 분야 전문강사들은 국내 최고의 수험서로 美친 합격률·적중률
·만족도를 만들어 갈 것을 약속하겠습니다!

美친 적중률
美친 합격률
美친 만족도

최고의 국가자격시험 수험서를 제대로
만들고 싶어하는 성안당의 마음입니다

피부미용사
필기시험 에
美 미치다
(美: 아름다울 미)

족집게
적중노트

허은영 · 박해련 · 김경미 지음

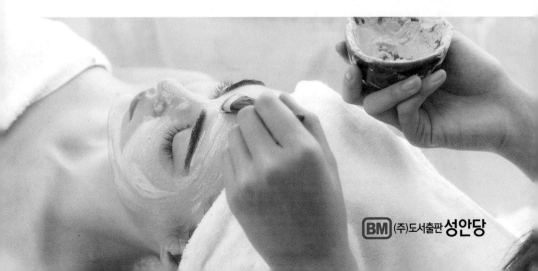

BM (주)도서출판 성안당

족집게 적중노트 무료 동영상 강의 이용방법

PC 이용방법

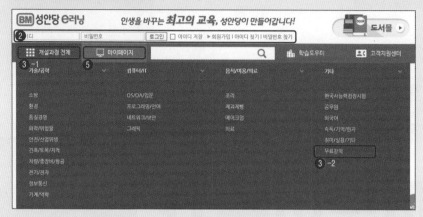

❶ 성안당 e러닝(bm.cyber.co.kr) 홈페이지 접속
❷ 회원가입 후 로그인
❸ 개설과정에서 "기타 〉무료강의" 클릭
❹ "[무료강좌] 피부미용사 필기시험 족집게 적중노트" 클릭
❺ 구매하기 클릭 후 무료강의 쿠폰번호 등록하기
❻ 등록한 쿠폰 선택 후 결제하기
❼ 마이페이지에서 동영상 강의 수강

모바일 이용방법

QR 코드를 이용하시면
모바일로 동영상 강의를
빠르고 편리하게 수강할
수 있습니다.

❶ QR 코드를 이용하여 바로 동영상 강의로 접속
❷ "구매하기"를 클릭 후 로그인 페이지로 이동
❸ 회원가입 후 로그인
❹ 강좌 구입 후 마이페이지에서 동영상 강의 수강

※ 모바일 강의 수강 시 학습 장소의 네트워크 환경이 좋지 못할 경우 학습하실 강의를 미리 다운로드 받아
끊김 없이 학습을 진행하실 수 있는 강의 다운로드 기능이 있습니다.

제 **1** 강

피부미용이론
- 피부미용학 -

Chapter **01** **피부미용개론**

01 피부미용 개념, 영역

① **손과 화장품, 기기를 이용**하여 피부를 분석하고 그에 맞는 관리를 함으로
써 미용상의 문제를 예방하고 **두피를 제외한 얼굴과 전신의 피부**를 건강
하고 아름답게 유지, 증진시키는 과정
② **화장품** : 주로 제품을 이용한 관리
③ 미용상의 문제(물리적 방법과 화학적 방법을 이용)를 예방
④ **영역** : 전신 관리, 눈썹정리, 제모, 외국에서는 주로 메니큐어, 페디큐어 관
리를 하고 있다. 레이저 필링, 문신(퍼머넌트), 니들, 분장, 화장 등을 이용
하여 개성을 연출하는 것은 피부미용의 영역이 아니다.

02 피부미용 역사(서양)

이집트 시대	고대 미용의 발상지이며, 종교적인 이유로 화장을 하였고 피부미용을 위해 천연재료를 사용함
그리스 시대	식이요법, 목욕, 운동, 마사지 등을 통해 건강한 신체를 만드는데 주력함
로마 시대	• 청결과 장식을 중요시하였고 향수, 오일, 화장이 생활의 필수품으로 등장함 • 갈렌 : 콜드 크림의 원조인 연고 제조
중세 시대	• 여러 약초를 끓인 물을 이용하여 얼굴에 스팀을 쐬는 스팀요법이 개발, 아로마의 시초가 됨 • 페스트 및 성병 등이 유행하면서 목욕탕이 폐쇄
근세 시대	• 청결 위생의 개념으로 진한 향수 생활화 • 독일의 훗페란트 : 클렌징 크림 제조, 마사지 권장 • 모발 관리하는 제품 유행
근대 시대(19세기)	위생과 청결이 중시되어 비누사용이 보편화 됨
현대	• 피부미용이 전문화되기 시작한 시기 • 전기 피부미용의 토대를 마련

03 피부미용 역사(우리나라)

고대	• 단군 신화에 나오는 마늘과 쑥 • 미백효과 : 쑥 달인 물로 목욕, 마늘은 찧어서 꿀에 섞어서 바름
삼국시대	• 고구려 : 수산리 고분 벽화의 귀부인 눈썹이 둥글고 가늘며, 　　　　　볼과 입술을 연지로 단장함 • 백제 : 자연스러운 화장 기술, 일본에 전해 줌 • 신라 : 팥, 녹두, 잿물로 만든 비누 사용 　　　　불교 영향으로 몸을 청결히 하고 향을 널리 사용함
고려시대	• 분대화장(창백해 보이는 화장법) : 기생들 사이에서 행해짐 • 어염집 여인과 기생들과의 차별화된 화장
조선시대	• 혼례 때 연지, 곤지 사용 • 백분, 연지, 머릿기름, 화장수 등 제조 판매 • 궁중 요법과 민간요법으로 화장법이 전래 • 규합총서에는 두발 형태와 화장법 등 미용에 관한 내용이 소개됨
근대 (일제시대)	• 박가분이 1922년 정식으로 제조 허가되었으나 이후 납 성분으로 금지됨 • 동동구리무 탄생(일제 시대 말)
현대	• 1981년 YWCA에서 독일의 피부미용 도입 • 1991년 전문대학 피부미용과 개설 • 화장품 산업의 확대

Chapter 02 　　피부 분석 및 상담

01 피부 분석의 목적

피부 분석의 목적은 피부의 문제점과 원인을 파악하여 올바른 관리가 이루어지기 위함이다. 고객의 사생활을 파악하고 고객에게 필요한 제품을 판매하기 위한 목적은 아니다.

02 고객카드 작성 시 기입내용

성명, 생년월일, 주소, 전화번호, 직업, 가족사항, 환경, 기호식품, 건강상태, 정신상태, 병력, 화장품, 취미, 특기사항 등을 작성하며, 재산 정도는 작성하지 않는다.

> **Check Point**
>
> 고객카드는 **매회 마다** 피부 관리 전에 고객의 피부 분석을 하여 기록하고 고객의 피부에 맞는 관리를 해야 한다.

Chapter **03** 클렌징

01 클렌징의 목적

① 피부의 노폐물, 메이크업 잔여물 제거
② 혈액순환 촉진 및 신진대사 원활
③ 피부의 호흡 원활, 건강한 피부 유지
④ 제품의 흡수 증가

02 클렌징제의 조건

① 메이크업 잔여물이나 먼지 등이 잘 지워져야 함
② 피부의 피지막, 산성막이 손상되지 않도록 피부 자극이 없어야 함
③ 피부 타입에 맞는 클렌징제를 선택해야 함

03 **클렌징제의 종류**

① 클렌징 로션

    ㉠ **친수성 에멀전(O/W) 상태**의 제품

    ㉡ 클렌징 크림에 비해 수분 함유량이 많다.

    ㉢ 옅은 화장을 지울 때 적합

    ㉣ 건성, 민감성, 노화 피부 타입에 적당

② 클렌징 크림

    ㉠ **친유성(W/O) 크림 상태**의 제품

    ㉡ 세정력이 우수하여 두꺼운 화장 시 사용

    ㉢ **이중세안**이 필요하다.

③ 클렌징 젤

    ㉠ 수성 타입은 지방성분 없이 세정력 우수

    ㉡ **오일 알레르기성 피부나 모공이 넓은 피부, 지성 피부에 효과적이다.**

④ 클렌징 오일

    ㉠ **물과 친화력이 있어 물에 쉽게 용해된다.**

    ㉡ 피부 자극 없이 사용

    ㉢ 모든 피부에 사용가능하며 **탈수 피부, 민감성 피부, 악건성 피부에 사용하면 효과적**이다.

⑤ 화장수

    ㉠ **사용목적**

        ⓐ 화장품 및 세안제의 잔여물을 제거하고 피부의 발란스를 유지

        ⓑ 수분을 공급하고 모공을 수축시킴

    ㉡ **종류**

        ⓐ **유연 화장수** : 메이크업 잔여물 제거와 피부결을 정돈

        ⓑ **수렴 화장수** : 각질층 수분 보충과 모공수축

        ⓒ **소염 화장수** : 수렴성분과 소염성분(살균, 소독), 지성 피부나 여드름 피부에 효과적

Chapter **04**　딥클렌징

01 딥클렌징의 목적

① 모공 속의 피지와 불순물의 제거
② 피부의 각질층 정돈, 피부 톤이 맑아짐
③ 영양 성분의 침투를 용이하게 함
④ 혈액순환을 촉진(혈색을 좋게 함)
⑤ 면포를 연화시킴

02 딥클렌징의 종류

① 엑스폴리에이션(Exfoliation)
② 효소 필링
③ 고마쥐
④ 스크럽
⑤ AHA
⑥ 디스인크러스테이션
⑦ 브러싱

03 딥클렌징 시술방법

① 스크럽(Scrub)
　㉠ 미세한 알갱이가 들어 있는 세안제로 피부의 죽은 각질을 제거
　㉡ 민감성 피부 타입에는 사용금지
　㉢ 과각화된 피부, 모공이 큰 피부, 면포성 여드름 피부에 적합

② **고마쥐(Gommage)**

　　㉠ 알갱이가 들어 있는 제품으로 바른 후 마르기 시작하면 손으로 밀어
　　　서 제거

　　㉡ **사용방법** : 손끝에 물을 묻혀 제거한 후 해면, 온습포 처리

③ **효소(Enzyme)** : 파파야 나무에서 추출한 단백질 분해 효소 파파인(Papain)
　성분으로 노화된 각질 제거하며, 시간, 온도, 습도가 중요함

④ **A.H.A(Alpha Hydroxy Acid)** : 주로 과일류에서 추출한 과일산으로 죽은
　각질세포를 제거하고 진피층의 콜라겐 생성을 촉진함

　　㉠ **대표 성분** : 글리콜산

　　㉡ **사용방법** : 용액을 볼에 덜어 면봉 또는 팩 붓을 이용하여 얼굴에 바른
　　　후 찬 해면, 냉습포 처리

Check Point

[A.H.A의 종류]

- 글리콜릭산(Glycolic Acid) : 사탕수수에서 추출, 가장 많이 사용됨
- 젖산(Lactic Acid, 락틱산) : 발효된 우유에서 추출
- 구연산(Citric Acid) : 레몬, 오렌지에서 추출
- 주석산(Tartar Acid) : 포도에서 추출

---

⑤ **전기세정(Disincrustation, 디스인크러스테이션)** : 갈바닉 전류를 이용한
　관리

⑥ **브러시(Frimator, 프리마톨)** : 브러시 솔이 각기 다른 속도로 회전하면서
　죽은 각질 및 노폐물을 제거

Chapter 05 피부 유형별 화장품 도포

01 피부 유형을 결정하는 요인

구분	건성 피부	중성 피부	지성 피부
모공크기	좁다	적당하다	넓다
피지분비	적다	적당하다	많다
피부결	곱다	적당하다	곱지 않다
각질층	얇고 잘 일어난다	보통이다	두껍다
수분증발	빠르다	적당하다	느리다
예민도	빠르다	적당하다	느리다
노화도	빠르다	적당하다	느리다

02 피부 유형별 효과적인 성분

① **민감성 피부(보습, 진정, 쿨링)** : 알란토인(컴프리뿌리에서 추출, 진정, 세포재생), 알로에베라 (보습, 진정), 비타민 B5(판토텐산)

② **여드름 피부** : 살리실산, AHA, 티트리, 설퍼(황), B.P(벤조일퍼옥사이드), 캄포

Chapter 06 매뉴얼 테크닉

01 목적 및 효과

① 혈액, 림프순환 촉진
② 피부 모세혈관 강화
③ **결체조직의 긴장과 탄력성 증가**
④ 세포재생을 도움
⑤ 심리적인 안정감
⑥ 화장품의 유효물질의 흡수를 도움
⑦ **내분비 기능에 도움**

02 종류 및 방법

① **쓰다듬기(경찰법, Effleurage)** : 혈액순환 및 근육이완, 피부 진정작용, 마사지의 시작과 마무리 적용
② **주무르기(유연법, 반죽하기, Patrissage)**
  ㉠ **롤링** : 나선형으로 굴리는 동작
  ㉡ **린징** : 양손을 이용하여 비틀듯이 행하는 동작
  ㉢ **처킹** : 피부를 가볍게 상하로 움직이는 동작
③ **문지르기(강찰법, Friction)** : 피부 신진대사 활성화, 네 손가락 끝부분이나 엄지손가락으로 원 그리기
④ **두드리기(고타법, Tapotment)** : 혈액순환 촉진, 신경을 자극하여 피부 탄력 증진
  ㉠ **태핑** : 손가락을 이용하여 두드리기
  ㉡ **슬래핑** : 손바닥을 이용하여 두드리기
  ㉢ **비팅** : 주먹을 가볍게 쥐고 두드리기
  ㉣ **커핑** : 손바닥을 오므린 상태로 두드리기

⑤ 진동법(떨기, 흔들기, Vibration) : 혈액순환 및 림프순환 촉진, 근육이완, 피부 탄력 증진

03 주의사항

① 매뉴얼 테크닉의 세기는 피부에 손을 밀착시켜 강약을 주면서 연결하여 시술(연결성)
② **5가지의 시술방법**(경찰법, 강찰법, 유연법, 고타법, 진동법)이 포함되도록 함
③ 속도는 너무 빠르지도 느리지도 않도록 적절한 리듬에 맞춰 실시(**속도와 리듬**)
④ 피부 상태에 따라 오일이나 크림을 사용하여 시술(유연성)
⑤ 관리사의 자세는 바른 자세를 유지하면서 체중(**체간**)을 실어서 관리(밀착감)
⑥ 동작은 **피부의 결 방향**

Chapter **07**　　**팩·마스크**

01 팩의 효과

① 피부신진대사 촉진
② 유효성분 공급
③ 피부청정 효과, 살균 효과
④ 수분 공급으로 진정 효과
⑤ 미백 효과
⑥ 각질 제거 효과

02 팩의 종류

① 워시 오프 타입(Wash off type) : 머드 팩, 클레이 팩, 점토 팩 등
② 필 오프 타입(Peel off type) : 모델링 마스크, 석고 마스크
③ 티슈 오프 타입(Tissue off type) : 크림 팩

03 특수 팩 시술 방법

① 석고 마스크
  ㉠ 발열 마스크로서 고영양물질들의 침투를 용이하게 하여 보습 효과를 높이고 필요한 열(40℃ 이상)을 10~15분 정도를 지속적으로 공급함
  ㉡ 재생, 리프팅 효과, 노화, 건성 피부에 효과적
  ㉢ 예민 피부에 적용을 금지하고, 폐쇄공포증 고객은 미리 체크함
② 모델링 마스크 : 홍반, 진정, 청정, 림프순환에 도움을 주며 모든 피부에 효과적임
③ 콜라겐 벨벳 마스크
  ㉠ 천연 용해성 콜라겐을 침투시키는데 **기포가 생기지 않도록** 한다.
  ㉡ **수분, 탄력, 재생력 증가** : 수분부족 건성 피부, 노화 피부, 예민 피부, 필링 후 재생 피부에 효과적
④ 파라핀 팩
  ㉠ 열과 오일이 모공을 열어주고 피부를 코팅하는 과정에서 발한 작용이 발생하는 마스크
  ㉡ 열에 의한 팩이므로 예민한 모세혈관 확장 피부에는 사용을 피함
⑤ 머드 마스크 : 지성 피부용으로 과도한 피지와 노폐물 흡착에 효과적

Chapter **08**	제모

01 일시적 제모의 특징

① 제모 하고자 하는 **털을 한 번에 제거하여 즉각적인 결과**를 가져옴
② 반복적인 시술을 하여야 깨끗하게 털이 제거됨
③ 제모 후 일정기간이 지나면 다시 털이 남
④ 영구적 제모에 비해 적은 비용이 드나 지속적으로 시술하여 제모를 해야 함

02 영구적 제모의 특징

① 시술시간이 길고 시술이 복잡함
② **통증을 수반**
③ 여러 번의 시술을 요함

03 일시적 제모의 종류

① **면도기를 이용한 제모** : 감염이나 염증을 일으킬 수 있으므로 면도 후 항염 물질의 연고를 바름
② **핀셋(족집게)을 이용한 제모**
③ **화학적 제모(크림 타입)** : 크림 타입을 도포하여 **털을 연화시켜 제거**하는 방법(모간부 제거)
④ **왁스를 이용한 제모** : 제모하기 적당한 털 길이는 1cm

온왁스 (warm wax)	소프트 왁스	• 화장수 또는 알콜 소독 • 탈컴 파우더 • 스파츌라(나무스틱)로 왁스가 녹았는지 온도 확인 • **털이 난 방향대로 왁스를 바름** • 머슬린천(부직포)을 대고 **털이 난 반대 방향으로 비스듬히 재빠르게 제거** • 남아 있는 털을 족집게를 이용해서 제거 • 진정용 화장수나 로션 바름
	하드 왁스	• 동전크기의 모양으로 왁스를 발라 겨드랑이, 인중 부위 제모 • 부직포 사용하지 않음
냉왁스 (cold wax)		상온에서 액체로 되어 있어 녹이지 않고 사용

04 영구적 제모의 종류

① **전기 분해술(전기침에 의한 제모)** : 전기를 이용하여 전류가 통하는 부분을 모근에 꽂아 순간적으로 털을 모근까지 제거하는 방법
② **전기 응고술** : 고주파를 사용하여 높은 열로 모근의 세포를 가열하여 응고시켜 털을 없애는 방법

Chapter 09 신체 각 부위(팔, 다리 등) 관리

01 전신 테라피

① **스웨디쉬** : 스웨덴 헨리 링에 의해 유럽인들의 체질에 맞도록 개발되어 일반적으로 사용되고 있는 테크닉
② **림프드레나지** : 덴마크 에밀보더에 의해 창안된 림프순환을 촉진시켜 노폐물의 배출을 돕는 기법

③ **타이 마사지** : 태국전통의술. 인체에는 에너지 통로인 "10개의 센"이 있는데 이 센을 자극하여 정체된 에너지를 해소해주는 마사지 기법

④ **아유르베다** : 인도의 전통의학으로 식물성 오일이나 에센셜 오일을 이용하는 마사지 기법

⑤ **스파테라피** : 수요법으로 다양한 방법이 사용되고, 일반적으로는 하이드로테라피라고 함

⑥ **탈라소테라피** : 해양성분과 해수를 이용한 마사지 기법

⑦ **스톤테라피** : 핫 스톤과 쿨 스톤을 이용한 마사지 기법

⑧ **아로마테라피** : 에센셜 오일이나 캐리어 오일을 이용하는 향기요법

제 **2** 강

피부미용이론
- 피부학 -

Chapter 01

피부와 부속기관

01 조직학적 구조

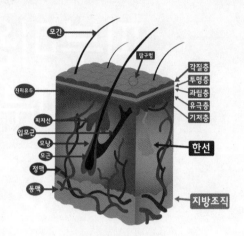

[피부 구조 단면도]

02 표피의 구조 및 기능

① 각질층
    ㉠ 각질과 지질로 구성되어 있음
        ⓐ **지질** : 수분 증발 억제, 유해 물질 침투 억제, 각질 간 접착제 역할
    ㉡ 각질층의 주성분
        ⓐ 천연 보습 인자(Natural Moisturizing Factor, NMF), 아미노산 주
           성분
        ⓑ 각질 세포간지질(세라마이드가 주성분)
    ㉢ **형성된 각질 세포 주기** : 28일(4주)
② 투명층
    ㉠ 엘라이딘(Elaidin)이라는 반유동성 단백질로 만들어짐 - 수분 침투를
        막는 역할

ⓛ 주로 손바닥, 발바닥에만 존재

③ **과립층**

　　㉠ 세포 파괴 시 케라토하이알린(Keratohyalin)이라는 과립 존재

　　ⓛ 죽은 세포와 살아 있는 세포가 공존

　　㉢ 수분 저지막(Rein membrane) 존재, 표피의 보호 역할 담당

④ **유극층**

　　㉠ 표피 중 가장 두꺼운 층

　　ⓛ 랑게르한스세포 존재(면역 기능 담당)

⑤ **기저층**

　　㉠ 각질형성세포(Keratinocyte, 케라티노사이트)와 멜라닌형성세포(Melanocyte,
　　　멜라노사이트)가 존재, 머켈세포(촉각세포) 존재

　　ⓛ 진피의 유두층과 붙어 있어 모세혈관을 통해 영양 공급

03 각질층의 라멜라 구조

① 각질층 사이에는 세포간지질 성분이 존재

② **지질성분** : 세라마이드(Ceramides 50%), 지방산 30%, 콜레스테롤 5%

③ **기능** : 수분 증발 억제, 유해물질 침투 억제, 각질층 사이를 단단하게 결합

④ 층상의 라멜라 구조로 존재

⑤ 세라마이드가 감소 시 → 라멜라 액정구조의 약화 → 피부 보호막의 약화
　초래

⑥ **대표적인 피부** : 민감성 피부, 건조 피부, 아토피 피부

04 진피의 구조 및 기능

① **유두층**

　　㉠ 표피에 영양공급, 산소운반, 신경 전달

　　ⓛ 피부의 팽창과 탄력에 관여

　　㉢ 모세혈관, 신경종말, 림프관이 분포

② 망상층

　　㉠ 진피의 대부분을 차지

　　㉡ 콜라겐과 엘라스틴이 풍부하게 함유

　　㉢ 한선, 입모근, 피지선, 모낭 등이 존재

③ 진피의 구성성분

　　㉠ 교원섬유(Collagen fiber)

　　㉡ 탄력섬유(Elastic fiber)

　　㉢ 기질성분(Ground substance)

05 피부의 부속기관

① 피지막

　　㉠ 피지와 땀으로 이루어짐

　　㉡ 세균 살균 효과, 유중수형 상태(W/O, 기름 속에 수분이 일부 섞인 상태), 수분 증발을 막아 수분 조절 역할

　　㉢ 피부의 pH 5.5(5.2~5.8)

② **피지선** : 독립피지선, 무피지선

③ **한선(땀샘)**

소한선 (에크린선)	일반적인 땀을 분비하는 기관
대한선 (아포크린선)	• 모공을 통해 분비, 특유의 짙은 체취 • 사춘기 이후 발달 • 흑인, 백인, 동양인 순으로 체취가 발생하며, 체취가 남성보다 여성이 심하다

Chapter 02	피부와 영양

01 지용성 비타민

비타민 A(레티놀)	• 항산화 작용 • 레티노이드는 비타민 A를 통칭하는 용어 • 비타민 A 결핍 : 피부가 건조해지고 거칠어지며, 야맹증, 피부 건조증, 안구 건조증, 각화증, 여드름, 잔주름 등의 원인
비타민 D	• **체내에서 합성되지 않고 자외선을 받아야 생성** • 결핍 시에는 구루병(유아), 골연화증(성인), 골다공증(폐경기 이후) 발생
비타민 E(토코페롤)	항산화 작용, 노화 지연
비타민 K (항출혈성 비타민)	• 비타민 P와 함께 모세혈관의 벽을 튼튼하게 함 • 피부염과 습진에 효과적

02 수용성 비타민

비타민 B1(티아민)	민감성 피부에 면역력 증가
비타민 B2(리보플라빈)	결핍 시에는 구순구각염 발생
비타민 P (바이오플라보노이드)	모세혈관을 강화하여 출혈을 방지
비타민 C(아스코르브산)	• 피부의 과색소 침착 방지, 미백 작용 • 콜라겐(교원섬유), 히알루론산 합성

03 비타민 결핍증

① 비타민 A : 야맹증　　　　② 비타민 B1 : 각기병

③ 비타민 C : 괴혈병　　　　④ 비타민 D : 구루병

Chapter 03 피부 장애와 질환

01 원발진과 속발진

① **원발진** : 피부에 1차적으로 나타나는 장애

반점	만져지지 않으며 주변 피부와 경계를 지을 수 있는 색이 다른 병변
홍반	모세혈관의 확장과 염증성 충혈에 의해 발생되는 편평하거나 둥글게 솟아오른 붉은 얼룩
소수포	직경 1cm 미만의 맑은 액체가 포함된 수포
대수포	소수포보다 큰 병변으로 액체 성분을 함유한 1cm 이상의 수포
팽진	담마진(두드러기)
여드름	블랙헤드, 화이트헤드, 구진, 농포, 결절, 낭종

② **속발진** : 원발진에서 더 진전되어 생기는 증상

미란	만져지지 않으며 주변 피부와 경계를 지을 수 있는 색이 다른 병변
태선화	담마진(두드러기)
반흔	블랙헤드, 화이트헤드, 구진, 농포, 결절, 낭종

02 피부 질환

① **열에 의한 피부 질환**

　㉠ **화상(Burn)**

　　ⓐ **1도 화상** : 표피층에만 손상을 입는 홍반성 화상으로, 부종, 통증을 수반함

　　ⓑ **2도 화상 : 홍반, 부종, 통증과 수포가 발생하는 화상**

　　ⓒ **3도 화상** : 표피, 진피, 피하 지방층의 일부까지 손상되는 괴사성

화상

ⓓ **4도 화상** : 피부가 괴사되어 피하의 근육, 힘줄, 신경, 골 조직까지 손상

ⓛ **한랭에 의한 피부 질환**

ⓐ **동상** : 영하의 기온에 피부가 노출되면 피부 조직이 얼어 국소적으로 혈액 공급이 안 되거나 감소되어 조직에 괴저가 발생된 상태

ⓑ **동창** : 가벼운 추위에 장시간 노출 시에 혈관이 마비되어 걸리며, 사지의 말단이나 코, 귀 등에 나타나는 가장 가벼운 증상

ⓒ **한진** : 땀띠라고 함. 한관이 막혀서 땀의 배출이 원활하지 않고 축적되어 발생

② **물리적(기계적) 손상에 의한 피부 질환**

㉠ **굳은살** : 반복되는 자극으로 피부 표면의 각질층이 부분적으로 두꺼워지는 과각화증

㉡ **티눈** : 마찰과 압력에 의해 각질층이 두껍고 딱딱해지는 각화가 심하고 중심부에 핵이 있음

㉢ **욕창** : 지속적인 압력을 받는 부위의 피부, 피하지방, 근육이 괴사되는 현상을 말하며 주로 움직이지 못하는 환자에게 잘 발생함

③ **색소질환(기미)**

㉠ 연한 갈색 또는 흑갈색의 다양한 크기와 불규칙적인 형태로 좌우 대칭적으로 발생

㉡ 선탠기에 의해서도 기미가 생길 수 있으며, 경계가 명확한 갈색점으로 나타남

㉢ 30~40대 중년 여성에게 잘 나타나고 재발이 잘 됨

④ **감염성 피부 질환**

㉠ **세균성 피부 질환**

ⓐ 모낭염(Folliculitis)

ⓑ 전염성 농가진(Contagious impetigo)

ⓒ 절종(종기, Furuncle)과 옹종(Carbuncle)

ⓓ 봉소염(Cellulitis)

ⓛ 바이러스 감염증(Viral dermatosis)

　ⓐ **단순 포진** : 헤르페스

　ⓑ **대상 포진**

　ⓒ **수두**

　ⓓ **편평사마귀**

　ⓔ **수족구염** : 주로 소아에게 발생하며 손, 발, 입에 수포와 구진의 발
　　진이 발생

　ⓕ **홍역**(Measles)

　ⓖ **풍진**(German measles, Rubella)

ⓒ **진균성 피부 질환(Dermatomycosis, 곰팡이=사상균)**

　ⓐ **족부백선(무좀)**

　ⓑ **조갑백선** : 손톱이나 발톱에 피부 사상균이 침입하여 병을 일으키
　　는 것

　ⓒ **두부백선** : 머리 밑에 피부 사상균이 침입하여 일어나는 피부병

Chapter 04　　**피부와 광선**

01　자외선(무열선, 화학선, 살균 효과)

① UV-A(장파장, 320~400nm)

　㉠ 실내 유리창을 통과, 진피층까지 도달(주름을 형성시킴)

　㉡ 선탠(Suntan)이 발생하며 즉시 색소 침착

② UV-B(중파장, 290~320nm)

　㉠ 기저층 또는 진피의 상부까지 도달

　㉡ 선번(Sunburn, 일광 화상)이 발생

③ UV-C(단파장, 200~290nm)

　　㉠ 대기권의 오존층에 의해 흡수됨

　　㉡ 바이러스나 박테리아를 죽이는데 효과적

　　㉢ 피부암 유발

02 적외선(열선)

① 셀룰라이트 예방 관리에 효과적

② 피부 노폐물 배출

③ **유효성분 침투**

④ **근육이완**

Chapter **05**　　피부 노화

구분	내인성 노화	광노화
표피	• 표피 두께가 얇아짐(각질층 두께의 감소) • 색소 침착 유발 • 피부 면역력의 감소(랑게르한스세포 감소)	• 표피 두께가 두꺼워짐 • 색소 침착의 증가 • 피부암 발생
진피	• 진피의 두께가 얇아짐 • 콜라겐, 엘라스틴의 감소 • 혈액순환 감소	• 진피 두께가 두꺼워짐 • 콜라겐 변성과 파괴

Check Point

[SOD(Super Oxide Dismutase)]

활성산소 억제 효소로 항노화 작용을 한다.

제**3**강

해부생리학

Chapter 01 세포와 조직

01 세포막의 물질이동 기전

① **수동적 수송** : 에너지가 필요하지 않음(확산, 여과, 삼투)
　㉠ **확산** : 고농도에서 저농도로 물질 이동
　㉡ **삼투** : 선택적 투과성 막을 통과하는 물의 확산
　㉢ **여과** : 압력이 높은 곳에서 낮은 곳으로 물과 용해 물질의 이동
② **능동적 수송** : 에너지가 필요함

02 세포 소기관

① **미토콘드리아**(사립체) : 세포 내 호흡 생리 담당, ATP(에너지)생산(이화 작용과 동화 작용에 의해 에너지 생산), 세포의 발전소
② **리보솜** : 단백질 합성작용
③ **소포체**
　㉠ **조면 형질내세망(조면 소포체)** : 리보솜 함유. 리보솜에서 합성된 단백질을 모아서 세포 내·외로 수송
　㉡ **골면 형질내세망(활면 소포체)** : 리보솜 없음(무과립). 지방, 인지질, 내분비계의 스테로이드 호르몬의 합성, 콜레스테롤의 대사 및 간에서 해독 작용, 위벽에서 HCL을 분비함
④ **골지체** : 리보솜에서 합성된 단백질을 우리 인체에 맞게 마무리, 포장하는 곳
⑤ **리소좀(용해소체)** : 자가 용해(노폐물과 이물질을 처리하는 역할)

| Chapter **02** | 뼈대(골격)계통 |

01 골격의 형태 및 발생

① **골의 형태**
- ㉠ **장골**(긴뼈) : 상완골, 요골, 척골, 대퇴골, 경골, 비골
- ㉡ **단골**(짧은뼈) : 수근골, 족근골
- ㉢ **편평골**(납작뼈) : 두정골, 흉골, 늑골, 견갑골
- ㉣ **종지골**(종지뼈) : 슬개골(무릎뼈)
- ㉤ **함기골** : 얼굴에 존재, 공기함유(상악골, 전두골, 사골, 접형골, 측두골)

② **골화** : 뼈가 되는 과정
- ㉠ **연골내골화**(연골이 뼈가 되는 과정) : 상완골, 요골, 척골, 요골, 경골, 비골
- ㉡ **막내골화**(막이 뼈가 되는 과정) : 두개골(전두골, 후두골, 측두골), 편평골(흉골, 늑골, 두정골)

③ **골의 구조**
- ㉠ **골단** : 길이 성장이 일어나는 곳
- ㉡ **골막** : 뼈의 표면을 싸고 있는 2겹의 막(골내막, 골외막)

02 체간 골격

① **두개골**
- ㉠ **뇌두개골** : 전두골, 두정골(2개), 측두골(2개), 후두골, 접형골, 사골(6종 8개)
- ㉡ **안면골** : 비골, 상악골, 누골, 협골(관골), 서골, 하비갑개, 구개골, 설골, 하악골

② **척추** : 경추(7개), 흉추(12개), 요추(5개), 천골(1개), 미골(1개) 총 26개의 뼈로 구성

| Chapter **03** | 근육계통 | |

01 근조직의 구분

위치	형태	수축
골격근	가로무늬근 (횡문근)	수의근
평활근 (내장근)	민무늬근	불수의근 (자율 신경 지배)
심장근	가로무늬근 (횡문근)	불수의근 (자율 신경 지배)

02 골격근의 구조

① 근원섬유는 액틴, 미오신, 트리포미오신, 트로포닌 단백질로 구성
② 액틴, 미오신은 근육의 수축과 이완에 관련된 단백질임

03 근수축의 종류

① **연축** : 한 번의 근육 자극에 의한 수축과 이완
② **강축** : 연축이 합쳐져서 단일수축보다 큰 힘과 지속적인 수축을 일으키는 상태
③ **강직** : 근육이 단단하게 굳어지는 상태
④ **긴장** : 근육이 부분적으로 수축을 지속하고 있는 상태

04 골격근의 종류

① 두부 근육
　㉠ **안면근** : 전두근, 안륜근, 구륜근, 협근, 소근, 관골근

ⓛ **저작근** : 교근, 측두근, 내측익돌근, 외측익돌근
② **경부 근육** : 흉쇄근육, 승모근
③ **체간 근육**
　　　㉠ **가슴 근육** : 외늑간근, 내늑간근, 횡격막, 대흉근
　　　ⓛ **복부 근육** : 외복사근, 내복사근, 복직근
　　　㉢ **배부(등) 근육**
　　　　　ⓐ **천배근** : 광배근, 능형근, 견갑거근, 승모근
　　　　　ⓑ **심배근** : 판상근, 척추기립근, 횡돌극근
　　　㉣ **상지근**(팔근육)
　　　　　ⓐ **어깨 부위** : 삼각근, 견갑하근, 극상근, 극하근, 소원근, 대원근
　　　　　ⓑ **윗팔 부위** : 상완이두근, 상완근, 상완삼두근, 상완요골근
　　　㉤ **하지근**(다리근육) : 장골근, 대요근, 소요근, 대둔근, 중둔근, 소둔근
　　　㉥ **대퇴근** : 봉공근, 대퇴사두근, 비복근, 장비골근, 종골근

05 골격근의 기능

① **승모근** : 견갑골을 올리고 내외측 회전에 관여, 팔을 올리고 내릴 때 쓰는
　　근육
② **광배근** : 상완의 신전, 내전, 내측 회전에 관여
③ **견갑거근** : 견갑골의 거상에 관여
④ **흉쇄유돌근** : 한쪽이 작용할 때는 고개를 반대로 회전하고 양쪽이 작용할
　　때는 고개를 밑으로 내림

Chapter 04 신경계통

01 신경조직

① **뉴런** : 신경계의 구조 및 기능상의 기본 단위
② **뉴런(신경원)의 기본 구조** : 수상돌기 + 세포체 + 축삭돌기
　㉠ **수상돌기** : 다른 신경원으로부터 정보를 받아 세포체 쪽으로 전달
　㉡ **세포체** : 핵으로 이루어지고 신경 세포의 생존을 위해 필수적
　㉢ **축삭돌기** : 세포체로부터 신호를 멀리 전달
　　ⓐ **유수 신경 섬유** : 수초와 랑비에결절(마디)이 있는 축삭(무수 신경보다 전도 속도가 빠름)
　　ⓑ **무수 신경 섬유** : 수초가 없는 축삭
　　ⓒ **신경초** : 수초 형성 및 축삭의 영양과 재생에 관여
　　ⓓ **시냅스** : 뉴런과 뉴런의 연접부위

02 신경계

Chapter **05**	순환계통

01 순환계의 종류

① **혈액순환기계** : 심장, 혈관, 혈액
② **림프순환기계** : 림프절, 림프관, 림프

02 혈관

동맥	3층 구조(내막, 중막, 외막)	중막발달(평활근) 혈관벽이 두꺼움
정맥	3층 구조(내막, 중막, 외막)	판막발달
모세혈관	단층 구조	산소와 이산화탄소 물질교환

03 순환

① **체순환** : 좌심실 → 대동맥 → 모세혈관(산소를 내보내고 이산화탄소를 받
아들임) → 대정맥 → 우심방
② **폐순환** : 우심실 → 폐동맥 → 폐(이산화탄소를 내보내고 산소를 받아들임)
→ 폐정맥 → 좌심방

Chapter 06 소화기계통

01 소화관

구강 → 인두 → 식도 → 위 → 소장 → 대장 → 항문

02 구조와 기능

① **구강** : 타액 내의 효소(프티알린)
② **위**
  ㉠ **본문** : 식도와 이행 부위
  ㉡ **위액 분비** : 펩신(소화효소) 분비
③ **간**
  ㉠ 단백질 대사(암모니아로부터 요소 합성)
  ㉡ **탄수화물 대사** : 글루코스(포도당)를 글리코겐으로 분해 및 저장
  ㉢ 지방의 합성, 분해, 저장
  ㉣ 철분 및 비타민 저장
  ㉤ 담즙(쓸개즙) 생성과 분비
  ㉥ 해독 작용
  ㉦ 면역글로불린이나 프로트롬빈, 피브리노겐 같은 혈액 응고에 중요한 물질을 만듦
  ㉧ 적혈구를 만들기 위해 철이나 비타민 B_{12} 저장
④ **췌장**(이자)
  ㉠ **소화효소** : 탄수화물(아밀라아제, 말타아제), 단백질(트립신), 지방(리파아제)
  ㉡ **호르몬** : 인슐린, 글루카곤

Check Point

[자주 출제되는 기능]

- 골격계의 기능
  - 인체 지지 기능
  - 보호 기능
  - 조혈 기능 : 적골수 혈액 세포의 생산
  - 저장 기능(칼슘과 인)

- 근육의 기능
  - 신체 운동
  - 자세 유지
  - 열 생산
  - 혈관의 수축에 의한 혈액순환
  - 호흡 운동
  - 배분, 배뇨 활동
  - 관절을 주관하고 뼈 보호

- 혈액의 기능
  - 산소와 이산화탄소의 운반 : 적혈구
  - 혈액의 응고 : 혈소판
  - 호르몬 운반 작용 : 혈장
  - 수분 조절 작용 : 혈장
  - 면역작용(식균 작용) : 백혈구

제**4**강

피부미용
기기학

Chapter 01 피부미용기기 및 기구

01 물질의 구성

물질은 원자와 분자로 구성된다.

① **원자** : 원소의 성질을 가지고 있는 원소의 가장 작은 부분

② **분자** : 물질의 특성을 가지는 최소 단위(예 H_2O)

③ **이온** : 전하를 띤 입자로 양이온과 음이온으로 분류됨

    ㉠ <u>양이온 : 원자가 전자를 잃고 (+)전하를 띠는 입자</u>

    ㉡ <u>음이온 : 원자가 전자를 얻어 (−)전하를 띠는 입자</u>

02 원자의 구조

① (+)전하를 띤 원자핵과 (−)전하를 띤 전자로 구성

② 원자핵 = 중성자 + 양성자

③ 원자핵과 전자의 전하량이 같으므로 전기적으로 중성

④ 양성자 수 = 전자 수 = 원자번호

⑤ $_ZX^A$ (X : 원소기호, Z : 원자번호, A : 질량 수)

03 전류

① **전류의 방향**

    ㉠ <u>전류의 방향은 도선을 따라 (+)극에서 (−)극으로 흐름</u>

    ㉡ 전자의 방향은 도선을 따라 전지의 (−)극에서 (+)극으로 흐름

    ㉢ 즉, 전자의 방향과 전류의 방향은 반대

② **전류의 세기**

    ㉠ 1초 동안 한 점을 통과하는 전하의 양을 의미

    ㉡ 단위는 암페어(A)이며 전류계로 측정

ⓒ 전류는 높은 전위에서 낮은 전위 쪽으로 흐름

04 전기 용어

구분	설명
암페어(A)	전류의 세기(전류의 크기)
도체	전류가 잘 통하는 물질(금속이나 전해질 수용액처럼 저항이 작음)
부도체	전류가 잘 통하지 않는 물질(유리, 고무 등 저항이 큼)
주파수(Hz)	1초 동안 반복하는 진동의 횟수
정류기	교류를 직류로 바꿈
변환기	직류를 교류로 바꿈
방전	전류가 흘러 전기에너지가 소비되는 것
전압(V, 볼트)	회로에서 전류를 생산하는데 필요한 압력, 전압계로 측정한다.
전기저항(Ω, 옴)	도체 내에서 전류의 흐름을 방해하는 성질을 말하며 전류는 전압이 늘어나면 증가하고, 저항이 증가하면 줄어든다는 것을 의미
전력(W)	일정시간 동안 사용된 전류의 양
퓨즈	전선에 전류가 과하게 흐르는 것을 방지하는 장치

05 전기의 분류

전기는 정전기(마찰전기)와 동전기로 나뉘며, 동전기는 직류(DC)와 교류(AC)로 나뉨

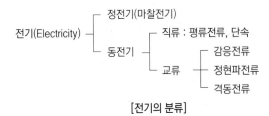

[전기의 분류]

Chapter 02 피부미용기기 사용법

01 피부 분석기기

① 우드램프

  ㉠ 인공 특수 자외선파장을 이용한 피부 분석기기

  ㉡ 육안으로 보기 어려운 피지, 민감도, 모공의 크기, 트러블, 색소침착 상태를 진단가능

피부상태	우드램프에 나타나는 피부색
두꺼운 각질층 부위	흰색
건강한 피부(정상 피부)	푸른 빛이 도는 흰색 형광(청백색)
민감성, 모세혈관확장 피부	**진보라색**
건조한 피부(건성, 수분부족 피부)	밝은 보라색
보습된 좋은 피부	밝은 형광
지성 피부, 면포, 피지	**오렌지색**
비립종	노란색
색소침착 또는 검은 점	갈색(암갈색)

② 확대경

③ pH 측정기

④ 스킨스코프(더마스코프)

02 브러시

① **원리** : 전동기의 회전원리를 이용한 모공의 피지와 각질제거용 딥클렌징 기기(양모)

② **효과** : 클렌징, 필링, 매뉴얼 테크닉

③ 주의사항

　ⓐ 스위치가 꺼진 상태에서 브러시를 교체한다.

　ⓑ 사용 직후 세척하여 소독기에 넣는다.

　ⓒ 브러시의 털이 눌리지 않게 **직각(90℃)으로 사용**한다.

03 스티머(Steamer, 베이퍼라이저, 증기연무기)

① 오존 분무 시 맨 얼굴에만 적용하며 크림이나 젤, 팩을 했을 때는 쏘이지 않는다.

② 수조 안에 정수된 물이 있는지 확인하고 관리 전 증기가 나올 때까지 5~10분간 켜 놓아야 한다.

③ 소독은 스티머를 예열한 후 식초 2~3방울을 떨어뜨려 재가열한다.

④ 나사를 풀어 용기 내의 물을 새로운 정제수로 교환하여 다시 한 번 가열한다(유리 병 속에 세제나 오일이 들어가지 않도록 한다).

⑤ 아이패드를 한다(단, 오존 스티머가 아닌 경우는 아이패드를 하지 않아도 된다).

⑥ **스팀(증기)이 나오기 시작하면 오존을 켠다.**

⑦ **증기분출 전에 분사구가 고객의 얼굴로 향하지 않도록 한다.**

04 갈바닉 기기

① 원리

이온토포레시스, (+)극, 카타포레시스	디스인크러스테이션, (-)극, 아나포레시스
• 비타민C, 세럼, 앰플 등 수용성 물질을 피부 깊숙이 침투시키는 방법 • 전극봉의 (+)극은 관리사가 잡고 (-)극은 고객이 잡는다.	• 피부 속 노폐물 배출, 딥클렌징 효과와 여드름, 지성 피부의 피지 제거하는 방법 • 전극봉의 (-)극은 관리사가 잡고 (+)극은 고객이 잡는다.

② 효과

양극(+)	• 산성 반응(산성물질 침투 사용) • 신경자극 감소 • 조직을 단단하게 하고 활성화시킴 • 혈관수축 • 수렴 효과 • 염증감소 • 통증감소 • 진정
음극(-)	• 알칼리성 반응(알칼리물질 침투 사용) • 신경자극 증가 • 조직을 부드럽게 함 • 혈관확장 • 세정 효과(각질제거) • 피지용해 • 통증증가

05 초음파 기기

① **초음파** : 진동 주파수가 20,000Hz 이상인 진동 불가청 음파

② **효과**

    ㉠ **세정작용(스킨스크러버)** : 이온화와 유화작용을 통해 모공 속 노폐물을 제거시켜 준다.

    ㉡ **매뉴얼 테크닉 작용** : 진동으로 뭉쳐진 근육을 풀어주며 근육상태를 조절해 준다.

    ㉢ **온열작용** : 피부 온도를 상승시켜 혈액과 림프의 흐름을 원활하게 해주며 셀룰라이트 피부 개선에 도움을 준다.

    ㉣ **지방분해 작용** : 활발한 진동작용으로 인해 지방을 연소시켜 준다.

③ **주의사항**

    ㉠ 시술 시 젤이나 물, 화장수를 바름

    ㉡ 한 부위에 5초 이상 머무르지 않음

    ㉢ 시술시간은 15분을 넘기지 않음

    ㉣ 사용 후 중성세제나 소독용 알코올로 세척 소독 후 건조시켜 보관

06 진공흡입기(석션기)

① **벤토즈**라 불리는 다양한 크기와 모양의 컵의 압력을 조절하여 피부 조직을 흡입함으로써 빨아 올리도록 하는 기능을 이용한 기기이다.

② 예민 피부, 심한 여드름, 모세혈관확장 피부, **늘어진 피부**, 피부 질환 등이 있는 경우는 피한다.

③ 진공흡입기 안으로 이물질이 들어가지 않게 주의한다.

④ 너무 강한 흡입력으로 **피부 조직이 20% 이상** 부풀어 올라오지 않도록 한다(40% 이상 올라오지 않도록 함).

⑤ 벤토즈는 중성세제로 세척한 후 습기를 제거하고 자외선 소독기로 소독한다.

⑥ 림프절 부위는 **림프드레나지 방법**으로 관리한다.

07 엔더몰로지

① 진공흡입기기와 매우 흡사하나 유리관 안에 롤러가 있든지, 초음파 기기를 중간에 사용하든지 등의 다양한 방법으로 매뉴얼 테크닉 효과인 바이브레이션, 롤 매뉴얼 테크닉, 림프드레나지 등을 할 수 있다.

② 기계적인 압박과 흡입작용으로 세포를 자극하여 피부의 재생능력과 림프 순환을 촉진시킨다.

08 고주파

① **직접법**(전극봉의 직접 적용방식)

　㉠ 전극봉에 공기가 들어가면 자색을 띠고 네온이 들어가 있으면 오렌지 색을 띤다.

　㉡ 수은이 들어가 있는 경우는 푸른 자색의 자외선을 발생한다.

　㉢ **스파킹으로 지성·여드름 피부에 살균작용**을 한다.

② **간접법**(전극봉의 간접 적용방식) : 시술 시에 고객은 한 손에는 전극봉을, 다른 한 손에는 홀더를 잡는데 전류가 홀더, 전극봉, 고객의 순으로 흐르게 되고 관리자가 이때 고객을 마사지 하게 되면 전류는 관리자의 손가락을 통해 **빠져 나가게** 된다. 이 관리에 있어서 관리자가 회로의 일부분이 된다.

09 기타 기기

① **중 · 저주파 기기** : **근육을 수축 · 이완**시켜 에너지를 발산시키는 아이소토닉 운동의 원리와 근육의 운동방향을 수직 또는 비틀면서 **파라딕 주파**를 이용한다.

② **바이브레이터**

　㉠ 목적에 맞는 형태의 헤드를 선택하고 적당한 압으로 관리한다.

　㉡ 헤드를 갈아 끼울 때는 윗부분을 잘 고정시킨다.

　㉢ 시술할 때는 한 손을 기계 위에 고정시켜 기계의 무게로만 이동한다.

　㉣ **뼈**가 있는 부위의 시술은 피하고 탈크 파우더, 아로마 오일, 안티-셀룰라이트 로션 등을 시술할 부위에 적당히 도포한다.

제 5 강

화장품학

Chapter **01** **화장품학개론**

01 화장품과 의약외품, 의약품의 분류

구분	화장품	의약외품	의약품
대상	정상인	정상인	환자
목적	청결 · 미화	위생 · 미화	진단 · 치료 · 예방
종류	화장품	치약, 구강 청결제 등	의약품
기간	장기간, 지속적	장기간, 단속적	일정 기간
범위	전신	특정 부위	특정 부위
부작용	없어야 함	없어야 함	있을 수 있음

02 화장품의 4대 요건

① **안전성** : 피부에 대한 자극, 알레르기, 독성이 없을 것
② **안정성** : 제품 보관에 따른 변질, 변색, 변취, 미생물의 오염이 없을 것
③ **사용성** : 피부에 사용 시 손놀림이 쉽고 피부에 잘 스며들 것
④ **유효성** : 피부에 적절한 보습, 노화 억제, 자외선 차단, 미백, 세정, 채색 효과 등을 부여할 것

03 화장품의 분류

① **기초 화장품**
　ㄱ **세안** : 클렌징 크림, 클렌징 폼
　ㄴ **피부 정돈** : 화장수(유연 화장수, 수렴 화장수)
　ㄷ **피부 보호** : 로션, 모이스쳐 크림, 팩, 에센스

② 메이크업 화장품

    ㉠ 베이스 메이크업 : 파운데이션, 페이스 파우더

    ㉡ 포인트 메이크업 : 립스틱, 아이섀도, 네일 에나멜

③ 모발 화장품

    ㉠ 세정 : 샴푸

    ㉡ **컨디셔닝, 트리트먼트** : 헤어 린스, 헤어 트리트먼트

    ㉢ **정발제** : 헤어 스프레이, 헤어 무스, 헤어 젤, 포마드

    ㉣ **퍼머넌트 웨이브** : 퍼머넌트 웨이브 로션

    ㉤ **염 · 탈색** : 염모제, 헤어 블리치

    ㉥ **육모, 양모** : 육모제, 양모제

    ㉦ **탈모, 제모** : 탈모제, 제모제

④ **방향 화장품(향취부여)** : 향수, 오데 코롱, 샤워 코롱

⑤ **전신(바디) 화장품**

    ㉠ 신체의 보호 미화, 체취억제, 세정

    ㉡ 바디 클렌저, 바디 오일, 바스 토너, **체취방지제(데오도란트)**, 바디 샴푸, 버블 바스

⑥ **구강용 화장품**

    ㉠ **치마제** : 치약   ㉡ **구강 청량제** : 마우스 워셔

Chapter 02   **화장품 제조**

01 화장품의 원료

① **수성 원료**

    ㉠ **정제수** : 세균에 오염되지 않은 물과 Ca, Mg 금속 이온이 제거된 정제수 이용

　　　ⓛ **에탄올** : 탈지 효과, 수렴 효과, 화장수나 아스트린젠트, 헤어 토닉, 향
　　　　　수 등에 이용

　　　ⓒ **카보머(Carbomer)** : 투명 타입의 젤이 주성분, 점증제 및 피막 형성제
　　　　　(로션 ⇒ 크림 변화 시 첨가), 폴리비닐알코올(PVA), 잔탄검, 젤라틴

　② **유성 원료**

　　　㉠ **조조바(호호바) 오일** : 피지 성분과 유사, 저온 시 왁스화

　　　ⓒ **올리브유** : 피부 흡수성이 좋고, 주로 선탠 오일이나 크림에 사용. 알레
　　　　　르기 유발 가능

　　　ⓒ **피마자유** : 일명 '아주까리'. 립스틱과 네일 에나멜 등에 주로 사용

　　　ⓔ **야자유** : 저급 지방산의 트리글리세라이드가 함유되어 있어 피부 자극

　　　ⓜ **아보카도유** : 체내에서 합성되지 않는 필수 지방산과 비타민 등이 풍부

　　　ⓗ **아몬드유** : 올레인산과 리놀렌산의 함량이 높으며 민감한 피부에 사용

　　　ⓢ **해바라기씨유** : 피부 진정 효과

　　　ⓞ **살구씨유** : 노화, 건성, 민감성 피부에 좋다.

　　　ⓩ **맥아유** : 비타민 E가 함유되어 항산화 작용, 혈액순환 원활

　　　ⓩ **스쿠알렌** : 심해 상어의 간유에 존재, 비타민 A, D 함유, 안정성과 사
　　　　　용감이 좋음

　　　㉿ **밍크 오일** : 밍크의 피하지방에 존재, 상처 치유 효과, 피부 친화성, 보
　　　　　호 작용 선탠 오일, 정발제

　　　ⓣ **난황 오일** : 계란 노른자에서 추출, 레시틴, 피부 진정 작용, 비타민 A
　　　　　함유

　　　ⓟ **밀납** : 벌꿀의 집을 압축 정제한 왁스

　③ **계면활성제**

　　　㉠ 양쪽 또는 한쪽 상(相)에 소량의 물질을 용해시킴으로써 표면(계면)장
　　　　　력의 저하를 일으키는 물질

　　　ⓒ 한 분자 내의 둥근머리 모양의 친수성기와 막대꼬리 모양의 소수성기
　　　　　를 가짐

　　　ⓒ **피부 자극의 순서 : 양이온성 > 음이온성 > 양쪽성 > 비이온성**

※ 계면활성제의 종류 및 특징

종류	특징
양이온성 계면활성제	살균·소독 작용 강함, 정전기 방지 헤어 린스, 헤어 트리트먼트에 사용
음이온성 계면활성제	세정 작용, 기포 형성 우수, 비누, 샴푸, 클렌징 폼에 사용
양쪽성 계면활성제	세정 작용, 피부 자극이 작음, 베이비 샴푸, 저자극 샴푸에 사용
비이온성 계면활성제	가장 피부 자극이 작음, 화장품에 주로 사용

④ 보습성분 : <u>글리세린, 프로필렌글리콜, 솔비톨, 폴리에틸렌글리콜, 히알루론산</u> 등

⑤ 방부제

ㄱ **파라벤류** : 파라옥시안식향산(파라옥시벤조산)이라 불리며, 가장 많이 쓰이는 방부제(종류 : 에틸파라벤, 메틸파라벤, 프로필파라벤, 부틸파라벤)

ㄴ **이미다졸리디닐 우레아** : 파라벤류의 보조 방부제로 사용

⑥ **색재**

ㄱ **염료** : <u>물이나 오일에 용해되는 색소</u>로 화장품 자체에 시각적인 색상을 부여한다. 물에 녹는 염료를 수용성 염료, 오일에 녹는 염료를 유용성 염료라고 한다.

ㄴ **안료** : <u>물이나 오일에 모두 녹지 않는 색소</u>이다. <u>주로 메이크업 제품에 사용</u>되며 작은 고체 입자 상태로 존재하기 때문에 빛을 반사하고 차단시키며 커버력이 우수하다.

※ 안료의 종류 및 특징

종류	특징
무기안료	• <u>색상이 선명하지 않지만 커버력은 우수하다. 내광성과 내열성이 우수하다.</u> • 주로 마스카라에 사용된다. • 체질 안료 : 사용감에 큰 영향을 준다. 마이카(우모), 탈크, 카오린

무기안료	• 착색 안료 : 화장품에 색상을 부여하며 커버력을 높이는데 사용한다. • 백색 안료 : 높은 굴절률에 의한 커버력을 부여해 준다. 이산화티탄, 산화아연
유기안료	• 색상이 선명하고 화려하나 빛, 산, 알칼리에 약하다. • 주로 립스틱이나 색조화장품에 사용한다.
레이크	• 수용성인 염료에 칼슘, 마그네슘을 가해 침전시켜 만든 불용성 색소를 의미한다. • 브러시, 네일 에나멜에 안료와 함께 사용한다.
천연색소	안정성과 대량 생산이 문제가 된다.

02 화장품의 기술

① **가용화**
  ㉠ 물에 소량의 오일 성분이 계면활성제에 의해 **투명하게 용해되는 현상**
  ㉡ **가용화를 이용한 제품** : 토너, 앰플, 에센스, 향수
② **유화** : 물에 오일 성분이 계면활성제에 의해 **우윳빛으로 백탁화된 상태(** 로션, 크림)
  ㉠ **W/O(유중수형, Water-in-Oil)** : 영양 크림, 클렌징 크림, 헤어 크림 등이 이를 이용한 제품에 해당되며 오일 속에 물이 섞여 있는 형태로 오일이 주성분이고 물이 보조 성분이다. 유분감이 많아서 사용감이 무겁고 퍼짐성이 낮다.
  ㉡ **O/W(수중유형, Oil-in-Water)** : 로션, 에멀전 등이 이를 이용한 제품에 해당되며 물이 주성분, 오일이 보조 성분이다. 수분이 많고 오일이 적어 산뜻하고 가볍다.
③ **분산**
  ㉠ **고체 입자를 액체 속에 균일하게 혼합**시키는 것
  ㉡ **분산을 이용한 제품** : 메이크업 제품류(파운데이션, 립스틱 등)

| Chapter **03** | **화장품의 종류와 기능** |

01 메이크업 화장품의 종류

① **베이스 메이크업** : 피부색을 균일하게 정돈, 피부 결점을 커버
② **파우더** : 파운데이션의 유분기를 제거, 파운데이션의 지속성을 높여 주고, 피부톤을 화사하게 연출

02 향수

유형	부향률(%)	지속 시간	특징
<u>퍼퓸</u>	15~30	9~12시간	• 일반적인 향수 • 고가, 분위기 연출
<u>오데 퍼퓸</u>	9~12	6~7시간	퍼퓸에 가까운 향의 지속성
<u>오데 토일렛</u>	6~8	3~5시간	상쾌한 향
<u>오데 코롱</u>	3~5	1~2시간	• 처음 접하는 사람에게 적당 • 과일향이 많다.
<u>샤워 코롱</u>	1~3	약 1시간	• 바디용 방향 화장품 • 샤워 후 사용

03 에센셜(아로마) 오일

① **정유(Essential Oil)의 정의**
　　㉠ 식물의 순수한 에센스를 추출한 오일
　　㉡ 허브의 꽃, 줄기, 열매, 잎, 뿌리에서 추출하여 증류 과정을 거쳐 정제한 순수 오일
② **정유의 추출 방법**
　　㉠ **수증기 증류법** : 가장 오래되고 많이 사용되는 방법. 고온의 증기를 통하여 추출하는 방법으로 에센셜 오일과 플로럴 워터가 생산

ⓒ 압착법

ⓒ 용매 추출법

ⓔ 침윤법(온침법, 냉침법)

ⓜ 이산화탄소 추출법

③ 에센셜 오일의 종류와 특징

ⓐ 라벤더 : 화상, 피로 회복, 진정

ⓑ 레몬 : 수렴·청정, 미백, 감광성·민감성 피부는 주의할 것

ⓒ 페퍼민트 : 기관지염 및 천식해소

ⓔ 티트리(여드름, 무좀) : 살균, 소독, 항바이러스, 민감성 피부 주의

④ 정유 사용 시 주의 사항

ⓐ 반드시 희석된 오일만을 사용할 것(캐리어 오일과 에센셜 오일을 블랜딩)

ⓑ 원액 사용금지

ⓒ 사전에 패치 테스트(Patch test)를 실시하여야 함

ⓔ 공기 중의 산소, 빛 등에 의해 변질될 수 있으므로 갈색병에 보관

04 기능성 화장품

① 미백용 화장품 성분

ⓐ 알부틴 : 월귤나무에서 추출

ⓑ 비타민 C

ⓒ 감초 추출물

ⓔ 닥나무 추출물 : 한지에서 추출

ⓜ 하이드로퀴논 : 의사의 처방필요

ⓗ 코직산

⓼ 상백피 추출물 : 뽕나무에서 추출

② 주름용 화장품 성분

ⓐ 레티놀(비타민 A) : 주름 개선

ⓑ AHA(Alpha Hydroxy Acid) : 약사의 처방 없이 판매가 가능하며, 박

리 작용(각질 제거)을 한다. 5% 이상 사용하면 피부 개선 효과가 있다.

    ⓒ **아데노신** : 진피층 섬유아세포의 합성을 촉진

③ **자외선 차단과 선탠 화장품 성분**

    ㉠ **자외선 산란제(물리적 차단제, 미네랄 필터)** : 차단 효과가 우수하고, 불투명하여 파운데이션이나 파우더에 주로 사용, Make up이 밀릴 수 있다. 이산화티탄, 산화아연, 탈크, 카올린 등의 성분이 사용된다.

    ㉡ **자외선 흡수제(화학적 차단제, 케미컬 필터)** : 투명하고 바르기 용이하나 접촉성 피부염 유발 가능성이 높다. 선크림, 선로션에 주로 사용되며 벤조페논, 옥시벤존, 옥틸디메칠파바 등의 성분이 사용된다.

Chapter **01** 공중보건학

01 법정 감염병 관리

① 제1군 감염병
　　㉠ 발생즉시 환자격리 필요
　　㉡ 콜레라, 장티푸스, 파라티푸스, 세균성이질, 장출혈성대장균감염증, A
　　　형 간염
　　㉢ **신고기간** : 즉시 신고

② 제2군 감염병
　　㉠ 예방접종대상
　　㉡ 디프테리아, 백일해, 파상풍, 홍역, 유행성이하선염, 풍진, 폴리오, B형
　　　간염, 일본뇌염 등
　　㉢ **신고기간** : 즉시 신고

③ 제3군 감염병
　　㉠ 모니터링 및 예방 홍보 중점
　　㉡ 말라리아, 결핵, 한센병(나병), 성홍열, 발진열, 비브리오패혈증, 탄저,
　　　공수병, 쯔쯔가무시병, 발진티푸스 등
　　㉢ **신고기간** : 즉시 신고

④ 제4군 감염병
　　㉠ 보건복지부령으로 정함
　　㉡ 황열, 뎅기열, 마버그열, 에볼라열, 페스트, 두창, 보툴리눔독소증 등
　　㉢ **신고기간** : 즉시 신고

⑤ 지정 감염병
　　㉠ 평상시 감시활동이 필요한 감염병
　　㉡ 1~5군 감염병 외 유행 여부에 따라 요구되는 감염병
　　㉢ **신고기간** : 7일 이내 신고

02 국가필수 예방접종

연령	접종 내용
1주 이내	B형 간염 1차
4주 이내	BCG(결핵), B형 간염 2차
2개월	DTP 1차, 소아마비(폴리오) 1차
4개월	DTP 2차, 소아마비(폴리오) 1차
6개월	DTP 3차, 소아마비(폴리오) 1차, B형간염 3차
12~15개월	MMR(홍역, 유행성이하선염, 풍진), 수두
15~18개월	DTP 4차 추가
3세	일본뇌염

Check Point

[DTP]

디프테리아, 백일해, 파상풍

03 인수 공통 감염병

사람 및 동물 간에 서로 전파되는 병원체에 의해 발생하는 감염병

전파 동물	질 병
쥐	페스트, 살모넬라증, 발진열, 서교증, 렙토스피라증
소	결핵, 탄저병, 파상열, 살모넬라증
개	광견병(공수병)
돼지	파상열, 살모넬라증, 일본뇌염
양	탄저, 파상열
말	탄저, 일본뇌염, 살모넬라증

04 곤충 매개 감염병

전파 곤충	질 병
모기	말라리아, 일본뇌염, 사상충, 황열, 뎅기열
파리	소화기계감염병, 수면병, 승저증(구더기증)
벼룩	페스트(흑사병), 발진열
이	발진티푸스, 재귀열, 참호열
진드기	록키산홍반열(참진드기), 쯔쯔가무시병(털진드기), 야토병

05 가족과 노인보건

※ 인구 종류

구 분	특 징
피라미드형(인구 증가형)	출생률은 높고 사망률도 낮은 형(후진국형)
종형(인구 정체형)	유소년층 비율이 낮고 청장년층과 노년층 비율이 높음(초기 선진국형)
방추형, 항아리형(인구 감소형)	출생기피에 의해 출생률이 사망률보다 더 낮은 형(선진국형)
별형(인구 유입형)	인구가 증가되는 형(도시형, 유입형), 생산연령층과 유소년층의 비율이 높음
기타형(호로형, 표주박형)	별형과 반대인 농촌형, 노년층 비율이 높음

06 모자보건

① **모자보건대상**

    ㉠ **광의의(넓은 의미) 모자보건대상** : 모든 가임 여성(임신 가능한 여성)과 6세 미만 어린이(영·유아)

    ㉡ **협의의(좁은 의미) 모자보건대상** : 임신, 분만, 산욕기, 수유기 여성과 영아

② **모성의 대상** : 모성이란 엄마로서의 성질을 의미한다.

    ㉠ **광의의 대상** : 15세~폐경기 여성

ⓒ **협의의 대상** : 임신 관리, 분만 관리, 산욕기 관리 여성

07 실내공기

① **산소**

    ㉠ 대기의 약 21%를 구성한다.

    ⓒ 공기 중에 산소량이 10%이면 호흡곤란 현상이 발생한다.

    ⓒ 7% 이하이면 질식, 사망한다.

② **질소**

    ㉠ 공기 중 78%로 가장 많이 구성된다.

    ⓒ 정상 기압에서는 직접적으로 인체에 영향을 주지 않으나, 고기압 상태(잠함병)나 감압 시(감압증)에는 영향을 받는다.

③ **이산화탄소** : 0.03% 존재하며 실내 공기의 오염도를 판정하는 기준이다. 적외선의 복사열을 흡수하여 온실효과를 일으키는 가스이다.

④ **일산화탄소**

    ㉠ 인간에게 가장 위험한 가스이며 무색, 무미, 무취의 가스로서 맹독성이 있다.

    ⓒ 자동차 배기가스 등에서 가장 많이 배출된다.

    ⓒ 헤모글로빈과의 친화력이 산소보다 200~300배 정도 강하다.

> **Check Point**
>
> [아황산가스]
>
> 자극성 냄새가 있는 가스로서 대기오염의 지표 및 대기오염의 주원인이 된다.

08 식품의 위생적 보관방법(물리적 처리)

① **냉동 · 냉장법(저온저장법)**

    ㉠ 냉동실(영하 18℃ 이하) : 육류의 냉동보관, 건조한 김 등 보관

    ⓒ 냉장실(0~10℃)

        ⓐ 1단 온도 0~3℃ : 육류, 어류 등

        ⓑ 중간온도 5℃ 이하 : 유지가공품 등

        ⓒ 하단온도 7~10℃ : 과일, 야채류

    ⓒ 냉장의 목적

        ⓐ 미생물의 증식을 막는다.

        ⓑ 자기소화를 지연시킨다.

        ⓒ 변질을 지연시킨다.

        ⓓ 식품의 신선도를 단기간 유지시킨다.

② **가열 살균법** : 미생물의 사멸과 효소파괴를 위해 100℃로 가열한다.

③ **건조 탈수법** : 건조식품은 수분함량이 15% 이하가 되도록 보관한다. 곰팡이는 수분함량 13% 이하 시 생육이 불가능하다.

④ **자외선조사법** : 자외선으로 살균한다.

09 식품의 위생적 보관방법(화학적 처리)

① **방부제 첨가법** : 안식향산나트륨, 프로피온산나트륨, 프로피온산칼슘, 디히드로초산(DHA)

② **식염 · 설탕 첨가법** : 미생물의 발육을 억제

    ㉠ **염장법** : 10% 이상의 식염(축산가공품, 해산물, 채소, 육류 저장)

    ㉡ **당장법** : 50% 이상의 설탕(젤리, 잼, 가당연유)

③ **산 저장법** : 초산이나 젖산 이용(pH 4.0 이하)

④ **gas 저장** : 식품의 호흡작용 차단, CO_2, N_2 gas 이용, 과일류, 야채류, 어육류, 난류 등의 저장

10 세균성 식중독

세균이나 세균이 생성한 독소가 원인이지만 감염되지 않는다.

① 특징

    ㉠ 면역이 생기지 않는다.

    ㉡ 2차 감염이 없다.

ⓒ 식품에 의해 발생한다.

　ⓔ 식중독 세균의 적정온도는 25~37℃

종류	특징
독소형 식중독	① 포도상구균 　㉠ 우유, 치즈 등 유제품과 김밥 　㉡ 특징 : 잠복기(1~6시간)가 짧으며, 식품 취급자 손의 화농성 질환으로 　　인하여 감염됨(황색포도상구균 식중독 독소 : 엔테로톡신) ② **보툴리누스균** : 구멍난 통조림, 식육, 어류나 그 가공품, 소시지 등이 원인 　㉠ **치사율이 가장 높음** 　㉡ **신경마비증세, 치명률이 높고** 호흡곤란 등의 현상이 일어남
감염형 식중독	① 체내로 들어온 식중독균이 장에 침범하여 생기는 경우로 발열증상이 있다. ② 원인균 : 살모넬라, 병원성대장균, 장염비브리오, 웰치균 　㉠ **살모넬라균** 　　ⓐ **발열증상이 가장 심한 식중독** 　　ⓑ 치사율은 낮음 　　ⓒ 잠복기 : 12~24(48)시간으로 길다. 　　ⓓ 식육, 달걀, 마요네즈 등이 원인 　㉡ **장염비브리오균** 　　ⓐ 짧은 시간 내 식중독 유발 　　ⓑ **바닷물에 분포**(어패류, 해산물, 생선회 등이 원인) 　　ⓒ 염분을 좋아하는 호염균

11 자연독 식중독

① 동물성 식중독

　㉠ **복어** : 테트로톡신

　㉡ **조개류** : 모시조개(베네루핀), 검은조개(삭시톡신)

② 식물성 식중독

　㉠ **독버섯** : 무스카린

　㉡ **감자** : 솔라닌

③ 곰팡이독소에 의한 중독

　㉠ 황변미

　㉡ **맥각균**(특히 보리) : 에고톡신, 에고타민

ⓒ 청매실 : 아미그다린

ⓔ 간장 · 된장 담글 때 생기는 독성분 : 아플라톡신

12 보건지표(건강수준의 보건지표)

① 비례사망지수 : 연간 총 사망자수에 대하여 50세 이상의 사망자수가 차지하는 비율로서, 평균 수명이나 조사망률의 보정지표가 된다.

② 평균수명

③ 사망률

ㄱ **영아사망률** : 출생아 1,000명당 1년 이내에 사망하는 영아의 수를 의미하는 것으로 한 국가의 건강수준을 나타내는 지표이다. 가장 대표적이며 보건 수준의 평가 지표가 된다.

ㄴ **조사망률** : 특정 인구집단의 사망수준을 나타내는 가장 기본적인 지표로 사용된다.

Chapter 02 소독학

01 물리적 소독

① **건열멸균법** : 급격히 냉각시키면 유리기구는 파손될 수 있으므로 **따로 냉각시키지 않는다.**

② **소각소독법** : 불에 태워 멸균하는 가장 쉽고 안전한 방법이다(**오염된 의복, 수건**).

③ **자비소독법**

ㄱ 100℃의 끓는 물에서 약 15~20분간 직접 담그는 방법으로 멸균한다.

ㄴ 수건 소독에 가장 많이 사용한다.

ⓒ 녹이 슬 수 있는 금속성 기구는 물을 끓인 후 넣는다.

ⓔ 소독 효과를 높이기 위해서는 반드시 100℃가 넘어야 한다.

④ **저온소독법** : 파스퇴르가 고안한 방법으로 62~65℃에서 30분간 소독한다.

⑤ **초고온 순간멸균법** : 135℃에서 2초간 순간적인 열처리를 하는 방법

⑥ **고압증기멸균법**

　ⓖ 121℃(250℉)의 증기압에서 15~20분 이용하여 멸균(포자까지 멸균)시키는 방법이다.

　ⓛ 주로 수술기구, 수술포, 유리기구, 금속기구, 거즈, 고무제품, 약액 등의 멸균에 사용된다.

⑦ **간헐(유통증기)멸균법**

　ⓖ 100℃의 증기로 하루에 한 번씩 3일간 실시하고 **가열과 가열 사이에 20℃ 이상의 온도를 유지해야 한다.**

　ⓛ 포자를 파괴하지 못하기 때문에 1일 1회씩 실시한다.

⑧ **무가열 처리법**

　ⓖ **자외선조사멸균법**

　ⓛ **여과멸균법** : 열에 불안정한 물질(혈청, 약제, 백신)이나 변질되는 물질을 여과기에 통과시켜 미생물을 분리 제거하는 방법

　ⓒ **초음파살균법** : 미생물 중 초음파에 가장 민감한 나선균인데 초음파와 함께 병용하여 손 소독에 사용할 수 있다.

⑨ **가스 멸균법** : 가스상태 혹은 공기 중에 액체상태로 분무시켜 미생물을 멸균시키는 방법이다.

　ⓖ **에틸렌옥사이드(E.O)** : 기자재, 밀폐공간 등에 존재하는 미생물을 사멸시킬 목적으로 이용된다.

　ⓛ **포르말린(포름알데히드)** : 지용성이며 단백질 응고작용이 있어 강한 희석액에도 강한 살균작용을 한다.

　ⓒ **BPL(B-Propiolactone)** : 침투력이 없어 수술실, 연구실, 가구, 냉장실 등을 훈연법으로 소독할 수 있다.

02 화학적 소독

① 페놀류

  ㉠ 석탄산

    ⓐ <u>세균포자나 바이러스에 대해서는 작용력이 거의 없다.</u>

    ⓑ 저온에서는 살균 효과가 떨어지고 <u>소독액 온도가 높을수록 소독 효과가 높다.</u>

    ⓒ 금속기구 소독에는 부식성이 있어 적합하지 않고 <u>금속의 녹을 방지하기 위해 0.5% 탄산나트륨을 첨가할 수 있다.</u>

    ⓓ 석탄산 3% 수용액 : 의류, 실험대 등을 살균하며, <u>살균력이 안정하여 살균력 측정시험의 지표로 삼는다.</u>

  ㉡ 크레졸

    ⓐ 크레졸은 물의 난용제로 크레졸 비누액(알칼리)으로 만들어 사용한다(크레졸 비누액 3% + 물 97%의 비율로 소독작용이 있다).

    ⓑ 소독력이 강해서 석탄산의 2배의 효과가 있다.

  ㉢ 헥사클로로펜

    ⓐ 손 소독 시 세균수만 30~50% 감소되며 0.25%의 액체비누와 3%의 세척용액이 사용된다.

    ⓑ 수술 전 피부 소독에 사용된다.

② 중금속이온

  ㉠ 승홍수 : 강력한 살균력이 있으나 독성이 강해 금속류에는 부식우려가 있어 사용하지 않는다.

  ㉡ 머큐로크롬 : 점막 및 피부 상처에 2% 머큐로크롬이 사용되며, 자극성도 없고 살균력도 약하며 염색성이 강하다.

  ㉢ 질산은 : 화상환자가 감염될 수 있는 균에 감수성이 있고 0.1%의 수용액으로 신생아 안질 예방과 0.2~20%까지 점막소독에 많이 사용된다.

③ 염소제

  ㉠ 염소 : 기체상태로서 살균력이 크지만 자극성과 부식성이 강해 상하수도와 같은 큰 규모 소독 시에 사용한다.

  ㉡ 표백분(클로르석회, $CaOCl_2$) : 음료수나 수영장 소독에 사용하며 음

료수 소독 시 0.2~0.4ppm 정도를 쓰며 농이 묻은 물품을 소독할 때도 사용이 가능하다.

ⓒ **차아염소산나트륨(NaOCl)** : 염소원소에 의해 살균작용을 하며 부패하기 쉬운 결점이 있으나 안정제를 첨가해서 살균제로 사용한다.

ⓓ **염소유기화합물** : 아조클라민과 디클로라민 톨로올이 있다. 살균작용이 서서히 나타나고 편리해 식당에서 식기소독에 사용된다.

④ **산화제제**

ⓐ **과산화수소** : 발생기 산소가 강력한 산화력으로 미생물을 살균하는 소독제이다. 구내염, 인두염, 입안 세척, 상처 소독 등에 사용된다.

ⓑ **벤조일퍼옥사이드** : 산소를 유리시켜 염기성과 미호기성 살균작용을 하며 5~10% 벤조일퍼옥사이드 성분은 여드름 치료에 효과적이다.

ⓒ **과망간산칼륨** : 강한 산화제로 발생기 산소를 생성하며 항균작용과 수렴, 방부 효과를 갖는다.

⑤ **알콜류(에틸알코올)** : 독성이 가장 낮다. 포자는 살균하지 못한다.

⑥ **양이온 계면활성제** : 무미·무해하여 **식품이나 손 소독에 적당**하며, 자극성과 독성이 없다. 미용업소에 널리 이용된다.

⑦ **요오드화합물** : 살균력이 매우 강하여 포자 바이러스를 소독한다.

⑧ **생석회(산화칼슘)** : 칼슘과 산소의 화합물로 인체에 미치는 독성이 적고, **분변, 하수, 오수 등의 소독에 적당한 방법**이다.

Chapter **03** 공중위생관리법규

01 목적(제1조)

공중이 이용하는 영업의 **위생관리** 등에 관한 사항을 규정함으로써 위생수준을 향상시켜 국민의 건강증진에 기여하는 것을 목적으로 한다.

02 미용업의 정의(제2조)

손님의 얼굴·머리·피부 등을 손질하여 손님의 외모를 아름답게 꾸미는 영업을 말한다.

03 공중위생영업소의 시설 및 통보(제3조)

미용업을 하고자 하는 자는 보건복지부령이 정하는 시설 및 설비를 갖추고 **시장 · 군수 · 구청장에게 신고**한다.

① 공중위생영업의 신고

  ㉠ 영업시설 및 설비개요서

  ㉡ 교육필증(법 제17조의 규정에 따라 미리 교육을 받은 경우에 한한다)

② 변경신고(시행규칙 제3조의 2)

  ㉠ 영업소의 명칭 또는 상호

  ㉡ 영업소의 소재지

  ㉢ 신고한 영업장 면적의 3분의 1 이상의 증감

  ㉣ 대표자의 성명 또는 생년월일

③ 미용업(피부) 시설 및 설비기준

  ㉠ **피부미용업무에 필요한 베드(온열장치 포함), 미용기구, 화장품, 수건, 온장고, 사물함 등을 갖추어야 한다.**

  ㉡ 미용기구는 소독을 한 기구와 소독을 하지 아니한 기구를 구분하여 보관할 수 있는 용기를 비치하여야 한다.

  ㉢ 소독기, 자외선 살균기 등 미용기구를 소독하는 장비를 갖추어야 한다.

  ㉣ 작업장소, 응접장소, 상담실 등을 분리하기 위한 칸막이를 설치할 수 있으나, **설치된 칸막이에 출입문이 있는 경우 출입문의 3분의 1 이상을 투명하게 하여야 한다. 다만, 탈의실의 경우에는 출입문을 투명하게 하여서는 아니 된다.**

  ㉤ 작업장소 내 베드와 베드 사이에 칸막이를 설치할 수 있으나, **설치된 칸막이에 출입문이 있는 경우 그 출입문의 3분의 1 이상은 투명하게 하여야 한다.**

④ 미용업의 폐업신고

  ㉠ 미용업 **폐업한 날부터 20일 이내에 시장, 군수, 구청장에게 신고**

  ㉡ 공중위생영업의 승계(양도, 사망, 법인의 합병, 경매 등)

    ⓐ **면허소지자에 한한다.**

    ⓑ 승계한 자는 1월 이내에 시장·군수 또는 구청장에게 신고하여야 한다.

    ⓒ **영업양도의 경우** : 양도, 양수 증명서류 사본, 양도인 인감증명서

    ⓓ **상속의 경우** : 가족관계증명서 및 상속인임을 확인할 수 있는 증명서류

    ⓔ **기타의 경우** : 해당 사유별 영업자의 지위 승계 증명서류

04 면허를 받을 수 있는 자(제6조 제1항)

① 전문대학 또는 이와 동등 이상의 학력이 있다고 교육부장관이 인정하는 학교에서 이용 또는 미용에 관한 학과를 졸업한 자

② 학점인정 등에 관한 법률에 따라 대학 또는 전문대학을 졸업한 자와 동등 이상의 학력이 있는 것으로 인정되어 같은 법 제9조에 따라 이용 또는 미용에 관한 학위를 취득한 자

③ 고등학교 또는 이와 동등의 학력이 있다고 교육부장관이 인정하는 학교에서 이용 또는 미용에 관한 학과를 졸업한 자

④ 교육부장관이 인정하는 고등기술학교에서 1년 이상 이용 또는 미용에 관한 소정의 과정을 이수한 자

⑤ 국가기술자격법에 의한 이용사 또는 미용사의 자격을 취득한 자

05 미용사 면허를 받을 수 없는 자(제6조 제2항)

① 금치산자

② 정신질환자

③ 공중의 위생에 영향을 미칠 수 있는 감염병환자로서 보건복지부령이 정하

는 자[결핵환자(비감염성은 제외)]

④ 마약, 기타 대통령령으로 정하는 약물(대마 또는 향정신성 의약품) 중독자

⑤ **면허가 취소된 후 1년이 경과되지 아니한 자**

06 영업소 폐쇄명령을 받고도 영업을 계속하는 경우의 조치(제11조 제3항)

① 당해 영업소의 간판 기타 영업표지물의 제거

② 당해 영업소가 위반한 영업소임을 알리는 게시물 부착

③ 영업을 위해 필수불가결한 기구 및 시설물 봉인

> **Check Point**
>
> [같은 종류의 영업 금지]
>
> 영업소 폐쇄명령을 받은 후 6월 이내에는 동일 장소에서 같은 영업 불가

07 청문의 실시(제12조)

① 신고사항의 직권말소

② 미용사 면허취소 또는 면허정지

③ 공중위생영업의 정지

④ 일부시설의 사용중지

⑤ 영업소 폐쇄명령

08 미용업자 위생관리기준(시행규칙 제7조, 별표 4)

① 점빼기·귓볼뚫기·쌍꺼풀수술·문신·박피술 그 밖에 이와 유사한 의료행위를 하여서는 아니 된다.

② 피부 미용을 위하여 약사법 규정에 따른 의약품 또는 의료기기법에 따른 의료기기를 사용하여서는 아니 된다.

③ 미용기구 중 소독을 한 기구와 소독을 하지 아니한 기구는 각각 다른 용기

에 넣어 보관하여야 한다.

④ <u>1회용 면도날</u>은 손님 1인에 한하여 사용하여야 한다.

⑤ 영업장 안의 조명도는 <u>75룩스 이상</u>이 되도록 유지하여야 한다.

⑥ 영업소 내부에 미용업 신고증 및 개설자의 면허증 원본을 게시하여야 한다.

⑦ 영업소 내부에 최종지불요금표를 게시 또는 부착하여야 한다.

⑧ ⑦에도 불구하고 신고한 영업장 면적이 66제곱미터 이상인 영업소의 경우 영업소 외부에도 손님이 보기 쉬운 곳에 옥외광고물 등 관리법에 적합하게 최종지불요금표를 게시 또는 부착하여야 한다. 이 경우 최종지불요금표에 는 일부항목(5개 이상)만을 표시할 수 있다.

09 주요 행정처분

위반사항	행정처분기준			
	1차 위반	2차 위반	3차 위반	4차 위반
점빼기 · 귓볼뚫기 · 쌍꺼풀수술 · 문신 · 박피술 그 밖에 이와 유사한 의료 행위를 한 때	영업정지 2월	영업정지 3월	영업장 폐쇄명령	
미용업 신고증, 면허증 원본을 게시하지 아니하거나 업소 내 조명도를 준수하지 아니한 때	경고 또는 개선명령	영업정지 5일	영업정지 10일	영업장 폐쇄명령
소독을 한 기구와 소독을 하지 아니한 기구를 각각 다른 용기에 넣어 보관하지 아니하거나 1회용 면도날을 2인 이상의 손님에게 사용한 때	경고	영업정지 5일	영업정지 10일	영업장 폐쇄명령
영업소 외의 장소에서 업무를 행한 때	영업정지 1월	영업정지 2월	영업장 폐쇄명령	

10 공중위생감시원의 자격조건(시행령 제8조)

① 위생사 또는 환경기사 2급 이상의 자격증이 있는 자

② 대학에서 화학·화공학·환경공학 또는 위생학 분야를 전공하고 졸업한 자 또는 이와 동등 이상의 자격이 있는 자

③ 외국에서 위생사 또는 환경기사의 면허를 받은 자

④ 3년 이상 공중위생 행정에 종사한 경력이 있는 자

11 명예공중위생감시원의 자격조건(시행령 제9조의2 제1항)

① 공중위생에 대한 지식과 관심이 있는 자

② 소비자단체, 공중위생관련 협회 또는 단체의 소속 직원 중에서 당해 단체 등의 장이 추천하는 자

12 공중위생감시원의 업무범위(시행령 제9조)

① 법 제3조 제1항의 규정에 의한 시설 및 설비의 확인

② 공중위생영업 관련 시설 및 설비의 위생상태 확인·검사, 공중위생영업자의 위생관리의무 및 영업자준수사항 이행여부의 확인

③ 공중이용시설의 위생관리상태의 확인·검사

④ 위생지도 및 개선명령 이행여부의 확인

⑤ 공중위생영업소의 영업의 정지, 일부 시설의 사용중지 또는 영업소 폐쇄명령 이행여부의 확인

⑥ 위생교육 이행여부의 확인

13 명예공중위생감시원의 업무범위(시행령 제9조의2 제2항)

① 공중위생감시원이 행하는 검사대상물의 수거 지원

② 법령 위반행위에 대한 신고 및 자료 제공

③ 그 밖에 공중위생에 관한 홍보·계몽 등 공중위생관리업무와 관련하여 시·도지사가 따로 정하여 부여하는 업무

14 벌칙(제20조)

① 1년 이하의 징역 또는 1천만 원 이하의 벌금

    ㉠ 미용업 영업의 신고를 하지 아니하고 영업한 자

    ㉡ 영업정지명령 또는 일부시설의 사용중지명령을 받고도 그 기간 중에 영업을 한 자

    ㉢ 영업소 폐쇄명령을 받고도 계속하여 영업을 한 자

② 6월 이하의 징역 또는 500만 원 이하의 벌금

    ㉠ 공중위생영업을 변경신고하지 아니한 자

    ㉡ 공중위생영업자의 지위를 승계한 자로서 승계신고 위반

    ㉢ 건전한 영업질서를 위하여 공중위생영업자가 준수사항 위반

③ 300만 원 이하의 벌금

    ㉠ 위생관리기준 또는 오염허용기준을 지키지 아니한 자로서 개선명령을 위반한 자

    ㉡ 면허 취소된 후 계속하여 업무를 행한 자

    ㉢ 면허정지기간 중 업무를 행한 자

    ㉣ 무면허업무를 행한 자

15 과태료(제22조)

① 300만 원 이하의 과태료

    ㉠ 관계공무원의 출입·검사·조치를 거부·방해·기피한 자

    ㉡ 개선명령에 위반한 자

② 200만 원 이하의 과태료

    ㉠ 미용업소의 위생관리의무를 위반한 자

    ㉡ 영업소 외의 장소에서 미용업무를 행한 자

    ㉢ 위생교육을 받지 않은 자